JN099728

600 Tips to Use Access VBA Better!

現場ですぐに使える!

Access VBA 逆引き大全 600の極意

Microsoft 365/Office 2021/2019/2016/2013対応

E-Trainer.jp
［中村峻］著

秀和システム

はじめに

本書は、Access VBAを実務で使う際に「あれって、どうやるんだったっけ？」と困ったとき、その場でさっと使うための逆引きテクニック集です。

単に、「そのままコピペして使うためのコードが欲しい」という場合は、ネットでググればAccess VBAといえども、何かしら出てくるでしょう。ある意味、「ネットがあれば本は不要」というジャンルの最たるものが、サンプル集やテクニック集かもしれません。ですが、以下４点の条件を満たした情報をネットで探すのは、かなり時間が掛かるでしょう。作業を中断し、延々とググっていくことになり、とても「さっと使う」とは行きません。

① きちんと検証された、コピペ使用に耐えうるサンプル
② サンプルに対しての細かく丁寧な説明
③ 使用する命令に関する丁寧な説明
④ 関連するテクニックについての情報もすぐに引ける

例えば③ですが、使用する命令について丁寧に説明するのはもちろん、Tipsによってはさらに詳しい構文の説明も行っています。また、該当するページに構文が無くても、参照すべきTips番号が記載されているので、構文についてより詳細に知りたい場合にもすぐに確認することができます。これらが満たされている情報は、ネット上にはなかなかありません。

また本書では、サンプルコードについての「解説」だけではなく、コードの要所にコメントをつけていますから、コードへの理解度も高まるでしょう。

もちろん、コードは全てダウンロード可能です。丁寧な説明で理解度を深めてのコピペですから、アレンジも含めて直ぐに実務で実践できると思います。

さらに、「Memo」では、実務で使用する際の考え方なども紹介しています。実際にプログラムを作成するときの参考にしてください。

日常的に、実務でAccess VBAを使っている方、あるいはこれから本格的に使っていこうと思っている皆さん。

ぜひとも本書を一冊、あなたのデスクの片隅に置いておいてみてください。

作業が煮詰まってしまった時、きっとお役に立てるかと思います。

2022年3月 著者

現場ですぐに使える！
Access VBA逆引き大全600の極意
Microsoft 365/Office 2021/2019/2016/2013対応
目次

第3章　オブジェクト操作の基本の極意

第9章 DAOによるレコード操作の極意

第10章 DAOによるフォーム操作の極意

第11章　ADO・ADOXによるテーブル・クエリの極意

11-1　ADO・ADOXによるテーブルの操作（テーブルの作成・削除など）

11-2　ADOによるクエリの操作（クエリの作成、アクションクエリの実行など）

11-3　ADOによる読み込み（レコードセットの取得など）

第12章　ADOによる並べ替え・検索・抽出の極意

12-1　ADOによる並べ替え（並べ替えと並べ替えの解除など）

12-2　ADOによる検索（データ型ごとの検索や複数条件の検索など）

第13章　ADOによるレコード操作の極意

第14章　ADOによるフォーム操作の極意

第15章　ファイルとフォルダ操作の極意

第16章　他のアプリケーションとの連携の極意

第19章　VBAを応用する極意

第20章 開発効率を上げるための極意

本書の読み方

極意（Tips）の構成

関連Tips

このTipsで関連のあるTipsの番号を表示しています。「関連がある」とは、サンプルコードで使用している命令でポイントになるものや、似たような処理を行っているTipsです。

使用機能・命令（関連Tips表記含む）

Tipsで使用する主な機能や命令です。関連Tipsについては「(→TipsXXX)」のように参照するTips番号が示されています。命令についてはその構文がTipsの最後にあるケースと、関連Tipsにあるケースがあります。必要に応じて、関連Tipsを確認するようにして下さい。

サンプルコード

サンプルデータのコードを掲載しています。コードの中には、長い行を行継続文字(_)で複数行に分割しているコードもあります。行継続文字(_)は、「(半角スペース)」に続けて「_(半角アンダーバー)」を記述します。行継続文字が行末にあると、その行は次の行と同じ行としてみなされます。また、色の付いた文字部分はコード解説です。コードの右側または上の行に、サンプルコードの動作についてのコメントを記載しています。
「サンプルファイル名」は、事例を確認するためにダウンロードして使用できるサンプルデータのファイル名を掲載しています。

3-1 Accessの操作（Accessの起動・終了、サイズの変更など）

Tips **104** **Accessを終了する**　▶関連Tips 117

使用機能・命令 **Quitメソッド**

サンプルファイル名 gokui03.accdb/3_1Module

▼オブジェクトの変更をすべて保存せずにAccessを終了する

```
Private Sub Sample104()
    Application.Quit acQuitSaveNone  '変更をすべて保存せずにAccessを終了する
End Sub
```

❖ 解説

ここでは、Quitメソッドを使用してAccessを終了します。
Quitメソッドの引数に指定できる値は、次のとおりです。

◈ Quitメソッドの引数

定数	値	説明
acQuitPrompt	0	変更があったときのみ、確認ダイアログを表示する
acQuitSaveAll	1	変更を保存する（既定値）
acQuitSaveNone	2	変更を保存しない

なお、Quitメソッドの引数にacQuitPromptを指定した場合、変更されたオブジェクトがあると、次のようなメッセージが表示されます。例えば、メニュー画面として利用しているフォームのUnloadイベントプロシージャにこの処理を記述すると、フォームを閉じるタイミングでAccessを終了することができます。
フォームに「終了」ボタンを用意して、Clickイベントで処理する方法もありますが、その場合は、フォームの「閉じる」ボタンをクリックしてフォームが閉じられたり、[Ctrl]キー+[F4]キーを押してフォームが閉じられるとうまく行きません。

▼変更を確認するメッセージ

引数にacQuitPromptを指定した場合、このようなメッセージが表示される

・Quitメソッドの構文

Object.Quit(Option)

Quitメソッドは Accessを終了します。終了する前にデータベースオブジェクトの保存オプションを選択することができます。保存オプションは引数で指定します。引数については、「解説」を参照してください。

142

◎◎の構文

特定のTipsでは、Tipsで使用しているメソッド・プロパティ・関数・ステートメント等の構文を掲載しています。また、合わせて構文の解説も掲載しています。引数や指定する項目が多い場合は、「解説」で解説しています。
なお、構文の無いTipsでも、関連Tipsで構文が説明されているため、すぐに確認することができます。

サンプルデータについて

本書では、各章で利用するサンプルデータを（株）秀和システムのWebページからダウンロードすることができます。データのダウンロードと使用方法、使用する際の注意事項は、次のとおりです。

ダウンロードの方法

本書で作成・使用しているサンプルデータは、秀和システムのサイト内にある、本書のサポートページ（下記URL）からダウンロードすることができます。

本書サポートページで「AccessVBA_GOKUI.zip 」のダウンロードボタンをクリックし、画面の指示に従ってサンプルデータをダウンロードしてください。

なお、ダウンロードしたファイルは圧縮ファイルになっていますので、展開してからご使用ください。

URL：https://www.shuwasystem.co.jp/support/7980html/6679.html

上記URLからのアクセスがうまくいかない場合は、「https://www.shuwasystem.co.jp/」の左側にある「シリーズから探す」の「逆引き大全」から書籍名「Access VBA 逆引き大全 600の極意」を探していただければ、本書の紹介ページへ進めます。本書の紹介ページで「サポート」をクリックし、表示されたURLをクリックすると、本書のサポートページ（上記URLのページ）が開きます。

AccessVBA_GOKUIの構成と保存先

本書で使用するサンプルデータは、Microsoft 365/およびAccess 2021/2019/2016/2013対応バージョンで使用できる「.accdb」形式で作成しています。

"AccessVBA_GOKUI.zip"をダウンロードし解凍すると、[AccessVBA_GOKUI] フォルダ内に、次のフォルダが作成されます。

[Chap01-20] フォルダ：
本書、第１章から第20章までのサンプルデータを章別に格納したフォルダになります。

サンプルデータは、このファイルを展開後、任意のフォルダに移動してください。OSによっては、Cドライブの直下だとうまく動作しないことがあります。そのような場合には、デスクトップ等別の場所に移動してご利用ください。なお、事例の中にはサンプルデータの保存先によって、本書の図版と異なるものがありますので、予めご了承ください。

使用上の注意

サンプルデータの中には、データを書き換えたり、Accessの動作環境を変更したりするものがあります。サンプルコードのプロシージャを実行する前に動作内容を理解して、個人の責任において実行してください。

収録ファイルは十分なテストを行っておりますが、すべての環境を保証するものではありません。また、ダウンロードしたファイルを利用したことにより発生したトラブルにつきましては、著者および（株）秀和システムは一切の責任を負いかねますので、あらかじめご了承ください。なお、Microsoft 365につきましては、2022年3月時点で動作確認を行っております。それ以降のアップデートによりコードの動作が変わる可能性がございます。ご了承ください。

作業環境

本書の紙面は、Windows 11、Microsoft Office 2021がフルインストールされているパソコンにて、画面解像度を1,024×768ピクセルに設定した環境で作業を行い、画面を再現しています。異なるOSやOffice、画面解像度をご利用の場合は、基本的な操作方法は同じですが、一部画面や操作が異なる場合がありますので、ご注意ください。

64bit版Officeについて

本書では、32bit版のOfficeでの操作を前提としています。64bit版のOfficeであっても、ほとんどのサンプルでは問題ありませんが、Windows APIを使用するサンプルでは、APIの宣言方法が若干異なるため、うまく動作しないサンプルがあります。対処方法は、Tips584を参照してください。

プログラミングの基本の極意

Subプロシージャを使用する

▶関連Tips 002

使用機能・命令 **Subステートメント**

サンプルファイル名 gokui01.accdb/1_1Module

▼Sample001プロシージャから、Sample001_2プロシージャを呼び出す

```
Private Sub Sample001()
    Sample001_2     'Sample001_2を呼び出す
End Sub

Private Sub Sample001_2()
    MsgBox "処理が終了しました"    'メッセージを表示する
End Sub
```

❖ 解説

他のプロシージャを呼び出すには、呼び出す箇所にプロシージャ名を記述します。「Call Sample001_2」のように、Callステートメントを使用することもできますが、Callステートメントは省略可能です。

ここでは、Sample001プロシージャから、Sample001_2プロシージャを呼び出し、メッセージを表示しているだけですが、複数の箇所で共通の処理を行う場合は、このように独立したプロシージャにして、その都度呼び出すようにします。そうすることで、修正が発生した場合でも、修正箇所は一箇所で済みます。

なお、処理の流れですが、Sample001_2プロシージャでメッセージボックスを表示した後、Sample001プロシージャに処理が戻ります。このサンプルでは、Sample001プロシージャはSample001_2プロシージャを呼び出した後、何も処理していませんが、何か処理があればその処理が行われます。

なお、プロシージャ名には、次のように使用できる文字数などの制限があります。

▼プロシージャ名の制限

- 文字数は半角で255文字以内
- 先頭に数字やアンダースコア(_)は使用できない
- アンダースコア(_)以外の記号やスペースは使用できない
- 英字の大文字・小文字は区別されない
- 全角英数字は、自動的に半角に変換される
- 関数名など、VBAであらかじめ定義されているキーワードは原則使用できない

なお、Subステートメントに指定する項目と、引数に指定する項目は次のとおりです。構文と合わせて確認してください。

•Subステートメントの構文

[Public | Private | Friend] [Static] Sub name [(arglist)]
[statements]
Exit Sub
Sub

•Subステートメントの引数の構文

[Optional] [ByVal | ByRef] [ParamArray] varname[( )] [As type] [= defaultvalue]

Subステートメントを使用して、Subプロシージャを作成します。Subプロシージャは値を返さないプロシージャです。Subステートメントには引数を指定することができます。指定する値は「解説」を参照してください。

◈ Subステートメントに指定する項目

項目	説明
Public	すべてのモジュールからプロシージャを呼び出すことができる。ただし、Option Privateステートメントがモジュールに含まれる場合、プロジェクト外では使用できない
Private	同じモジュール内からのみ、プロシージャを呼び出すことができる
Friend	クラスモジュールで使用する。同一プロジェクト内でのみプロシージャを呼び出すことができる
Static	呼び出し間でプロシージャのローカル変数が保持されることを示す
name	プロシージャ名
arglist	呼び出されたときに、プロシージャに渡される引数を表す変数の一覧。変数はそれぞれカンマで区切って指定する
statements	プロシージャ内で実行するステートメント

◈ 引数に指定する項目

項目	説明
Optional	引数がオプションであることを示すキーワード。使用する場合、引数内の以降のすべての引数もオプションにしなくてはならない。ParamArrayが使用されている場合は、どの引数にもOptionalを使用することはできない
ByVal	引数が値によって渡されることを示す
ByRef	引数が参照によって渡されることを示す。ByRefが既定値
ParamArray	引数の最後の引数としてのみ使用できる。最後の引数が配列であることを示す。ParamArrayキーワードを使用すると、任意の数の引数を提供できる。ParamArrayをByVal、ByRef、またはOptionalキーワードと共に使用することはできない
varname	必ず指定する。引数を表す変数の名前
type	プロシージャに渡す引数のデータ型。パラメーターがOptionalでない場合、ユーザー定義型を指定することもできる
defaultvalue	任意の定数または定数式。Optionalパラメーターに対してのみ有効。型がObjectの場合、明示される既定値はNothingのみとなる

Functionプロシージャを使用する

関連Tips 001

使用機能・命令 **Functionステートメント**

サンプルファイル名 gokui01.accdb/1_1Module

▼プロシージャを呼び出し、処理結果をメッセージボックスに表示する

```
Private Sub Sample002()
    Dim temp As Long
    'Sample002_2プロシージャの処理結果を変数に代入
    temp = Sample002_2(1, 10)
    MsgBox temp    '処理結果をメッセージボックスに表示する
End Sub
Private Function Sample002_2(ByVal vStart As Long, ByVal vEnd _
    As Long) As Long
    Dim temp As Long, i As Long
    For i = vStart To vEnd   '引数vStartからvEndまで繰り返し処理を行う
        temp = temp + i     '累計を求める
    Next
    Sample002_2 = temp      '処理結果を呼び出し元に返す
End Function
```

解説

ここでは、2つの値を指定して、最初に指定した値から次に指定した値までの累計を求めるFunction プロシージャを呼び出しています。この時、Functionプロシージャの戻り値を変数tempに代入します。そのため、Functionプロシージャの引数をカッコで囲みます。

•Functionステートメントの構文

[Public | Private | Friend] [Static] Function name [(arglist)] [As type]
[statements]
[name = expression]
[Exit Function]
[statements]
[name = expression]
End Function

Function プロシージャは、処理結果を返すプロシージャです。ユーザー定義関数などで利用します。Functionプロシージャは、プロシージャ名nameに値を指定することで、[As type] に指定したデータ型の値を返します。なお、プロシージャ名やFunctionステートメントに指定する値や引数については、Subプロシージャと同様ですので、Tips001を参照してください。

Property プロシージャを使用する

▶関連Tips 001

使用機能・命令　**Property Let/Set/Getステートメント**

サンプルファイル名　gokui01.accdb/1_1Module

▼Memberクラスモジュールに名前と年齢を管理するプロパティを作成する

```
'Memberクラスモジュールに記述
'プロパティの値を保持する変数
Private mName As String
Private mAge As Long
'「氏名」を保持するNameプロパティ
Public Property Let Name(ByVal vName As String)
    mName = vName
End Property
Public Property Get Name() As String
    Name = mName
End Property

'「年齢」を保持するAgeプロパティ
Public Property Let Age(ByVal vAge As Long)
    mAge = vAge
End Property
Public Property Get Age() As Long
    Age = mAge
End Property

'標準モジュール(Module1)に記述
Sub Sample003()
    Dim vMembers As Collection
    Dim clsMember As Member
    Dim i As Long
    'Memberクラスを保持するコレクションを作成する
    Set vMembers = New Collection
    'ワークシートの値を取得し、Memberクラスのインスタンスに値を設定する
    Set clsMember = New Member
    'Nameプロパティに値を設定する
    clsMember.Name = "石川"
    'Ageプロパティに値を設定する
    clsMember.Age = 42
```

```
        'コレクションに追加する
        vMembers.Add clsMember
        Set clsMember = Nothing
        'Nameプロパティ、Ageプロパティを使用して値を
        'メッセージボックスに表示する
        MsgBox "1番目のメンバ：" & vbCrLf _
            & "氏名：" & vMembers.Item(1).Name & vbCrLf _
            & "年齢：" & vMembers.Item(1).Age
End Sub
```

❖ 解説

ここでは、「氏名」と「年齢」を保持するMemberクラスを使用します。

この時、MemberクラスのインスタンスをCollectionオブジェクトに追加しています。Memberクラスには、氏名を扱うNameプロパティと、年齢を扱うAgeプロパティがあります。

ここでは、それぞれのプロパティに値を設定します。

最後に、Membersコレクションから1番目の要素を取得し、NameプロパティとAgeプロパティを使用して、値を取得しメッセージボックスに表示します。

•Property Let/Setステートメントの構文

[Public | Private | Friend] [Static] Property Let | Set name ([arglist,] value)
[statements]
End Property

•Property Getステートメントの構文

[Public | Private | Friend] [Static] Property Get name [(arglist)] [As type]
[statements]
[name = expression]
End Property

Propertyプロシージャを利用すると、独自のプロパティを作成することができます。通常、クラスモジュールを利用して独自のクラスを作成する際に、そのクラスのプロパティとして定義するために使用します。Property Letステートメントは、プロパティを設定するステートメントです（Property Setステートメントはオブジェクトの設定に利用します）。Property Getステートメントは、プロパティを参照するためのステートメントです。

通常、2つのステートメントをセットで利用します。この場合、プロシージャ名は同じでなくてはなりません。また、指定するデータ型も同じ必要があります。ただし、Property Getステートメントだけを用意して、読み取り専用のプロパティを作成することも可能です。プロシージャ名や指定する値については、Tips001を参照してください。

他のプロシージャを呼び出す

▶関連Tips 001 002 005

使用機能・命令 **Callステートメント**

サンプルファイル名 gokui01.accdb/1_1Module

▼値を5倍してメッセージボックスに表示するプロシージャを呼び出す

```
Public Sub Sample004()
    Call Sample004_2(100)   'Sample004_2を呼び出す
End Sub

Private Sub Sample004_2(ByVal num As Long)
    MsgBox num * 5 '引数numの値を5倍する
End Sub
```

解説

ここでは、Sample004プロシージャからSample004_2プロシージャを呼び出しています。単純に値を100倍するだけの処理ですが、この処理がプログラムの複数箇所で発生し、しかも更に複雑な処理が加わるかもしれないという場合は、このようにサブプロシージャにしておくと後で変更が楽です。

•Callステートメントの構文

[Call] procedureName [(argumentList)]

Callステートメントを使用すると他のプロシージャを呼び出すことができます。procedure Nameに呼び出すプロシージャ名を、argumentListには呼び出すプロシージャの引数を指定します。引数は必ずカッコで囲んでください。

ただし、Callステートメントは省略することもできます。省略した場合、呼び出すプロシージャの戻り値を取得する場合は引数をカッコに入れ、取得しない場合はカッコには入れません。Callステートメントを省略するかどうかで、カッコの有無が異なる場合があるので気をつけましょう。

なお、他のプロシージャを呼び出すプロシージャを親プロシージャ、呼び出されるプロシージャをサブプロシージャと呼びます。サブプロシージャは、SubプロシージャでもFunctionプロシージャでも構いません。

Memo プログラムでは、共通の処理は1つのプロシージャとして独立させます。例えば、割引金額を計算する処理をFunctionプロシージャとして独立させる、などです。こうすることで、もし割引金額の計算ルールが変更になっても、修正箇所が1箇所で済むため、メンテナンスしやすいからです。

プロシージャに引数を渡す

▶関連Tips
001
004

使用機能・命令 **Subステートメント**（→Tips001）/ **Functionステートメント**（→Tips002）

サンプルファイル名 gokui01.accdb/1_1Module

▼指定したフォルダにあるファイル名を、イミディエイトウィンドウに表示する

```
Sub Sample005()
    'Sample005_2プロシージャを呼び出す
    Sample005_2 Application.CurrentProbject.Path
End Sub

Sub Sample005_2(ByVal vPath As String)
    Dim buf As String, fso As Object
    buf = Dir(vPath & "¥*.*")
    'ファイル名を取得し、イミディエイトウィンドウに表示する
    Do While buf <> ""
        Debug.Print buf
        buf = Dir()
    Loop
    'サブフォルダをチェックする
    With CreateObject("Scripting.FileSystemObject")
        For Each fso In .GetFolder(vPath).SubFolders
            Sample005_2 fso.Path
        Next
    End With
End Sub
```

❖ 解説

ここでは、Sample005プロシージャから、Sample005_2プロシージャを引数を指定して呼び出しています。Sample005_2プロシージャは、サブフォルダを含め、ファイル名を取得してイミディエイトウィンドウに表示します。この時、Callステートメント（→Tips004）を使用せず、また戻り値を取得しないので、引数に指定する値（CurrentProbject.Path）はカッコで囲んでいません。また、「CurrentProbject.Path」はこのプロシージャが記述されているAccessファイルの保存されているフォルダを表します。Sample005_2プロシージャでは、FileSystemObjectオブジェクト（→第15章参照）を使用して、サブフォルダとファイルを検索しています。

なお、プロシージャの引数の指定方法についてはTips001の構文を、他のプロシージャの呼び出し方法についてはTips004を参照してください。

値渡しと参照渡しの違いとは

▶関連Tips 001

使用機能・命令　**ByValキーワード（→Tips001）/ ByRefキーワード（→Tips001）**

サンプルファイル名　gokui01.accdb/1_1Module

▼2つの引数を使用して、値渡しと参照渡しの動作の違いを確認する

```
Sub Sample006()
    Dim a As String
    Dim b As String
    a = "ByVal元"
    b = "ByRef元"
    'Sample006_2プロシージャを呼び出す
    Sample006_2 a, b
    '変数aと変数bの値をメッセージボックスに表示する
    MsgBox "aの値：" & a & vbCrLf _
        & "bの値：" & b
End Sub
'値渡しと参照渡しの2通りの引数を使用する
Sub Sample006_2(ByVal a As String, ByRef b As String)
    '引数の値を変更する
    a = "ByVal変更"
    b = "ByRef変更"
End Sub
```

❖ 解説

ここでは、変数aの値は値渡しで、変数bの値は参照渡しで、「Sample006_2」プロシージャに渡します。「Sample006_2」プロシージャでは、それぞれ受け取った引数に値を代入しています。

続けて、呼び出し元の「Sample006」プロシージャで、変数aの値と変数bの値をメッセージボックスに表示します。値渡しで処理した変数aは変化がありませんが、参照渡しで処理した変数bの値が変わります。

ByValキーワードとByRefキーワードについては、Tips001を参照してください。

このように、引数には値渡しと参照渡しの2種類の渡し方があります。値渡しは、「値のコピー」を渡します。したがって、受け取った引数の値を変更しても、呼び出し元のプロシージャに影響はありません。それに対し、参照渡しは「値の参照先」を渡します。参照先とは、メモリ上のどの場所に値が格納されているかという情報です。そのため値を変更すると、呼び出し元のプロシージャに影響します。値渡しの場合はByValキーワードを、参照渡しの場合はByRefキーワードを引数の前に指定します。省略した場合は、参照渡しになります。

省略可能な引数を持つプロシージャを作成する

▶関連Tips
001
002

使用機能・命令 **Optionalキーワード**（→Tips001）

サンプルファイル名 gokui01.accdb/1_1Module

▼省略可能な引数を使用して、デフォルトの割引率を指定する

```
Sub Sample007()
    Dim Price As Double
    Price = 1000
    '引数の数を変えて「Sample007_2」プロシージャを実行する
    MsgBox "割引率指定有：" & Sample007_2(Price, 0.5) & vbCrLf _
        & "割引率指定無：" & Sample007_2(Price)
End Sub
'2つの引数を取り、Double型の値を返すプロシージャを宣言する
'2番目の引数は省略可能とし、省略した場合は「0.2」をデフォルト値とする
Function Sample007_2(ByVal Price As Double _
    , Optional ByVal Discount As Double = 0.2) As Double
    Sample007_2 = Price * (1 - Discount)
End Function
```

❖ 解説

ここでは、「金額」から、割引後の金額を求める処理を行います。このとき、割引率の指定がないと、標準の割引率として20%の割引を適用します。

まず、変数Priceに「1000」を代入します。後は、「Sample007_2」プロシージャの2番目の引数を指定した場合と、省略した場合の結果をメッセージボックスに表示します。

プロシージャの引数にOptionalキーワードを指定すると、その引数は省略可能な引数となります。defaultvalueを指定して、デフォルト値を指定することもできます。なお、Optionalキーワードを使用した場合、それ以降の引数はすべて省略可能な引数でなくてはなりません。

Optionalキーワードの構文については、Tips001を参照してください。

▼実行結果

引数を指定しない場合、デフォルトの値引率が適用された

プロシージャの引数が省略されたかを確認する

▶関連Tips 001 007

使用機能・命令 **IsMissing関数**

サンプルファイル名 gokui01.accdb/1_1Module

▼省略可能な引数が省略されたかをチェックして、異なる処理を行う

```
Sub Sample008()
    Dim Price As Double
    Price = 1000
    '引数の数を変えて「Sample008_2」プロシージャを実行する
    MsgBox "割引率指定有：" & Sample008_2(Price, 0.2) & vbCrLf _
        & "割引率指定無：" & Sample008_2(Price)
End Sub
Function Sample008_2(ByVal Price As Double, Optional ByVal Discount _
    As Variant) As Double
    '引数が省略されたか確認し、それぞれの処理を行う
    If IsMissing(Discount) Then
        Sample008_2 = Price
    Else
        Sample008_2 = Price * (1 - Discount)
    End If
End Function
```

解説

ここでは、「金額」から割引後の金額を求める処理を行います。このとき、割引率の指定がないと定価のままとします。

まず、変数Priceに「1000」を代入します。後は、「Sample008_2」プロシージャの2番目の引数を指定した場合と、省略した場合の結果をメッセージボックスに表示します。

•IsMissing関数の構文

IsMissing(argname)

IsMissing関数は、省略可能な引数が省略された場合、Trueを返します。なお、この関数を使用する場合、省略可能な引数のデータ型はVariant型でなくてはなりません。

プロシージャの引数に配列を使用し、結果を配列で受け取る

▶関連Tips 001 004 005

使用機能・命令 **Subステートメント**（→Tips001）/ **Functionステートメント**（→Tips002）

サンプルファイル名 gokui01.accdb/1_1Module

▼配列を受け取り、配列の各要素に「1」加算して配列で返す

```
Sub Sample009()
    Dim temp(1 To 2) As Long
    temp(1) = 10
    temp(2) = 20
    '引数に配列を指定してSample009_2プロシージャを呼び出す
    MsgBox "1番目の処理結果：" & Sample009_2(temp)(1)
End Sub
'引数に配列を受け取るプロシージャを宣言する
Function Sample009_2(ByRef args() As Long) As Long()
    Dim buf(1 To 2) As Long
    buf(1) = args(1) + 1
    buf(2) = args(2) + 1
    Sample009_2 = buf '処理結果を返す
End Function
```

解説

ここでは、3つの値を配列変数に代入し、その配列を「Sample009_2」プロシージャに渡して、処理結果をメッセージボックスに表示します。「Sample009_2」プロシージャは、配列を引数として受け取ります。そして、それぞれの値に「1」を加算し結果を配列で返します。配列を返すFunctionプロシージャは、戻り値のデータ型を「As Long()」のように指定します。

プロシージャの引数に配列を指定する場合、配列を受け取るプロシージャは、引数名の後に「()」を付け、配列であることを明示します。ただし、Variant型の配列の場合は「()」は付けません。また、**配列を指定した場合は、引数は参照渡しになります**。値渡しで処理したい場合には、Variant型の引数を使用します。

プロシージャの引数の指定方法については、Tips001を参照してください。

Tips
010 引数の数が不定なプロシージャを作成する

▶関連Tips
001
002
006
007

使用機能・命令　**ParamArrayキーワード**（→Tips001）

サンプルファイル名　gokui01.accdb/1_1Module

▼引数の数を変えてSample010_2プロシージャを呼び出す

```
Sub Sample010()
    Dim temp As Variant
    '引数の数を変えて2回処理を行い、結果を表示する
    MsgBox "2つの値を加算：" & Sample010_2(100, 10) & vbLf _
        & "3つの値を加算：" & Sample010_2(100, 10, 1)
End Sub
'引数の数が不定のプロシージャを宣言する
Function Sample010_2(ParamArray args()) As Long
    Dim buf As Long, i As Long
    For i = 0 To UBound(args)    '引数の数だけ処理を行う
        buf = buf + args(i)    '値を加算する
    Next
    Sample010_2 = buf    '計算結果を返す
End Function
```

❖ 解説

「Sample010_2」プロシージャは、引数に指定された数を加算します。ただし、引数の数は都度変わってもいいように、引数にParamArrayキーワードをつけています。この場合、引数は配列として扱われるため、ループ処理を使用して値を加算しています。「Sample010」プロシージャは呼び出し元となります。最初は2つの値を、次に3つの値を「Sample010_2」プロシージャの引数として渡し、処理結果をメッセージボックスに表示します。

このように、プロシージャの引数にParamArrayキーワードを使用すると、指定する引数の数が異なる場合も処理が可能です。

なお、ParamArrayキーワードは、最後の引数でのみ使用できます。なお、Optional、ByVal、ByRefのキーワードと一緒に使うことはできません。ParamArrayキーワードを付けると、その引数は省略可能な配列として扱われます。引数の指定方法については、Tips001を参照してください。

複数の値を返すFunctionプロシージャを作成する

▶関連Tips 001 005 006

使用機能・命令 **ByRefキーワード**（→Tips001）

サンプルファイル名 gokui01.accdb/1_1Module

▼Sample011_2プロシージャで、2つの値を返す

```
Private Sub Sample011()
    Dim temp(1) As Long
    temp(0) = 10    '変数temp(0)に10を代入する
    temp(1) = 20    '変数Temp(1)に20を代入する
    Sample011_2 temp(0), temp(1)    'Sample011_2プロシージャに2つの値を渡す
    Debug.Print temp(0), temp(1)    '変数の値をイミディエイトウィンドウに表示する
End Sub
'2つの引数をとるFunctionプロシージャ。引数は参照渡しで受け取る
Private Function Sample011_2(ByRef v1 As Long, ByRef v2 As Long) _
    As Boolean
    On Error GoTo ErrHdl    'エラー処理を開始する
    v1 = v1 * 10    '引数v1の値を10倍する
    v2 = v2 * 10    '引数v2の値を10倍する
    Sample011_2 = True    'Trueを返す
    Exit Function    'プロシージャを終了する
ErrHdl:    'エラー処理
    Sample011_2 = False    'Falseを返す
End Function
```

解説

複数の値を返すには、引数の参照渡しを使用します。参照渡しとは、引数がメモリのどこに保存されているか、という参照情報を渡します。そのため、プロシージャ内で引数の値を変更すると、呼び出し元の変数の値が変化します。ここでは、その仕組を利用して複数の値を返す処理としています。

この方法を使用すれば、ByRefキーワードを指定した引数の数だけ、処理結果を呼び出し元のプロシージャに返すことができます。

なお、ここではFunctionプロシージャそのものの戻り値は使用していませんが、プロシージャ自体は、処理中にエラーが無ければTrueを、エラーがあればFalseを返すようにしています。

引数の指定方法については、Tips001を参照してください。また、値渡しと参照渡しについては、Tips006を参照してください。

Tips 012

変数を宣言する

▶関連Tips 013 017

使用機能・命令 **Dimステートメント**

サンプルファイル名 gokui01.accdb/1_2_0Module

▼Long型の変数を宣言し計算結果を表示する

```
Sub Sample012()
    Dim i As Long, j As Long  'Long型の変数iと変数jを宣言する
    Dim num&  'Long型の変数numを宣言する
    i = 10  '変数iに10を代入する
    j = 20  '変数jに20を代入する
    num = i + j  '変数numに変数iと変数jの合計値を代入する
    Debug.Print num  '変数Numの値をイミディエイトウィンドウに表示する
End Sub
```

解説

変数を宣言するには、基本的にDimステートメントを使用します。変数名に続けて、Asキーワードとデータ型を指定します。変数に指定できる主なデータ型は、次のようになります。

◇主なデータ型

データ型	使用メモリ	説明
Byte（バイト型）	1バイト	0～255の整数値。バイナリデータを格納する
Boolean（ブール型）	2バイト	TrueまたはFalseをとる
Integer（整数型）	2バイト	-32,768～32,767の整数値を格納する
Long（長整数型）	4バイト	-2,147,483,648～2,147,483,647の整数値を格納する
LongLong	8バイト	-9,223,372,036,854,775,808～9,223,372,036,854,775,807の整数値（64ビットプラットフォームのみで有効）
Single（単精度浮動小数点数型）	4バイト	小数点を含む数値を格納する
Double（倍精度浮動小数点数型）	8バイト	Singleよりも桁の大きな小数点を含む数値を格納する
Currency（通貨型）	8バイト	15桁の整数と4桁の小数を含む数値を格納する
Date（日付型）	8バイト	日付や時刻を格納する
String（文字列型）	10バイト＋文字列の長さ（可変長）、文字列の長さ（固定長）	文字列。可変長と固定長の2種類がある。文字列を変数に格納するには「"（"ダブルクオーテーション）」で囲む
Object（オブジェクト型）	4バイト	オブジェクトへの参照を格納する

Variant（バリアント型）	16バイト（数値）、22バイト+文字列の長さ（文字列）	すべてのデータを格納できる

なお、32ビットシステムと64ビットシステムの互換のために、LongPtr型が用意されています。LongPtr型は32ビットシステムでは Long型、64ビットシステムではLongLong型に変換されます。

また、変数名には使用できる文字に決まりがあります。使用できる文字は、次のようになります。

▼変数名に使用できる文字

- **文字と数字、_（アンダースコア）が利用可能**
- **先頭の文字に数字、_（アンダースコア）は利用不可**
- **次の記号は不可（@、$、&、#、.（ドット）、!）**
- **スペースは不可**
- **半角255文字（全角128文字）以内**
- **VBAの関数名、メソッド名、ステートメント名などと同じ名前は不可**
- **同じスコープ（適用範囲）で重複する名前は不可**

また、型宣言文字を使用して、データ型を決める事もできます。型宣言文字は、変数や値の末尾に付けることで、その変数や値のデータ型を指定できる記号です。例えば、「1000*1000」を計算しようとするとオーバーフローのエラーになりますが（「1000」は整数型として扱われるため）、「1000*1000&」のようにすると（「&」はどちらにつけても結構です）、「1000」が長整数型として扱われ、エラーになりません。型宣言文字は、次のようになります。

◈ 型宣言文字の一覧

データ型	型宣言文字
Integer	%（パーセント）
Long	&（アンパサンド）
LongLong	^（キャレット）
Single	!（エクスクラメーションマーク）
Double	#（シャープ-井桁）
Currency	@（アットマーク）

・Dimステートメントの構文

Dim varname As type

Dimステートメントは、変数を宣言するためのステートメントです。As typeには変数のデータ型を指定します。また、変数に値を代入するには「=」を使用し、オブジェクト変数の場合はSetステートメントを利用します。

Tips 013

スコープを指定して変数を使用する

▶関連Tips 001

使用機能・命令　**Publicステートメント（→Tips001）/ Privateステートメント（→Tips001）**

サンプルファイル名　gokui01.accdb/1_2_1Module、1_2_2Module

▼変数を呼び出せる範囲を確認する

```
'1_2_1Moduleに記述
Public num As Long    '変数numを宣言（他のプロシージャからも利用できる）
Private vStr As String  '変数vStrの宣言（他のプロシージャからは利用できない）

Private Sub Sample013()
    Dim i As Long
    num = 10  '変数numに10を代入する
    vStr = "Access"   '変数vStrに「Access」を代入する
    i = 20   '変数iに20を代入する
End Sub

Private Sub Sample013_1()
    Debug.Print num   '変数numの値をイミディエイトウィンドウに表示する
    Debug.Print vStr   '変数vStrの値をイミディエイトウィンドウに表示する
    Debug.Print i     '変数iの値をイミディエイトウィンドウに表示する。ここでエラーが発生する
End Sub

'1_2_2Moduleに記述
Private Sub Sample013_2()
    Debug.Print num    '変数numの値をイミディエイトウィンドウに表示する
    '以下の2つのコードはエラーになる
    Debug.Print vStr    '変数vStrの値をイミディエイトウィンドウに表示する
    Debug.Print i     '変数iの値をイミディエイトウィンドウに表示する
End Sub
```

❖ 解説

変数にはスコープがあります。スコープとは、適用範囲ともいいます。**スコープは、宣言されている変数を参照できる（使用できる）範囲をいいます。**ここでは、モジュールの宣言セクションで2つの変数を、Sample013プロシージャ内で1つの変数を宣言しています。

これらの変数を、Sample013_1プロシージャとSample013_2プロシージャから利用しています。

まず、宣言セクションに記述された変数は、記述されたモジュール全体から参照することができます。このとき、Publicステートメント使用して宣言した変数は、他のモジュールからも使用できます

が、PrivateステートメントまたはDimステートメントを使用して宣言した変数は、他のモジュールからは使用できません。

◈ 変数のスコープ（適用範囲）と有効期間

変数	宣言場所	キーワード	スコープ	有効期間
プロシージャレベル変数	プロシージャ内	Dim、Static	変数を宣言したプロシージャ内	プロシージャの実行中
プライベートモジュールレベル変数	宣言セクション	Dim、Private	宣言したモジュールのすべてのプロシージャ	リセットされるまで（ブックを閉じる、Endステートメントが実行されるなど）
パブリックモジュールレベル変数	宣言セクション	Public	すべてのプロシージャ	リセットされるまで（ブックを閉じる、Endステートメントが実行されるなど）

▼Sample013_1の実行結果

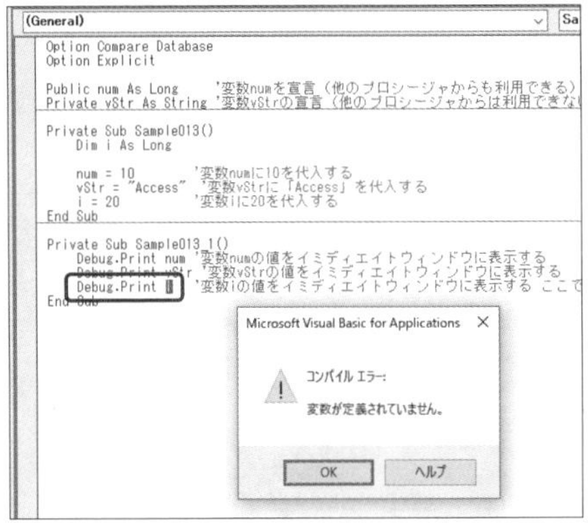

変数iがエラーになった

▼Sample013_2の実行結果

変数vStrがエラーになった

• Public/Privateステートメントの構文

Public ｜ Private ｜ Dim varname As type

変数を他のモジュール以外からも参照できるようにするには、Publicステートメントを使用します。逆に、他のモジュールから使用できないようにするには、PrivateステートメントまたはDimステートメントを使用します。なお、変数の宣言はモジュールの宣言セクションで宣言します。

Tips
014 ユーザー定義のデータ型（構造体）を宣言する

▶関連Tips 012

使用機能・命令 **Typeステートメント**

サンプルファイル名 gokui01.accdb/1_2_3Module

▼ユーザー定義型変数に値を代入する

```
Private Type Member         'ユーザー定義型Memberを宣言する
    Name As String          '変数Nameを宣言する
    Age As Long             '変数Ageを宣言する
End Type
Private Sub Sample014()
    Dim vMember As Member  '変数vMemberをユーザー定義型で宣言する
    vMember.Name = "Sato"    '変数NameにSatoを代入する
    vMember.Age = 16         '変数Ageに16を代入する
    MsgBox "氏名：" & vMember.Name & vbCrLf _
        & "年齢：" & vMember.Age      '変数の値を表示する
End Sub
```

❖ 解説

「ユーザー定義型」とは、複数の異なるデータ型の変数を1つにまとめて扱うことができる変数の一種です。配列の場合、複数の値を格納することができますが、データ型は同じです（Variant型であれば異なるデータ型の値も格納できますが、データの管理がしづらくなります）。ユーザー定義型は、Typeステートメントで指定します。Typeステートメントに続けてユーザー定義型の変数名を記述し、End Typeまでの間に、メンバとなる変数を宣言します。

定義されたユーザー定義型は、通常の変数の宣言時にデータ型として指定することができます。また、ユーザー定義型に含まれる変数を使用するには、「ユーザー定義型名.変数名」のように指定します。こうすることで、通常の変数と同じように利用することができます。また、ユーザー定義型は配列と組み合わせることもできます。

•Typeステートメントの構文

[Private ｜ Public] Type varname
elementname [([subscripts])] As type
[elementname [([subscripts])] As type]
. . .
End Type

ユーザー定義型はTypeステートメントを使って、モジュールの宣言セクションで使用します。varnameに変数名を指定します。elementnameにユーザー定義型の要素を指定します。クラスモジュールで使用する場合は、Privateを付けます。ユーザー定義型を使うことで、複数の変数をまとめておくことができます。他のプログラミング言語では、「構造体」と呼ばれるものに相当します。

オブジェクト変数を使用する

▶関連Tips 013

使用機能・命令　**Setステートメント**

サンプルファイル名　gokui01.accdb/1_2_4Module

▼現在のデータベースへの参照を変数に代入する

```
Private Sub Sample015()
    Dim db As DAO.Database   'DAOのDatabase型のオブジェクト変数を宣言

    Set db = CurrentDb       '現在のデータベースへの参照を代入する
    Debug.Print db.Name      'データベースのファイル名をフルパスで表示する

    Set db = Nothing         'データベースへの参照を解除する
End Sub
```

❖ 解説

ここでは、CurrentDbメソッドを使用して現在開かれているデータベースを取得し、オブジェクト変数dbにその参照を代入しています。

オブジェクト変数とはその名前のとおり、オブジェクトを格納するための変数です。**変数にオブジェクト代入するには、Setステートメントを使用します**。なお、数値型など他のデータ型の場合、Letステートメントを使用しますが、Letステートメントは省略可能で、また、通常省略します。

オブジェクト変数は、正確には、オブジェクトそのものが代入されるわけではありません。オブジェクトがメモリのどこにあるか、その参照情報が変数に代入されます。

そのため、「オブジェクトへの参照が代入される」という表現を使います。

オブジェクト変数にオブジェクトへの参照を代入する際に、Setステートメントを使用しないと、コンパイルエラーになるので注意してください。

なお、オブジェクト変数を使用し終わった時、「Set db = Nothing」としています。このようにNothingを代入することで、変数を使用しないことを明示しています。

VBAの仕様では、プロシージャ終了時には自動的に変数は開放されますが、明示的に開放したい場合にはこのように記述してください。

•Setステートメントの構文

Set objectvar = {objectexpression | New classname | Nothing}

オブジェクト変数（objectvar）にオブジェクトの参照を代入するには、Setステートメントを使用します。また、参照を解放するにはNothingを代入します。

静的変数を使用する

▶関連Tips 012

使用機能・命令 **Staticステートメント**（→Tips013）

サンプルファイル名 gokui01.accdb/1_2_4Module

▼プロシージャの終了後も値が残る変数を利用する

```
Private Sub Sample016()
    Static num1 As Long '静的変数num1を宣言する
    Dim num2 As Long '変数num2を宣言する

    num1 = num1 + 1 '変数num1の値を1加算する
    num2 = num2 + 1 '変数num2の値を1加算する
    Debug.Print num1, num2 '変数の値を出力する
End Sub
```

解説

静的変数を宣言するには、Staticステートメントを使用します。Staticステートメントを使用して宣言された変数は、**プロシージャが終了しても、プロジェクトがリセットされるまで値が保持されます**。このサンプルは、Sample016プロシージャを実行するたびに、Staticステートメントで宣言された変数num1は前回実行時の値にさらに加算されていきます。Dimステートメントで宣言された変数num2は、常に「1」のままです。

つまり、Staticステートメントを使用して宣言した変数num1は、プロシージャ終了後も値を保持していることになります。なお、プロジェクトのリセットとは、コードが編集されたり、VBEで［リセット］ボタンがクリックされた時などに発生します。

変数に代入されている値が保持される期間を、変数の有効期間といいます。Staticステートメントで宣言された変数の有効期間は、プロジェクト終了またはリセットされるまでです。

同様に、モジュールの宣言セクションで宣言されたモジュールレベル変数も、有効期間はプロジェクト終了またはプロジェクトがリセットされるまでとなります。一方、プロシージャレベルでDimステートメントを使用して宣言された変数は、そのプロシージャが終了するまでが有効期間です。変数の宣言方法については、Tips012を参照してください。

▼実行結果

Sample016プロシージャを5回実行した結果。Staticステートメントを使用した場合（画面左側の値）は、値が加算されていく

定数を定義する

▶関連Tips 012

使用機能・命令 **Constステートメント**

サンプルファイル名 gokui01.accdb/1_2_4Module

▼定数を使用して、コードの可読性/保守性を高める

```
Private Sub Sample017()
    Const TAX As Double = 0.1 '定数TAXを宣言する
    Dim Price As Long

    Price = 100
    Debug.Print Price * (1 + TAX) '定数を使用した計算処理を行う
End Sub

'定数を使用していない場合のコード
Private Sub Sample017_2()
    Dim Price As Long
    Price = 100

    '定数を使っていないので「0.1」が何の値かわからない
    Debug.Print Price * (1 + 0.1)
End Sub
```

❖ 解説

定数は、Constステートメントを使用して宣言します。定数は、たとえば消費税率などのように頻繁には変わらない、または完全に固定された値を使用する場合に使用します。

ここでは、2つのサンプルを紹介します。1つ目のSample017プロシージャは、定数TAXを使用しています。そのため、「Price * (1 + TAX)」の部分で何をしているのか（税込価格を求めています）がわかりやすくなっています。それに対して、2つ目のSample017_2プロシージャでは、プロシージャ中の「0.1」が何を表すものなのか（税率なのか、値上げの割合なのか、など）コメント等で説明が無いとわかりません。

なお、定数に指定できるデータ型は変数と同じです。データ型については、Tips012を参照してください。

Memo 定数を利用することで、対象の値が変更になった場合でも、修正箇所が1箇所で済むため、修正漏れを防ぐだけではなく、修正そのものの時間をへらすことができます。

Tips 018 条件付きコンパイル定数を定義する

▶関連Tips 017 025

使用機能・命令 **#Constディレクティブ／#If Then #Elseディレクティブ**

サンプルファイル名 gokui01.accdb/1_2_5Module

▼条件付きコンパイル定数を使用して、テストモードと本番環境を分ける

```
#Const TEST_MODE = True 'コンパイル定数を宣言する

Private Sub Sample018()
    Dim num As Long

    '計算結果を変数numに代入する
    num = 2 ^ 8

    'コンパイル定数の値で処理を分岐する
    #If TEST_MODE Then
        Debug.Print "処理結果は" & num     'メッセージを表示する
    #Else
        MsgBox "処理結果は" & num          'メッセージを表示する
    #End If
End Sub
```

❖ 解説

コンパイル定数は、プログラムの中でコンパイル範囲を分けるときに使用します。条件付きコンパイル定数は、#Constディレクティブで宣言します。また、コンパイル範囲を分ける処理は、#If Then #Elseディレクティブを使用します。

条件付きコンパイルは、このサンプルのようにテストモードと本番環境で処理を分ける場合に使用できます。ここでは、コンパイル定数TEST_MODEがTrueの時は、計算結果をイミディエイトウィンドウに表示し、Falseの場合は計算結果をメッセージボックスに表示します。

なお、ここではコンパイル定数の動作を確認するための計算ですから、計算内容には特に意味はありません。もちろん、通常の定数を使用してもテストモードとの切り分けはできますが、コンパイル定数を使用する場合、コードの意図をより明確にすることができます。

そうすることで、コード自体の可読性が高まり、あわせて保守性も上がります。

また、Office2010から、従来の32bitバージョンに加え64bitバージョンのアプリケーションが追加になりました。これに伴い、64bitバージョンでAPIを宣言するときに、PtrSafeキーワードが必要になりました。

API関数を使用し、Officeアプリケーションが32bitバージョンと64bitバージョンが混在する場合は、コンパイル範囲をわけないとエラーになってしまいます。#If Then #Elseディレクティブは、そのような場合にも利用できます。

▼TEST_MODE定数がTrueの場合（テストモード）の実行結果

イミディエイト

処理結果は256

計算結果がイミディエイトウィンドウに表示された

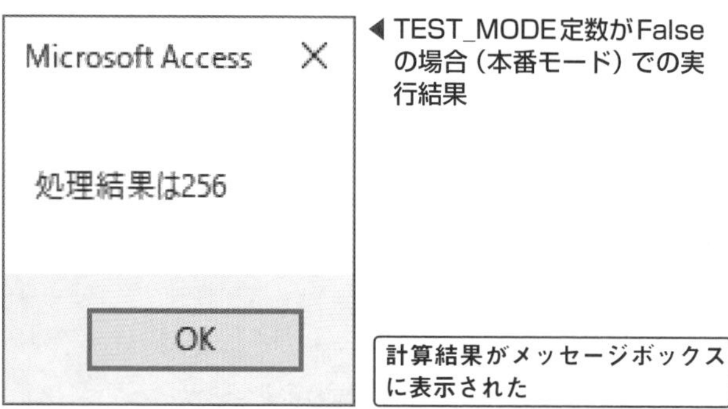

◀TEST_MODE定数がFalseの場合（本番モード）での実行結果

•#Constディレクティブの構文

```
#Const constname = expression
```

•#If Then #Elseディレクティブの構文

```
#If expression Then
  statements
[ #ElseIf expression Then
  [ statements ]
[ #Else
  [ statements ] ]
#End If
```

#Constディレクティブは、条件付きコンパイル定数を宣言するために使用します。また、#If Then #Elseディレクティブと組み合わせることで、条件に応じてコンパイル範囲を分けることができます。#If Then #Elseディレクティブの構文は、基本的にIfステートメント（Tips025）と同じです。

Tips 019

列挙型の定数を定義する

▶関連Tips 012 017

使用機能・命令

Enumステートメント

サンプルファイル名 gokui01.accdb/1_2_6Module

▼列挙型の定数を使用して、テーブルのフィールド名を取得する

```
Private Enum Field_Num  '列挙型の定数を宣言する
    ID = 0
    UserName = 1
End Enum
Private Sub Sample019()
    Dim db As DAO.Database
    Dim rs As DAO.Recordset
    Set db = CurrentDb      '現在のデータベースへの参照を取得する
    'T_1Sho_1テーブルのレコードセットを取得する
    Set rs = db.OpenRecordset("T_1Sho_1", dbOpenTable)
    '各フィールドのフィールド名を取得してイミディエイトウィンドウに表示する
    With rs
        Debug.Print .Fields(Field_Num.ID).Name
        Debug.Print .Fields(Field_Num.UserName).Name
    End With
    rs.Clone      'レコードセットを閉じる
End Sub
```

❖ 解説

Enumステートメントを使用すると、複数の定数をまとめて管理することができます。ここでは、「T_1Sho_1」テーブルのフィールド番号を管理しています。Sample019プロシージャでは、「T_1Sho_1」テーブルからレコードセットを取得して、各フィールドのフィールド名をイミディエイトウィンドウに出力します。この時、Fieldsプロパティのインデックス番号に、列挙型の定数を指定しています。こうすることで、コードの可読性が高くなります。

•Enumステートメントの構文

[Public ｜ Private] Enum name
membername [= constantexpression]
. . .
End Enum

Enumステートメントは、列挙型の定数を定義します。nameに定数名を、membernameに要素を指定し、モジュールの宣言セクションに記述します。列挙型は、要素に設定する値を省略することができます。先頭の要素の場合、設定する値を省略すると、0が設定されます。2番目以降の要素で設定する値を省略すると、1つ上の値に「＋ 1」した数値が設定されます。

Tips 020 論理演算子を利用して、偶数・奇数の判定を行う

▶関連Tips 012

使用機能・命令　**ビット演算**

サンプルファイル名　gokui01.accdb/1_2_7Module

▼論理演算子を利用して、偶数・奇数の判定を行う

```
Sub Sample020()
    Dim num As Long
    num = 5 '変数に「5」を代入する

    If (num And 1) = 0 Then  '変数の値と1で論理演算を行う
        MsgBox num & "は偶数です"
    Else
        MsgBox num & "は奇数です"
    End If
End Sub
```

❖ 解説

ビットとは2進数の一桁を表します。2進数とは、「0」と「1」の2種類の値で数値を表現する方法です。ちなみに、我々が普段使っているのは10進数です。また、時計の秒や分は60進数（0～59までの60種類の値が1つのまとまりになっている）です。

この2進数のそれぞれの桁を演算する処理を、ビット演算と呼びます。ビット演算には、論理演算子を使用します。論理演算子は、And、Or、Xor、Eqv、Impがあります。ここでは変数numの値と「1」をビット演算を使用して、変数numが偶数か奇数かを判定します。And演算子で判定する仕組みは、次のようになります。例えば、「5」は2進数で表すと「101」に、「4」は「100」となります。これと「1（001）」をAnd演算子でビット演算すると、「5」（奇数）は「1」、「4」（偶数）は「0」になります（それぞれの桁同士を演算します）。今回のサンプルは、この仕組みを利用しています。

◈ 論理演算子とビット演算の結果

式（exp1）	式（exp2）	And	Or	Xor	Eqv	Imp
0	0	0	0	0	1	1
0	1	0	1	1	0	1
1	0	0	1	1	0	0
1	1	1	1	0	1	1

•ビット演算の構文

exp1 operator exp2

論理演算子を使用してビット演算を行うことができます。exp1とexp2に値を、operatorに演算子を指定します。各演算子とその結果は、「解説」を参照してください。

配列を宣言する

▶関連Tips 022 023

使用機能・命令 **Dimステートメント**（→Tips012）

サンプルファイル名 gokui01.accdb/1_3Module

▼ループ処理を利用して配列の値を出力する

```
Private Sub Sample021()
    Dim temp(1) As String    '要素数2の配列を宣言
    Dim i As Long
    temp(0) = "Access"    '1番目の要素に「Access」を代入
    temp(1) = "Excel"     '2番目の要素に「Excel」を代入
    For i = 0 To 1     '配列のすべての要素に対して繰り返し処理を行う
        Debug.Print temp(i)       '配列の値を出力する
    Next
End Sub
```

解説

配列は、同じデータ型を持つ要素の集まりです。変数を箱だとすると、その箱に仕切りを入れて、複数のデータを格納することができるようにしたものです。

配列変数の宣言は、「Dim 変数名(要素数 -1) As データ型」と記述します。ここで「要素数 - 1」としているのは、配列のインデックス番号は0から始まるからです。

また、(4 To 10) のように、範囲を指定して宣言することもできます。

特に指定がない場合、配列のインデックス番号は「0」から始まりますが、インデックス番号を「1」から始めるには、Option Baseステートメントを使用して、モジュールの宣言セクションに「Option Base 1」を記述します。

このサンプルでは、2つの要素を持つ配列を宣言していますが、宣言時に「temp(1)」としているのはそのためです。

•配列を宣言する構文（Dimステートメント）

Dim varname[([subscripts [lower To] upper [, [lower To] upper]])] [As type]

配列変数を宣言するには、通常の変数同様Dimステートメントを利用します。配列変数は、配列に格納するデータ（「要素」）の数を決めて宣言し、この「要素」はインデックス番号で管理されます。

なお、原則インデックス番号は「0」から始まります。そのため、要素数を「3」にしたい場合は「0」～「2」までのインデックス番号が利用されます。したがって、配列変数を宣言する際も、実際に用意したい要素数から「-1」した数を指定します。

Tips 022

配列の要素数を取得する

▶関連Tips 021 023

使用機能・命令 **LBound関数/UBound関数**

サンプルファイル名 gokui01.accdb/1_3Module

▼配列の最小値と最大値を取得し、イミディエイトウィンドウに表示する

```
Private Sub Sample022()
    Dim temp(2) As Long     '要素数3の配列を宣言する

    '配列のインデックスの最大値と最小値を出力する
    Debug.Print UBound(temp), LBound(temp)
End Sub

Private Sub Sample022_2()
    Dim temp(2, 1) As Long '2次元配列を宣言する

    '配列の2次元目のインデックスの最大値と最小値を出力する
    Debug.Print UBound(temp, 2), LBound(temp, 2)
End Sub
```

❖ 解説

配列の要素数を取得します。UBound関数は配列のインデックス番号の最大値を、LBound関数は最小値を返します。

また、UBound 関数、LBound関数は2 番目の引数に対象の次元数を指定して、指定した次元の要素数を取得することができます。

1つ目のサンプルは要素数3の配列を宣言し、インデックス番号の最大値と最小値を、それぞれイミディエイトウィンドウに表示しています。

2つ目のサンプルは、2次元配列の2 次元目のインデックス番号の最大値と最小値を、イミディエイトウィンドウに表示します。

• UBound関数/LBound関数の構文

UBound/LBound(arrayname[, dimension])

UBound関数、LBound関数は、配列のインデックス番号の上限値と下限値を取得します。配列の要素数を求めるには、「UBound関数の結果 - LBound関数の結果 ＋ 1」とします。なお、引数「dimension」には、下限値（上限値）を調べる配列の次元数を指定することができます。省略すると、「1」を指定したこととされます。

Tips 023

動的配列で要素数を割り当てる

▶関連Tips 021 024

使用機能・命令　**ReDimステートメント/Preserveキーワード**

サンプルファイル名　gokui01.accdb/1_3Module

▼動的配列の値を保持したまま要素数を変更する

```
Private Sub Sample023()
    Dim temp() As String        '動的配列を宣言する
    Dim i As Long

    ReDim temp(1)               '動的配列の要素数を2にする
    temp(0) = "Access"       '配列の1番目の要素に「Access」を代入する
    temp(1) = "Excel"       '配列の2番目の要素に「Excel」を代入する

    ReDim Preserve temp(2)  '動的配列の内容を保ったまま要素数を3にする
    temp(2) = "PowerPoint"  '配列の3番目の要素に「PowerPoint」を代入する

    For i = LBound(temp) To UBound(temp)   '配列のすべての要素に対して処理を行う
        Debug.Print temp(i)     '配列の要素をイミディエイトウィンドウに表示する
    Next
End Sub
```

❖ 解説

動的配列とは、あらかじめ要素数が決まっていない配列を指します。動的配列の場合、プログラムの中で配列の要素数を割り当てる必要があります。このための命令が、ReDimステートメントです。

また、ReDimステートメントはプログラム内で何度でも使用できますが、単に「ReDim 変数名(要素数)」とした場合、それまで配列に保持されていた内容が破棄されてしまいます。

それまで保持していた内容を保ったまま、要素数を増やしたい場合には、Preserveキーワードを使用します。このサンプルでは、配列の要素数を「2」にして変数に値を代入したあと、その値を保持したまま、要素数を「3」にしています。

最後にFor Nextステートメントを使用して、配列のすべての要素の値をイミディエイトウィンドウに表示しています。この時、最初に配列に代入した値が保持されていることが確認できます。

•ReDimステートメントの構文

ReDim [Preserve] varname(subscripts) [As type]

動的配列は、宣言時に変数名の直後の()内の数値を省略し、プロシージャ内で改めてReDimステートメントを利用して、要素数を指定します。また、ReDimに続けてPreserveキーワードを使用すると、要素数を指定し直す際に、もともと代入されていた値を保持することができます。

なお、ReDimステートメントを使用して変更できるのは、配列の最終次元のみです。

Tips 024 配列を初期化し、初期化されているか確認する

▶関連Tips 023

使用機能・命令 **Not演算子**

サンプルファイル名 gokui01.accdb/1_3Module

▼変数temp（動的配列）を初期化した後、状態を確認する

```
Sub Sample024()
    Dim temp() As String '動的配列を宣言する
    Dim num As Long

    ReDim temp(0 To 1) '配列の要素数を一度確定する

    Erase temp '配列を初期化する

    '配列が初期化されているかチェックする
    If Not Not temp Then
        '要素数が割り当てられている場合のメッセージ
        MsgBox "配列には要素数が割り当てられています"
    Else
        '初期化状態の場合のメッセージ
        MsgBox "配列は初期化状態です"
    End If
End Sub
```

解説

配列を初期化するには、Eraseステートメントを使用します。その結果、配列の各要素は初期値（配列のデータ型の初期値）に戻ります。また、動的配列の場合は、配列の割り当てが開放されます。

動的配列が初期化状態かどうかチェックするには、Not演算子を使用します。ここでは一旦、ReDimステートメントを使用して動的配列の要素数を確定後、Eraseステートメントで配列を初期化し、確認しています。

動的配列で要素数が割り当てられていない場合、Not演算子と組み合わせることで変数の内部処理のデータ型がLongに変換されます。このことを利用して判定することができます。

また、UBound関数とエラー処理を組み合わせても結構です。UBound関数は、指定した配列が初期状態の場合エラーになります。これを利用して、ErrオブジェクトのNumberプロパティでエラーが発生したかを確認して判定します。

なお、Sgn関数を利用して判定できるケースもありますが、例外があるため気をつけてください。

Tips 025

複数の条件によって処理を分岐する（1）

▶関連Tips 026

使用機能・命令　**Ifステートメント**

サンプルファイル名　gokui01.accdb/1_4Module

▼入力された数値によって、複数の処理結果を表示する

```
Private Sub Sample025()
    Dim temp As Long
    temp = InputBox("数値を入力")     'インプットボックスに入力された値を変数に代入する
    If temp < 0 Then            '変数tempの値が0未満か判定
        MsgBox "マイナス"     '0未満の場合メッセージを表示する
    ElseIf temp >= 0 And temp < 10 Then '変数tempの値が0以上10未満か判定
        MsgBox "0以上10未満"      '0以上10未満の場合メッセージを表示する
    Else                          '変数tempの値がそれ以外の処理
        MsgBox "10以上"           'それ以外の場合のメッセージ
    End If
End Sub
```

解説

このサンプルではInputBox関数を使用して、入力用のダイアログボックスを表示し、ユーザーによって入力された値に応じて処理を分岐しています。また、このサンプルでは、条件式にAND論理演算子を使用しています。このように論理演算子を使用して、条件を指定することもできます。

•If ステートメントの構文

If condition Then
[statements]
[Else]
[elsestatements]
[End If]

Ifステートメントは、conditionに指定した式がTrueの場合とFalseの場合で処理を分岐します。conditionがTrueの場合はstatementsを、Falseの場合はelsestatementsを実行します。

なお、Trueの場合の処理しかなく、その処理が1行で表せる場合は、次のように1行で記述することもできます。

If condition Then [statements]

Tips 026

複数の条件によって処理を分岐する（2）

▶関連Tips 025 027 028

使用機能・命令 **Select Caseステートメント**

サンプルファイル名 gokui01.accdb/1_4Module

▼InputBoxに入力された値に応じて異なる処理を行う

```
Private Sub Sample026()
    Dim temp As Long

    temp = InputBox("数値を入力")    'インプットボックスに入力された値を変数に代入する

    Select Case temp
        Case Is < 0                 '変数tempの値が0未満か判定
            MsgBox "マイナス"   '0未満の場合メッセージを表示する
        Case 0 To 9             '変数tempの値が0から9までか判定
            MsgBox "0から9の間"     '0から9までの場合メッセージを表示する
        Case Else               '変数tempの値がそれ以外の処理
            MsgBox "10以上"     'それ以外の場合のメッセージ
    End Select
End Sub
```

❖ 解説

このサンプルではInputBox関数を使用して、入力用のダイアログボックスを表示し、ユーザーによって入力された値に応じて処理を分岐しています。

•Select Caseステートメントの構文

Select Case testexpression
[Case expressionlist-n
[statements-n]] ...
[Case Else
[elsestatements]]
End Select

Select Caseステートメントは、testexpressionに指定された式と、Case節を比較し、結果がTrueになればその節を実行します。なお、Case節に当てはまった場合、それ以降の処理は行われません。また、Case節に複数の条件を指定した場合、条件に当てはまる値があれば、それ以降の条件はチェックしません（ショートサーキットします）。条件式には、IsキーワードやToキーワードを指定して、数値に関する条件を指定することができます。文字列を指定した場合は、その文字列と一致したCase節のステートメントが実行されます。また、条件式には、カンマで区切って複数の条件を指定することができます。この場合、条件はOR条件となります。

複数の条件によって処理を分岐する（3）

▶関連Tips
026
028

使用機能·命令　**Select Caseステートメント**

サンプルファイル名　gokui01.accdb/1_4Module

▼変数の値に応じて、複数の処理結果を表示する

```
Private Sub Sample027()
    Dim temp As Long

    temp = 1            '変数tempに1を代入する

    Select Case True
        Case temp < 0              '変数tempの値が0未満か判定する
            MsgBox "マイナス"              '0未満の場合メッセージを表示する
        Case temp >= 0 And temp < 10     '変数tempの値が0以上10未満か判定する
            MsgBox "0以上10未満"            '0以上10未満の場合メッセージを表示する
        Case temp >= 10 And temp < 20    '変数tempの値が10以上20未満か判定する
            MsgBox "10以上20未満"           '10以上20未満の場合のメッセージ
        Case Else                        '変数tempの値がそれ以外の処理
            MsgBox "20以上"                'それ以外の場合のメッセージ
    End Select
End Sub
```

解説

Select Caseステートメントの条件式に、And演算子やOr演算子などの論理式を指定することができます。この場合、最初の「Select Case」の後に「True」を指定します。Select Caseステートメントは、最初の「Select Case」の後の値と、Case節の値を比較し、結果がTrueになった時にそのCase節の処理を行います（→Tips026の構文参照）。

例えば、最初の「Select Case」の後に「True」を指定し、Case節に「A And B」と記述したとします。仮に「A And B」の結果がTrueの場合、「Select Case」の後のTrueと比較することになります（このケースだと、TrueとTrueを比較するのですから、結果もTrueです）。ですので、Case節の条件式の結果がTrueになったら、そのCase節のステートメントを実行することになるのです。

なお、ここでは最初の「Select Case」の後にTrueを指定しましたが、Falseを指定しても結構です。その際は、Case節の結果がFalseの場合に、そのCase節の処理が実行されることになります。

▼実行結果

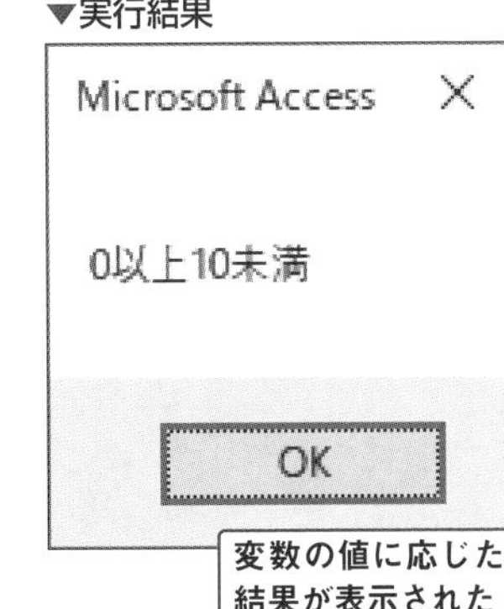

Tips 028

ショートサーキットを行う

▶関連Tips 025 026 027

使用機能・命令 **Select Caseステートメント**

サンプルファイル名 gokui01.accdb/1_4Module

▼Select Caseステートメントを利用してショートサーキットを行う

```
Private Sub Sample028()
    Dim temp As String   '変数tempを宣言する

    temp = "Access"      '変数に「Access」を代入する

    Select Case True     '変数tempの値を判定する
        'エラーにならない(ショートサーキットする)
        Case temp = "Access", 1 / 0
            MsgBox "OK"
    End Select
End Sub

Private Sub Sample028_2()
    Dim temp As String   '変数tempを宣言する

    temp = "Access"      '変数に「Access」を代入する

    '変数tempの値を判定する
    'エラーになる(ショートサーキットしない)
    If temp = "Access" Or 1 / 0 Then
        MsgBox "OK"
    End If
End Sub
```

❖ 解説

Select Caseステートメントの条件式にカンマで区切った複数の条件式を指定すると、ショートサーキットを行うことができます。1つ目のサンプルでは、Select Caseステートメントを使用して、ショートサーキットを行います。ここでは最初のCase節の2つ目の条件に「1/0」という計算式が指定されていますが、「0」で除算することになるので、通常であれば実行時エラーになります。しかし、先に条件として指定されている「temp = "Access"」が評価されて、その結果がTrueになる場合、この「1/0」の計算式は評価されません。そのため、実行時エラーは発生しません。

2つ目のコードは、同じ判定をIfステートメントを利用して記述したものです。この場合、「1 / 0」の式も実行時に評価されるため、実行時エラーになります。

なお、Select Caseステートメントの構文については、Tips026を参照してください。

Tips 029

▶関連Tips 030 031

指定した回数だけ処理を繰り返す

使用機能・命令 **For Nextステートメント**

サンプルファイル名 gokui01.accdb/1_5Module

▼10回処理を繰り返す

```
Private Sub Sample029()
    Dim i As Long    'ループ処理用の変数を宣言

    For i = 10 To 1 Step -1 '変数iの値が10から1になるまで処理を繰り返す
        Debug.Print i        '変数の値をイミディエイトウィンドウに表示する
    Next
End Sub
```

解説

指定した回数処理を繰り返すには、For Nextステートメントを使用します。

このサンプルでは、変数iの値が10から1になるまで、変数の値を「-1」ずつしながら処理を繰り返しています。このように、For Nextステートメントは、変数の値を減算しながら処理を行うことも可能です。当然ですが、「For i = 1 To 10」とすれば、1から10まで順に処理することになります。

また、Stepキーワードに「2」や「5」といった値を指定して、変数の値を指定した数ずつ変化させるといった処理も可能です。

•For Nextステートメントの構文

For counter = start To end [Step step]
[statements]
[Exit For]
[statements]
Next [counter]

For Nextステートメントは、counterの値がendになるまで処理を繰り返します。結果、指定した回数だけ処理を繰り返します。startにはcounterの初期値を、endには終了値を、stepはcounterに追加される値を指定します。stepを省略した場合、counterには「1」が加算されます。マイナスの値を指定することもできます。なお、ループを1回処理するごとに、counterの値は自動的に加算されます。また、counterに使用する変数を、カウンタ変数と呼びます。

条件が真になるまで処理を繰り返す

▶関連Tips
029
031

使用機能・命令 **Do Loopステートメント/Untilキーワード**

サンプルファイル名 gokui01.accdb/1_5Module

▼変数の値が10より大きくなるまで処理を繰り返す

```
Private Sub Sample030()
    Dim num As Long          '計算処理用の変数を宣言
    Dim i As Long            '終了判定用の変数を宣言
    Do Until i >= 10         '変数iの値が10より大きくなるまでの間、処理を繰り返す
        i = i + 1            '終了条件になる変数の値を1加算する
        num = num + i        '1から10までの値を合計する
    Loop
    Debug.Print num          '計算結果をイミディエイトウィンドウに表示する
End Sub
```

❖ 解説

条件が真（True）になるまで処理を繰り返すには、Do LoopステートメントとUntilキーワードを使用します。Untilキーワードは、続けて指定した条件が満たされるまで、処理を繰り返します。

ここでは、変数iの値が10より大きくなるまで処理を繰り返します。Do Loopステートメントの場合、終了条件の指定に注意してください。ここでは、最初のステートメントで変数iの値を「1」加算しています。For Nextステートメントの場合、カウンタ変数は自動的に加算（または減算）されましたが、Do Loopステートメントの場合はそのようなことはありません。この処理を忘れるとループ処理が終わらない、いわゆる無限ループになってしまいます。また、Untilキーワードは、Loopキーワードの後に指定することもできます。詳しくは、「構文」を参照してください。

・Do Loopステートメントの構文

Do [{While | Until} condition]
[statements]
[Exit Do]
[statements]
Loop [{While | Until} condition]

Do Loopステートメントはループ処理を行います。指定した条件（condition）を満たすまで処理を繰り返す場合はUntilキーワードを、条件を満たしている間処理を繰り返す場合はWhileキーワードを使用します。また、Doキーワードに続けて条件を記述すればループ処理の前に判定を行い、Loopキーワードに続けて記述すればループ処理の最後に行います。

そのため、Doキーワードに続けて条件を指定した場合は、繰り返し処理が全く行われない場合もあります。逆に、Loopキーワードに続けて条件を指定した場合は、少なくとも1回はループ内の処理が行われます。なお、途中で処理を抜ける場合は、「Exit Do」を記述します。

条件が真の間、処理を繰り返す

▶関連Tips 029 031

使用機能・命令　**Do Loopステートメント/Whileキーワード**（→Tips030）

サンプルファイル名　gokui01.accdb/1_5Module

▼変数の値が10未満の間、処理を繰り返す

```
Private Sub Sample031()
    Dim num As Long        '計算処理用の変数を宣言
    Dim i As Long          '終了判定用の変数を宣言

    Do While i < 10        '変数iの値が10未満の間、処理を繰り返す
        i = i + 1          '終了条件になる変数の値を1加算する
        num = num + i      '1から10までの値を合計する
    Loop
    Debug.Print num        '計算結果をイミディエイトウィンドウに表示する
End Sub

Private Sub Sample031_2()
    Dim num As Long        '計算処理用の変数を宣言
    Dim i As Long          '終了判定用の変数を宣言

    Do
        i = i + 1          '終了条件になる変数の値を1加算する
        num = num + i      '1から10までの値を合計する
    Loop While i < 10        '変数iの値が10未満の間、処理を繰り返す
    Debug.Print num        '計算結果をイミディエイトウィンドウに表示する
End Sub
```

❖ 解説

条件が真（True）の間処理を繰り返すには、Do LoopステートメントとWhileキーワードを使用します。Whileキーワードは、続けて指定した条件が満たされている間、処理を繰り返します。

ここでは、2つのサンプルを紹介します。両方とも変数iの値が10未満の間、処理を繰り返します。

両者の違いは、Whileキーワードの位置です。1つ目のサンプルはDoキーワードの後、2つ目のサンプルはLoopキーワードの後にWhileキーワードがあります。この違いは、条件判定を最初に行う（1つ目）か後に行うか（2つ目）です。条件判定を最初に行う場合、繰り返し処理の内容が1度も行われない可能性が有ります。逆に、条件判定を最後に行う場合、必ず1度は繰り返し処理内の処理が行われます。

なお、Do Loopステートメントの構文は、Tips030を参照してください。

多重ループを使用する

▶関連Tips 029 030

使用機能・命令 **Do Loopステートメント**（→Tips030）／**For Nextステートメント**（→Tips029）

サンプルファイル名 gokui01.accdb/1_5Module

▼2重ループを使用して計算処理を行う

```
Private Sub Sample032()
    Dim i As Long, j As Long       'ループ処理用の変数を宣言
    Dim num As Long                '計算処理用の変数を宣言

    For i = 1 To 10                '変数iの値が10になるまで処理を繰り返す
        j = 1                      '変数jに1を代入する
        Do Until j > 10            '変数jの値が10より大きくなるまで処理を繰り返す
            j = j + 1              '変数jの値を1加算する
            num = num + 1          '変数numの値を1加算する
        Loop
    Next
    Debug.Print num                '変数numの値をイミディエイトウィンドウに表示する
End Sub
```

❖ 解説

ループ処理は、ネスト（入れ子）することができます。つまり、ループ処理の中で、さらにループ処理を行うということです。このようなループ処理を、多重ループと呼びます。

このサンプルでは、外側のループ処理にFor Nextステートメントを、内側のループ処理にDo Loopステートメントを使用しています。実際にプログラムを作成する際には、外側と内側の両方にFor Nextステートメントを使っても、Do Loopステートメントを使っても構いません。その時の処理内容に応じて、使い分けるとよいでしょう。

ただし、両方にDo Loopステートメントを使用する場合は、終了条件に注意が必要です。

内側のDo Loopステートメントによるループ処理が終わった時点で、終了条件は満たされていることになります。そのため、そのまま何もしないと、再度内側のループ処理に入る時点で、既に終了条件が満たされていることになります。

このサンプルでも、**内側のDo Loopステートメントで終了条件に使用している変数jの値を、Do Loopステートメントが始まる直前で「1」に設定して、初期化を行っています**。

なお、このプログラムは2重になったループ処理で合計何回のループ処理が行われたかを、変数numを使用してカウントし、最後にイミディエイトウィンドウに表示しています（結果は「100」になります）。

Tips 033 すべてのコレクションに対して処理を行う

▶関連Tips 029 030

使用機能・命令　**For Each Nextステートメント**

サンプルファイル名　gokui01.accdb/1_5Module

▼「T_1Sho_1」テーブルのフィールド名を、ループ処理を使って出力する

```
Private Sub Sample033()
    Dim db As DAO.Database          'データベースを代入する変数を宣言
    Dim rs As DAO.Recordset         'レコードセットを代入する変数を宣言
    Dim vField As Field             'フィールドにアクセスするための変数を宣言

    Set db = CurrentDb              '現在のデータベースを変数dbに代入する
    '「T_1Sho_1」テーブルを開き、レコードセットを変数rsに代入する
    Set rs = db.OpenRecordset("T_1Sho_1")

    For Each vField In rs.Fields        'レコードセットのすべてのフィールドに対して処理を繰り返す
        Debug.Print vField.Name         'フィールド名をイミディエイトウィンドウに表示する
    Next
End Sub
```

解説

For Each Nextステートメントを使用すると、コレクションのすべてのメンバに対して処理を行うことができます。

このサンプルでは「T_1Sho_1」テーブルを開き、レコードセットを取得後、そのレコードセットのすべてのフィールドに対して処理を繰り返し行っています。この時、実際に処理を行う対象オブジェクトを表しているのが、変数vFieldです。

この変数vFieldは、Inキーワードの後に指定しているFieldsコレクションのメンバが順に設定され、すべてのメンバに対して処理が終わるまでは、For Each Nextステートメントが繰り返されます。

•For Each Nextステートメントの構文

For Each element In group
[statements]
[Exit For]
[statements]
Next [element]

For Each Nextステートメントは、groupにコレクションを指定して、コレクションの各要素に対してループ処理を行うことができます。groupに指定したコレクション全てに対して処理を行いますが、処理順序がどうなるかは保証されていません。

強制的に繰り返し処理を抜け出す

▶関連Tips 029 030

使用機能・命令　**Exitステートメント**（→Tips029、Tips030）

サンプルファイル名　gokui01.accdb/1_5Module

▼変数の値が50以上になったら、ループ処理を抜け出す

```
Private Sub Sample034()
    Dim i As Long, j As Long      'ループ処理用の変数を宣言
    Dim num As Long               '計算処理用の変数を宣言

    For i = 1 To 10               '変数iの値が10になるまで処理を繰り返す
        j = 1                     '変数jに1を代入する
        Do Until j > 10          '変数jの値が10より大きくなるまで処理を繰り返す
            j = j + 1             '変数jの値を1加算する
            num = num + 1         '変数numの値を1加算する
        Loop
        If num >= 50 Then         '変数numの値が50以上か判定する
            Exit For              '50位上の場合For Nextステートメントを抜ける
        End If
    Next
    Debug.Print num               '変数numの値をイミディエイトウィンドウに表示する
End Sub
```

❖ 解説

ループ処理を途中で抜けるには、Exitステートメントを使用します。For NextステートメントやFor Each Nextステートメントの場合は、Exit Forステートメントを、Do Loopステートメントの場合はExit Doステートメントを使用します。

このサンプルは、ループ処理の回数を変数numを使用してカウントしていますが、変数numの値が50以上になった時点で、For Nextステートメントを抜けだしています。

2重ループの内側のループから一気に外側のループを抜け出すには、ループ処理で、For NextステートメントとDo Loopステートメントを組み合わせる必要があります。

たとえば、外側のループ処理がFor Nextステートメント、内側がDo Loopステートメントの場合、Do Loopステートメント内で、条件が満たされた時点でExit Forステートメントを使用します。

内側と外側のステートメントが同じ場合、たとえばFor Nextステートメントを使用した場合は、内側のループ処理でExit Forステートメントを使用しても、それはあくまで内側のステートメントを抜け出すだけになってしまいます。

メッセージを表示する

▶関連Tips 036 037

使用機能・命令 **MsgBox関数**

サンプルファイル名 gokui01.accdb/1_6Module

▼メッセージボックスを表示する

```
Private Sub Sample035()
    MsgBox "処理を続けますか？", vbYesNo + vbInformation
End Sub
```

解説

このサンプルでは、メッセージボックスに「はい」と「いいえ」の2つのボタンを表示しています。また、情報アイコンも表示しています。

MsgBox関数には、この様に複数のボタンを表示することができます。

なお、MsgBox関数に指定できる値は、次のようになります。

◈ MsgBox関数の設定項目

指定項目	説明
prompt	メッセージとして表示する文字列を示す文字式を指定。半角で1,024文字まで。vbCrLfを利用することで、メッセージを改行することもできる
buttons（省略可）	表示されるボタンの種類と個数、使用するアイコンのスタイル、標準ボタンなどを指定。複数指定することも可能。省略すると「0」になる
title（省略可）	タイトルバーに表示する文字列を指定。省略すると、アプリケーション名が表示される
helpfile（省略可）	ダイアログボックスに状況依存のヘルプを設定するために、使用するヘルプファイルを指定。引数helpfileを指定した場合は、引数contextも指定する
context（省略可）	ヘルプトピックに指定したコンテキスト番号を表す数式を指定。引数contextを指定した場合は、引数helpfileも指定する

◈ 引数buttonsに指定する定数と値

[ボタンの種類]

定数	値	内容
vbOKOnly（規定値）	0	[OK]ボタンのみを表示する
vbOKCancel	1	[OK]ボタンと[キャンセル]ボタンを表示する
vbAbortRetryIgnore	2	[中止]、[再試行]、および[無視]の3つのボタンを表示する
vbYesNoCancel	3	[はい]、[いいえ]、および[キャンセル]の3つのボタンを表示する
vbYesNo	4	[はい]ボタンと[いいえ]ボタンを表示する
vbRetryCancel	5	[再試行]ボタンと[キャンセル]ボタンを表示する

[アイコンの種類]

定数	値	内容	アイコン
vbCritical	16	警告アイコンを表示する	Microsoft Access OK OK
vbQuestion	32	問い合わせアイコンを表示する	Microsoft Access OK OK
vbExclamation	48	注意アイコンを表示する	Microsoft Access OK OK
vbInformation	64	情報メッセージアイコンを表示する	Microsoft Access OK OK

[標準ボタンの設定]

定数	値	内容
vbDefaultButton1（規定値）	0	第1ボタンを標準ボタンにする
vbDefaultButton2	256	第2ボタンを標準ボタンにする
vbDefaultButton3	512	第3ボタンを標準ボタンにする
vbDefaultButton4	768	第4ボタンを標準ボタンにする

[モーダルの設定]

定数	値	内容
vbApplicationModal（規定値）	0	アプリケーションモーダルに設定する。メッセージボックスに応答するまで、Accessの操作ができない
vbSystemModal	4096	システムモーダルに設定する。メッセージボックスに応答するまで、すべてのアプリケーションの操作ができない

[その他]

定数	値	内容
vbMsgBoxHelpButton	16384	ヘルプボタンを追加する
VbMsgBoxSetForeground	65536	最前面のウィンドウとして表示する
vbMsgBoxRight	524288	テキストを右寄せで表示する
vbMsgBoxRtlReading	1048576	テキストを、右から左の方向で表示する

◈ MsgBox関数の戻り値

定数	値	説明	定数	値	説明
vbOK	1	[OK]	vbIgnore	5	[無視]
vbCancel	2	[キャンセル]	vbYes	6	[はい]
vbAbort	3	[中止]	vbNo	7	[いいえ]
vbRetry	4	[再試行]			

• MsgBox関数の構文

MsgBox(prompt[, buttons] [, title] [, helpfile, context])

ユーザー独自のメッセージを表示したダイアログボックスを表示するには、MsgBox関数を使用します。これをメッセージボックスと呼びます。必要に応じてボタンを配置し、ボタンごとに処理を分けたり、アイコンを表示したりすることができます。指定する値については、「解説」を参照してください。

Tips 036

選択されたボタンによって処理を分ける

▶関連Tips 035 036

使用機能・命令 **MsgBox関数**（→Tips035）

サンプルファイル名 gokui01.accdb/1_6Module

▼メッセージボックスでクリックされたボタンによって処理を分岐する

```
Private Sub Sample036()
    Dim res As VbMsgBoxResult    'MsgBox関数の戻り値を受け取る変数を宣言

    'メッセージを表示し、クリックされたボタンに相当する値を変数resに代入する
    res = MsgBox("処理を続けますか？", vbYesNo + vbExclamation)

    If res = vbYes Then 'クリックされたボタンが [はい] か判定する
        MsgBox "処理を終了します"    '[はい] の場合のメッセージ
    Else
        MsgBox "処理を継続します"    '[いいえ] の場合のメッセージ
    End If
End Sub
```

❖ 解説

MsgBox関数は、メッセージを表示した時にクリックされたボタンの値を返します。この値は、VBMsgBoxResult型のデータです。この値を、Ifステートメントなどの条件分岐処理と組み合わせることで、クリックされたボタンによって処理を分けることができます。

ここでは、メッセージボックスに［はい］と［いいえ］の2つのボタンを表示します。そして、クリックされたボタンに対応する値を変数resに代入した後に、その値をIfステートメントを使用して判定しています。

なお、MsgBox関数に設定する項目を「vbYesNo + vbExclamation」のように「+」演算子を使って指定できるのは、設定項目の組み込み定数が加算しても重複しないようになっているためです。「vbYesNo」は「4」、「vbExclamation」は「48」です。この合計「52」という値を持つ組み込み定数は、MsgBox関数にはありません。ですから、「+」演算子を使って複数指定することができるのです。

Memo このようにプログラムの実行中にユーザーの判断を仰ぐことはよくあります。ただし、ユーザーは「慣れて」くると、メッセージを気にせず条件反射的に「はい」をクリックすることもあるので、その場合はもう一度メッセージを表示するなどの工夫が必要です。

Tips 037

入力用ダイアログボックスを表示する

▶関連Tips 036

使用機能・命令　**InputBox関数/StrPtr関数**

サンプルファイル名　gokui01.accdb/1_6Module

▼ユーザーが値を入力できるテキストボックスを表示し、キャンセル処理も行う

```
Private Sub Sample037()
    Dim res As String   'インプットボックスに入力された文字を代入する変数を宣言
    'インプットボックスを表示し、入力された文字を変数に代入する
    res = InputBox("メッセージを入力")
    If StrPtr(res) = 0 Then           'キャンセルボタンがクリックされたかを判定
        MsgBox "キャンセルされました"   'キャンセルボタンが押された時のメッセージ
    ElseIf res = "" Then
        MsgBox "空欄です"     '空欄のまま [OK] ボタンをクリックしたときのメッセージ
    Else
        MsgBox res   '[OK] ボタンが入力された時のメッセージ
    End If
End Sub
```

❖ 解説

InputBox関数を利用すると、ユーザーがデータを入力できるテキストボックスをもったダイアログボックスを表示することができます。これを、インプットボックスと呼びます。テキストボックスに入力された値は、文字列型になります。ここでは、インプットボックスに入力された文字を、そのままメッセージボックスに表示します。

ただし、インプットボックスには［キャンセル］ボタンがあります。そこでこのサンプルでは、［キャンセル］ボタンがクリックされたかの判定処理を入れています。

InputBox関数は、［キャンセル］ボタンがクリックされると「値0の文字列」という特殊な文字列を返します。「値0の文字列」をチェックするには、StrPtr関数を利用します。この関数は、引数に「値0の文字列」が指定されたときのみ「0」を返します。

そこで、StrPtr関数とIfステートメントを組み合わせて、［キャンセル］ボタンがクリックされたかどうかの判定処理をしています。

なお、値0の文字列とは、String型の変数の初期状態を表す値です。vbNullStringという定数で表すことができます。これに対して、長さ0の文字列とは、文字を含まない文字列（""）です。

InputBox関数に指定する値は、次のようになります。

▼「キャンセル」した時の実行結果

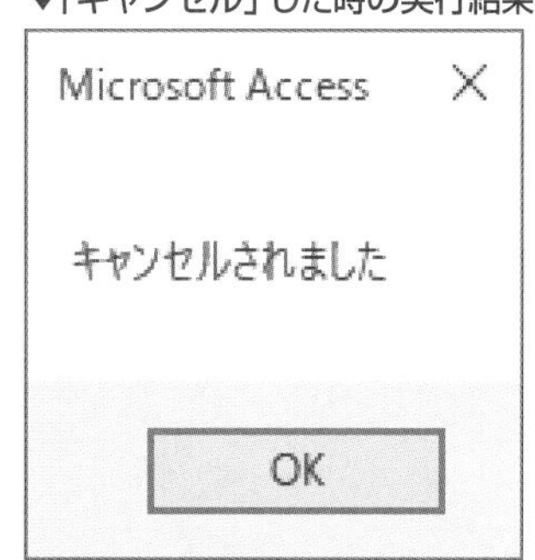

「キャンセル」時の処理が正しくできた

◈ InputBox関数の設定項目

指定項目	説明
prompt	メッセージとして表示する文字列を指定。文字数は半角で1,024。vbCrLfを利用することで改行することが可能
title（省略可）	タイトルバーに表示する文字列を指定。省略すると、タイトルバーにはアプリケーション名が表示される
default（省略可）	テキストボックスに既定値として表示する文字列を指定する。省略するとテキストボックスは空欄になる
xpos（省略可）	画面の左端からダイアログボックスの左端までの水平方向の距離を、twip単位で指定する。省略すると、水平方向に対して画面の中央の位置に配置される
ypos（省略可）	画面の上端からダイアログボックスの上端までの垂直方向の距離を、twip単位で指定する。省略すると、ダイアログボックスは垂直方向に対して画面の上端から約1/3の位置に配置される
helpfile（省略可）	ダイアログボックスに状況依存のヘルプを設定するために、使用するヘルプファイルを指定。引数helpfileを指定した場合は、引数contextも指定する
context（省略可）	ヘルプトピックに指定したコンテキスト番号を表す数式を指定する。引数contextを指定した場合は、引数helpfileも指定する

• InputBox関数の構文

InputBox(prompt[, title] [, default] [, xpos] [, ypos] [, helpfile, context])

InputBox関数を利用すると、ユーザーがデータを入力できるテキストボックスをもったダイアログボックスを表示することができます。これを、インプットボックスと呼びます。テキストボックスに入力された値は、文字列型のデータとなります。指定する項目については、「解説」を参照してください。

• StrPtr関数の構文

StrPtr(args)

StrPtr関数は、引数argsに指定されたString型の変数のアドレス値を返します。値0の文字列が指定された場合は、「0」を返します。

Memo このサンプルのように、キャンセル処理などをきちんとコーディングすることは、ユーザーにとって使いやすいプログラムを作成する上ではとても重要です。こういったところを適当にして作られたツールは、ユーザーがそのツールを使わなくなるきっかけにもなりかねないので、できるだけおろそかにしないようにしましょう。

Tips 038

エラー処理を行う

▶関連Tips 039 040 041

使用機能・命令 **On Error Gotoステートメント**

サンプルファイル名 gokui01.accdb/1_7Module

▼存在しないテーブルにアクセスして、エラー処理の流れを確認する

```
Private Sub Sample038()
    Dim db As DAO.Database  'データベースへの参照を代入する変数を宣言
    Dim rs As DAO.Recordset 'レコードセットへの参照を代入する変数を宣言
    On Error GoTo ErrHdl    'エラー処理を開始する
    Set db = CurrentDb      '現在のデータベースを取得する
    'T_1Sho_Nテーブルのレコードセットを開く。このテーブルは存在しないのでエラーが発生する
    Set rs = db.OpenRecordset("T_1Sho_N")
    Exit Sub    '処理を終了する

ErrHdl:     'エラー発生時のラベル
    MsgBox "エラーが発生しました" 'エラー発生時のメッセージ
End Sub
```

❖ 解説

On Error Gotoステートメントは、エラーが発生すると続けて指定した行ラベル、または行番号に処理が移ります。ここでは、存在しないテーブルのレコードセットを取得しようとしてエラーが発生します。エラーが発生すると、ラベルErrHdlに処理がジャンプし、メッセージが表示されます。このようなエラー発生時の処理は、通常プロシージャの最後に記述します。そして、エラー用のラベルの手前にExitステートメントを記述して、プロシージャを抜け出すようにします。こうしないと、エラーが発生しない場合でも、ラベル以降の処理が行われてしまいます。なお、「ラベル」はエラー処理だけではなく、処理をジャンプさせるために使用できます。

•On Error Gotoステートメントの構文

On Error GoTo line
[statements]
line:
[err_statements]

On Error Gotoステートメントは、エラーが発生するとlineに指定した行ラベル、または行番号に処理が移ります。行ラベルは「ラベル名:」のように、ラベル名に続けて「:」を入力し設定します。

エラーが発生しても次の処理を実行する

▶関連Tips
038
040
043

使用機能・命令　**On Error Resume Nextステートメント/Numberプロパティ（→Tips043）**

サンプルファイル名　gokui01.accdb/1_7Module

▼存在しないテーブルを参照してエラーが発生しても、そのまま処理を続ける

```
Private Sub Sample039()
    Dim db As DAO.Database  'データベースへの参照を代入する変数を宣言する
    Dim rs As DAO.Recordset 'レコードセットへの参照を代入する変数を宣言する
    On Error Resume Next    'エラーが発生したら次のステートメントを実行する

    Set db = CurrentDb      '現在のデータベースを取得する
    'T_1Sho_Nテーブルのレコードセットを開く。このテーブルは存在しないのでエラーが発生する
    Set rs = db.OpenRecordset("T_1Sho_N")
    If Err.Number <> 0 Then     'エラーが発生しているか判定する
        MsgBox "エラーが発生しています" 'エラーが発生している場合のメッセージ
    End If
End Sub
```

❖ 解説

On Error Resume Nextステートメントは、エラーが発生しても、そのエラーを無視して次の処理を実行します。エラーが発生しても処理を継続したい場合に使用します。

ここでは、存在しないテーブル「T_1Sho_N」のレコードセットを取得しようとして、エラーが発生します。On Error Resume Nextステートメントが使用されているので、エラーが発生しても、次の処理が実行されます。

次の処理では、ErrオブジェクトのNumberプロパティ（→Tips043）を使用して、エラーが発生したかをチェックします。Numberプロパティは、エラーが発生していないと「0」になります。そこで、Ifステートメントと組み合わせて、エラーが発生したかどうかを判定しています。

なお、On Error Resume Nextステートメントの乱用は気をつけましょう。たとえば、長いプロシージャの先頭に、On Error Resume Nextステートメントを記述しておくと、プロシージャ内でエラーが発生しても、どこで発生したか把握するのが難しくなるからです。

•On Error Resume Next ステートメントの構文

On Error Resume Next

On Error Resume Nextステートメントは、エラーが発生しても、そのエラーを無視して次の処理を実行します。エラーが発生しても処理を継続したい場合に使用します。

Tips 040

エラーが発生したときの処理を無効にする

▶関連Tips 038 039

使用機能・命令 **On Error Goto 0ステートメント**

サンプルファイル名 gokui01.accdb/1_7Module

▼エラー処理を無効にして、エラーが発生するようにする

```
Private Sub Sample040()
    Dim db As DAO.Database  'データベースへの参照を代入する変数を宣言する
    Dim rs As DAO.Recordset 'レコードセットへの参照を代入する変数を宣言する

    On Error Resume Next    'エラーが発生したら次のステートメントを実行する
    Set db = CurrentDb      '現在のデータベースを取得する
    'T_1Sho_Nテーブルのレコードセットを開く。このテーブルは存在しないのでエラーが発生する
    Set rs = db.OpenRecordset("T_1Sho_N")
    On Error GoTo 0     'エラー処理を終了する
    Set rs = db.OpenRecordset("T_1Sho_N") 'エラーが発生し、処理が中断する
End Sub
```

❖ 解説

On Error Goto 0ステートメントは、エラー処理ルーチンを無効にします。そのため、このサンプルのOn Error Resume Nextステートメント（→Tips039）や、On Error Gotoステートメント（→Tips038）とセットで使用されます。

ここでは、存在しないテーブル「T_1Sho_N」のレコードセットを取得しようとして、エラーが発生します。On Error Resume Nextステートメントが使用されているので、エラーが発生しても次の処理が実行されます。しかし、2回目の処理では、直前にOn Error Goto 0ステートメントがあり、エラー処理が無効になっているため、エラーが発生します。

このように、On Error Goto 0ステートメントは、On Error Resume NextステートメントやOn Error Gotoステートメントで開始したエラー処理を無効にする時に使用します。エラー処理はプログラムの最初から最後までむやみに適用するのではなく、できるだけ割り当てる箇所を限定した方が、保守性が上がります。

•On Error Goto 0ステートメントの構文

On Error Goto 0

On Error Goto 0ステートメントは、エラー処理ルーチンを無効にします。

Tips 041

エラーが発生した箇所に戻って処理を実行する

▶関連Tips 037 038 039

使用機能・命令 **Resumeステートメント**

サンプルファイル名 gokui01.accdb/1_7Module

▼インプットボックスに数値が入力されるまで、繰り返しインプットボックスを表示する

```
Private Sub Sample041()
    Dim num As Long         'ユーザーが入力した値を代入するための変数を宣言する
    On Error GoTo ErrHdl     'エラー処理を開始する
    'インプットボックスを表示し、入力された値を変数に代入する
    'このとき、文字を入力すると、代入する変数のデータ型と合わないとエラーが発生する
    num = InputBox("数値を入力")
    '入力された値をメッセージボックスに表示する
    MsgBox num
    Exit Sub     'プロシージャを終了する
ErrHdl:
    MsgBox "数値を入力してください"     'エラー時のメッセージ
    Resume     'エラーが発生した箇所から処理を再開する
End Sub
```

解説

Resumeステートメントはエラー処理ルーチンで使用し、エラーが発生した行から再度プログラムを実行するステートメントです。また、「Resume 行ラベル」として行ラベルから、プログラムを再開することも可能です。

ここでは、InputBox関数（→Tips037）で入力用のインプットボックスを開きます。入力された値を変数に代入しますが、変数のデータ型がLong型のため、数値以外を入力するとエラーが発生します。エラーが発生すると、On Error Gotoステートメント（→Tips038）があるため、「ErrHdl」ラベルに処理が移ります。エラーメッセージを表示後、ResumeステートメントでInputBox関数の処理にもどり、再びインプットボックスが表示されます。

つまり、正しく数値が入力されるまで、インプットボックスを繰り返し表示するプログラムになっています。

•Resumeステートメントの構文

Resume [line]

Resumeステートメントは、エラー処理ルーチンで使用します。エラー処理ルーチン内でエラーが発生した行から、再度プログラムを実行します。また、「Resume line」として、行ラベルからプログラムを再開することも可能です。

Tips 042 エラーが発生したときに、次の行に戻って処理を実行する

▶関連Tips
038
039
041

使用機能・命令 **Resume Nextステートメント**

サンプルファイル名 gokui01.accdb/1_7Module

▼エラーが発生した時に、エラーメッセージを表示してから処理を継続する

```
Private Sub Sample042()
    Dim num As Long      'ユーザーが入力した値を代入する変数を宣言

    On Error GoTo ErrHdl     'エラー処理を開始する
    'インプットボックスを表示し、入力された値を変数に代入する
    'このとき、文字を入力すると、代入する変数のデータ型と合わないため
    'エラーが発生する
    num = InputBox("数値を入力")

    '変数numの値を表示する。エラーが発生した場合は、変数numの初期値の「0」が表示される
    MsgBox num

    Exit Sub      'プロシージャを終了する

ErrHdl:           'エラー処理ルーチンの開始
    Resume Next 'エラーが発生した次のステートメントから処理を開始する
End Sub
```

❖ 解説

Resume Nextステートメントは、エラー処理ルーチン内で使用し、エラーが発生した箇所の次の行から処理を再開します。ここでは、On Error Gotoステートメント（→Tips038）を使ってエラーが発生した場合に、処理をエラー処理ルーチンに飛ばします。そして、Resume Nextステートメントでエラーが発生した次の処理から、処理を再開してメッセージを表示します。この時、変数numの値は、エラーが発生してインプットボックスで入力された値が代入されていないため、Long型の変数の初期値である「0」がセットされています。そのため、メッセージボックスには「0」と表示されます。

•Resume Nextステートメントの構文

Resume Next

Resume Nextステートメントは、エラー処理ルーチン内で使用し、エラーが発生した箇所の次の行から処理を再開します。

Tips 043

エラー番号と内容を表示する

▶関連Tips 039 044

使用機能・命令 **Numberプロパティ/Descriptionプロパティ**

サンプルファイル名 gokui01.accdb/1_7Module

▼Integer型の変数に大きすぎる値を代入して、エラー番号と内容を確認する

```
Private Sub Sample043()
    Dim i As Integer           'Integer型の変数を宣言する

    On Error Resume Next       'エラー処理を開始する

    '変数iに5000を代入する。Integer型の範囲を超えているのでエラーが発生する
    i = 50000

    '発生したエラー情報をメッセージボックスに表示する
    MsgBox "エラー番号：" & Err.Number & vbCrLf _
        & "エラー内容：" & Err.Description
End Sub
```

解説

ErrオブジェクトのNumberプロパティは、エラー番号を返します。また、Description プロパティはエラーの内容を返します。これらのプロパティを使用して、エラーが発生した時に、エラーの内容を取得することができます。ここでは、Integer型の変数にInteger型の値の範囲よりも大きい値を代入して、エラーを発生させます。この代入処理の前に、On Error Resume Nextステートメント（→Tips039）があるので、エラーが発生してもそのまま処理が継続します。

そして、エラーの内容とエラー番号をメッセージボックスに表示します。

なお、Descriptionプロパティで取得できるエラーの内容は、VBAが用意している文言です。そのため、ユーザーが見ても何のことだかわからないものもあります。ここで表示されるメッセージも「オーバーフローです」というものですから、コンピュータに詳しくない人にとってわかりやすいメッセージとは言えないでしょう。

ですので、できればエラー内容をプログラムを作成する側がきちんと把握して、よりわかりやすいメッセージを表示するとよいでしょう。

• Numberプロパティ/ Descriptionプロパティの構文

object.Number/Description

Numberプロパティは、objectにErrオブジェクトを指定すると、エラー番号を取得することができます。Errオブジェクトは、発生したエラーに関する情報を保持します。また。Descriptionプロパティはobjectに Errオブジェクトを指定すると、エラーの内容を取得することができます。

Tips 044 エラーの種類によってエラー処理を分岐する

▶関連Tips
025
026
038
043

使用機能・命令 **Numberプロパティ（→Tips043）**

サンプルファイル名 gokui01.accdb/1_7Module

▼エラー番号によって表示するエラーメッセージを変える

```
Private Sub Sample044()
    Dim num1 As Long, num2 As Long, ans As Double

    On Error GoTo ErrHdl       'エラー処理を開始する
    num1 = 100                 '変数に100を代入する
    num2 = 0                   '変数に0を代入する

    '除算を行う。変数num2の値は0なので、0除算のエラーが発生する
    ans = num1 / num2
    '結果をメッセージボックスに表示する
    MsgBox num1 & "÷" & num2 & "=" & ans

    Exit Sub    '処理を終了する

ErrHdl:     'エラー処理を行う
    Select Case Err.Number     'エラー番号に応じて処理を行う
        Case 11      'エラー番号が11だった場合の処理
            MsgBox "0で除算はできません"
        Case Else      'エラー番号が11以外だった場合の処理
            MsgBox "エラーが発生しました"
    End Select
End Sub
```

❖ 解説

Errオブジェクトの Numberプロパティは、エラー番号を返します。Errオブジェクトは、発生したエラーに関する情報を保持します。Ifステートメント（→Tips025）やSelect Caseステートメント（→Tips026）と組み合わせることで、エラー番号に応じた処理を行うことができます。ここでは、変数num2に0を代入することで、0除算のエラーを発生させています。この場合、エラー番号が「11」になるので、エラー処理を行う際に、Select Caseステートメントで、表示するメッセージを変えています。

▼実行結果

エラーメッセージが表示された

Tips 045

エラーを強制的に発生させる

▶関連Tips 038 043

使用機能・命令 **Raiseメソッド**

サンプルファイル名 gokui01.accdb/1_7Module

▼フィールド名が「Code」ではない時に、強制的にエラーを発生させる

```
Private Sub Sample045()
    Dim db As DAO.Database          'データベースを代入する変数を宣言
    Dim rs As DAO.Recordset         'レコードセットを代入する変数を宣言
    Dim vField As Field             'フィールドにアクセスするための変数を宣言
    Set db = CurrentDb              '現在のデータベースを変数dbに代入する
    'T_1Sho_1テーブルを開き、レコードセットを変数rsに代入する
    Set rs = db.OpenRecordset("T_1Sho_1")
    On Error GoTo ErrHdl                'エラー処理を開始する
    '1番目のフィールド名が「Code」か評価する
    If Not rs.Fields(0).Name = "Code" Then
        'フィールド名が「Code」でない場合、エラーを発生させる
        Err.Raise Number:=1500, Description:="フィールド名が異なります"
    End If
    Exit Sub    '処理を終了する
ErrHdl:
    '発生したエラーのエラー番号と内容をメッセージボックスに表示する
    MsgBox "エラー番号：" & Err.Number & vbCrLf _
        & "エラーの内容：" & Err.Description
End Sub
```

解説

Raiseメソッドを利用すると、エラーを強制的に発生させることができます。このサンプルでは、「T_1Sho_1」テーブルの1番目のフィールド名が「Code」かどうかをチェックします。「Code」ではない場合、Raiseメソッドで、エラー番号「1500」、内容が「フィールド名が異なります」というエラーを発生させます。そして、エラー処理ルーチンで、そのエラー番号と内容をメッセージボックスに表示します。

•Raiseメソッドの構文

object.Raise number, source, description, helpfile, helpcontext

Raiseメソッドを利用すると、エラーを強制的に発生させることができます。引数numberにはエラー番号を、引数descriptionにはエラー内容を、それぞれ指定します。なお、エラー番号は、0～65535の範囲の値になります。ただし、0～512の値はシステムエラー用に予約されているため、ユーザー定義のエラー番号には使用できません。

Tips 046

指定した位置でプロパティや変数などの値を出力する

▶関連Tips 047

使用機能・命令 **Printメソッド**

サンプルファイル名 gokui01.accdb/1_8Module

▼「T_1Sho_1」テーブルのフィールド名を、イミディエイトウィンドウに表示する

```
Private Sub Sample046()
    Dim db As DAO.Database 'データベースを代入する変数を宣言する
    Dim rs As DAO.Recordset 'レコードセットを代入する変数を宣言する
    Dim i As Long  'フィールドにアクセスするための変数を宣言する

    Set db = CurrentDb   '現在のデータベースを変数dbに代入する

    'T_1Sho_1テーブルを開き、レコードセットを変数rsに代入する
    Set rs = db.OpenRecordset("T_1Sho_1")
    For i = 0 To rs.Fields.Count - 1    'フィールドの数だけ処理を繰り返す
        Debug.Print rs.Fields(i).Name    'フィールド名をイミディエイトウィンドウに表示する
    Next
End Sub
```

❖ 解説

DebugオブジェクトのPrintメソッドは、指定した値をイミディエイトウィンドウに表示します。ここでは、「T_1Sho_1」テーブルのフィールド名を順に、イミディエイトウィンドウに表示しています。

こうすることで、プログラムの動作を確認するときに、オブジェクトのプロパティの値や変数の値を確認することができます。

•Printメソッドの構文

object.Print expression

Printメソッドはobjectに Debugオブジェクトを指定すると、expressionに指定した対象の値をイミディエイトウィンドウに表示します。

Memo なお、イミディエイトウィンドウはPrintメソッドの値を表示するだけではなく、**ステートメントやメソッドを実行したり、プロパティを参照することができます。**また、イミディエイトウィンドウに「?100*5」と入力し、「Enter」キーを押下すると、計算結果が表示されます。そのため、プログラム作成中に利用することで開発効率を上げることができます。

Tips 047 条件を指定して プログラムの実行を止める

▶関連Tips 046

使用機能・命令 **Assertメソッド**

サンプルファイル名 gokui01.accdb/1_8Module

▼フィールド名が「UserName」の時に処理を中断する

```
Private Sub Sample047()
    Dim db As DAO.Database 'データベースを代入する変数を宣言する
    Dim rs As DAO.Recordset 'レコードセットを代入する変数を宣言する
    Dim i As Long  'フィールドにアクセスするための変数を宣言する

    Set db = CurrentDb    '現在のデータベースを変数dbに代入する
    'T_1Sho_1テーブルを開き、レコードセットを変数rsに代入する
    Set rs = db.OpenRecordset("T_1Sho_1")
    For i = 0 To rs.Fields.Count - 1    'フィールドの数だけ処理を繰り返す
        'フィールド名がUserNameのとき処理を中断する
        Debug.Assert Not rs.Fields(i).Name = "UserName"

    Next
End Sub
```

解説

Debugオブジェクトのアサート Assertメソッドは、指定した条件が満たされる間は処理を継続し、**条件を満たさなくなった時に処理を中断します**。

Assertメソッドを使用すると、プロパティの値や変数の値が期待した値と異なるときにプログラムの処理を中断することができるので、デバッグ時に便利です。ここでは、「T_1Sho_1」テーブルのフィールド名が「UserNameではない」という条件を指定しています。そのため、フィールド名が「UserName」の時に処理が中断します。

Assertメソッドは、ループ処理時のデバッグに特に有効です。ループ処理の先頭にブレークポイントを設定し、その後ステップイン実行を行ったとしてもループする回数が多い場合、とても面倒です。

Assertメソッドをループ処理内に記述すれば、指定した条件までは処理を進め、問題と思われるところで処理を中断できるので、効率的にデバッグを進めることができます。

• Assertメソッドの構文

object.Assert expression

Assertメソッドは、objectにDebugオブジェクトを指定することで、expressionに指定した条件に当てはまらない時に処理を中断します。

関数の極意

2-1 数値処理関数
（四捨五入、ランダムな値など）

2-2 文字列処理関数（文字列の比較・変換、置換など）

2-3 日付・時刻関数（日付の取得、日付の計算など）

2-4 定義域集計関数
（レコードの合計や最大値・最小値など）

2-5 その他の関数（データの種類を調べる関数など）

小数を含む値から整数部分のみを求める

▶関連Tips 049 050

使用機能・命令 **Int関数/Fix関数**

サンプルファイル名 gokui02.accdb/2_1Module

▼Int関数とFix関数を使用して、指定した値の整数部分を取得し両者の違いを確認する

```
Private Sub Sample048()
    Debug.Print "Int(1.5):" & Int(1.5)          '1.5の整数部分をInt関数で取得する
    Debug.Print "Int(-1.5):" & Int(-1.5)        '-1.5の整数部分をInt関数で取得する
    Debug.Print "Fix(1.5):" & Fix(1.5)          '1.5の整数部分をFix関数で取得する
    Debug.Print "Fix(-1.5):" & Fix(-1.5)        '-1.5の整数部分をFix関数で取得する
End Sub
```

解説

Int関数、Fix関数ともに小数点以下の値を切り捨てます。そのため、指定する値が「正の数」の場合、結果は同じです。しかし、指定する値が負の数の場合は結果が異なるので注意が必要です。

Int関数は、指定した値を超えない整数を返します。Fix関数は、単純に小数点以下の値を切り捨てます。このサンプルでは、それぞれ「1.5」と「-1.5」を指定しています。処理結果を表にまとめます。

◈ Int関数とFix関数の処理結果

値	Int関数	Fix関数
1.5	1	1
-1.5	-2	-1

このように、正の数「1.5」を指定した結果はInt関数、Fix関数ともに「1」となり同じですが、負の数「-1.5」を指定した場合は、Int関数が「-2」、Fix関数が「-1」という処理結果になります。Int関数の処理結果が、「指定した値(-1.5)を超えない値(-2)」になっている点に注意してください。なお、ExcelのRoundDown関数と同じ結果になるのは、Fix関数を使用した場合です。

▼実行結果

・Int関数/Fix関数の構文

Int/Fix(number)

Int関数/Fix関数は、引数numberに指定した数式や値の整数部分を返します。引数に指定した値が正の数の場合、Int関数とFix関数の返す値は同じになります。しかし負の数の場合、Int関数は元の数値を超えない最大の整数を返すのに対し、Fix関数は元の数値以上で最小の整数を返します。

Tips 049

四捨五入する

▶関連Tips 048 050

使用機能・命令 **Fix関数（→Tips048）/Sgn関数/Round関数**

サンプルファイル名 gokui02.accdb/2_1Module

▼「1.4」と「1.5」をそれぞれ四捨五入した値と、Round関数の結果を出力する

```
Private Sub Sample049()
    Debug.Print Fix(1.4 + 0.5 * Sgn(1.4))  '1.4を四捨五入した結果を出力する
    Debug.Print Fix(1.5 + 0.5 * Sgn(1.5))  '1.5を四捨五入した結果を出力する
End Sub

Private Sub Sample049_2()
    Debug.Print Round(1.5)  '1.5を丸め処理する
    Debug.Print Round(2.5)  '2.5を丸め処理する
End Sub
```

❖ 解説

ここでは、Fix関数とSgn関数を使って指定した値を四捨五入します。1つ目のサンプルの処理結果は指定した値を四捨五入して、「1」と「2」がイミディエイトウィンドウに表示されます。

なお、VBAにはいわゆる「四捨五入」をする関数が用意されていません。2つ目のサンプルのRound関数は、銀行系の丸め処理を行う関数（銀行系の丸め処理とは、処理する桁の値が「5」の時に、処理結果が偶数になる処理です）なので、いわゆる四捨五入とは処理が異なります。

VBAで四捨五入するには、元の値が正の数か負の数かで処理方法が若干異なります。元の値が正の数の場合は、「0.5」を加えてその値の整数部分を求めます。処理する値が負の数の場合は、「-0.5」して整数部分を求めます（なお、「0.5」を「0.4」にすると五捨六入、「0.3」にすると六捨七入の処理になります。ただし、丸め誤差を考慮して「0.3@」と指定して下さい。「@」はCurrency型を表す方宣言文字です）。

処理する値によって符号が変わるため、ここでは、次のようにして0.5の符号を元の値に合わせています。

```
0.5 * Sgn(1,4)
```

Sgn関数は、指定した値が正の数の場合は「1」を、負の数の場合は「-1」を、ゼロの場合は「0」を返す関数です。

Sgn関数で得た値と「0.5」を乗算することで、元の値と符号を合わせます。次の例を参考にしてください。

0.5 * Sgn(1.4) → 0.5 * 1 → 0.5：元の値が正の数の場合は、「0.5」になる
0.5 * Sgn(-1.4) → 0.5 * -1 → -0.5：元の値が負の数の場合は、「-0.5」になる

こうすることで、元の値に応じた処理ができます。そして、その値をFix 関数を使用して、小数部分を切り捨てています。

▼Fix関数を使った場合の処理結果

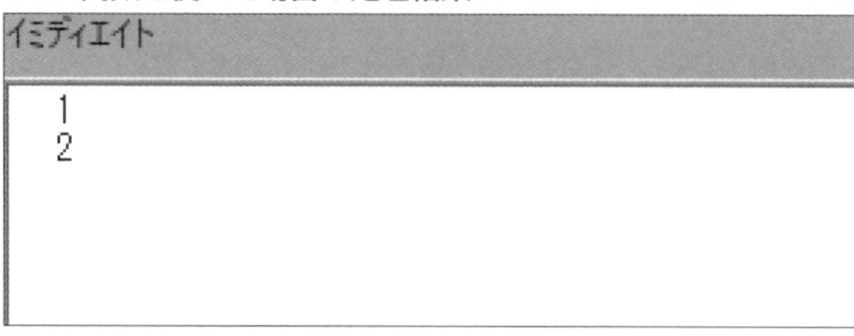

上が「1.4」を、下が「1.5」を処理した結果。正しく四捨五入できている

また、2つ目のサンプルは、VBAのRound関数の使用例です。処理結果は以下のようになりますが、通常の四捨五入とは処理結果が異なります。**VBAのRound関数は「銀行型丸め」という「端数が0.5なら結果が偶数となるように丸める」処理を行います**（ですので「2.5」は「3」ではなく「2」になります）。この点に注意して下さい。

▼Round関数（VBA）を使った場合の処理結果

イミディエイト

2
2

上が「1.5」を、下が「2.5」を処理した結果。「2.5」を処理した時に正しく四捨五入できていない

•Sgn関数の構文

Sgn(number)

Sgn関数は、引数numberに指定した数式の符号を返します。指定した値が正の数の場合は「1」を、負の数の場合は「-1」を、ゼロの場合は「0」を返します。

指定した値を切り上げる

▶関連Tips 048 049

使用機能・命令 **Int関数**（→Tips048）/ **Abs関数/Sgn関数**（→Tips049）

サンプルファイル名 gokui02.accdb/2_1Module

▼指定した数値を切り上げた結果を表示する

```
Private Sub Sample050()
    Debug.Print Int(-Abs(1.1)) * -Sgn(1.1)    '1.1を切り上げた結果を出力する
    Debug.Print Int(-Abs(-1.1)) * -Sgn(-1.1) '-1.1を切り上げた結果を出力する
End Sub

Private Sub Sample050_2()
    Debug.Print Int(-Abs(120 / 100)) * -Sgn(120) * 100  '10の位で切り上げる
End Sub
```

解説

ここでは、1つ目のサンプルが小数点以下の値を、2つ目のサンプルが10の位を切り上げる処理を行います。

まず、1つ目のサンプルの処理を確認します。この処理は、次の順序で処理しています。

1. Abs関数で求めた処理する値の絶対値に「-」して、元の値を負の数にする
2. Int関数で整数部分を求める
3. Sgn関数で元の値の符号を取得し、「-」を付けて符号を逆にする
4. Int関数で求めた結果にSgn関数の結果を乗算することで、元の符号に合わせる

この処理を、サンプルの値で見てみましょう。

1. -Abs(1.1) → -1.1 ：-Abs(-1.1) → -1.1
2. Int(-1.1) → -2 ：Int(-1.1) → -2
3. -Sgn(1.1) → -1 ：-Sgn(-1.1) → 1
4. -2 * -1 → 2 ：-2 * 1 → -2

Int関数は負の値を処理するときに、元の値を超えない最大の整数を返します（Int(-1-1)は、-2を返す）。このことを利用して、切り上げの処理を行っています。Sgn関数を利用することで、負の数を指定した場合にも対応しています。

また、2つ目のサンプルは10の位を切り上げて100の位まで求めています。この場合は、元の値を100で除算して対象の桁を小数部分にします。そして、切り上げ処理後、100で乗算して桁を戻します。

▼小数点以下を切り上げるサンプル（1つ目）の処理結果

```
イミディエイト
 2
-2
```

小数点以下が切り上げられた

▼10の位を切り上げるサンプル（2つ目）の処理結果

```
イミディエイト
 200
```

10の位が切り上げられた

・Abs関数の構文

Abs(number)

渡された値と同じ型で、値の絶対値を返します。引数numberは、任意の有効な数式です。numberがNullの場合は、Nullが返されます。初期化されていない変数の場合は、ゼロが返されます。

Tips 051

文字列の先頭から数値のみ取り出す

▶関連Tips 060

使用機能・命令 **Val関数**

サンプルファイル名 gokui02.accdb/2_1Module

▼「20個」と単位まで入力してある値から、数値を抜き出して計算結果を出力する

```
Private Sub Sample051()
    Dim num As String    '文字列型の変数numを宣言する

    num = "20個"         '変数numに「20個」という文字列を代入する
    Debug.Print Val(num) * 10    '変数numから数値を取り出し、10倍して出力する
End Sub
```

❖ 解説

Val関数は指定した値を先頭から読み込んで、数値と判断できない文字が見つかるまでデータを読み込みます。ここでは、「20個」という文字列から「20」を取り出し、10倍した値をメッセージボックスに表示します。

数量や年齢などのデータは、通常数値で入力されるものです。しかし、Accessに他のアプリケーション等で作成されたデータをインポートするときなど、単位まで一緒にデータとして扱われてしまっている場合があります。そのようなデータは文字列型のデータになってしまうため、集計などの計算処理ができません。そのようなときに、Val関数は有効です。

なお、Val関数は「¥」や「,（桁区切りのカンマ）」も文字として読み取ってしまうので、たとえば「¥1,000」の処理結果は「0」になります。この場合は、「¥」を削除するなどして対応してください。

ただし、小数点を表す「.（ピリオド）」は、数値の一種として認識します。

なお、カンマ区切りの文字列を数値に変換するには、CLng関数を使用します。CLng関数はデータ型を変換する関数で、文字列型のデータを長整数型に変換します。たとえば、「CLng("1,000")」というコードは、「1,000」という文字列を「1000」という数値に変換するため、結果カンマを取り除いた値を取得することができます。

また、対象の文字列から指定した位置の文字を取り出すには、Left関数・Right関数・Mid関数（→Tips060）を参照してください。

• Val関数の構文

Val(string)

Val関数は、引数stringに指定した文字列を先頭からチェックし、数値として認識できない文字が見つかるまで文字を取得して数値に変換します。なお、**ピリオド（.）は数値として処理されますが、円記号（¥）やカンマ（,）は数値として処理されないので注意が必要です**。また、引数内に指定されたタブや改行は無視されます。

Tips 052

数値を指定桁数で表示する

▶関連Tips 086

使用機能・命令

Format関数

サンプルファイル名 gokui02.accdb/2_1Module

▼「12300」の千単位以下の値を非表示に、「1.24」の小数点第二位の値を非表示にする

```
Private Sub Sample052()
    Debug.Print Format(12300, "0,")       '千単位の桁数で出力する
    Debug.Print Format(1.24, "0.0")       '小数点第1位までの値を出力する
End Sub
```

解説

Format関数は、1番目の引数に対象となる値を、2番目の引数に表示する書式を指定して、値に書式を設定することができます。

ここでは、「12300」を千単位で区切って、それより下の桁を非表示にした結果と、「1.24」を小数点第1位までにした結果をイミディエイトウィンドウに表示します。

なお、小数点以下の桁を非表示にした場合ですが、結果は非表示にした桁を四捨五入したものになります。

Format関数の書式を指定する、2番目の引数に指定できる主な値は、次のようになります。

◈ Format関数の2番目の引数に指定できる主な文字

値	意味
0	1つの「0」が1桁の数値に対応し、対応する数値がない桁には「0」が入る
#	1つの「#」が1桁の数値に対応し、対応する数値がない桁には何も入らない
.	小数点の位置を指定
%	データを100倍して「%」を付けた値を返す
,	桁区切り記号の位置を指定

「,」を使って桁区切りを指定した場合、このサンプルのように、それ以降の値に対する設定を行わないと、桁区切り以降の値は非表示になります。

なお、日付の書式で指定できる値については、Tips086を参照してください。

・Format関数の構文

Format(expression[,format])

Format関数は、引数expressionに指定した値を、引数formatに指定した書式で返します。

絶対値を求める／符号を求める

▶関連Tips 049 050

使用機能・命令　**Abs関数（→Tips050）／Sgn関数（→Tips049）**

サンプルファイル名　gokui02.accdb/2_1Module

▼「1」と「-1」の絶対値と符号をそれぞれ表示する

```
Private Sub Sample053()
    Debug.Print " 1 : " & Abs(1)        '「1」の絶対値を出力する
    Debug.Print "-1 : " & Abs(-1)       '「-1」の絶対値を出力する
    Debug.Print " 1 : " & Sgn(1)        '「1」の符号を出力する
    Debug.Print "-1 : " & Sgn(-1)       '「-1」の符号を出力する
End Sub
```

解説

ここでは、指定した値の絶対値（Abs関数）と符号を返す（Sgn関数）の動作を確認します。

Abs関数は、指定した値の絶対値を返す関数です。絶対値とは、指定した値の符号を取り除いた値です。指定した値にNull値が含まれる場合は、Null値が返されます。また、初期化されていない変数を指定した場合は、0が返されます。

Sgn関数は、指定した値の符号を返す関数です。Sgn関数に指定した値と戻り値の関係は、次のようになります。

◈ Sgn関数の戻り値

値	戻り値
1以上	1
0	0
0未満	-1

なお、Abs関数の構文はTips050を、Sgn関数の構文はTips049を参照してください。

▼実行結果

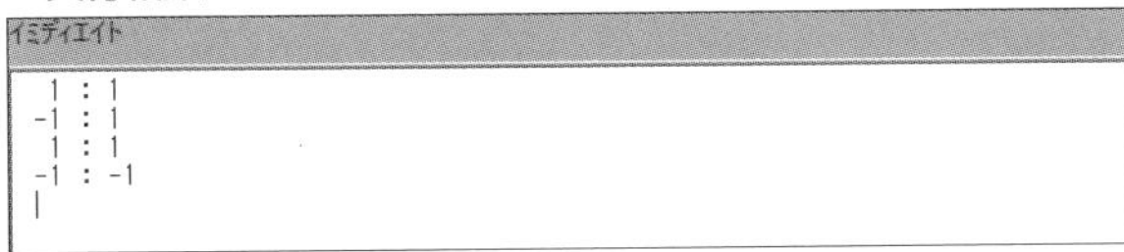

上の2つがAbs関数の結果、下の2つがSgn関数の結果

Tips 054 10進数と8進数/16進数の変換を行う

▶関連Tips 050 051

使用機能・命令 **Hex関数/OCT関数/CLng関数**

サンプルファイル名 gokui02.accdb/2_1Module

▼10進数の値を16進数と8進数に、16進数、8進数の値を10進数に変換する

```
Private Sub Sample054()
    Debug.Print Hex(26)          '「26」を16進数に変換して出力する
    Debug.Print Oct(26)          '「26」を8進数に変換して出力する
End Sub

Private Sub Sample054_2()
    Debug.Print CLng(&H1A)       '16進数の「1A」を10進数に変換して出力する
    Debug.Print CLng(&O32)       '8進数の「32」を10進数に変換して出力する
End Sub
```

❖ 解説

1つ目のサンプルは、10進数を16進数と8進数にそれぞれ変換しています。16進数に変換するにはHex関数を、8進数に変換するにはOct関数を使用します。

2つ目のサンプルは、逆に16進数や8進数の値を10進数に変換します。この場合、CLng関数を使用します。CLng関数は、指定された値を長整数型の値に変換する関数です。なお、変換したい値はサンプルのように、16進数の場合は値の頭に「&H」を、8進数の場合は頭に「&O」をつけて、それぞれの値が16進数、8進数であることを明確にします。

▼実行結果

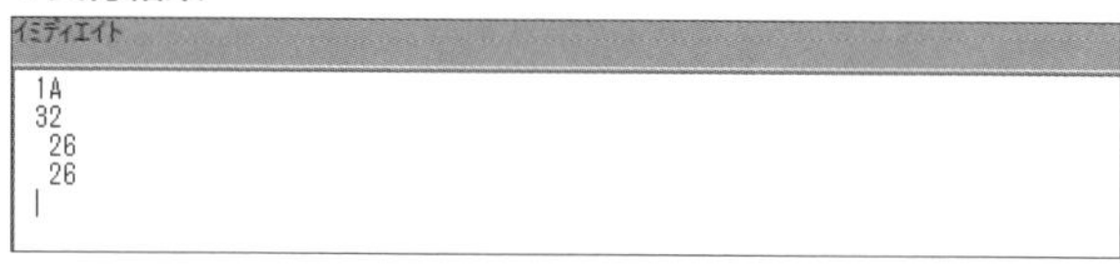

2つのサンプルの実行結果。上の2つが16進数、8進数の変換結果で、下の2つは10進数への変換結果

・Hex関数/Oct関数/CLng関数の構文

Hex/Oct/CLng(number)

Hex関数は16進数を10進数に、Oct関数は10進数を8進数に変換します。引数numberが整数になっていない場合、評価される前に四捨五入されて整数になります。

CLng関数は、指定した値を内部処理形式Long型のVariant型に変換します。結果、対象の小数部分を丸めますが、小数部分が0.5の場合は、CLng関数は常に最も近い偶数に値を丸めます。たとえば、0.5を0に、1.5を2に、それぞれ丸めます。なお、指定する値が16進数の場合は、対象の数字の先頭に&Hを、8進数の場合は&Oをつけます。

値が数値かどうか調べる

▶関連Tips 102

使用機能・命令　IsNumeric関数

サンプルファイル名　gokui02.accdb/2_1Module

▼IsNumeric関数を使用して、「文字列」「数値」「全角の文字（数字）」「日付」を判定する

```
Private Sub Sample055()
    Debug.Print "Access:" & IsNumeric("Access")    '文字列を判定する
    Debug.Print "100:" & IsNumeric(100)    '数値を判定する
    Debug.Print "１００:" & IsNumeric("１００")    '全角の数字を判定する
    Debug.Print "#4/1/2022#:" & IsNumeric(#4/1/2022#)    '日付を判定する
End Sub
```

解説

ここでは、IsNumeric関数を使用して指定した値が数値として扱えるか判定します。IsNumeric関数は指定した値が数値として扱える場合にTrueを、そうでない場合はFalseを返します。

ポイントは「数値として扱える」という点です。サンプルの3番目のステートメントでは、IsNumeric関数に全角文字の「１００」を渡しています。この結果はTrueになります。これは、全角の「１００」を数値として扱うことができるということになります。

また、逆に日付を指定した場合は、Falseが返されます。日付は内部的にはシリアル値という数値なので、Trueになると考える方もいるかもしれませんが、Falseが返されるので注意してください。

ただし、日付を変数に代入して、その変数をIsNumeric関数で評価する場合は注意が必要です。日付データを倍精度浮動小数点数型の変数に代入してIsNumeric関数で評価すると、結果はTrueになります。倍精度浮動小数点数型の値は数値ですから、当然ではありますが、日付を扱う場合には注意してください。

▼実行結果

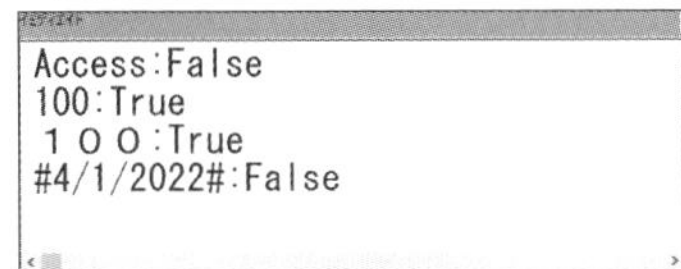

それぞれの値が評価された

• IsNumeric関数の構文

IsNumeric(expression)

IsNumeric関数は、引数expressionに指定した値が数値として扱えるかを判定します。扱える場合はTrueを、扱えない場合はFalseを返します。

偶数か奇数か調べる

▶関連Tips 059

使用機能・命令 **Mod演算子**

サンプルファイル名 gokui02.accdb/2_1Module

▼指定した値が偶数か奇数か判定して結果を表示する

```
Private Sub Sample056()
    Dim num As Long

    num = 1                          '偶数か奇数か判定する値を変数numに代入する

    If num Mod 2 = 0 Then            '変数numの値を2で割った値の剰余が「0」かどうか判定する
        Debug.Print "偶数"           '偶数の場合のメッセージ
    Else
        Debug.Print "奇数"           '奇数の場合のメッセージ
    End If
End Sub
```

❖ 解説

ここでは、変数numに代入された値が偶数か奇数かを、Mod演算子を使用して判定し、判定結果をイミディエイトウィンドウに表示します。値が偶数か奇数かを判定するには、その値を2で割った余り（剰余）があるかないかで判定できます。ある数値を2で割った余りを求めるには、Mod演算子を使用します。ここでは、変数numの値を2で割った余りが0の場合は「偶数」、そうでない場合は「奇数」とイミディエイトウィンドウに表示しています。なお、「商」を求める演算子は「¥」になります。

▼実行結果

```
イミディエイト
奇数
```

偶数か奇数か判定された

•Mod演算子の構文

result = number1 Mod number2

2つの数を割った余りを取得するために使用されます。

Mod演算子は、number1をnumber2で割って（浮動小数点数は整数に丸められます）、その余りのみをresultとして返します。また、処理結果のresultのデータ型は、通常、resultが整数かどうかに関係なく、小数部分は切り捨てられます。ただし、いずれかの式がNullの場合、resultはNullになります。Emptyの式は、0として扱われます。

Tips 057 ランダムな値を発生させる

▶関連Tips 048 050

使用機能・命令 **Rnd関数/Randomizeステートメント**

サンプルファイル名 gokui02.accdb/2_1Module

▼1から10までの整数をランダムに発生させて表示する

```
Private Sub Sample057()
    Randomize                           '乱数系列を初期化する
    Debug.Print Int(Rnd() * 10 + 1) '1から10までの整数をランダムに発生させる
End Sub
```

解説

ランダムな値を発生させるには、Rnd関数を使用します。Rnd関数は、0から1未満の値をランダムに発生させる関数です。

つまり、整数部分は「0」になります。この値をもとに、サンプルの1から10までの値を求める処理を順に見ていきます。

```
Rnd() * 10
```

まずは、この式でRnd関数の値を10倍しています。こうすることで、「0から9.999・・・」までの値が求められることになります。

```
「0から9.999・・・」+ 1
```

次に、この値に「1」を加算するので、「1 から10.999・・・」までの値が求まります。

```
Int(「1から10.999・・・」)
```

最後にInt関数（→Tips048）を使って、小数点以下を切り捨てます。

これで、「1から10」までの値が作られるのです。

なお、VBAの乱数は正確には擬似乱数といって、乱数系列に従って値を作成します。この乱数系列を初期化する命令が、Randomizeステートメントです。Rnd関数を使う前に必ず、このステートメントを入れて、乱数系列を初期化するようにしましょう。

サンプルでは、1から10までのランダムな値を取得しましたが、任意の範囲の乱数を発生させる式は次のようになります。

▼任意の範囲の乱数を発生させる式

```
Int(Rnd() * ( 最大値 - 最小値 + 1) + 最小値)
```

▼実行結果

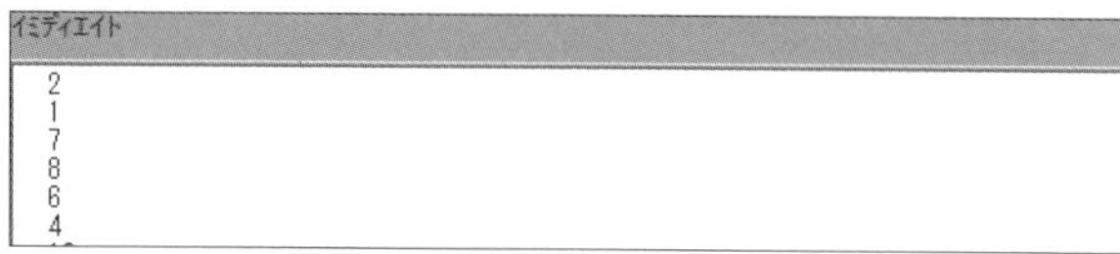

何回か実行した結果。1から10までの数値がランダムに表示されている

・Randomizeステートメントの構文

Randomize [number]

・Rnd関数の構文

Rnd(number)

Randomizeステートメントは、引数numberを使用して、Rnd関数の乱数ジェネレータを初期化します。引数numberを省略した場合、システムタイマから取得した値が新しいシード値として使われます。

Rnd関数は、0～1未満の間の値をランダムに発生させることができます。通常、Rnd関数を使用する前にRandomizeステートメントを使用します。

Tips 058

Null値を他の値として処理する

▶関連Tips 106

使用機能・命令 **Nz関数/IIF関数**

サンプルファイル名 gokui02.accdb/2_1Module

▼NULL値を1に変換して計算する

```
Private Sub Sample058()
    Dim num As Variant          'Variant型の変数を宣言する
    num = Null                  'NULLを代入する
    Debug.Print 10 * num              '10に乗算した結果を出力する
    Debug.Print 10 * Nz(num, 1)       '10に乗算した結果を出力する
End Sub
Private Sub Sample058_2()
    Dim num As Variant
    num = Null
    'IIf関数でNULL値の判定を行う
    Debug.Print 10 * IIf(IsNull(num), 1, num)
End Sub
```

解説

NULL値とは、Variant型のデータに有効な値が格納されていない状態を言います。この状態で、計算処理を行うと正しく計算することができません。そこで、Nz関数を使用して、NULL値を他の値に置き換えて処理を行います。1つ目のサンプルでは、変数を利用してその後乗算の処理を行っています。そのため、Nz関数の戻り値が「0」では、計算結果も「0」になってしまうので不都合です。そこで、Nz関数の2番目の引数に「1」を指定して、変数numの値がNULL値の場合には、「1」を返すようにしています。こうすることで、正しく計算結果を表示することができます。2つ目のサンプルは、同様の処理を、IIf関数とIsNull関数（→Tips096）を使用して行ったものです。

•Nz関数の構文

Nz(variant[, valueifnull])

Nz関数は、引数variantに指定した値がNULL値の場合、指定した値に応じて「0」か長さ0の文字列を返します。NULL値ではない場合は、値をそのまま返します。引数valueifnullに値を指定すると、1番目の引数がNULL値だった場合に指定した値を返します。

•IIf関数の構文

IIf(expr, truepart, falsepart)

IIf関数は、引数exprの結果がTrueの場合は引数truepartの処理を、Falseの場合は引数falsepartの処理を行います。

Tips **059**

文字列の長さを取得する

▶関連Tips 065

使用機能・命令 **Len関数/LenB関数**

サンプルファイル名 gokui02.accdb/2_2Module

▼全角と半角の文字を指定して、Len関数とLenB関数の処理結果を確認する

```
Private Sub Sample059()
    Debug.Print Len("ＡＢＣＤＥＦ")        '全角の「ＡＢＣＤＥＦ」の長さを返す
    Debug.Print Len("ABCDEF")              '半角の「ABCDEF」の長さを返す
    Debug.Print LenB("ＡＢＣＤＥＦ")       '全角の「ＡＢＣＤＥＦ」のバイト数を返す
    Debug.Print LenB("ABCDEF")             '半角の「ABCDEF」のバイト数を返す
End Sub

Private Sub Sample059_2()
    '半角カタカナに変換して処理すると「4」が返る
    'そのまま処理すると「3」が返る
    If Len(StrConv("ワード", vbNarrow)) <> Len("ワード") Then
        MsgBox "濁点・半濁点あり"
    End If
End Sub
```

❖ 解説

Len関数は指定した文字列の長さ（文字数）を、LenB関数は指定した文字列のバイト数を返します。Len関数は「長さ（文字数）」を返すので、文字の半角・全角には影響されません。LenB関数は文字のバイト数を返します。Access上では、半角文字は1バイト、全角文字は2バイトです。しかし、VBAではUnicodeが採用されているため、半角・全角ともに2バイトになります。

1つ目のサンプルは、半角・全角の文字それぞれに対し、Len関数とLenB関数を使用した結果をイミディエイトウィンドウに表示します。両者の違いを確認してください。

2つ目のサンプルは、Len関数を利用して、濁点や半濁点の有無をチェックします。**濁点や半濁点は半角文字に変換すると、1文字として扱われます**。そこで、StrConv関数（→Tips065）を使用して、文字を半角に変換して文字数をカウントした結果と、そのまま文字数をカウントした結果を比較しています。

•Len関数/LenB関数の構文

Len/LenB(string)

Len関数は、引数stringに指定した文字列の長さ（文字数）を、LenB関数は引数stringに指定した文字列のバイト数を返します。

Tips 060

文字列から指定した文字数分だけ抜き出す

▶関連Tips 061

使用機能・命令 **Left関数/Right関数/Mid関数**

サンプルファイル名 gokui02.accdb/2_2Module

▼文字列「AccessVBA」から、左から5文字、右から3文字、7文字目から2文字を抜き出す

```
Private Sub Sample060()
    Debug.Print Left("AccessVBA", 5)    '「AccessVBA」の左から5文字を抜き出す
    Debug.Print Right("AccessVBA", 3)   '「AccessVBA」の右から3文字を抜き出す
    Debug.Print Mid("AccessVBA", 7, 2)  '「AccessVBA」の7文字目から2文字を抜き出す
End Sub
```

❖ 解説

このサンプルでは、「AccessVBA」という文字列から指定した文字を取り出します。Left関数は、指定した文字列の左側から文字を取り出します。Right関数は、同様に文字列の右側から文字を取り出します。またMid関数は、指定した文字列に対して、2番目の引数に指定した位置から、3番目の引数に指定した文字数分の文字列を取得します。これらの関数を使用すると、たとえばファイルのパスからファイル名を抜き出すといった処理が可能になります。なお、Left関数とRight関数、Mid関数の関数名に「$」がついた、Left$関数とRight$関数、Mid$関数もあります。「$」がある関数と無い関数の違いは、処理結果のデータの「型」です。「$」無しの処理結果はVariant型なのに対し、「$」有りの処理結果はString型となります。一般に、String型のほうが処理速度的に有利といわれていますが、その差は僅かです。

▼実行結果

```
イミディエイト
Acces
VBA
VB
```

指定した文字列が取り出された

• Left/Right関数の構文

Left/Right/(string, length)

Left関数は、引数stringに指定した文字列の左側から、引数lengthに指定した文字数分の文字列を返します。Right関数は、引数stringに指定した文字列の右側から、引数lengthに指定した文字数分の文字列を返します。

• Mid関数の構文

Mid(string, start[, length])

Mid関数/Mid関数は、引数stringに指定した文字列で、引数startに指定した位置から、引数lengthに指定した文字数分の文字列を取得します。引数lengthを省略した場合は、文字列の最後までを取得します。

指定した文字が文字列内のどこにあるか取得する

▶関連Tips 062

使用機能・命令 **InStr関数/InStrRev関数**

サンプルファイル名 gokui02.accdb/2_2Module

▼「"C:¥Work¥AccessVBA .accdb"」から「¥」の位置を検索して表示する

```
Private Sub Sample061()
    '「"C:¥Work¥AccessVBA.accdb"」から「¥」の位置を先頭から探して返す
    Debug.Print InStr("C:¥Work¥AccessVBA.accdb", "¥")

    '「"C:¥Work¥AccessVBA.accdb"」から「¥」の位置を末尾から探して返す
    Debug.Print InStrRev("C:¥Work¥AccessVBA.accdb", "¥")
End Sub
```

❖ 解説

ここでは、指定したファイルのパスから、「¥」の位置を取得します。取得するのは、パスの先頭からとパスの最後からの両方です。InStr関数は、1番目の引数に指定した文字列内に、2番目の引数に指定した文字列を、対象文字列の先頭から検索して、最初に見つかった文字の位置を返します。

InStrRev関数は、1番目の引数に指定した文字列内に、2番目の引数に指定した文字列を、対象文字列の最後から検索して、最初に見つかった文字の位置の先頭からの位置を返します。

いずれも、見つからない場合は「0」を返します。このように、InStr関数/InStrRev関数は、文字列を検索することができます。そのため、「If InStr(対象文字列, 検索文字列) > 0 Then」とすれば、文字列が含まれるかどうかのチェックに使うことができます。

▼実行結果

```
イミディエイト
 3
 8
```

「¥」の位置がそれぞれ表示された

•InStr関数の構文

InStr([start,]string1, string2[, compare])

•InStrRev関数の構文

InStrRev(stringcheck, stringmatch[, start[, compare]])

InStr関数は、引数string1に指定した文字列内に、引数string2に指定した文字列があるか、文字列の先頭から検索し、最初に見つかった文字の位置を返します。InStrRev関数は、引数stringcheckに指定した文字列内に、引数stringmatchに指定した文字列があるか、文字列の最後から検索し、最初に見つかった文字の位置の先頭からの位置を返します。なお、引数compareは比較モードを指定します。指定できる値は、Tips062を参照してください。

Tips
062 文字列を比較する

▶関連Tips 070

使用機能・命令
StrComp関数

サンプルファイル名 gokui02.accdb/2_2Module

▼半角の「Access」と全角の「Ａｃｃｅｓｓ」を比較する

```
Private Sub Sample062()
    '半角の「Access」と全角の「Ａｃｃｅｓｓ」をバイナリモードで比較
    Debug.Print StrComp("Access", "Ａｃｃｅｓｓ", vbBinaryCompare) = 0

    '半角の「Access」と全角の「Ａｃｃｅｓｓ」をテキストモードで比較
    Debug.Print StrComp("Access", "Ａｃｃｅｓｓ", vbTextCompare) = 0
End Sub
```

解説

ここでは、2つの文字列を比較します。あわせて比較モードの違いも確認します。

StrComp関数は、引数に指定した2つの文字列を比較し、その結果を返します。2つの値が等しい時に「0」を返すので、0と比較した結果を表示しています。

また、StrComp関数は、3番目の引数には文字列比較のモードを表す定数を指定します。

StrComp関数の処理結果は、次のようになります。なお、「string1はstring2を超える」とは、文字コード（vbBinaryCompare）や五十音順（vbTextCompare）で考えたときに、順番が手前であれば「未満」、後であれば「超える」という意味になります。

◇ StrComp関数の処理結果

結果	戻り値
string1はstring2未満	-1
string1とstring2は等しい	0
string1はstring2を超える	1
String1またはstring2がNull値	Null値

•StrComp関数の構文

StrComp(string1, string2[, compare])

StrComp関数は、引数string1と引数string2に指定した文字列を比較し、その結果を返します。また、引数compareに指定する定数は、vbBinaryCompareとvbTextCompareです。vbBinaryCompareはバイナリモードで比較します。バイナリモードは、文字の半角・全角を区別します。vbTextCompareはテキストモードで比較します。こちらは、半角・全角を区別しません。

Tips 063

文字列のスペースを取り除く

▶関連Tips 070

使用機能・命令 **Trim関数/LTrim関数/RTrim関数**

サンプルファイル名 gokui02.accdb/2_2Module

▼文字列から左側、右側、左右のスペースを取り除き出力する

```
Private Sub Sample063()
    Dim temp As String

    temp = "  Access VBA  "  '前後と文字の間にスペースがある文字列を代入する
    Debug.Print "[" & LTrim(temp) & "]"      '左側のスペースを取り除く
    Debug.Print "[" & RTrim(temp) & "]"      '右側のスペースを取り除く
    Debug.Print "[" & Trim(temp) & "]"       '左右のスペースを取り除く
End Sub
```

❖ 解説

ここでは、指定した文字列からスペースを取り除く処理を行います。

LTrim関数は、引数に指定した文字列の左側にあるスペースを、RTrim関数は引数に指定した文字列の右側にあるスペースを、Trim関数は文字列の前後のスペースを取り除いた結果を返します。

ここでは、文字列「△△Access△VBA△△」(△は半角スペース)を対象に指定した位置のスペースを取り除いて、イミディエイトウィンドウに表示します。結果は次のようになります。

◈ 処理結果

関数	処理結果
LTrim	「Access VBA 」
RTrim	「 Access VBA」
Trim	「Access VBA」

Trim系(この3つの関数をまとめて、このように呼びます)の関数は、前後のスペースを取り除くので、入力ミス等でデータにスペースがある場合や、固定長のcsvデータからスペースを取り除く場合などに利用できます。なお、文字の間にもあるスペースも取り除きたい場合は、Replace関数(→Tips070)を使用します。

・LTrim関数/RTrim関数/Trim関数の構文

LTrim/RTrim/Trim(string)

LTrim関数は引数stringに指定した文字列の左側にあるスペースを、RTrim関数は引数stringに指定した文字列の右側にあるスペースを、Trim関数は文字列の前後のスペースを取り除いた結果を返します。

Tips 064

文字列に指定した文字があるか調べる

▶関連Tips 061

使用機能・命令　**InStr関数**（→Tips061）/**Like演算子**

サンプルファイル名　gokui02.accdb/2_2Module

▼文字列「AccessVBA」に「VBA」という文字列が含まれるか判定する

```
Private Sub Sapmle064()
    Dim temp As String
    temp = "AccessVBA"      '変数tempに「AccessVBA」を代入する
    If InStr(temp, "VBA") = 0 Then      '変数tempに「VBA」が含まれるか判定する
        Debug.Print "VBAなし"       '含まれない場合のメッセージ
    End If
End Sub

Private Sub Sapmle064_2()
    Dim temp As String
    temp = "AccessVBA"      '変数tempに「AccessVBA」を代入する
    If temp Like "*VBA*" Then       '変数tempに「VBA」が含まれるか判定する
        Debug.Print "VBAあり"     '含まれる場合のメッセージ
    End If
End Sub
```

解説

ここでは、2つのサンプルを紹介します。いずれも、「AccessVBA」という文字列に「VBA」という文字列が含まれるかをチェックしています。1つ目のサンプルは、InStr関数（→Tips061）を利用しています。InStr関数は、指定した文字列が見つからない場合「0」を返します。そこで、InStr関数の返した値が「0」の場合は、1番目の引数の中に2番目の引数に指定した文字は含まれないと判定することができます。

2つ目のサンプルは、Like演算子を使って同様の判定をしています。Like演算子と使った比較では、ワイルドカードを使用することができます。なお、いずれも大文字・小文字は区別しません。

•Like演算子の構文

result = string Like pattern

2つの文字列を比較します。patternには、次の記号を利用することができます。「?」は任意の1文字を表します。また、「*」は0文字以上の文字を表します。「#」は任意の半角の数字（0〜9）になります。さらに、「[charlist]」は、charlistに含まれる任意の全角または半角の1文字を、「[!charlist]」はcharlistに含まれない任意の全角または半角の1文字を表します。

なお、「[charlist]」に「[東京,神奈川]」のように指定して「東京」または「神奈川」という文字列を判定しようとするケースを見ますが、これは正しく動作しません。あくまで「[]内のいずれかの1文字」という意味になります。

Tips 065

文字列を指定した種類に変換する

▶関連Tips 066

使用機能・命令 **StrConv関数**

サンプルファイル名 gokui02.accdb/2_2Module

▼文字列「AccessＶＢＡ」を大文字・小文字など指定した種類に変換する

```
Private Sub Sample065()
    Dim temp As String
    temp = "AccessＶＢＡ"                          '変数tempに「AccessＶＢＡ」を代入する
    Debug.Print StrConv(temp, vbUpperCase)  '変数tempの値をすべて大文字に変換する
    Debug.Print StrConv(temp, vbLowerCase)  '変数tempの値をすべて小文字に変換する
End Sub
```

❖ 解説

ここでは、文字列の種類を変換しています。StrConv関数で変換できる種類は、半角・全角、大文字・小文字、ひらがな・カタカナがあります。2番目の引数に設定する値は、次のようになります。なお「半角にして大文字にする」といったように、複数の指定を行うことも可能です。その場合は、組み込み定数を「プラス（+）」で接続します。「vbUpperCase（大文字）」と「vbLowerCase（小文字）」のように、内容が矛盾するものは指定できません。

◈ 変換の種類を表す定数

定数	値	説明
vbUpperCase	1	文字列を大文字に変換
vbLowerCase	2	文字列を小文字に変換
vbProperCase	3	文字列の各単語の先頭の文字を大文字に変換
vbWide	4	文字列内の半角文字を全角文字に変換
vbNarrow	8	文字列内の全角文字を半角文字に変換
vbKatakana	16	文字列内のひらがなをカタカナに変換
vbHiragana	32	文字列内のカタカナをひらがなに変換
vbUnicode	64	システムの既定のコードページを使って文字列をUnicodeに変換
vbFromUnicode	128	文字列をUnicodeからシステムの既定のコードページに変換

•StrConv関数の構文

StrConv(string, conversion, LCID)

StrConv関数は引数stringに指定した文字列を、引数conversionに指定した文字の種類に変換します。変換できる種類は、半角・全角、大文字・小文字、ひらがな・カタカナがあります。引数LCIDは、国別情報識別子を指定します。日本を表すLCIDは1041です（実際にLCIDを指定する場合、引数LCIDはLong型なので「1041&」とします）。英語など日本語以外の環境で、ひらがなやカタカナなどの変換を行う場合は、LCIDの指定が必要です。

▶関連Tips 065

Tips 066 大文字と小文字を変換する

使用機能・命令 UCase関数/LCase関数

サンプルファイル名 gokui02.accdb/2_2Module

▼文字列「AccessVBA」を、すべて大文字とすべて小文字にそれぞれ変換する

```
Private Sub Sapmle066()
    Dim temp As String

    temp = "AccessVBA"                  '変数tempに「AccessVBA」を代入する

    Debug.Print UCase(temp)         '変数tempの値をすべて大文字に変換する
    Debug.Print LCase(temp)         '変数tempの値をすべて小文字に変換する
End Sub
```

解説

ここでは、指定した文字列をすべて大文字に、またはすべて小文字に変換します。LCase関数は、引数に指定した文字列をすべて小文字に変換して返します。UCase関数は、引数に指定した文字列をすべて大文字に変換して返します。

ここでは、文字列「AccessVBA」をそれぞれの形式に変換した結果を、イミディエイトウィンドウに表示します。

アルファベットを含む文字列を比較する場合、大文字・小文字を区別するかどうかは大切な問題です。区別しない場合、プログラムの中で文字列を比較するときに、あらかじめ大文字か小文字のいずれかに変換して比較対象を揃えてから比較します。

▼実行結果

```
イミディエイト
ACCESSVBA
accessvba
```

指定した文字列が変換された

・LCase関数/UCase関数の構文

LCase/UCase(string)

LCase関数は、引数stringに指定した文字列をすべて小文字に変換して返します。UCase関数は、引数stringに指定した文字列をすべて大文字に変換して返します。

スペースを指定した回数分だけ加える

▶関連Tips 068

使用機能・命令 **Space関数/固定長文字列**

サンプルファイル名 gokui02.accdb/2_2Module

▼文字列「Access」に半角スペースを加えて、10文字の文字列にする

```
Private Sub Sample067()
    Const FIELD_LEN As Long = 10      '固定長の文字数を表す定数を宣言する
    Dim temp As String                'データを代入する変数を宣言する
    Dim num As Long                   '文字数を代入する変数を宣言する
    temp = "Access"                   '変数tempに文字列「Access」を代入する
    num = FIELD_LEN - Len(temp)       '必要なスペースの文字数を計算する
    '元の値とスペースを使って、10文字分のデータにする
    Debug.Print "[" & temp & Space(num) & "]"
End Sub

Private Sub Sample067_2()
    Dim temp As String * 10         '固定長の変数を宣言する
    temp = "Access"                 '文字を代入する

    '固定長の変数に代入したので、10文字分のデータになっている
    Debug.Print "[" & temp & "]"
End Sub
```

❖ 解説

ここでは、2つのサンプルを紹介します。固定長のデータを扱うことを想定しています。**固定長のデータでは、実際のデータに加えてデータの長さをそろえるために、スペースで残りを埋めます。**

1つ目は、Space関数を使用します。Space関数は、引数に指定した文字数分の半角スペースを返す関数です。そこで、まずはLen関数（→Tips059）を使用して、元のデータの文字数を取得し、必要なスペースの数を算出します。そのあと、元の文字とSpace 関数で作成したスペースを使って、文字の長さをそろえています。2つ目のサンプルは、固定長の文字列変数を使用しています。固定長の文字列変数は、変数の宣言時にデータ型に続けて、「 * 文字数」で指定します。ここでは、10文字分の固定長文字列変数を使用して、10文字分のデータを作成しています。

・Space関数の構文

Space(number)

Space関数は、引数numberに指定した数だけスペースを繰り返します。

Tips 068

指定した文字を指定した回数分だけ表示する

▶関連Tips 037 051

使用機能・命令 **String関数**

サンプルファイル名 gokui02.accdb/2_2Module

▼インプットボックスを使用して入力された文字を、指定した回数繰り返して表示する

```
Private Sub Sample068()
    Dim temp As String
    Dim num As Long

    'インプットボックスを表示して繰り返す文字を入力する
    temp = InputBox("繰り返す文字を入力")

    'インプットボックスを表示して繰り返す回数を入力する
    num = InputBox("繰り返す回数を入力")

    '入力された文字を入力された回数繰り返してイミディエイトウィンドウに表示する
    Debug.Print String(num, temp)
End Sub
```

解説

ここでは、InputBox関数（→Tips037）を使用して入力された文字を、同じようにInputBox関数を使用して入力された回数分繰り返して、イミディエイトウィンドウに表示します。この時、String関数を使用します。String関数は、1番目の引数に指定した回数だけ、2番目の引数に指定した文字を繰り返した文字列を返す関数です。2番目の引数に2文字以上の文字列を指定した場合は、先頭の文字を指定した回数繰り返します。なお、この関数の戻り値は文字列型です。数字を指定して繰り返した値を取得しても、文字列型の値になります。数値として取得したい場合は、CLng関数（→Tips054）やVal関数（→Tips051）で変換してください。なお、繰り返す文字列が数字の場合も、「String(5, "1")」のように対象は文字列で指定する必要があります。

▼実行結果

イミディエイト

AAAAA

「A」を5回繰り返すようにInputBoxに入力した

•String関数の構文

String(number, character)

String関数は、引数characterに指定した文字を、引数numberに指定した数だけ繰り返した文字列を返します。

Tips 069 文字列の書式を指定する

▶関連Tips 052 086

使用機能・命令 Format関数（→Tips052）

サンプルファイル名 gokui02.accdb/2_2Module

▼インプットボックスに入力された文字を、小文字と大文字にそれぞれ変換する

```
Private Sub Sample069()
    Dim temp As String

    'インプットボックスを表示してアルファベットを入力する
    temp = InputBox("アルファベットを入力")

    Debug.Print Format(temp, "<")        '変数tempの値をすべて小文字に変換する
    Debug.Print Format(temp, ">")        '変数tempの値をすべて大文字に変換する
End Sub
```

❖ 解説

Format関数は、1番目の引数に指定した値を、2番目の引数に指定した形式に変換します。ここでは、InputBox関数（→Tips037）で入力された文字をすべて小文字、すべて大文字の2つのパターンで変換して、イミディエイトウィンドウに表示しています。

Format関数を使用して、文字列を変換する場合に2番目の引数に指定できる値は、次のようになります。

◈ Format関数に指定する値

値	意味
＜	すべての文字を小文字にする
＞	すべての文字を大文字にする
＠	任意の1文字。存在しないとスペースを返す
＆	任意の1文字。存在しないときスペースを返さない
！	文字を左から右に埋める

なお、Format関数は、数値や日付・時刻のデータを変換することもできます。数値に関する使用方法についてはTips052を、日付・時刻に関する使用方法についてはTips086を参照してください。

Tips 070

文字列を置換する

▶関連Tips 063

使用機能・命令 **Replace関数**

サンプルファイル名 gokui02.accdb/2_2Module

▼文字列「Access VBA」の「Access」を「Excel」に置換する

```
Private Sub Sample070()
    Dim temp As String
    temp = "Access VBA"      '変数tempに文字列「Access VBA」を代入する
    '変数tempの文字列「Access」を「Excel」に置換する
    Debug.Print Replace(temp, "Access", "Excel")
End Sub
```

❖ 解説

　ここでは、指定した文字列の中の「Access」を「Excel」に置換します。Replace関数は、1番目の引数に指定した文字列を対象に、2番目の引数に指定した文字列を3番目の引数に指定した文字列に置換します。Replace関数の戻り値と引数compareに指定する定数は、次のようになります。

◈ Replace関数の戻り値

条件	戻り値
対象文字列が0	長さ0の文字列("")
対象文字列がNull	エラー
検索文字列が長さ0の文字列("")	対象文字列のコピー
置換文字列が長さ0の文字列("")	検索文字列がすべて削除
置換数が0	対象文字列のコピー

◈ 引数compareに指定する定数

定数	値	説明
vbUseCompareOption	−1	Option Compareステートメントの設定を使用
vbBinaryCompare	0	バイナリモードで比較
vbTextCompare	1	テキストモードで比較

• Replace関数の構文

Replace(expression, find, replace[, start[, count[, compare]]])

　Replace関数は、引数expressionに指定した文字列から引数findに指定した文字・文字列を検索し、引数replaceに指定した文字・文字列に置き換えます。引数countに置き換える回数を指定することもできます。例えば、「ABCABCABC」という文字列の「A」を「Z」に置き換えるとき、引数countに「2」を指定した場合、処理結果は「ZBCZBCABC」となります。また、引数compareには、文字列比較のモードを表す定数を指定します。

文字列の並び順を逆にする

▶関連Tips 056

使用機能・命令 **StrReverse関数**

サンプルファイル名 gokui02.accdb/2_2Module

▼指定した文字列を逆順に並べ替える

```
Private Sub Sample071()
    Dim temp As String
    temp = "0123456789"       '変数tempに「0123456789」を代入する
    Debug.Print StrReverse(temp)      '変数tempの値を逆順にして表示する
End Sub

Private Sub Sample071_2()
    Dim num As Long    '対象の値を代入する変数を宣言する
    Dim temp As Long     '余りを代入する変数を宣言する
    Dim ans As String    '答えを代入する変数を宣言する

    num = 8              '変換対象を「8」にする
    Do                   '繰り返し処理を行う
        temp = num Mod 2    '2で割った余りを求める
        num = num ¥ 2       '2で割った商を求める
        ans = ans & temp    '余りを連結して変数に代入する
    Loop Until num = 0      '商が0になるまで繰り返す
    Debug.Print StrReverse(ans)      '答えを表示する
End Sub
```

解説

ここでは、2つのサンプルを紹介します。1つ目は、StrReverse関数を使用して、「0123456789」を逆順に並べ替えてイミディエイトウィンドウに表示します。2つ目は基数変換を行います。ここでは、10進数の「8」を2進数に変換します。基数変換では、変換したい基数で元の値を除算した余りをもとめ、最後の余りから順に並べることで求めます。サンプルでは、余りを連結した文字列をいったん作成し、StrReverse関数で逆順にすることで変換後の値を求めています。

• StrReverse関数の構文

StrReverse(expression)

StrReverse関数は、指定した文字列の文字の並び順を逆にした文字列を返します。引数expressionに対象の文字列を指定します。引数expressionが長さ0の文字列（""）の場合、長さ0の文字列が返されます。Nullの場合、エラーが発生します。

Tips

072 文字コードを返す

▶関連Tips
037
075

使用機能・命令

Asc関数

サンプルファイル名 gokui02.accdb/2_2Module

▼指定したアルファベットが大文字か小文字か判定する

```
Private Sub Sample072()
    Dim temp As String
    'インプットボックスを表示してアルファベットを入力する
    temp = InputBox("アルファベットを入力")
    '変数tempの値が大文字かどうか判定する
    If Asc(temp) >= 65 And Asc(temp) <= 90 Then
        Debug.Print "大文字"          '大文字の場合の処理
    Else
        Debug.Print "小文字"          '小文字の場合の処理
    End If
End Sub
```

❖ 解説

ここでは、InputBox関数（→Tips037）で入力されたアルファベットが大文字か小文字かを、Asc関数を用いて判定しています。Asc関数は、指定した文字の文字コードを返す関数です。2つ以上の文字列を指定した場合、先頭の文字の文字コードを返します。大文字の「A」の文字コードは「65」です。大文字の「Z」の文字コードは「90」です。入力された文字の文字コードをAsc関数で取得し、その値が「65」から「90」の範囲であれば大文字、それ以外であれば小文字と判定しています。

このように、文字コードを使用すると、指定した文字がどの範囲（たとえば、DからHなど）にあるかのチェックを行うことができます。なお、ここでは、文字コードが65から90までであれば大文字、それ以外は小文字、という判定をしています。小文字かどうか正確に判定する場合は、小文字のコードもチェックします。小文字の文字コードは、97から122になります。主な文字と文字コードは、次のようになります。

◈主な文字と文字コード

文字	文字コード	文字	文字コード	文字	文字コード
A	65	a	97	0	48
Z	90	z	122	9	57

•Asc関数の構文

Asc(string)

Asc関数は、引数stringに指定した文字の文字コード（ASCIIコード）を返します。引数stringに文字列（複数の文字）を指定した場合、先頭の文字の文字コードを返します。

Tips
073 文字コードに変換する

▶関連Tips
072

使用機能・命令 **Chr関数**

サンプルファイル名 gokui02.accdb/2_2Module

▼文字コードを利用して、AからZの文字を連続で表示する

```
Private Sub Sample073()
    Dim i As Long
    '大文字のAとZの文字コードを取得してその間の数だけループ処理を行う
    For i = Asc("A") To Asc("Z")
        '文字コードから文字を取得し、AからZの文字を表示する
        Debug.Print Chr(i)
    Next
End Sub
```

❖ 解説

Chr関数は、指定した文字コードに対応する文字を返す関数です。ここでは、Asc関数（→Tips 072）と組み合わせて、AからZまでの文字（大文字）をイミディエイトウィンドウに表示します。このとき、ループ処理を使用していますが、このループ処理の初期値と終了値をそれぞれ、Asc関数を使用して求めています。そして、カウンタ変数（変数i）の値とChr関数を使用して、その文字コードに該当する文字をイミディエイトウィンドウに表示しています。なお、アルファベット1文字だけ文字コードから文字を調べたい場合には、イミディエイトウィンドウを利用すると便利です。

イミディエイトウィンドウは、「?」に続けて関数や数式などを入力すると、その処理結果を表示します。文字コード「65」の文字を調べるには、イミディエイトウィンドウに「?chr(65)」と入力して、[Enter]キーを押します。結果、「A」がイミディエイトウィンドウに表示されます。

主な制御文字と文字コード、またそれを表す定数は、次のとおりです。

◈ 主な制御文字と文字コード

値	定数	説明
Chr(0)	vbNullChar	値0を持つ文字
Chr(9)	vbTab	タブ文字
Chr(10)	vbLf	ラインフィード文字
Chr(13)	vbCr	キャリッジリターン文字
Chr(13) + Chr(10)	vbCrLf	キャリッジリターンとラインフィードの組み合わせ

•Chr関数の構文

Chr(code)

Chr関数は、引数codeに指定した文字コード（ASCIIコード）に対応する文字列を返します。改行やタブなどVBAコードに直接入力できない制御文字を利用するときなどに利用されます。

Tips 074

配列を要素ごとに区切られた文字列に変換する

▶関連Tips 075

使用機能・命令 **Join関数**

サンプルファイル名 gokui02.accdb/2_2Module

▼配列内の「Access」「Excel」「PowerPoint」の文字を、カンマ区切りの文字に変換する

```
Private Sub Sapmle074()
    Dim temp(2) As String      '要素数3の配列を宣言する
    Dim i As Long

    temp(0) = "Access"         '配列の1番目の要素に「Access」を代入する
    temp(1) = "Excel"          '配列の2番目の要素に「Excel」を代入する
    temp(2) = "PowerPoint"     '配列の3番目の要素に「PowerPoint」を代入する

    '配列の各要素を「,(カンマ)」で区切った文字列に変換する
    Debug.Print Join(temp, ",")
End Sub
```

❖ 解説

Join関数は、配列の値をすべて結合した値を返します。配列の各要素を区切る区切文字の指定もできます。

このサンプルでは、3つの要素を持つ配列を用意し、Join関数でその配列の値をカンマで区切った文字列にしています。カンマ区切りのデータを作成する場合などに使用することができます。

▼実行結果

イミディエイト

```
Access,Excel,PowerPoint
```

配列の要素がカンマ区切りのデータに結合された

•Join関数の構文

Join(sourcearray[, delimiter])

配列に含まれている文字列を結合して作成した文字列を返します。

引数sourcearrayに、対象となる1次元配列を指定します。2次元配列などの多次元配列は指定できません。引数delimiterは、文字列の区切り文字です。省略した場合は、空白文字（" "）が使用されます。引数delimiter が長さ0の文字列（""）の場合は、リスト内のすべてのアイテムが区切り文字なしで結合されます。

要素ごとに区切られた文字列を配列に変換する

▶関連Tips 022 073

使用機能・命令 **Array関数**

サンプルファイル名 gokui02.accdb/2_2Module

▼複数の文字を一度に配列に代入する

```
Private Sub Sample075()
    Dim temp As Variant     '配列を格納する変数を用意する
    Dim i As Long

    '変数tempに配列を代入する
    temp = Array("Excel", "Access", "Word")

    For i = LBound(temp) To UBound(temp)     '配列の要素の数だけ処理を繰り返す
        '配列の各データを出力する
        Debug.Print temp(i)
    Next
End Sub
```

❖ 解説

ここでは、Array関数を使用して作成した配列の値を、順にイミディエイトウィンドウ表示しています。Array関数は、引数に指定した複数の文字列を配列に変換します。

なお、ループ処理では、LBound関数（→Tips022）とUBound関数（→Tips022）を使用して、配列の要素の最小値と最大値を取得し、その値を使ってループ処理を行っています。配列を対象にループ処理を行う場合、このようにすれば、配列のインデックス番号がいくつから始まっているか気にする必要がありません。

• Array関数の構文

Array(arglist)

Array関数は、関数の引数に指定した複数の値から配列を生成します。生成した配列は、Variant型の変数に格納します。なお、一部のヘルプには、「Array関数を使用して作成した配列のインデックスの最小値は、常に0です。ほかの種類の配列とは異なり、Option Baseステートメントに最小値を指定しても影響を受けません。」という記述がありますが、これは間違いです。Option Baseステートメントの影響を受けます。

Tips 076

文字列を区切って配列に変換する

▶関連Tips 074 075 077

使用機能・命令 **Split関数**

サンプルファイル名 gokui02.accdb/2_2Module

▼カンマを含む文字列を、カンマ毎に区切って配列にする

```
Private Sub Sample076()
    Dim temp As Variant
    Dim i As Long

    '文字列をカンマで区切って配列にする
    temp = Split("Excel,Access,Word", ",")

    For i = LBound(temp) To UBound(temp)    '配列の要素の数だけ処理を繰り返す
        '配列の各データを出力する
        Debug.Print temp(i)
    Next
End Sub
```

解説

ここでは、Split関数を使用して指定した文字列を配列に変換します。

文字列「"Excel,Access,Word"」をカンマで区切って、配列に代入します。変数tempに代入した値を、ループ処理を使用して、イミディエイトウィンドウに表示します。

なお、Split関数の3番目の引数を使用すると、配列の要素数の上限を指定することができます。たとえば、3番目の引数に「2」を指定した場合、2番目の要素以降は区切文字を無視して、1つの文字列として扱われます。サンプルコードのSplit関数の部分を、「temp = Split("Excel,Access,Word", ",", 2)」のように変更すると、処理結果は「Excel」と「Access,Word」の2つの値となります。

・Split関数の構文

Split(expression[,delimiter[,limit[,compare]]])

Split関数は、引数expressionに指定した文字列を、引数delimiterに指定した区切文字で分割し、1次元配列に格納します。引数delimiterを省略した場合は、半角スペースが区切り文字として使用されます。引数limitには、分割する配列の要素数の上限を指定します。例えば、引数「limit」に「2」を指定した場合、2番目の要素以降は区切文字を無視して、1つの文字列として扱われます。

なお、Split関数は、Option Baseステートメントの影響を受けないため、仮にOption Base 1と記述していても、配列の最小値は「0」になります。

配列から指定した要素の配列を作成する

▶関連Tips 074 076

使用機能・命令 **Filter関数**

サンプルファイル名 gokui02.accdb/2_2Module

▼配列から「VBA」を含む要素だけの配列を取得する

```
Private Sub Sample077()
    Dim temp As Variant
    Dim data As Variant
    Dim i As Long

    '文字列「ExcelVBA,AccessVBA,Word」を配列として変数に代入する
    temp = Split("ExcelVBA,AccessVBA,Word", ",")

    '配列から「VBA」を含む値だけの配列を作成する
    data = Filter(temp, "VBA")

    For i = LBound(data) To UBound(data)
        Debug.Print data(i)              '配列の値をすべて出力する
    Next
End Sub
```

解説

Filter関数は、指定した配列から、指定した条件に一致するまたは一致しないものを取得し、別の配列として返します。取得する配列を条件に一致したものにするには、3番目の引数Trueを指定するか省略し、一致しないものにするにはFalseを指定します。ここでは、文字列「ExcelVBA,AccessVBA,Word」をSplit関数（→Tips076）を使用して、一旦カンマで区切った配列にします。この配列から、「VBA」を含む要素だけの配列を作成しています。最後に、取得した配列の値を、ループ処理を使ってイミディエイトウィンドウに表示します。

▼実行結果

```
イミディエイト
ExcelVBA
AccessVBA
```

「VBA」を含む文字列だけが取得された

•Filter関数の構文

Filter(sourcesrray, match[, include[, compare]])

Filter関数は、引数sourcearrayに指定した配列から、引数matchに指定した条件に一致する/一致しないものを取得し、別の配列として返します。取得する配列を条件に一致したものにするには、引数includeにTrueを、一致しないものにするにはFalseを指定します。規定値はTrueです。

Tips 078

現在の日付・時刻を取得する

▶関連Tips 081

使用機能・命令　**Date関数/Time関数/Now関数**

サンプルファイル名　gokui02.accdb/2_3Module

▼現在の「日付」「時刻」「日付と時刻」のそれぞれを求める

```
Private Sub Sample078()
    Debug.Print Date          '現在の日付を表示する
    Debug.Print Time          '現在の時刻を表示する
    Debug.Print Now           '現在の日付と時刻を表示する
End Sub
```

❖ 解説

Date関数は、現在のパソコンに設定されている日付を返します。Time関数は、現在のパソコンに設定されている時刻を返します。Now関数は、現在のパソコンに設定されている日付と時刻を返します。

この中で、Time関数は時刻のみを取得します。そのため、日付をまたぐような処理で時刻をチェックする場合には、注意が必要です。その場合は、日付の情報も持っているNow関数を使用しましょう。

またVBAでは、日付はシリアル値と呼ばれる値で管理しています。シリアル値は、1900/1/1を「1」として、1日ごとに「1」を加算します。つまり、1日を「1」で表していることになります。ですから、1時間は1/24、1分は1/24/60となります。

▼実行結果

「日付」「時刻」「日付と時刻」のそれぞれを取得した

• Date/Time/Now関数の構文

Date/Time/Now

Date関数は現在の日付、Time関数は現在の時刻、Now関数は現在の日付と時刻の両方を取得します。取得される値は、システムの日付・時刻です。

今日の曜日を取得する

▶関連Tips 078

使用機能・命令 **Weekday関数/WeekdayName関数**

サンプルファイル名 gokui02.accdb/2_3Module

▼現在の曜日を求める

```
Private Sub Sample079()
    '今日の曜日を求め、「○曜日」という表記で出力する
    Debug.Print WeekdayName(Weekday(Date), False)
     '今日の曜日を求め、曜日名のみ出力する
    Debug.Print WeekdayName(Weekday(Date), True)
End Sub
```

解説

ここでは、まず、WeekDay関数で、今日の日付から曜日を表す数値を取得します。この値を、WeekdayName関数を使用して、曜日を表す文字列に変換しています。WeekDay関数とWeekdayName関数の引数firstdayofweekに指定する値は、次のとおりです。

◈引数firstdayofweekに指定する定数

列挙値	値	説明
FirstDayOfWeek.System	0	システムで設定されている週の最初の曜日
FirstDayOfWeek.Sunday	1	日曜日（既定値）
FirstDayOfWeek.Monday	2	月曜日
FirstDayOfWeek.Tuesday	3	火曜日
FirstDayOfWeek.Wednesday	4	水曜日
FirstDayOfWeek.Thursday	5	木曜日
FirstDayOfWeek.Friday	6	金曜日
FirstDayOfWeek.Saturday	7	土曜日

•Weekday関数の構文

Weekday(date, firstdayofweek)

•WeekdayName関数の構文

WeekdayName(weekday, abbreviate, firstdayofweek)

Weekday関数は、日付を表すシリアル値から曜日を示す数値を取得します。引数dateに対象の日付を指定します。引数firstdayofweekを使用して、週の始まりの曜日を指定することができます。WeekdayName関数は、引数weekdayに指定した数値から曜日の文字列を取得します。引数abbreviateにTrueを指定すると、曜日を短い表記で返します。また、引数firstdayofweekを使用して、週の始まりを指定することもできます。

Tips 080

指定した年・月・日から日付を返す

▶関連Tips 083

使用機能・命令　**DateSerial関数**

サンプルファイル名　gokui02.accdb/2_3Module

▼年月日をそれぞれ指定して、日付のデータを求める

```
Private Sub Sample080()
    Debug.Print DateSerial(2023, 2, 11) '「2023」「2」「11」の値から日付を求める
    Debug.Print DateSerial(2022, 13, 1) '「2022」「13」「1」の値から日付を求める
End Sub

Private Sub Sample080_2()
    '前月の月末の日付を求める
    Debug.Print DateSerial(2022, 2, 1 - 1)
End Sub
```

❖ 解説

DateSerial関数は、1番目の引数に「年」を、2番目の引数に「月」を、3番目の引数に「日」を指定して、日付のシリアル値を返します。1つ目のサンプルでは、「2023」「2」「11」の値から「2023/2/11」という日付を、「2022」「13」「1」の値から「2023/1/1」という日付を求めて、それぞれイミディエイトウィンドウに表示しています。

DateSerial関数を使用すると、バラバラに入力されている「年」「月」「日」のデータから、日付データを作成することができます。DateSerial関数は、引数に実際には存在しない値（たとえば「月」を表す2番目の引数に「13」など）を指定すると、自動的に計算されて適切な値（この場合は「年」が1つ加算され、「月」は1になります）にしてくれる機能があります。この機能を利用して、指定した月の前月の末日の日付を求めることができます。2つ目のサンプルは、「日」を指定する3番目の引数に「1 - 1」を指定しています。こうすることで、前月の末日の日付を求めています。

▼前月の末日の日付を求める

イミディエイト

2022/01/31

末日の日付が表示された

• DateSerial関数の構文

DateSerial(year, month, day)

DateSerial関数は、引数に指定した「年」「月」「日」のそれぞれのデータから日付のシリアル値を返します。なお、指定する値ですが、例えば引数monthに「13」を指定すると、1繰り上がって引数yearの値に1加算し、引数monthの値は1として処理されます。

文字列から日付・時刻を取得する

▶関連Tips 060 080

使用機能・命令 **DateValue関数/TimeValue関数/DateSerial関数（→Tips080）**

サンプルファイル名 gokui02.accdb/2_3Module

▼指定した文字列から、日付と時刻のデータをそれぞれ作成する

```
Private Sub Sample081()
    Debug.Print DateValue("令和3年年5月5日")        '文字列から日付を求める
    Debug.Print TimeValue("午後5時15分10秒")       '文字列から時刻を求める
End Sub

Private Sub Sample081_2()
    Dim temp As String

    temp = "20220510"
    Debug.Print DateSerial(Left(temp, 4), Mid(temp, 5, 2) _
        , Right(temp, 2))
End Sub
```

解説

ここでは2つのサンプルを紹介します。1つ目は、指定した文字列から日付と時刻それぞれを取得します。

DateValue関数は、日付を表す文字列から日付のシリアル値を返します。指定する文字列が日付と認識できる形であれば、変換することができます。返す値は、コントロールパネルの「短い日付」で指定されている形式です。TimeValue関数は、時刻を表す文字列から時刻のシリアル値を返します。日付、時刻はシリアル値と呼ばれる値で管理されています。このサンプルのように文字列で表されたデータは、シリアル値とは異なるため、日付として管理する場合は値を変換する必要があります。2つ目のサンプルは、日付データが「202205010」のように8桁の数値で管理されている場合に、このデータを日付データ（シリアル値）に変換します。ここでは、Left関数（→Tips060）、Mid関数（→Tips060）、Right関数（→Tips060）のそれぞれを使用して、8桁の文字列から「年」「月」「日」を取得し、DateSerial関数（→Tips080）で日付データに変換しています。

・DateValue関数/TimeValue関数の構文

DateValue/TimeValue(date)

DateValue関数は、日付を表す文字列からシステムに対して、指定した短い日付形式で日付を返します。TimeValue関数は、時刻を表す文字列から時刻を返します。

Tips 082 今日の年月日、時・分・秒をそれぞれ取得する

▶関連Tips 078

使用機能・命令 **Year関数/Month関数/Day関数/Hour関数/Minute関数/Second関数**

サンプルファイル名 gokui02.accdb/2_3Module

▼今日の日付と時刻から、「年」「月」「日」、「時」「分」「秒」をそれぞれ取得する

```
Private Sub Sample082()
    Dim temp As Date

    temp = Now                    '今日の日付を変数に代入する

    Debug.Print Year(temp)        '年を求めて表示する
    Debug.Print Month(temp)       '月を求めて表示する
    Debug.Print Day(temp)         '日を求めて表示する

    Debug.Print Hour(temp)          '時を求めて表示する
    Debug.Print Minute(temp)        '分を求めて表示する
    Debug.Print Second(temp)        '秒を求めて表示する
End Sub
```

❖ 解説

ここでは、Now関数（→Tips078）を使用して今日の日付と時刻を求め、その値を元に「年」「月」「日」、「時」「分」「秒」の値を、それぞれイミディエイトウィンドウに表示しています。

Year関数は指定した値から「年」を、Month関数は指定した値から「月」を、Day関数は指定した値から「日」を、それぞれ返す関数です。

また同様に、Hour関数は「時」、Minute関数は「分」、Second関数は「秒」をそれぞれ返します。

• Year関数/Month関数/Day関数の構文

Year/Month/Day(date)

• Hour関数/Minute関数/Second関数の構文

Hour/Minute/Second(time)

Year関数は「年」を、Month関数は「月」を、Day関数は「日」を、日付を表すシリアル値や文字列から取得します。

Hour関数は「時間」を、Minute関数は「分」を、Second関数は「秒」を、シリアル値や時刻を表す文字列から取得します。

Tips 083

▶関連Tips 078

日付・時刻に指定した数字を足して表示する

使用機能・命令 **DateAdd関数**

サンプルファイル名 gokui02.accdb/2_3Module

▼現在の日付から2ヶ月後の日付を求めて、イミディエイトウィンドウに表示する

```
Private Sub Sample083()
    Dim temp As Date

    temp = Date             '今日の日付を変数に代入する

    Debug.Print DateAdd("m", 2, temp)    '2ヶ月後の日付を求める
End Sub
```

❖ 解説

ここでは、DateAdd関数を使用して2ヶ月後の日付を求めます。
DateAdd関数は、指定した日付に指定した単位で加算/減算します。
DateAdd関数の引数intervalに指定できる値は以下になります。

◈引数intervalに指定できる単位

値	意味	値	意味
yyyy	年	w	週日
q	四半期	ww	週
m	月	h	時
y	年間通算日	n	分
d	日	s	秒

なお、「週」単位と「週日」単位の違いは、週を計算する基準にあります。「週」単位の場合、指定した日付から「日曜日」がいくつあるかを計算して加算します。それに対して「週日」単位の場合は、指定した日付の曜日がいくつあるかを計算します。

• DateAdd関数の構文

DateAdd(interval, number, date)

DateAdd関数は、引数dateに指定した日付に、引数intervalに指定した単位で、引数numberに指定した数を加算/減算します。

Tips 084

指定した２つの日付・時刻間の期間を返す

▶関連Tips 079

使用機能・命令　**DateDiff関数**

サンプルファイル名　gokui02.accdb/2_3Module

▼指定した期間の日数や年数を求める

```
Private Sub Sample084()
    '2022年の年初と年末の日付の期間を表示する
    Debug.Print DateDiff("d", #1/1/2022#, #12/31/2022#)
End Sub
```

❖ 解説

ここでは、2022年の年初と年末の日付の期間（日数）を取得します。なお、DateDiff関数で「年」を求める場合は注意が必要です。**DateDiff関数は単純に「年」を引き算するので、年齢などの計算には向きません。** DateDiff関数の引数に指定する値や定数は、次のようになります。

◈ 引数intervalに設定する値

値	意味	値	意味
yyyy	年	w	週日
q	四半期	ww	週
m	月	h	時
y	年間通算日	n	分
d	日	s	秒

◈ 引数firstweekofyearに設定する定数

定数	値	説明
vbUseSystem	0	各国語対応（NLS）APIの設定値
vbFirstJan1	1	1月1日を含む週を年度の第1週とする（既定値）
vbFirstFourDays	2	7日のうち、少なくとも4日が新年度に含まれる週を年度の第1週とする
vbFirstFullWeek	3	全体が新年度に含まれる最初の週を、年度の第1週とする

• DateDiff関数の構文

DateDiff(interval, date1, date2[, firstdayofweek[, firstweekofyear]])

DateDiff関数は、指定した開始日と終了日の間隔を返します。引数intervalには、時間単位を表す文字列式を指定します。引数date1,date2には、間隔を計算する２つの日付（開始日と終了日）を指定します。引数firstdayofweekには、週の始まりの曜日を表す定数を指定します（→Tips079）。引数firstweekofyearには、年度の第１週を表す定数を指定します。

その日の午前0時からの経過時間を返す

▶関連Tips 086

使用機能・命令 **Timer関数**

サンプルファイル名 gokui02.accdb/2_3Module

▼「T_2ShoMaster」テーブルのデータを出力するためにかかった時間を表示する

```
Private Sub Sample085()
    Dim db As DAO.Database
    Dim rs As DAO.Recordset
    Dim i As Long
    Dim t As Single

    t = Timer                  '現在の値を取得する
    Set db = CurrentDb         '現在のデータベースへの参照を変数dbに代入する

    'T_2ShoMasterテーブルのレコードセットを開く
    Set rs = db.OpenRecordset("T_2ShoMaster")

    rs.MoveFirst               'レコードの先頭にカーソルを移動する
    Do Until rs.EOF            '最後のレコードまで処理を繰り返す
        Debug.Print rs.Fields(1)         '1番目のフィールドの値を出力する
        rs.MoveNext            '次のレコードにカーソルを移動する
    Loop

    Debug.Print Timer - t          '経過時間を表示する
End Sub
```

❖ 解説

ここでは、Timer関数を使用して処理にかかった時間を計測します。Timer関数は、午前0時から経過した時間を返します。値は秒数を表すSingle型となります。午前0時からの経過時間を取得するため、午前0時をまたぐ秒数を取得する場合は、午前0時の前後でそれぞれ計算する必要があります。なお、午前0時をまたいだ場合、Timer関数は-86400（1日の秒数にマイナスの符号を付けた値）に、午前0時以降の経過秒数を加算して返します。ここでは、指定したフィールドの値を出力するためにかかった時間を計測し、イミディエイトウィンドウに表示します。

• Timer関数の構文

Timer

Timer関数は、午前0時からの経過秒数を表す単精度浮動小数点数型（Single）の値を返します。

表示形式を変更する

▶関連Tips 052 069

使用機能・命令 **Format関数**（→Tips052）

サンプルファイル名 gokui02.accdb/2_3Module

▼現在の日付と時刻を指定したフォーマットで表示する

```
Private Sub Sample086()
    Dim temp As Date

    temp = Now          '本日の日付と時刻を変数に代入する

    '変数tempの値を「yyyymmdd」の形式で表示する
    Debug.Print Format(temp, "yyyymmdd")
    '変数tempの値を「ggge年mm年dd日」の形式で表示する
    Debug.Print Format(temp, "ggge年mm年dd日")
    '変数tempの値を「hhmmss」の形式で表示する
    Debug.Print Format(temp, "hhmmss")
    '変数tempの値を「Long Time」の形式で表示する
    Debug.Print Format(temp, "Long Time")
End Sub
```

解説

Format関数は、1番目の引数に指定した日付・時刻を、2番目の引数（format）に指定した形式に変換します。引数formatに指定できる値は、次のようになります。

◇引数formatに指定できる値

値	説明	値	説明
d	1～31で日付を表示	mmmm	月の名前（英語）を省略せずに表示
dd	01～31で日付を表示	g	年号の頭文字を表示（M, T, S, H ,R）
ddd	曜日を省略形（英語3文字）で表示（Sun～Sat）	gg	年号の先頭の1文字を漢字で表示（明, 大, 昭, 平, 令）
aaa	曜日を省略形（日本語）で表示（日～土）	ggg	年号を表示（明治, 大正, 昭和, 平成, 令和）
dddd	曜日を英語で表示（Sunday～Saturday）	e	年を年号で表示
aaaa	曜日を日本語で表示（日曜日～土曜日）	ee	年を年号で2桁の数値で表示
m	1～12で月を表示	y	日付を1月1日からの日数で表示
mm	01～12で月を表示	yy	西暦の最後の2桁を表示
mmm	月の名前を省略形（英語3文字）で表示（Jan～Dec）	yyyy	西暦を表示

Tips 087 レコード数を求める

▶関連Tips 087 089 090 091

使用機能・命令 DCount関数

サンプルファイル名 gokui02.accdb/2_4Module

▼「T_Master」テーブルの全レコード数を表示する

```
Private Sub Sample087()
    '「T_Master」テーブルの全レコード数を表示する
    Debug.Print DCount("会員ID", "T_Master")
End Sub

Private Sub Sample087_2()
    '「T_Master」テーブルで「性別」が「女性」のレコード数を表示する
    Debug.Print DCount("会員ID", "T_Master", "性別 = '女性'")
End Sub
```

解説

ここでは、2つのサンプルを紹介します。1つ目は、「T_Master」テーブルの「会員ID」欄の入力されているデータのレコード数をカウントします。2つ目は、1つ目と同じですが、「性別」欄が「女性」のデータだけをカウントします（なお、**条件となる「女性」の文字を「'（シングルクォーテーション）」で囲んでいる点に注意して下さい**）。VBAでは、データベースのようなデータ範囲を対象に集計を行う関数を、「定義域集計関数」と呼びます。「定義域集計関数」は、指定したテーブルやクエリの情報を集計する関数です。VBAで使用できるだけでなく、普通の関数としてクエリの演算フィールドなどでも使用することができます。レコード数を求めるには、DCount関数を使用します。DCount関数では未入力のレコードはカウントしないため、ここでは主キーになっている「会員ID」フィールドを、集計用のフィールドに指定しています。

▼1つ目のサンプルの実行結果

```
イミディエイト
 20
```

レコード数が表示された

・DCount関数の構文

DCount(Expr, Domain, Criteria)

DCount関数は、データの個数を求める関数です。引数Exprには集計対象のフィールドを指定します。引数Domainには、対象となるテーブルなどのレコードを指定し、引数Criteriaには、集計対象のレコードを絞り込む条件を指定します。

Tips 088

合計値や平均値を求める

▶関連Tips 087 089 090 091

使用機能・命令　**DSum関数/DAvg関数**

サンプルファイル名　gokui02.accdb/2_4Module

▼「T_Order」テーブルの「数量」フィールドの合計と平均を表示する

```
Private Sub Sample088()
    '「T_Order」テーブルの「数量」フィールドの合計を表示する
    Debug.Print DSum("数量", "T_Order")
    '「T_Order」テーブルで「商品ID」が「Y」で始まる「数量」の合計を表示する
    Debug.Print DSum("数量", "T_Order", "商品ID LIKE 'Y*'")
End Sub

Private Sub Sample088_2()
    '「T_Order」テーブルの「数量」フィールドの平均を表示する
    Debug.Print DAvg("数量", "T_Order")
    '「T_Order」テーブルで「商品ID」が「Y」で始まる「数量」の平均を表示する
    Debug.Print DAvg("数量", "T_Order", "商品ID LIKE 'Y*'")
End Sub
```

解説

ここでは、2つのサンプルを紹介します。1つ目のサンプルは、「T_Order」テーブルの「数量」フィールドの合計を求めます。ただし、最初のコードが単純に合計を求めるのに対し、もう1つのコードは「商品ID」が「Y」から始まる、という条件にあった数量だけを合計します。

2つ目のサンプルは、1つ目同様、「T_Order」テーブルの「数量」フィールドを対象にしますが、今度は平均を求めます。単純な平均と条件にあった平均（「商品ID」が「Y」から始まるもの）の2つの値を求めます。合計を求めるためにDSum関数を、平均を求めるためにDAvg関数を使用しています。いずれも、「定義域集計関数」と呼ばれるものです。

「定義域集計関数」は、指定したテーブルやクエリの情報を集計する関数です。VBAで使用できるだけでなく、普通の関数としてクエリの演算フィールドなどでも使用することができます。

•DSum関数の構文

DSum(Expr, Domain, Criteria)

•DAvg関数の構文

DAvg(Expr, Domain, Criteria)

DSum関数はデータの合計を求める関数、DAvg関数はデータの平均を求める関数です。いずれも、引数Exprには集計対象のフィールドを指定します。引数Domainには、対象となるテーブルなどのレコードを指定し、引数Criteriaには、集計対象のレコードを絞り込む条件を指定します。

Tips
089 先頭／最後の値を求める

▶関連Tips 090 091

使用機能・命令
DFirst関数／DLast関数

サンプルファイル名 gokui02.accdb/2_4Module

▼「T_Master」テーブルの「氏名」フィールドの先頭／最後の値を表示する

```
Private Sub Sample089()
    '「T_Master」テーブルの「氏名」フィールドの先頭の値を表示する
    Debug.Print DFirst("氏名", "T_Master")
    '「T_Master」テーブルで「性別」が「女性」で「氏名」の先頭の値を表示する
    Debug.Print DFirst("氏名", "T_Master", "性別 = '女性'")
    '「T_Master」テーブルの「氏名」フィールドの最後の値を表示する
    Debug.Print DLast("氏名", "T_Master")
    '「T_Master」テーブルで「性別」が「女性」で「氏名」の最後の値を表示する
    Debug.Print DLast("氏名", "T_Master", "性別 = '女性'")
End Sub
```

❖ 解説

ここでは、DFirst関数を使用して「T_Master」テーブルの最初のデータを、DLast関数を使用して最後のデータを取得します。1つ目と2つ目のコードではレコードの先頭の「氏名」のデータを、3つ目と4つ目のコードはレコードの最後の「氏名」のデータを、それぞれイミディエイトウィンドウに表示します。

なお、DFirst関数やDLast関数は「定義域集計関数」とも呼ばれ、指定したテーブルやクエリの情報を集計する関数です。VBAで使用できるだけでなく、普通の関数としてクエリの演算フィールドなどでも使用することができます。

▼対象となる「T_Master」テーブル

T_Master

会員ID	氏名	フリガナ	性別
A001	大瀧 正澄	オオタキ マサ:	男性
A002	田中 涼子	タナカ リョウコ	女性
A003	山崎 久美子	ヤマザキ クミ:	女性
A004	橋田 健介	ハシダ ケンス・	男性
A005	水野 奈穂子	ミズノ ナオコ	女性
A006	松田 真澄	マツダ マスミ	女性
A007	牧 冴子	マキ サエコ	女性
A008	本間 智也	ホンマトモヤ	男性
A009	千代田 光枝	チヨダ ミツエ	女性
A010	相川 美佳	アイカワ ミカ	女性
A011	中野 伸夫	ナカノ ノブオ	男性
A012	渋谷 真友子	シブヤ マユコ	女性
A013	吉田 智子	ヨシダ トモコ	女性
A014	相川 秀人	アイカワ ヒデト	男性
A015	西川 祐子	ニシカワ ユウ:	女性
A016	嶋倉 美樹	シマクラ ミキ	女性
A017	加藤 亜矢	カトウ アヤ	女性
A018	中臺 晃子	ナカダイ アキ:	女性
A019	原 ゆき	ハラ ユキ	女性
A020	坂内 高志	バンナイ タカシ	男性
*			

このテーブルからレコードを取得する

▼実行結果

「氏名」が表示された

•DFirst関数/DLastの構文

DFirst/DLast(Expr, Domain, Criteria)

DFirst関数は先頭のレコードを、DLast関数は最後のレコードを求める関数です。引数Exprには対象のフィールドを指定します。引数Domainには、対象となるテーブルなどのレコードを指定し、引数Criteriaには集計対象のレコードを絞り込む条件を指定します。

最大値／最小値を求める

▶関連Tips
087
088
089
090

使用機能・命令　**DMax関数／DMin関数**

サンプルファイル名　gokui02.accdb/2_4Module

▼「Q_Order」クエリの「金額」フィールドの最大値と最小値を表示する

```
Private Sub Sample090()
    '「Q_Order」クエリで「商品ID」が「Y」で始まる「金額」の最大値と最小値を表示する
    Debug.Print DMax("金額", "Q_Order", "商品ID LIKE 'Y*'")
    Debug.Print DMin("金額", "Q_Order", "商品ID LIKE 'Y*'")
End Sub
```

❖ 解説

ここでは、DMax関数を使用して「Q_Order」クエリの「金額」フィールドの最大値を取得します。また、合わせてDMin関数を使用して最小値も取得します。1つ目のコードでは「商品ID」が「Y」で始まるレコードのなかで最大値を、2つ目のコードでは、「商品ID」が「Y」で始まるレコードのなかで最小値を取得し、イミディエイトウィンドウに表示します。

なお、DMax関数/DMin関数は「定義域集計関数」とも呼ばれ、指定したテーブルやクエリの情報を集計する関数です。VBAで使用できるだけでなく、普通の関数としてクエリの演算フィールドなどでも使用することができます。

▼対象となる「Q_Order」クエリ

Q_Order

日付	会員ID	氏名	商品ID	商品名	単価	数量	金額
2022/10/17	03	山崎 久美子	Y0001	YシャツA	2,000	2	4000
2022/10/17	A003	山崎 久美子	Y0002	YシャツB	1,800	1	1800
2022/10/20	A018	中臺 晃子	N0003	ネクタイC	5,000	1	5000
2022/10/21	A008	本間 智也	W0001	財布A	15,000	1	15000
2022/10/21	A008	本間 智也	W0002	財布B	12,000	1	12000
2022/10/22	A009	千代田 光枝	B0003	ベルトC	3,000	5	15000
2022/10/23	A019	原 ゆき	Y0001	YシャツA	2,000	3	6000
2022/10/24	A004	橋田 健介	W0003	財布C	8,000	2	16000
2022/10/25	A005	水野 奈穂子	N0002	ネクタイB	10,000	3	30000
2022/10/25	A005	水野 奈穂子	N0001	ネクタイA	20,000	1	20000
2022/10/25	A010	相川 美佳	K0001	靴下A	500	1	500

「金額」フィールドの最大値を取得する

▼実行結果

イミディエイト

```
10000
1800
```

「金額」が表示された

・DMax関数／DMinの構文

DMax (Expr, Domain, Criteria)

DMax関数はレコードの最大値を、DMin関数はレコードの最小値を求める関数です。引数Exprには対象のフィールドを指定します。引数Domainには、対象となるテーブルなどのレコードを指定し、引数Criteriaには、集計対象のレコードを絞り込む条件を指定します。

条件にあったデータを求める

▶関連Tips
087
088
089
090
091

使用機能・命令 DLookup関数

サンプルファイル名 gokui02.accdb/2_4Module

▼「Q_Order」クエリで商品IDが「Y0002」の商品名を求める

```
Private Sub Sample091()
    '「Q_Order」クエリで「商品ID」が「Y」で始まる商品名を表示する
    Debug.Print DLookup("商品名", "Q_Order", "商品ID = 'Y0002'")
End Sub
```

❖ 解説

ここでは、DLookup関数を使用して「Q_Order」クエリの「商品ID」が「Y0002」の商品名を取得します。このとき、取得されるデータは「Q_Order」クエリで最初に見つかったデータになります。なお、**「最初」といっても見た目の並び順と一致するとは限らないため、Like演算子と組み合わせると予期せぬデータが返ることがあります。ですので、結果がユニークになる条件にしてください。**

なお、DLookup関数は「定義域集計関数」とも呼ばれ、指定したテーブルやクエリの情報を集計する関数です。VBAで使用できるだけでなく、普通の関数としてクエリの演算フィールドなどでも使用することができます。

▼対象となる「Q_Order」クエリ

Q_Order

日付	会員ID	氏名	商品ID	商品名	単価	数量	金額
2022/10/17	03	山崎 久美子	Y0001	YシャツA	2,000	2	4000
2022/10/17	A003	山崎 久美子	Y0002	YシャツB	1,800	1	1800
2022/10/20	A018	中臺 晃子	N0003	ネクタイC	5,000	1	5000
2022/10/21	A008	本間 智也	W0001	財布A	15,000	1	15000
2022/10/21	A008	本間 智也	W0002	財布B	12,000	1	12000
2022/10/22	A009	千代田 光枝	B0003	ベルトC	3,000	5	15000
2022/10/23	A019	原 ゆき	Y0001	YシャツA	2,000	3	6000
2022/10/24	A004	橋田 健介	W0003	財布C	8,000	2	16000
2022/10/25	A005	水野 奈穂子	N0002	ネクタイB	10,000	3	30000
2022/10/25	A005	水野 奈穂子	N0001	ネクタイA	20,000	1	20000
2022/10/25	A010	相川 美佳	K0001	靴下A	500	1	500

「商品ID」が「Y」から始まる商品名を取得する

▼実行結果

「商品名」が表示された

• DLookup関数の構文

DLookup(Expr, Domain, Criteria)

DLookup関数はレコードで条件にあったデータを求める関数です。引数Exprには対象のフィールドを指定します。引数Domainには、対象となるテーブルなどのレコードを指定し、引数Criteriaには、集計対象のレコードを絞り込む条件を指定します。なお、該当のレコードが複数ある場合は、先頭のレコードを取得します。

Tips 092 変数が配列かどうか調べる

▶関連Tips 024 076

使用機能・命令 IsArray関数

サンプルファイル名 gokui02.accdb/2_5Module

▼指定した文字列を元にした配列を作成し、配列になっているか確認する

```
Private Sub Sample092()
    Dim temp As Variant

    '文字列「Excel,Access,PowerPoint」をカンマで区切って配列にする
    temp = Split("Excel,Access,PowerPoint", ",")

    '変数tempが配列かどうかを確認する
    Debug.Print IsArray(temp)
End Sub
```

❖ 解説

ここでは、変数が配列かどうかを調べます。IsArray関数は指定した変数が配列かどうかを返します。配列の時はTrueを、配列ではないときはFalseを返します。

ここでは、文字列「Excel,Access,PowerPoint」から、Split関数（→Tips076）を使用して配列を変数tempに作成し、この変数が配列になっているかどうかをIsArray関数で確認します。

この場合は配列になっているので、Trueがイミディエイトウィンドウに表示されます。

このサンプルの「temp = Split("Excel,Access,PowerPoint", ",")」の部分をコメントアウトしてサンプルを実行すると、配列が作成されていないため、Falseがイミディエイトウィンドウに表示されます。

なお、IsArray関数はあくまで、対象が配列かどうかを返します。その配列に要素数が割り当てられているかどうかは、判定できません。動的配列に要素数が割り当てられているかどうかについては、Not演算子（→Tips024）を使用して調べることができます。

•IsArray関数の構文

IsArray(varname)

IsArray関数を利用すると、指定した変数が配列かどうかを調べることができます。配列の時はTrueを、配列ではない時はFalseを返します。

Tips 093

引数で指定した値が日付かどうか調べる

▶関連Tips 078 080

使用機能・命令　**IsDate関数**

サンプルファイル名　gokui02.accdb/2_5Module

▼日付と文字列をそれぞれ変数に代入し、それらの値が日付かどうか確認する

```
Private Sub Sample093()
    Dim temp(1) As Variant  '要素数2の配列変数を宣言する

    temp(0) = Date          '1番目の要素に現在の日付を代入する
    temp(1) = "20220501"    '2番目の要素に文字列を代入する

    Debug.Print IsDate(temp(0))     '1番目の要素が日付か確認する
    Debug.Print IsDate(temp(1))     '2番目の要素が日付か確認する
End Sub
```

解説

ここでは、指定した値が日付として認識できるかを判定します。

IsDate関数は、引数に指定した値が日付と判定できる場合はTrueを、判定できない場合はFalseを返します。

このサンプルでは、Date関数（→Tips078）で求めた日付と、「20220501」という文字列をそれぞれIsDate関数で判定しています。Date関数はTrueが返りますが、「20220501」はFalseが返ります。

「20220501」という値は、人間が見れば日付を表しているのではという予想がつきますが、コンピュータ的には日付とは認識されません。日付を表す方法としてよく見かける書式ですので、注意してください。

また、全角文字を使用した場合には注意が必要です。IsDate関数に「２０２２年」と指定した場合は日付として認識されませんが、「２０２２年１０月」と記述した場合は認識されます。

なお、「20220501」のような文字列を日付として認識するには、DateSerial関数（→Tips080）を使用します。

•IsDate関数の構文

IsDate(expression)

指定したデータが日付、または時刻として扱えるかを調べるには、IsDate関数を利用します。日付/時刻として扱える場合はTrueを、扱えない場合はFalseを返します。

Tips 094 Empty値かどうか調べる

▶関連Tips 012

使用機能・命令 IsEmpty関数

サンプルファイル名 gokui02.accdb/2_5Module

▼Variant型の変数がEmpty値かどうか判定する

```
Private Sub Sample094()
    Dim temp As Variant         'Variant型の変数を宣言する

    Debug.Print IsEmpty(temp)     '変数がEmpty値か判定する

    temp = "Access"             '値を代入する。Empty値ではなくなる
    Debug.Print IsEmpty(temp)     '変数がEmpty値か判定する

    temp = Empty                'Empty値を代入する

    Debug.Print IsEmpty(temp)     '変数がEmpty値か判定する
End Sub
```

解説

ここでは、Variant型の変数がEmptyかどうかを判定します。

IsEmpty関数は、引数に指定された値がEmpty値かを判定します。Empty値の場合はTrueを、そうでない場合はFalseを返します。

Variant型の変数の初期値は、Empty値です。Empty値は特殊な値で、0、長さ0の文字列（""）、NULL値のいずれとも異なります。

Variant型の変数を式の中で使うとき、Empty値は、数値演算を行う式では数値の0、文字列の連結などを行う式では長さ0の文字列になります。なお、Variant型の変数をEmpty値に戻すには、Emptyを代入します。

•IsEmpty関数の構文

IsEmpty(expression)

IsEmpty関数は、引数に指定した値がEmpty値かどうかを判定する関数です。Empty値の場合はTrueを、そうでない場合はFalseを返します。

エラー値かどうか調べる

▶関連Tips 099

使用機能・命令　**IsError関数**

サンプルファイル名　gokui02.accdb/2_5Module

▼Functionプロシージャの戻り値がエラーかどうかを判定する

```
Private Sub Sample095()
    Dim temp As Variant      'Functionプロシージャの処理結果を受け取る変数を宣言する

    temp = Sample095_2       'Sample095_2プロシージャの結果を代入する

    Debug.Print IsError(temp)   '変数tempがエラーか判定する
End Sub

'エラーを返す関数
Private Function Sample095_2() As Variant
    Sample095_2 = CVErr(1500)   'エラー番号1500番のエラーを返す
End Function
```

解説

ここでは、関数の戻り値がエラーかどうかを判定しています。

IsError関数は、引数に指定した値がErrorの場合にTrueを、そうでない場合にFalseを返します。ここでは、テストのために単にエラーを返すだけのFunctionプロシージャ、「Sample095_2」を用意します。Sample095プロシージャでは、このFunctionプロシージャの処理結果を変数tempに受けます。この変数がエラー値かどうか、IsError関数で判定しています。

なお、CVErr関数はエラーを返す関数です。CVErr関数については、Tips099を参照してください。複数の処理で共通の処理がある場合は、共通部分を別プロシージャにすることでプログラムのメンテナンス性が上がります。これは、共通の処理に修正が発生した場合に、修正箇所が1箇所で済むからです。

特に、処理結果を返す必要がない場合は、Subプロシージャを使用して共通のプロシージャを作成しますが、その**処理が正しく行われたかどうかをチェックしたい場合は、Functionプロシージャを使用して、このサンプルのようにエラーを返すようにします。**

・IsError関数の構文

IsError(expression)

IsError関数は、引数に指定した値がエラー値かどうかを判定します。エラー値の場合はTrueを、そうでない場合はFalseを返します。

Null値かどうか調べる

▶関連Tips 058

使用機能・命令 **IsNull関数**

サンプルファイル名 gokui02.accdb/2_5Module

▼変数の値をチェックして、NULL値の場合は「0」に変換する

```
Private Sub Sample096()
    Dim temp As Variant

    temp = Null      '変数tempにNULL値を代入する

    If IsNull(temp) Then         '変数tempがNULL値か判定する
        temp = 0                 'NULL値の場合、変数の値を「0」に置き換える
    End If
    Debug.Print temp             '変数tempの値を出力する
End Sub
```

解説

ここでは、変数の値がNull値であるかどうかを判定しています。

IsNull関数を使用すると、指定した値がNull値かどうかを判定できます。IsNull関数は、指定した値がNull値の場合はTrueを、そうでない場合はFalseを返します。

このサンプルでは、IsNull関数とIfステートメントを組み合わせて、変数の値がNull値の場合、変数の値を「0」に置き換えています。

なお、Null値の場合に別の値を返すのであれば、Nz関数（→Tips058）が使用できます。

▼実行結果

イミディエイト

```
0
```

Null値が「0」に置き換えられた

・IsNull関数の構文

IsNull (expression)

IsNull関数は、引数に指定した値がNull値かどうかを判定します。Null値の場合はTrueを、そうでない場合はFalseを返します。

Tips **097**

データ型を調べて文字列で返す

▶関連Tips 012 099

使用機能・命令 **TypeName関数**

サンプルファイル名 gokui02.accdb/2_5Module

▼Variant型の変数にさまざまな値を代入して、データ型を確認する

```
Private Sub Sample097()
    Dim temp As Variant             'Variant型の変数を宣言する
    temp = "Access"                 '変数に文字列を代入する
    Debug.Print TypeName(temp)      '変数のデータ型を出力する
    temp = Date                     '変数に日付を代入する
    Debug.Print TypeName(temp)      '変数のデータ型を出力する
End Sub
```

解説

このサンプルでは、様々な値をVariant型で宣言した変数に代入して、それぞれのデータ型を確認しています。TypeName関数は、引数に指定した値のデータ型を文字列で返す関数です。TypeName関数が返す文字列とデータ型の関係は、次のようになります。

◈ TypeName関数が返す文字列

文字列	説明	文字列	説明
Byte	バイト型(Byte)	Integer	整数型(Integer)
Long	長整数型(Long)	LongLong	長整数型(LongLong)
Double	倍精度浮動小数点数型(Double)	Single	単精度浮動小数点数型(Single)
Decimal	10進数型	Currency	通貨型(Currency)
String	文字列型(String)	Date	日付型(Date)
Error	エラー値	Boolean	ブール型(Boolean)
Null	無効な値	Empty	未初期化
Unknown	オブジェクトの種類が不明なオブジェクト	Object	オブジェクト
オブジェクトの種類	返された文字列で表される種類のオブジェクト（テキストボックスなど）	Nothing	オブジェクトを参照していないオブジェクト変数

• TypeName関数の構文

TypeName(varname)

TypeName関数は、変数の情報やオブジェクトや変数の種類を文字列で返します。

変数のデータ型を調べて数値で返す

▶関連Tips 097

使用機能・命令 **VarType関数**

サンプルファイル名 gokui02.accdb/2_5Module

▼Variant型の変数にさまざまな値を代入して、データ型を確認する

```
Private Sub Sample098()
    Dim temp As Variant             'Variant型の変数を宣言する
    temp = Date                     '変数に日付を代入する
    Debug.Print VarType(temp)      '変数のデータ型を出力する
End Sub
```

❖ 解説

ここでは、VarType関数を使用して変数のデータ型を取得します。VarType関数の戻り値は、次の通りです。

配列の場合、他のデータ型を表す値との合計値が返されます。例えばVariant型の配列の場合、「12(vbVariant)」+「8192(vbArray)」の結果「8204」が返されます。

◈ VarType関数の返す値

定数	値	説明	定数	値	説明
vbEmpty	0	Empty値	vbError	10	エラー値
vbNull	1	Null値	vbBoolean	11	ブール型
vbInteger	2	整数型	vbVariant	12	バリアント型(バリアント型配列にのみ使用)
vbLong	3	長整数型	vbDataObject	13	非OLEオートメーションオブジェクト
vbSingle	4	単精度浮動小数点数型	vbDecimal	14	10進数型
vbDouble	5	倍精度浮動小数点数型	vbByte	17	バイト型
vbCurrency	6	通貨型	vbLongLong	20	1LongLong整数型(64ビットバージョンのみ有効)
vbDate	7	日付型	vbUserDefinedType	36	ユーザー定義型を含むバリアント
vbString	8	文字列型	vbArray	8192	配列
vbObject	9	オブジェクト			

• VarType関数の構文

VarType(varname)

VarType関数は、変数の内部処理形式を表す整数型の値を返します。

Tips 099

ユーザーが指定したエラー番号のエラーを返す

▶関連Tips 095

使用機能・命令 **CVErr関数**

サンプルファイル名 gokui02.accdb/2_5Module

▼ユーザーが定義したエラー番号のエラーを確認する

```
Private Sub Sample099()
    Dim temp As Variant

    temp = Sample099_2  'Sample099_2プロシージャを呼び出す

    Debug.Print temp    '変数tempの値を出力する
End Sub

'エラーを返す関数
Private Function Sample099_2() As Variant
    Sample099_2 = CVErr(1500)   'エラー番号1500番のエラーを返す
End Function
```

解説

CVErr関数は、引数に指定した番号のエラーを返します。

ここでは、確認用に単にエラーを返す関数Sample099_2を用意しています。この関数は、1500番のエラーを返します。

Sample099プロシージャからこの関数を呼出し、変数tempに代入します。この値をイミディエイトウィンドウに表示します。

このサンプルを実行すると、イミディエイトウィンドウには「エラー 1500」と表示されます。

このことから、CVErr関数が指定した番号のエラーを返していることがわかります。

▼実行結果

```
イミディエイト
 エラー 1500
```

エラー番号が表示された

•CVErr関数の構文

CVErr([ErrorNumber])

CVErr関数は、引数ErrorNumberに指定したエラー値を返します。

簡易に条件分岐処理を行う

▶関連Tips 025 058

使用機能・命令 **IIf関数(→Tips058)/Choose関数**

サンプルファイル名 gokui02.accdb/2_5Module

▼文字列を確認して、メッセージを出力する

```
Private Sub Sample100()
    Dim temp As String

    temp = "Access"            '変数に「Access」を代入する

    '変数tempの値を確認する。値が「Access」の場合「OK」を、そうでない場合「NO」を
    返す
    Debug.Print IIf(temp = "Access", "OK", "NO")
End Sub

Private Sub Sample100_2()
    Dim temp As Long

    temp = 1            '変数に「1」を代入する

    '変数tempの値を確認する。値が「1」の場合「OK」を、2の場合「NO」を返す
    Debug.Print Choose(temp, "OK", "NO")
End Sub
```

❖ 解説

ここでは、2つのサンプルを紹介します。1つ目のサンプルはIIf関数を使用して、変数の値が「Access」か判定します。

IIf関数は、1番目の引数に指定した条件を判定し、Trueであれば2番目の引数の値を、Falseであれば3番目の引数の値を返します。

IIf関数を使用して、このような簡易な条件分岐処理ができます。

2つ目のサンプルは、Choose関数を使用した例です。Choose関数は1番目の引数の値に応じて、2番目以降の引数の値を返します。

•Choose関数の構文

Choose(index, choice-1, [choice-2, ..., [choice-n]])

Choose関数は、引数indexの値に基づいて選択肢の一覧から値を返します。引数indexが1の場合、Choose関数は一覧の1つ目の選択肢を返します。引数indexが2の場合は2つというようになります。

Tips 101 データ型を変換する

▶関連Tips 012

使用機能・命令 CLng関数

サンプルファイル名 gokui02.accdb/2_5Module

▼数値の計算でオーバーフローを回避する

```
Private Sub Sample101()
    Dim temp As Long

    temp = 330 * 100          'オーバーフローのエラーになる
End Sub

Private Sub Sample101_2()
    Dim temp As Long

    temp = 330 * CLng(100)      '片方の値をLong型に変換する
    Debug.Print temp            '処理結果を表示する
End Sub
```

❖ 解説

ここでは、乗算の計算からオーバーフローについて確認します。

まず、Sample101プロシージャは「330 * 100」の部分で、オーバーフローのエラーが発生します。これは、この計算結果の33000が、Integerのデータ型の範囲を超えるためです。

VBAでは、**数値をそのまま使用した場合、Integer型の範囲を超えない場合はInteger型のデータとして扱われます**。そのため、この計算はInteger型同士の計算になり、結果もInteger型であることが求められます。だから、オーバーフローになるのです。そこで、「Sample101_2」プロシージャのように、CLng関数を使って修正します。

CLng関数は、指定された値のデータ型をLong型に変換します。この処理のおかげで、「100」はLong型として扱われます。

VBAでは、Integer型とLong型の計算では、自動的にLong型で処理が行われるため、今度はエラーが発生しません。

なお、CLng関数を使用せず、型宣言文字（→Tips012）を使って「temp = 330 * 100&」と記述してもエラーを回避することができます。

•CLng関数の構文

CLng(expression)

CLng関数は、引数expressionに指定した値をLong型（長整数型）のデータに変換します。

600 Tips to Use Access VBA Better!
現場ですぐに使える!
Access
VBA
Microsoft 365/Office 2021/2019/2016/2013対応
逆引き大全

オブジェクト操作の基本の極意

Tips 102

Accessを起動する

▶関連Tips 103

使用機能・命令 **Shell関数**

サンプルファイル名 gokui03.accdb/3_1Module

▼Accessウィンドウを最大化して起動する

```
Private Sub Sample102()
    Shell "MSACCESS.EXE", vbMaximizedFocus    'Accessを最大化して起動する
End Sub
```

解説

Shell関数を使うと、指定したアプリケーションを実行することができます。

ここでは、新たにAccessを起動しています。この時、ウィンドウサイズを指定することができます。Shell関数の引数windowstyleに指定する値は、次のとおりです。

◈引数windowstyleに指定する値

定数	値	説明
vbHide	0	フォーカスを持ち、非表示にする
vbNormalFocus	1	フォーカスを持ち、元のサイズと位置に復元する
vbMinimizedFocus	2	フォーカスを持ち、最小化表示する
vbMaximizedFocus	3	フォーカスを持ち、最大化表示する
vbNormalNoFocus	4	フォーカスを持たず、最後にウィンドウを閉じたときのサイズと位置に復元する
vbMinimizedNoFocus	6	フォーカスを持たず最小化表示する

なお、Shell関数の1番目の引数に指定する値は、このサンプルのようにプログラムを実行する実行ファイルです。

ただし、インストールした環境によってはうまく動作しないことがあります。その場合は、実行ファイルをフルパスで指定します。

•Shell関数の構文

Shell(pathname[, windowstyle])

Shell関数は、外部アプリケーションを実行します。引数pathnameには、実行する外部アプリケーション名を指定します。ドライブやパスなどを含めた、フルパスでの指定ができます。引数windowstyleには、実行するアプリケーションのウィンドウの形式を定数で指定します。省略した場合は、フォーカスを持った状態で最小化表示されます。指定する定数については、「解説」を参照してください。Shell関数によるアプリケーションの実行が成功した場合はプログラムのタスクIDが、失敗した場合は0が返されます。既定では、Shell関数は他のプログラムを非同期的に実行します。

Tips 103

Accessを最大化・最小化する・元のサイズに戻す

▶関連Tips 113

使用機能・命令 **RunCommandメソッド**

サンプルファイル名 gokui03.accdb/3_1Module

▼Accessのアプリケーションウィンドウを最大化する

```
Private Sub Sample103()
    DoCmd.RunCommand acCmdAppMaximize 'Accessのウィンドウを最大化する
End Sub
```

❖ 解説

RunCommandメソッドを使用して、Accessのアプリケーションウィンドウを最大化、最小化、元のサイズに戻す処理を行うことができます。

それぞれの処理を行うために、RunCommandメソッドに指定する値は次のようになります。

◈ RunCommandメソッドに指定する値

定数	値	説明
acCmdAppMaximize	10	最大化する
acCmdAppMinimize	11	最小化する
acCmdAppRestore	9	元のサイズに戻す

なお、Accessのアプリケーションウィンドウではなく、フォームなどのオブジェクトを対象にするには、RunCommandメソッドに次の値を指定します。

◈ オブジェクトを対象にする際に指定する値

定数	値	説明
acCmdDocMaximize	10	最大化する
acCmdDocMinimize	11	最小化する
acCmdDocRestore	9	元のサイズに戻す

なお、この命令を有効にするには、Accessのオプションの「現在のデータベース（Access 2010では「カレントデータベース」）で「ドキュメントウィンドウオプション」が「ウィンドウを重ねて表示する」になっている必要があります（通常は、「タブ付きドキュメント」です）。

• RunCommandメソッドの構文

Object.RunCommand(Command)

RunCommandメソッドは、引数Commandに指定した処理を行います。組み込みコマンドを実行することができます。なお、objectにはDoCmdオブジェクトを指定します。

Accessを終了する

▶関連Tips 117

使用機能・命令　**Quitメソッド**

サンプルファイル名　gokui03.accdb/3_1Module

▼オブジェクトの変更をすべて保存せずにAccessを終了する

```
Private Sub Sample104()
    Application.Quit acQuitSaveNone '変更をすべて保存せずにAccessを終了する
End Sub
```

❖ 解説

ここでは、Quitメソッドを使用してAccessを終了します。

Quitメソッドの引数に指定できる値は、次のとおりです。

◈ Quitメソッドの引数

定数	値	説明
acQuitPrompt	0	変更があったときのみ、確認ダイアログを表示する
acQuitSaveAll	1	変更を保存する（既定値）
acQuitSaveNone	2	変更を保存しない

なお、Quitメソッドの引数にacQuitPromptを指定した場合、変更されたオブジェクトがあると、次のようなメッセージが表示されます。例えば、メニュー画面として利用しているフォームのUnloadイベントプロシージャにこの処理を記述すると、フォームを閉じるタイミングでAccessを終了することができます。

フォームに「終了」ボタンを用意して、Clickイベントで処理する方法もありますが、その場合は、フォームの「閉じる」ボタンをクリックしてフォームが閉じられたり、[Ctrl]キー+[F4]キーを押してフォームが閉じられるとうまく行きません。

▼変更を確認するメッセージ

引数にacQuitPromptを指定した場合、このようなメッセージが表示される

・Quitメソッドの構文

Object.Quit(Option)

QuitメソッドはAccessを終了します。終了する前にデータベースオブジェクトの保存オプションを選択することができます。保存オプションは引数で指定します。引数については、「解説」を参照してください。

Tips 105 テーブル/クエリをデザインビューで開く

▶関連Tips 112

使用機能・命令 **OpenTableメソッド/OpenQueryメソッド**

サンプルファイル名 gokui03.accdb/3_2Module

▼「T_3ShoMaster」テーブルと「Q_Uriage」クエリをデザインビューで開く

```
Private Sub Sample105()
    '「T_3ShoMaster」テーブルをデザインビューで開く
    DoCmd.OpenTable "T_3ShoMaster", acViewDesign
    '「Q_Uriage」クエリをデザインビューで開く
    DoCmd.OpenQuery "Q_Uriage", acViewDesign
End Sub
```

解説

DoCmdオブジェクトのOpenTableメソッドを使用して指定したテーブルを、OpenQueryメソッドを使用してクエリを開くことができます。ここでは、「T_3ShoMaster」テーブルと「Q_Uriage」クエリをデザインビューで開きます。それぞれのメソッドの引数に指定する値は、次の通りです。

◈引数Viewに指定するAcViewクラスの定数

定数	値	説明
acViewDesign	1	デザインビュー
acViewNormal	0	標準表示（既定値）
acViewPreview	2	印刷プレビュー

◈引数DataModeデータモードに指定するAcOpenDataModeクラスの定数

定数	値	説明
acAdd	0	追加モード。新しいレコードを追加できるが、既存のレコードを参照したり編集したりすることはできない
acEdit	1	編集モード。既存のレコードを参照または編集したり、新しいレコードを追加したりできる
acReadOnly	2	読み取り専用モード。レコードの参照のみ可能

なお、開いたオブジェクトを閉じるには、Closeメソッドを使用します。

•OpenTable/OpenQueryメソッドの構文

object.OpenTable(TableName, View, DataMode)

object.OpenQuery (QueryName, View, DataMode)

OpenTable（OpenQuery）メソッドは、objectにDoCmdオブジェクトを指定して、テーブル（クエリ）を開きます。引数TableName（QueryName）にカレントデータベースのテーブル名（クエリ名）を、引数Viewにはテーブルを開くときのビューを、引数DataModeには、テーブルを開くときのデータ入力モードをそれぞれ指定します。

アクションクエリを実行する

▶関連Tips 105

使用機能・命令 OpenQueryメソッド（→Tips105）/ SetWarningsメソッド

サンプルファイル名 gokui03.accdb/3_2Module

▼「Q_UriageData」テーブル作成クエリを実行する

```
Private Sub Sample106()
    DoCmd.SetWarnings False '警告のメッセージを非表示にする
    '「Q_UriageData」アクションクエリを実行する
    DoCmd.OpenQuery "Q_UriageData"
    DoCmd.SetWarnings True '警告のメッセージを表示する
End Sub
```

❖ 解説

ここでは、「Q_UriageData」テーブル作成クエリを実行して、「T_Uriage」テーブルを作成します。

アクションクエリを実行するには、DoCmdオブジェクトのOpenQueryメソッドを使用し引数を省略します。OpenQueryメソッドにアクションクエリを指定した場合、ビューやデータモードの指定はできません。

なお、通常、アクションクエリを実行するときには次のようなメッセージが表示されますが、ここではSetWarningsメソッドを使用して、この警告のメッセージを非表示にしています。

▼警告のメッセージ

テーブル作成クエリを実行する時に表示されるメッセージ

・SetWarningsメソッドの構文

object.SetWarnings(WarningsOn)

SetWarningsメソッドは、objectにDoCmdオブジェクトを指定して、システムメッセージを表示するかどうかを指定します。表示をオンにするにはTrueを、オフにするにはFalseを指定します。なお、メッセージの表示をオフにした後は、オンに戻しておく必要があります。

フォームをフォームビューで開く

▶関連Tips 105

使用機能・命令　**OpenFormメソッド**

サンプルファイル名　gokui03.accdb/3_2Module

▼「F_Uriage」フォームを開く

```
Private Sub Sample107()
    DoCmd.OpenForm "F_Uriage", acNormal        '「F_Uriage」フォームを開く
End Sub
```

❖ 解説

フォームを開くには、DoCmdオブジェクトのOpenFormメソッドを使用します。ここでは、「F_Uriage」フォームをフォームビューで開いています。OpenFormメソッドの引数Viewと引数WindowModeに指定できる値は、次のとおりです。引数DataModeに指定できる値については、Tips105を参照してください。同じ値を指定できます。

◈ 引数Viewに指定できるAcFormViewクラスの定数

定数	値	説明	定数	値	説明
acDesign	1	デザインビュー	acLayout	6	レイアウトビュー
acFormDS	3	データシートビュー	acNormal	0	フォームビュー（既定値）
acFormPivotChart	5	ピボットグラフビュー	acPreview	2	印刷プレビュー
acFormPivotTable	4	ピボットテーブルビュー			

◈ 引数WindowModeに指定できるAcWindowModeクラスの定数

定数	値	説明
acDialog	3	「Modal/作業ウィンドウ固定」プロパティと「PopUp/ポップアップ」プロパティを「Yes/はい」にする
acHidden	1	非表示にする
acIcon	2	最小化する
acWindowNormal	0	プロパティを設定されたモードで開く。（既定値）

▼実行結果

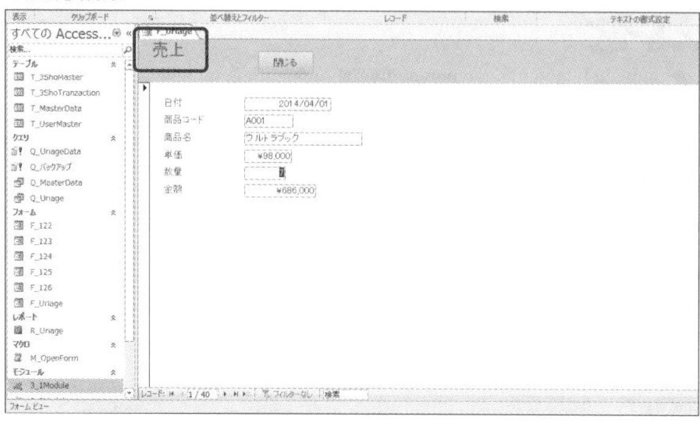

「F_Uriage」フォームが開いた

•OpenFormメソッドの構文

object.OpenForm(FormName, View, FilterName, WhereCondition, DataMode, WindowMode, OpenArgs)

OpenFormメソッドは、objectにDoCmdオブジェクトを指定してフォームを開きます。引数FormNameに開きたいフォームを指定します。引数Viewは、フォームを開くときのビューを指定します。詳しくは「解説」を参照してください。引数FilterNameはクエリを指定します。引数WhereConditionは、SQLのWHERE句を指定します。ただし、WHEREという語を指定する必要はありません。

引数DataModeは、フォームを開くときのデータ入力モードを指定します。詳しくはTips105を参照してください。フォームビューまたはデータシートビューで開かれているフォームに対してのみ、適用されます。

引数WindowModeは、フォームを開くときのウィンドウモードを指定します。こちらも「解説」を参照してください。引数OpenArgsには文字列式を指定します。この文字列式を使ってフォームのOpenArgsプロパティを設定すると、Openイベントプロシージャのようなフォームモジュールの中のコードで使うことができるようになります。

Tips 108 レポートを印刷プレビューで開く

▶関連Tips 105 107

使用機能・命令 OpenReportメソッド

サンプルファイル名 gokui03.accdb/3_2Module

▼「R_Uriage」レポートを印刷プレビューで開く

```
Private Sub Sample108()
    '「R_Uriage」レポートを印刷プレビューで開く
    DoCmd.OpenReport "R_Uriage", acViewPreview
End Sub
```

❖ 解説

レポートを開くには、DoCmdオブジェクトのOpenReportメソッドを使用します。ここでは、「R_Uriage」レポートを印刷プレビューで開きます。OpenReportメソッドの引数Viewは、次の通りです。引数WindowModeと引数DataModeに指定できる値については、Tips105を参照してください。それぞれ同じ値を指定できます。

◈ 引数Viewに指定できるAcViewクラスの定数

定数	値	説明
acViewDesign	1	デザインビュー
acViewLayout	6	レイアウトビュー
acViewNormal	0	標準表示（既定値）
acViewPivotChart	4	ピボットグラフビュー
acViewPivotTable	3	ピボットテーブルビュー
acViewPreview	2	印刷プレビュー
acViewReport	5	レポートビュー

• OpenReportメソッドの構文

object.OpenReport(ReportName, View, FilterName, WhereCondition, WindowMode, OpenArgs)

OpenReportメソッドは、レポートを指定した方法で開きます。引数ReportNameには、レポート名を指定します。引数Viewには、レポートを開くときのビューを指定します。指定できる値については「解説」を参照してください。引数FilterNameにはクエリを指定します。引数WhereConditionには、SQLのWHERE句を指定します。ただし、WHEREを指定する必要はありません。引数WindowModeには、フォームを開くときのモードを指定します。指定できる値については、Tips105を参照してください。引数OpenArgsは、OpenArgsプロパティを設定します。

Tips 109 マクロを実行する

▶関連Tips 105

使用機能・命令 **RunMacroメソッド**

サンプルファイル名 gokui03.accdb/3_2Module

▼「M_OpenForm」マクロを実行して「F_Uriage」フォームを開く

```
Private Sub Sample109()
    '「M_OpenForm」マクロを実行し、「F_Uriage」フォームを開く
    DoCmd.RunMacro "M_OpenForm"
End Sub
```

❖ 解説

DoCmdオブジェクトのRunMacroメソッドを使用すると、マクロを実行できます。ここでは、RunMacroメソッドを使用して、「M_OpenForm」マクロを実行します。このマクロは、「F_Uriage」フォームを開くマクロです。結果、フォームが表示されます。

▼実行結果

F_Uriage

売上

閉じる

日付	2014/04/01
商品コード	A001
商品名	ウルトラブック
単価	¥98,000
数量	7
金額	¥686,000

フォームが開いた

•RunMacroメソッドの構文

object.RunMacro(MacroName, RepeatCount, RepeatExpression)

RunMacroメソッドは、ObjectにDoCmdオブジェクトを指定してマクロを実行します。引数MacroNameにマクロ名を指定します。引数RepeatCountは、マクロの実行回数を指定します。引数RepeatExpressionは、マクロが実行されるごとに評価する数式を指定します。False(0)と評価されると、マクロの実行が停止します。

なお、マクログループの特定のマクロを実行するには、「マクログループ名.マクロ名」のように指定します。

Tips 110

モジュールを開く

▶関連Tips 105

使用機能・命令 **OpenModuleメソッド**

サンプルファイル名 gokui03.accdb/3_2Module

▼他のモジュールのプロシージャを開く

```
Private Sub Sample110()
    '「3_1Module」モジュールの「Sample102」プロシージャを開く
    DoCmd.OpenModule "3_1Module", "Sample102"
End Sub

Private Sub Sample110_2()
    '「F_Uriage」フォームの「btnClose」ボタンのクリックイベントプロシージャを開く
    DoCmd.OpenModule "Form_F_Uriage", "btnClose_Click"
End Sub
```

❖ 解説

DoCmdオブジェクトのOpenModuleメソッドは、指定したプロシージャを開きます。ここでは、2つのサンプルを紹介します。1つ目は、「3_1Module」モジュールにある「Sample102」プロシージャを開きます（VBE上で開くだけで、実行はしません）。2つ目は、「F_Uriage」フォームにある「btnClose」ボタンのクリックイベントプロシージャを開きます。こちらは、「F_Uriage」フォームが開いていないとエラーになるので注意してください。フォーム名の指定方法にも注意してください。ここで指定する値は、VBEの「プロジェクトエクスプローラ」に表示されているオブジェクト名になります。

▼実行結果

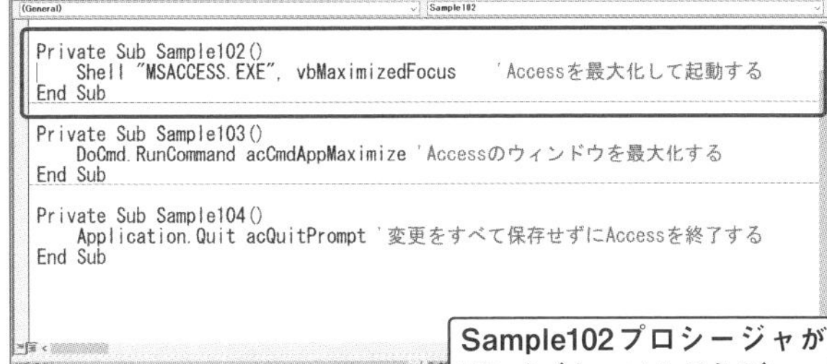

• OpenModuleメソッドの構文

object.OpenModule(ModuleName, ProcedureName)

OpenModuleメソッドは、objectにDoCmdオブジェクトを指定してModuleを開きます。引数ModuleNameにモジュール名を指定します。この引数を指定しないと、引数procedurenameで選択したプロシージャを求めて、データベース内のすべての標準モジュールが検索され、そのプロシージャを含むモジュールが開きます。引数ProcedureNameには、プロシージャ名を指定します。この引数を省略すると、モジュールの宣言セクションが開きます。

Tips 111

オブジェクトを非表示にする

▶関連Tips 107

使用機能・命令 **Visibleプロパティ**

サンプルファイル名 gokui03.accdb/3_2Module

▼「F_Uriage」フォームを非表示にする

```
Private Sub Sample111()
    '「F_Uriage」フォームを非表示にする
    Forms![F_Uriage].Visible = False
End Sub

Private Sub Sample111_2()
    '「F_Uriage」フォームの表示/非表示を切り替える
    Forms![F_Uriage].Visible = _
        Not Forms![F_Uriage].Visible
End Sub
```

❖ 解説

ここでは2つのサンプルを紹介します。1つ目は。「F_Uriage」フォームを非表示にします。2つ目は、実行する度に「F_Uriage」フォームの表示、非表示を切り替えます。いずれも一度、「F_Uriage」フォームを開いてから試してください。

フォームの表示・非表示を切り替えるには、Visibleプロパティを使用します。Visibleプロパティは、フォームやレポート、コントロールなどのオブジェクトを非表示にできます。

VisibleプロパティのようにTrue/Falseの値をもつプロパティは、2つ目のサンプルのように、実行するたびにTrue/Falseを切り替えることができます。

なお、ここではVisibleプロパティを使用して、フォームを非表示にしています。非表示にしている、ということは単に画面に見えないだけで、フォーム自体は開いていることになります。

ですから、例えばフォームに何かしらの値を入力して、その値を他で使用したいけど、フォーム自体は隠したいときなどに使用します。

フォームを閉じてしまうと、入力している値はテーブルや変数に保持しない限り参照できません。非表示であれば参照できます。

•Visibleプロパティの構文

Object.Visible

VisibleプロパティはObjectに指定したフォームやレポート、コントロールの表示・非表示を切り替えます。Trueを指定すると表示、Falseを指定すると非表示となります。

Tips 112

オブジェクトを閉じる

▶関連Tips 107 111

使用機能・命令 **Closeメソッド**

サンプルファイル名 gokui03.accdb/3_2Module

▼「F_Uriage」フォームを閉じる

```
Private Sub Sample112()
    DoCmd.Close acForm, "F_Uriage"  '「F_Uriage」フォームを閉じる
End Sub
```

解説

Closeメソッドは、フォームやレポートなどのオブジェクトを閉じるメソッドです。ここでは、「F_Uriage」フォームを閉じます。実行する前に「F_Uriage」フォームを開いておいてください。

なお、オブジェクトの種類と保存に関して指定できる値は、次の通りです。そして、引数ObjectTypeと引数Saveに指定できる値は、次の通りです。

◈引数ObjectTypcに指定できるAcObjectTypeクラスの定数

定数	値	説明	定数	値	説明
acDatabaseProperties	11	Databaseプロパティ	acQuery	1	クエリ
acDefault	-1		acReport	3	レポート
acDiagram	8	データベースダイアグラム	acServerView	7	サーバービュー
acForm	2	フォーム	acStoredProcedure	9	ストアドプロシージャ
acFunction	10	関数	acTable	0	テーブル
acMacro	4	マクロ	acTableDataMacro	12	データマクロ
acModule	5	モジュール			

◈引数Saveに指定できるAcCloseSaveクラスの定数

定数	値	説明
acSaveNo	2	指定したオブジェクトは保存されない
acSavePrompt	0	ユーザーに確認する（VBEを閉じる場合は無視され変更内容は保存されない）
acSaveYes	1	指定したオブジェクトが保存される

•Closeメソッドの構文

object.Close(ObjectType, ObjectName, Save)

Closeメソッドは、objectにDoCmdオブジェクトを指定して対象のオブジェクトを閉じます。引数ObjectTypeには、閉じるオブジェクトの種類を指定します。引数ObjectNameには、対象のオブジェクト名を指定します。引数Saveには、オブジェクトに加えた変更を保存するかどうかを指定します。引数ObjectTypeと引数Saveに指定する値は、「解説」を参照してください。

Tips 113 フォームを最大化/最小化/元に戻す

▶関連Tips 107

使用機能・命令 Maximizeメソッド/Minimizeメソッド/Restoreメソッド/Stopステートメント

サンプルファイル名 gokui03.accdb/3_3Module

▼「F_Uriage」フォームを開き、最大化・最小化・元に戻す処理を行う

```
Private Sub Sample113()
    DoCmd.OpenForm "F_Uriage" '「F_Uriage」フォームを開く
    DoCmd.Restore 'アクティブなウィンドウを元のサイズに戻す
    Stop '処理を中断する
    DoCmd.Maximize 'アクティブなウィンドウを最大化する
    Stop '処理を中断する
    DoCmd.Minimize 'アクティブなウィンドウを最小化する
    Stop '処理を中断する
    DoCmd.Restore 'アクティブなウィンドウを元のサイズに戻す
End Sub
```

解説

ここでは、OpenFormメソッド(→Tips107)で「F_Uriage」フォームを開き、このフォームに対して処理を行います。DoCmdオブジェクトのMaximizeメソッドを使用すると、アクティブウィンドウを最大化することができます。同様に、アクティブウィンドウを最小化するにはMinimizeメソッドを、元のサイズに戻すにはRestoreメソッドを使用します。

なお、このサンプルでは動作を確認するために、Stopステートメントを処理の途中に入れています。Stopステートメントは、プログラムの動作を一時的に止める(中断モードにする)ステートメントです。ここでは、フォームの動作を確認するために使用しています。

なお、この命令を有効にするには、Accessのオプションの「現在のデータベース」で「ドキュメントウィンドウオプション」が「ウィンドウを重ねて表示する」になっている必要があります(通常は、「タブ付きドキュメント」です)。

•Maximizeメソッド/Minimizeメソッド/Restoreメソッドの構文

object.Maximize/Minimize/Restore

•Stopステートメントの構文

Stop

objectにDoCmdオブジェクトを指定することで、Maximizeメソッドはアクティブウィンドウを最大化、Minimizeメソッドは最小化、Restoreメソッドは元に戻す処理を行います。

また、Stopステートメントはプログラムの実行を中断し、中断モードにします。

Tips 114

アクティブなフォーム名を取得する

▶関連Tips 105

使用機能・命令 **Screenオブジェクト/ActiveFormプロパティ/Nameプロパティ**

サンプルファイル名 gokui03.accdb/3_3Module

▼アクティブなフォームの名前をイミディエイトウィンドウに表示する

```
Private Sub Sample114()
    'アクティブフォームの名前をイミディエイトウィンドウに表示する
    Debug.Print Screen.ActiveForm.Name
End Sub
```

解説

ここでは、アクティブなフォームの名前をイミディエイトウィンドウに表示します。アクティブなフォームを参照するには、ScreenオブジェクトのActiveFormプロパティを使用します。Screenオブジェクトは、現在フォーカスがある特定のフォーム、レポート、またはコントロールを参照します。このサンプルを実行するときには、あらかじめ「F_Uriage」フォームを開いてアクティブにしておいてください。

なお、サブフォームがフォーカスを持っている場合は、ActiveFormプロパティはそのメインフォームを参照します。どのフォームもフォーカスを持っていない場合は、エラーが発生します。

また、アクティブなコントロールを参照するには、ActiveControlプロパティを使用します。

• Screenオブジェクトの構文

Screen.target

Screenオブジェクトは、現在フォーカスがある特定のフォーム、レポート、またはコントロールを参照するときに使用します。

• ActiveFormプロパティの構文

object.ActiveForm

ActiveFormプロパティは、objectにScreenオブジェクトを指定することで、現在フォーカスがあるフォームを取得します。

• Nameプロパティの構文

object.Name

Nameプロパティは、objetに指定したオブジェクト名を返します。

Tips 115 指定したオブジェクトを選択する

▶関連Tips 107

使用機能・命令 **SelectObjectメソッド**

サンプルファイル名 gokui03.accdb/3_3Module

▼「F_Uriage」フォームを選択する

```
Private Sub Sample115()
    DoCmd.SelectObject acForm, "F_Uriage"   '「F_Uriage」フォームを選択する
End Sub
```

❖ 解説

ここでは、SelectObjectメソッドを使用して、「F_Uriage」フォームを選択します。

◈ SelectObjectメソッドに指定する、対象オブジェクトの種類を表すAcObjectTypeクラスの定数

定数	値	説明
acDatabaseProperties	11	Databaseプロパティ
acDefault	-1	
acDiagram	8	データベース ダイアグラム（Accessプロジェクト）
acForm	2	フォーム
acFunction	10	関数
acMacro	4	マクロ
acModule	5	モジュール
acQuery	1	クエリ
acReport	3	レポート
acServerView	7	サーバー ビュー
acStoredProcedure	9	ストアド プロシージャ（Accessプロジェクト）
acTable	0	テーブル
acTableDataMacro	12	データマクロ

・SelectObjectメソッドの構文

object.SelectObject(ObjectType, ObjectName, InNavigationPane)

SelectObjectメソッドは、objectにDoCmdオブジェクトを指定して、引数に指定したオブジェクトを選択します。引数ObjectTypeに選択するオブジェクトの種類を指定します。詳しくは、「解説」を参照してください。引数ObjectNameは、引数ObjectTypeで選択した種類のオブジェクトの名前を指定します。引数InNavigationPaneにTrueが設定されていない場合は、この引数は省略できません。引数InNavigationPaneは、データベースウィンドウでオブジェクトを選択するにはTrueを、既に開いているオブジェクトを選択するにはFalseを指定します。既定値はFalseです。

Tips 116

フォームが開いているか確認する

▶関連Tips 107

使用機能・命令 **IsLoadedプロパティ**

サンプルファイル名 gokui03.accdb/3_3Module

▼現在のデータベースで開かれているフォームの名前を表示する

```
Private Sub Sample116()
    Dim vForm As Object '繰り返し処理用の変数を宣言する
    'すべてのフォームに対して処理を行う
    For Each vForm In CurrentProject.AllForms
        If vForm.IsLoaded Then 'フォームが開かれているか判定する
            Debug.Print vForm.Name '開かれている場合フォーム名を表示する
        End If
    Next
End Sub
```

解説

ここでは、現在開かれているフォームの名前をイミディエイトウィンドウに表示します。

フォームが開かれているかどうかは、IsLoadedプロパティで判定できます。IsLoadedプロパティは、フォームが開かれている時にはTrueを、開かれていない時にはFalseを返します。

ここでは、CurrentProjectプロパティのAllFormsプロパティを使用して、現在のデータベースのすべてのフォームに対して処理を行い、フォームが開いている場合には、フォーム名をイミディエイトウィンドウに表示します。

なお、IsLoadedプロパティは、フォームが開かれているかどうかを判定します。そのため、開いているフォームが非表示でもTrueを返すので、フォームの表示・非表示にかかわらず判定することができます。

なお、IsLoadedプロパティは、レポートにもあります。レポートを対象に同様の処理を行う場合、AllFormsプロパティの代わりにAllReportsプロパティを使用してください。

•IsLoadedプロパティの構文

object.IsLoaded

objectに指定したオブジェクトが現在ロードされているかどうかを示します。値の取得のみ可能です。ロードされている場合はTrueを、されていない場合はFalseを返します。なお、対象のオブジェクトが非表示でも、ロードされていればIsLoadedプロパティはTrueを返します。

フォームをすべて閉じる

▶関連Tips 112

使用機能・命令 **Closeメソッド(→Tips112)/Formsコレクション**

サンプルファイル名 gokui03.accdb/3_3Module

▼開かれているすべてのフォームを上書き保存して閉じる

```
Private Sub Sample117()
    Dim vForm As Object '繰り返し処理用の変数を宣言する
    For Each vForm In Forms '開いているすべてのフォームに対して処理を行う
        '変更を保存してフォームを閉じる
        DoCmd.Close acForm, vForm.Name, acSaveYes
    Next
End Sub

Private Sub Sample117_2()
    '繰り返し処理用の変数を宣言する
    Dim i As Long
    '開いているすべてのフォームに対して処理を行う
    For i = Forms.Count - 1 To 0 Step -1
        '変更を保存してフォームを閉じる
        DoCmd.Close acForm, Forms(i).Name, acSaveYes
    Next
End Sub
```

❖ 解説

ここでは2つのサンプルを紹介します。いずれも開かれているすべてのフォームを閉じますが、使用しているループの種類が異なります。フォームを閉じるには、DoCmdオブジェクトのCloseメソッドを使用します。すべてのフォームを閉じるには、このCloseメソッドをすべてのフォームに対して順に使用します。ここでは、現在開いているフォームを表すFormsコレクションに対して、1つ目のサンプルではFor Each Nextステートメントを、2つ目のサンプルではFor Nextステートメントを使用して、Closeメソッドを実行しています。この時、フォームに対して行われた変更は保存するようにします。

ただし、For Nextステートメントを使用する場合は、カウンタ変数の扱いに注意が必要です。Formsコレクションは現在開いているフォームを表しますが、インデックス番号が0から始まります。また、Closeメソッドでフォームを閉じていくため、インデックス番号の先頭から処理を行うとエラーになります。そのため、2つ目のサンプルでは「Step -1」として、インデックス番号を逆順に指定しています。

なお、1つ目のサンプルは、環境によってはすべてのフォームが閉じられないケースがあります。その場合は、2つ目のサンプルを利用してください。

▼開いているフォームを閉じる

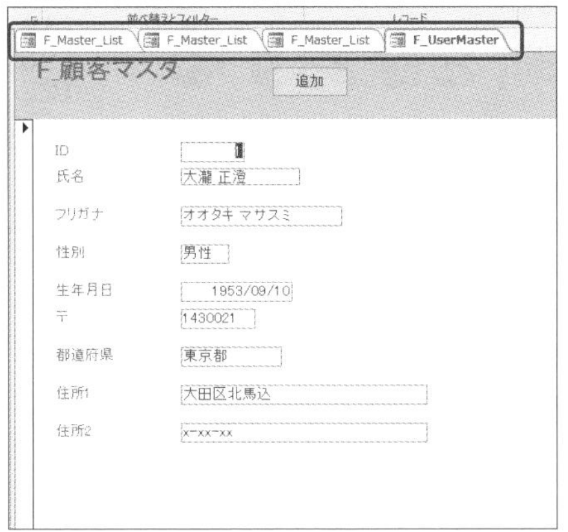

このすべてのフォームを閉じる

▼実行結果

すべてのフォームが閉じた

•Formsコレクションの構文

Forms

Formsコレクションには、Accessのデータベースで現在開いているフォームがすべて含まれます。Formsコレクションの各Formオブジェクトは、そのフォームの名前またはコレクションで付けられたインデックスを使って参照できます。Formsコレクションには、0から始まるインデックスが付けられます。なお、データベースのフォームを、開いているかどうかにかかわらず、すべて表示するには、フォームのCurrentProjectオブジェクトのAllFormsコレクションを列挙します（→Tips116参照）。Formsコレクションから、Formオブジェクトを追加または削除することはできません。

Tips 118

レコードの更新を確認する

▶関連Tips 119 120 122

使用機能・命令　**BeforeUpdateイベント**

サンプルファイル名　gokui03.accdb/F_118

▼フォームのデータ更新時に確認のメッセージを表示する

```
'データが更新されるときに処理を行う
Private Sub Form_BeforeUpdate(Cancel As Integer)
    Dim res As Long       'メッセージを代入する変数を宣言する

    '確認のメッセージを表示する
    res = MsgBox("更新してもよろしいですか？", vbYesNo)
    If res = vbNo Then         '「いいえ」が選択されたかどうかを判定する
        Cancel = True          '「いいえ」が選択された場合更新をキャンセルする
    End If
End Sub
```

❖ 解説

フォームで、レコードを更新する前に確認のメッセージボックスを表示するには、BeforeUpdateイベントを使用します。**BeforeUpdateイベントは、コントロールまたはレコードで変更されたデータが更新される直前に発生します**。この時、引数CancelにTrueを指定すると、更新をキャンセルすることができます。

BeforeUpdateイベントは、フォームの[更新前処理]イベントに相当します。ここでは、フォームの「単価」欄の値を更新する時に、確認のメッセージを表示し、「いいえ」が選択された場合は引数CancelをTrueにして、更新処理をキャンセルします。

なお、「いいえ」ボタンをクリックしたあとも、対象のフィールドは編集中の状態になるので、[Esc]キーを押して編集をキャンセルすると、元のデータが表示されます。

• BeforeUpdateイベントの構文

object.BeforeUpdate(Cancel)

objectにFormオブジェクトを指定します。BeforeUpdateイベントは、コントロールまたはレコードで変更されたデータが更新される直前に発生します。引数Cancelは、BeforeUpdateイベントを発生させるかどうかを設定します。引数CancelをTrueにすると、BeforeUpdateイベントが取り消されます。

Tips 119

レコードの追加を確認する

▶関連Tips 118 120 122

使用機能・命令　**BeforeInsertイベント**

サンプルファイル名　gokui03.accdb/F_119

▼フォームに新規レコードが追加されるときに確認のメッセージを表示する

```
'データが追加されるときに処理を行う
Private Sub Form_BeforeInsert(Cancel As Integer)
    Dim res As Long          'メッセージを代入する変数を宣言する

    '確認のメッセージを表示する
    res = MsgBox("レコードを追加しますか？", vbYesNo)

    If res = vbNo Then       '「いいえ」が選択されたかどうかを判定する
        Cancel = True        '「いいえ」が選択された場合追加をキャンセルする
    End If
End Sub
```

解説

レコードを追加する前に確認のメッセージボックスを表示するには、BeforeInsertイベントを使用します。BeforeInsertイベントは、新しいレコードに最初の文字が入力されたとき（ただし、レコードがレコードセットに追加される前）に発生します。

この時、引数CancelにTrueを指定すると、レコードの追加をキャンセルすることができます。BeforeInsertイベントは、フォームの［挿入前処理］イベントに相当します。

ここでは、フォームの「商品コード」欄に新規レコードを追加する時に、確認のメッセージを表示し、「いいえ」が選択された場合は引数CancelをTrueにして追加処理をキャンセルします。なお、「いいえ」ボタンをクリックしたあとも、新規レコードにカーソルは残ります。

•BeforeInsertイベントの構文

object.BeforeInsert(Cancel)

objectにFormオブジェクトを指定します。BeforeInsertイベントは、新規レコードに最初の文字を入力したときに発生します。ただし、レコードが実際に作成される前に発生します。引数Cancelは、BeforeInsertイベントを発生させるかどうかを設定します。引数CancelをTrueにすると、BeforeInsertイベントが取り消されます。

Tips 120

レコードの削除を確認する

▶関連Tips 118 120

使用機能・命令 **Deleteイベント**

サンプルファイル名 gokui03.accdb/F_120

▼フォームでレコードを削除するときに確認のメッセージを表示する

```
'データが削除されるときに処理を行う
Private Sub Form_Delete(Cancel As Integer)
    Dim res As Long          'メッセージを代入する変数を宣言する

    '確認のメッセージを表示する
    res = MsgBox("レコードを削除しますか？", vbYesNo)

    If res = vbNo Then       '「いいえ」が選択されたかどうかを判定する
        Cancel = True         '「いいえ」が選択された場合削除をキャンセルする
    End If
End Sub
```

❖ 解説

レコードを削除する前に確認のメッセージボックスを表示するには、Deleteイベントを使用します。Deleteイベントは、レコードを削除するとき、レコードが実際に削除される前に発生します。

この時、引数CancelにTrueを指定すると、レコードの削除をキャンセルすることができます。BeforeDeleteイベントは、フォームの[レコード削除時]イベントに相当します。ここでは、フォームで「商品コード」が「B002」の商品を削除します。この時、確認のメッセージが表示され、「いいえ」が選択された場合は、引数CancelをTrueにして削除処理をキャンセルします。なお、表形式のフォームからレコードを削除するには、レコードセレクタで該当のレコードを選択し、[Delete]キーを押します。

•Deleteイベントの構文

object.Delete(Cancel)

objectにFormオブジェクトを指定します。Deleteイベントは、[Delete]キーを押すなどの操作によってレコードを削除するとき、レコードが実際に削除される前に発生します。引数Cancelは、Deleteイベントを発生させるかどうかを設定します。引数CancelをTrueにすると、Deleteイベントが取り消されます。

Tips 121

レコードを新規入力するときに数値型データの最大値を取得する

▶関連Tips 090

使用機能・命令 **GoToRecordメソッド/DMax関数**（→Tips090）

サンプルファイル名 gokui03.accdb/F_121

▼「ID」フィールドに、元テーブルの「ID」フィールドの最大値に1を加算した値を設定する

```
'コマンドボタンのクリック時に処理を行う
Private Sub cmdSample_Click()
    '新規レコードにカレントレコードを移動する
    DoCmd.GoToRecord , , acNewRec
    'IDフィールドの値に、「T_UserMaster」テーブルのIDフィールドの最大値に
    '「1」を加算した値を設定する
    Me.ID = DMax("ID", "T_UserMaster") + 1
End Sub
```

解説

レコードの追加時に、自動的に数値型のフィールドに最大値を設定するには、DMax関数（→Tips090）を使用して、対象のレコードから取得した最大値に1を足した値を新規のレコードフィールドに設定します。

ここでは、フォームの「追加」ボタンをクリックした時に、カレントレコードを新規レコードに移動します。続けて、「T_UserMaster」テーブルのIDフィールドの最大値をDMax関数で求め、それに「1」を加算した値をフォームの「ID」フィールドに入力しています。

◈ 対象のオブジェクトの種類を表すAcDataObjectTypeクラスの定数

定数	値	説明
acActiveDataObject	-1	レコードはアクティブオブジェクトに含まれる
acDataForm	2	レコードはフォームに含まれる
acDataFunction	10	レコードはユーザー定義関数に含まれる（Accessプロジェクトのみ）
acDataQuery	1	レコードはクエリに含まれる
acDataReport	3	レコードはレポートに含まれる
acDataServerView	7	レコードはサーバービューに含まれる（Accessプロジェクトのみ）
acDataStoredProcedure	9	レコードはストアドプロシージャに含まれる（Accessプロジェクトのみ）
acDataTable	0	レコードはテーブルに含まれる

◈ カレントレコードにするレコードを表すAcRecordクラスの定数

定数	値	説明
acFirst	2	先頭のレコードをカレントレコードにする
acGoTo	4	指定したレコードをカレントレコードにする
acLast	3	最後のレコードをカレントレコードにする
acNewRec	5	新しいレコードをカレントレコードにする
acNext	1	次のレコードをカレントレコードにする
acPrevious	0	前のレコードをカレントレコードにする

▼実行結果

自動的に、最大値に「+1」した値が入力された

・GoToRecordメソッドの構文

object.GoToRecord(ObjectType, ObjectName, Record, Offset)

GoToRecord メソッドは、objectにDoCmdオブジェクトを指定して、指定したレコードに移動します。引数ObjectTypeには、オブジェクトの種類を指定します。引数ObjectNameには、オブジェクト名を指定します。引数Recordには、カレントレコードにするレコードを指定します。引数Offsetは、引数recordにacNextまたはacPreviousを指定した場合は、前方または後方に移動するレコード数を、引数recordにacGoToを指定した場合は移動する先のレコードを数式で指定します。

Tips 122

レコードの更新をキャンセルして元に戻す

▶関連Tips 118

使用機能・命令　**RunCommandメソッド**

サンプルファイル名 gokui03.accdb/F_122

▼フォームの値の更新時に、更新をキャンセルして値を元に戻す

```
Private Sub Form_BeforeUpdate(Cancel As Integer)
    Dim res As Long      'メッセージボックスの結果を取得する変数

    '確認のメッセージを表示する
    res = MsgBox("更新してもよろしいですか？", vbYesNo)

    If res = vbNo Then        '「いいえ」がクリックされたかの判定をする
        Cancel = True         '更新をキャンセルする
        DoCmd.RunCommand acCmdUndo        '処理を元に戻す
        MsgBox "更新をキャンセルしました"    'メッセージを表示する
    End If
End Sub
```

❖ 解説

プロシージャ内から組み込みのメニューコマンド、またはツールバーコマンドを実行するには、RunCommandメソッドを使用します。RunCommandメソッドにacCmdUndoを指定すると、「元に戻す」処理を行うことができます。

ここでは、フォームのBeforeUpdateイベント（→Tips118）を使用して、データの更新をチェックします。まず、データが更新された時に確認のメッセージを表示し、「いいえ」がクリックされた時に更新をキャンセルして、「元に戻す」処理を行います。これは、BeforeUpdateイベントで更新をキャンセルしても、更新のために入力した値がそのまま残るためです。こうすることで、元の状態にすることができます。

•RunCommandメソッドの構文

object.RunCommand(Command)

RunCommandメソッドは、組み込みコマンドを実行します。objectにDoCmdオブジェクトを指定し、引数Commandに実行するコマンドを指定します。acCmdUndoを指定することで、「元に戻す」処理を行うことができます。

なお、RunCommandメソッドを使用して、カスタムメニューまたはカスタムツールバー上のコマンドは実行できません。このメソッドは、組み込みメニューおよび組み込みツールバーに対してのみ使用できます。

Tips 123 アクションクエリ実行時に既定のメッセージを非表示にする

▶関連Tips 106

使用機能・命令 **SetOptionメソッド**

サンプルファイル名 gokui03.accdb/3_4Module

▼「Q_バックアップ」テーブル作成クエリを実行するときの既定のメッセージを非表示にする

```
Private Sub Sample123()
    'メッセージを非表示にする
    Application.SetOption "Confirm Action Queries", False

    '独自のメッセージを表示する
    If MsgBox("T_Masterテーブルをバックアップします" _
        & "よろしいですか？", vbYesNo) = vbYes Then
        'アクションクエリを実行する
        DoCmd.OpenQuery "Q_バックアップ"
    End If
    'メッセージを表示する
    Application.SetOption "Confirm Action Queries", True
End Sub
```

❖ 解説

アクションクエリの実行時に表示される既定のメッセージを非表示にするには、SetOptionメソッドを使用します。SetOptionメソッドは、[Accessのオプション]ダイアログボックスのオプションの現在の値を設定します。SetOptionメソッドの1番目の引数に「Confirm Action Queries」を指定し、2番目の引数にFalseを指定すると、メッセージが非表示になります。この設定はプロシージャ実行後も残るので、処理が終わったら、2番目の引数にTrueを指定して、既定のメッセージが表示されるようにします。

なお、ここでは既定のメッセージを非表示にし、メッセージボックスを表示してユーザーがアクションクエリを実行する場合に、独自のメッセージを表示しています。

・SetOptionメソッドの構文

object.SetOption(OptionName, Setting)

SetOption メソッドを使用して、[Access のオプション] ダイアログボックスのオプションの現在の値を設定します。

objectには、Applicationオブジェクトを指定します。引数OptionNameには、オプションの名前を指定します。引数Settingに、はオプションの設定値に対応する値を指定します。

ナビゲーションウィンドウを表示・非表示にする

▶関連Tips 102 113 115

使用機能・命令 **SelectObjectメソッド（→Tips115）／RunCommandメソッド**

サンプルファイル名 gokui05.accdb/3_5Module

▼ナビゲーションウィンドウの表示・非表示を切り替える

```
Private Sub Sample124()
    'ナビゲーションウィンドウをアクティブにする
    DoCmd.SelectObject acForm, "", True
    'アクティブなウィンドウを非表示にする
    DoCmd.RunCommand acCmdWindowHide
    Stop '処理を一時中断する
    'アクティブなウィンドウを表示する
    DoCmd.SelectObject acForm, "", True
End Sub
```

解説

ここでは、ナビゲーションウィンドウの表示・非表示を切り替えます。

ナビゲーションウィンドウを非表示にするには、SelectOjectメソッドでフォームをナビゲーションウィンドウ内で選択し、続けて、RunCommandメソッドの引数にacCmdWindowHideを指定します。

RunCommandメソッドの引数にacCmdWindowHideを指定すると、アクティブなウィンドウが非表示になります。そこで、SelectObjectメソッドは、3番目の引数にTrueを指定すると、ナビゲーションウィンドウ内で対象のオブジェクトを選択する機能を利用して、ナビゲーションウィンドウをアクティブにしたあと、RunCommandメソッドを使用しています。また、このサンプルでは、Stopステートメント（→Tips113）を使用して、一旦処理を中断しています。ナビゲーションウィンドウが非表示になることが確認できたら、再度プロシージャを実行して、ナビゲーションウィンドウが表示されることを確認しましょう。

ここでも、SelectObjectを使用して、ナビゲーションウィンドウ内のオブジェクトを選択することで、ナビゲーションウィンドウを表示しています。

・RunCommandメソッドの構文

Object.RunCommand(Command)

RunCommandメソッドは、引数Commandに指定した処理を行います。組み込みコマンドを実行することができます。なお、objectにはDoCmdオブジェクトを指定します。acCmdWindowHideを指定すると、アクティブなウィンドウを非表示にすることができます。RunCommandメソッドについては、Tips103も参照してください。

Tips 125

ステーダスバーに メッセージを表示する

▶関連Tips 126

使用機能・命令 **SysCmdオブジェクト**

サンプルファイル名 gokui03.accdb/3_5Module

▼ステータスバーに「処理中・・・」というメッセージを表示する

```
Private Sub Sample125()
    'ステータスバーにメッセージを表示する
    SysCmd acSysCmdSetStatus, "処理中です・・・"
    Stop '処理を一時中断する
    SysCmd acSysCmdSetStatus, " "
End Sub
```

解説

時間のかかる処理を行う場合に、処理中であることをユーザーに知らせたいことがあります。そのようなときに、SysCmdオブジェクトを利用すると、ステータスバーにメッセージを表示することができます。ステータスバーにメッセージを表示するには、SysCmdオブジェクトの1番目の引数にacSysCmdSetStatusを、2番目の引数に表示する文字を指定します。

このサンプルでは、ステータスバーに「処理中です・・・」と表示したあと、確認のために一旦処理を中断します。その後、SysCmdオブジェクトの2番目の引数に半角スペースを指定して、ステータスバーをクリアしています。プロシージャの動作を確認するには、処理が中断したあと[F5]キーを押して処理を再開するか、[F8]キーを押してステップ実行してください。なお、進捗状況を表すには、進行状況インジケーターを使用する方法もあります。進行状況インジケーターの使用方法は、Tips126を参照してください。

ただし、進行状況インジケーターは、例えばテーブルのデータを順番に処理するなど、処理する対象の件数がわかる場合に向いています。ここで紹介したステータスバーに文字列を表示する方法は、件数に関係なく処理の区切りでメッセージを変えることができるため、より汎用的です。

その時の処理内容に応じて、使い分けるようにしましょう。

•SysCmdオブジェクトの構文

object.SysCmd(Action, Argument2, Argument3)

SysCmdメソッドを使用すると、操作の進行状況や指定したテキストをステータスバーに表示することができます。objectには、Applicationオブジェクトを指定します。引数Actionには、実行するアクションの種類を指定します。引数Argument2には、ステータスバーに左揃えで表示するテキストを指定します。引数Argument3は、進捗状況インジケーターの表示を制御する数式を指定します。

Tips 126

進行状況を表示する

▶関連Tips 125

使用機能・命令 **SysCmdオブジェクト**(→Tips125)

サンプルファイル名 gokui03.accdb/3_5Module

▼進捗状況インジケーターを利用して進捗状況を表示する

```
Private Sub Sample126()
    Const MAX_VALUE As Long = 1000000 '処理回数を指定する定数を宣言する
    Dim i As Long '繰り返し処理で使用する変数を宣言する
    '処理状況インジケーターを設定する
    SysCmd acSysCmdInitMeter, "処理中です・・・", MAX_VALUE
    For i = 1 To MAX_VALUE '指定した回数処理を繰り返す
        SysCmd acSysCmdUpdateMeter, i '処理状況インジケーターを更新する
    Next
    SysCmd acSysCmdRemoveMeter '処理状況インジケーターを消去する
End Sub
```

❖ 解説

実行中の進捗状況を、進捗状況インジケーターに表示します。進捗状況インジケーターは、SysCmdオブジェクトの1番目の引数にacSysCmdInitMeterを指定して、まず初期化します。この時、2番目の引数にはインジケーターの最大値を指定します。

そして、SysCmdオブジェクトの1番目の引数にacSysCmdUpdateMeterを指定して、進捗状況インジケーターを更新します。更新する値は、2番目の引数に指定します。

最後に、処理が終了したら、SysCmdオブジェクトの1番目の引数にacSysCmdRemoveMeterを指定して、処理状況インジケーターを消去します。

▼実行結果

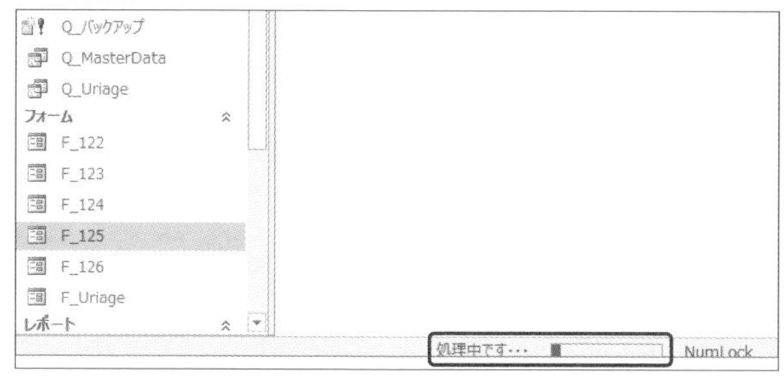

「処理状況インジケーター」が表示される

Tips 127

リボンを非表示にする

▶関連Tips 128

使用機能・命令

ShowToolbar メソッド

サンプルファイル名 gokui03.accdb/3_5Module

▼リボンの表示・非表示を切り替える

```
Private Sub Sample127()
    'リボンを非表示にする
    DoCmd.ShowToolbar "Ribbon", acToolbarNo
    Stop '処理を一時中断する
    'リボンを表示する
    DoCmd.ShowToolbar "Ribbon", acToolbarYes
End Sub
```

解説

リボンの表示・非表示を切り替えるには、DoCmdオブジェクトのShowToolbarメソッドを使用します。ShowToolbarメソッドの１番目の引数に「Ribbon」を、２番目の引数に、リボンを表示する場合はacToolbarYesを、非表示にする場合はacToolbarNoを指定します。

▼実行結果

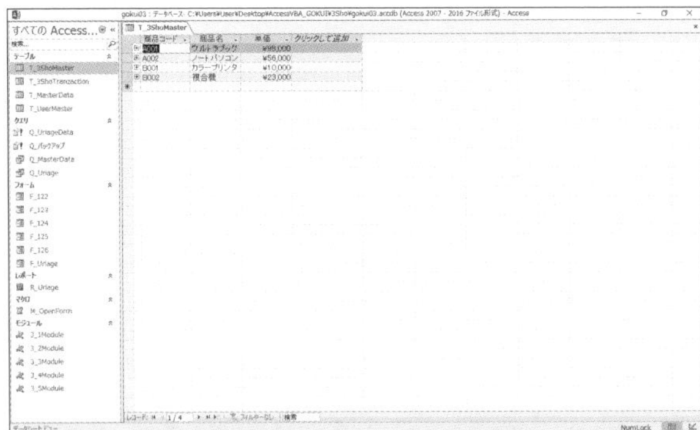

リボンが非表示になった

・ShowToolbar メソッドの構文

object.ShowToolbar(ToolbarName, Show)

ShowToolbarメソッドは、objectにDoCmdオブジェクトを指定します。引数ToolbarNameはツールバーの名前を指定します。引数Showは、ツールバーを表示するかどうか、またどのビューで表示または非表示にするかを指定します。表示する場合はacToolbarYesを、非表示にする場合はacToolbarNoを指定します。

Tips
128 リボンを最小化する

▶関連Tips 127

使用機能・命令 **ExecuteMsoメソッド**

サンプルファイル名 gokui03.accdb/3_5Module

▼リボンを最小化/解除する

```
Private Sub Sample128()
    'リボンを最小化/解除する
    Application.CommandBars.ExecuteMso "MinimizeRibbon"
End Sub
Private Sub Sample128_2()
    'リボンの状態を判定する
    If Application.CommandBars.GetPressedMso("MinimizeRibbon") _
        = True Then
        '最小化の場合、表示する
        Application.CommandBars.ExecuteMso "MinimizeRibbon"
    End If
End Sub
```

❖ 解説

リボンを最小化するには、CommandBarsオブジェクトのExecuteMso メソッドに「MinimizeRibbon」指定します。ただし、既にリボンが最小化になっている状態で、この命令を実行すると、リボンの最小化が解除されます。１つ目のサンプルは、実行するたびにリボンの最小化とその解除を交互に行います。なお、リボンが最小化された状態とは、各リボンの名称（「ホーム」や「作成」など）だけが表示されている状態で、リボンの名称をクリックすると、リボンが表示される状態です。

ユーザーにリボンからの操作をさせたくない場合には、リボンを非表示に、リボンからの操作は許可するけれど、画面をなるべく広く使用したい場合には、リボンの最小化を利用します。

２つ目のサンプルは、ExecuteMsoメソッドを使用してリボンを最小化する場合、リボンが既に最小化している状態で実行すると、最小化が解除されてしまうため、これを避ける処理になっています。ExecuteMsoメソッドを実行する前に、GetPressedMsoメソッドでリボンの状態を確認します。GetPressedMsoメソッドの引数にMinimizeRibbonを文字列で指定すると、リボンが最小化されている場合はTrueが返ります。

そこで、リボンが最小化されている時のみ、ExecuteMsoメソッドを実行するようにしています。

•ExecuteMsoメソッドの構文

object.ExecuteMso(idMso)

objectにCommandBarsを指定します。引数idMsoに「MinimizeRibbon」を指定することで、リボンを最小化することができます。

600 Tips to Use Access VBA Better!
現場ですぐに使える!
Access
VBA
Microsoft 365/
Office 2021/2019/
2016/2013対応
逆引き大全

並べ替え・検索・抽出の極意

Tips

129 レコードを並べ替える

▶関連Tips 130

使用機能・命令

OrderByプロパティ/OrderByOnプロパティ

サンプルファイル名　gokui04.accdb/F_129

▼フォーム上のレコードを「単価」の降順に並べ替える/並べ替えをクリアする

```
Private Sub cmdSample_Click()
    Me.OrderBy = "単価 DESC"        '「単価」欄を降順に並べ替える設定を行う
    Me.OrderByOn = True      '並べ替えを行う
End Sub

Private Sub Form_Load()
    Me.OrderBy = vbNullString     '並べ替えの設定をクリアする
    Me.OrderByOn = False       '並べ替えの適用を解除する
End Sub
```

❖ 解説

ここでは、2つのサンプルを紹介します。1つ目は、F_129フォームの「単価」欄を降順（単価の高い順）に並べ替えます。2つ目は、フォームのLoadイベント（「読み込み時」イベント）を使用して、並べ替えの設定をクリアします。レコードをフィールドをキーとして並べ替えるには、OrderByプロパティ、OrderByOnプロパティを使用します。OrderByプロパティで、並べ替えるキーのフィールド名（文字列）や昇順、降順を指定します。そして、OrderByプロパティで並べ替えの設定を適用するかどうかを設定します。なお、**OrderByプロパティは、フォーム、クエリ、レポート、またはテーブルでのレコードを並べ替えることが可能です**。OrderByプロパティを使用してレコードの並べ替えを行うと、フォームを閉じたあとも並べ替えの設定が残ってしまいます。これを避けるには、2つ目のサンプルのようにフォームのLoadイベントで、並べ替えの設定をクリアします。

•OrderByプロパティの構文

object.OrderBy

•OrderByOnプロパティンの構文

object.OrderByOn = True/False

OrderByプロパティは、objectにFormオブジェクトを指定し、フォームのレコードを並べ替えます。OrderByプロパティに続けて、フィールド名と並べ替えの種類ASC（昇順）、またはDESC（降順）を指定します。省略すると、昇順となります。また、複数のフィールド名を指定する場合は、カンマ（,）で区切ります。OrderByOnプロパティは、objectにFormオブジェクトを指定し、オブジェクトのOrderByプロパティの設定を適用するかどうかを示します。値の取得および設定が可能です。適用する場合はTrueを、適用しない場合はFalseを指定します。

Tips 130 並べ替えの設定を解除する

▶関連Tips 129

使用機能・命令 **RunCommandメソッド**

サンプルファイル名 gokui04.accdb/F_130

▼「商品コード」の降順に設定されている並べ替えを解除する

```
Private Sub cmdSample_Click()
    '並べ替えの解除
    DoCmd.RunCommand acCmdRemoveAllSorts
End Sub
```

解説

ここでは、「商品コード」に設定されている並べ替えを解除します。

並べ替え条件を削除するには、DoCmdオブジェクトのRunCommandメソッドを使用します。RunCommandメソッドにacCmdRemoveAllSorts を指定すると、Accessのメニューコマンド「すべての並べ替えをクリア」に相当する処理を行います。動作を確認するは「F_130」フォームを開き、「実行」ボタンをクリックしてください。なお、並べ替えの設定を解除するには、OrderByプロパティをクリアする方法もあります。OrderByプロパティをクリアして並べ替えを解除する方法については、Tips129を参照してください。

▼実行結果

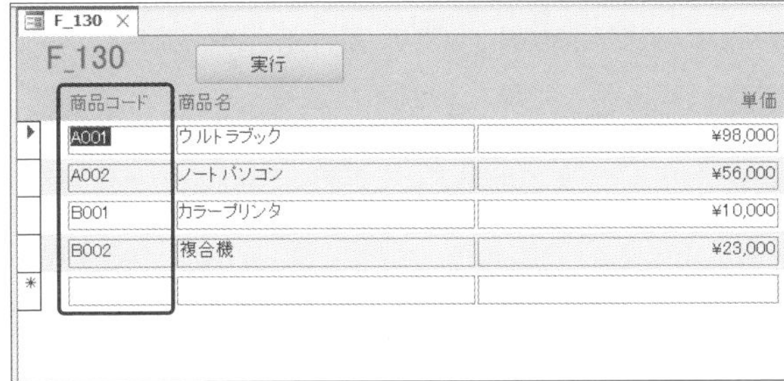

並べ替えが解除された

・RunCommandメソッドの構文

object.RunCommand(Command)

RunCommandメソッドは、objectにDoCmdオブジェクトを指定して組み込みコマンドを実行することができます。並べ替えを解除する場合は、acCmdRemoveAllSortsを指定します。

複数のフィールドでレコードを並べ替える

▶関連Tips 129

使用機能・命令 OrderByプロパティ（→Tips129）/ OrderByOnプロパティ（→Tips129）

サンプルファイル名 gokui04.accdb/F_131

▼フォーム上のレコードを「姓(カタカナ)」の昇順、「生年月日」の降順に並べ替える

```
Private Sub cmdSample_Click()
    '「姓(カタカナ)」の昇順、「生年月日」の降順に並べ替える設定を行う
    Me.OrderBy = "姓(カタカナ),生年月日 DESC"
    '並べ替えの設定を適用する
    Me.OrderByOn = True
End Sub
```

❖ 解説

ここでは、2つのフィールドに並べ替えの設定を行います。複数のフィールドを対象に並べ替えの設定を行うには、OrderByプロパティに、並べ替えるフィールド名を「,(カンマ)」で区切って指定します。

この時、指定したフィールドの順に並べ替えの優先度が上がります。ここでは、「姓(カタカナ)」の昇順、「生年月日」の降順に指定していますが、先に「姓(カタカナ)」フィールドを指定しているため、こちらの優先度が高くなります。フィールドの指定を「"生年月日 DESC, 姓(カタカナ)"」のようにすると、「生年月日」の降順が優先になるので、処理結果が異なります。並べ替えの順序に気をつけてください。

このサンプルの動作を確認するには、「F_131」フォームを開き「実行」ボタンをクリックしてください。

▼実行結果

「姓(カタカナ)」フィールドと「生年月日」フィールドを対象に並べ替える

• OrderByプロパティの構文

object.OrderBy

OrderByプロパティは、objectにFormオブジェクトを指定し、フォームのレコードを並べ替えます。複数のフィールドを対象にする場合は、フィールド名をカンマ(,)で区切ります。

Tips 132

サブフォームのフィールドを並べ替える

▶関連Tips 129

使用機能・命令 OrderByプロパティ(→Tips129)/OrderByOnプロパティ(→Tips129)

サンプルファイル名 gokui04.accdb/F_132

▼「F_132Sub」サブフォームの「数量」フィールドを降順に並べ替える

```
Private Sub cmdSample_Click()
    '「F_132Sub」サブフォームの「数量」フィールドを降順に並べ替える設定を行う
    Me!F_132Sub.Form.OrderBy = "数量 DESC"
    'サブフォームの並べ替えを有効にする
    Me!F_132Sub.Form.OrderByOn = True
End Sub
```

❖ 解説

ここでは、「F_132」フォームのサブフォームの「数量」フィールドを並べ替えます。「F_132」フォームを開き、「実行」ボタンをクリックして動作を確認してください。

メインサブフォームからサブフォームのフィールドを並べ替えるには、OrderByプロパティに、並べ替るキーのフィールドを「Me.サブフォーム名.Form.OrderBy=フィールド名」と記述します。

フォーム名を明示する場合は、「Forms!メインフォーム名.サブフォーム名.Form.OrderBy=フィールド名」とします。

そして、フォームのフィールドを並べ替えるときと同様に、OrderByOnプロパティをTrueにします。なお、OrderByプロパティを使用して並べ替えの設定を行ったあとにフォームを閉じると、OrderByプロパティの設定が残ってしまいます。この場合は、フォームを開くときに、OrderByプロパティにvbNullStringを指定して並べ替えを解除するなどしてください。

具体的な方法は、Tips129を参照してください。

▼実行結果

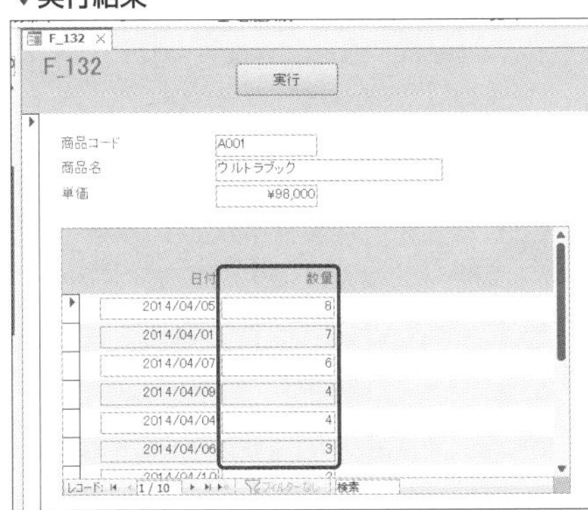

サブフォームの「数量」レコードを降順にする

Tips **133**

並び替えを指定してフォームを表示する

▶関連Tips 107 129

使用機能・命令 **OrderByプロパティ（→Tips129）/ OrderByOnプロパティ（→Tips129）/ OpenFormメソッド（→Tips107）**

サンプルファイル名 gokui04.accdb/4_1Module,F_133,F_133_2

▼フォームを開き「単価」フィールドを降順に並べ替える

```
'4_1Moduleに記述
Private Sub Sample133()
    '「F_133」フォームを開く
    DoCmd.OpenForm "F_133"
    '「F_133」フォームの「単価」フィールドを降順に並べ替える設定を行う
    Forms!F_133.OrderBy = "単価 DESC"
    '並べ替えを有効にする
    Forms!F_133.OrderByOn = True
End Sub

'F_133_2フォームに記述
Private Sub Form_Load()
    '「単価」フィールドを降順に並べ替える設定を行う
    Me.OrderBy = "単価 DESC"
    '並べ替えを有効にする
    Me.OrderByOn = True
End Sub
```

❖ 解説

ここでは、2つのサンプルを紹介します。1つ目は、「4_1Module」標準モジュールに記述しています。このサンプルは、OpenFormメソッド（→Tips107）を使ってフォームを開き、続けて並べ替えの設定をしています。

2つ目のサンプルは「F_133_2」フォームに記述しています。こちらは、フォームのLoadイベントで並べ替えの設定を行っています。

1つ目のサンプルのように、**他のフォームの並べ替えを行う場合は、対象となるフォームを開いてから並べ替えを設定します。**

▼実行結果

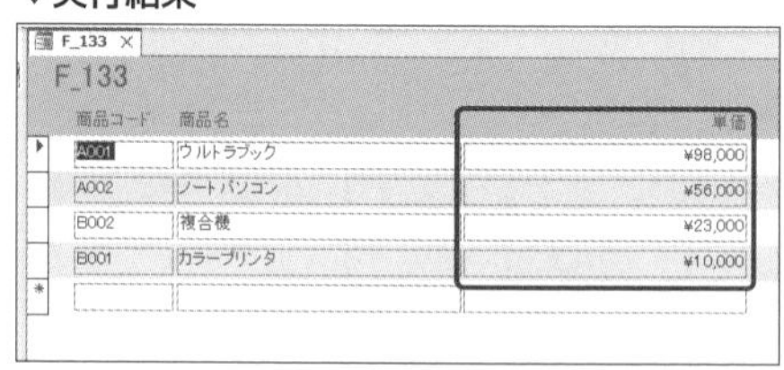

「単価」欄が降順に並べ替えられる

Tips 134 並び替えを指定してレポートを表示する

▶関連Tips 108 129

使用機能・命令 OpenReportメソッド（→Tips108）／OrderByプロパティ（→Tips129）／OrderByOnプロパティ（→Tips129）

サンプルファイル名 gokui04.accdb/4_1Module

▼レポートを開き「単価」フィールドを降順に並べ替える

```
Private Sub Sample134()
    '「R_134 」レポートを印刷プレビューで開く
    DoCmd.OpenReport "R_134", acViewPreview
    '「単価」フィールドを降順に並べ替える設定を行う
    Reports!R_134.OrderBy = "単価 DESC"
    '並べ替えを有効にする
    Reports!R_134.OrderByOn = True
End Sub

Private Sub Report_Load()
    '「単価」フィールドを降順に並べ替える設定を行う
    Me.OrderBy = "単価 DESC"
    '並べ替えを有効にする
    Me.OrderByOn = True
End Sub
```

❖ 解説

ここでは、2つのサンプルを紹介します。1つ目は、「4_1Module」標準モジュールに記述しています。このサンプルは、OpenReportメソッド（→Tips108）を使ってレポートを印刷プレビューで開き、続けて並べ替えの設定をしています。

2つ目のサンプルは、「R_134_2」レポートに記述しています。こちらは、レポートのLoadイベントで並べ替えの設定を行っています。

1つ目のサンプルのように、**他のレポートの並べ替えを行う場合は、対象となるレポートを開いてから並べ替えを設定します。**

▼実行結果

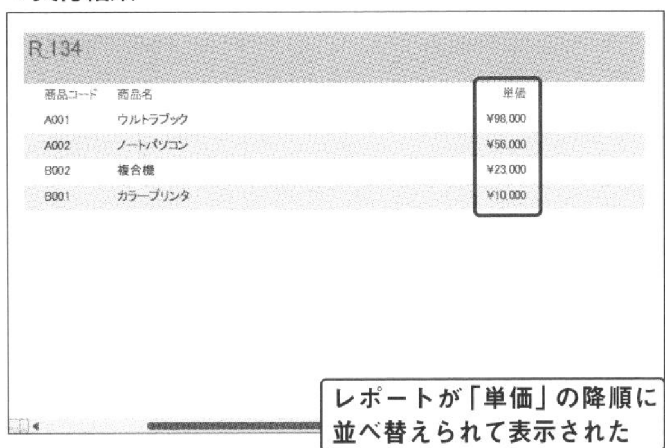

Tips 135 次/前のレコードへ移動する

▶関連Tips 121

使用機能・命令 GoToRecordメソッド（→Tips121）

サンプルファイル名 gokui04.accdb/F_135

▼「次へ」（「前へ」）ボタンをクリックして、次（前）のレコードに移動する

```
Private Sub cmdNext_Click()
    DoCmd.GoToRecord , , acNext     '次のレコードに移動する
    'カレントレコードが新規レコードか判定する
    If Me.NewRecord Then
        '新規レコードの場合、カレントレコードを最後のレコードにする
        DoCmd.GoToRecord , , acLast
    End If
End Sub

Private Sub cmdPrevious_Click()
    On Error GoTo ErrHdl     'エラー処理を開始する
    DoCmd.GoToRecord , , acPrevious     '前のレコードに移動する
    Exit Sub        '処理を終了する
ErrHdl:     'エラーメッセージを表示する
    MsgBox "レコードは存在しません", vbInformation
End Sub
```

解説

GoToRecordメソッドを利用すると、開いているテーブル、フォーム、またはクエリの結果セットで、指定したレコードをカレントレコードにします。引数の設定など、詳しくはTips121を参照してください。

なお、特に設定を行わないと、フォームでは最後のレコードの次に「新規レコード」となり、新規にデータが入力できるようになります。ここでは、NewRecordプロパティ（→Tips135）で、カレントレコードが新規レコードかどうかを判定し、新規レコードの場合はカレントレコードを最終レコードに強制的に戻しています。こうすることで、新規レコードにカレントレコードが移動しないため、このフォームを使っての新規レコードの入力ができなくなります。また、カレントレコードが先頭のレコードで、さらに「前へ」ボタンをクリックすると、それ以上レコードが無いためにエラーになるため、エラー処理を行っています。

▼実行結果

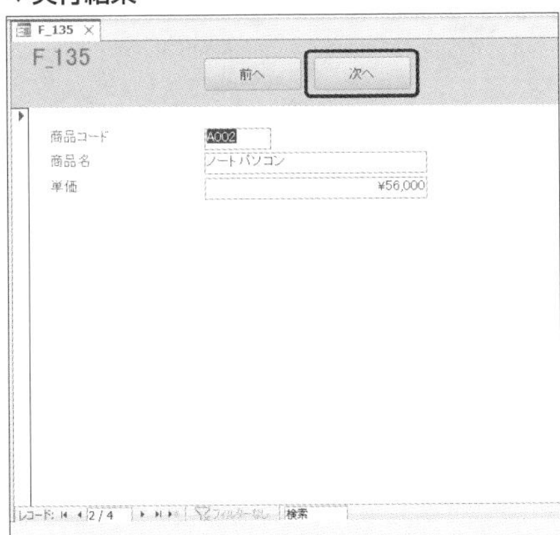

「次へ」ボタンをクリックすると、次のレコードが表示された

▼実行結果

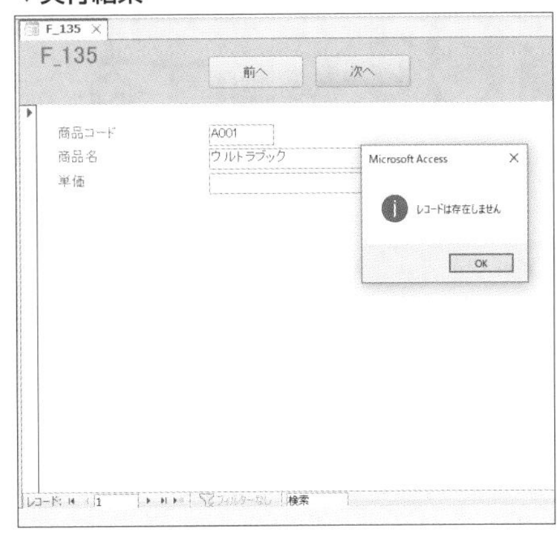

「前へ」ボタンをクリックすると、レコードがないためメッセージが表示される

Tips 136 先頭/最後のレコードへ移動する

▶関連Tips 121

使用機能・命令　**GoToRecordメソッド**（→Tips121）

サンプルファイル名　gokui04.accdb/F_136

▼「先頭へ」ボタンで先頭のレコードへ、「最後へ」ボタンで最後のレコードに移動する

```
Private Sub cmdFirst_Click()
    'カレントレコードを先頭のレコードに移動する
    DoCmd.GoToRecord , , acFirst
End Sub

Private Sub cmdLast_Click()
    'カレントレコードを最後のレコードに移動する
    DoCmd.GoToRecord , , acLast
End Sub
```

❖ 解説

ここでは、2つのサンプルを紹介します。いずれも「F_136」フォームに設定されています。1つ目は、「先頭へ」ボタンをクリックすると、先頭のレコードがフォームに表示されます。2つ目のサンプルは、「最後へ」ボタンをクリックすると、最後のレコードがフォームに表示されます。

このように、GoToRecordメソッドを利用すると、レコードを先頭/最後のレコードに移動することができます。GoToRecordメソッドについては、Tips121を参照してください。ここでは、GoToRecordメソッドの3番目の引数にacFirstを指定して、先頭のレコードにacLastを指定して、最後のレコードに移動させています。

▼実行結果

コマンドボタンを使って、先頭/最後のレコードを表示する

Tips 137 新規レコードへ移動する

▶関連Tips 121

使用機能・命令 **GoToRecordメソッド**（→Tips121）

サンプルファイル名 gokui04.accdb/F_137

▼「新規」ボタンをクリックして、新規レコードに移動する

```
Private Sub cmdSample_Click()
    'カレントレコードを新規レコードに移動する
    DoCmd.GoToRecord , , acNewRec
End Sub
```

❖ 解説

「F_137」フォームの「新規」ボタンをクリックすると、レコードを新規レコードに移動します。

GoToRecordメソッドを利用すると、レコードを新規レコードに移動して、新規にレコードを入力する状態にすることができます。

GoToRecordメソッドは、開いているテーブル、フォーム、またはクエリの結果セットで、指定したレコードをカレントレコードにします。

3番目の引数にacNewRecを指定すると、新規レコードに移動します。詳しくは、Tips121を参照してください。

GoToRecordメソッドで新規レコードに移動する命令は、対象のフォームのプロパティで「レコードの追加の許可」が「いいえ」になっているとエラーになります。**Accessを使用してシステムを作成していると、VBAを使用して行う設定と、フォームなどのオブジェクトに対して「プロパティ」ウィンドウで直接設定を指定するケースが出てきます。この時、両者の内容に矛盾があるとエラーが発生するだけではなく、その原因が見つけにくくなります。**

VBAのコードを実行した時に、コード自体は正しいのにエラーが出るという場合は、フォームなどのプロパティをチェックしてみてください。

▼実行結果

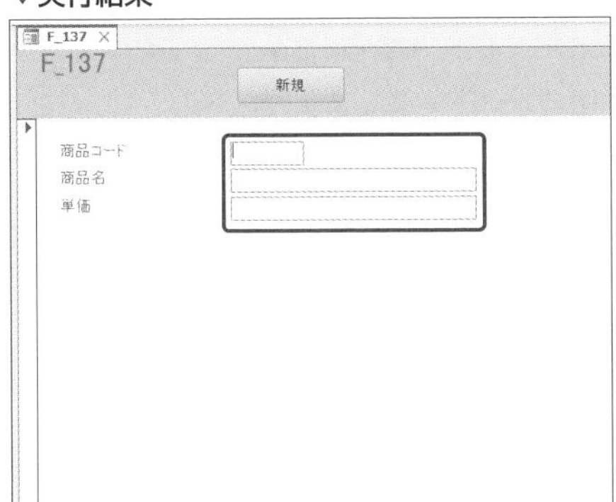

新規レコードに移動する

Tips 138

指定したレコードへ移動する

▶関連Tips 121

使用機能・命令 **GoToRecordメソッド**（→Tips121）

サンプルファイル名 gokui04.accdb/F_138

▼テキストボックスに入力された番号のレコードに移動する

```
Private Sub cmdSample_Click()
    Dim num As Long              'テキストボックスの値を代入する変数を宣言する
    On Error GoTo ErrHdl         'エラー処理を開始する
    num = Me.txtNum.Value        '変数にテキストボックスの値を代入する
    On Error Resume Next         'エラー処理を開始する
    'テキストボックスに入力されたレコード番号に移動する
    DoCmd.GoToRecord , , acGoTo, num
    'エラーの有無をチェックする
    If Err.Number <> 0 Then
        'エラーが発生した場合、メッセージを表示する
        MsgBox "該当のレコードがありません", vbInformation
    End If
    Exit Sub          '処理を終了する
ErrHdl:              'エラー処理を開始する
    'エラーが発生した場合、メッセージを表示する
    MsgBox "数値を指定してください", vbInformation
End Sub
```

❖ 解説

「F_138」フォームで「移動」ボタンをクリックすると、テキストボックスに入力された数値のレコードに移動します。GoToRecordメソッドを利用すると、レコードを指定した番号のレコードに移動することができます。GoToRecordメソッドは、開いているテーブル、フォーム、またはクエリの結果セットで、指定したレコードをカレントレコードにします。3番目の引数にacGoToを指定し、4番目の引数に番号を指定すると、指定した番号のレコードに移動します。詳しくは、Tips121を参照してください。なお、ここでは2つのエラー処理をしています。

1つ目は、テキストボックスに数値以外が入力された場合の処理です。変数numはLong型の変数なので、テキストボックスに数値以外が入力されているとエラーになります。この時の処理を、On Error Gotoステートメントで行っています。また、指定した番号のレコードが存在しないとエラーになるため、GoToRecordメソッドを処理する前に、On Error Resume Nextステートメントを使用しています。その後、エラーが発生したかどうかを、ErrオブジェクトのNumberプロパティで判定しています。ErrオブジェクトのNumberプロパティは、エラーが発生すると0以外の値を返します。

Tips 139

レコードを検索する

▶関連Tips 121

使用機能・命令　**GoToControlメソッド/FindRecordメソッド**

サンプルファイル名　gokui04.accdb/F_139

▼「商品コード」フィールドをテキストボックスに入力された値で検索する

```
Private Sub cmdSample_Click()
    '検索対象のコントロールに移動する
    DoCmd.GoToControl "商品コード"

    'テキストボックスの値を「商品コード」フィールドで検索する
    DoCmd.FindRecord txtCode.Value
End Sub
```

解説

「F_139」フォームのテキストボックスに商品コードを入力後、「検索」ボタンをクリックすると、該当の商品を検索します。ただし、FindRecordメソッドは、検索対象のデータが見つからない場合は、特に何も起きないので注意してください。

フィールドのレコードを検索するには、FindRecordメソッドを使用します。ただし、FindRecordメソッドでレコードを検索する場合、あらかじめ検索するフィールドにフォーカスを移しておく必要があります。そのため、GoToControlメソッドを利用して、あらかじめフォーカスを移動します。なお、FindRecordメソッドの引数Matchと引数Searchに指定する値は、次のとおりです。

◈ 引数Matchに指定するAcFindMatchクラスの定数

定数	値	説明
acAnyWhere	0	部分一致
acEntire	1	フィールド全体と一致（規定値）
acStart	2	フィールドの先頭と一致

◈ 引数Searchに指定するAcSearchDirectionクラスの定数

定数	値	説明
acUp	0	カレントレコードより上のすべてのレコードを検索
acDown	1	カレントレコードより下のすべてのレコードを検索
acSearchAll	2	すべてのレコードを検索

▼実行結果

テキストボックスに指定した値で「商品コード」を検索した

•FindRecordメソッドの構文

object.FindRecord(FindWhat, Match, MatchCase, Search, SearchAsFormatted, OnlyCurrentField, FindFirst)

•GoToControlメソッドの構文

object.GoToControl(ControlName)

FindRecordメソッドは、objectにDoCmdオブジェクトを指定してレコードを検索します。

引数FindWhatには、検索の対象になるデータを指定します。

引数Matchは検索の方法を指定します。指定できる値は、「解説」を参照してください。

引数MatchCaseは、大文字と小文字を区別する場合はTrue、大文字と小文字を区別しない場合はFalse（既定値）を指定します。

引数Searchは検索する方向を、AcSearchDirectionクラスの定数で指定します。指定できる値は、「解説」を参照してください。

引数SearchAsFormattedは、書式化された形式で検索するにはTrue、データベースに保存されている形式で検索するにはFalse（既定値）を使います。

引数OnlyCurrentFieldは、検索の対象をすべてのフィールドとする（acAll）か、またはカレントフィールドのみとするか（acCurrent）を指定します。

引数FindFirstは、最初のレコードから検索を開始するにはTrue（既定値）を、カレントレコードの次のレコードから検索を開始するにはFalseを指定します。

GoToControlメソッドは、objectにDoCmdオブジェクトを指定し、ControlNameに指定したコントロールにフォーカスを移動します。

Tips 140 文字列の先頭/末尾が一致するレコードを検索する

▶関連Tips 064 139

使用機能・命令 GoToControlメソッド（→Tips139）/ FindRecordメソッド（→Tips139）

サンプルファイル名 gokui04.accdb/F_140

▼「姓」フィールドが「橋」から始まる値と「名」フィールドが「子」で終わる名前を検索する

```
Private Sub cmdSample_Click()
    '検索対象のコントロールに移動する
    DoCmd.GoToControl "姓"
    '「姓」フィールドの値が「橋」から始まる値を検索する
    DoCmd.FindRecord "橋*"

    Stop    '一旦処理を中断する

    '検索対象のコントロールに移動する
    DoCmd.GoToControl "名"
    '「名」フィールドの値が「子」で終わる値を検索する
    DoCmd.FindRecord "*子"
End Sub
```

❖ 解説

「F_140」フォームを開き「検索」ボタンをクリックすると、「姓」の欄で「橋」から始まるレコードを検索し表示します。ここで一旦処理が中断し、VBEで「F5」キーを押下すると、「名」の欄で「子」で終わるレコードを検索します。

指定した文字から始まる（終わる）値を検索するには、FindRecordメソッドを使用します。今回のように「○○で始まる」や「○○で終わる」という検索を行うには、対象の文字列と「*」を組み合わせて使用します。「*」はワイルドカードともよばれ、任意の複数の文字を表します。

なお、今回のように指定した文字から始まる値の検索を「前方一致検索」、指定した文字で終わる値の検索を「後方一致検索」ともいいます。

ここでは、ワイルドカードとして「*」を使用しました。「*」は複数の文字を表すので、「中*」とすると「中村」「中津川」などのデータが検索できます。これを、「中」から始まる2文字の名前、というように文字数を指定したい場合は、「?」を使用します。「?」は1文字を表すワイルドカードです。ですから、「中?」とすると、「中村」「中川」は検索できますが、「中津川」は検索できません。なお、ワイルドカードについては、Tips064の「Like演算子の構文」を参照してください

▼実行結果

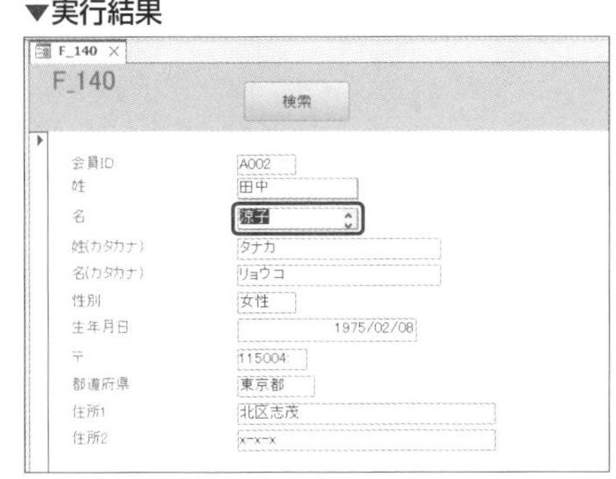

「子」で終わる「名」が検索された

部分一致のレコードを検索する

▶関連Tips 064 139

使用機能・命令 **GoToControlメソッド**（→Tips139）／**FindRecordメソッド**（→Tips139）

サンプルファイル名 gokui04.accdb/F_141

▼名前に「美」を含むレコードを検索する

```
Private Sub cmdSample_Click()
    '検索対象のコントロールに移動する
    DoCmd.GoToControl "名"

    '「名」フィールドの値に「美」を含む値を検索する
    DoCmd.FindRecord "*美*"
End Sub
```

解説

「F_141」フォームの「検索」ボタンをクリックすると、「名」欄の値に「美」を含むレコードを検索し表示します。

指定した文字を含む値を検索するには、FindRecordメソッドを使用します。FindRecordメソッドの1番目の引数に指定する文字列に、検索したい文字列の前後に「*（アスタリスク）」をつけて指定します。

「*」はワイルドカードともよばれ、任意の複数の文字を表します。ワイルドカードについては、Tips139やTips064の「Like演算子の構文」を参照してください。

なお、このように指定した文字を含む値の検索を、「部分一致検索」ともいいます。

▼実行結果

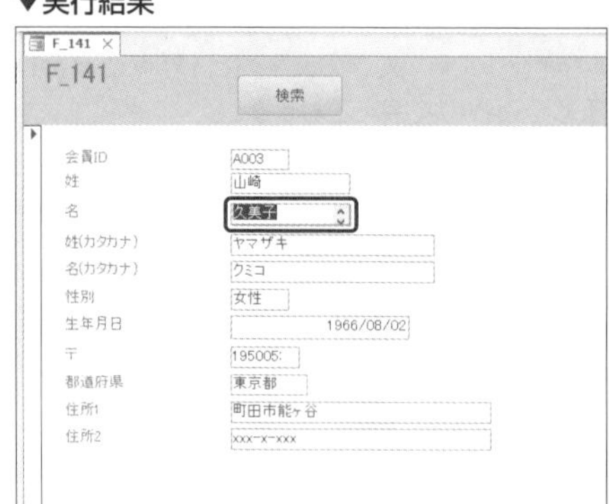

「美」を含む名前が検索された

Tips 142

続けて検索する

▶関連Tips 139

使用機能・命令 **GoToControlメソッド**(→Tips139)/**FindRecordメソッド**(→Tips139)

サンプルファイル名 gokui04.accdb/F_142

▼「検索」ボタンをクリックして、連続で検索する

```
Private Sub cmdSample_Click()
    '検索対象のコントロールに移動する
    DoCmd.GoToControl "名"
    '「名」フィールドの値に「美」を含む値を検索する
    DoCmd.FindRecord "*美*", , , , , , False
End Sub
```

❖ 解説

「F_142」フォームの「検索」ボタンをクリックすると、「名」欄に「美」が含まれるレコードを検索します。「検索」ボタンを再度クリックすると、次のレコードを検索することができます。

同じ条件で続けて検索を行うには、FindRecordメソッドを使用し、7番目の引数FindFirstにFalseを指定します。引数FindFirstは、省略するとTrue(既定値)となり、検索を常に最初のレコードから行います(FindRecordの詳しい構文は、Tips139を参照してください)。そのため、コマンドボタンにコードを設定しても、レコードを先頭から検索して、最初に見つかったレコードを表示することしかできません。

この引数にFalseを指定すると、検索をカレントレコードから行うため、検索する値が見つかった場合は、その次の値を検索します。結果、連続してデータを検索することができます。

FindRecordメソッドは、このように指定した値を連続で検索することができますが、検索を開始するレコードが先頭のレコードではない場合に注意が必要です。FindRecordメソッドでレコードを検索するときに、**レコードセレクタなどで検索対象のレコードよりも先のレコードがカレントレコードになっていると、検索を開始したレコードよりも手前のレコードは検索対象になりません。**

この場合、GoToRecordメソッドなどを使用して、レコードを一旦先頭に移動してから検索を行うようにします。

▼実行結果

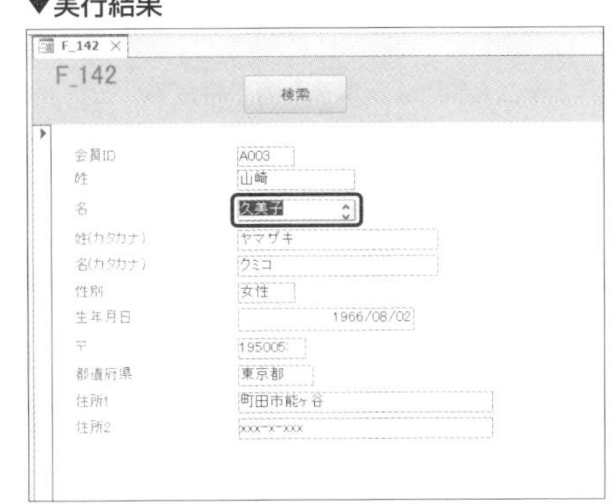

「検索」ボタンをクリックすると、連続で検索することができる

Tips 143 2つの条件で検索する

▶関連Tips 121

使用機能・命令 **SearchForRecordメソッド**

サンプルファイル名 gokui04.accdb/F_143

▼「商品名」が「Yシャツ」からはじまり、「数量」が5以上のレコードを検索する

```
Private Sub cmdSample_Click()
    '「商品名」が「Yシャツ」からはじまり、「数量」が5以上のレコードを検索する
    DoCmd.SearchForRecord , , acFirst _
        , "商品名 Like 'Yシャツ*'  AND 数量 >= 5"
End Sub
```

解説

ここでは、2つのフィールドに対して条件を指定して検索を行っています。

2つ以上の条件を指定して検索するには、SearchForRecordメソッドを使用します。

なお、このサンプルでは、「商品名」を検索する条件にLike演算子（→Tips064）を指定しています。Like演算子はワイルドカードと一緒に使用して、あいまい検索を行います。ただし、このサンプルのように**条件に文字列を指定する場合は「'（シングルクォーテーション）」で文字列を囲みます。「"（ダブルクォーテーション）」ではないので、注意してください。**

SearchForRecordメソッドを使用して、条件にあるレコードを連続して検索するには、SearchForRecordメソッドの3番目の引数にacNext、またはacPreviousを指定します。いずれもカレントレコードから検索を開始するので、連続して検索可能です。

ただし、カレントレコードよりも前（acNextの場合）または後（acPreviousの場合）に検索対象のレコードがあると、そのレコードは検索できません。

•SearchForRecordメソッドの構文

object.SearchForRecord(ObjectType, ObjectName, Record, WhereCondition)

SearchForRecordメソッドは、objectにDoCmdオブジェクトを指定して、テーブル、クエリ、フォーム、またはレポート内の特定のレコードを検索することができます。

引数ObjectTypeには、対象のオブジェクトの種類を指定します。指定できる値は、Tips121のGoToRecordの引数と同じです。参照してみてください。引数ObjectName検索をするレコードが含まれているオブジェクト名を指定します。引数Record検索の開始点と方向を指定します。こちらも、Tips121を参照してください。

引数WhereConditionには、検索条件を指定します。SQLステートメントのWHERE句に似ていますが、WHEREという語は付けません。

Tips 144

フィールドと文字列を指定して検索する

▶関連Tips 096 139

使用機能・命令 **FindRecordメソッド**（→Tips139）/ **GoToControlメソッド**（→Tips139）/ **IsNull関数**（→Tips096）

サンプルファイル名 gokui04.accdb/F_144

▼コンボボックスで指定したフィールドを検索する

```
'フォームの読み込み時に処理を行う
Private Sub Form_Load()
    'コンボボックスに対して処理を行う
    With Me.cmbField
        .RowSourceType = "Field List"    'ソースタイプをフィールドリストにする
        .RowSource = "Q_UriageIchiran"   'ソースを「Q_UriageIchiran」クエリにする
    End With
End Sub

Private Sub cmdSample_Click()
    If IsNull(cmbField.Value) Then       'コンボボックスの値が空欄かチェックする
        'メッセージを表示する
        MsgBox "検索するフィールドを選択してください"
        '処理を終了する
        Exit Sub
    ElseIf IsNull(txtData.Value) Then    'テキストボックスの値が空欄かチェックする
        'メッセージを表示する
        MsgBox "検索文字列を入力してください"
        '処理を終了する
        Exit Sub
    End If
    'コンボボックスで指定されたフィールドにフォーカスを移動する
    DoCmd.GoToControl cmbField
    'テキストボックスに指定された値を部分一致で検索する
    DoCmd.FindRecord "*" & txtData & "*", , , , , , False
End Sub
```

❖ 解説

まずは、「F_144」フォームのコンボボックスに値を設定します。そして、「検索」ボタンをクリックした時に指定したフィールドと値を、条件として検索を行います。

検索するフィールドをコンボボックスやリストボックスで指定し、そのフィールドに対して、テキストボックスに入力された文字列を検索する場合、ポイントになるのがコンボボックスに表示する値です。ここでは、フォームのLoadイベントで、コンボボックスに対して設定を行います。

RowSourceTypeプロパティに、「Field List」を指定します。また、RowSourceプロパティに、このフォームの元になっているクエリ「Q_UriageIchiran」を指定します。

こうすることで、コンボボックスには指定したクエリのフィールド名が表示されます。

「検索」ボタンでは、IsNull関数（→Tips096）を使用して、コンボボックスとテキストボックスの値をそれぞれチェックします。両方とも入力されていれば、GoToControlメソッド（→Tips139）で、コンボボックスで選択されたフィールドに飛び、FindRecordメソッド（→Tips139）で値を検索します。ここでは、入力された検索文字列の前後にアスタリスク(*)をつけ、部分一致検索を行っています。

▼検索条件を指定する

検索対象のフィールドを選択し、検索する文字列を入力する

▼実行結果

対象のレコードにフォーカスが移動した

Tips 145 サブフォームのレコードを検索する

▶関連Tips 139

使用機能・命令　**FindRecordメソッド（→Tips139）／SetFocusメソッド**

サンプルファイル名　gokui04.accdb/F_145

▼サブフォームに表示されている「商品名」欄を検索する

```
Private Sub cmdSample_Click()
    '「F_145Sub」サブフォームにフォーカスを移動する
    Me.F_145Sub.SetFocus
    '「商品名」フィールドにフォーカスを移動する
    Me.F_145Sub!商品名.SetFocus
    '「Yシャツ」から始まる値を検索する
    DoCmd.FindRecord "Yシャツ*"
End Sub
```

解説

サブフォームのフィールドを検索するには、まず、SetFocusメソッドでサブフォームにフォーカスを移動します。続けて、SetFocusメソッドで検索するフィールドに移動し、FindRecordメソッド（→Tips139）で文字列を検索します。

ここでは、「F_145Sub」サブフォームの「商品名」フィールドにSetFocusメソッドを使用してフォーカスを移動したあと、「Yシャツ」で始まる値を検索します。

動作を確認するには、「F_145」フォームを開き「検索」ボタンをクリックしてください。

▼実行結果

「Yシャツ」のデータが検索された

• SetFocusメソッドの構文

object.SetFocus

SetFocusメソッドは、objectにFormオブジェクトやコントロールを指定し、フォーカスを、指定したフォーム、アクティブフォームの指定したコントロール、またはアクティブデータシートの指定したフィールドに移動します。

Tips 146 レコードを抽出する

▶関連Tips 147

使用機能・命令 Filterプロパティ/FilterOnプロパティ

サンプルファイル名 gokui04.accdb/F_146

▼会員一覧から「都道府県」欄が「神奈川県」のデータを抽出する

```
Private Sub cmdSample_Click()
    '「都道府県」フィールドの値が「神奈川県」のデータを抽出する設定を行う
    Me.Filter = "都道府県='神奈川県'"
    Me.FilterOn = True
End Sub
```

❖ 解説

ここでは、「F_146」フォームにある「検索」ボタンをクリックすると、「都道府県」フィールドの値が「神奈川県」のレコードだけを表示します。

レコードを抽出するには、FilterプロパティとFilterOnプロパティを使用します。Filterプロパティには、レコードを抽出する条件を設定します。

FilterOnプロパティは、Trueを指定することで、Filterプロパティで設定した条件を適用しレコードを抽出します。

•Filterプロパティの構文

object.Filter

•FilterOnプロパティの構文

object.FilterOn = True/False

Filterプロパティは、objectに指定したフィルタをフォーム、レポート、クエリ、またはテーブルに適用したときに表示されるレコードのサブセットを示します。

Filterプロパティには、「"フィールド名 演算子 条件"」のように条件を設定します。これは、SQLのWHERE句から WHEREを省いた文字列式です。「フィールド名」には対象のフィールドを、「演算子」には等号・不等号などの演算子を、「条件」には条件となる値を指定します。**「条件」が文字列の場合、「'（シングルクォーテーション）」で囲みます。**

なお、Filterプロパティの設定は、ADOのFilterプロパティに影響を与えません。

FilterOnプロパティは、objectに指定したフォームまたはレポートの Filterプロパティを適用するかどうかを示します。値の取得および設定が可能です。Boolean型の値を使用します。適用するにはTrueを、適用しない場合はFalseを指定します。

Tips 147 レコードの抽出を解除する

▶関連Tips 146

使用機能・命令 **Filterプロパティ（→Tips146）／FilterOnプロパティ（→Tips146）／ShowAllRecordsメソッド**

サンプルファイル名 gokui04.accdb/F_147,F_147_2

▼「都道府県」フィールドに設定されている抽出を解除する

```
'F_147フォームに記載
Private Sub cmdSample_Click()
    '抽出条件をクリアして、抽出を解除する
    Me.Filter = ""
    Me.FilterOn = False
End Sub
'F_147_2フォームに記載
Private Sub cmdSample_Click()
    On Error Resume Next    'エラー処理を開始する
    DoCmd.ShowAllRecords    '抽出を解除する
End Sub
```

解説

ここでは、2つのサンプルを紹介します。1つ目は、「F_147」フォームの「解除」ボタンをクリックすると、「F_147」フォームのフィルタが解除されます。2つ目は、Filterプロパティの設定はそのままで、すべてのデータを表示します。抽出条件をクリアして抽出を解除するには、Filterプロパティに「""」を設定してFilterプロパティを空欄にし、FilterOnプロパティにFalseを指定します。

サンプルには、あらかじめ「都道府県」フィールドに抽出条件が「神奈川県」のフィルタが設定されています。この抽出条件をクリアして、フィルタを解除します。

2つ目のサンプルのように、Filterプロパティに指定した条件はそのままで、すべてのデータを表示することもできます。その場合は、ShowAllRecordsメソッドを使用します。**ShowAllRecordsメソッドは、フィルタが設定されていないとエラーになるため**、ここではOn Error Resume Nextステートメントを使用して、エラーを回避します。

•ShowAllRecordsメソッドの構文

object.ShowAllRecords

ShowAllRecordsメソッドは、objectにDoCmdオブジェクトを指定して、作業中のテーブル、クエリの結果セット、またはフォームに適用されているフィルタを解除します。これにより、テーブルまたは結果セットのすべてのレコード、またはフォームの元になっているテーブル、またはクエリのすべてのレコードが表示されます。

Tips 148

フォームを読み込むときにレコードの抽出をする

▶関連Tips 153

使用機能・命令 **ApplyFilterメソッド**

サンプルファイル名 gokui04.accdb/F_148

▼「都道府県」欄が「神奈川県」のデータのみ表示してフォームを開く

```
'フォームを読み込むときに処理を行う
Private Sub Form_Load()
    '「都道府県」フィールドが「神奈川県」のデータを抽出する
    DoCmd.ApplyFilter , "都道府県 = '神奈川県'"
End Sub
```

❖ 解説

ApplyFilterメソッドは、1番目の引数にクエリ名や文字列式を、2番目の引数にSQL文のWHERE句を指定して、フィルタをかけることができます。また、フォームを読み込むときにレコードを抽出するには、フォームのLoadイベントプロシージャを使用します。ここでは、「F_148」フォームのLoadイベントにApplyFilterメソッドを使用して、「都道府県」フィールドの値が「神奈川県」のデータを抽出する処理を行っています。これで、フォームを開くときにフィルタが適用されて、フォームを開いた時点では「神奈川県」のデータのみ表示されます。ApplyFilterメソッドを使用して設定したフィルタを解除するには、DoCmdオブジェクトのShowAllRecordsメソッド（→Tips147）を使用して「DoCmd.ShowAllRecords」と記述します。

なお、SQL文とは、データベースからデータを抽出したり、データベースのを操作するための言語です。SQL文では、WHERE句を利用して抽出条件を指定します。詳しくは、第17章を参照してください。

▼実行結果

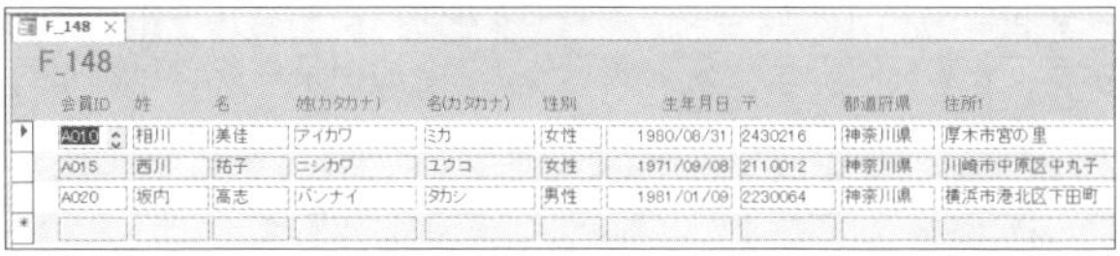

F_148

会員ID	姓	名	姓(カタカナ)	名(カタカナ)	性別	生年月日	〒	都道府県	住所1
A010	相川	美佳	アイカワ	ミカ	女性	1980/08/31	2430216	神奈川県	厚木市宮の里
A015	西川	祐子	ニシカワ	ユウコ	女性	1971/09/08	2110012	神奈川県	川崎市中原区中丸子
A020	坂内	高志	バンナイ	タカシ	男性	1981/01/09	2230064	神奈川県	横浜市港北区下田町

フィルタが設定された状態でフォームが開いた

• ApplyFilterメソッドの構文

object.ApplyFilter(FilterName, WhereCondition)

ApplyFilterメソッドは、objectにDoCmdオブジェクトを指定してフィルタを適用します。引数FilterNameに、フィルタまたはクエリを指定します。このメソッドを使用してサーバーフィルタを適用するとき、FilterName引数は空白である必要があります。引数WhereConditionには、SQL文のWHERE句を文字列式で指定します。ただし、WHEREという語を指定する必要はありません。

なお、引数FilterNameと引数WhereConditionを同時に指定することはできません。同時に指定すると、引数WhereConditionが優先されます。

Tips 149 複数の条件のすべてを満たすレコードを抽出する

▶関連Tips 146

使用機能・命令 Filterプロパティ（→Tips146）/ FilterOnプロパティ（→Tips146）/And演算子

サンプルファイル名 gokui04.accdb/F_149

▼「都道府県」欄の値が「神奈川県」で「性別」欄が「女性」のデータを抽出する

```
Private Sub cmdSample_Click()
    '「都道府県」フィールドの値が「神奈川県」で、
    'かつ「性別」フィールドが「女性」のデータを抽出する設定を行う
    Me.Filter = "都道府県='神奈川県' And 性別 = '女性'"
    'データの抽出を行う
    Me.FilterOn = True
End Sub
```

解説

ここでは、2つの条件を指定してレコードを抽出しています。

レコードを抽出するには、FilterプロパティとFilterOnプロパティを使用します。Filterプロパティには、レコードを抽出する条件を設定します。この条件に複数の条件を指定するには、論理演算子を使用します。

FilterOnプロパティは、Trueを指定することで、Filterプロパティで設定した条件を適用しレコードを抽出します。

指定した条件のすべてを満たすためには、論理演算子にAnd演算子を使用します。And演算子は、「かつ」を表し、指定したすべての値がTrueのときのみTrueを返します。

▼実行結果

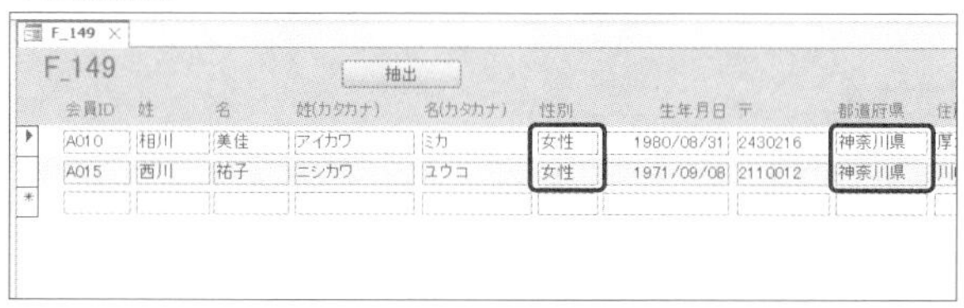

「神奈川県」で「女性」のデータが抽出された

複数の条件のいずれかを満たすレコードを抽出する

▶関連Tips 146

使用機能・命令 **Filterプロパティ（→Tips146）/ FilterOnプロパティ（→Tips146）/Or演算子**

サンプルファイル名 gokui04.accdb/F_150

▼「都道府県」欄の値が「神奈川県」、または「性別」欄が「女性」のデータを抽出する

```
Private Sub cmdSample_Click()
    '「都道府県」フィールドの値が「神奈川県」、
    'または「性別」フィールドが「女性」のデータを抽出する設定を行う
    Me.Filter = "都道府県='神奈川県' Or 性別 = '女性'"
    'データの抽出を行う
    Me.FilterOn = True
End Sub
```

解説

ここでは、2つの条件を指定してレコードを抽出しています。

レコードを抽出するには、FilterプロパティとFilterOnプロパティを使用します。Filterプロパティには、レコードを抽出する条件を設定します。この条件に複数の条件を指定するには、論理演算子を使用します。

FilterOnプロパティは、Trueを指定することで、Filterプロパティで設定した条件を適用しレコードを抽出します。

指定した条件のいずれかを満たすためには、論理演算子にOr演算子を使用します。Or演算子は「または」を表し、指定した値のいずれかがTrueのとき、Trueを返します。

▼実行結果

F_150　抽出

会員ID	姓	名	姓(カタカナ)	名(カタカナ)	性別	生年月日	〒	都道府県
A002	田中	涼子	タナカ	リョウコ	女性	1975/02/08	1150042	東京都
A003	山崎	久美子	ヤマザキ	クミコ	女性	1966/08/02	1950053	東京都
A005	水野	奈穂子	ミズノ	ナオコ	女性	1975/08/04	1700011	東京都
A006	松田	真澄	マツダ	マスミ	女性	1975/01/08	2080013	東京都
A007	牧	冴子	マキ	サエコ	女性	1982/03/06	1460082	東京都
A009	千代田	光枝	チヨダ	ミツエ	女性	1955/10/03	1680062	東京都
A010	相川	美佳	アイカワ	ミカ	女性	1980/08/31	2430216	神奈川県
A012	渋谷	真友子	シブヤ	マユコ	女性	1975/08/09	4180112	静岡県
A013	吉田	智子	ヨシダ	トモコ	女性	1964/09/13	1640002	東京都
A015	西川	祐子	ニシカワ	ユウコ	女性	1971/09/08	2110012	神奈川県
A016	嶋倉	美樹	シマクラ	ミキ	女性	1953/04/09	1870032	東京都
A017	加藤	亜矢	カトウ	アヤ	女性	1981/08/31	2720034	千葉県
A018	中臺	晃子	ナカダイ	アキコ	女性	1989/05/05	3490205	埼玉県
A019	原	ゆき	ハラ	ユキ	女性	1979/04/07	1330055	東京都
A020	坂内	高志	バンナイ	タカシ	男性	1981/01/09	2230064	神奈川県

「神奈川県」または「女性」のデータが抽出された

Tips 151 あいまいな条件のレコードを抽出する

▶関連Tips 064 146

使用機能・命令 **Filterプロパティ**（→Tips146）/ **FilterOnプロパティ**（→Tips146）/ **Like演算子**（→Tips064）

サンプルファイル名 gokui04.accdb/F_151

▼「姓」フィールドで「田」を含むレコードを抽出する

```
Private Sub cmdSample_Click()
    '「姓」フィールドの値に「田」を含むデータを抽出する設定を行う
    Me.Filter = "姓 Like '*田*'"
    'データの抽出を行う
    Me.FilterOn = True
End Sub
```

❖ 解説

「F_151」フォームを開き「抽出」ボタンをクリックすると、「姓」の欄に「田」が含まれるレコードを抽出します。

指定した文字列を含むレコードを抽出するには、Filterプロパティの抽出条件を、条件となる文字列の前後に「*（アスタリスク）」をつけ、Like 演算子（→Tips064）と組み合わせて指定します。Like演算子は、あいまい検索を行う演算子です。

なお、「*」はワイルドカードとも言い、複数の文字を表します。1文字のみを表すには、「?」を使用します。

Filterプロパティに指定する条件に文字列を指定する場合、文字列は「'（シングルクォーテーション）」で囲みます。

「*」と「?」の2つのワイルドカードを使った抽出条件の指定方法と抽出結果のサンプルは、次のようになります。

◈ 抽出条件の指定方法と抽出結果

抽出条件の例	説明	抽出結果の例
田	「田」を含む	「中田」「田中」「富田林」「須和田」
田*	「田」で始まる	「田中」「田所」「田治米」
*田	「田」で終わる	「中田」「大田」「須和田」
?田?	「田」を含む（ただし、前後は0または1文字）	「田中」「中田」「富田林」
田?	「田」で始まる（ただし、田のあとは0または1文字）	「田中」
?田	「田」で終わる（ただし、田の前は0または1文字）	「中田」

Tips 152 サブフォームのレコードを抽出する

▶関連Tips 146 147

使用機能・命令　Filterプロパティ/FilterOnプロパティ

サンプルファイル名　gokui04.accdb/F_152

▼サブフォームの「数量」フィールドが5以上のレコードを抽出する

```
Private Sub cmdSample_Click()
    '「F_152Sub」サブフォームに
    '「数量」欄が5以上の値を抽出する設定を行う
    Me.F_152Sub.Form.Filter = "数量 >= 5"
    '「F_152Sub」サブフォームのフィルタを適用する
    Me.F_152Sub.Form.FilterOn = True
End Sub
```

❖ 解説

ここでは、「F_152」フォームのサブフォーム「F_152Sub」にフィルタを掛けます。サブフォームのレコードを抽出するには、FilterプロパティとFilterOnプロパティに指定するオブジェクトに、サブフォームを指定します。サブフォームを含むメインフォームから指定するには、[Forms!フォーム名.サブフォーム名]または[Me.サブフォーム名]のように、メインフォーム名から順に記述します。

なお、抽出を解除するには、Filterプロパティを「Me.F_152Sub.Form.Filter = ""」のように空欄を指定して、FilterOnプロパティをFalseに設定します（→Tips147）。

また、フィルタをクリアせずにすべてのデータを抽出するには、ShowAllRecordsメソッドを使用します。**この時、あらかじめSetFocusメソッドを使用して、フォーカスをサブフォームに移す点に注意してください。**また、ShowAllRecordsメソッドはフィルタが設定されていないとエラーになるため、On Error Resume Nextステートメントでエラーを回避してください（→Tips147）。

▼実行結果

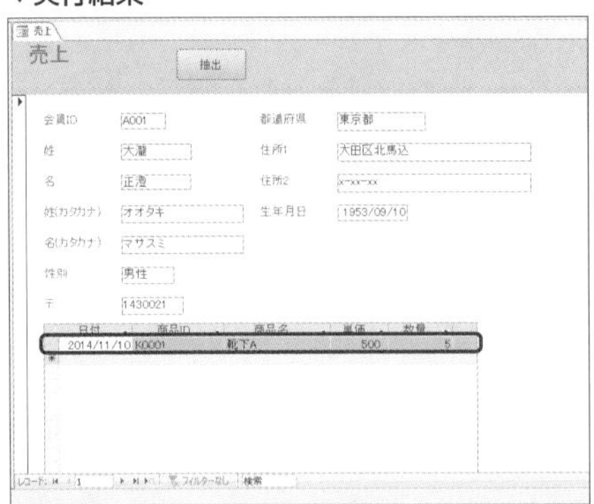

サブフォームのデータが抽出された

フォーム・コントロール操作の極意

Tips 153

フォームを開く時に処理を行う

▶関連Tips 154 155 156 157

使用機能・命令 **Openイベント**

サンプルファイル名 gokui05.accdb/F_153

▼「F_153」フォームを開く時にメッセージを表示する

```
'フォームが開くときに処理を行う
Private Sub Form_Open(Cancel As Integer)
    MsgBox "F_153フォームを開きます", vbInformation
End Sub
```

❖ 解説

フォームを開く時に処理を行います。ここでは、Openイベントを利用して処理を行っています。フォームには、このOpenイベント以外にも多くのイベントが用意されています。

フォームに関するイベントは、次のとおりです。

◈ フォームのイベント

名前	説明
Activate	フォームがフォーカスを受け取り、アクティブウィンドウになるときに発生
AfterDelConfirm	ユーザーが削除を確認してからレコードが実際に削除された後、または削除が取り消されたときに発生
AfterFinalRender	指定されたピボットグラフビューのすべての要素の描画が終了した後で発生
AfterInsert	新規レコードが追加された直後に発生
AfterLayout	指定したピボットグラフビューのグラフのレイアウトの終了後、描画前に発生
AfterRender	指定したオブジェクトの描画後に発生
AfterUpdate	コントロールまたはレコードで変更されたデータが更新された直後に発生
ApplyFilter	フィルターがフォームに適用されるときに発生
BeforeDelConfirm	1つまたは複数のレコードを削除してバッファーに格納した後、削除を確認するダイアログボックスが表示される前に発生
BeforeInsert	新規レコードに最初の文字を入力したときに発生。ただし、レコードが実際に作成される前に発生する
BeforeQuery	指定されたピボットテーブルビューがそのデータソースに対してクエリを実行するときに発生
BeforeRender	指定されたピボットグラフビューのオブジェクトが描画される前に発生
BeforeScreenTip	ピボットグラフビューまたはピボットテーブルビューの要素のポップヒントが表示される前に発生
BeforeUpdate	コントロールまたはレコードで変更されたデータが更新される直前に発生
Close	フォームが閉じられ画面に表示されなくなるときに発生
CommandBeforeExecute	指定したコマンドが実行される前に発生。このイベントは、特定のコマンドが実行される前にコマンドに制約を課すために使用する
CommandChecked	指定されたOfficeWebコンポーネントが、特定のコマンドにチェックマークを設定するかどうかを決定するときに発生

CommandEnabled	指定されたOfficeWebコンポーネントが、特定のコマンドを有効にするかどうかを決定するときに発生
CommandExecute	指定されたコマンドが実行された後で発生。このイベントは、特定のコマンドが実行された後でコマンドセットを実行するために使用する
Current	フォーカスがレコードに移動し、そのレコードがカレントレコードになったとき、またはフォームの再表示か再クエリが実行されたときに発生
DataChange	指定されたピボットテーブルビューで特定のプロパティが変更されるとき、または特定のメソッドが実行されるときに発生
DataSetChange	指定されたピボットテーブルビューがデータに連結されているデータセットに変化するときに発生。また、データソースから初期データが利用できるときにも発生する
Deactivate	フォームがフォーカスを失い、テーブル、クエリ、フォーム、レポート、マクロ、モジュールウィンドウ、またはデータベースウィンドウにフォーカスが移動するときに発生
Delete	レコードを削除するとき、レコードが実際に削除される前に発生
Dirty	指定されたコントロールの内容が変化したときに発生
Error	フォームやレポートにフォーカスがあるときに、Accessで実行時エラーが検出されたときに発生
Filter	[フォームフィルター]、[フィルター/並べ替えの編集]、または[フォームサーバーフィルター]をクリックしてフィルターウィンドウを開くときに発生
GotFocus	オブジェクトがフォーカスを受け取ったときに発生
Load	フォームが開き、レコードが表示されるときに発生
LostFocus	指定したオブジェクトがフォーカスを失ったときに発生
OnConnect	指定されたピボットテーブルビューがデータソースに接続するときに発生
OnDisconnect	指定されたピボットテーブルビューがデータソースから切断されるときに発生
Open	フォームが開くときに、最初のレコードが表示される前に発生
PivotTableChange	指定されたピボットテーブルビューのフィールド、フィールドセット、合計が追加または削除されると発生
Query	指定されたピボットテーブルビューでクエリが必要になると発生。クエリはすぐには発生せず、新しいデータが表示されるまで発生しない場合がある
Resize	フォームが開かれたとき、およびフォームのサイズが変更されたときに発生
SelectionChange	ピボットグラフビューやピボットテーブルビューでユーザーが選択対象を変更するたびに発生
Timer	フォームのTimerIntervalプロパティで指定された定期的な間隔で発生
Undo	ユーザーが変更を元に戻したときに発生
Unload	フォームを閉じた後、フォームが画面に表示されなくなる前に発生。フォームが再び読み込まれると、フォームが表示され、フォームに配置されているすべてのコントロールの内容が初期化される
ViewChange	指定されたピボットグラフビューまたはピボットテーブルビューが更新されるときに発生

なお、フォームやコントロールのイベントには、一見すると1つの処理に見えても、複数のイベントが連続して発生するものがあります。イベントの発生順序は、次のとおりです。

▼フォームを開く時のイベント

Open→Load→Resize→Activate→Current

▼フォームを閉じる時のイベント

Unload→Deactivate→Close

フォームを開く時に、フォームにアクティブコントロールがない場合は、Activateイベントの後、Currentイベントの前に、フォームでGotFocusイベントが発生します。また、フォームを閉じる時に、同様にフォーム上のアクティブコントロールがない場合は、Unloadイベントの後、Deactivateイベントの前に、LostFocusイベントが発生します。

▼フォーム間を移動する時のイベント

Deactivate(フォーム1)→Activate(フォーム2)

2つのフォームを切り替えると、このようなイベントが発生します。なお、フォームのDeactivateイベントは、Accessでフォームから別のオブジェクトタブに切り替えた場合にも発生します。ただし、ダイアログボックス、"PopUp/ポップアップ"プロパティが[Yes/はい]に設定されているフォーム、または**別のアプリケーションのウィンドウに切り替える場合は、Deactivateイベントは発生しません**。サブフォームを含むフォームを開くと、メインフォームの前にサブフォームとそのレコードが読み込まれます。このため、サブフォームとそのコントロールのイベントは、フォームのイベントの前に発生します。ただし、**サブフォームではActivateイベントが発生しないため**、メインフォームを開くと、メインフォームでのみActivateイベントが発生します。

また、サブフォームを含むフォームを閉じると、サブフォームとそのレコードは、フォームの後Unloadされます。なお、サブフォームではDeactivateイベントが発生しないため、メインフォームを閉じると、メインフォームでのみDeactivateイベントが発生します。

コントロール、フォーム、およびサブフォームのイベントは、次の順序で発生します。

▼サブフォームのイベントの順序

サブフォームのコントロールのイベント(ExitやLostFocusなど)→フォームのコントロールのイベント(サブフォームコントロールを含む)→フォームのイベント(DeactivateやCloseなど)→サブフォームのイベント

なお、サブフォームのイベントは、メインフォームが閉じてから発生します。そのため、メインフォームを閉じる操作をサブフォームのイベントからキャンセルする、といった処理は行えません。

•Openイベントの構文

object.Open(Cancel)

Openイベントは、objectにFormオブジェクトを指定し、フォームが開くときに、最初のレコードが表示される前に発生します。引数CancelをTrue(-1)に設定すると、フォームを開くことが取り消されます。

Tips 154 コントロールがフォーカスを受け取る時に処理を行う

▶関連Tips 153 155 156 157

使用機能・命令 **Enterイベント**

サンプルファイル名 gokui05.accdb/F_154

▼「商品名」欄がフォーカスを受け取った時にメッセージを表示する

```
'「商品名」がフォーカスを受け取るときに処理を行う
Private Sub 商品名_Enter()
    MsgBox "「商品名」欄がフォーカスを受け取りました"
End Sub
```

解説

ここでは、テキストボックスがフォーカスを受け取った時に発生するEnterイベントを利用しています。コントロールのイベントは、コントロールの種類によって異なります。主なコントロールのイベントは、次のとおりです。

◈ コントロールの主なイベント

イベント	説明
BeforeUpdate	データが更新される直前に発生
AfterUpdate	データが更新された直後に発生
Dirty	データが変更されたときに発生
Undo	データの変更をキャンセルして元に戻そうとしたときに発生
Change	テキストボックスやコンボボックスで、入力内容が1文字でも変更されたときに発生
NotInList	コンボボックスの「値集合ソース」の項目にないデータが入力されたときに発生
Enter	コントロールがフォーカスを受け取る直前に発生
Exit	コントロールがフォーカスを失おうとしているときに発生
GetFocus	コントロールがフォーカスを受け取ったときに発生
LostFocus	コントロールがフォーカスを失ったときに発生

また、操作によってはイベントの発生順序が変わります。

▼フォームのコントロールにフォーカスが移動した時のイベント

Enter→GotFocus

▼フォームのコントロールがフォーカスを失った時のイベント

Exit→LostFocus

フォームのコントロールにフォーカスを移動すると、EnterイベントとGotFocusイベントが発生します。そのため、フォームを開くときには、フォームを開く動作に関連するイベントの後で、これらのイベントが発生します。

また、フォームのコントロールがフォーカスを失うと、ExitイベントとLostFocusイベントが発生します。そのため、フォームを閉じるときには、フォームを閉じる動作に関連するイベントが発生する前に、ExitイベントとLostFocusイベントが発生します。

フォームのレコード間を移動し、データを変更すると、フォームとコントロールでイベントが発生します。たとえば、最初にフォームを開いたときは、次の順序でイベントが発生します。

▼フォームを開き、レコード間を移動してデータを変更した時のイベント

Open(フォーム)→Load(フォーム)→Resize(フォーム)→Activate(フォーム)→Current(フォーム)→Enter(コントロール)→GotFocus(コントロール)
※カッコ内は、イベントが発生するオブジェクトを表します

また、同様にフォームを閉じると、次の順序でイベントが発生します。

▼フォームを閉じる時のイベント

Exit(コントロール)→LostFocus(コントロール)→UnLoad(フォーム)→DeActivate(フォーム)→Close(フォーム)

なお、コントロールのデータを変更した場合は、コントロールとフォームの両方でBefore UpdateイベントとAfterUpdateイベントが発生し、その後にコントロールでExitイベントが発生します。次は、コントロール内のデータを変更および更新した時のイベントです。

▼コントロールのデータを入力・更新した時のイベント

BeforeUpdate→AfterUpdate

フォームのコントロールでデータを入力または変更し、別のコントロールにフォーカスを移動すると、BeforeUpdateイベントとAfterUpdateイベントが発生します。

さらに、これらのイベントの後で、値を変更したコントロールのExitイベントとLostFocusイベントが発生します。

▼テキストボックス・コンボボックスのテキストを変更した時のイベント

Change

テキストボックスまたはコンボボックスのテキストを変更すると、Changeイベントが発生します。このイベントは、コントロールの内容が変更されるたびに、フォーカスが別のコントロールまたはレコードに移動する前（したがって、BeforeUpdateイベントとAfterUpdateイベントが発生する前）に発生します。

そのため、テキストボックスまたはコンボボックスでキーを押すと、そのたびに次の順序でイベントが発生します。

▼テキストボックス・コンボボックスでキーを押した時のイベント

KeyDown→KeyPress→Dirty→Change→KeyUp

NotInListイベントは、コンボボックスの一覧に含まれていない値を入力した後、別のコントロールまたはレコードにフォーカスを移動しようとします。NotInListイベントは、キーボードのイベントとコンボボックスのChangeイベントの後に発生します。コンボボックスの入力チェックプロパティが「はい」の場合は、エラーが発生します。

この場合のイベントの発生順序は、次のようになります。

▼コンボボックスにリストにない値を入力した時のイベント

KeyDown→KeyPress→Dirty→Change→KeyUp→NotInList→Error

•Enterイベントの構文

object.Enter

Enterイベントは、objectに指定したコントロールが同じフォーム、またはレポートの他のコントロールから実際にフォーカスを受け取る前に発生します。

Memo イベント処理のポイントの1つが引数の有無です。例えば、フォームを開くときにはOpenイベントとLoadイベントが続けて発生します。この2つのイベントですが、Openイベントには引数Cancelがありますが、Loadイベントにはありません。この引数CancelはTrueを指定すると、処理をキャンセルできる引数です。

例えば、フォームを開くときにパスワードを入力させ、正しいパスワードが入力されなければ、フォームを開く処理をキャンセルしたいといったケースでは、引数CancelがあるOpenイベントを使用することになります。

Tips 155

レコードを操作した時に処理を行う

▶関連Tips
153
154
156
157

使用機能・命令 **AfterUpdateイベント**

サンプルファイル名 gokui05.accdb/F_155

▼「商品名」テキストボックスの値が更新された時にメッセージを表示する

```
'「商品名」テキストボックスの値が更新されたときに処理を行う
Private Sub 商品名_AfterUpdate()
    MsgBox "商品名が変更されました"
End Sub
```

❖ 解説

ここでは、「商品名」テキストボックスの値が更新された後で、メッセージを表示します。レコードの操作に関するイベントは、Tips153を参照してください。

また、レコードを処理する際にも、複数のイベントが発生することがあります。イベントの発生順序は、次のとおりです。

▼既存のレコードにフォーカスを移動し、データを入力・変更して、別のレコードにフォーカスを移動する時のイベント

Current→BeforeUpdate→AfterUpdate→Current
※すべてフォームのイベントです

データを変更したレコードから離れようとすると、次のレコードにデータを入力する前に、フォーカスのあるコントロールでExitイベントとLostFocusイベントが発生します。これらのイベントは、フォームのBeforeUpdateイベントとAfterUpdateイベントの後で発生します。

▼次のレコードにデータを入力する時のイベント

BeforeUpdate(フォーム)→AfterUpdate(フォーム)→Exit(コントロール)→LostFocus(コントロール)→RecordExit(フォーム)→Current(フォーム)
※カッコ内は、イベントが発生するオブジェクトを表します

フォームのコントロール間でフォーカスを移動すると、各コントロールでイベントが発生します。たとえば、次の操作を行うと、それぞれに示した順序でイベントが発生します。

▼フォームを開いてコントロールのデータを変更する

Current(フォーム)→Enter(コントロール)→GotFocus(コントロール)→BeforeUpdate(コントロール)→AfterUpdate(コントロール)

▼フォーカスを別のコントロールに移動する

Exit(コントロール1)→LostFocus(コントロール1)→Enter(コントロール2)→GotFocus(コントロール2)

▼フォーカスを別のレコードに移動する

BeforeUpdate(コントロール)→AfterUpdate(コントロール)→Exit(コントロール2)→LostFocus(コントロール2)→RecordExit(フォーム)→Current(フォーム) ※いずれも、カッコ内はイベントが発生するオブジェクトを表します

またレコードを削除すると、フォームで次のイベントが発生し、削除を確認するダイアログボックスが表示されます。

▼レコードを削除する時のイベント

Delete→BeforeDelConfirm→AfterDelConfirm

Deleteイベントをキャンセルすると、BeforeDelConfirmイベントとAfterDelConfirmイベントは発生せず、ダイアログボックスも表示されません。

レコードを新規作成すると、フォームの新しい(空白の)レコードにフォーカスを移動し、コントロールにデータを入力して新しいレコードを作成すると、次の順序でイベントが発生します。

▼レコードを新規作成し、データを入力した時のイベント

Current(フォーム)→Enter(コントロール)→GotFocus(コントロール)→BeforeInsert(フォーム)→AfterInsert(フォーム)

フォームのコントロールおよび新しいレコードでは、BeforeInsertイベントが発生した後、AfterInsertイベントが発生する前に、BeforeUpdateイベントとAfterUpdateイベントが発生します。

• AfterUpdateイベントの構文

object.AfterUpdate

AfterUpdateイベントは、objectに指定したコントロールやフォーム・レポートのレコードでデータが更新された直後に発生します。

Tips 156 キーを押した時に処理を行う

▶関連Tips 153 154 155 157

使用機能・命令 KeyDownイベント

サンプルファイル名 gokui05.accdb/F_156

▼「商品名」テキストボックスで[Delete]キーが押された場合、無視する

```
'「商品名」テキストボックスでキーが押されたときに処理を行う
Private Sub 商品名_KeyDown(KeyCode As Integer, Shift As Integer)
    '入力されたキーがDeleteキーのとき、キー入力をキャンセルする
    If KeyCode = vbKeyDelete Then
        KeyCode = 0
    End If
End Sub
```

❖ 解説

フォームやレポート、コントロールでキーが押された時に処理を行います。ここではKeyDownイベントを使用して、[Delete]キーが押された場合に処理をキャンセルしています。

キー操作関連のイベントには、次のようなものがあります。

◈ キー操作関連のイベント

イベント	説明
KeyDown	フォームまたはコントロールにフォーカスがある状態でキーを押したときに発生。また、マクロで"SendKeys/キー送信"アクションを使うか、SendKeysステートメントを使って、フォームまたはコントロールにキーストロークを送信した場合にも発生
KeyPress	フォームやコントロールにフォーカスがある状態で、ANSI文字コードに対応するキーまたはキーの組み合わせを押して離したときに発生。"SendKeys/キー送信"アクションを使うか、SendKeysステートメントを使って、フォームやコントロールにキー操作を送信した場合にも発生
KeyUp	フォームまたはコントロールにフォーカスがある状態でキーを離したときに発生。このイベントは、マクロで"SendKeys/キー送信"アクションを使うか、SendKeysステートメントを使って、フォームまたはコントロールにキーストロークを送信した場合にも発生

また、キー操作関連のイベントには発生する順序があります。

フォームのコントロールにフォーカスがあるときにキーを押して離すか、または"SendKeys/キー送信"アクションやステートメントを使用してキーストロークを送信すると、次の順序でイベントが発生します。

▼キーストローク時のイベント

KeyDown→KeyPress→KeyUp

ANSI文字セットに含まれる文字のキーを押して離すか、またはキーストロークを送信すると、前述の各イベントがすべて発生します。キーを押し続けると、キーを離すまでKeyDownイベントとKeyPressイベントが繰り返し交互に発生し、キーを離すとKeyUpイベントが発生します。

それ以外のキーを押して離すと、KeyDownイベントとKeyUpイベントが発生します。ANSI以外のキーを押し続けると、キーを離すまでKeyDownイベントが繰り返し発生し、キーを離すとKeyUpイベントが発生します。

キーを押すことで、コントロールに別のイベントが発生する場合、そのイベントは、KeyPressイベントの後、KeyUpイベントの前に発生します。たとえば、キーストロークによってテキストボックスのテキストが変更され、Changeイベントが発生する場合は次のようになります。

▼キーを押すことでコントロールにChangeイベントが発生する時のイベント

KeyDown→KeyPress→Change→KeyUp

キーストロークによってフォーカスのあるコントロールから別のコントロールに移動した場合は、1番目のコントロールでKeyDownイベントが発生し、2番目のコントロールでKeyPressイベントとKeyUpイベントが発生します。たとえば、あるコントロールでデータを変更し、[Tab]キーを押して次のコントロールに移動すると、次の順序でイベントが発生します。

▼1番目のコントロール

KeyDown→BeforeUpdate→AfterUpdate→Exit→LostFocus

▼2番目のコントロール

Enter→GotFocus→KeyPress→KeyUp

•KeyDownイベントの構文

object.KeyDown(KeyCode, Shift)

KeyDownイベントは、フォームまたはコントロールにフォーカスがある状態でキーを押したときに発生します。また、マクロで"SendKeys/キー送信"アクションを使うか、SendKeysステートメントを使って、フォームまたはコントロールにキーストロークを送信した場合にも発生します。

引数KeyCodeは、押下されたキーコードを表します。KeyCodeを0に設定すると、オブジェクトがキーストロークを受け取らないようにすることができます（キャンセルできます）。

引数shiftは、イベント発生時の[Shift]キー、[Ctrl]キー、[Alt]キーの状態を表します。引数Shiftのテストを行う必要がある場合は、ビットマスクとして定数を使用します。定数は、「acShiftMask」（[Shift]キー）、「acCtrlMask」（[Ctrl]キー）、「acAltMask」（[Alt]キー）となります。

マウスをクリックした時に処理を行う

▶関連Tips 153 154 155 156

使用機能・命令　**Clickイベント**

サンプルファイル名　gokui05.accdb/F_157

▼フォーム上の「実行」ボタンがクリックされた時にメッセージを表示する

```
'「実行」ボタンがクリックされたときに処理を行う
Private Sub btnStart_Click()
    MsgBox "開始！"
End Sub
```

❖ 解説

ここでは、コマンドボタンをクリックした時に処理を行います。Clickイベントを利用します。フォームやレポート、コントロールには、マウス操作関連のイベントがあります。

◈ マウス操作関連のイベント

イベント	説明
Click	マウスポインタをオブジェクトの上に置き、マウスボタンを押してから離したときに発生
DblClick	マウスポインタをオブジェクトの上に置き、システムで設定されているダブルクリックの間隔内に、マウスの左ボタンを押してから離す動作を2回続けて行ったときに発生
MouseDown	マウスボタンを押したときに発生
MouseMove	マウスを動かしたときに発生
MouseUp	押していたマウスボタンを離したときに発生
MouseWheel	フォームビュー、分割フォームビュー、データシートビュー、レイアウトビュー、ピボットグラフビュー、またはピボットテーブルビューでマウスホイールが使用されるときに発生

マウス関連のイベントには、発生する順序があります。

フォームのコントロール上にマウスポインタがあるときにマウスボタンを押して離すと、コントロールでは次の順序でイベントが発生します。

▼マウスボタンを押して離した時のイベント

MouseDown→MouseUp→Click

コントロールにフォーカスがあるときに別のコントロールをクリックして、その2番目のコントロールにフォーカスを移動すると、次の順序でイベントが発生します。

▼1番目のコントロール

Exit→LostFocus

▼2番目のコントロール

Enter→GotFocus→MouseDown→MouseUp→Click

また、別のレコードに移動してからコントロールをクリックすると、コントロールのEnterイベントが発生する前に、フォームのCurrentイベントが発生します。

コントロールをダブルクリックすると、ClickとDblClickの両方のイベントが発生します。たとえば、コマンドボタン以外のコントロールをダブルクリックすると、そのコントロールでは次の順序でイベントが発生します。

▼コマンドボタン以外のコントロールをダブルクリックした時のイベント

MouseDown→MouseUp→Click→DblClick→MouseUp

コマンドボタンをダブルクリックした場合は、前述の一連のイベントの後に、もう一度Clickイベントが発生します。

フォーム、セクション、またはコントロールの上にマウスポインタを移動すると、フォーム、セクション、またはコントロールでMouseMoveイベントが発生します。このイベントは、他のマウスイベントとは独立して発生します。

•Clickイベントの構文

object.Click

Clickイベントは、objectに指定したオブジェクトの上にマウスポインタを置き、マウスボタンを押してから離したときに発生します。

Tips 158 フォームのサイズを指定して開く

▶関連Tips 153

使用機能・命令 **InsideWidthプロパティ/InsideHeightプロパティ**

サンプルファイル名 gokui05.accdb/F_158

▼フォームのサイズを指定して開く

```
'フォームが開くときに処理を行う
Private Sub Form_Open(Cancel As Integer)
    InsideWidth = 15 * 567        'フォームの幅を指定
    InsideHeight = 7 * 567        'フォームの高さを指定
End Sub
```

❖ 解説

ここでは、InsideWidthプロパティとInsideHeightプロパティを使用して、フォームを指定したサイズで開きます。InsideWidthプロパティはフォーム内部の幅の取得と設定、InsideHeightプロパティは高さの取得と設定をすることができます。

InsideWidth/InsideHeightプロパティで扱われる値の単位は、twipです。twipは画面上での単位で、約1cm=567twip、約1インチ=1440twipになります。そこで、ここではInsideWidthプロパティ、InsideHeightプロパティに指定する値を、「指定したい長さ（cm）×567」としています。なお、**フォームの位置やサイズを指定する処理は、タブ付きドキュメントを使用している場合、動作しません**。動作を確認するには、[Accessのオプション]ダイアログボックスから[カレントデータベース]の[ウィンドウを重ねて表示する]をオンにしてください。

▼実行結果

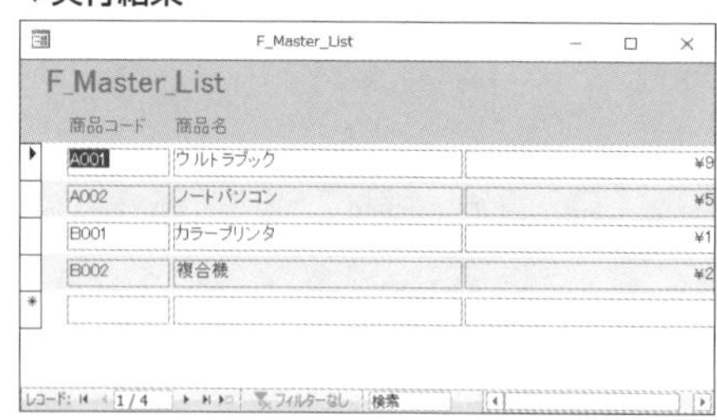

指定したサイズでフォームが表示された

• InsideWidthプロパティ/InsideHeightプロパティの構文

object.InsideWidth/InsideHeight

InsideWidthプロパティはフォームを含むウィンドウの幅を、InsideHeightプロパティは高さをtwip単位で指定できます。値の取得および設定が可能です。長整数型（Long）の値を使用します。

Tips 159 フォームの位置とサイズを変更する

▶関連Tips 153 158

使用機能・命令 MoveSizeメソッド

サンプルファイル名 gokui05.accdb/F_159

▼フォームの位置やサイズを変更する

```
'「移動」ボタンをクリックしたときの処理
Private Sub cmdMove_Click()
    'アクティブなフォームを移動する
    DoCmd.MoveSize 1000, 800
End Sub

'「サイズ変更」ボタンをクリックしたときの処理
Private Sub cmdResize_Click()
    'フォームのサイズを変更する
    DoCmd.MoveSize , , 10000, 6000
End Sub
```

解説

ここでは、MoveSizeメソッドを使用してフォームの位置やサイズを変更します。MoveSizeメソッドは、アクティブウィンドウの表示位置を指定しウィンドウのサイズ変更を行います。動作を確認するには、「F_159」フォームを開き、「移動」ボタン、「サイズ変更」ボタンのそれぞれをクリックしてください。

▼動作確認をするには

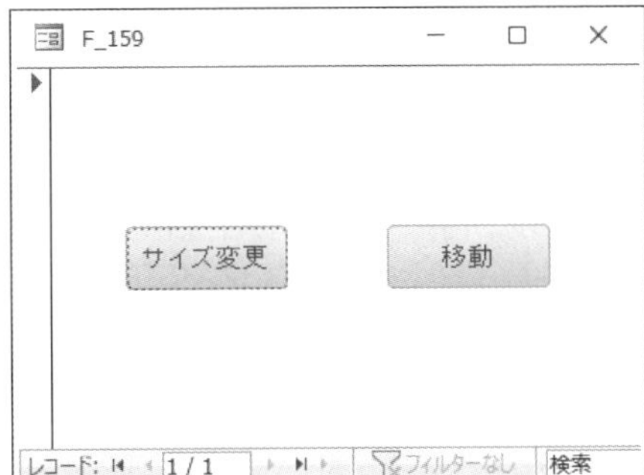

「F_159」フォームを開き、「サイズ変更」「移動」ボタンのそれぞれをクリックして確認する

• MoveSizeメソッドの構文

MoveSize Right, Down, Width, Height

MoveSizeメソッドは、引数に指定した位置やサイズにフォームを設定します。引数Rightには右方向の、引数Downには下方向の移動距離を指定します。引数Widthにはフォームの幅、引数Heightには高さをそれぞれ指定します。

省略した場合は、現在のサイズ・位置が利用されます。

Tips 160

フォームを開く際にパスワード入力を求める

▶関連Tips 180

使用機能・命令 **InputMaskプロパティ**

サンプルファイル名 gokui05.accdb/F_160

▼パスワード入力用のフォームを用意し、入力されたパスワード文字列をマスクする

```
'フォームの読み込み時に処理を行う
Private Sub Form_Load()
    Me.txtPass.InputMask = "password"  'テキストボックスにパスワードのマスクをかける
End Sub
'「開く」ボタンをクリックしたときの処理
Private Sub cmdOpen_Click()
    'パスワードが「Access」かどうか判定する
    If Me.txtPass.Value = "Access" Then
        DoCmd.Close                        'このフォームを閉じる
        DoCmd.OpenForm "F_160Main"   'F_160Mainフォームを開く
    Else
        MsgBox "パスワードが異なります", vbInformation  'メッセージを表示する
        Me.txtPass.SetFocus                    'テキストボックスにフォーカスする
    End If
End Sub
```

解説

「F160」フォームには、テキストボックス1つと「開く」ボタンが配置されています。まず、フォームの読み込み時イベントで、テキストボックスのInputMaskプロパティに「password」を指定します。これで、このテキストボックスに文字を入力すると入力した文字が、「*」で表示されます。

「開く」ボタンのクリック時イベントで入力されたパスワードをチェックし、正しければこのフォームを閉じ、「F_160Main」フォームを開きます。正しくない場合は、メッセージを表示して、テキストボックスにカーソルをセットします。

•InputMaskプロパティの構文

object.InputMask = expression

InputMaskプロパティは、objectにTextBoxオブジェクトを指定し、expressionに「password」を指定することで、テキストボックスに入力された文字を「*」で表示させることができます。

▼実行結果

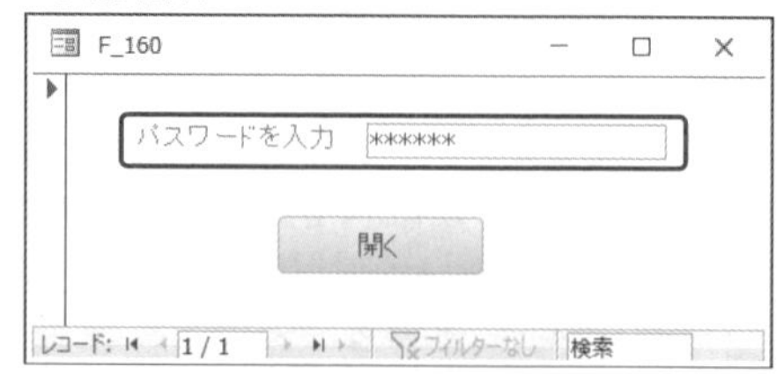

入力した文字が「*」になっている

指定した条件で、開くフォームを切り替える

▶関連Tips 158 159

使用機能・命令 OpenFormメソッド

サンプルファイル名 gokui05.accdb/F_161

▼コンボボックスで選択されたフォームを開く

```
'「開く」ボタンをクリックしたときの処理
Private Sub cmdOpen_Click()
    Dim Target As String          '選択されたフォーム名を代入する変数を宣言する

    Target = Me.cmbFormName.Value    '選択されたフォーム名を代入する

    DoCmd.OpenForm Target    'フォームを開く
End Sub
```

❖ 解説

フォームのコンボボックスで選択されたフォーム名を元に、フォームを開きます。ここでは、「F_161」フォームのcmbFormNameコンボボックスに、あらかじめフォーム名を表示する設定を行っています。

このコンボボックスからフォーム名を選択し、「開く」ボタンをクリックすると、選択されたフォームが開きます。

コンボボックスで選択された文字を取得するには、Valueプロパティを使用します。またフォームを開くには、OpenFormメソッドを使用しています。

▼実行結果

コンボボックスで選択されたフォームを開く

• OpenFormメソッドの構文

object.OpenForm(FormName, View, FilterName, WhereCondition, DataMode, WindowMode, OpenArgs)

OpenFormメソッドは、「OpenForm/フォームを開く」アクションを実行します。引数FormNameは、対象のフォームを指定します。引数Viewはフォームを開くときのビューを、AcFormViewクラスの定数で指定します。既定値はacNormalです。

◈ 引数Viewに指定するAcFormViewクラスの定数

定数	値	説明
acDesign	1	デザインビュー
acFormDS	3	データシートビュー
acFormPivotChart	5	ピボットグラフビュー
acFormPivotTable	4	ピボットテーブルビュー
acLayout	6	レイアウトビュー
acNormal	0	(既定値)フォームビュー
acPreview	2	印刷プレビュー

引数FilterNameは、クエリを指定します。引数WhereConditionは、SQL文のWHERE句を指定します。ただし、WHEREという語を指定する必要はありません。引数DataModeはフォームを開くときのデータ入力モードを、AcFormOpenDataModeクラスの定数で指定します。フォームビューまたはデータシートビューで開かれているフォームに対してのみ適用されます。既定値はacFormPropertySettingsです。

◈ 引数DataModeに指定するAcFormOpenDataModeクラスの定数

定数	値	説明
acFormAdd	0	新しいレコードを追加できるが、既存のレコードを編集できない
acFormEdit	1	既存のレコードを編集したり、新しいレコードを追加できる
acFormPropertySettings	-1	フォームのプロパティのみ変更できる
acFormReadOnly	2	レコードの参照のみ可能

引数WindowModeはフォームを開くときのウィンドウモードを、AcWindowModeクラスの定数で指定します。既定値は acWindowNormalです。

◈ 引数WindowModeに指定するAcWindowModeクラスの定数

定数	値	説明
acDialog	3	ダイアログ
acHidden	1	非表示
acIcon	2	アイコン
acWindowNormal	0	標準(規定値)

引数OpenArgsは、文字列式を指定します。この文字列式を使ってフォームのOpenArgsプロパティを設定すると、Openイベントプロシージャのようなフォームモジュールの中のコードで使うことができます。

▶関連Tips 161

Tips 162 フォームの標題を指定する

使用機能・命令 Captionプロパティ

サンプルファイル名 gokui05.accdb/F_162, 5_2Module

▼「F_162」フォームの標題を「データ入力」にしてフォームを開く

```
Private Sub Sample162()
    Dim res As Long           'メッセージボックスの戻り値を代入する変数を宣言する

    'フォームを開くモードを確認するメッセージを表示する
    res = MsgBox("フォームを入力モードで開きますか？", vbYesNo)

    '「はい」がクリックされたかどうかの判定
    If res = vbYes Then
        DoCmd.OpenForm "F_162", , , , acFormAdd  'F_162フォームを入力モードで開く
        Forms!F_162.Caption = "データ入力"           '標題を「データ入力」にする
    Else
        DoCmd.OpenForm "F_162"                   'F_162フォームを開く
        Forms!F_162.Caption = "商品マスタ"   '標題を「商品マスタ」にする
    End If
End Sub
```

❖ 解説

フォームの標題を指定するには、Captionプロパティを使用します。

ここでは、メッセージボックスでクリックされたボタンに応じて、フォームを開くモードと標題を変更しています。なお、ここではメッセージボックスで「はい」を選択した時に、OpenFormメソッド（→Tips161）の5番目の引数に「acFormAdd」を指定して、フォームを入力モードで開いています。

▼実行結果

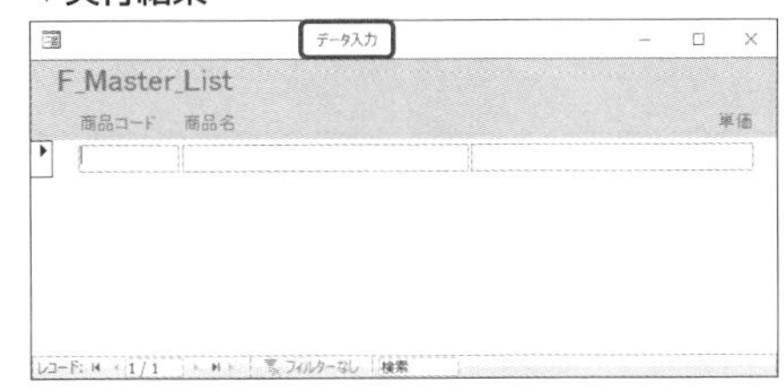

標題が設定された

• Captionプロパティの構文

object.Caption

Captionプロパティは、objectにFormオブジェクトを指定して、フォームの標題を設定します。最大2,048文字まで指定できますが、タイトルバーに表示しきれない場合、長すぎる分が切り捨てられます。

Tips 163

移動ボタン・レコードセレクタを非表示にする

▶関連Tips 153

使用機能・命令 **NavigationButtonsプロパティ/RecordSelectorsプロパティ**

サンプルファイル名 gokui05.accdb/F_163

▼「移動」ボタンとレコードセレクタを非表示にしてフォームを開く

```
'フォームを読み込むときに処理を行う
Private Sub Form_Load()
    Me.NavigationButtons = False    '移動ボタンを非表示にする
    Me.RecordSelectors = False    'レコードセレクタを非表示にする
End Sub
```

❖ 解説

ここでは、フォームの移動ボタンとレコードセレクタを非表示にします。

フォームの移動ボタンを非表示にするには、NavigationButtonsプロパティにFalseを指定します。

フォームのレコードセレクタを非表示にするには、RecordSelectorsプロパティにFalseを設定します。いずれも、Trueを指定すると表示することができます。

▼実行結果

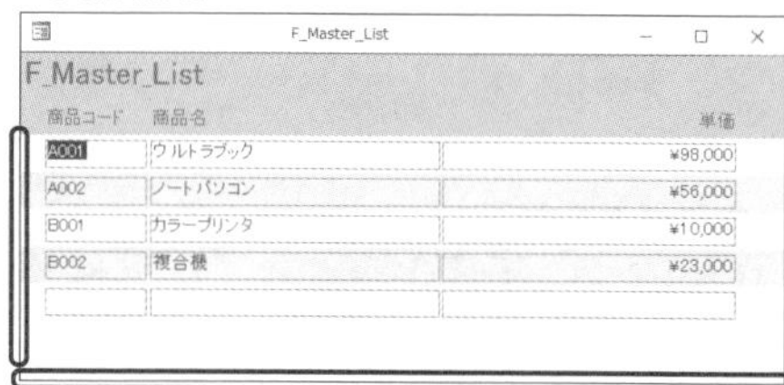

「移動」ボタンとレコードセレクタが非表示になった

• NavigationButtonsプロパティ/RecordSelectorsプロパティの構文

object.NavigationButtons/RecordSelectors

NavigationButtonsプロパティはフォームの移動ボタンの、RecordSelectorsプロパティは、レコードセレクタの表示・非表示を設定します。値の取得・設定ができます。Trueを指定すると表示、Falseを指定すると非表示になります。

Tips 164 フォームにレコードソースを設定する

▶関連Tips 153

使用機能・命令 RecordSourceプロパティ

サンプルファイル名 gokui05.accdb/F_164

▼非連結フォームのレコードソースに「T_ShohinMaster」を設定する

```
'フォームの読み込み時に処理を行う
Private Sub Form_Load()
    'フォームのレコードソースを「T_ShohinMaster」にする
    Me.RecordSource = "T_ShohinMaster"

    '非連結フォームの各テキストボックスにレコードソースのフィールドを関連付ける
    Me!商品ID.ControlSource = "商品ID"
    Me!商品名.ControlSource = "商品名"
    Me!単価.ControlSource = "単価"
End Sub
```

❖ 解説

ここでは、RecordSourceプロパティを使用して、非連結フォームのレコードソースを指定しています。RecordSourceプロパティは、フォームやレポートのデータソースを取得、設定するプロパティです。

また、非連結のテキストボックスにフィールドを指定するには、ControlSourceプロパティを使用して、レコードセットのフィールド名とテキストボックスを関連付けます。

▼実行結果

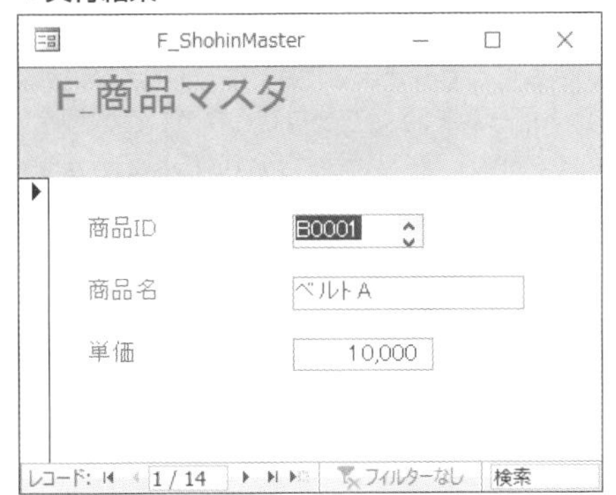

フォームに「T_ShohinMaster」テーブルのレコードが表示された

•RecordSourceプロパティの構文

object.RecordSource

RecordSourceプロパティは、objectにフォームを指定して、フォームの元になるソースデータを取得および設定します。

Tips 165 フォームでレコードを読み取り専用で表示する

▶関連Tips 153

使用機能・命令

AllowEditsプロパティ/AllowAdditionsプロパティ/AllowDeletionsプロパティ

サンプルファイル名 gokui05.accdb/F_165

▼フォームでレコードの編集・追加・削除をすべて不可にして表示する

```
'フォームの読み込み時に処理を行う
Private Sub Form_Open(Cancel As Integer)
    Me.AllowEdits = False 'レコードの編集を不可にする
    Me.AllowAdditions = False 'レコードの追加を不可にする
    Me.AllowDeletions = False 'レコードの削除を不可にする
End Sub
```

❖ 解説

フォームでのレコード編集を不可にするにはAllowEditsプロパティを、データの追加を不可にするにはAllowAdditionsプロパティを、レコードの削除を不可にするにはAllowDeletionsプロパティを、それぞれFalseに設定します。

ここでは、フォームのレコードを編集できないようにして開きましたが、「入力専用」の状態でフォームを開くこともできます。この場合、DataEntryプロパティをTrueに指定します。なお、DataEntryプロパティをTrueにして、AllowAdditionsプロパティをFalseにした場合は、AllowAdditionsプロパティが優先されデータ入力ができなくなります。

▼実行結果

F_ShohinMaster
F_商品マスタ
商品ID
商品名
単価
レコード: 1 / 14 フィルターなし 検索

• AllowEditsプロパティ/AllowAdditionsプロパティ/AllowDeletionsプロパティの構文

object.AllowEdits/AllowAdditions/AllowDeletions

AllowEdits/AllowAdditions/AllowDeletionsプロパティは、いずれもobjectにFormオブジェクトを指定します。

AllowEditsプロパティは、フォームを使ってレコードを編集できるかを、AllowAdditionsプロパティはレコードを追加できるかを、AllowDeletionsプロパティはレコードを削除できるかを指定します。いずれも、値の取得および設定が可能で、ブール型(Boolean)の値を使用します。

Tips 166

サブフォームを参照する

▶関連Tips 164

使用機能・命令 **RecordSourceプロパティ**

サンプルファイル名 gokui05.accdb/F_166

▼サブフォームのレコードソースを表示する

```
'「表示」ボタンをクリックしたときに処理を行う
Private Sub cmdSample_Click()
    'サブフォームのレコードソースを取得する
    MsgBox "サブフォームのレコードソース：" _
        & Forms!F_166.F_166Sub.Form.RecordSource
End Sub
```

解説

RecordSourceプロパティは、フォームやレポートのレコードソースの値の取得、および設定をすることができます。

ここでは、[表示] ボタンをクリックすると、サブレポートのレコードソースを取得してメッセージボックスに表示します。

▼実行結果

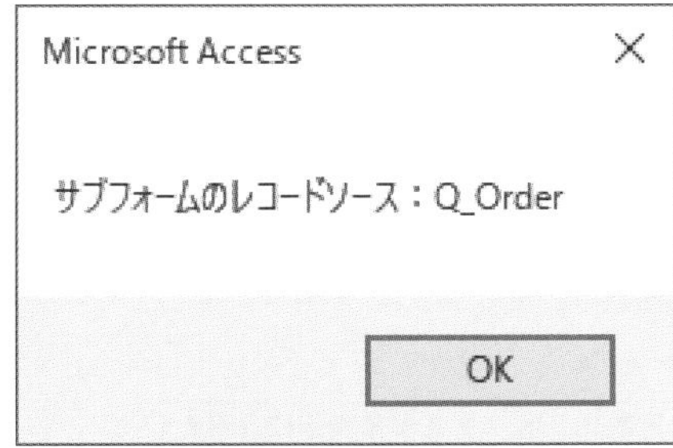

レコードソースが表示された

・RecordSourceプロパティの構文

object.RecordSource

RecordSourceプロパティは、objectにフォームを指定して、フォームの元になるソースデータを取得および設定します。また、メインフォームに含まれるサブフォームを参照するには、「Forms!メインフォーム名.サブフォーム名.Form」のように記述します。Meキーワードを使用して、「Me.サブフォーム名.Form.RecordSource」のように記述することもできます。

コントロールの表示・非表示を切り替える

▶関連Tips 157

使用機能・命令 **Visibleプロパティ**

サンプルファイル名 gokui05.accdb/F_167

▼フォーム上の「商品名」テキストボックスと、ラベルの表示・非表示を切り替える

```
'「実行」ボタンをクリックしたときの処理
Private Sub cmdSample_Click()
    '「商品名」テキストボックスの表示・非表示を切り替える
    Me.商品名.Visible = Not Me.商品名.Visible
End Sub
```

❖ 解説

コントロールの表示・非表示を切り替えるには、Visibleプロパティを使用します。コントロールを表示するにはTrueを、非表示にするにはFalseを指定します。

ここでは、Not演算子を利用して、「商品名」テキストボックスが現在表示されていれば非表示に、非表示であれば表示します。

▼実行結果

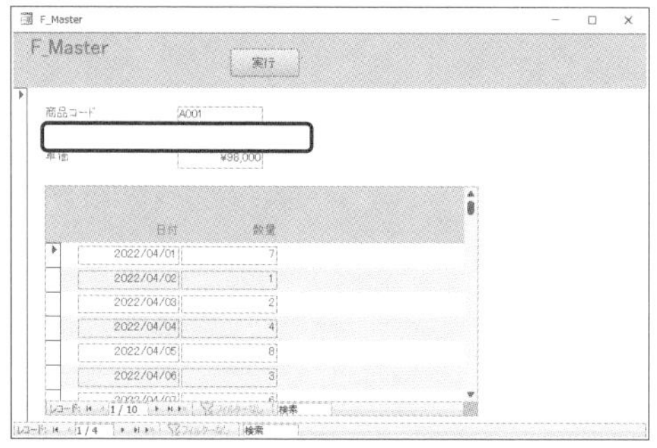

テキストボックスが非表示になった

•Visibleプロパティの構文

object.Visible

Visibleプロパティは、objectに指定したコントロールの表示・非表示を取得/設定します。Trueを指定すると表示、Falseを指定すると非表示となります。

Tips 168 コントロールの大きさを動的に変更する

▶関連Tips 176

使用機能・命令　**Heightプロパティ**

サンプルファイル名　gokui05.accdb/F_168

▼テキストボックスに入力した値が10文字以上の場合、テキストボックスの高さを変更する

```
'テキストボックスの更新後に処理を行う
Private Sub txtSample_AfterUpdate()
    '入力された値の文字数が10文字以上か判定する
    If Len(Me.txtSample.Text) >= 10 Then
        '10文字以上の場合、テキストボックスの高さを500にする
        Me.txtSample.Height = 500
    Else
        '10文字未満の場合、テキストボックスの高さを250にする
        Me.txtSample.Height = 250
    End If
End Sub
```

解説

コントロールの高さは、Heightプロパティで指定します。Heightプロパティに指定する値の単位はtwipです。1cmは、約567twipになります。

ここでは、テキストボックスの値が更新された時に、入力されている文字数が10以上の場合、テキストボックスの高さを自動的に変更しています。

▼実行結果

入力された文字数によって、テキストボックスの高さが調整される

•Heightプロパティの構文

object.Height

Heightプロパティは、objectに指定したオブジェクトの高さをtwip単位で指定します。値の取得および設定が可能です。

Tips 169

コントロールの位置を指定する

▶関連Tips 168

使用機能・命令 **Topプロパティ/Leftプロパティ**

サンプルファイル名 gokui05.accdb/F_169

▼「移動」ボタンをクリックしてテキストボックスを移動する

```
'「移動」ボタンをクリックしたときに処理を行う
Private Sub cmdSample_Click()
    '「txtSample」テキストボックスに対して処理を行う
    With Me.txtSample
        'テキストボックスの上端をフォームの高さから
        'テキストボックスの高さを引いた値の1/3にする
        .Top = (Me.InsideHeight - .Height) / 3
        'テキストボックスの左端をフォームの幅から
        'テキストボックスの幅を引いた値の1/2にする
        .Left = (Me.InsideWidth - .Width) / 2
    End With
End Sub
```

❖ 解説

コントロールの上端はTopプロパティ、左端はLeftプロパティで取得・設定します。

ここでは、InsideHeightプロパティ, InsideWidthプロパティを使用して、フォームの内側（スクロールバーとレコードセレクタを除くフォームの内側の部分）を取得し、この値から、HeightプロパティとWidthプロパティを使用して取得したテキストボックスの高さと幅を引いた値を元に、位置を指定しています。

なお、単位はtwipです。1cmは、約567twipになります。

また、フォームウィンドウの高さと幅を基準にする場合は、WindowHeightプロパティ、WindowWidthプロパティを使用します。

▼実行結果

テキストボックスが移動した

•Topプロパティ/Leftプロパティの構文

object.Top/Left

Topプロパティはobjectに指定したコントロールの上端の位置を、Leftプロパティは左端の位置を指定します。値の取得及び設定が可能です。

Tips 170

指定したコントロールにフォーカスを移動する

▶関連Tips
139
145

使用機能・命令 **GoToControlメソッド/SetFocusメソッド**（→Tips145）

サンプルファイル名 gokui05.accdb/F_170,F_170_2

▼フォームが開くときに、「単価」テキストボックスにフォーカスを移動する

```
'「F_170」フォームが開くときに処理を行う
Private Sub Form_Open(Cancel As Integer)
    '「単価」テキストボックスにフォーカスを移動する
    DoCmd.GoToControl "単価"
End Sub

'「F170_2」フォームが開くときに処理を行う
Private Sub Form_Open(Cancel As Integer)
    '「単価」テキストボックスにフォーカスを移動する
    Me.単価.SetFocus
End Sub
```

❖ 解説

ここでは、2つのサンプルを紹介します。1つ目は、DoCmdオブジェクトのGoToControlメソッドを使って指定したコントロールにフォーカスを移動します。ここでは、フォームを開くときに、「単価」テキストボックスにフォーカスを移動しています。

2つ目のサンプルは、SetFocusメソッド（→Tips145）を使用した例です。動作は1つ目のサンプルと同じです。

▼実行結果

「単価」テキストボックスにフォーカスが移動する

・GoToControlメソッドの構文

object.GoToControl(ControlName)

GoToControlメソッドは、objectにDoCmdオブジェクトを指定し、ControlNameに指定したコントロールにフォーカスを移動します。

コントロールの変更内容を更新前に取り消す

▶関連Tips
025
059

使用機能・命令 **Undoメソッド**

サンプルファイル名 gokui05.accdb/F_171

▼入力された「商品ID」が5文字ない場合、元の値に戻す

```
'「商品ID」テキストボックスの更新前に処理を行う
Private Sub 商品ID_BeforeUpdate(Cancel As Integer)
    '「商品ID」テキストボックスの文字数が5文字かチェックする
    If Len(Me.商品ID) <> 5 Then
        MsgBox "商品IDは5文字です", vbExclamation    'メッセージを表示する
        Cancel = True              '更新処理をキャンセルする
        Me.商品ID.Undo         '「商品ID」テキストボックスの値を元に戻す
    End If
End Sub
```

解説

コントロールの変更内容を取り消すには、Undoメソッドを使用します。ここでは、テキストボックスのBeforeUpdateイベント（→Tips155）を使用して、テキストボックスの値の更新前に処理を行っています。Ifステートメント（→Tips025）とLen関数（→Tips059）を使用して、テキストボックスの文字数をチェックし、5文字でない場合は、CancelプロパティをTrueにして更新処理をキャンセルし、Undoメソッドでテキストボックスの値を元に戻します。なお、Undoメソッドをフォームに対して実行すると、現在のレコードへのすべての変更が失われます。

▼実行結果

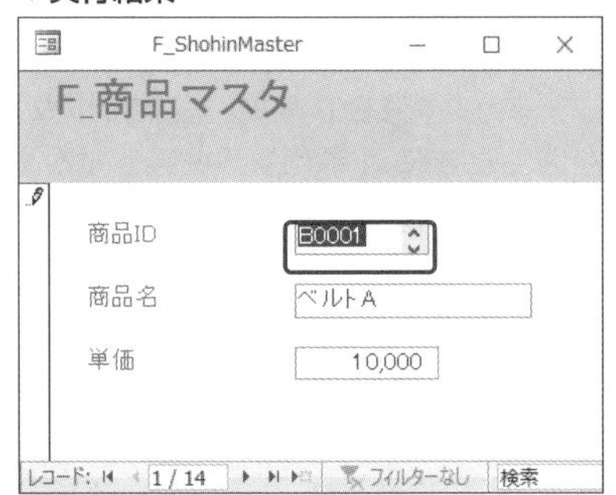

「商品ID」が5文字でないと、メッセージが表示されて元の値に戻る

•Undoメソッドの構文

object.Undo

Undoメソッドは、objectにフォームやコントロールを指定し、変更された値をリセットできます。Undoメソッドをフォームに適用すると、現在のレコードへのすべての変更が失われます。Undoメソッドをコントロールに適用すると、コントロールだけが影響を受けます。

Tips 172 標題を切り替える

▶関連Tips 155

使用機能・命令　Captionプロパティ

サンプルファイル名　gokui05.accdb/F_172

▼テキストボックスに入力された文字が10文字以上になると、コマンドボタンのキャプションを変更する

```
'テキストボックスの更新後に処理を行う
Private Sub txtSample_AfterUpdate()
    If Len(Me.txtSample.Text) >= 10 Then   '入力された値の文字数が10文字以上か判定する
        Me.cmdSample.Caption = "OK"   'コマンドボタンのキャプションを「OK」にする
    Else
        'コマンドボタンのキャプションを空欄にする
        Me.cmdSample.Caption = ""
    End If
End Sub
```

❖ 解説

コマンドボタンの標題（キャプション）は、Captionプロパティで取得・設定することができます。ここでは、テキストボックスのAfter Updateイベント（→Tips155）で、テキストボックスの文字数が10 文字以上の場合に標題を「OK」にし、それ以外の場合は空欄にしています。

このように、テキストボックスの値など、他のコントロールの状態に応じてコマンドボタンのキャプションを変更することで、よりユーザーにわかりやすいインターフェースにすることができます。

▼実行結果

標題が設定された

•Captionプロパティの構文

object.Caption

Captionプロパティは、objectに指定したコントロールの標題（キャプション）を設定します。値の取得および設定が可能です。

Tips 173

使用の可否を指定する

▶関連Tips 153

使用機能・命令 **Enabledプロパティ**

サンプルファイル名 gokui05.accdb/F_173

▼テキストボックスの文字数が10文字以上入力された場合のみ、コマンドボタンを使用できるようにする

```
'テキストボックスの更新後に処理を行う
Private Sub txtSample_AfterUpdate()
    If Len(Me.txtSample.Text) >= 10 Then  '入力された値の文字数が10文字以上か判定する
        Me.cmdSample.Enabled = True      'コマンドボタンを使用可能にする
    Else
        'コマンドボタンを使用不可にする
        Me.cmdSample.Enabled = False
    End If
End Sub

'フォームの読み込み時に処理を行う
Private Sub Form_Load()
    'コマンドボタンを使用不可にする
    Me.cmdSample.Enabled = False
End Sub
```

解説

Enabledプロパティは、コマンドボタンの使用可・不可を設定します。Trueを指定すると使用可に、Falseを指定すると使用不可になります。なお、ここではテキストボックスの文字数が10文字以上の時に、初めてコマンドボタンが使用できるようにしています。このようにして、ある条件を満たさないとコマンドボタンが使用できないようにすることができます。なお、そのような処理を行う場合、**フォームを開いた時点でコマンドボタンが使用不可になっている必要があります**。そこで、ここではフォームのLoadイベントで、コマンドボタンを使用不可にしています。

▼実行結果

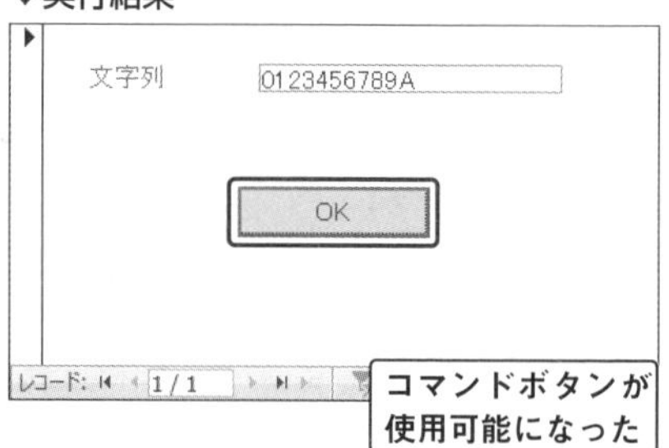

•Enabledプロパティの構文

object.Enabled

Enabledプロパティは、objectに指定したコントロールの使用の可/不可を設定します。Trueを指定していると使用可、Falseを指定すると使用不可となります。値の取得及び設定が可能です。

Tips 174 ボタンに既定のボタン・キャンセルボタンの設定をする

▶関連Tips 153

使用機能・命令 **Defaultプロパティ/Cancelプロパティ**

サンプルファイル名 gokui05.accdb/F_174

▼フォーム上の2つのボタンそれぞれに、「既定のボタン」と「キャンセルボタン」の設定を行う

```
'フォームの読み込み時に処理を行う
Private Sub Form_Load()
    '「既定のボタン」コマンドボタンをデフォルトのボタンにする
    Me.cmdDefault.Default = True

    '「キャンセルボタン」コマンドボタンをキャンセルボタンにする
    Me.cmdEsc.Cancel = True
End Sub

'「既定のボタン」がクリックされたときの処理
Private Sub cmdDefault_Click()
    MsgBox "既定のボタン"
End Sub

'「キャンセルボタン」がクリックされたときの処理
Private Sub cmdEsc_Click()
    MsgBox "キャンセルボタン"
End Sub
```

解説

ここではフォームのLoadイベントで、コマンドボタンに対する処理を行っています。「既定のボタン」にはDefaultプロパティを、「キャンセルボタン」にはCancelプロパティを指定しています。

これらの設定を行うことで、フォーム上の「既定のボタン」と「キャンセルボタン」を設定することができます。実際に動作を確認するには、フォームを開いたあと、[Enter]キーと[Esc]キーを押して動作確認してください。

• Defaultプロパティ/Cancelプロパティの構文

object.Default/Cancel

いずれも、objectにコントロールを指定します。DefaultプロパティをTrueに設定すると、他のコントロールにフォーカスがある場合でも[Enter]キーを押すことで、コマンドボタンをクリックした操作と同じ操作を行うことができます。また、CancelプロパティをTrueに設定すると、他のコントロールにフォーカスがある場合でも[Esc]キーを押すことで、対象のコマンドボタンをクリックした時と同じ処理を行えます。

Tips 175

イベントプロシージャを繰り返し実行するボタンに設定する

▶関連Tips 153

使用機能・命令 **AutoRepeatプロパティ**

サンプルファイル名 gokui05.accdb/F_175

▼「開始」ボタンをクリックしている間、ラベルの値を更新する

```
'フォームの読み込み時に処理を行う
Private Sub Form_Load()
    Me.cmdStart.AutoRepeat = True    '繰り返し実行するコマンドボタンに設定する
    Me.lblCounter.Caption = "0"     'ラベルのキャプションを0にする
End Sub

'「開始」ボタンがクリックされたときの処理
Private Sub cmdStart_Click()
    'ラベルのキャプションの値を1加算する
    Me.lblCounter.Caption = Me.lblCounter.Caption + 1
    Me.Repaint      'フォームを再描画する
End Sub
```

❖ 解説

AutoRepeatプロパティをTrueにすると、対象のコマンドボタンがクリックされている間、設定されている処理を繰り返し実行します。

ここでは、フォームの読み込み時イベントで、「開始」コマンドボタンのAutoRepeatプロパティの値をTrueにしています。

また、クリックしている間、ラベルの値を「1」ずつ増やす処理をして、数値がカウントアップされる処理にしています。

なお、プロシージャが繰り返し実行されるのは、コマンドボタンをクリックしている間です。ですので、実際にはコマンドボタンをクリックして、そのままマウスを押したまま（または[Enter]キーを使っている場合は[Enter]キーを押したまま）にする必要があります。

• AutoRepeatプロパティの構文

object.AutoRepeat

AutoRepeatプロパティは、objectにコマンドボタンを指定し、フォームでコマンドボタンが押されている間、イベントプロシージャまたはマクロを繰り返し実行するかどうかを指定できます。値の取得および設定が可能です。ブール型(Boolean)の値を使用します。

Tips 176

入力された値を取得する

▶関連Tips 170

使用機能・命令 **Valueプロパティ/Textプロパティ**

サンプルファイル名 gokui05.accdb/F_176

▼コマンドボタンをクリックして、テキストボックスの内容をメッセージボックスに表示する

```
'コマンドボタンがクリックされたときに処理を行う
Private Sub cmdSample_Click()
    Me.txtSample.SetFocus          'テキストボックスにフォーカスを移動する
    MsgBox Me.txtSample.Text       'テキストボックスの値をメッセージボックスに表示する
End Sub
```

❖ 解説

テキストボックスの値を取得するには、ValueプロパティまたはTextプロパティを使用します。いずれも、値の取得と設定ができます。ここでは、テキストボックスに文字列を入力後、「実行」ボタンをクリックすると、SetFocusメソッド（→Tips170）を使用してフォーカスをテキストボックスに移動し、テキストボックスの値を取得して、メッセージボックスに表示します。

なお、ValueプロパティとTextプロパティには、いくつかの違いがあります。

◈ ValueプロパティとTextプロパティの違い

Valueプロパティ	Textプロパティ
フォーカスが無くても取得できる	フォーカスが無いと取得できない
値のみを取得する	書式が設定されている場合書式付きで取得する
値の取得時に空欄だとエラーになる	値の取得時に空欄でもエラーにならない
編集確定後の値が取得される	編集中の値が取得される
既定のプロパティ	既定のプロパティではない

なお、「既定のプロパティ」とは、そのコントロールを参照した時に、プロパティを省略した時に取得される値です。たとえば、「txtRenshu」テキストボックスの値を、「MsgBox Me.txtRenshu」のようにして取得することができます。これは、テキストボックスの「既定のプロパティ」がValueプロパティだからです。

• Valueプロパティ/Textプロパティの構文

object.Value/Text

いずれも、objectにテキストボックスを指定します。Valueプロパティ、Textプロパティともに、テキストボックスに含まれるテキストを示します。値の取得および設定が可能です。

なお、この2つのプロパティの違いについては、「解説」を参照してください。

編集可否を切り替える

▶関連Tips 173

使用機能・命令　**Lockedプロパティ**

サンプルファイル名　gokui05.accdb/F_177

▼「氏名」テキストボックスに文字が入力されないと、「フリガナ」テキストボックスが編集できないようにする

```
'「氏名」テキストボックスが更新されたときに処理を行う
Private Sub txtName_AfterUpdate()
    If Len(Me.txtName) > 0 Then
        Me.txtPhonetic.Locked = False   '「フリガナ」テキストボックスを編集可にする
    Else
        Me.txtPhonetic.Locked = True    '「フリガナ」テキストボックスを編集不可にする
    End If
End Sub

'フォームの読み込み時に処理を行う
Private Sub Form_Load()
    Me.txtPhonetic.Locked = True   '「フリガナ」テキストボックスを編集不可にする
End Sub
```

解説

Lockedプロパティを Trueにすると、テキストボックスの編集を不可にすることができます。また、Falseに設定すると、編集可能になります。

ここでは、「氏名」テキストボックスに文字を入力しないと、「フリガナ」テキストボックスが編集できないようにしています。

なお、「フリガナ」テキストボックスには、フォームのLoadイベントでLockedプロパティをTrueにして、編集ができないようにしています。

•Lockedプロパティの構文

object.Locked

Lockedプロパティは、objectにコントロールを指定して、コントロールの編集の可否を指定することができます。Trueを指定すると編集不可、Falseを指定すると編集可となります。値の取得および設定が可能です。

Tips 178

文字の配置と余白の設定を行う

▶関連Tips 153

使用機能・命令 **TextAlignプロパティ/LeftMarginプロパティ/RightMarginプロパティ**

サンプルファイル名 gokui05.accdb/F_178

▼テキストボックスの文字の配置を中央揃えにして、左右の余白を設定する

```
'フォームの読み込み時に処理を行う
Private Sub Form_Load()
    With Me.氏名            '「氏名」テキストボックスに対して処理を行う
        .TextAlign = 2                  '文字列の配置を中央揃えにする
        .LeftMargin = 0.5 * 567         '左側のマージンを0.5cmにする
        .RightMargin = 0.5 * 567        '右側のマージンを0.5cmにする
    End With
End Sub
```

解説

ここでは、テキストボックスの文字の配置と、テキストボックスと文字の間の余白を設定しています。文字の配置は、TextAlignプロパティで設定します。TextAlignプロパティに設定できる値は、次のとおりです。

◈ TextAlignプロパティに指定する値

値	説明
0	既定値。テキストは左揃え、数値および日付は右揃えに配置される
1	テキスト、数値、および日付は左揃えに配置される
2	テキスト、数値、および日付は中央揃えに配置される
3	テキスト、数値、および日付は右揃えに配置される
4	テキスト、数値、および日付の文字間隔が均等に配置される

また、テキストボックスには、文字列とテキストボックスの間の余白を設定することができます。

LeftMarginプロパティはテキストボックスの左側の、RightMarginプロパティは右側の余白を設定します。単位はtwipです。

なお、1cmは約567twipなので、ここでは「0.5 * 567」として、0.5cm を指定しています。

なお、テキストボックスの上側の余白はTopMarginプロパティ、下側の余白はBottomMarginプロパティを使用して設定することができます。

Tips 179 スクロールバーを設定する

▶関連Tips 155

使用機能・命令 **ScrollBarsプロパティ**

サンプルファイル名 gokui05.accdb/F_179

▼テキストボックスの文字数が20文字を超えたら、垂直スクロールバーを表示する

```
'テキストボックスが更新後に処理を行う
Private Sub txtSample_AfterUpdate()
    If Len(Me.txtSample) > 20 Then      'テキストボックスの文字数をチェックする
        Me.txtSample.ScrollBars = 2     '垂直スクロールバーを表示する
    Else
        Me.txtSample.ScrollBars = 0     'スクロールバーを非表示にする
    End If
End Sub
```

解説

テキストボックスにスクロールバーを設定するには、ScrollBarsプロパティを使用します。

ここでは、テキストボックスの文字数が20文字を超えた時にスクロールバーを表示します。AfterUpdateイベント（→Tips155）で処理しているので、動作を確認する場合は文字を入力後[Tab]キーなどでフォーカスを移動してください。

ScrollBarsプロパティは、テキストボックスだけではなく、フォームにも設定可能です。ScrollBarsプロパティに指定できる値は、次のとおりです。

◇ScrollBarsプロパティに指定できる値

値	説明
0	スクロールバーを表示しない。テキストボックスの既定値
1	フォームに水平スクロールバーを表示する。テキストボックスには適用されない
2	垂直スクロールバーを表示する
3	フォームの垂直および水平スクロールバーを表示する。テキストボックスには適用されない

•ScrollBarsプロパティの構文

object.ScrollBars

ScrollBarsプロパティは、objectにFromオブジェクトやTextBoxオブジェクトを指定します。ScrollBarsプロパティに値を指定することで、オブジェクトにスクロールバーを表示するかどうかを設定します。指定できる値は、「解説」を参照してください。

Tips 180

テキストボックスに定形入力の設定を行う

▶関連Tips 160

使用機能・命令　**InputMaskプロパティ**

サンプルファイル名　gokui05.accdb/F_180

▼テキストボックスに「電話番号」の定形入力の設定を行う

```
'フォームの読み込み時に処理を行う
Private Sub Form_Load()
    Me.txtSample.InputMask = "(###)###-####;0;""△"""
'テキストボックスに電話番号入力の設定を行う
End Sub

'コマンドボタンをクリックしたときの処理
Private Sub cmdSample_Click()
    MsgBox Me.txtSample      'テキストボックスの値を表示する
End Sub
```

解説

InputMaskプロパティを使用して、テキストボックスに定形入力の設定を行うことができます。

ここでは、テキストボックスに「電話番号」の定形入力の設定を行います。

InputMaskプロパティには、「;（セミコロン）」で区切って３つのセクションを指定することができます。

それぞれのセクションは、次のようになります。

◈ InputMaskプロパティの各セクション

セクション	説明
1	定形入力を指定する。指定できる文字は「定形入力で使用できる文字」を参照
2	データを入力した時に保存する値を指定する。0を指定すると入力した値と一緒に表示されているすべての文字がテーブルに保存される。1を指定するか省略すると入力された文字だけが保存される
3	定形入力書式に含まれるスペースを表す文字列を「""（ダブルクォーテーション）」で囲んで指定する

◈ 定形入力で使用できる文字

文字	説明
0	"0"の位置には、0～9の半角数字を入力することができる。正符号(+)や負符号(-)は入力できない
9	"9"の位置には、0～9の半角数字または半角スペースを入力することができる。正符号(+)や負符号(-)は入力できない

#	"#"の位置には、半角数字、半角スペース、半角の正符号(+)、半角の負符号(-)を入力することができる。スペースは、編集モードでは空白として表示されるが、データを保存するときは削除される。正符号と負符号の入力も可。いずれも入力を省略することができ、省略した場合は、半角スペースが入力される
L	"L"の位置には、A~Zの半角文字と全角文字を入力することができる。入力は省略不可
?	"?"の位置には、A~Zの半角文字と全角文字を入力することができる。入力は省略可
A	"A"の位置には、A~Zの半角文字と全角文字または0~9の半角数字と全角数字を入力することができる。入力は省略不可
a	"a"の位置には、A~Zの半角文字と全角文字または0~9の半角数字と全角数字を入力することができる。入力は省略不可
&	"&"の位置には、すべての文字を入力することができる。入力は省略不可
C	"C"の位置には、すべての文字を入力することができる。入力は省略可
. , : ; - /	それぞれ、小数点のプレースホルダー、桁、日付、および時刻の区切り記号を示す
<	すべての文字が小文字に変換される(アルファベットのみ)
>	すべての文字が大文字に変換される(アルファベットのみ)
!	定型入力を、左から右ではなく右から左に表示する。定型入力では文字列は常に左から右に入力される。感嘆符を任意の場所に挿入することもできる
¥	後ろに続く文字をリテラル文字列として表示する。たとえば、文字のAそのものを表示させるには、「¥A」と指定する

ここでは、電話番号を入力するための定形入力を設定し、テーブルにはカッコなども含めて保存するようにしています。また、未入力の箇所には「△」が表示されるようにしています。

なお、コマンドボタンをクリックすると、入力されている値を確認することができます。

•InputMaskプロパティの構文

object.InputMask

InputMaskプロパティは、objectにTextBoxオブジェクトを指定し、データの入力を簡単にしたり、テキストボックスコントロールにユーザーが入力できる値を制限したりします。値の取得および設定が可能です。

指定する値については、「解説」を参照してください。なお、InputMaskプロパティに「password」を指定すると、テキストボックスに入力した文字を「*」で表示することができます(→Tips160)。

Memo このような設定を行うことは、ユーザーが実際に入力時に入力しやすいだけではなく、イレギュラーな入力(例えば電話番号をハイフン無しで入力してしまうなど)を排除することができるため、プログラム側での処理(データチェックなど)を減らすことができるメリットもあります。

Tips 181

IMEモードを設定する

▶関連Tips 153

使用機能・命令 **IMEModeプロパティ**

サンプルファイル名 gokui05.accdb/F_181

▼「氏名」「フリガナ」「年齢」の各テキストボックスのIME入力モードを設定する

```
'フォームの読み込み時に処理を行う
Private Sub Form_Load()
    Me.txtName.IMEMode = acImeModeHiragana        'IMEモードを全角ひらがなにする
    Me.txtPhonetic.IMEMode = acImeModeKatakana    'IMEモードを全角カタカナにする
    Me.txtAge.IMEMode = acImeModeOff              'IMEモードをオフにする
End Sub
```

解説

ここでは、フォームのLoadイベントを使って、テキストボックスのIME入力モードを設定しています。テキストボックスのIME入力モードを設定するには、IMEModeプロパティを使用します。IME入力モードを設定することで、データ入力時のユーザーの負担を減らすことができます。

IMEModeプロパティに指定できる値は、次のとおりです。

◈ IMEModeプロパティに指定できる値

定数	値	説明
acImeModeAlpha	8	半角英数モードでIMEを有効にする
acImeModeAlphaFull	7	全角英数モードでIMEを有効にする
acImeModeDisable	3	IMEを無効にする
acImeModeHangul	10	半角ハングルモードでIMEを有効にする
acImeModeHangulFull	9	全角ハングルモードでIMEを有効にする
acImeModeHiragana	4	ひらがなモードでIMEを有効にする
acImeModeKatakana	5	全角カタカナモードでIMEを有効にする
acImeModeKatakanaHalf	6	半角カタカナモードでIMEを有効にする
acImeModeNoControl	0	IMEのモードを変更しない
acImeModeOff	2	IMEを無効にして英数字の入力を有効にする
acImeModeOn	1	IMEを有効にする

なお、テキストボックスに使用不可の設定が行われている場合は、IME 入力モードの変更はできません。また、コントロールがフォーカスを失う直前のIME入力モードの状態を保持する場合には、IMEHoldプロパティをTrueに設定します。

•IMEModeプロパティの構文

object.IMEMode

IMEModeプロパティは、objectにTextBoxオブジェクトを指定して、テキストボックスのIMEモードを設定します。設定する値は、「解説」を参照してください。

Tips 182

[Enter]キーでテキストボックス内で改行する

▶関連Tips 180

使用機能・命令 **EnterKeyBehaviorプロパティ**

サンプルファイル名 gokui05.accdb/F_182

▼テキストボックス内の改行を[Enter]キーで行う

```
'フォームの読み込み時に処理を行う
Private Sub Form_Load()
    '「Enter」キーでテキストボックス内の改行ができるようにする
    Me.txtSample.EnterKeyBehavior = True
End Sub
```

❖ 解説

ここでは、テキストボックス内の改行を[Enter]キーで行えるようにします。

EnterKeyBehaviorプロパティにTrueを指定すると、テキストボックス内で[Enter]キーを押した時に改行が行われます。通常、テキストボックス内での改行は、[Ctrl]キー+[Enter]キーです。

なお、[Enter]キーを押した時の動作は、「Accessのオプション」の「クライアントの設定」の「編集」にある「[Enter]キー入力後の動作」の設定が使用されます。ユーザーにとって使いやすいように設定することは、Accessを使用してシステムを作成するときの大切なポイントです。ぜひ活用して下さい。

▼実行結果

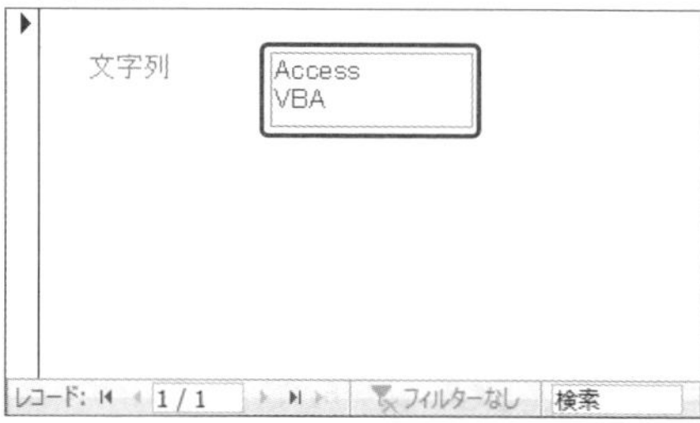

[Enter]キーで改行が入力される

・EnterKeyBehaviorプロパティの構文

object.EnterKeyBehavior

EnterKeyBehaviorプロパティは、objectにTextBoxオブジェクトを指定し、フォームビューまたはデータシートビューのテキストボックスコントロールで[Enter]キーを押したときの動作を設定します。Trueを指定すると、[Enter]キーで改行ができるようになります。Falseを指定すると、通常通りテキストボックス内での改行は、[Ctrl]キー＋[Enter]キーとなります。

Tips 183 テキストボックスに日付の書式を設定する

▶関連Tips 184

使用機能・命令　**Formatプロパティ**

サンプルファイル名　gokui05.accdb/F_183

▼テキストボックスの日付を「yyyy/mm/dd AM/PM h:mm:ss」の形式で表示する

```
'フォームの読み込み時に処理を行う
Private Sub Form_Load()
    'テキストボックスに現在の日付と時刻を設定する
    Me.txtSample = Now
    'テキストボックスに「yyyy/mm/dd AM/PM h:mm:ss」の書式を設定する
    Me.txtSample.Format = "yyyy/mm/dd AM/PM h:mm:ss"
End Sub
```

解説

テキストボックスに日付の書式を設定するには、Formatプロパティを使用します。ここでは、フォームの読み込み時にNow関数を使用して、現在の日付と時刻をテキストボックスに入力し、Formatプロパティで書式を設定しています。

Formatプロパティに指定できる日付や時刻に関する値は、次のようになります。

◈日付と時刻に関する設定値

値	説明	例
:(コロン)	時刻の区切り記号を表示	12:00
/	日付の区切り記号を表示	2022/1/1
d	1桁または2桁で日付を表示	1、2、10、31
dd	2桁の数値で日付を表示	01、02、10、31
y	日付を1月1日からの日数で表示	1-366
m	1桁または2桁の数値で月を表示(1～12)	1、2、12
mm	2桁の数値で月を表示(01～12)	01、02、12
mmm	月の名前を省略形(英語3文字)で表示(Jan～Dec)	Jan、Dec
mmmm	月の名前(英語)を省略せずに表示(January～December)	January、December
ddd	曜日を省略形(英語3文字)で表示(Sun～Sat)	Sun、Sat
aaa	曜日を省略形(日本語)で表示(日～土)	日、土
dddd	曜日を英語で表示(Sunday～Saturday)	Sunday、Saturday
aaaa	曜日を日本語で表示(日曜日～土曜日)	日曜日、土曜日
w	曜日を数値で表示	1-7
ww	その日が1年のうちの何週目であるかを表示	1-53
yy	西暦の最後の2桁を表示	01-09
yyyy	西暦を表示	2022
g	年号の頭文字を表示(M、T、S、H、R)	M、T、S、H、R
gg	年号の先頭の1文字を漢字で表示	明、大、昭、平、令

ggg	年号を表示	明治、大正、昭和、平成、令和
e	年を年号を元に表示	令和４年
ee	年を年号を元に２桁の数値を使って表示	令和４年
h	１桁または２桁の数値で時間を表示	0-23
hh	２桁の数値で時間を表示	00-23
n	１桁または２桁の数値で分を表示	0-59
nn	２桁の数値で分を表示	00-59
s	１桁または２桁の数値で秒を表示	0-59
ss	２桁の数値で秒を表示	00-59
AM/PM	大文字のAMまたはPMを付けて12時間制で時刻を表示	AM10:00
am/pm	小文字のamまたはpmを付けて12時間制で時刻を表示	am10:00
A/P	大文字のAまたはPを付けて、12時間制で表示	a10:00
a/p	小文字のaまたはpを付けて、12時間制で表示	p10:00

なお、Formatプロパティに指定できる値には、定義済みの書式として次のものが用意されています。

◈ 日付・時刻の定義済み書式

設定値	説明
General Date	既定値。この設定値は、以下の[Short Date/日付(S)]と[Long Time/時刻(L)]を組み合わせたものになる
Long Date	Windowsのコントロールパネルの[地域のプロパティ]ダイアログボックスの[長い形式]の設定と同じ
Medium Date	[03-Apr-94]の形式で表示
Short Date	Windowsのコントロールパネルの[地域のプロパティ]ダイアログボックスの[短い形式]の設定と同じ
Long Time	Windowsのコントロールパネルの[地域のプロパティ]ダイアログボックスの[時間の形式]タブの設定と同じ
Medium Time	[５：34 PM]の形式で表示
Short Time	[17：34]の形式で表示

•Formatプロパティの構文

object.Format

Formatプロパティは、objectに指定したTextBoxオブジェクトの数値、日時、テキストの表示および印刷形式をカスタマイズするときに使用します。値の取得および設定が可能です。日付・時刻に関して指定できる値については、「解説」を参照してください。数値に関して指定できる値については、Tips184を参照してください。

Tips 184 テキストボックスに数値の書式を設定する

▶関連Tips 183

使用機能・命令　Formatプロパティ（→Tips183）

サンプルファイル名　gokui05.accdb/F_184

▼テキストボックスに正の数、負の数、「0」、Null値の、それぞれの値に対する書式を設定する

```
'フォームの読み込み時に処理を行う
Private Sub Form_Load()
    Dim temp As String      '設定する書式を代入する変数を宣言する
    'テキストボックスに現在の日付と時刻を設定する
    Me.txtData1 = 100
    Me.txtData2 = -100
    Me.txtData3 = 0
    Me.txtData4 = Null
    'テキストボックスに負の数値の場合文字を赤に、「0」の場合は「ゼロ」と、
    'Null値の場合は「データなし」と表示するする書式を設定する
    temp = "#,##0;#,##0[Red];""ゼロ"";""データなし"""
    Me.txtData1.Format = temp
    Me.txtData2.Format = temp
    Me.txtData3.Format = temp
    Me.txtData4.Format = temp
End Sub
```

解説

数値の書式を設定するには、Formatプロパティを使用します。Format プロパティは、「;（セミコロン）」を使用して4つのセクションを指定することができます。1つ目のセクションが正の数、2つ目が負の数、3つ目が「0」の場合、4つ目がNull値の場合の書式になります。

また、書式の指定に設定できる値は、次のようになります。「[]（角括弧）」で色名（英語）を囲むと、フォントの色を指定した色にします。なお、指定できる色は、Black/黒、Blue/青、Green/緑、Cyan/水、Red/赤、Magenta/紫、Yellow/黄、White/白です。

◈ 数値の書式に指定できる値

値	説明
(. ピリオド)	小数点の表示位置
(, カンマ)	1000単位の区切り記号
0	1つの「0」を1桁として数値の桁位置を指定する。数字がない桁は0が表示される
#	1つの「#」を1桁として数値の桁位置を指定する。数字がない場合は何も表示されない
$	あとに続ける文字をそのまま表示する。「$単位」とすると「1000単位」のように表示される
¥	すぐ後に続く1文字をそのまま表示する。「#」などを表示する場合「¥#」のようにする
%	パーセント表示する

Tips 185 コンボボックスの列見出しを設定する

▶関連Tips 192

使用機能・命令 **ColumnHeads プロパティ**

サンプルファイル名 gokui05.accdb/F_185

▼フォームのコンボボックスに、元のレコードの列見出しを表示する

```
'フォームの読み込み時に処理を行う
Private Sub Form_Load()
    With Me.cmbSample
        .RowSourceType = "Table/Query"
        .RowSource = "Q_Name"
        'コンボボックスの列見出しを設定
        .ColumnHeads = True
    End With
End Sub
```

❖ 解説

ここでは、「Q_Name」クエリの値をコンボボックスに表示し、列見出しの「氏名」が表示されるようにします。

コンボボックスに列見出しを表示するには、ColumnHeadsプロパティにTrueを指定します。Trueを指定すると、1行目には列見出しが表示されます。なお、ColumnHeadsプロパティの既定値はFalseです。

▼実行結果

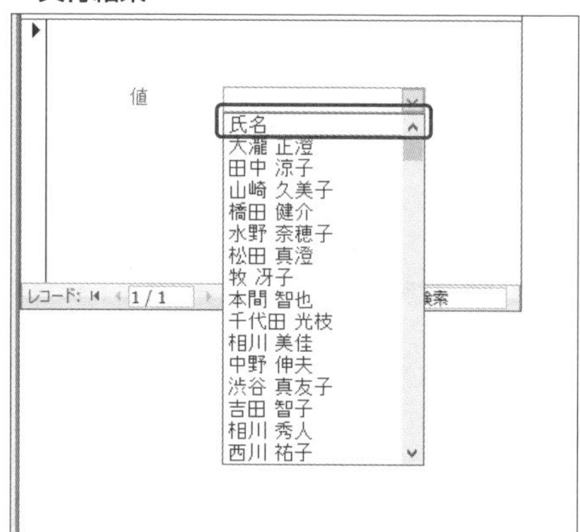

列見出しが表示された

• ColumnHeads プロパティの構文

object. ColumnHeads

ColumnHeadsプロパティは、objectにComboBoxオブジェクト、ListBoxオブジェクトなどを指定して、コンボボックス、リストボックス、および列見出しを表示できるOLEオブジェクトに1行の列見出しを表示するかどうかを示します。Trueを指定すると、列見出しが表示されます。フィールドの標題、フィールド名、またはデータアイテムの1行目が使用されます。

Tips 186

コンボボックスの行数を取得する

▶関連Tips 194

使用機能・命令　**ListCountプロパティ**

サンプルファイル名　gokui05.accdb/F_186

▼コマンドボタンをクリックした時に、コンボボックスの元データの行数を表示する

```
'「実行」ボタンがクリックされたときに処理を行う
Private Sub cmdSample_Click()
    'コンボボックスに設定される行数を表示する
    MsgBox "データ件数：" & Me.cmbSample.ListCount
End Sub

'フォームの読み込み時に処理を行う
Private Sub Form_Load()
    With Me.cmbSample
        .RowSourceType = "Table/Query"
        .RowSource = "Q_Name"
    End With
End Sub
```

解説

ListCountプロパティは、コンボボックスの行数を取得します（入力部分は含みません）。なお、RowSourceTypeプロパティが［テーブル/クエリ］に設定され、RowSourceプロパティにテーブルかクエリが設定されている場合は、このサンプルのように、テーブルまたはクエリの結果セットの行数が取得されます。

なお、ColumnHeadsプロパティ（→Tips185）にTrueが指定され、行の見出しが表示される場合は、この数も含まれます。

RowSourceTypeプロパティが［値リスト］に設定された場合は、RowSourceプロパティに指定された値リストの数が取得されます。この場合は、ColumnHeadsプロパティにTrueが指定されても、取得される値に変化はありません。

• ListCountプロパティの構文

object.ListCount

ListCountプロパティは、objectにComboBoxオブジェクト、ListBoxオブジェクトを指定し、コンボボックスやリストボックスの行数を取得します。なお、フォームビューとデータシートビューでのみ値を取得できます。

Tips 187

コンボボックスの行数・列数を設定する

▶関連Tips 195

使用機能・命令 **ColumnCountプロパティ/ListRowsプロパティ**

サンプルファイル名 gokui05.accdb/F_187

▼コンボボックスを10行2列に設定する

```
'フォームの読み込み時に処理を行う
Private Sub Form_Load()
    With Me.cmbSample
        .RowSourceType = "Table/Query"
        .RowSource = "Q_Name"
        .ColumnCount = 2            '表示列を2列にする
        .ListRows = 10              '行数を10行にする
        .ColumnWidths = "3cm;6cm"    '列幅を1列目を3cm、2列目を6cmにする
        .ListWidth = 9 * 567         'リストボックス部分の幅を9cmにする
    End With
End Sub
```

解説

コンボボックスの列数は、ColumnCountプロパティで指定します。また、行数の最大値はListRowsプロパティで設定します。表示する列それぞれの幅は、ColumnWidthsプロパティ（→Tips192）で指定します。単位はtwipですが、サンプルのように「cm」を付けて、センチメートル単位で指定することができます。複数列の列幅を指定する場合は、それぞれの値を「;（セミコロン）」で区切って指定します。なお、「0」を指定すると、その列は非表示になります。

コンボボックスのリストボックス部分全体の幅は、ListWidthプロパティで指定します。こちらはtwip単位の数値で指定します。1cmが約567twipなので、ここでは「9 * 567」として9cmに指定しています。

•ColumnCountプロパティの構文

object.ColumnCount

•ListRowsプロパティの構文

object.ListRows

いずれも、objectにComboBoxオブジェクト、ListBoxオブジェクトを指定します。ColumnCountプロパティは、表示される列数を指定します。下限値は1です。上限値は、コントロールのRowSourceプロパティに指定されたオブジェクトや値リストの値の最大数です。ListRowsプロパティは、最大行数を設定できます。既定値は8です。また、設定できる範囲は1～255です。

Tips 188

コンボボックスに表示するデータを設定する

▶関連Tips 196

使用機能・命令　**RowSourceTypeプロパティ/RowSourceプロパティ**

サンプルファイル名　gokui05.accdb/F_188

▼3つのコンボボックスに表示するデータを、それぞれ指定する

```
'フォームの読み込み時に処理を行う
Private Sub Form_Load()
    '1つ目のコンボボックスに処理を行う
    With Me.cmbList1
        .RowSourceType = "Table/Query"   '集合値タイプを[テーブル/クエリ]にする
        .RowSource = "Q_Name"            '集合値ソースを「Q_Name」クエリにする
    End With
    '2つ目のコンボボックスに処理を行う
    With Me.cmbList2
        .RowSourceType = "Value List"    '集合値タイプを[値リスト]にする
        .RowSource = "田中;中村;川久保"  '集合値ソースを「田中、中村、川久保」にする
    End With
    '3つ目のコンボボックスに処理を行う
    With Me.cmbList3
        .RowSourceType = "Field List"    '集合値タイプを[フィールドリスト]にする
        .RowSource = "Q_Name"            '集合値ソースを「Q_Name」クエリにする
    End With
End Sub
```

❖ 解説

コンボボックスで使用するデータの種類を指定するには、RowSourceTypeプロパティを使用します。テーブル、クエリなどを指定する場合は「Table/Query」を、値リストを指定する場合は「Value List」を、フィールドリスト（指定したテーブルまたはクエリのフィールド名）を指定する場合は「Field List」を指定します。実際のデータは、RowSourceプロパティに指定します。RowSourceTypeプロパティで「値リスト」を指定した場合は、「;（セミコロン）」で表示する値を直接指定します。それ以外は、テーブル名やクエリ名、SQL文を指定します。

• RowSourceTypeプロパティ/RowSourceプロパティの構文

object. RowSourceType/RowSource

RowSourceTypeプロパティは、RowSourceプロパティと組み合わせて使用することにより、特定のオブジェクトに対するデータの提供方法を指定できます。値の取得および設定が可能です。指定する値は、「解説」を参照してください。

Tips 189

コンボボックスの連結列を設定する

▶関連Tips 197

使用機能・命令 **BoundColumnプロパティ**

サンプルファイル名 gokui05.accdb/F_189

▼コンボボックスの２列目の値を連結列に指定する

```
'フォームの読み込み時に処理を行う
Private Sub Form_Load()
    'コンボボックスに処理を行う
    With Me.cmbList1
        .RowSourceType = "Table/Query" '集合値タイプを［テーブル/クエリ］にする
        .RowSource = "Q_Name"          '集合値ソースを「Q_Name」クエリにする
        .ColumnCount = 2               '表示する列数を2にする
        .ColumnWidths = "3cm;0cm"    'コンボボックスの1列目を3cm、2列目を0cmにする
        .ListWidth = 3 * 567    'コンボボックスで表示するリストボックス全体の幅を3cmにする
        .BoundColumn = 2                  '連結列を2列目にする
    End With
End Sub
```

解説

コンボボックスで選択された値のうち、保持する値の列を指定するには、BoundColumnプロパティを使用します。なお、BoundColumnプロパティには、ColumnCountプロパティで指定した値よりも大きな値は指定できません。

ここでは、コンボボックスで「氏名」と「フリガナ」の２列表示の指定を指定ますが、実際には「フリガナ」列の列幅を「0」にすることで、「氏名」のみが表示されるようにしています。しかし、BoundColumnプロパティには２を指定しているので、実際に選択される値は「フリガナ」欄の値です。このような処理は、**たとえば「商品ID」を入力する際に、コンボボックスには「商品名」を表示し、実際に保存するレコードは「商品ID」にする、といった時に利用できます**。なお、確認のために、テキストボックスにはコンボボックスの値を参照するように設定しています。

•BoundColumnプロパティの構文

object.BoundColumn

BoundColumnプロパティは、objectにComboBoxオブジェクト、ListBoxオブジェクトを指定して、コンボボックス、リストボックスのどの列の値をコントロールの値として使用するかを示します。コントロールがフィールドに連結している場合、BoundColumnプロパティに指定された列の値は、ControlSourceプロパティに指定されたフィールドに格納されます。値の取得および設定が可能です。なお、「0」を指定すると、列の値ではなく、ListIndexプロパティの値がカレントレコードに格納されます。最初の行のListIndexプロパティの値は０で、２行目の値は１です。

Tips 190 コンボボックスで選択された値を取得する

▶関連Tips 186 187 198

使用機能・命令　**Columnプロパティ**

サンプルファイル名　gokui05.accdb/F_190

▼コンボボックスで選択された値をテキストボックスに転記する

```
'コマンドボタンのクリック時に処理を行う
Private Sub cmdSample_Click()
    With Me.cmbList1
        Me.txtData = .Column(0, .ListIndex)
    End With
End Sub
'フォームの読み込み時に処理を行う
Private Sub Form_Load()
    'コンボボックスに処理を行う
    With Me.cmbList1
        .RowSourceType = "Table/Query"   '集合値タイプを[テーブル/クエリ]にする
        .RowSource = "Q_Name"            '集合値ソースを「Q_Name」クエリにする
        .ColumnCount = 2                 '表示する列数を2にする
        .ColumnWidths = "3cm;6cm"    'コンボボックスの1列目を3cm、2列目を6cmにする
        .ListWidth = 9 * 567         'コンボボックスで表示するリストボックス全体の幅を9cmにする
    End With
End Sub
```

解説

コンボボックスで選択された値を取得するには、ColumnプロパティとListIndexプロパティを使用します。Columnプロパティは、1番目の引数に列番号を、2番目の引数に行番号を指定します。いずれも0から始まるので、注意してください。選択された値の行番号を取得するには、ListIndexプロパティを使用します。そこで、ここではColumnプロパティの2番目の引数に、ListIndex プロパティで取得した値を設定して、コンボボックスで選択された値を取得し、コマンドボタンをクリックしたタイミングでテキストボックスに入力しています。

•Columnプロパティの構文

object.Column(Index, Row)

Columnプロパティは、objectに指定した複数列のコンボボックスまたはリストボックスの、特定の列または列と行を参照するために使用します。引数Indexには、0から、ColumnCountプロパティ（→Tips187）の値から1を減算した値を指定します。引数Rowは、0から、ListCountプロパティ（→Tips186）の値から1を減算した値を指定します。

Tips 191

コンボボックスに入力できる値を制限する

▶関連Tips 186

使用機能・命令 **LimitToListプロパティ**

サンプルファイル名 gokui05.accdb/F_191

▼コンボボックスのテキストボックス部分に、リストにない文字を入力できるようにする

```
'フォームの読み込み時に処理を行う
Private Sub Form_Load()
    'コンボボックスに処理を行う
    With Me.cmbList1
        .RowSourceType = "Table/Query"   '集合値タイプを[テーブル/クエリ]にする
        .RowSource = "Q_Name"            '集合値ソースを「Q_Name」クエリにする
        .ColumnCount = 2                 '表示する列数を2にする
        .ColumnWidths = "3cm;6cm"   'コンボボックスの1列目を3cm、2列目を6cmにする
        .ListWidth = 9 * 567        'コンボボックスで表示するリストボックス全体の幅を9cmにする
        .LimitToList = False             'テキストを入力できるようにする
    End With
End Sub
```

解説

LimitToListプロパティにFalseを指定すると、コンボボックスのテキストボックス部分にデータを入力できるようになります。入力されたデータは、コンボボックスのControlSourceプロパティに設定されたフィールドに保存されます。

ここでは単純に、コンボボックスのテキストボックス部分に、データを入力できるようにしています。なお、LimitToListプロパティにTrueを指定して、コンボボックスの一覧がドロップダウン表示されている時に値を入力すると、その値に一致するデータが一覧で選択されます。

・LimitToListプロパティの構文

object.LimitToList

LimitToListプロパティは、objectにComboBoxオブジェクトを指定して、コンボボックスの値を一覧の項目だけに制限するかどうかを示します。値の取得および設定が可能です。

Trueを指定すると、一覧から選択項目を選択するか、一覧の選択項目を入力することができます。一覧の選択項目にないテキストを入力することはできません。この場合には、テキストを再入力するか、一覧表示された項目を選択するか、[Esc]キーを押すか、[元に戻す]ボタンをクリックします。

False（既定値）を指定すると、ValidationRuleプロパティの設定に従うテキストを入力できます。

Tips 192 コンボボックスで列を非表示にする

▶関連Tips 199

使用機能・命令 **ColumnWidthsプロパティ**

サンプルファイル名 gokui05.accdb/F_192

▼コンボボックスに表示する「商品ID」列を非表示にする

```
'フォームの読み込み時に処理を行う
Private Sub Form_Load()
    'コンボボックスに処理を行う
    With Me.cmbList1
        .RowSourceType = "Table/Query"  '集合値タイプを[テーブル/クエリ]にする
        .RowSource = "Q_ShohinMaster"   '集合値ソースを「Q_Name」クエリにする
        .ColumnCount = 2                '表示する列数を2にする
        'コンボボックスの1列目を0cm、2列目を6cmにし、1列目を非表示にする
        .ColumnWidths = "0cm;6cm"
        'コンボボックスで表示するリストボックス全体の幅を6cmにする
        .ListWidth = 6 * 567
        .BoundColumn = 1                '連結列を1列目にする
    End With
End Sub
```

解説

コンボボックスに複数列を表示する設定を行ったあと、特定の列だけ非表示にするには、ColumnWidthsプロパティで、対象の列の列幅を「0」にします。

あわせて、BoundColumnプロパティで連結列を非表示にした列に設定することで、たとえば、商品コードのようなひと目ではわかりにくい値を選択するコンボボックスで、「商品名」をユーザーが選択すると「商品コード」が保存される、といった仕組みを作成することができます。

このサンプルでは、コンボボックス「商品名」だけを表示していますが、BoundColumnプロパティを非表示にした列「商品ID」に設定しているため、テキストボックスに選択された商品名の商品IDが入力されます。

• ColumnWidthsプロパティの構文

object.ColumnWidths

ColumnWidthsプロパティでは、objectに指定したコンボボックスやリストボックスの列幅を指定します。指定できる値は、0から22インチ(55.87cm)です。複数の列幅を入力するには、各値をセミコロン(;)で区切ります。なお、列幅を0に設定すると、その列は表示されません。

Tips 193

リストボックスの列見出しを設定する

▶関連Tips 185

使用機能・命令　ColumnHeadsプロパティ（→Tips185）

サンプルファイル名　gokui05.accdb/F_193

▼フォームのリストボックスに、元のレコードの列見出しを表示する

```
'フォームの読み込み時に処理を行う
Private Sub Form_Load()
    With Me.lstData
        .RowSourceType = "Table/Query"
        .RowSource = "Q_Name"
        'リストボックスの列見出しを設定
        .ColumnHeads = True
    End With
End Sub
```

解説

リストボックスに列見出しを表示するには、ColumnHeadsプロパティ（→Tips185）にTrueを指定します。Trueを指定すると、1行目には列見出しが表示されます。

ここでは、「Q_Name」クエリの値をリストボックスに表示し、列見出しの「氏名」が表示されるようにします。なお、ColumnHeadsプロパティの既定値はFalseです。

またここでは、リストボックスの列見出しを設定しましたが、リストボックスに対象となるテーブルやクエリのフィールド名を表示するには、RowSourceTypeプロパティに「Field List」を指定します。

▼実行結果

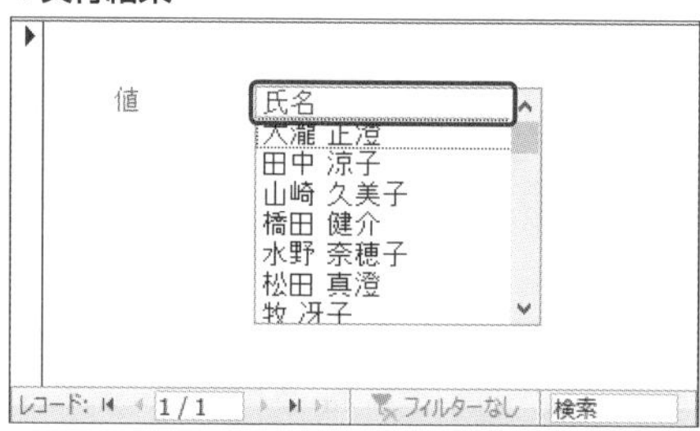

列見出しが表示された

Tips 194 リストボックスの行数を取得する

▶関連Tips 196

使用機能・命令 **ListCountプロパティ**（→Tips186）

サンプルファイル名 gokui05.accdb/F_194

▼コマンドボタンをクリックした時に、リストボックスの元データの行数を表示する

```
'「実行」ボタンがクリックされたときに処理を行う
Private Sub cmdSample_Click()
    'リストボックスに設定される行数を表示する
    MsgBox "データ件数：" & Me.lstData.ListCount
End Sub

'フォームの読み込み時に処理を行う
Private Sub Form_Load()
    'リストボックスに対して処理を行う
    With Me.lstData
        .RowSourceType = "Table/Query"  '集合値タイプを［テーブル/クエリ］にする
        .RowSource = "Q_Name"           '集合値ソースを「Q_Name」にする
    End With
End Sub
```

❖ 解説

ListCountプロパティ（→Tips186）は、リストボックスの行数を取得します。なお、RowSourceTypeプロパティが［テーブル/クエリ］に設定され、RowSourceプロパティにテーブルかクエリが設定されている場合は、このサンプルのように、テーブルまたはクエリの結果セットの行数が取得されます。

ColumnHeadsプロパティにTrueが指定され、行の見出しが表示される場合は、この数も含まれます。

なお、RowSourceTypeプロパティが［値リスト］に設定された場合は、RowSourceプロパティに指定された値リストの数が取得されます。この場合は、ColumnHeadsプロパティにTrueが指定されても、取得される値に変化はありません。

▼実行結果

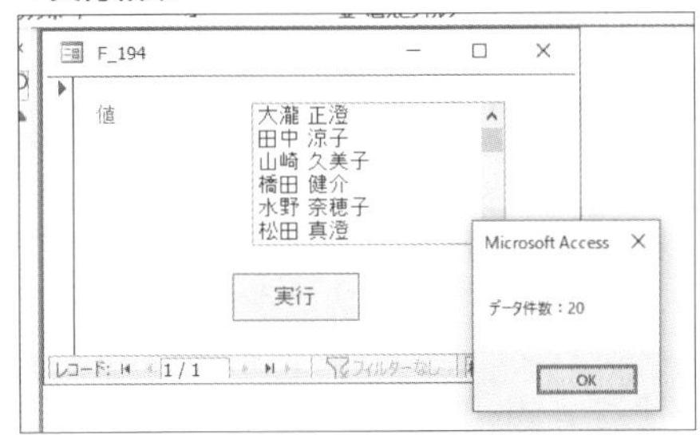

リストボックスの行数が取得された

フォーム・コントロール操作の極意

Tips 195 リストボックスの列数と列幅を設定する

▶関連Tips 187 192

使用機能・命令 **ColumnWidthsプロパティ（→Tips192）/Widthプロパティ**

サンプルファイル名 gokui05.accdb/F_195

▼リストボックスを9cm幅で２列に設定する

```
'フォームの読み込み時に処理を行う
Private Sub Form_Load()
    'リストボックスに対して処理を行う
    With Me.lstData
        .RowSourceType = "Table/Query"  '集合値タイプを［テーブル/クエリ］にする
        .RowSource = "Q_Name"                  '集合値ソースを「Q_Name」にする
        .ColumnCount = 2          '表示列を2列にする
        .ColumnWidths = "3cm;6cm"    '列幅を1列目を3cm、2列目を6cmにする
        .Width = 9 * 567              'リストボックスの幅を9cmにする
    End With
End Sub
```

解説

リストボックスの列数は、ColumnCountプロパティ（→Tips187）で指定します。また、表示する列それぞれの幅は、ColumnWidthsプロパティ（→Tips192）で指定します。単位はtwipですが、サンプルのように「cm」を付けて、センチメートル単位で指定することができます。複数列の列幅を指定する場合は、それぞれの値を「;（セミコロン）」で区切って指定します。「0」を指定すると、その列は非表示になります。

リストボックスの幅は、Widthプロパティで指定します。こちらは、twip単位の数値で指定します。1cmが約567twipなので、ここでは「9 * 567」として9cmに指定しています。

• Widthプロパティの構文

object.Width

Widthプロパティは、objectに指定したオブジェクトの幅をtwip単位で取得または設定します。

フォームのデザインビューやレポートのデザインビューで、コントロールを作成またはサイズ指定するか、ウィンドウのサイズを指定すると、Widthプロパティが自動的に設定されます。なお、フォームおよびレポートの幅は、境界線の内側で測定します。コントロールの幅は、境界線の幅が異なるコントロールを正しく配置できるように、境界線の中央から測定します。

Tips 196 リストボックスに表示するデータを設定する

▶関連Tips 188

使用機能・命令 RowSourceTypeプロパティ（→Tips188）/ RowSourceプロパティ（→Tips188）

サンプルファイル名 gokui05.accdb/F_196

▼3つのリストボックスに表示するデータをそれぞれ指定する

```
'フォームの読み込み時に処理を行う
Private Sub Form_Load()
    '1つ目のリストボックスに処理を行う
    With Me.lstData1
        .RowSourceType = "Table/Query"   '集合値タイプを［テーブル/クエリ］にする
        .RowSource = "Q_Name"            '集合値ソースを「Q_Name」クエリにする
    End With
    '2つ目のリストボックスに処理を行う
    With Me.lstData2
        .RowSourceType = "Value List"    '集合値タイプを［値リスト］にする
        .RowSource = "田中;中村;川久保" '集合値ソースを「田中、中村、川久保」にする
    End With
    '3つ目のリストボックスに処理を行う
    With Me.lstData3
        .RowSourceType = "Field List"    '集合値タイプを［フィールドリスト］にする
        .RowSource = "Q_Name"            '集合値ソースを「Q_Name」クエリにする
    End With
End Sub
```

❖ 解説

コンボボックスで使用するデータの種類を指定するには、RowSourceTypeプロパティ（→Tips188）を使用します。テーブル、クエリなどを指定する場合は「Table/Query」を、値リストを指定する場合は「Value List」を、フィールドリスト（指定したテーブルまたはクエリのフィールド名）を指定する場合は「Field List」を指定します。また実際のデータは、RowSourceプロパティ（→Tips188）に指定します。RowSourceTypeプロパティで「値リスト」を指定した場合は、「;（セミコロン）」で表示する値を直接指定します。それ以外は、テーブル名やクエリ名、SQL文を指定します。

▼実行結果

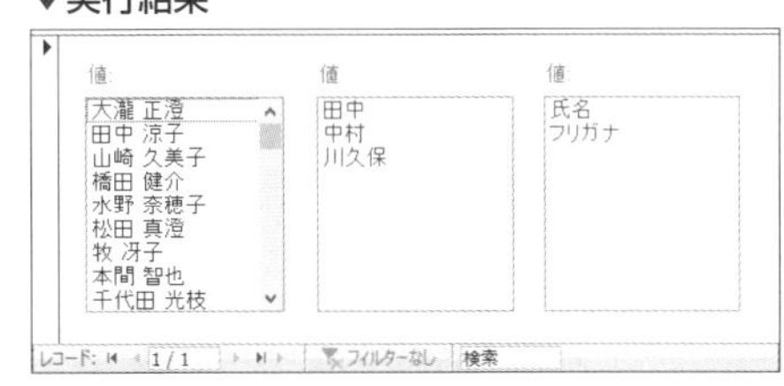

それぞれのリストボックスに値が設定された

Tips 197 リストボックスの連結列を設定する

▶関連Tips 187 189

使用機能・命令 **BoundColumnプロパティ**（→Tips189）

サンプルファイル名 gokui05.accdb/F_197

▼リストボックスの2列目の値を連結列に指定する

```
'フォームの読み込み時に処理を行う
Private Sub Form_Load()
    'リストボックスに処理を行う
    With Me.lstData
        .RowSourceType = "Table/Query"    '集合値タイプを［テーブル/クエリ］にする
        .RowSource = "Q_Name"             '集合値ソースを「Q_Name」クエリにする
        .ColumnCount = 2                  '表示する列数を2にする
        .ColumnWidths = "3cm;0cm"         'リストボックスの1列目を3cm、2列目を0cmにする
        .Width = 3 * 567    'リストボックスで表示するリストボックス全体の幅を3cmにする
        .BoundColumn = 2                  '連結列を2列目にする
    End With
End Sub
```

解説

リストボックスで選択された値のうち、保持する値の列を指定するには、BoundColumnプロパティ（→Tips189）を使用します。なお、BoundColumnプロパティには、ColumnCountプロパティ（→Tips187）で指定した値よりも大きな値は指定できません。

ここでは、リストボックスで「氏名」と「フリガナ」の2列表示を指定ますが、実際には「フリガナ」列の列幅を「0」にすることで、「氏名」のみが表示されるようにしています。しかし、BoundColumnプロパティには2を指定しているので、実際に選択される値は「フリガナ」列の値です。確認のために、テキストボックスにはリストボックスの値を参照するように設定しています。

▼実行結果

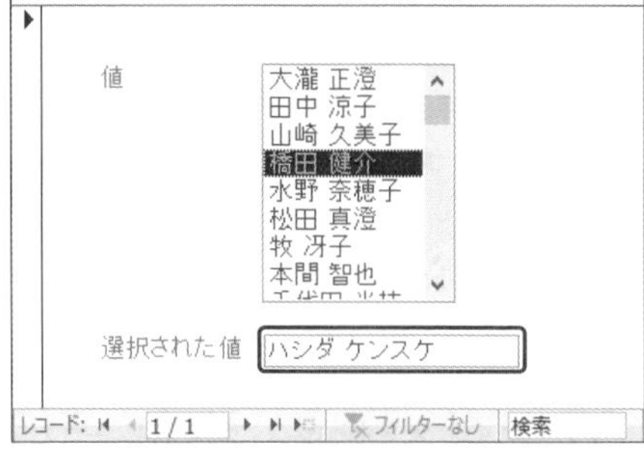

Tips 198

リストボックスで選択された値を取得する

▶関連Tips 190

使用機能・命令　**Columnプロパティ**（→Tips190）

サンプルファイル名　gokui05.accdb/F_198

▼リストボックスで選択された値をテキストボックスに転記する

```
'コマンドボタンのクリック時に処理を行う
Private Sub cmdSample_Click()
    With Me.lstData
        Me.txtData = .Column(0, .ListIndex)
    End With
End Sub

'フォームの読み込み時に処理を行う
Private Sub Form_Load()
    'リストボックスに処理を行う
    With Me.lstData
        .RowSourceType = "Table/Query"   '集合値タイプを[テーブル/クエリ]にする
        .RowSource = "Q_Name"            '集合値ソースを「Q_Name」クエリにする
        .ColumnCount = 2                 '表示する列数を2にする
        .ColumnWidths = "3cm;6cm"   'リストボックスの1列目を3cm、2列目を6cmにする
        .Width = 9 * 567   'リストボックスで表示するリストボックス全体の幅を9cmにする
    End With
End Sub
```

解説

リストボックスで選択された値を取得するには、Columnプロパティ（→Tips190）とListIndexプロパティを使用します。

Columnプロパティは、1番目の引数の列番号を、2番目の引数に行番号を指定します。いずれも0から始まるので、注意してください。

また、選択された値の行番号を取得するには、ListIndexプロパティを使用します。そこで、ここではColumnプロパティの2番目の引数に、ListIndexプロパティで取得した値を設定して、リストボックスで選択された値を取得し、コマンドボタンをクリックしたタイミングでテキストボックスに入力しています。

▼実行結果

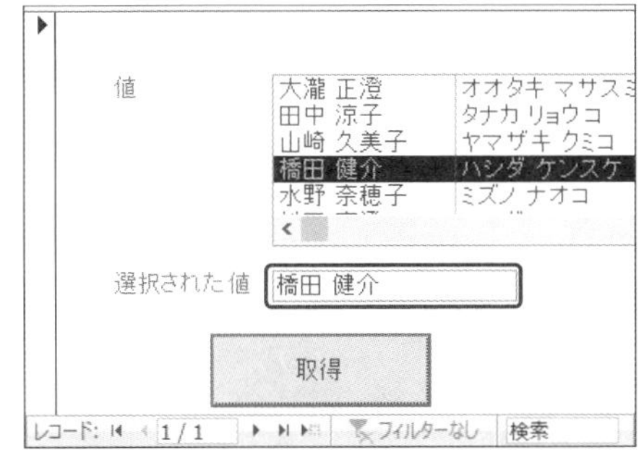

テキストボックスに値が取得された

Tips 199 リストボックスで列を非表示にする

▶関連Tips 189 192

使用機能・命令 ColumunWidthsプロパティ（→Tips192）

サンプルファイル名 gokui05.accdb/F_199

▼リストボックスに表示する「商品ID」列を非表示にする

```
'フォームの読み込み時に処理を行う
Private Sub Form_Load()
    'リストボックスに処理を行う
    With Me.lstData
        .RowSourceType = "Table/Query"   '集合値タイプを［テーブル/クエリ］にする
        .RowSource = "Q_ShohinMaster"    '集合値ソースを「Q_Name」クエリにする
        .ColumnCount = 2                 '表示する列数を2にする
'リストボックスの1列目を0cm、2列目を6cmにし、1列目を非表示にする
        .ColumnWidths = "0cm;6cm"
        .Width = 6 * 567              'リストボックスの幅を6cmにする
        .BoundColumn = 1                 '連結列を1列目にする
    End With
End Sub
```

❖ 解説

リストボックスに複数列を表示する設定を行ったあと、特定の列だけ非表示にするには、ColumnWidthsプロパティ（→Tips192）で対象の列の列幅を「0」にします。

あわせて、BoundColumnプロパティ（→Tips189）で連結列を非表示にした列に設定することで、たとえば、**商品コードのようなひと目ではわかりにくい値を選択するリストボックスで「商品名」をユーザーが選択すると、「商品コード」が保存されるといった仕組みを作成することができます**。このサンプルでは、リストボックスで選択された値をテキストボックスに表示していますが、BoundColumnプロパティを非表示にした列「商品ID」に設定しているため、テキストボックスに選択された商品名の商品ID が入力されます。

▼実行結果

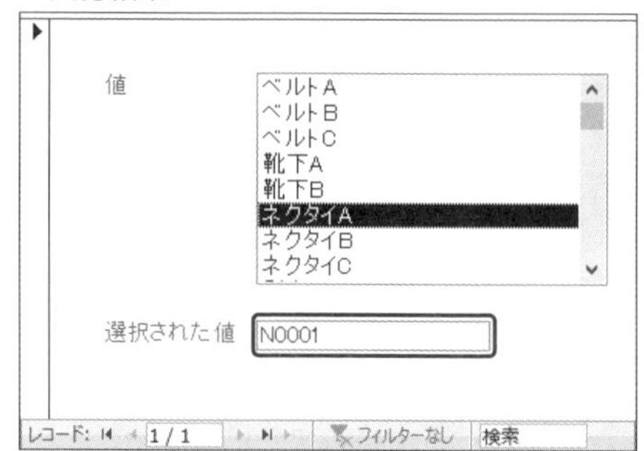

Tips 200 リストボックスで選択された複数項目を取得する

▶関連Tips 201

使用機能・命令 ItemsSelectedプロパティ/Countプロパティ

サンプルファイル名 gokui05.accdb/F_200

▼複数選択が可能なリストボックスで選択されたすべての項目を取得する

```
'コマンドボタンがクリックされたときに処理を行う
Private Sub cmdSample_Click()
    Dim temp As String          '選択された値を代入する変数を宣言する
    Dim vData As Variant         '繰り返し用の変数を宣言する
    With Me.lstData             'リストオブジェクトに対して処理を行う
        If .ItemsSelected.Count = 0 Then    'データが選択されているか判定する
            Exit Sub                        '処理を終了する
        Else
            '選択されているすべてのデータに対して処理を行う
            For Each vData In .ItemsSelected
            '選択されているデータを取得する
                temp = temp & .ItemData(vData) & vbCrLf
            Next
        End If
    End With
    MsgBox temp         '取得したデータを表示する
End Sub
```

❖ 解説

複数項目が選択可能なリストボックスで、選択されたすべてのデータを取得するには、ItemsSelectedプロパティとItemDataプロパティを使用します。ItemsSelectedプロパティは、リストボックスで選択されている項目を表します。ItemDataプロパティは選択された値のうち、引数に指定したインデックスの値を取得します。なお、選択されているレコードがあるかどうかは、ItemsSelectedプロパティのCountプロパティで判定できます。Countプロパティは、選択されている項目数を返します。何も選択されていない場合は「0」を返します。いずれも、インデックス番号は「0」から始まります。

• ItemsSelectedプロパティ

object.ItemsSelected

ItemsSelectedプロパティは、objectに指定したリストボックスの非表示になっているItemsSelectedコレクションへの参照を取得できます。値の取得のみ可能です。この非表示コレクションは、複数の項目を選択できるリストボックスコントロールの選択行のデータにアクセスするために使います。

リストボックスで選択項目を解除する

▶関連Tips 200

使用機能・命令 ItemsSelectedプロパティ（→Tips200）/ Selectedプロパティ

サンプルファイル名 gokui05.accdb/F_201

▼リストボックスで選択された項目をすべて解除する

```
'コマンドボタンがクリックされたときに処理を行う
Private Sub cmdSample_Click()
    Dim vData As Variant    '繰り返し処理用の変数を宣言する
    'リストボックスで選択されているデータに対して処理を行う
    For Each vData In Me.lstData.ItemsSelected
        Me.lstData.Selected(vData) = False      '選択を解除する
    Next
End Sub
'フォームの読み込み時に処理を行う
Private Sub Form_Load()
    'リストボックスに処理を行う
    With Me.lstData
        .RowSourceType = "Table/Query"  '集合値タイプを［テーブル/クエリ］にする
        .RowSource = "Q_Name"           '集合値ソースを「Q_Name」クエリにする
        .ColumnCount = 2                '表示する列数を2にする
        .ColumnWidths = "3cm;6cm"  'リストボックスの1列目を3cm、2列目を6cmにする
        .Width = 9 * 567  'リストボックスで表示するリストボックス全体の幅を9cmにする
    End With
End Sub
```

解説

リストボックスで選択された項目を解除するには、Selectedプロパティで対象のデータをFalseに設定します。また、リストボックスで選択されている項目は、ItemsSelectedプロパティ（→Tips200）で取得することができます。ItemsSelectedプロパティで取得した項目に対して、For Each Next ステートメントで処理を行います。この時、Selectedプロパティの引数に、ItemsSelectedプロパティで取得した要素を指定し、Falseを設定します。なお、ここではフォームの読み込み時イベントで、リストボックスに対する設定を行っています。

・Selectedプロパティの構文

object.Selected(lRow)

Selectedプロパティは、objectに指定したリストボックスの各項目が選択されているかどうかを調べることができます。値の取得および設定が可能です。引数lRowは、リストボックスの項目を指定します。最初の項目は0、2番目の項目が1になります。

Tips 202

リストボックスに項目を追加する

▶関連Tips 203

使用機能・命令　**AddItemメソッド**

サンプルファイル名　gokui05.accdb/F_202

▼リストボックスに指定した値を追加する

```
'コマンドボタンがクリックされたときに処理を行う
Private Sub cmdSample_Click()
    'リストボックスに項目を追加する
    With Me.lstData
        .AddItem "Access;2019"
        .AddItem "Excel;2019"
        .AddItem "PowerPoint"
        .AddItem "Word;2019"
        .AddItem "VBA;7"
    End With
End Sub
'フォームの読み込み時に処理を行う
Private Sub Form_Load()
    'リストボックスに処理を行う
    With Me.lstData
        .RowSourceType = "Value List"  '集合値タイプを［値リスト］にする
        .ColumnCount = 2                '表示する列数を2にする
        .ColumnWidths = "3cm;6cm"  'リストボックスの1列目を3cm、2列目を6cmにする
        .Width = 9 * 567  'リストボックスで表示するリストボックス全体の幅を9cmにする
    End With
End Sub
```

❖ 解説

リストボックスに値を追加するには、AddItemメソッドを使用します。対象の列が複数ある場合は、値を「;（セミコロン）」で区切って指定します。なお、AddItemメソッドを使用する場合、リストボックスの集合値タイプは［値リスト］でなくてはなりません。

•AddItemメソッドの構文

object.AddItem(Item, Index)

AddItemメソッドは、objectに指定したリストボックスコントロールで、表示される値のリストに新しい項目を追加します。

引数Itemは、追加する新しい項目を文字列で指定します。引数Indexはリスト内の項目の位置です。この引数が省略された場合、項目はリストの末尾に追加されます。

Tips 203 リストボックスから項目を削除する

▶関連Tips 202

使用機能・命令　**RemoveItemメソッド**

サンプルファイル名　gokui05.accdb/F_203

▼リストボックスで選択されている項目を削除する

```
'コマンドボタンがクリックされたときに処理を行う
Private Sub cmdSample_Click()
    Dim vData As Variant          '繰り返し処理用の変数を宣言する

    'リストボックスで選択されている項目に対して処理を行う
    For Each vData In Me.lstData.ItemsSelected
        '選択されている項目を削除する
        Me.lstData.RemoveItem Me.lstData.ItemData(vData)
    Next
End Sub
```

解説

リストボックスから項目を削除するには、RemoveItemメソッドを使用します。RemoveItemメソッドの引数にItemDataプロパティを使用して、選択されている項目を指定します。また、選択されているすべての項目は、ItemsSelectedプロパティ（→Tips200）で取得し、この項目に対して繰り返し処理を行って、すべての選択項目を削除します。

なお、ここではフォームの読み込み時に、リストボックスに値を設定しています。

▼実行結果

値を選択後、「実行」ボタンをクリックすると削除される

・RemoveItemメソッドの構文

object.RemoveItem(Index)

RemoveItemメソッドは、objectに指定したリストボックスコントロールで表示される値のリストから、項目を削除します。引数Indexには、リストから削除される項目番号または項目の文字列を指定します。

選択された値を取得する

▶関連Tips 205

使用機能・命令　**Valueプロパティ**（→Tips207）/ **OptionValueプロパティ**

サンプルファイル名　gokui05.accdb/F_204

▼オプショングループ内で選択されたボタンに応じたメッセージを表示する

```
'コマンドボタンがクリックされたときに処理を行う
Private Sub cmdSample_Click()
    Dim temp As String    '選択されたオプションボタンに対応する文字列を代入する
        'オプショングループの値に応じた処理を行う
    Select Case Me.fraData.Value
        Case 1: temp = "Access"
        Case 2: temp = "Excel"
        Case 3: temp = "PowerPoint"
        Case 4: temp = "Word"
        Case 5: temp = "SharePoint"
        Case Else: temp = "None"
    End Select
    MsgBox temp     'メッセージを表示する
End Sub
'フォームの読み込み時に処理を行う
Private Sub Form_Load()
    'フォームに対して処理を行う
    With Me
        '各オプションボタンに番号を割り当てる
        .optData1.OptionValue = 1
        .optData2.OptionValue = 2
        .optData3.OptionValue = 3
        .optData4.OptionValue = 4
        .optData5.OptionValue = 5
    End With
End Sub
```

解説

オプショングループ内のオプションボタンで、どのボタンが選択されているか取得するには、オプショングループのValueプロパティを使用します。

オプショングループでは、オプションボタンを選択すると、オプションボタンのOptionValueプロパティに設定した値が、オプショングループのValueプロパティに設定されます。なお、ここではフォームの読み込み時に、オプションボタンのOptionValue プロパティに値を設定しています。

オプションボタンの初期値を設定する

▶関連Tips 204

使用機能・命令 **Valueプロパティ**（→Tips207）

サンプルファイル名 gokui05.accdb/F_205

▼オプショングループの1つ目のオプションボタンを選択状態にする

```
'コマンドボタンがクリックされたときに処理を行う
Private Sub cmdSample_Click()
    Dim temp As String    '選択されたオプションボタンに対応する文字列を代入する
    'オプショングループの値に応じた処理を行う
    Select Case Me.fraData.Value
        Case 1: temp = "Access"
        Case 2: temp = "Excel"
        Case 3: temp = "PowerPoint"
        Case Else: temp = "None"
    End Select

    MsgBox temp      'メッセージを表示する
End Sub
'フォームの読み込み時に処理を行う
Private Sub Form_Load()
    'フォームに対して処理を行う
    With Me
        '各オプションボタンに番号を割り当てる
        .optData1.OptionValue = 1
        .optData2.OptionValue = 2
        .optData3.OptionValue = 3
        .fraData.Value = 1      'オプショングループの初期値を設定する
    End With
End Sub
```

解説

オプショングループの値は、Valueプロパティで取得・設定できます。ここでは、フォームの読み込み時イベントで、オプションボタンのOptionValueプロパティに値を設定し、1つ目の値をオプショングループのValueプロパティに設定しています。オプショングループは、複数のオプションボタンをグループ化して使用する機能です。オプショングループを使用すると、1つのフォーム上にオプションボタンのグループを複数作ることができます。オプショングループでは、オプションボタンのOptionValueプロパティに設定した値が、オプショングループのValueプロパティに設定されます。

Tips 206 チェックボックスの値を取得する

▶関連Tips 207

使用機能・命令 Valueプロパティ(→Tips207)

サンプルファイル名 gokui05.accdb/F_206

▼選択されたチェックボックスに応じた値をメッセージボックスに表示する

```
'コマンドボタンがクリックされたときに処理を行う
Private Sub cmdSample_Click()
    Dim temp As String    '選択されたオプションボタンに対応する文字列を代入する

    If Me.chkData1.Value Then     '1つ目のチェックボックスの値を確認する
        temp = "Access" & vbCrLf
    End If
    If Me.chkData2.Value Then     '2つ目のチェックボックスの値を確認する
        temp = temp & "Excel" & vbCrLf
    End If
    If Me.chkData3.Value Then      '3つ目のチェックボックスの値を確認する
        temp = temp & "Word"
    End If

    MsgBox temp      'メッセージを表示する
End Sub

'フォームの読み込み時に処理を行う
Private Sub Form_Load()
    With Me
        'すべてのチェックボックスをオフにする
        .chkData1.Value = False
        .chkData2.Value = False
        .chkData3.Value = False
    End With
End Sub
```

❖ 解説

チェックボックスの値は、Valueプロパティで取得・設定することができます。なお、Valueプロパティはチェックボックスの既定のプロパティなので、省略することができます。

Valueプロパティは、チェックボックスが選択されているとTrueを、選択されていないとFalseを、どちらでもない場合Null値を返します。

チェックボックスの初期値を設定する

▶関連Tips 206

使用機能・命令　**Valueプロパティ**

サンプルファイル名　gokui05.accdb/F_207

▼1つ目の「Access」のチェックボックスがOnの状態でフォームを開く

```
'フォームの読み込み時に処理を行う
Private Sub Form_Load()
    With Me
        .chkData1.Value = True      'チェックボックスをOnにする
        .chkData2.Value = False     'チェックボックスをOffにする
    End With
End Sub
'コマンドボタンがクリックされたときに処理を行う
Private Sub cmdSample_Click()
    Dim temp As String     '選択されたオプションボタンに対応する文字列を代入する

    If Me.chkData1.Value Then     '1つ目のチェックボックスの値を確認する
        temp = "Access" & vbCrLf
    End If
    If Me.chkData2.Value Then     '2つ目のチェックボックスの値を確認する
        temp = temp & "Excel" & vbCrLf
    End If
    MsgBox temp     'メッセージを表示する
End Sub
```

解説

チェックボックスの値は、Valueプロパティで指定します。フォームを表示した時点で値を設定するには、フォームの読み込み時イベントを使用します。ここでは、1つ目のチェックボックスをOnにしてフォームを開きます。Valueプロパティは、チェックボックスが選択されているとTrueを、選択されていないとFalseを、どちらでもない場合はNull値を返します。

なお、Valueプロパティは「既定のプロパティ」なので、省略可能です。

・Valueプロパティの構文

object.Value

Valueプロパティは、objectに指定した特定のチェックボックス、オプションボタンがオンであるかどうかを示します。オンにする場合は、Trueに設定します。既定値はFalseです。

Valueプロパティを、DefaultValueプロパティと混同しないようにしてください。後者のプロパティには、新しいレコードが作成されるときに代入される初期値を指定します。

アクティブなページを取得する

▶関連Tips 209

使用機能・命令　**Valueプロパティ/Pagesプロパティ/Captionプロパティ**

サンプルファイル名　gokui05.accdb/F_208

▼「実行」ボタンをクリックしてアクティブなページのキャプションを表示する

```
'コマンドボタンがクリックされたときに処理を行う
Private Sub cmdSample_Click()
    'アクティブなページの標題を表示する
    MsgBox Me.tabMaster.Pages(Me.tabMaster.Value).Caption
End Sub
```

解説

タブコントロールのValueプロパティは、アクティブなページのインデックスを返します。**タブコントロールのインデックスは、「0」から始まります**。また、Pagesプロパティは、タブコントロールのすべてのページを表します。インデックスを指定することで、特定のページを取得することができます。Captionプロパティは、ページの標題を取得します。

これらの命令を利用して、Valueプロパティで取得した値をPagesプロパティのインデックスに指定することで、アクティブなページを取得することができます。

そして、取得したページのCaptionプロパティを参照することで、ページの標題を取得しています。

ここでは、「氏名」「住所」の2つのタブのあるタブコントロールで、アクティブなタブの標題を、「実行」ボタンをクリックして取得、表示します。

▼実行結果

アクティブなページのキャプションを取得した

•Pagesプロパティの構文

object.Pages

Pagesプロパティは、objectにタブコントロールを指定して、タブコントロールのすべてのページを表します。

ページを切り替える

▶関連Tips
145
207
208

使用機能・命令　**Pagesプロパティ**（→Tips208）/ **SetFocusメソッド**（→Tips145）

サンプルファイル名　gokui05.accdb/F_209

▼オプショングループで選択した項目にページを切り替える

```
'オプションボタンが更新されたときに処理を行う
Private Sub fraTab_AfterUpdate()
    'オプションボタンで選択された値に応じてページを選択する
    Me.tabMaster.Pages(Me.fraTab.Value - 1).SetFocus
End Sub
```

❖ 解説

タブコントロールのページ全体を取得するには、Pagesプロパティ（→Tips208）を使用します。Pagesプロパティのインデックスを指定することで、特定のタブを参照することができます。

なお、インデックスは一番左端のページが「0」になるので、注意してください。

そこで、ここではオプショングループのValueプロパティ（→Tips207）と組み合わせて、オプショングループで選択されたオプションボタンに応じてページを切り替えます。

オプショングループのValueプロパティは、オプショングループ内で選択されたオプションボタンの番号を返します。ただし、通常オプショングループでは、各オプションボタンの番号を「1」から振ります。

タブコントロールのPagesプロパティのインデックスは「0」から始まるため、ここではオプショングループのValueプロパティで取得した値から、「-1」しています。最後に取得したページに、SetFocusメソッド（→Tips145）でフォーカスを移動しています。

▼実行結果

オプションボタンを利用してタブを切り替える

Tips 210 ステータスバーにメッセージを表示する

▶関連Tips 138 211

使用機能・命令 **StatusBarTextプロパティ**

サンプルファイル名 gokui05.accdb/F_210

▼「フリガナ」欄にフォーカスが移動した時に、ステータスバーにメッセージを表示する

```
'フリガナ欄がフォーカスを取得したときに処理を行う
Private Sub フリガナ_GotFocus()
    'ステータスバーにメッセージを表示する
    Me.フリガナ.StatusBarText = "カタカナで入力してください"
End Sub
```

❖ 解説

ステータスバーにメッセージを表示するには、StatusBarTextプロパティを使用します。
ここでは、「フリガナ」欄にフォーカスが移動したタイミングで、メッセージを表示しています。

▼実行結果

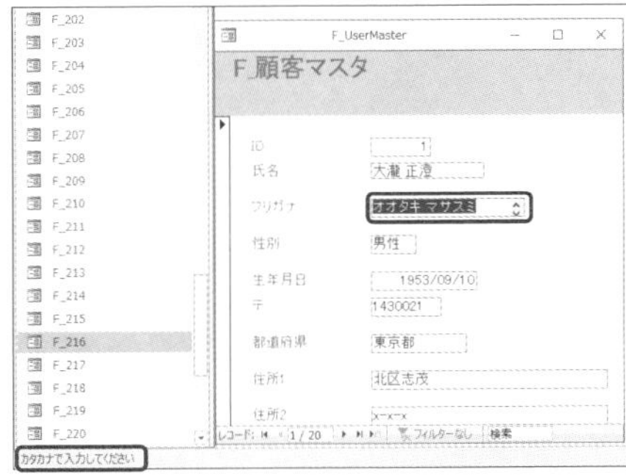

ステータスバーにメッセージが表示された

• StatusBarText プロパティ

object.StatusBarText

StatusBarTextプロパティは、objectに指定したコントロールを選択したときにステータスバーに表示されるテキストを指定できます。値の取得および設定が可能です。

Memo ユーザーに何か知らせることがある場合、ステータスバーの利用は有効です。実務で使用する上ではユーザーにとって「わかりやすい」ことはとても重要です。

ポップヒントを表示する

▶関連Tips
208

使用機能・命令 ControlTipTextプロパティ

サンプルファイル名 gokui05.accdb/F_211

▼「生年月日」欄にポップヒントを設定する

```
'「生年月日」欄がフォーカスを取得したときに処理を行う
Private Sub 生年月日_GotFocus()
    '「生年月日」欄にポップヒントを表示する
    Me.生年月日.ControlTipText = "西暦で入力してください"
End Sub
```

❖ 解説

ControlTipTextプロパティは、コントロールにマウスカーソルを合わせた時に、ポップヒントを表示します。

ここでは、「生年月日」欄にフォーカスが移動した時に、その設定を行っています。

「生年月日」欄にフォーカスを移動後、マウスカーソルを「生年月日」欄に合わせ、少し待つとポップヒントが表示されます。このような仕組みはユーザーにとってわかりやすいので、ぜひ活用して下さい。

▼実行結果

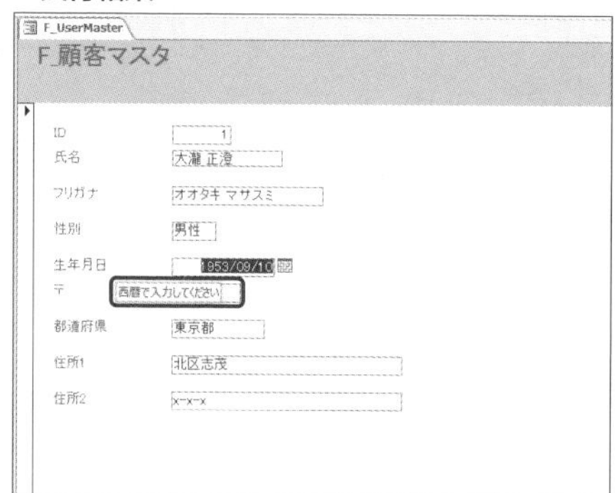

ポップヒントが表示された

・ControlTipTextプロパティの構文

object.ControlTipText

ControlTipTextプロパティは、objectに指定したオブジェクトにマウスポインタを置いたときに、ヒントに表示されるテキストを指定できます。値の取得および設定が可能です。

Tips 212 ズームウィンドウを表示する

▶関連Tips 103

使用機能・命令 RunCommandメソッド（→Tips103）

サンプルファイル名 gokui05.accdb/F_212

▼長い文字列が入力されているテキストボックスで、ダブルクリックした時にズームウィンドウを表示する

```
'テキストボックスをダブルクリックしたときに処理を行う
Private Sub txtSample_DblClick(Cancel As Integer)
    'ズームボックスを表示する
    DoCmd.RunCommand acCmdZoomBox
End Sub
```

解説

商品の備考欄など、テキストボックスに長い文字列が入力されている場合、ズームウィンドウを使用すると編集などがやりやすくて便利です。

そこで、ここではテキストボックスをダブルクリックした時に、ズームウィンドウを表示します。

ズームウィンドウは、DoCmdオブジェクトのRunCommandメソッド（→Tips103）に、acCmdZoomBoxを指定することで表示することができます。

今回は、テキストボックスのダブルクリック時イベントに処理を記述しましたが、フォーカス取得時イベントに記述すれば、テキストボックスにフォーカスが移動するタイミングで、必ずズームウィンドウを表示することもできます。

データ閲覧時ではなく、データ入力時で必ず入力を伴う項目の場合は、このようにすると便利です。

なお、このサンプルではフォームの読み込み時に、テキストボックスにダミーの文章を入力しています。

▼実行結果

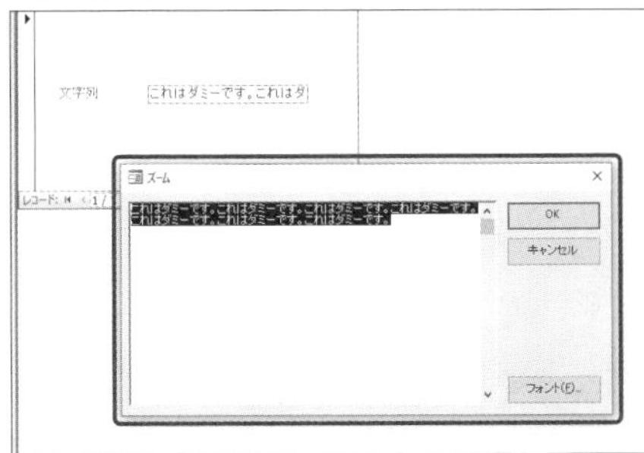

ズームウィンドウが表示される

Tips 213

画像を表示する

▶関連Tips 253

使用機能・命令 **Pictureプロパティ**

サンプルファイル名 gokui05.accdb/F_213

▼イメージコントロールに「Pic001.bmp」ファイルを表示する

```
'コマンドボタンがクリックされたときに処理を行う
Private Sub cmdSample_Click()
    'このプロジェクトと同じフォルダ内の「Pic001.jpg」を表示する
    Me.imgPic.Picture = CurrentProject.Path & "¥Pic001.jpg"
End Sub
```

解説

画像をフォーム上に表示するには、イメージコントロールを使用します。イメージコントロールのPictureプロパティに、表示したい画像のフルパスを指定します。

ここでは、コマンドボタン「表示」をクリックした時に、Pathプロパティ(→Tips253)を利用して、現在のデータベースと同じフォルダにある「Pic001.jpg」を読み込み、イメージコントロールに表示します。

Accessでは、OLEオブジェクト型のフィールドに画像ファイルを埋め込んで保存することができます。ただし、画像ファイルが多いと、当然ながらその分ファイルサイズも大きくなります。

ファイルサイズが気になるのであれば、OLEオブジェクト型のフィールドを使用せず、テキスト型のフィールドにファイルのパスだけを保存し、実際に該当のレコードをフォームに表示する際に、Pictureプロパティにそのパスを指定して画像を読み込ませるという方法もあります。この場合、画像ファイルの差し替えもファイルを直接差し替えれば良いので楽になります。

▼実行結果

画像が表示された

・Pictureプロパティ

object.Picture

Pictureプロパティは、objectに指定したコントロールに表示されるビットマップや、その他の種類のグラフィックスを指定できます。値の取得および設定が可能です。

Tips 214 指定したオブジェクトが開いているか確認する

▶関連Tips 161 170

使用機能・命令 IsLoadedプロパティ／SetFocusメソッド（→Tips170）／OpenFormメソッド（→Tips161）

サンプルファイル名 gokui05.accdb/F_214

▼「F_Master」フォームが開いているか確認し、開いていない場合はフォームを開く

```
'コマンドボタンがクリックされたときに処理を行う
Private Sub cmdSample_Click()
    Dim FName As String         '対象のフォーム名を代入する変数を宣言する

    FName = "F_Master"          '対象のフォーム名を「F_Master」にする

    '「F_Master」フォームが開かれているか確認する
    If CurrentProject.AllForms(FName).IsLoaded Then
        Forms(FName).SetFocus       '開かれている場合、フォームにフォーカスを移動する
    Else
        DoCmd.OpenForm FName        '開かれていない場合、フォームを開く
    End If
End Sub
```

❖ 解説

フォームが開かれているかどうかは、IsLoadedプロパティで確認することができます。IsLoadedプロパティは、対象のフォームが開かれている場合にTrueを返します。

ここでは、AllFormsプロパティに対象のフォームを指定して取得し、IsLoadedプロパティでそのフォームが開いているか確認しています。

フォームが開いている場合は、SetFocusメソッド（→Tips170）でフォーカスをそのフォームに移動し、開いていない場合には、OpenFormメソッド（→Tips161）で対象のフォームを開きます。

•IsLoadedプロパティの構文

object.IsLoaded

IsLoadedプロパティは、objectに指定したオブジェクトが現在ロードされているかどうかを示します。値の取得のみ可能です。ロードされている場合はTrueを、ロードされていない場合はFalseを返します。

600 Tips to Use Access VBA Better!
現場ですぐに使える!
Access VBA
Microsoft 365/Office 2021/2019/2016/2013対応
逆引き大全

第6章

215~251

レポート／印刷の極意

Tips 215 レポートを開く時に処理を行う

▶関連Tips 153

使用機能・命令　**Openイベント**

サンプルファイル名　gokui06.accdb/R_215

▼「R_215」レポートを開く

```
Private Sub Report_Open(Cancel As Integer)
    MsgBox "「R_215」レポートを開きます"
End Sub
```

❖ 解説

ここでは、「R_215」レポートを開く時にメッセージを表示します。動作を確認するには、「R_215」レポートをダブルクリック等で開いてください。

レポートには様々なイベントが有ります。まず、レポート関連のイベントをまとめます。

◈ レポート関連のイベント

イベント	説明
Deactivate	レポートがフォーカスを失い、テーブル、クエリ、フォーム、レポート、マクロ、モジュールの各ウィンドウ、またはデータベースウィンドウにフォーカスが移動するときに発生
Error	レポートにフォーカスがあるときに、Accessで実行時エラーが検出されたときに発生
Filter	[フィルター/並べ替えの編集]をクリックしてフィルターウィンドウを開くときに発生
GotFocus	レポートがフォーカスを受け取ったときに発生
Load	レポートが開き、レコードが表示されるときに発生
LostFocus	指定したオブジェクトがフォーカスを失ったときに発生
NoData	データが含まれていないレポート(空のレコードセットにバインドされたレポート)が印刷用に書式設定された後、そのレポートが印刷される前に発生このイベントを使用すると、空白のレポートの印刷を取り消すことができる
Open	レポートがプレビューされるか印刷される前に発生
Page	レポートのページが形式を整えられて印刷されるまでの間に発生このイベントを使って、ページの周囲の境界線を描画したり、ページにグラフィック要素を追加することができる
Resize	レポートが開かれたとき、およびレポートのサイズが変更されたときに発生
Timer	レポートのプロパティで指定された定期的な間隔で発生
Unload	レポートを閉じた後、レポートが画面に表示されなくなる前に発生

また、レポートのイベントには発生する順序があります。

レポートを開いて印刷やプレビューを行い、その後にレポートを閉じるか、Accessの別のオブジェクトタブに移動すると、レポートでは次の順序でイベントが発生します。

▼レポートを閉じるか別のオブジェクトタブに移動した時のイベント

Open → Activate → Close → Deactivate

開いている2つのレポート間を切り替えると、1番目のレポートでDeactivateイベントが発生し、2番目のレポートでActivateイベントが発生します。

▼2つのレポートを切り替えた時のイベント

Deactivate(レポート1)→Activate(レポート2)

レポートのDeactivateイベントは、Accessでレポートから別のオブジェクトタブに切り替えた場合にも発生します。ただし、**ダイアログボックス、"PopUp/ポップアップ" プロパティが[Yes/はい]に設定されているフォーム、または別のアプリケーションのウィンドウに切り替える場合は、Deactivateイベントは発生しません**。また、クエリに基づくレポートを開くと、元になるクエリが実行される前に、レポートでOpenイベントが発生します。このため、Openイベントに応答するマクロまたはイベントプロシージャを使用して、レポートに条件を設定できます。

・レポートセクションのイベント

レポートを印刷またはプレビューすると、レポートセクションでFormatイベントとPrintイベントが発生します。これらのイベントは、レポートのOpenイベントとActivateイベントの後、レポートのCloseイベントまたはDeactivateイベントの前に発生します。

▼レポートを印刷またはプレビューした時のイベント

Open(レポート)→Activate(レポート)→Format(レポートセクション)→Print(レポートセクション)→Close(レポート)→Deactivate(レポート)

さらに、フォーマット中、またはフォーマットしてからPrintイベントが発生するまでの間に、次のイベントが発生することがあります。

- **レポートのフォーマット中に前のセクションに戻ると、Retreatイベントが発生する**
- **レポートで表示するレコードがない場合は、NoDataイベントが発生する**
- **フォーマットしてから印刷するまでの間に、Pageイベントが発生。このイベントを使用して、印刷するレポートの外観をカスタマイズできる**

・Openイベントの構文

object_Open(Cancel)

Openイベントは、objectにReportオブジェクトを指定し、レポートが開くときに、最初のレコードが表示される前に発生します。引数CancelをTrue(-1)に設定すると、レポートを開くことが取り消されます。

Tips 216 条件によりレポートに表示する内容を変更する

▶関連Tips 146 215

使用機能・命令 **Loadイベント**（→Tips215）/ **Filterプロパティ**（→Tips146）/ **FilterOnプロパティ**（→Tips146）

サンプルファイル名 gokui06.accdb/R_216

▼指定した文字を使って「商品名」を検索する

```
'レポートを読み込むときに処理を行う
Private Sub Report_Load()
    Dim vName As String    'フィルタに使用する値を代入する変数を宣言する

    'インプットボックスに入力された値を変数に代入する
    vName = InputBox("商品名の一部を入力してください")
    '「商品名」フィールドにフィルタを設定する
    Me.Filter = "商品名 Like '*" & vName & "*'"
    Me.FilterOn = True          'レポートのフィルタを有効にする
End Sub
```

解説

レポートを開くときに、任意のレコードのみ表示するようにフィルタをかけることができます。フィルタをかけるには、Filterプロパティ（→Tips146）に条件となる文字列を指定します。そして、FilterOnプロパティ（→Tips146）にTrueを指定して、フィルタを有効にします。

ここでは、「R_216」レポートを開くときにインプットボックスを表示して、入力された値が「商品名」フィールドに含まれるレコードを抽出します。なお、動作を確認するにはレポートを印刷プレビューで開いてください。

▼実行結果

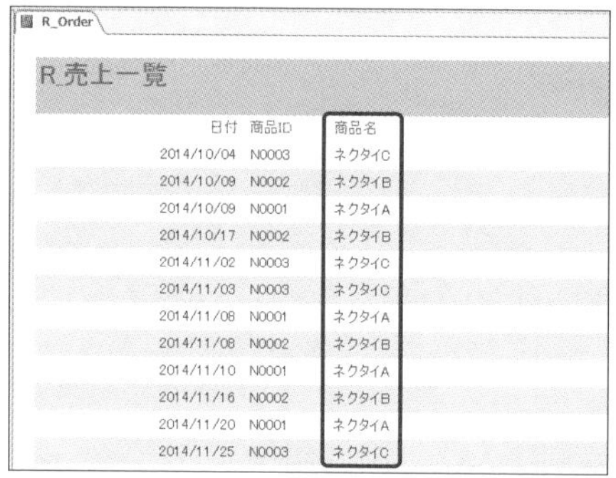

「ネクタイ」のレコードだけが表示された

Tips 217

ページの先頭と最後のデータを表示する

▶関連Tips 215

使用機能・命令 Printイベント

サンプルファイル名 gokui06.accdb/R_217

▼印刷プレビュー時にレポートの最初と最後の「商品ID」を取得して、レポートヘッダーに表示する

```
'印刷時にページヘッダーに対して処理を行う
Private Sub ページヘッダーセクション_Print(Cancel As Integer, PrintCount As
    Integer)
    '「txtFirst」テキストボックスに「商品ID」を入力する
    Me.txtFirst = Me.商品ID
End Sub

'印刷時にページフッターに対して処理を行う
Private Sub ページフッターセクション_Print(Cancel As Integer, PrintCount As
    Integer)
    '「txtLast」テキストボックスに「商品ID」を入力する
    Me.txtLast = Me.商品ID
    '「txtLast」テキストボックスに「txtFirst」テキストボックスと
    '「txtLast」テキストボックスの値を「-」でつなげて表示する
    Me.txtLast = txtFirst & " - " & txtLast
End Sub
```

❖ 解説

ページヘッダーセクションとページフッターセクションのPrintイベントを使用して、印刷するデータの先頭と最後のレコードを取得し、レポートに表示することができます。

ここでは、「txtFirst」テキストボックスに先頭の「商品ID」を、「txtLast」テキストボックスに「商品ID」の最後のレコードを代入後、「txtLast」テキストボックスに両方の値を再度取得しています。

なお、「txtFirst」テキストボックスは、「可視」プロパティを「いいえ」にして表示されないようにしています。

なお、動作を確認するには、レポートを印刷プレビューで開いてください。

Tips 218 レコードの途中で改ページしないようにする

▶関連Tips 108

使用機能・命令 **KeepTogetherプロパティ**

サンプルファイル名 gokui06.accdb/R_218,F_218

▼「R_218」レポートをレコードが途中で切れないように設定して、印刷プレビューする

```
'コマンドボタンをクリックした時に処理を行う
Private Sub cmdSample_Click()
    '「R_218」レポートをデザインビューで開く
    DoCmd.OpenReport "R_218", acViewDesign
    '「R_218」レポートの詳細セクションで「同一ページに印刷」の設定を行う
    Reports!R_218.詳細.KeepTogether = True
    'レポートを印刷プレビューする
    DoCmd.OpenReport "R_218", acPreview
End Sub
```

❖ 解説

KeepTogetherプロパティを使用して、複数のページにまたがるレコードを1ページに収めて、レコード途中で改ページしないようにすることができます。

KeepTogetherプロパティは、Trueを指定すると、フォームまたはレポートのセクション全体を同一ページに印刷します。フォームおよびレポートセクション（ページヘッダーとページフッターを除く）に適用されます。

KeepTogetherプロパティはデザインビューで設定するため、OpenReportメソッド（→Tips 108）を使用してレポートをデザインビューで開き、KeepTogetherプロパティを使用後、再度、OpenReportメソッドの2番目の引数にacPreviewを指定して、印刷プレビューを行います。なお、実際に印刷する場合は、この印刷プレビューする箇所を「DoCmd.PrintOut」に修正し、さらに「DoCmd.Close acReport, "R_218", acSaveNo」を記述し、レポートを閉じるようにしましょう。ここでは、「F_218」フォームの「実行」ボタンをクリックしたタイミングで処理を行います。実行するには、「F_218」フォームを使用してください。

• KeepTogetherプロパティの構文

object.KeepTogether

KeepTogetherプロパティは、objectに指定した、フォームまたはレポートのセクション全体を同一ページに印刷するかを指定します。Trueを指定すると、セクション全体をカレントページに印刷できない場合、セクションの印刷を次のページの先頭から開始します。False（既定値）を指定した場合、セクションを可能な限り続けてカレントページに印刷し、残りの部分を次のページに印刷します。なお、このプロパティは、フォームやレポートのデザインビューでのみ設定できます。

Tips 219 指定した行単位の位置で改ページする

▶関連Tips 220

使用機能・命令　**Visibleプロパティ**

サンプルファイル名　gokui06.accdb/R_219

▼レポートを10行ごとに改ページする

```
Dim i As Long          '改ページ位置を取得するための変数を宣言する

'ページヘッダーセクションのフォーマット時に処理を行う
Private Sub ページヘッダーセクション_Format(Cancel As Integer, FormatCount
    As Integer)
    i = 0
    Me!改ページ.Visible = False
End Sub

Private Sub 詳細_Format(Cancel As Integer, FormatCount As Integer)
    i = i + 1    '変数を「1」加算する

    If i > 10 Then        '変数iの値が10より大きいか判定する
        Me!改ページ.Visible = True        '10より大きい場合改ページする
    Else
        Me!改ページ.Visible = False       '10以下の場合改ページしない
    End If
End Sub
```

❖ 解説

レポートを印刷する場合、Formatイベントで改ページコントロールに対してVisibleプロパティを使用し、任意の位置を指定して改ページすることができます。改ページコントロールのVisibleプロパティにTrueを指定すると、改ページが行われます。

ここでは、レポートの詳細セクションのレコードを表示するテキストボックスよりも上の部分に、「改ページ」という名の改ページコントロールが挿入されています。なお、動作を確認するには、レポートを印刷プレビューで開いてください。

• Visibleプロパティの構文

object.Visible

Visibleプロパティは、objectに指定したオブジェクトが表示されるかどうかを指定します。値の取得および設定が可能です。ここでは、objectにPageBreakオブジェクト（改ページコントロール）を指定することで、改ページを行うかどうかを指定しています。

Tips 220 連続番号を元に指定した位置で改ページする

▶関連Tips 219

使用機能・命令 **Visibleプロパティ（→Tips219）**

サンプルファイル名 gokui06.accdb/R_220

▼「商品ID」ごとに改ページを入れる

```
Dim vName As String          '改ページ位置を取得するための変数を宣言する

'ページヘッダーセクションのフォーマット時に処理を行う
Private Sub ページヘッダーセクション_Format(Cancel As Integer, FormatCount
    As Integer)
    vName = Left(Me.商品ID, 1)    '「商品ID」の左の1文字を変数に代入する
    Me!改ページ.Visible = False
End Sub

'詳細セクションのフォーマット時に処理を行う
Private Sub 詳細_Format(Cancel As Integer, FormatCount As Integer)
    If vName <> Left(Me.商品ID, 1) Then
    '変数の値と「商品ID」の左1文字が異なるかチェックする
        Me!改ページ.Visible = True      '異なる場合場合改ページする
    Else
        Me!改ページ.Visible = False     '同じ場合場合改ページしない
    End If
End Sub
```

❖ 解説

レポートを印刷する場合、Formatイベントで改ページコントロールに対して、Visibleプロパティを使用して、任意の位置を指定して改ページすることができます。

ここでは、「商品ID」ごとに改ページを行うように処理しています。「商品ID」は、左端の1文字が種類を表しています。そこで、Left関数（→Tips060）を使用して「商品ID」の左1文字を変数に代入し、この値を基準に改ページを行うようにしています。

ここでは、レポートの詳細セクションのレコードを表示するテキストボックスよりも上の部分に、「改ページ」という名の改ページコントロールが挿入されています。これをVisibleプロパティで表示すれば「改行」、非表示にすれば「改行なし」となります。

なお、動作を確認するには、レポートを印刷プレビューで開いてください。

指定した行ごとに空白行を挿入する

▶関連Tips
056
220
222

使用機能・命令 **NextRecordプロパティ/PrintSectionプロパティ/MoveLayoutプロパティ**

サンプルファイル名 gokui06.accdb/R_221

▼レポートで10行ごとに空白行を入れて印刷されるようにする

```
Dim i As Long              '行を取得するための変数を宣言する
'詳細セクションの印刷時に処理を行う
Private Sub 詳細_Print(Cancel As Integer, FormatCount As Integer)
    i = i + 1              '変数iの値を「1」加算する
    If i Mod 11 = 0 Then
        With Me
            .NextRecord = False      '次のレコードに進めない
            .PrintSection = False    'セクションを印刷しない
            .MoveLayout = True       '次の印刷位置に移動する
        End With
        i = 0              '変数iの値をリセットする
    End If
End Sub
```

解説

レポートに指定した行ごとに、空行を入れることができます。ここでは、10行ごとに空白行を入れています。このような処理を行うには、PrintイベントにNextRecordプロパティ、PrintSectionプロパティ、MoveLayoutプロパティを使用して設定します。

ここでは、この3つのプロパティのうちMoveLayoutプロパティのみをTrueにして、指定した行数になると印刷せずに次の印刷位置に移動させることで、空行を作成しています。

なお、ここでは10行ごとに処理を行うために、Mod演算子（→Tips056）を使用しています。10行ごとということは、10行+空行で11行になるため、11で除算した余りで判定しています。

• NextRecordプロパティ/PrintSectionプロパティ/MoveLayoutプロパティの構文

object.NextRecord/PrintSection/MoveLayout

いずれも、objectにReportオブジェクトを指定します。NextRecordプロパティは、Trueを指定するとセクションを次のレコードに進めます。PrintSectionプロパティは、Trueを指定するとセクションを印刷します。MoveLayoutプロパティは、Trueを指定するとページ上の次の印刷位置に移動します。

Tips 222 重複データを非表示にする

▶関連Tips 108 112 221

使用機能・命令 **HideDuplicatesプロパティ/OpenReportメソッド**（→Tips108）

サンプルファイル名 gokui06.accdb/R_222,F_222

▼「商品名」の重複を非表示にして、レポートを印刷プレビューする

```
'コマンドボタンをクリックした時に処理を行う
Private Sub cmdSample_Click()
    '「R_222」レポートをデザインビューで非表示にして開く
    DoCmd.OpenReport "R_222", acViewDesign, , , acHidden
    '「R_222」レポートの「商品名」欄の重複を非表示にする
    Reports("R_222").商品名.HideDuplicates = True
    '「R_222」レポートを保存して閉じる
    DoCmd.Close acReport, "R_222", acSaveYes
    '「R_222」レポートを印刷プレビューで開く
    DoCmd.OpenReport "R_222", acViewPreview
End Sub
```

❖ 解説

ここでは、「商品名」の重複を非表示にして、レポートを印刷プレビューします。レポートを開くときに、特定の項目の重複データを非表示にするには、HideDuplicatesプロパティを使用します。

HideDuplicatesプロパティにTrueを指定すると、対象のレポートのコントロールが非表示になります。**デザインビューでのみ使用可能なため、ここではデザインビューで処理した後、印刷プレビューで開きます**。ここでは、「F_222」フォームのコマンドボタンに処理を記述しています。まず、OpenReportメソッド（→Tips108）を使用して、レポートをデザインビューで開き、HideDuplicatesプロパティの設定を行います。この時、OpenReportメソッドの5番目の引数にacHiddenを指定して、レポートが見えないようにしています。

そのあと、Closeメソッド（→Tips112）を使用してレポートを閉じています。ここでは、3番目の引数にacSaveYesを指定して、レポートを上書き保存して閉じています。最後に、レポートを印刷プレビューで開きます。

動作を確認するには、「F_222」フォームを開き、「実行」コマンドボタンをクリックしてください。

•HideDuplicatesプロパティの構文

object.HideDuplicates

HideDuplicatesプロパティは、objectにTextBoxオブジェクトを指定すると、テキストボックスの値が前のレコードと同じ場合に、そのコントロールを非表示にすることができます。値の取得および設定が可能です。非表示にするには、Trueを指定します。

Tips 223

ページフッターにページ番号と総ページ数を表示する

▶関連Tips 224

使用機能・命令　**Pageプロパティ/Pagesプロパティ**

サンプルファイル名　gokui06.accdb/R_223,6_2Module

▼レポートのページフッターに「ページ番号/総ページ数」を表示する

```
'R_223に記述
'ページフッターセクションのフォーマットに処理を行う
Private Sub ページフッターセクション_Format(Cancel As Integer, FormatCount
    As Integer)
    '「ページ番号/総ページ数」をテキストボックスに表示する
    Me.txtPage = Me.Page & "/" & Me.Pages
End Sub

'6_2Moduleに記述
'レポートのページ数を取得する関数のテストプロシージャ
Private Sub Sample223Test()
    Debug.Print Sample223("R_223")  'Sample223プロシージャを呼び出す
End Sub

'レポートのページ数を返すプロシージャ
Private Function Sample223(ByVal ReportName As String) As Long
    '対象のレポートをプレビューで開く
    DoCmd.OpenReport ReportName, acViewPreview, , , acHidden

    'ページ数を取得する
    Sample223 = Reports(ReportName).Pages
    'レポートを閉じる
    DoCmd.Close acReport, ReportName
End Function
```

解説

ここでは、レポートのページ番号と総ページ数を取得します。

1つ目のサンプルは、レポートのページフッターにそれぞれの情報を表示します。

Pageプロパティはレポートのページ番号を、Pagesプロパティはレポートの総ページ数を取得します。

ただし、レポートには、コントロールソースに「=[Pages]」と設定されたテキストボックスが必要です。このテキストボックスがあると、レポートは開くときに全体のページ数を取得する動作を行います。この処理がないと、Pagesプロパティの値は「0」になってしまうため、必ず配置するようにします。なお、サンプルを確認するには、レポートを印刷プレビューで表示してください。

2つ目のサンプルは、単にレポートのページ数を取得したい場合の処理です。Sample223Testプロシージャはテスト用のプロシージャで、Sample223プロシージャが実際にレポートのページ数を取得し返すプロシージャです。ここでは、DoCmdオブジェクトのOpenReportメソッド（→Tips108）でレポートを印刷プレビューで開き、Pagesプロパティの値を取得しています。

▼実行結果

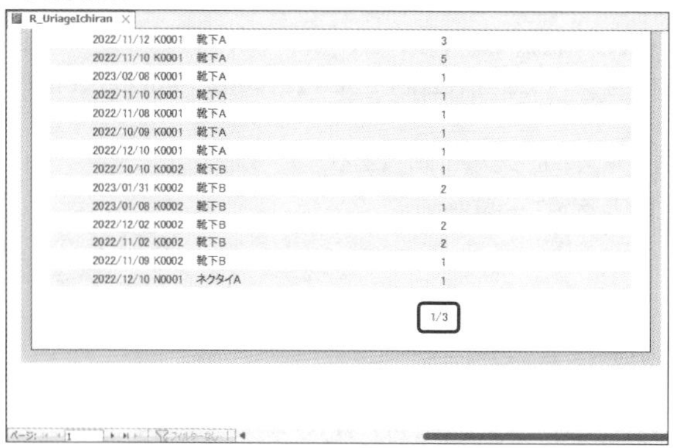

レポートのページフッターにページ番号と総ページ数が表示された

•Pageプロパティ/Pagesプロパティの構文

object.Page/Pages

Pageプロパティ、Pagesプロパティは、objectにReportオブジェクトやFormオブジェクトを指定します。Pageプロパティは、フォームまたはレポートの印刷時にカレントページ番号を示します。値の取得および設定が可能です。印刷プレビューまたは印刷時にのみ適用されます。

Pagesプロパティは、レポートの総ページ数を取得します。印刷プレビューまたは印刷時にのみ適用されます。

Memo 筆者は、原則総ページ数は入れるようにしています（Accessに限らずですが）。これは、単にページ番号だけだと、全体のどのくらいの位置なのかがわからないためです。総ページ数があると、「現在のページはだいたい1/3くらいだな」といったことがわかるので便利だと感じています。

Tips 224 奇数ページと偶数ページでフッターに表示する内容を変更する

▶関連Tips 056 215 223

使用機能・命令 Pageプロパティ（→Tips223）

サンプルファイル名 gokui06.accdb/R_224

▼偶数ページはページの左端に、奇数ページはページの右端にページ番号を表示する

```
'ページフッターセクションのフォーマットに処理を行う
Private Sub ページフッターセクション_Format(Cancel As Integer, FormatCount
    As Integer)
    Dim vPage As String        '表示する文字列を代入する変数を宣言する
    vPage = Me.Page & "ページ"   'ページ番号を取得する
    If Me.Page Mod 2 = 0 Then    '偶数ページかどうかの判定
        Me.lblLeft.Caption = vPage  '偶数ページの場合は左側にページ番号を表示
        Me.lblRight.Caption = ""
    Else
        Me.lblLeft.Caption = ""
        Me.lblRight.Caption = vPage '奇数ページの場合は右側にページ番号を表示
    End If
End Sub
```

❖ 解説

　ここでは、レポートの偶数ページと奇数ページで、ページフッターに表示するページ番号を分けています。ページフッターのFormatイベント（→Tips215）で、レポートヘッダーに配置された2つのラベルに対してページ番号を表示する処理を行います。このとき、Pageプロパティでページ番号を取得し、Mod演算子（→Tips056）を使用して、そのページが偶数ページか奇数ページか、2で除算し、余りがなければ偶数と判定しています。

　なお、ここではページ番号の表示にラベルを使用しています。テキストボックスでももちろん結構ですが、ラベルの場合、枠線を消すなどの必要が無いため、手軽に使用できます。

　動作を確認するには、レポートを印刷プレビューで開いてください。

▼実行結果

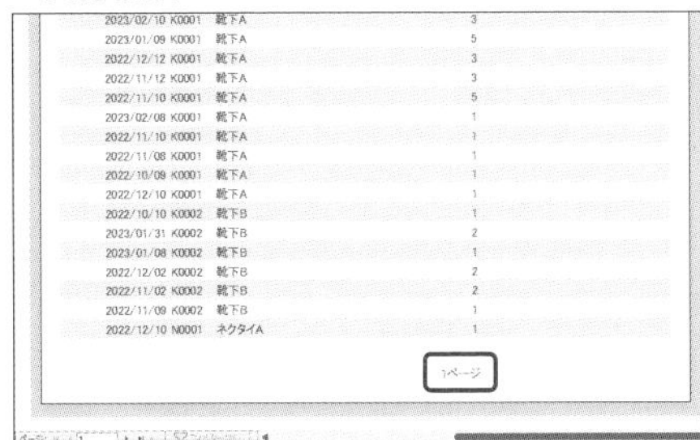

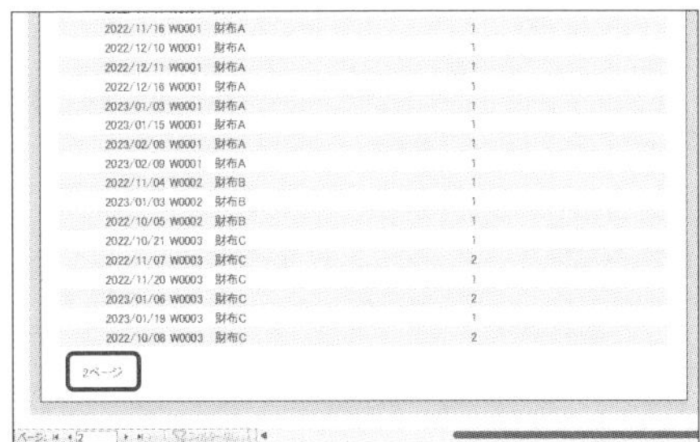

ページによってページ番号が表示される位置が変わる

Tips 225 ページごとに小計を求める

▶関連Tips 215

使用機能・命令 Printイベント（→Tips217）/ Formatイベント

サンプルファイル名 gokui06.accdb/R_225

▼売上一覧を表示するレポートで、ページごとの小計をページフッターに表示する

```
Dim vSum As Long          '小計を求めるための変数を宣言する

'ページヘッダーセクションのフォーマット時に処理を行う
Private Sub ページヘッダーセクション_Format(Cancel As Integer, FormatCount
    As Integer)
    vSum = 0          'ページごとの小計を計算するための変数を初期化する
End Sub

'詳細セクションの印刷時に処理を行う
Private Sub 詳細_Print(Cancel As Integer, PrintCount As Integer)
    vSum = vSum + Me.数量          '「数量」フィールドの値を加算する
End Sub

'ページフッターセクションの印刷時に処理を行う
Private Sub ページフッターセクション_Print(Cancel As Integer, PrintCount As
    Integer)
    Me.txtSum = vSum          '「txtSum」テキストボックスに集計結果を入力する
End Sub
```

❖ 解説

ページごとに集計を行うには、Printイベントを使用します。Printイベントはレコード1件ごとに発生するため、その度にレコードを加算して合計を求めることができます。また、ページ全体の処理が行われる時に小計の値が代入されている変数vSumを初期化するために、ページヘッダーセクションのFormatイベント時に、変数vSumに「0」を代入しています。そして、集計結果をページフッターセクションにある「txtSum」テキストボックスに設定します。

なお、動作を確認するには、レポートを印刷プレビューで開いてください。

▼実行結果

「小計」が表示された

Tips 226

累計を求める

▶関連Tips 215

使用機能・命令 **Printイベント**（→Tips217）

サンプルファイル名 gokui06.accdb/R_226

▼「数量」フィールドの値の累計を各レコードに表示する

```
Dim vSum As Long          '累計を求めるための変数を宣言する

'詳細セクションの印刷時に処理を行う
Private Sub 詳細_Print(Cancel As Integer, PrintCount As Integer)
    vSum = vSum + Me.数量          '「数量」フィールドの累計を求める
    Me.txtSum = vSum               '「txtSum」テキストボックスに累計を入力する
End Sub
```

❖ 解説

詳細セクションのPrintイベントは、レコード1件ごとに発生します。そこで、このイベントを利用して、「数量」フィールドの値の累計を各レコードに表示します。

レコードごとに、そのレコードまでの累計を表示するので、テキストボックスに集計した値を入力する処理も、同じ詳細セクションのPrintメソッドで行っています。イベント処理のたびに集計された値を保持するために、変数vSumはプロシージャレベルで宣言しています。

変数の宣言をPrintイベントプロシージャ内で行うと、正しく累計が集計されないので気をつけてください。

なお、この処理では帳票形式のレポートで、詳細セクションの一番右に累計を表示するための非連結のテキストボックス「txtSum」があります。このテキストボックスに累計が表示されます。

なお、動作を確認するには、レポートを印刷プレビューで開いてください。なお、最終ページに総計を表示する場合は、レポートフッターセクションに総計を表示するテキストボックスを用意して、変数の値を格納します。

▼実行結果

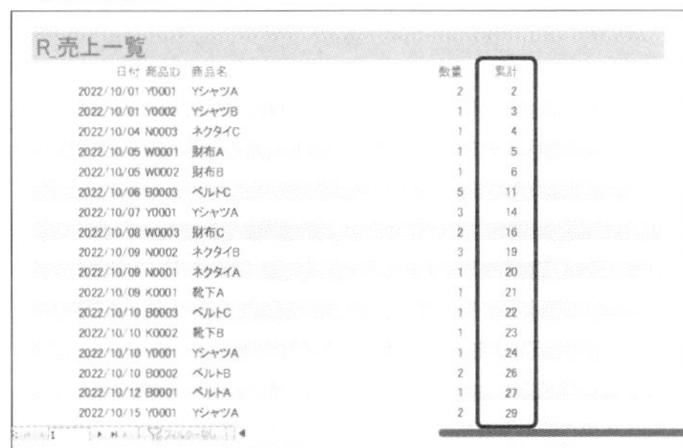

R_売上一覧

日付	商品ID	商品名	数量	累計
2022/10/01	Y0001	YシャツA	2	2
2022/10/01	Y0002	YシャツB	1	3
2022/10/04	N0003	ネクタイC	1	4
2022/10/05	W0001	財布A	1	5
2022/10/05	W0002	財布B	1	6
2022/10/06	B0003	ベルトC	5	11
2022/10/07	Y0001	YシャツA	3	14
2022/10/08	W0003	財布C	2	16
2022/10/09	N0002	ネクタイB	3	19
2022/10/09	N0001	ネクタイA	1	20
2022/10/09	K0001	靴下A	1	21
2022/10/10	B0003	ベルトC	1	22
2022/10/10	K0002	靴下B	1	23
2022/10/10	Y0001	YシャツA	1	24
2022/10/10	B0002	ベルトB	2	26
2022/10/12	B0001	ベルトA	1	27
2022/10/15	Y0001	YシャツA	2	29

「累計」が表示された

レポートのグラフの種類とタイトルを変更する ※2013非対応

▶関連Tips 215

使用機能・命令 ChartTypeプロパティ/ChartTitleプロパティ

サンプルファイル名 gokui06.accdb/R_227

▼レポート上のグラフの種類とタイトルを変更する

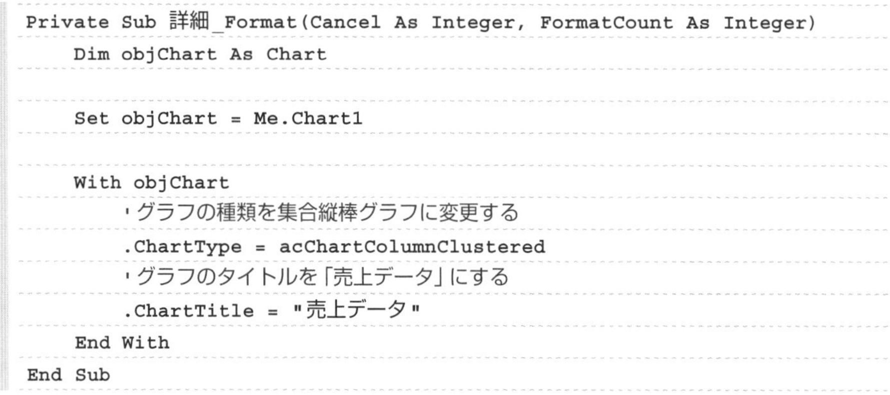

```
Private Sub 詳細_Format(Cancel As Integer, FormatCount As Integer)
    Dim objChart As Chart

    Set objChart = Me.Chart1

    With objChart
        'グラフの種類を集合縦棒グラフに変更する
        .ChartType = acChartColumnClustered
        'グラフのタイトルを「売上データ」にする
        .ChartTitle = "売上データ"
    End With
End Sub
```

❖ 解説

ここでは、詳細セクションのFormatイベントを利用して、印刷プレビュー時にレポート上のグラフの種類とタイトルを変更します。グラフの種類は縦棒グラフに、タイトルは「売上データ」に変更します。

▼実行結果

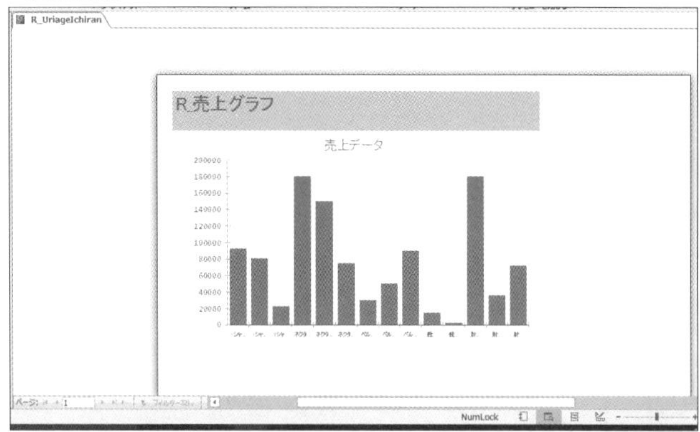

グラフの種類とタイトルが変更された

Tips 228 宛名ラベルの印字開始位置を指定する

▶関連Tips 037 221 225

使用機能・命令 **Formatイベント**（→Tips215）

サンプルファイル名 gokui06.accdb/R_228

▼ラベルの印刷時に指定した位置から印刷を開始する

```
Dim vRecord As Long      'レコード件数を代入するための変数を宣言する
Dim vCount As Long       '開始位置を代入するための変数を宣言する

'レポートが開くときに時に処理を行う
Private Sub Report_Open(Cancel As Integer)
    On Error Resume Next        'エラー処理を開始する
    'インプットボックスを表示して印字開始位置を取得する
    vCount = InputBox("印字開始位置を指定してください。")
    '1ページに印刷できる12よりも大きいか確認する
    If vCount > 12 Then
        'メッセージを表示する
        MsgBox "印字できません。12より小さい数字を指定してください"
        Cancel = True           '印刷処理をキャンセルする
        Exit Sub                '処理を終了する
    End If
    vRecord = 1      'レコードの開始位置を「1」にする
End Sub

'詳細セクションのフォーマット時に処理を行う
Private Sub 詳細_Format(Cancel As Integer, FormatCount As Integer)
    'レコードの数が、指定された印字位置かどうか判定する
    If vRecord < vCount Then
        With Me
            .MoveLayout = True       '印刷位置を進める
            .NextRecord = False      'レコードは進めない
            .PrintSection = False    'このセクションを印刷しない
        End With
        vRecord = vRecord + 1        'レコード番号を「1」増やす
    End If
End Sub

'ページヘッダーセクションのフォーマット時に処理を行う
Private Sub ページヘッダーセクション_Format _
    (Cancel As Integer, FormatCount As Integer)
```

```
    vRecord = 1
End Sub
```

❖ 解説

宛名ラベルの印刷開始位置を指定します。詳細セクションのFormatイベントで、MoveLayoutプロパティ（→Tips221）、NextRecordプロパティ（→Tips221）、PrintSectionプロパティ（→Tips221）を使用して、指定した印刷開始位置まで印字位置を進めます。

MoveLayoutプロパティは、Trueを指定すると、ページ上の次の印刷位置に移動します。NextRecordプロパティは、Trueを指定すると、セクションを次のレコードに進めます。そして、PrintSectionプロパティにTrueを指定すると、セクションを印刷します。

ここでは、InputBox関数（→Tips037）を使用して、どの位置から印字を開始するか、ユーザーが指定できるようになっています。ただし、このサンプルでは1ページ当たり12枚のラベルが印刷できる設定のため（当然ながら、これはラベルによって異なります）、入力された値が12より大きい場合は、メッセージを表示して、Openイベント（→Tips215）の引数CancelにTrueを指定することで、レポートを開かないようにしています。

入力された値が12以下であれば、指定した位置までMoveLayoutプロパティをTrueにして処理し、レコードを印刷しないで印字位置だけを進めます。

また、動作を確認するには、レポートを印刷プレビューしてください。

なお、Accessで「宛名ラベル」を作成する際には、「宛名ラベル」ウィザードを使用します。このウィザードでは、実際に販売されている宛名ラベルがメーカーごとに登録されているため、目的のラベルが簡単に作成できます。

▼インプットボックスに開始位置を入力する

ここでは「3」を入力した

▼実行結果

3つ目のラベルから印字が始まった

Tips 229 宛名ラベル印刷時に印刷枚数を指定する

▶関連Tips 215 221

使用機能・命令 **Printイベント**（→Tips217）

サンプルファイル名 gokui06.accdb/R_229

▼指定した枚数分ラベルを印刷する

```
Dim vCount As Integer         '印字枚数を代入するための変数

'レポートが開くときに処理を行う
Private Sub Report_Open(Cancel As Integer)
    'エラー処理を開始する
    On Error Resume Next
    'インプットボックスを表示して印刷枚数を取得する
    vCount = InputBox("印字枚数を入力してください")
End Sub

'レポートの詳細セクションの印刷時に処理を行う
Private Sub 詳細_Print(Cancel As Integer, PrintCount As Integer)
    With Me
        If .PrintCount < vCount Then    '印字枚数が指定した値以下か判定する
            .NextRecord = False   '指定した値以下の場合、次のレコードに進めない
        End If
        If vCount = 0 Then              '指定枚数が0の場合の処理
            .PrintSection = False       'セクションを印刷しない
        End If
    End With
End Sub
```

❖ 解説

ここでは、印刷時に宛名ラベルの印刷枚数を指定します。

NextRecordプロパティ（→Tips221）は、Trueを指定するとレコードを次に進めます。Falseを指定すると進めません。これを利用して、詳細セクションのPrintイベントで、指定した枚数分の印刷が行われるまでレコードを進めないようにすることで、指定した枚数のラベルを印刷するようにします。Printイベントの引数PrintCountは、印刷するレコードの数を表します。この数と指定した値を比較して、指定した枚数の印刷を行っています。

また、指定枚数が「0」の場合は、PrintSectionプロパティ（→Tips221）にFalseを指定してレコードを印刷しません。Printイベントはレコード1件ごとに発生しますが、すべてのレコードでPrintSectionプロパティがFalseにするため、ラベルは1つも印刷されないことになります。

なお、動作を確認するには、レポートを印刷プレビューしてください。

Tips 230

レポートの背景色を1行ごとに設定する

▶関連Tips 215

使用機能・命令 BackColorプロパティ/RGB関数/Sectionプロパティ

サンプルファイル名 gokui06.accdb/R_230

▼レポートの背景色を1行おきにグレーにする

```
Dim flg As Boolean  '色を付けるかどうかのフラグ

'ページヘッダーセクションのフォーマット時に処理を行う
Private Sub ページヘッダーセクション_Format(Cancel As Integer, FormatCount
    As Integer)
    flg = True  'フラグを立てる
End Sub

'詳細セクションの印刷時に処理を行う
Private Sub 詳細_Print(Cancel As Integer, PrintCount As Integer)
    'flgがTrueかどうかを確認する
    If flg Then
        '詳細セクションの背景色を「グレー」にする
        Me.Section(acDetail).BackColor = RGB(200, 200, 200)
    Else
        '詳細セクションの背景色を「白」にする
        Me.Section(acDetail).BackColor = RGB(255, 255, 255)
    End If
    flg = Not flg   'フラグを入れ替える
End Sub
```

解説

ここでは、レポートの背景色を1行ごとにグレーにします。動作を確認するには、「R_230」レポートを印刷プレビューしてください。

レポートの背景色は、BackColorプロパティとRGB関数を使用して設定することができます。

BackColorプロパティは背景色を表します。このプロパティに色を表すRGB関数を使用して、色を指定します。RGB関数は、色の明度をそれぞれ0から255までの値で指定します。引数の順序は、1番目が「赤（R）」、2番目が「緑（G）」、3番目が「青（B）」になります。

また、ここでは1行ごとに背景色をグレーにするので、変数flgを使用して判定しています。この変数の値に応じて、背景色を「グレー」または「白」にしています。

詳細セクションのPrintイベント（→Tips215）は1件ごとに発生するので、1行処理を行うごとに、flgをNot演算子を使用して反転させることで、1行ごとの処理を実現しています。

また、ページヘッダーセクションのFormatイベントで、flgをTrueにしています。こうすることで、各ページの最初の行の背景色を統一することができます。

ここでは詳細セクションの背景色を設定していますが、詳細セクションを取得するために、SectionプロパティにacDetailを指定しています。Sectionプロパティは、引数に指定したセクションを取得することができるプロパティです。Sectionプロパティに指定できる値は、次のとおりです。

◈ Sectionプロパティに指定できる定数

定数	値	説明
acDetail	0	レポートの詳細セクション
acHeader	1	レポートヘッダーセクション
acFooter	2	レポートフッターセクション
acPageHeader	3	レポートのページヘッダーセクション
acPageFooter	4	レポートのページフッターセクション
acGroupLevel1Header	5	グループレベル1のヘッダーセクション
acGroupLevel1Footer	6	グループレベル1のフッターセクション
acGroupLevel2Header	7	グループレベル2のヘッダーセクション
acGroupLevel2Footer	8	グループレベル2のフッターセクション

◈ RGB関数の値と色

色	Red, Green, Blue	色	Red, Green, Blue
黒	0, 0, 0	赤	255, 0, 0
青	0, 0, 255	マゼンタ	255, 0, 255
緑	0, 255, 0	黄	255, 255, 0
シアン	0, 255, 255	白	255, 255, 255

•BackColorプロパティの構文

object.BackColor

•RGB関数の構文

RGB(red, green, blue)

•Sectionプロパティの構文

object.Section(Index)

BackColorプロパティは、objectに指定したオブジェクトの内部の色を取得または設定します。

RGB関数は、引数redに「赤」、引数greenに「緑」、引数blueに「青」の色の明度をそれぞれ、0から255までの数値で指定します。主な値については、「解説」を参照してください。

Sectionプロパティは、objectに指定したレポートのセクションを特定し、そのセクションのプロパティにアクセスできます。値の取得のみ可能です。指定できる値は、「解説」を参照してください。

Tips 231

10件ごとにレポートに罫線を表示する

▶関連Tips 056

使用機能・命令 **Lineメソッド/Mod演算子**（→Tips056）

サンプルファイル名 gokui06.accdb/R_231

▼「売上一覧」のレポートで10件ごとに赤い直線を引く

```
Dim i As Long          'レコード数を代入するための変数を宣言する

'ページヘッダーセクションのフォーマット時に処理を行う
Private Sub ページヘッダーセクション_Format(Cancel As Integer, FormatCount
    As Integer)
    i = 0          'レコード数をリセットする
End Sub

'詳細セクションの印刷時に処理を行う
Private Sub 詳細_Print(Cancel As Integer, PrintCount As Integer)
    Dim vLineLeft As Integer          '左端位置を代入する変数を宣言する
    Dim vLineRight As Integer         '右端の位置を代入する変数を宣言する
    Dim vLineTop As Integer           '上端の位置を代入する変数を宣言する
    Dim vLineBottom As Integer        '下端の位置を代入する変数を宣言する

    vLineLeft = 0                 '左端の位置を「0」にする
    vLineRight = Me.Width         '右端の位置を、詳細セクションの幅にする
    vLineTop = Me.Height          '上端の位置を、印刷されるレコードの高さにする
    vLineBottom = Me.Height       '下端の位置を、印刷されるレコードの高さにする

    i = i + 1          'レコード数を「1」加算する
    If i Mod 10 = 0 Then          '10件ごとに処理を行うための判定をする
        '赤い直線を指定した位置に引く
        Line (vLineLeft, vLineTop)-(vLineRight, vLineBottom) _
            , RGB(255, 0, 0)
        i = 0    'レコード数をリセットする
    End If
End Sub
```

❖ 解説

ここでは、レポートの10件ごとに直線を引きます。レポートに直線を引くには、Lineメソッドを使用します。ここでは、Widthプロパティを使用してセクションの幅を、Heightプロパティを使用してセクションの高さを取得して、直線を引く位置を取得しています。なお、レコード数をカウントするための変数iは、ページヘッダーセクションでリセットしています。こうすることで、ページの先頭から10件ごとに直線が引かれます。

動作を確認するには、レポートを印刷プレビューで開いてください。

▼実行結果

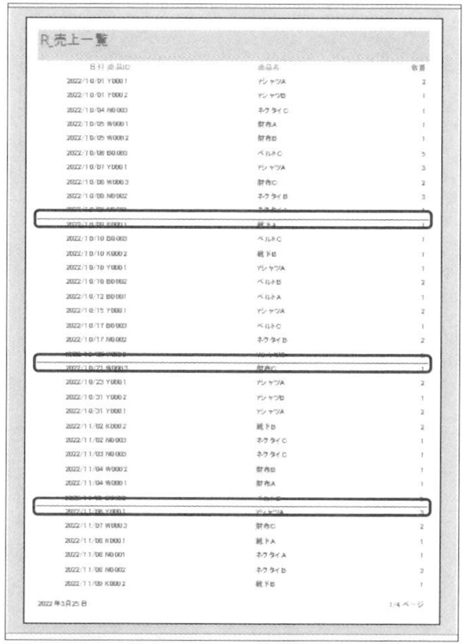

10件ごとに罫線が引かれた

•Lineメソッドの構文

object.Line(Step(x1, y1) - Step(x2, y2), color)

Lineメソッドは、objectに指定したReportオブジェクトのPrintイベントの発生時に、直線や長方形を描きます。1番目の引数に、「(始点のx座標, 始点のy座標) - (終点のx座標, 終点のy座標)」の値を指定します。2番目の引数には、直線の色を指定します。

条件に一致するレコードに取り消し線を表示する

▶関連Tips 231

使用機能・命令 **Lineメソッド**(→Tips231)

サンプルファイル名 gokui06.accdb/R_232

▼「売上一覧」レポートで、「商品ID」が「N0003」の商品に取り消し線を引く

```
'詳細セクションの印刷時に処理を行う
Private Sub 詳細_Print(Cancel As Integer, PrintCount As Integer)
    Dim vLineLeft As Integer           '左端位置を代入する変数を宣言する
    Dim vLineRight As Integer          '右端の位置を代入する変数を宣言する
    Dim vLineTop As Integer            '上端の位置を代入する変数を宣言する
    Dim vLineBottom As Integer         '下端の位置を代入する変数を宣言する

    vLineLeft = 0                    '左端の位置を「0」にする
    vLineRight = Me.Width            '右端の位置を、詳細セクションの幅にする
    vLineTop = Me.Height             '上端の位置を、印刷されるレコードの高さにする
    vLineBottom = Me.Height          '下端の位置を、印刷されるレコードの高さにする

    If Me.商品ID = "N0003" Then        '「商品ID」が「N0003」の時に取り消し線を引く
        '赤い直線を指定した位置に引く
        Line (vLineLeft, vLineTop / 2)-(vLineRight, vLineBottom / 2) _
            , RGB(255, 0, 0)
    End If
End Sub
```

解説

レポートに直線を引くには、Lineメソッド(→Tips231)を使用します。

ここでは、Widthプロパティを使用してセクションの幅を、Heightプロパティを使用してセクションの高さを取得して、直線を引く位置を取得しています。取り消し線を引くために、Heightプロパティで取得した値を1/2して、レコードの中央に直線が引かれるようにしています。

なお、動作を確認するには、レポートを印刷プレビューで開いてください。

▼実行結果

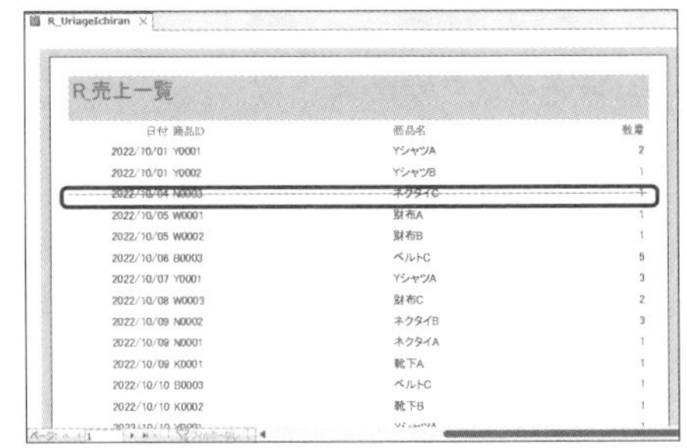

「商品ID」が「N0003」のレコードに取り消し線が引かれた

Tips 233

レポートに枠線を表示する

▶関連Tips 231

使用機能・命令 **Pageイベント/ScaleModeプロパティ**

サンプルファイル名 gokui06.accdb/R_233

▼レポートのページ全体に赤い枠線を設定する

```
'レポートのページイベント時に処理を行う
Private Sub Report_Page()
    Dim vLineTop As Single          '上端の位置を代入する変数を宣言する
    Dim vLineRight As Single        '右端の位置を代入する変数を宣言する
    Dim vLineBottom As Single       '下端の位置を代入する変数を宣言する
    Dim vLineLeft As Single         '左端位置を代入する変数を宣言する

    Me.ScaleMode = 3                            'ページの単位をピクセルに設定する
    vLineTop = Me.ScaleTop                      '上端の位置をページの上端の値に設定する
    vLineLeft = Me.ScaleLeft                    '左端の位置をページの左端の値に設定する
    vLineBottom = Me.ScaleHeight - 80 '下端の位置をページの高さ -80の値に設定する
    vLineRight = Me.ScaleWidth - 10   '右端の位置をページの幅 -10に設定する

    '赤い枠を指定した位置に引く
    Line (vLineLeft, vLineTop)-(vLineRight, vLineBottom) _
        , RGB(255, 0, 0), B
End Sub
```

❖ 解説

レポートに枠線を引くには、Lineメソッド（→Tips231）を使用します。動作を確認するには、レポートを印刷プレビューで開いてください。線を引く位置は、ScaleTopプロパティ（ページの上端）、ScaleLeftプロパティ（ページの左端）、ScaleHeightプロパティ（ページの高さ）、ScaleWidthプロパティ（ページの幅）を使って取得しています。高さと幅は、そのままの値を使用するとはみ出してしまうので、それぞれ調整しています。また、既定値ではページの幅や高さはtwipですが、調整しやすいように、ScaleModeプロパティを使用してピクセルを単位にしています。ScaleModeプロパティに指定できる値は、次のとおりです。

◈ ScaleModeプロパティに指定できる値

値	説明
0	ScaleHeight、ScaleWidth、ScaleLeft、およびScaleTopプロパティのうちの1つ以上で使われる独自の値
1	既定値。twip(画面上の長さの基本単位。1cmは約567twip、1インチは1,440twip)
2	ポイント(印刷する文字の高さを指定する基本単位。1ポイントは、約0.0353cm)
3	ピクセル(コンピューターのモニター上に表示される画像の単位)
4	文字数(水平方向=120twip、垂直方向=240twip)

5	インチ
6	mm
7	cm

▼実行結果

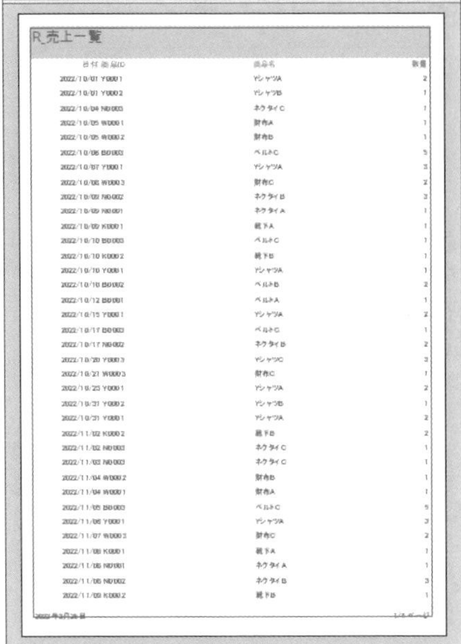

レポートに枠線が表示された

•Pageイベントの構文

object_Page

Pageイベントはobjectにレポートのオブジェクト名を指定し、レポートのページが形式を整えられ、実際に印刷される前に発生します。

ページにグラフィック要素を追加する時に使用します。

•ScaleModeプロパティの構文

object.ScaleMode

ScaleModeプロパティは、objectにReportオブジェクトを指定し、ページの座標の単位（長さの単位）を指定できます。レポートを印刷またはプレビューするとき、またはレポートの出力をファイルに保存するときで、Circle、Line、Pset、Printのいずれかのメソッドを使う場合に使用します。

Tips 234

レポートの背景に任意の文字を表示する

▶関連Tips 230

使用機能・命令 **Printメソッド**

サンプルファイル名 gokui06.accdb/R_234

▼レポートのヘッダー部分に「極秘」という文字を赤字で表示する

```
'レポートヘッダーのフォーマット時に処理を行う
Private Sub レポートヘッダー_Format(Cancel As Integer, FormatCount As
    Integer)
    With Me
        .FontBold = True                'フォントを太字にする
        .ForeColor = RGB(250, 0, 0)     'フォントの色を「赤」にする
        .FontSize = 20                  'フォントサイズを20ポイントにする
        .CurrentX = 2500               '表示する水平位置を2500にする
        .CurrentY = 50                 '表示する垂直位置を50にする
        .Print "極秘"                   '表示する文字を「極秘」にする
    End With
End Sub
```

解説

レポートの背景に文字を表示するには、Printメソッドを使用します。Printメソッドは、指定した文字を表示するメソッドです。

ただし、フォントサイズなどの設定はできません。そこで、対象のセクションに対してフォントの設定を行ったあと、Printメソッドで文字を表示します。

ここでは、レポートヘッダーの背景に文字を入力します。FontBoldプロパティは、Trueを指定するとフォントを太字にします。ForeColorプロパティは、フォントの色をRGB関数（→Tips230）を使用して指定します。FontSizeプロパティは、フォントサイズを指定します。

CurrentXプロパティは、表示する水平方向の位置を指定します。CurrentYプロパティは、表示する垂直方向の位置を指定します。

なお、動作を確認するには、レポートを印刷プレビューで開いてください。

•Printメソッドの構文

object.Print(Expr)

Printメソッドは、objectにReportオブジェクトを指定し、テキストをReportオブジェクトに表示します。引数Exprに表示する文字列を指定します。この引数を指定しないと、Printメソッドは空白行を表示します。複数の式を、スペース、セミコロン（;）、またはコンマで区切って指定できます。スペースは、セミコロンと同じ働きをします。

Tips 235

条件によって表示する文字の色を変更する

▶関連Tips 230

使用機能・命令 **ForeColorプロパティ/RGB関数** (→Tips230)

サンプルファイル名 gokui06.accdb/R_235

▼「売上一覧」レポートの「金額」欄の値に応じてフォントの色を変更する

```
'詳細セクションのフォーマット時に処理を行う
Private Sub 詳細_Format(Cancel As Integer, FormatCount As Integer)
    Select Case Me.金額        '「金額」フィールドの値に応じて処理を行う
        Case Is < 500          '500未満の場合の処理
            With Me.金額
                .ForeColor = RGB(255, 0, 0)        'フォントを「赤」にする
                .FontBold = True                   'フォントを太字にする
            End With
        Case Is < 1000         '1000未満の場合の処理
            With Me.金額
                .ForeColor = RGB(0, 255, 0)        'フォントを「緑」にする
            End With
        Case Is < 5000         '5000未満の場合の処理
            With Me.金額
                .ForeColor = RGB(0, 0, 255)        'フォントを「青」にする
            End With
        Case Else
            With Me.金額
                .ForeColor = RGB(0, 255, 255)        'フォントを「水色」にする
            End With
    End Select
End Sub
```

❖ 解説

ここでは、詳細セクションのFormatイベントを利用して、「金額」フィールドの値に応じてフォントの色を設定します。フォントの色を指定するには、対象のオブジェクトのForeColorプロパティを使用します。また、色を指定するにはRGB関数 (→Tips230) を使用します。

なお、動作を確認するには、レポートを印刷プレビューで開いてください。

•ForeColorプロパティの構文

object.ForeColor

ForeColorプロパティは、objectにTextBoxオブジェクトを指定して、テキストの色を指定できます。値の取得および設定が可能です。

Tips 236

条件によって表示する文字を円で囲む

▶関連Tips 230

使用機能・命令 Circleメソッド/Left/Topプロパティ/QBColor関数

サンプルファイル名 gokui06.accdb/R_236

▼「数量」フィールドの値が「3」以上の場合、赤い楕円で文字を囲む

```
'詳細セクションのフォーマット時に処理を行う
Private Sub 詳細_Format(Cancel As Integer, FormatCount As Integer)
    Dim vHpos As Single         '水平位置を代入する変数を宣言する
    Dim vVpos As Single         '垂直位置を代入する変数を宣言する
    Dim vRad As Single          '半径を代入する変数を宣言する
    If Me.数量 >= 3 Then        '「数量」フィールドの値が3以上かどうか判定する
        vHpos = 数量.Left + 数量.Width / 2
        '円の水平方向の中心をテキストボックスの中央にする
        vVpos = 数量.Top + 数量.Height / 2
        '円の垂直方向の中心をテキストボックスの中央にする
        vRad = 数量.Width / 2       '円の半径をテキストボックスの幅の半分にする
        '指定した位置に枠線を「赤」、縦横比を0.3の横長楕円を作成する
        Me.Circle (vHpos, vVpos), vRad, QBColor(4), , , 0.3
    End If
End Sub
```

解説

Circleメソッドは、レポートに円を描きます。ここでは、テキストボックスのLeft（左端）/Width（幅）プロパティを使用して円の水平方向の中心を、Top（上端）/Height（高さ）プロパティを使用して円の垂直方向の中心をそれぞれ求め、テキストボックスの中央に円を描きます。Circleメソッドは、1番目の引数に水平方向と垂直方向の位置を表す値をセットで、2番目の引数に半径を、3番目の引数に色を、4番目と5番目の引数に円弧の始点と終点を、6番目の引数に縦横比をそれぞれ指定します。ここでは、色の指定にQBColor関数を使用しています。QBColor関数は、指定した色番号に対応するRGBコードを表す値を返します。指定できる値は、次のとおりです。

◈ QBColor関数に指定する値

値	色	値	色	値	色
0	黒	6	黄	12	明るい赤
1	青	7	白	13	明るいマゼンタ
2	緑	8	灰色	14	明るい黄
3	シアン	9	明るい青	15	明るい白
4	赤	10	明るい緑		
5	マゼンタ	11	明るいシアン		

「印刷」ダイアログボックスを表示する

▶関連Tips 039 122

使用機能・命令 RunCommandメソッド（→Tips122）

サンプルファイル名 gokui06.accdb/F_237

▼フォームのボタンをクリックして「印刷」ダイアログボックス表示する

```
'コマンドボタンのクリック時に処理を行う
Private Sub cmdSample_Click()
    On Error Resume Next    'エラー処理を開始する

    DoCmd.RunCommand acCmdPrint     '「印刷」ダイアログボックスを表示する
End Sub
```

❖ 解説

RunCommandメソッドの引数にacCmdPrintを指定して、「印刷」ダイアログボックスを表示することができます。

RunCommandメソッドは、組み込みメニューおよび組み込みツールバーに対して、組み込みコマンドを実行します。

［印刷］ダイアログボックスを表示後、印刷を実行せずにダイアログボックスを閉じるとエラーが発生します。そのため、On Error Resume Nextステートメント（→Tips039）を記述して、エラーを回避しています。

RunCommandメソッドは、AccessのリボンのコマンドをVBAから実行できるようにしたものです。通常、リボンでは、その命令が使用できない場合は、ボタンがグレーになって使用できなくなります。しかし、RunCommandメソッドは、実行時にその命令が実行可能かのチェック（リボンがグレーかどうか）はできません。このエラーを回避するには、このサンプルのように、On Error Resume Nextステートメントを利用するのが手軽です。

▼実行結果

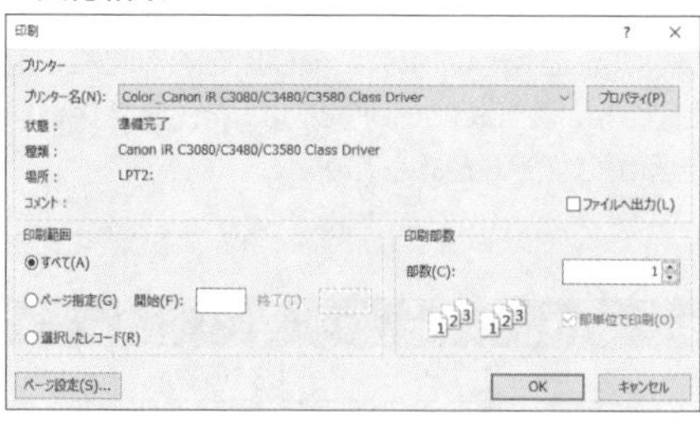

「印刷」ダイアログボックスが表示される

Tips 238

アクティブオブジェクトの全レコードを印刷する

▶関連Tips 108

使用機能・命令 **PrintOutメソッド**

サンプルファイル名 gokui06.accdb/R_238

▼アクティブフォームの全レコードを印刷する

```
'コマンドボタンのクリック時に処理を行う
Private Sub cmdSample_Click()
    DoCmd.PrintOut          '全レコードを印刷する
End Sub
```

解説

DoCmdオブジェクトのPrintOutメソッドは、アクティブなオブジェクトを印刷します。引数を省略すると、アクティブなオブジェクトの全レコードを印刷します。

ここでは、フォームのコマンドボタンに、この処理を割り当てています。そのため、アクティブなオブジェクトはフォームになります。結果、フォーム上の全レコードが印刷されます。

Accessでは、印刷は基本的にレポートを使用して行いますが、このようにレポート以外のオブジェクトを印刷することも可能です。

なお、引数PrintRangeに指定する値は、次のようになります。

◈引数PrintRangeに指定するAcPrintRangeクラスの定数

定数	値	説明
acPages	2	指定したページ範囲が印刷される。印刷するページの範囲は、引数PageFromとPageToを使用して指定する
acPrintAll	0（既定値）	オブジェクト全体を印刷する
acSelection	1	オブジェクトの選択した部分を印刷する

•PrintOutメソッドの構文

object.PrintOut(PrintRange, PageFrom, PageTo, PrintQuality, Copies, CollateCopies)

PrintOutメソッドは、objectにDoCmdオブジェクトを指定して、アクティブなオブジェクトを印刷します。引数PrintRangeには、印刷範囲を指定します。指定する値については、「解説」を参照してください。引数PageFromは開始ページを、引数PageToは終了ページを、引数PrintQualityには印刷品質を、引数Copiesには印刷部数をそれぞれ指定します。引数CollateCopiesにTrueを指定すると、部単位で印刷します。

Tips 239 印刷するアクティブオブジェクトを指定して、全レコードを印刷する

▶関連Tips 105 112

使用機能・命令 **PrintOutメソッド**（→Tips238）

サンプルファイル名 gokui06.accdb/F_239,F_239_2

▼「Q_Order」クエリの全レコードを印刷する

```
'F_239に記述
'コマンドボタンのクリック時に処理を行う
Private Sub cmdSample_Click()
    DoCmd.OpenQuery "Q_Order"    '「Q_Order」クエリを開く
    DoCmd.PrintOut               'アクティブオブジェクトの全レコードを印刷する
    DoCmd.Close acTable, "Q_Order"    '「Q_Order」クエリを閉じる
End Sub

'F_239_2に記述
'コマンドボタンのクリック時に処理を行う
Private Sub cmdSample_Click()
    DoCmd.OpenTable "T_Order"    '「T_Order」テーブルを開く
    DoCmd.PrintOut               'アクティブオブジェクトの全レコードを印刷する
    DoCmd.Close acTable, "T_Order"    '「T_Order」テーブルを閉じる
End Sub
```

❖ 解説

ここでは、2つのサンプルを紹介します。1つ目は、クエリの全レコードを印刷します。2つ目は、テーブルの全レコードを印刷します。

DoCmdオブジェクトのPrintOutメソッドは、アクティブなオブジェクトを印刷する命令です。これを利用して、クエリやテーブルを印刷することができます。

1つ目のサンプルでは、OpenQueryメソッド（→Tips105）を使用して、「Q_Order」クエリを開いたあと、PrintOutメソッドでこのクエリの全レコードを印刷しています。そして、印刷後、Closeメソッド（→Tips112）を利用してクエリを閉じています。

2つ目のサンプルは、OpenTableメソッド（→Tips105）を使用して対象のテーブルを開いてから、PrintOutメソッドを使用して印刷します。

▼実行結果

F_239　Q_Order

日付	会員ID	氏名	商品ID	商品名	単価	数量	金額
2022/10/01	03	山崎 久美子	Y0001	YシャツA	2,000	2	4000
2022/10/01	A003	山崎 久美子	Y0002	YシャツB	1,800	1	1800
2022/10/04	A018	中臺 晃子	N0003	ネクタイC	5,000	1	5000
2022/10/05	A008	本間 智也	W0001	財布A	15,000	1	15000
2022/10/05	A008	本間 智也	W0002	財布B	12,000	1	12000
2022/10/06	A009	千代田 光枝	B0003	ベルトC	3,000	5	15000
2022/10/07	A019	原 ゆき	Y0001	YシャツA	2,000	3	6000
2022/10/08	A004	橋田 健介	W0003	財布C	8,000	2	16000
2022/10/09	A005	水野 奈穂子	N0002	ネクタイB	10,000	3	30000
2022/10/09	A005	水野 奈穂子	N0001	ネクタイA	20,000	1	20000
2022/10/09	A010	相川 美佳	K0001	靴下A	500	1	500
2022/10/10	A002	田中 涼子	B0003	ベルトC	3,000	1	3000
2022/10/10	A013	吉田 智子	K0002	靴下B	300	1	300
2022/10/10	A017	加藤 亜矢	Y0001	YシャツA	2,000	1	2000
2022/10/10	A002	田中 涼子	B0002	ベルトB	5,000	2	10000
2022/10/12	A018	中臺 晃子	B0001	ベルトA	10,000	1	10000
2022/10/15	A019	原 ゆき	Y0001	YシャツA	2,000	2	4000
2022/10/17	A014	相川 秀人	B0003	ベルトC	3,000	1	3000
2022/10/17	A014	相川 秀人	N0002	ネクタイB	10,000	2	20000
2022/10/20	A020	堀内 高志	Y0003	YシャツC	1,500	3	4500
2022/10/21	A003	山崎 久美子	W0003	財布C	8,000	1	8000
2022/10/23	A003	山崎 久美子	Y0001	YシャツA	2,000	2	4000
2022/10/31	A003	山崎 久美子	Y0002	YシャツB	1,800	1	1800
2022/10/31	A003	山崎 久美子	Y0001	YシャツA	2,000	2	4000
2022/11/02	A002	田中 涼子	K0002	靴下B	300	2	600
2022/11/02	A010	相川 美佳	N0003	ネクタイC	5,000	1	5000
2022/11/03	A018	中臺 晃子	N0003	ネクタイC	5,000	1	5000
2022/11/04	A008	本間 智也	W0002	財布B	12,000	1	12000

レコード: 1 / 129　検索

全レコードが印刷される

Tips 240

選択したレコードのみを印刷する

▶関連Tips 238

使用機能・命令 PrintOutメソッド（→Tips238）

サンプルファイル名 gokui06.accdb/F_240

▼フォーム上の「印刷」ボタンをクリックして、カレントレコードのみを印刷する

```
'コマンドボタンのクリック時に処理を行う
Private Sub cmdSample_Click()
    DoCmd.PrintOut acSelection        'カレントレコードのみを印刷する
End Sub
```

❖ 解説

ここでは、「F_240」フォームのカレントレコードを印刷します。

DoCmdオブジェクトのPrintOutメソッドを使用して、フォームのカレントレコードのみ印刷することができます。PrintOutメソッドは、開いているデータベースのアクティブオブジェクトを印刷するメソッドです。このメソッドの１番目の引数にacSelectionを指定すると、カレントレコードのみを印刷します。

なお、「F_240」フォームは単票形式のフォームです。単票形式のフォームの場合、全レコードを印刷すると、表示されている形式でレコードが連続して印刷されます。ここで紹介した方法の場合は、カレントレコードのみが印刷されます。

▼実行結果

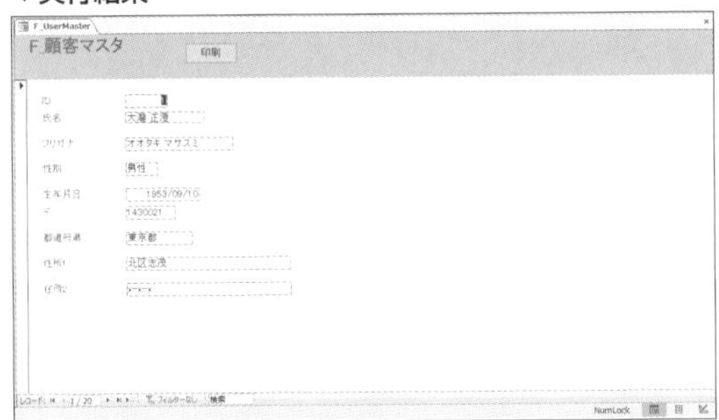

カレントレコードが印刷される

Tips 241 コントロールを非表示にして印刷する

▶関連Tips 238

使用機能・命令 PrintOutメソッド（→Tips238）/ DisplayWhenプロパティ

サンプルファイル名 gokui06.accdb/R_241

▼フォーム上の「印刷」ボタンを非表示にして印刷する

```
'コマンドボタンのクリック時に処理を行う
Private Sub cmdSample_Click()
    Me.cmdSample.DisplayWhen = 2        'コマンドボタンを印刷されないようにする
    DoCmd.PrintOut acSelection          'カレントレコードのみを印刷する
End Sub
```

❖ 解説

ここでは、フォーム上の「印刷」ボタンを非表示にして印刷します。

DoCmdオブジェクトのPrintOutメソッドを使用して印刷すると、フォーム上のコマンドボタンなども印刷されてしまいます。レポートにより近い形で、コマンドボタンなどのコントロールを非表示にして印刷するには、DisplayWhenプロパティを使用します。

DisplayWhenプロパティは、対象のコントロールを画面に表示するかどうか、印刷するかどうかを設定します。

DisplayWhenプロパティに指定できる値は、次のとおりです。

◈ DisplayWhenプロパティに指定できる値

値	説明
0	既定値。オブジェクトはフォームビューに表示され、印刷もされる
1	オブジェクトは印刷されるが、フォームビューには表示されない
2	オブジェクトはフォームビューには表示されますが、印刷されない

• DisplayWhenプロパティの構文

object.DisplayWhen

DisplayWhenプロパティは、objectに指定したフォームのコントロールを画面に表示するかどうか、または印刷するかどうかを示します。値の取得および設定が可能です。指定できる値については、「解説」を参照してください。

Tips 242 条件によりコントロールを非表示にして印刷する

▶関連Tips 238 241

使用機能・命令 **PrintOutメソッド**（→Tips238）/ **DisplayWhenプロパティ**（→Tips241）

サンプルファイル名 gokui06.accdb/F_242

▼チェックボックスにチェックがあると、「生年月日」欄を非表示にして印刷する

```
'コマンドボタンのクリック時に処理を行う
Private Sub cmdSample_Click()
    If Me.chkVisible Then
        Me.生年月日.DisplayWhen = 2       '「生年月日」欄を印刷されないようにする
    Else
        Me.生年月日.DisplayWhen = 0
    End If

    Me.cmdSample.DisplayWhen = 2     'コマンドボタンを印刷されないようにする
    Me.chkVisible.DisplayWhen = 2    'チェックボックスを印刷されないようにする

    DoCmd.PrintOut acSelection       'カレントレコードのみを印刷する
End Sub
```

❖ 解説

DisplayWhenプロパティは、対象のコントロールを画面に表示するかどうか、印刷するかどうかを設定します。この対象のコントロールには、レコードを表示しているテキストボックスなどを指定することができます。DoCmdオブジェクトのPrintOutメソッドを使用して印刷すると、フォーム上のコマンドボタンなどの印刷されてしまいますが、DisplayWhenプロパティであらかじめ設定を行うと、任意のオブジェクトを印刷されないようにできます。

ここでは、チェックボックスの状態に応じて、「生年月日」欄の印刷を制御しています。

▼チェックボックスの状態に応じて印刷を制御する

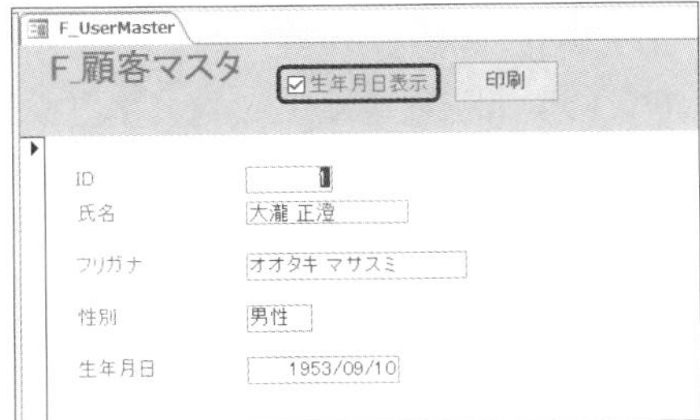

チェックが有るときだけ「生年月日」欄を印刷する

Tips 243

データシートビューで表示されたデータのみを印刷する

▶関連Tips 238

使用機能・命令 **DataOnlyプロパティ/PrintOutメソッド（→Tips238）**

サンプルファイル名 gokui06.accdb/F_243

▼「F_243」フォームのデータのみ印刷する

```
'コマンドボタンのクリック時に処理を行う
Private Sub cmdSample_Click()
    Me.Printer.DataOnly = True          'データのみ印刷されるようにする
    DoCmd.PrintOut                      '印刷する
End Sub
```

解説

ここでは、「F_243」フォームで「印刷」ボタンをクリックした際に、データのみを印刷するようにしています。

なお、「印刷」コマンドボタンはフォームヘッダーに配置しています。そのため、特に設定を行わなくても印刷対象とはなりません。

データシートビューで表示されたレコードは、DataOnlyプロパティを使用して、データのみを印刷することができます。DataOnlyプロパティにTrueを設定すると、データシートビューのテーブルあるいはクエリのデータのみを印刷し、ラベルやコントロールの境界線、枠線、表示グラフィックは印刷しません。

DataOnlyプロパティは、Printerオブジェクトに対して設定します。Printerオブジェクトは、指定したオブジェクト（ここでは「F_243」フォーム）の印刷設定を管理するオブジェクトです。

▼実行結果

データのみが印刷される

・DataOnlyプロパティの構文

object.DataOnly

DataOnlyプロパティは、objectにPrinterオブジェクトを指定し、データのみ印刷するかを指定します。Trueを指定すると、データシートビューのテーブルあるいはクエリのデータのみを印刷し、ラベル、コントロールの境界線、枠線、表示グラフィックは印刷しません。値の取得および設定が可能です。

Tips 244

空のレポートを印刷しないようにする

▶関連Tips 215

使用機能・命令　**NoDataイベント**

サンプルファイル名　gokui06.accdb/R_244

▼印刷時に抽出条件を指定できるレポートで、印刷対象がない場合に印刷をキャンセルする

```
'レポートを開くときに処理を行う
Private Sub Report_Open(Cancel As Integer)
    Dim vName As String         'インプットボックスの値を代入する変数を宣言する
    '抽出条件になる「氏名」を入力
    vName = InputBox("氏名を入力してください")
    Me.Filter = "氏名 ='" & vName & "'"   '入力された値を「氏名」欄の抽出条件にする
    Me.FilterOn = True                   'レコードを抽出する
End Sub

'レポートの空データ時に処理を行う
Private Sub Report_NoData(Cancel As Integer)
    MsgBox "データはありません", vbInformation   'メッセージを表示する
    Cancel = True               '印刷をキャンセルする
End Sub
```

解説

レポートの印刷時に印刷対象のレコードが無いと、NoDataイベントが発生します。ここでは、このイベントを利用して、レコードがない時にメッセージを表示して、印刷をキャンセルします。こうすることで、空のレポートが印刷されないようにすることができます。

NoDataイベントで印刷をキャンセルするには、NoDataイベントの引数CancelにTrueを指定します。なお、NoDataイベントは、レポートのプロパティの「空データ時」イベントに該当します。

ここでは、レポートを開くときに印刷対象となる「氏名」フィールドの値をインプットボックスに入力してフィルターをかけ、対象のレコードがない場合にはメッセージを表示して印刷をキャンセルしています。

実際に動作を確認する場合には、インプットボックスに「A」など「氏名」フィールドには存在しない値を入力してください。

•NoData イベントの構文

objectName.NoData(Cancel)

NoDataイベントは、データが含まれていないレポート（空のレコードセットにバインドされたレポート）が印刷用に書式設定された後、そのレポートが印刷される前に発生します。引数CancelにTrue(-1)を設定すると、レポートが印刷されません。

Tips 245 レポートのフッターを印刷しないようにする

▶関連Tips 215 221

使用機能・命令 PrintSectionプロパティ（→Tips221）

サンプルファイル名 gokui06.accdb/R_245

▼フォームの印刷時に、フッターにあるページ数などを印刷しないようにする

```
'ページフッターセクションのフォーマット時に処理を行う
Private Sub ページフッターセクション_Format(Cancel As Integer, FormatCount
    As Integer)
    Me.PrintSection = False      'このセクションを印刷しないようにする
End Sub
```

解説

PrintSectionプロパティは、セクションを印刷するかどうかの値の取得、および設定が可能です。PrintSectionプロパティにFalseを指定すると、そのセクションを印刷しません。

ここでは、ページフッターセクションのFormatイベントで、このセクションを印刷されないように設定し、ページ番号などを非表示にしています。レポートを開くときに発生するイベントは、Formatイベントの後にPrintイベントが発生します。Formatイベントでページ内に表示できるレコード数などを設定し、Printイベントで実際にレコードを設定します。レポートのイベントの発生順序については、Tips215を参照してください。

なお、FormatイベントとPrintイベントに記述した結果は、印刷プレビューで確認することができます。

▼実行結果

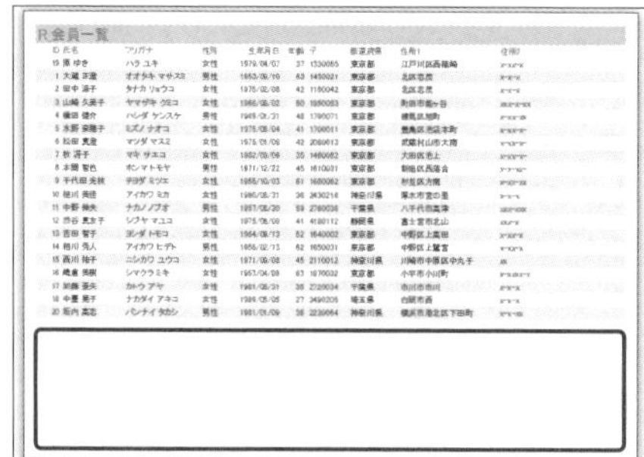

フッターが印刷されない

セクションの印刷を指定する

▶関連Tips
056
221
223

使用機能・命令 **PrintSectionプロパティ**（→Tips221）/ **Pageプロパティ**（→Tips223）

サンプルファイル名 gokui06.accdb/R_246

▼レポートの印刷時に、奇数ページのみフッターにページ番号を印刷するようにする

```
'ページフッターセクションのフォーマット時に処理を行う
Private Sub ページフッターセクション_Format(Cancel As Integer, FormatCount
    As Integer)
    If Me.Page Mod 2 = 0 Then          '偶数ページか判定する
        Me.PrintSection = False        'フッターセクションを印刷しない
    Else
        Me.PrintSection = True         'フッターセクションを印刷する
    End If
End Sub
```

❖ 解説

PrintSectionプロパティは、セクションを印刷するかどうかの値の取得、および設定が可能です。PrintSectionプロパティにFalseを指定すると、そのセクションは印刷されません。また、Pageプロパティは、フォームまたはレポートの印刷時にカレントページ番号を取得します。

この2つのプロパティを使用して、レポートを印刷するときにレポートのセクションの表示を、奇数ページと偶数ページによって変更することができます。

カレントページが奇数ページか偶数ページかの判定には、Mod演算子（→Tips056）を利用しています。偶数ページの場合、フッターセクションを印刷しないようにしています。こうすることで、偶数ページと奇数ページでフッターセクションを印刷するか分けています。

▼実行結果

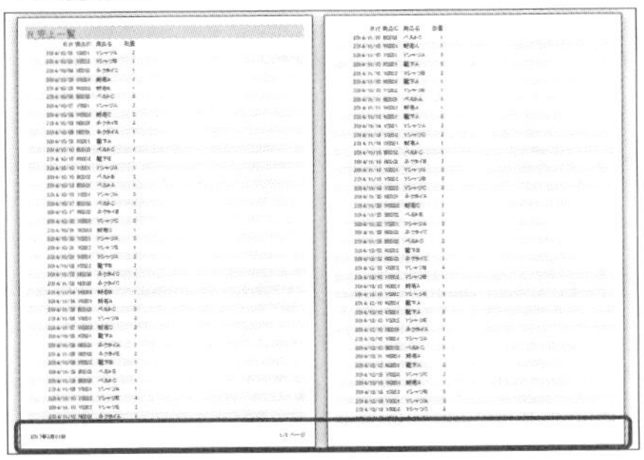

奇数ページと偶数ページで印刷設定が異なる

Tips 247 既定のプリンタ情報を取得する

▶関連Tips 237

使用機能・命令 **Printerプロパティ/DeviceNameプロパティ/DriverNameプロパティ**

サンプルファイル名 gokui06.accdb/F_247,6_4Module

▼プリンタのデバイス名とドライバ名をメッセージボックスに表示する

```
'F_247に記述
'コマンドボタンをクリックした時に処理を行う
Private Sub cmdSample_Click()
    Dim vPrinter As Printer      'プリンタオブジェクトを代入する変数を宣言する

    Set vPrinter = Application.Printer     '既定のプリンタを取得する

    '既定のプリンタのデバイス名とドライバ名を表示する
    MsgBox "デバイス名：" & vPrinter.DeviceName & Chr(13) _
        & "ドライバ名：" & vPrinter.DriverName
End Sub

'6_4Moduleに記述
Private Sub Sample247()
'プリンタオブジェクトを代入する変数を宣言する
    Dim vPrinter As Printer

    'すべてのプリンタのデバイス名と
    'ドライバ名を表示する
    For Each vPrinter In Application.Printers
        'デバイス名とドライバ名を表示
        Debug.Print vPrinter.DeviceName, vPrinter.DriverName
    Next
End Sub
```

❖ 解説

ここでは、2つのサンプルを紹介します。1つ目は、現在のシステムの既定のプリンタ情報を取得します。現在のシステムの既定のプリンタやドライバの情報は、Printerプロパティ、DeviceNameプロパティ、DriverNameプロパティを使用して確認することができます。Printerプロパティは、既定のプリンタを取得します。また、DeviceName プロパティとDriverNameプロパティは、対象プリンタのデバイス名とドライバ名を取得します。2つ目のサンプルは、すべてのプリンタを取得します。すべてのプリンタを取得するには、Printersコレクションを使用します。サンプルでは、PCに設定されているすべてのプリンタのデバイス名とドライバ名を、イミディエイトウィンドウに表示します。

• Printer プロパティ/DeviceName プロパティ/DriverName プロパティの構文

object.Printer
object.DeviceName
object.DriverName

Printerプロパティは、objectにApplicationオブジェクトを、DeviceNameプロパティ、DriverNameプロパティは、objectにPrinterオブジェクトを指定します。

Printerプロパティは、既定のプリンタオブジェクトを取得します。

DeviceNameプロパティは、objectに指定したプリンタのデバイス名を、DriverNameプロパティはドライバ名を取得します。

▼「プリンターとスキャナー」で確認できるプリンタの情報を取得する

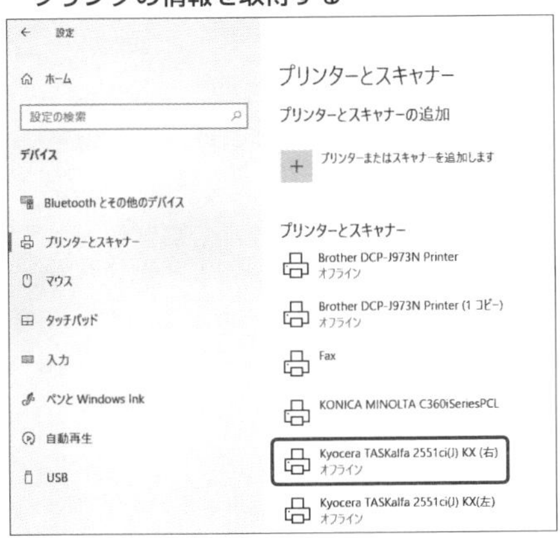

デバイス名とドライバ名を取得する

▼実行結果

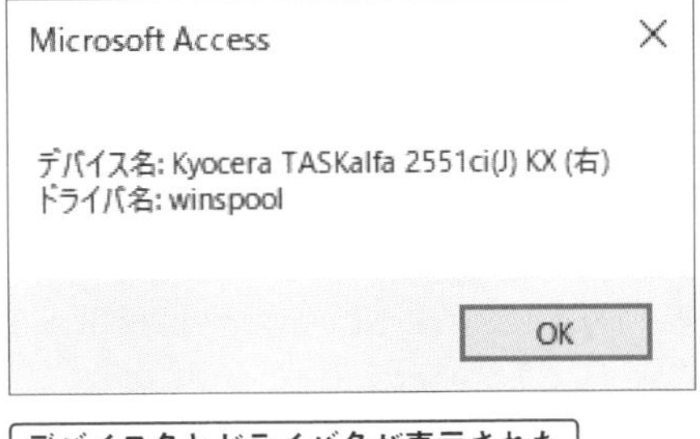

デバイス名とドライバ名が表示された

Memo Printerプロパティを使用して別のプリンタで印刷することもできます。「Set Application.Printer = Application.Printers(DeviceName)」のように（DeviceNameは、DeviceNameプロパティで取得できる値）することで、プリンタを設定できます。こうすると、例えば、同じプリンタでも、両面印刷の設定を行ったものと、片面印刷の設定をおこなったものを用意し、プリンタを切り替えることで、印刷内容によって自動的に両面印刷と片面印刷を切り替えることができるようになります。

Tips 248

用紙サイズを指定する

▶関連Tips 249

使用機能・命令 **PaperSizeプロパティ**

サンプルファイル名 gokui06.accdb/F_248,R_248

▼「R_248」レポートの用紙サイズを「A3」に設定してから印刷プレビューする

```
'コマンドボタンをクリックした時に処理を行う
Private Sub cmdSample_Click()
    '「R_248」レポートを印刷プレビューで開く
    DoCmd.OpenReport "R_248", acViewPreview
    '「R_248」レポートの用紙サイズをA3に設定する
    Reports("R_248").Printer.PaperSize = acPRPSA3
End Sub
```

❖ 解説

ここでは、「R_248」レポートの用紙サイズをA3に変更します。PaperSizeプロパティは、レポートの用紙サイズを指定します。なお、PaperSizeプロパティは、対象のレポートが開いていないと設定できません。そこで、ここではOpenReportメソッド（→Tips108）を使用して、レポートを開いてから処理を行っています。なお、このサンプルは「F_248」フォームのコマンドボタンから実行します。PaperSizeプロパティは、印刷時に使用する用紙サイズを示すAcPrintPaperSizeクラスの定数を設定します。設定できる主な値は、次のようになります。

◈ PaperSizeプロパティに指定する主なAcPrintPaperSizeクラスの定数

定数	値	説明	定数	値	説明
acPRPSA3	8	A3 (297 mm x 420 mm)	acPRPSB5	13	B5 (148 mm x 210 mm)
acPRPSA4	9	A4 (210 mm x 297 mm)	acPRPSEnvB4	33	封筒 B4 (250 mm x 353 mm)
acPRPSA5	11	A5 (148 mm x 210 mm)	acPRPSEnvB5	34	封筒 B5 (176 mm x 250 mm)
acPRPSB4	12	B4 (250 mm x 354 mm)	acPRPSUser	256	ユーザー定義

• PaperSizeプロパティの構文

object.PaperSize

PaperSizeプロパティは、objectに指定したPrinterオブジェクトで、印刷時に使用する用紙サイズを設定します。値の取得および設定が可能です。設定できる値については、「解説」を参照してください。

Tips 249 印刷部数を指定する

▶関連Tips 108 248

使用機能・命令 Copiesプロパティ

サンプルファイル名 gokui06.accdb/F_249,R_249

▼「R_249」レポートの印刷部数を「10」部に設定する

```
'コマンドボタンをクリックした時に処理を行う
Private Sub cmdSample_Click()
    '「R_249」レポートを印刷プレビューで開く
    DoCmd.OpenReport "R_249", acViewPreview
    '「R_249」レポートの印刷部数を「10」にする
    Reports("R_249").Printer.Copies = 10
End Sub
```

解説

レポートの印刷部数を設定するには、PrinterオブジェクトのCopiesプロパティを使用します。Copiesプロパティに指定した値が、印刷部数になります。

Copiesプロパティは、対象のレポートが開いていないと設定できません。ここでは、DoCmdオブジェクトのOpenReportメソッド（→Tips108）を使用して、あらかじめ「R_249」レポートを印刷プレビューで開き、その後印刷部数の設定を行っています。

なお、このサンプルは、「F_249」フォームのコマンドボタンを実行して処理を行います。コマンドボタンをクリックすると、「F_249」が印刷プレビューで開き、印刷部数が設定されます。

設定された印刷部数を確認するには、「印刷プレビュー」タブの「印刷」ボタンをクリックして、「印刷」ダイアログボックスを表示し、「印刷部数」の「部数」で確認してください。

▼実行結果

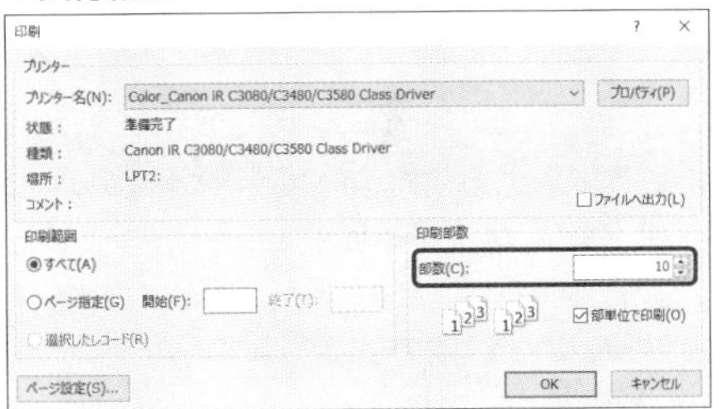

印刷部数が設定された

・Copiesプロパティの構文

object.Copies

Copiesプロパティは、objectにPrinterオブジェクトを指定し、印刷部数を表す値を指定します。値の取得および設定が可能です。

Tips 250

カラーモードを指定する

▶関連Tips 108

使用機能・命令 **ColorModeプロパティ**

サンプルファイル名 gokui06.accdb/F_250,R_250

▼「F_250」フォームのコマンドボタンで、「R_250」レポートの印刷設定をカラーにする

```
'コマンドボタンをクリックした時に処理を行う
Private Sub cmdSample_Click()
    '「R_250」レポートを印刷プレビューで開く
    DoCmd.OpenReport "R_250", acViewPreview

    '「R_250」レポートの印刷時のカラーモードをカラーにする
    Reports("R_250").Printer.ColorMode = acPRCMColor
End Sub
```

❖ 解説

レポートはColorModeプロパティを使用して、カラーモードを指定することができます。ColorModeプロパティは、対象のレポートが開いていないと設定できません。ここでは、DoCmdオブジェクトのOpenReportメソッド（→Tips108）を使用して、あらかじめ「R_250」レポートを印刷プレビューで開き、その後カラーモードの設定を行っています。

なお、処理結果を確認するには、「R_250」レポートが印刷プレビューされた状態で、「印刷プレビュー」タブの「印刷」ボタンをクリックして表示される「印刷」ダイアログボックスで「プロパティ」を選択し、プリンタのプロパティウィンドウを表示して確認してください。

•ColorModeプロパティの構文

object.ColorMode

ColorModeプロパティは、objectに指定したPrinterオブジェクトがカラーまたはモノクロのどちらで出力するかを指定します。AcPrintColorクラスの定数を設定します。値の取得および設定が可能です。

指定できる定数は、acPRCMColor（カラー）、acPRCMMonochrome（モノクロ）です。

ページの余白を指定する

▶関連Tips 108

使用機能・命令

TopMarginプロパティ/BottomMarginプロパティ/LeftMarginプロパティ/RightMarginプロパティ

サンプルファイル名 gokui06.accdb/F_251,R_251

▼「F_251」レポートの上下の余白を5cmに、左右の余白を10cmに設定する

```
'コマンドボタンをクリックした時に処理を行う
Private Sub cmdSample_Click()
'「R_251」レポートを印刷プレビューで開く
    DoCmd.OpenReport "R_251", acViewPreview
    '「R_251」に対する処理
    With Reports("R_251")
        .Printer.TopMargin = 5 * 567          '上余白を5cmにする
        .Printer.BottomMargin = 5 * 567       '下余白を5cmにする
        .Printer.LeftMargin = 10 * 567         '左余白を10cmにする
        .Printer.RightMargin = 10 * 567        '右余白を10cmにする
    End With
End Sub
```

❖ 解説

レポートを印刷する際の余白を設定することができます。余白の設定は、TopMarginプロパティ（上余白）、BottomMarginプロパティ（下余白）、LeftMarginプロパティ（左余白）、RightMarginプロパティ（右余白）の、それぞれのプロパティを使用して指定します。

それぞれのプロパティに指定する値の単位は、twipです。1cmは約567twipです。そこで、ここでは「5 * 567」のような記述方法にして、それぞれの余白に何cm設定したかがわかりやすいようにしています。もちろん、計算結果の「2835」を指定しても構いません。

なお、**余白の設定は、対象のレポートが開いていないとエラーになります**。ここでは、OpenReportメソッド（→Tips108）を使用して、あらかじめ「R_251」レポートを印刷プレビューで開きます。このサンプルは、「F_251」フォームの「実行」ボタンをクリックして確認してください。

• TopMarginプロパティ/BottomMarginプロパティ/LeftMarginプロパティ/RightMarginプロパティの構文

object.TopMargin/BottomMargin/LeftMargin/RightMargin

TopMarginプロパティ（上余白）、BottomMarginプロパティ（下余白）、LeftMarginプロパティ（左余白）、RightMarginプロパティ（右余白）は、objectにいずれもPrinterオブジェクトを指定し、指定したプリンタの余白を設定します。単位はtwipです。

600 Tips to Use Access VBA Better!
現場ですぐに使える！
Access
VBA
Microsoft 365/
Office 2021/2019/
2016/2013対応
逆引き大全

第7章
252~274

DAOのテーブル・クエリの極意

7-1　DAOによるテーブルの操作（テーブルの作成・削除など）

7-2　DAOによるクエリの操作
（クエリの作成、アクションクエリの実行など）

7-3　DAOによる読み込み（レコードセットの取得など）

Tips 252

DAOを利用してデータベースを参照する

▶関連Tips 337

使用機能・命令 **CurrentDBメソッド/Nameプロパティ**

サンプルファイル名 gokui07.accdb/7_1Module

▼現在のデータベースに接続し、データベース名を表示する

```
Sub Sample252()
    Dim db As DAO.Database
    Set db = CurrentDb    '現在のデータベースに接続する
    Debug.Print db.Name 'データベース名をフルパスで取得する
    db.Close              'データベースを閉じる
End Sub
```

❖ 解説

データベースのデータをVBAで扱う場合、DAO（Data Access Object）やADO（ActiveX Data Object）（→Tips337）と呼ばれるライブラリに用意された命令を使用します。**DAOは、Access単体でデータベースを作成・操作する場合に向いている**といわれています。ここでは、変数dbをDAOのデータベースオブジェクト型で宣言し、CurrentDBメソッドで現在のデータベース（カレントデータベース）への参照を変数dbに代入します。その上で、Nameプロパティを使用して、カレントデータベースのファイル名を取得しイミディエイトウィンドウに表示します。なお、DAOを使用するには、参照設定が必要です。VBEで参照設定を行うには、VBEの［ツール］メニューから［参照設定］を選択し、「参照設定」ダイアログが表示されたら、次のライブラリにチェックを入れます。

▼DAOの参照設定

Microsoft Office XX.X Access database engine Object Library
※Xには数字が入ります

なお、DAOは、Access2007以降ACEとも呼ばれています。

•CurrentDBメソッドの構文

object.CurrentDb

•Nameプロパティの構文

object.Name

CurrentDbメソッドは、現在開かれているデータベースを表すデータベース型（Database）のオブジェクト変数を返します。objectには、Applicationオブジェクトを指定します（省略できます）。Nameプロパティは、objectにDatabaseオブジェクトを指定して、データベースオブジェクトの名前（フルパス）を取得します。値の取得のみ可能です。

Tips 253

データベースを作成する

▶関連Tips 252

使用機能・命令

CreateDatabaseメソッド/CurrentProjectオブジェクト/Pathプロパティ

サンプルファイル名 gokui07.accdb/7_1Module

▼「Sample253.acccdb」データベースをパスワード付きで新規に作成する

```
Private Sub Sample253()
    '現在のデータベースと同じフォルダに「Sample253.accdb」データベースを作成する
    CreateDatabase CurrentProject.Path & "¥Sample253.accdb" _
        , dbLangJapanese & ";pwd=AccessVBA"
End Sub
```

解説

DAOのCreateDatabaseメソッドを使用して、データベースを作成することができます。

ここでは、CurrentProjectオブジェクトでカレントデータベースを取得し、Pathプロパティで、データベースが保存されているパスを取得し、「Sample253.accdb」を合わせて、新しいデータベースのパスに指定しています。また、同時にパスワードに「AccessVBA」を指定しています。

•CreateDatabaseメソッドの構文

object.CreateDatabase(name, locale, option)

•CurrentProjectオブジェクトの構文

CurrentProject

•Pathプロパティの構文

object.Path

CreateDatabaseメソッドは、新しいDatabaseオブジェクトを作成し、そのデータベースをディスクに保存して、開かれたDatabaseオブジェクトを返します。objectには、Workspaceオブジェクトを指定します（省略可）。引数nameには、作成するデータベースファイルの名前を255文字以内で指定します。完全なパスおよびファイル名を指定します。引数localeには、文字列の比較または並べ替えのために、文字列の並べ替え順序を指定する値を指定します。日本語環境の場合、サンプルのようにdbLangJapaneseを指定します。引数optionには、データベースのパスワードを「;pwd=password」のように指定することができます。CurrentProjectオブジェクトは、カレントプロジェクトまたはデータベースに対するプロジェクトを参照します。

Pathプロパティは、objectにCurrentProjectオブジェクトを指定し、対象のデータベースのパスを取得します。

Tips
254 テーブルを作成する

▶関連Tips 253

使用機能・命令

CreateTableDefメソッド/CreateFieldメソッド/Appendメソッド

サンプルファイル名 gokui07.accdb/7_1Module

▼「T_7Sho」テーブルを作成する

```
Private Sub Sample254()
    Dim db As DAO.Database
    Dim tb As DAO.TableDef

    Set db = CurrentDb()            '現在のデータベースに接続する
    Set tb = db.CreateTableDef("T_7Sho")      'テーブルを作成する
    tb.Fields.Append tb.CreateField("ID", dbInteger) '「ID」フィールドを追加する
    '「氏名」フィールドを追加する
    tb.Fields.Append tb.CreateField("氏名", dbText, 30)
    '「所属」フィールドを追加する
    tb.Fields.Append tb.CreateField("所属", dbText, 50)
    db.TableDefs.Append tb          'テーブルをデータベースに追加する
    db.Close            'データベースへの接続を閉じる
End Sub
```

解説

DAOでテーブルを作成するには、まずCreateTableDefメソッドで新しいテーブルを作成します。次に、CreateFieldメソッドでフィールドを作成し、Appendメソッドでテーブルに追加します。最後に、作成したテーブルをデータベースに追加します。

CreateTableDefメソッドは、引数にテーブル名を指定して、テーブルを表すTableDefオブジェクトを作成します。

CreateField メソッドは、1番目の引数にフィールド名を、2番目の引数にデータ型を、3番目の引数にフィールドサイズを指定して、新しいフィールドを作成します。

Append メソッドは、作成したオブジェクトを上位のコレクションに追加します。

CreateFieldメソッドで、データ型を指定するために使用できる値は、次のとおりです。

◈ CreateFieldメソッドで指定できるデータ型

定数	説明	定数	説明
dbBigInt	多倍長整数型 (Big Integer)	dbInteger	整数型 (Integer)
dbBinary	バイナリ型 (Binary)	dbLong	Long 型 (Long)
dbBoolean	ブール型 (Boolean)	dbLongBinary	ロング バイナリ型 (Long Binary) - OLE オブジェクト型 (OLE Object)
dbByte	バイト型 (Byte)	dbMemo	メモ型 (Memo)

dbChar	文字型 (Char)	dbNumeric	数値型 (Numeric)
dbCurrency	通貨型 (Currency)	dbSingle	単精度浮動小数点型 (Single)
dbDate	日付/時刻型 (Date/Time)	dbText	テキスト型 (Text)
dbDecimal	10 進型 (Decimal)	dbTime	時刻型 (Time)
dbDouble	倍精度浮動小数点型 (Double)	dbTimeStamp	タイムスタンプ型 (TimeStamp)
dbFloat	浮動小数点型 (Float)	dbVarBinary	可変長バイナリ型 (VarBinary)
dbGUID	GUID 型 (GUID)	adBigInt	多倍長整数型（Access2016以降）

• CreateTableDefメソッドの構文

object.CreateTableDef(Name, Attributes, SourceTableName, Connect)

• CreateFieldメソッドの構文

object.CreateField(Name, Type, Size)

• Appendメソッドの構文

object.Append(Object)

CreateTableDefメソッドは、objectにDatabaseオブジェクトを指定し、新たにTableDefオブジェクトを作成します。引数Nameは、新しいTableDefオブジェクトの名前を指定します。引数Attributesは、新しいTableDefオブジェクトの1つ以上の特性を示す定数を指定します。省略可能です。引数SourceTableNameは、データの元のソースである外部データベースのテーブル名を、文字列で指定します。この値は、TableDefオブジェクトのSourceTableNameプロパティの値になります。引数Connectは、開いているデータベース、パススルークエリで使用されるデータベース、またはリンクテーブルのソースに関する情報を文字列で指定します。

CreateFieldメソッドは、objectにTableDefオブジェクトを指定し、新しいFieldオブジェクトを作成します。引数nameは、新しいFieldオブジェクトの名前を指定します。引数Typeは、Fieldオブジェクトのデータ型を指定します。指定できる値は、「解説」を参照してください。引数sizeテキストを格納するFieldオブジェクトの最大サイズを、バイト単位で指定します。この引数は、数値フィールドおよび固定幅フィールドでは無視されます。

Appendメソッドは、objectにFieldsオブジェクトを指定し、FieldオブジェクトをFieldsコレクションに追加します。引数Objectは、コレクションに追加するフィールドを表すオブジェクト変数です。

Tips
255 レコードセットを作成する

▶関連Tips 252

使用機能・命令 **OpenRecordsetメソッド**

サンプルファイル名 gokui07.accdb/7_1Module

▼「T_7ShoMaster」テーブルのレコードセットを取得して、フィールド名を出力する

```
Private Sub Sample255()
    Dim db As DAO.Database         'データベースへの参照を代入する変数を宣言する
    Dim rs As DAO.Recordset        'レコードセットへの参照を代入する変数を宣言する
    Dim i As Long                  'ループ処理用の変数を宣言する

    Set db = CurrentDb             '現在のデータベースに接続する
    '「T_7ShoMaster」テーブルのレコードセットを開く
    Set rs = db.OpenRecordset("T_7ShoMaster", dbOpenDynaset)
    'レコードセットのすべてのフィールドに対して処理を行う
    For i = 0 To rs.Fields.Count - 1
        Debug.Print rs.Fields(i).Name          'フィールド名を出力する
    Next
    rs.Close    'レコードセットを閉じる
    db.Close    'データベースを閉じる
End Sub
```

❖ 解説

ここでは、「T_7ShoMaster」テーブルのダイナセットタイプで開き、レコードセットを取得します。その後、レコードセットのFieldsコレクションを使用して、すべてのフィールド名をイミディエイトウィンドウに表示します。

DAOでレコードセット（Recordsetオブジェクト）を作成するには、OpenRecordsetメソッドを使用します。OpenRecordsetメソッドは、1番目の引数Nameに対象となるテーブル名やクエリ名を指定します。SQLステートメントを指定することもできます。2番目の引数Typeにはレコードセットのタイプを、3番目のOptionsの引数にはオプションを、4 番目の引数LockEditにはロックの種類を指定します。

それぞれに指定できる値は、次のとおりです。

◈ 引数Typeに指定するRecordsetTypeEnum列挙型の値

定数	値	説明
dbOpenDynamic	16	ダイナセットタイプのRecordsetを開く
dbOpenDynaset	2	ダイナセットタイプのRecordsetを開く
dbOpenForwardOnly	8	前方スクロールタイプのRecordsetを開く
dbOpenSnapshot	4	スナップショットタイプのRecordsetを開く
dbOpenTable	1	テーブルタイプのRecordsetを開く

◈ 引数Optionsに指定するRecordsetOptionEnum列挙型の値

定数	値	説明
dbAppendOnly	8	ユーザーが新しいレコードをダイナセットに追加するのを許可するが、既存のレコードを読み取ることは許可しない
dbConsistent	32	ダイナセット内の他のレコードに影響を与えないフィールドにのみ更新を適用する（ダイナセットタイプとスナップショットタイプのみ）
dbDenyRead	2	他のユーザーがRecordsetのレコードを読み取れないようにする（テーブルタイプのみ）
dbDenyWrite	1	他のユーザーがRecordsetのレコードを変更できないようにする
dbExecDirect	2048	SQLPrepareODBC関数を最初に呼び出さずに、クエリを実行する
dbFailOnError	128	エラーが発生した場合、更新をロールバックする
dbForwardOnly	256	前方スクロールのみのスナップショットタイプRecordsetを作成する（スナップショットタイプのみ）
dbInconsistent	16	他のレコードに影響が及ぶ場合でも、すべてのダイナセットフィールドに更新を適用する（ダイナセットタイプとスナップショットタイプのみ）
dbReadOnly	4	Recordsetを読み取り専用として開く
dbRunAsync	1024	クエリを非同期で実行する
dbSeeChanges	512	編集中のデータを別のユーザーが変更している場合、実行時エラーを生成する（ダイナセットタイプのみ）
dbSQLPassThrough	64	ODBCデータベースにSQLステートメントを送信する（スナップショットタイプのみ）

◈ 引数LockEditに指定するLockTypeEnum列挙型の値

定数	値	説明
dbOptimistic	3	レコードIDに基づく共有的同時ロック。カーソルは古いレコードと新しいレコードのレコードIDを比較し、そのレコードへのアクセスが最後に行われてから変更が加えられたかどうか判断する
dbOptimisticBatch	5	共有的バッチ更新を可能にする（ODBCDirectワークスペースのみ）
dbOptimisticValue	1	レコード値に基づく共有的同時ロック。カーソルは古いレコードと新しいレコードのデータ値を比較し、そのレコードへのアクセスが最後に行われてから変更が加えられたかどうか判断する（ODBCDirectワークスペースのみ） ※Access2013、2016は未対応（2016以降で、この値を使用したい場合は、ADOを利用してください）
dbPessimistic	2	排他的同時ロック。カーソルは、レコードが更新可能であることを保証するために必要な最低限のロックを使用する

▼このテーブルのレコードセットを作成する

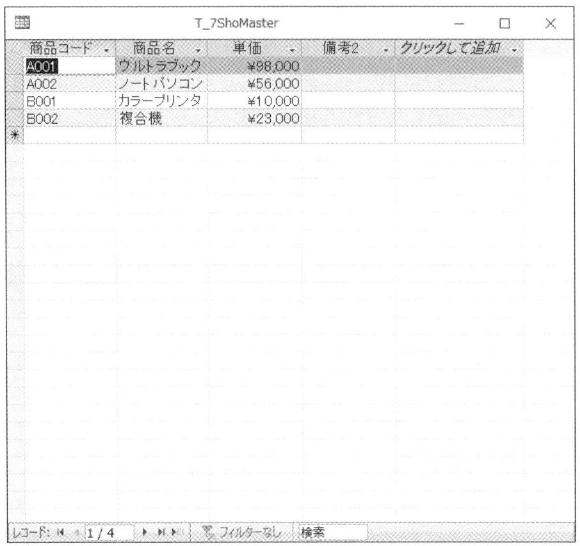

作成したレコードセットからフィールド名を取得する

▼実行結果

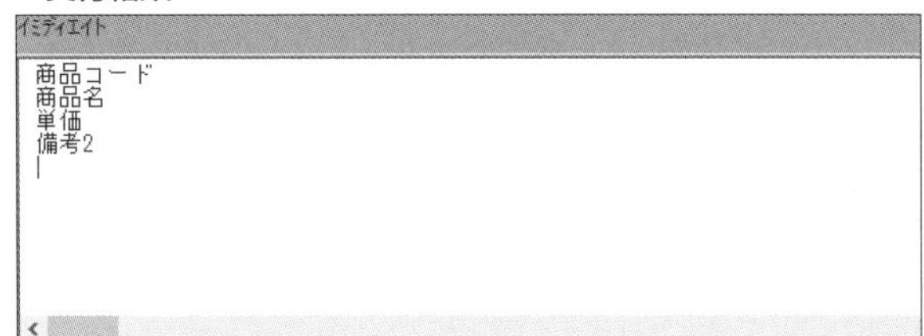

フィールド名が表示された

•OpenRecordsetメソッドの構文

object.OpenRecordset(Name, Type, Options, LockEdit)

OpenRecordsetメソッドは、objectにDetabaseオブジェクトを指定し、新しいRecordsetオブジェクトを作成してRecordsetsコレクションに追加します。引数nameは、Recordsetのレコードの取得元を指定します。テーブル名、クエリ名、またはレコードを返すSQLステートメントを指定できます。引数Typeは、Recordsetの型を指定します。引数Optionsは、Recordsetの特性を指定します。なお、dbConsistentとdbInconsistentは互いに排他的なので、この2つを同時に使用するとエラーになります。また、引数OptionsでdbReadOnlyを使用する場合に、引数LockEditを指定してもエラーになります。引数LockEditは、Recordsetのロックを指定します。引数Type、引数Options、引数LockEditのそれぞれに指定できる値は、「解説」を参照してください。

Tips 256 テーブルを削除する

▶関連Tips 025

使用機能・命令 Deleteメソッド

サンプルファイル名 gokui07.accdb/7_1Module

▼カレントデータベースから「T_7ShoTest」テーブルを削除する

```
Private Sub Sample256()
    Dim db As DAO.Database  'データベースへの参照を代入する変数を宣言する

    Set db = CurrentDb()         '現在のデータベースに接続する

    '「T_7ShoTest」テーブルを削除する
    db.TableDefs.Delete "T_7ShoTest"
    db.Close             'データベースを閉じる
End Sub
```

❖ 解説

DAOでテーブルを削除するには、Deleteメソッドを使用します。Deleteメソッドは、指定したオブジェクトを削除することができます。

ここでは、TableDefsコレクションでデータベースのテーブルを取得し、指定したオブジェクト（ここではテーブル）をDeleteメソッドで削除します。

なお、Deleteメソッドを使用してオブジェクトを削除する場合、特に警告のメッセージなどは表示されず、いきなり対象のオブジェクトが削除されます。

間違ってプロシージャを実行してしまう可能性がある場合は、Ifステートメント（→Tips025）と組み合わせるとよいでしょう。

なお、同様の処理はDoCmdオブジェクトを使用しても可能です。その場合、DeleteObjectメソッドを使用して、「DoCmd.DeleteObjectacTable,"T_7ShoTest"」のように記述します。

•Deleteメソッドの構文

object.Delete(Name)

Deleteメソッドは、objectに指定されたTableDefsコレクションから、引数Nameに指定されたTableDefオブジェクトを削除します。

フィールドを追加・削除する

▶関連Tips 025 256

使用機能・命令 **CreateFieldメソッド（→Tips254）/Appendメソッド（→Tips254）/Deleteメソッド**

サンプルファイル名 gokui07.accdb/7_1Module

▼「T_7ShoMaster」テーブルに「備考」フィールドを追加し、「備考2」フィールドを削除する

```
Private Sub Sample257()
    Dim db As DAO.Database      'データベースへの参照を代入する変数を宣言する
    Dim tb As DAO.TableDef      'テーブルへの参照を代入する変数を宣言する

    Set db = CurrentDb()            '現在のデータベースに接続する

    '「T_7ShoMaster」テーブルへの参照を変数tbに代入する
    Set tb = db.TableDefs("T_7ShoMaster")

    'テキスト型の「備考」フィールドを追加する
    tb.Fields.Append tb.CreateField("備考", dbText, 50)

    tb.Fields.Delete "備考2"     '「備考2」フィールドを削除する
    db.Close    'データベースを閉じる
End Sub
```

❖ 解説

ここでは、「T_7ShoMaster」テーブルに「備考」フィールドを追加した後、「備考2」フィールドを削除します。まず、「T_7ShoMaster」テーブルをTableDefsコレクションからを取得し、このテーブルに対して、CreateFieldメソッドで、テキスト型でフィールドサイズが「50」の「備考」フィールド作成して、Appendメソッドを使用してフィールドを追加します。

次に、「T_7ShoMaster」テーブルから、Deleteメソッドで「備考2」フィールドを削除しています。

Deleteメソッドを使用してフィールドを削除する場合、特に警告メッセージなどは表示されません。フィールドを削除する場合に、確認のメッセージを表示するには、Ifステートメント（→Tips025）を組み合わせるようにしてください。

•Deleteメソッドの構文

object.Delete(Name)

Deleteメソッドは、objectに指定されたFieldsコレクションから、引数Nameに指定されたFieldオブジェクトを削除します。

Tips 258

オートナンバー型のフィールドを持つテーブルを作成する

▶関連Tips 254

使用機能・命令 **Attributesプロパティ**

サンプルファイル名 gokui07.accdb/7_1Module

▼新規にテーブルを作成し、オートナンバー型の「ID」フィールドを追加する

```
Private Sub Sample258()
    Dim db As DAO.Database          'データベースへの参照を代入する変数を宣言する
    Dim tb As DAO.TableDef          'テーブルへの参照を代入する変数を宣言する
    Set db = CurrentDb()            '現在のデータベースに接続する
    Set tb = db.CreateTableDef("T_7ShoAutoNumber")      'テーブルを作成する
    tb.Fields.Append tb.CreateField("ID", dbLong)     '「ID」フィールドを追加する

    '「ID」フィールドをオートナンバー型のフィールドに設定する
    tb.Fields("ID").Attributes = dbAutoIncrField
    db.TableDefs.Append tb          'テーブルをデータベースに追加する
    db.Close           'データベースへの接続を閉じる
End Sub
```

解説

ここでは、まずCreateTableDefメソッド（→Tips254）を使用して「T_7ShoAutoNumber」テーブルを作成します。そしてこのテーブルにCreateFieldメソッド（→Tips254）を使用して、「ID」フィールドを追加します。追加した「ID」フィールドをオートナンバー型のフィールドに設定しています。Appendメソッド（→Tips254）で作成したテーブルをデータベースに追加して、処理が完了です。

Fieldsコレクションで指定したフィールドのAttributesプロパティにdbAutoIncrFieldを指定すると、そのフィールドはオートナンバー型のフィールドになります。

▼実行結果

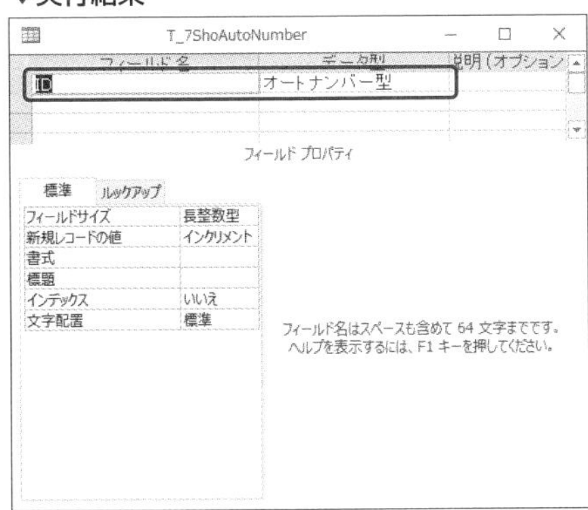

オートナンバー型のフィールドが作成された

◈ Attributesプロパティに指定できる値

定数	説明	定数	説明
dbAutoIncrField	オートナンバー型	dbSystemField	レプリカのレプリケーション情報が保存される、削除できないタイプのフィールド
dbDescending	フィールドを降順で並べ替える	dbUpdatableField	フィールド値を変更できる
dbFixedField	フィールドサイズは固定	dbVariableField	フィールドサイズは可変（テキストフィールドのみ）
dbHyperlinkField	ハイパーリンク情報が含まれる（メモ型フィールドのみ）		

また、対象のオブジェクトによって、Attributesプロパティが使用できるかが異なります。以下が、その詳細になります。

◈ Attributeプロパティの使用可/使用不可

オブジェクト	説明
Indexオブジェクト	Indexオブジェクトが追加されるTableDefオブジェクトがDatabaseオブジェクトに追加されるまでは値の設定と取得が可能で、追加後は値の取得のみが可能
QueryDefオブジェクト	読み取り専用
Recordsetオブジェクト	読み取り専用
Relationオブジェクト	サポートされない
TableDefオブジェクト	読み取り/書き込み

• Attributesプロパティ

object.Attributes

Attributesプロパティは、objectに指定したFieldオブジェクトの属性を設定または取得します。値の取得および設定が可能です。長整数型（Long）の値を使用します。

なお、追加されたFieldオブジェクトの場合、Attributesプロパティを使用できるかどうかは、Fieldsコレクションを含むオブジェクトによって異なります。

Tips 259 テーブルにインデックスを作成・削除する

▶関連Tips 252

使用機能・命令 **CreateIndexメソッド/Deleteメソッド**

サンプルファイル名 gokui07.accdb/7_1Module

▼「ID」フィールドにインデックスを設定し、「ID2」フィールドのインデックスを削除する

```
Private Sub Sample259()
    Dim db As DAO.Database          'データベースへの参照を代入する変数を宣言する
    Dim tb As DAO.TableDef          'テーブルへの参照を代入する変数を宣言する
    Dim idx As DAO.Index            'インデックスへの参照を代入する変数を宣言する
    Set db = CurrentDb()            '現在のデータベースに接続する
    Set tb = db.TableDefs("T_7ShoIndex")  '「T_7ShoIndex」テーブルを取得する
    Set idx = tb.CreateIndex("Index")     '「Index」という名前でインデックスを作成する
    idx.Fields.Append idx.CreateField("ID")     '「ID」フィールドを作成する
    tb.Indexes.Append idx     '作成したインデックスをコレクションに追加する
    tb.Indexes.Delete "Index2"      'インデックスを削除する
    db.Close          'データベースへの接続を閉じる
End Sub
```

解説

DAOでテーブルにインデックスを作成するには、CreateIndexメソッドを使用します。**インデックスは、Seekメソッドを使用してデータを検索する場合に必須です**。テーブル内のインデックスは、インデックスオブジェクトとして管理されます。ここでは、TableDefsコレクションから「T_7ShoIndex」テーブルを取得し、このテーブルに対して、まずCreateIndexメソッドでインデックスを作成します。次に、インデックスを構成するフィールドを、インデックスオブジェクトのCreateFieldメソッドを使用して作成し、Appendメソッドを使用してFieldsコレクションに追加します。最後に、作成したインデックスをIndexesコレクションに追加して完了です。このサンプルを実行すると、「ID」フィールドの「インデックス」プロパティは「はい（重複あり）」に設定されます。

また、DAOでテーブルのインデックスを削除するには、Deleteメソッドを使用します。ここでは、「T_7ShoDeleteIndex」テーブルの「Index2」インデックスを削除しています。

•CreateIndexメソッドの構文

object.CreateIndex(Name)

•Deleteメソッドの構文

object.Delete(Name)

CreateIndexメソッドは、objectに指定したTableDefオブジェクトに新しいIndexオブジェクトを作成します。引数Nameには、インデックス名を指定します。Deleteメソッドは、objectに指定したIndexesコレクションから、引数Nameに指定したインデックスを削除します。

Tips 260 主キーを設定する

▶関連Tips 259

使用機能・命令 Primaryプロパティ

サンプルファイル名 gokui07.accdb/7_1Module

▼「T_7ShoPrimaryKey」テーブルの「ID」フィールドに主キーの設定を行う

```
Private Sub Sample260()
    Dim db As DAO.Database       'データベースへの参照を代入する変数を宣言する
    Dim tb As DAO.TableDef       'テーブルへの参照を代入する変数を宣言する
    Dim idx As DAO.Index         'インデックスへの参照を代入する変数を宣言する

    Set db = CurrentDb()         '現在のデータベースに接続する
    '「T_7ShoPrimaryKey」テーブルを取得する
    Set tb = db.TableDefs("T_7ShoPrimaryKey")
    '「PrimaryKey」という名前でインデックスを作成する
    Set idx = tb.CreateIndex("PrimaryKey")
    idx.Primary = True

    'インデックスを構成する「ID」フィールドを作成する
    idx.Fields.Append idx.CreateField("ID")
    tb.Indexes.Append idx    '作成したインデックスをコレクションに追加する

    db.Close          'データベースへの接続を閉じる
End Sub
```

解説

DAOでテーブルに主キーを設定するには、インデックスを作成し、そのインデックスにPrimaryプロパティを設定します。主キーを設定するには、PrimaryプロパティをTrueに指定します。

このサンプルでは、CreateIndexメソッド（→Tips259）を使用して、「T_7ShoPrimaryKey」テーブルの「ID」フィールドにインデックスを作成してから、主キーに設定しています。

・Primaryプロパティの構文

object.Primary

Primaryプロパティは、objectに指定したIndexオブジェクトが、テーブルの主キーインデックスを表すかどうかを示す値を設定または取得します。Trueが主キーとなります。

Tips 261 テーブルの作成時に主キーを設定する

▶関連Tips 254 259 260

使用機能・命令 **Primaryプロパティ（→Tips260）**

サンプルファイル名 gokui07.accdb/7_1Module

▼「T_7ShoNewPrimaryKey」テーブルを新規に作成し、「ID」フィールドを主キーにする

```
Private Sub Sample261()
    Dim db As DAO.Database          'データベースへの参照を代入する変数を宣言する
    Dim tb As DAO.TableDef          'テーブルへの参照を代入する変数を宣言する
    Dim idx As DAO.Index            'インデックスへの参照を代入する変数を宣言する

    Set db = CurrentDb()            '現在のデータベースに接続する

    Set tb = db.CreateTableDef("T_7ShoNewPrimaryKey") 'テーブルを作成する
    tb.Fields.Append tb.CreateField("ID", dbLong)    '「ID」フィールドを追加する

    '「PrimaryKey」という名前でインデックスを作成する
    Set idx = tb.CreateIndex("PrimaryKey")
    idx.Primary = True

    'インデックスを構成する「ID」フィールドを作成する
    idx.Fields.Append idx.CreateField("ID")
    tb.Indexes.Append idx    '作成したインデックスをコレクションに追加する
    db.TableDefs.Append tb          'テーブルをデータベースに追加する
    db.Close         'データベースへの接続を閉じる
End Sub
```

❖ 解説

DAOで新しいテーブルを作成し、あわせてフィールドに主キーを設定するには、テーブルとフィールドを作成したあと、そのフィールドを利用してインデックスを作成し、主キーの設定を行います。

この時、作成する順序に気をつけてください。当然ながら、フィールドを作成する前に、インデックスを構成するフィールドの設定はできません。テーブル作成→フィールド作成→インデックス作成→主キーの設定となります。

なお、テーブルの作成方法についてはTips254を、インデックスの作成についてはTips259を参照してください。さらに、主キーの設定についてはTips260を参照してください。

Tips 262

リレーションシップを作成する

▶関連Tips 258 263

使用機能・命令 CreateRelationメソッド/Nameプロパティ/Tableプロパティ/ForeignTableプロパティ/Appendメソッド

サンプルファイル名 gokui07.accdb/7_1Module

▼「T_7ShoMaster」テーブルと「T_7ShoTransaction」テーブルにリレーションシップを設定する

```
Private Sub Sample262()
    Dim db As DAO.Database      'データベースへの参照を代入する変数を宣言する
    Dim fd As DAO.Field         'フィールドへの参照を代入する変数を宣言する
    Dim rl As DAO.Relation     'リレーションシップへの参照を代入する変数を宣言する

    Set db = CurrentDb()              '現在のデータベースに接続する
    Set rl = db.CreateRelation()      '新たにリレーションシップを作成する

    rl.Name = "リレーション"           'リレーションシップ名を「リレーション」にする
    rl.Table = "T_7ShoMaster"         '「T_7ShoMaster」テーブルを「一側」にする
    '「T_7ShoTransaction」テーブルを「多側」にする
    rl.ForeignTable = "T_7ShoTransaction"
    Set fd = rl.CreateField("商品コード")  '「一側」のフィールドを「商品コード」にする
    fd.ForeignName = "商品コード"          '外部キーのフィールドを「商品コード」にする
    rl.Fields.Append fd                    'リレーションシップにフィールドを追加する
    db.Relations.Append rl                 'リレーションシップをデータベースに追加する

    db.Close                    'データベースを閉じる
End Sub
```

❖ 解説

DAOでリレーションシップを設定するには、CreateRelationメソッドを使用して、データベースに対して新しいRelationオブジェクトを作成します。RelationオブジェクトのNameプロパティでリレーションシップの名前を設定し、Tableプロパティで主キー側のテーブルを、ForeignTableプロパティで外部キーがある多側のテーブルを設定します。続けて、CreateFieldメソッドでリレーションシップの「一側」のフィールドを作成し、そのフィールドの外部キーをForeignNameプロパティで指定します。

最後に、Appendメソッドを使用して、フィールドをリレーションシップのFieldsコレクションに追加し、そのリレーションシップをデータベースのRelationsコレクションに追加します。

▼実行結果

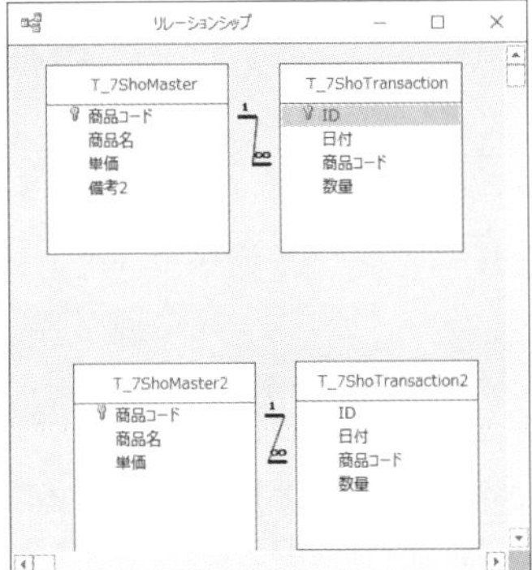

リレーションシップが設定された

• CreateRelationメソッドの構文

object.CreateRelation(Name, Table, ForeignTable, Attributes)

• Nameプロパティの構文

object. Name

• Tableプロパティの構文

object. Table

• ForeignTableプロパティの構文

object.

• Appendメソッドの構文

object. Append

CreateRelationメソッドは、objectにDatabaseオブジェクトを指定し、新しいRelationオブジェクト（リレーションシップ）を作成します。引数nameは、新しいRelationオブジェクト名です。引数Tableは、リレーションシップの主テーブルの名前を指定します。引数ForeignTableは、リレーションシップの外部キーテーブルの名前を指定します。いずれも、テーブルが存在しない場合は実行時エラーが発生します。引数Attributesは、リレーションシップの種類に関する情報を格納している定数を指定します。詳しくは、Tips262を参照してください。なお、サンプルでは、CreateRelationメソッドの引数は特に指定せず、Relationオブジェクトのプロパティを使って主テーブル等を指定しています。Nameプロパティは、objectにRelationオブジェクトを指定して、リレーションシップの名前を設定します。Tableプロパティは、objectに指定したRelationオブジェクトの主テーブルを指定します。ForeignTableプロパティは、objectに指定したRelationオブジェクトの外部キーテーブルを指定します。Appendメソッドは、objectにFieldsコレクションを指定して、リレーションシップを追加します。

Tips 263

リレーションシップを削除する

▶関連Tips 033 262

使用機能・命令 **Deleteメソッド**

サンプルファイル名 gokui07.accdb/7_1Module

▼「T_7ShoMaster2」テーブルと「T_7ShoTransaction2」のリレーションシップを削除する

```
Private Sub Sample263()
    Dim db As DAO.Database      'データベースへの参照を代入する変数を宣言する
    Dim rl As DAO.Relation  'リレーションシップへの参照を代入する変数を宣言する

    Set db = CurrentDb()            '現在のデータベースに接続する

    'データベースのすべてのリレーションシップに対して処理を行う
    For Each rl In db.Relations
        '「一側」のテーブルが「T_7ShoMaster2」で、
        '「多側」のテーブルが「T_7ShoTransaction2」かどうか判定する
        If rl.Table = "T_7ShoMaster2" And rl.ForeignTable = _
            "T_7ShoTransaction2" Then
            '条件に当てはまる場合リレーションシップを削除する
            db.Relations.Delete rl.Name
            Exit Sub        'ループ処理を抜け出す
        End If
    Next
    db.Close                    'データベースを閉じる
End Sub
```

解説

DAOでリレーションシップを削除するには、リレーションシップに対してDeleteメソッドを使用します。ただし、Deleteメソッドを使用してリレーションシップを削除するには、対象のテーブルに対して、リレーションシップ名を指定して実行しなくてはなりません。

そこで、このサンプルでは、For Each Nextステートメント（→Tips033）を使用して、データベースのすべてのリレーションシップに対して、「一側」のテーブルが「T_7ShoMaster2」で「多側」のテーブルが「T_7ShoTransaction2」かどうかを判定して、条件に当てはまった場合には、そのリレーションシップをNameプロパティ（→Tips262）で取得して削除します。

•Deleteメソッドの構文

object.Delete(name)

Deleteメソッドはobjectに Relationsコレクションを指定して、引数nameに指定したリレーションシップを削除します。

Tips 264

選択クエリを作成する

▶関連Tips 265

使用機能・命令 **CreateQueryDef メソッド**

サンプルファイル名 gokui07.accdb/7_2Module

▼「Q_商品リスト」クエリを作成する

```
Private Sub Sample264()
    Dim db As DAO.Database          'データベースへの参照を代入する変数を宣言する
    Dim vSQL As String              'SQL文を代入する変数を宣言する

    Set db = CurrentDb          '現在のデータベースに接続する

    '作成する選択クエリのSQL文を指定する
    vSQL = "SELECT 商品コード, 商品名 FROM T_7ShoMaster"

    '「Q_商品リスト」という名前で選択クエリを作成する
    db.CreateQueryDef "Q_商品リスト", vSQL

    db.Close    'データベースへの接続を閉じる
End Sub
```

解説

DAOでクエリを作成するには、CreateQueryDefメソッドを使用します。

ここでは、「T_7ShoMaster」テーブルの「商品コード」と「商品名」のフィールドを選択する選択クエリを作成し、クエリ名を「Q_商品リスト」としています。

▼実行結果

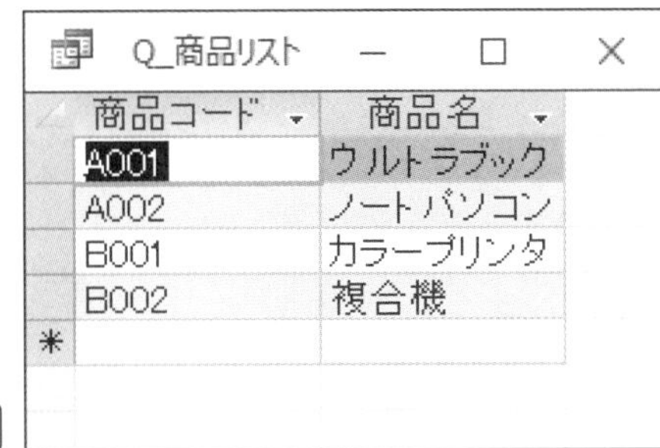

「Q_商品リスト」クエリが作成された

• CreateQueryDef メソッドの構文

object.CreateQueryDef(Name, SQLText)

CreateQueryDefメソッドは、objectにDatabaseオブジェクトを指定して、QueryDefオブジェクト（クエリ）を作成します。引数Nameは、新しいQueryDefの名前を指定します。引数SQLTextは、QueryDefを定義するSQLステートメントを表す文字列を指定します。

Tips 265

クエリを削除する

▶関連Tips 033 264

使用機能・命令 **Deleteメソッド**

サンプルファイル名 gokui07.accdb/7_2Module

▼「Q_ DeleteSample」クエリを削除する

```
Private Sub Sample265()
    Dim db As DAO.Database        'データベースへの参照を代入する変数を宣言する
    Dim dq As DAO.QueryDef        'クエリへの参照を代入する変数を宣言する

    Set db = CurrentDb        '現在のデータベースに接続する
    'すべてのクエリに対して処理を行う
    For Each dq In db.QueryDefs
        'クエリ名が「Q_DeleteSample」かどうか判定する
        If dq.Name = "Q_DeleteSample" Then
            'クエリを削除する
            db.QueryDefs.Delete dq.Name
            Exit For
        End If
    Next

    db.Close    'データベースへの接続を閉じる
End Sub
```

解説

DAOでデータベースからクエリを削除するには、Deleteメソッドを使用します。

クエリを対象にDeleteメソッドを実行するために、QueryDefsコレクションでデータベースのクエリのコレクションを取得し、Deleteメソッドに削除するクエリ名を指定します。

なお、データベース内に指定したクエリがない場合、実行時エラーが発生します。そのため、ここでは対象とするクエリが存在しないケースを想定してFor Each Nextステートメント（→Tips 033）を使用して、すべてのクエリのクエリ名をチェックし、削除対象のクエリの場合にクエリを削除しています。

•Deleteメソッドの構文

object.Delete(name)

Deleteメソッドは、objectにQueryDefsコレクションを指定し、引数nameに指定したクエリを削除します。

Tips 266 クエリを使用してレコードセットを作成する

▶関連Tips 255 264

使用機能・命令 CreateQueryDefメソッド（→Tips264）/ OpenRecordsetメソッド（→Tips255）

サンプルファイル名 gokui07.accdb/7_2Module

▼「T_7ShoMaster」テーブルからクエリを介してレコードセットを取得する

```
Private Sub Sample266()
    Dim db As DAO.Database        'データベースへの参照を代入する変数を宣言する
    Dim rs As DAO.Recordset       'レコードセットへの参照を代入する変数を宣言する
    Dim vField As DAO.Field       'フィールドへの参照を代入する変数を宣言する
    Dim vSQL As String            'SQL文を代入する変数を宣言する

    Set db = CurrentDb         '現在のデータベースに接続する

    'レコードセットの元となるクエリのSQL文を作成する
    vSQL = "SELECT 商品名, 単価 FROM T_7ShoMaster"

    'SQL文を元に一時的なクエリを作成し、作成したクエリからレコードセットを取得する
    Set rs = db.CreateQueryDef("", vSQL).OpenRecordset

    '取得したレコードセットのすべてのフィールドに対して処理を行う
    For Each vField In rs.Fields
        Debug.Print vField.Name      'フィールド名を表示する
    Next

    rs.Close     'レコードセットを閉じる
    db.Close     'データベースへの接続を閉じる
End Sub
```

❖ 解説

CreateQueryDefメソッドは、クエリを作成するメソッドです。CreateQueryDefメソッドは、1番目の引数に指定するクエリ名を省略すると、一時的なクエリを作成することができます。このクエリを元に、OpenRecordsetメソッドを使用してレコードセットを取得します。

ここでは、取得したレコードセットのFieldsコレクションを利用して、すべてのフィールド名をイミディエイトウィンドウに出力します。

Tips 267 アクションクエリを実行する

▶関連Tips 248 255

使用機能・命令 **Executeメソッド**

サンプルファイル名 gokui07.accdb/7_2Module

▼「T_7ShoUpdate」テーブルの「単価」欄の値を1.1倍する

```
Private Sub Sample267()
    Dim db As DAO.Database          'データベースへの参照を代入する変数を宣言する
    Dim vSQL As String              'SQL文を代入する変数を宣言する

    Set db = CurrentDb         '現在のデータベースに接続する

    '「T_7ShoUpdate」テーブルの「単価」フィールドの値を1.1倍するSQL文
    vSQL = "UPDATE T_7ShoUpdate SET 単価 = Int(単価 * 1.1)"

    '更新クエリを実行する
    db.Execute vSQL

    db.Close        'データベースへの接続を閉じる
End Sub
```

解説

DAOでアクションクエリを実行するには、Executeメソッドを使用します。Executeメソッドの引数に、アクションクエリを表すSQL文、または既存のクエリ名を指定します。

ここでは、「T_7ShoUpdate」テーブルの「単価」フィールドの値を1.1倍し、Int関数(→Tips 048)を使用して、小数点以下を切り捨てた値に更新します。

なお、既存のクエリ名を指定する場合は、「db.Execute "Q_UriageData"」のように記述します。

•Executeメソッドの構文

object.Execute(Query, Options)

Executeメソッドは、objectにDatabaseオブジェクトを指定し、アクションクエリまたはSQLステートメントを実行します。

引数Queryには、実行するクエリ名またはSQLステートメントを指定します。引数Optionsには、RecordsetTypeEnum列挙型の内、次の値を指定できます。それぞれの値については、Tips261のOpenRecordsetメソッド説明を参照してください。

Tips 268 他のデータベースを開く

▶関連Tips 253

使用機能・命令 OpenDatabaseメソッド

サンプルファイル名 gokui07.accdb/7_3Module

▼「Sample.accdb」データベースファイルへの参照を取得する

```
Private Sub Sample268()
    Dim db As DAO.Database          'データベースへの参照を代入する変数を宣言する
    'このデータベースと同じフォルダ内の「Sample.accdb」ファイルへの参照を取得する
    Set db = OpenDatabase(CurrentProject.Path & "¥Sample.accdb")
    Debug.Print db.Name             'データベースのフルパスを表示する
    db.Close                        'データベースを閉じる
End Sub
```

❖ 解説

OpenDatabaseメソッドを使用すると、他のAccessデータベースへの参照を取得することができます。

ここでは、CurrentProjectオブジェクト(→Tips253)のPathプロパティ(→Tips253)を使用して、カレントデータベースが保存されているパスを取得し、そのフォルダ内の「Sample.accdb」データベースファイルへの参照を取得します。

その後、Nameプロパティを使用して、参照したデータベースのフルパスをイミディエイトウィンドウに表示します。

なお、OpenDatabaseメソッドの引数にカレントデータベースのフルパスを指定すると、カレントデータベースへの参照を取得することができます。

• OpenDatabaseメソッドの構文

object.OpenDatabase(Name, Options, ReadOnly, Connect)

OpenDatabaseメソッドは、objectにDBEngineオブジェクトを指定し、対象のデータベースを開いてDatabaseオブジェクトへの参照を取得します。引数nameはデータベースファイルの名前、またはODBCデータ ソースのデータソース名(DSN)を指定します。引数Optionsは、Trueを指定するとデータベースを排他モードで、False(既定値)を指定するとデータベースを共有モードで開きます。引数readonlyは、Trueを指定すると、データベースが読み取り専用アクセスで開かれ、False(既定値)を指定すると、読み取り/書き込みアクセスで開かれます。引数Connectは、パスワードなどさまざまな接続情報を指定します。

Tips 269

指定したフィールドの値を参照する

▶関連Tips 270

使用機能・命令 **Fieldsコレクション/Valueプロパティ**

サンプルファイル名 gokui07.accdb/7_3Module

▼「T_7ShoMaste」テーブルの各フィールドの値を表示する

```
Private Sub Sample269()
    Dim db As DAO.Database        'データベースへの参照を代入する変数を宣言する
    Dim rs As DAO.Recordset      'レコードセットへの参照を代入する変数を宣言する
    Dim i As Long                 'ループ処理用の変数
    Set db = CurrentDb        '現在のデータベースに接続する
    '「T_7ShoMaster」テーブルのレコードセットを取得する
    Set rs = db.TableDefs("T_7ShoMaster").OpenRecordset
    'レコードセットのすべてのフィールドを対象に処理を行う
    For i = 0 To rs.Fields.Count - 1
        Debug.Print rs.Fields(i).Value          'フィールドの値を表示する
    Next
End Sub
```

❖ 解説

フィールドの値を取得するには、FieldsコレクションのFieldオブジェクトを使用します。指定したフィールドの値を取得することができます。なお、取得される値は、指定したレコードセットのカレントレコードの値です。ここでは、フィールド名を指定せず、すべてのフィールドの値を表示するために、For Nextステートメントを使用しています。この時、**Fieldsコレクションのインデックス番号は、「0」から始まるので注意してください**。なお、Fieldsコレクションにフィールド名を指定して、指定したフィールドの値をイミディエイトウィンドウに表示するには、「rs.Fields("商品コード").Value」のようにフィールド名を指定します。

• Fieldsコレクションの構文

Fields(index)/Fields("name")/Fields![name]

• Valueプロパティの構文

object.Value

Fieldsコレクションには、Index、QueryDef、Relation、Recordset、またはTableDefオブジェクトのすべてのFieldオブジェクトが含まれます。コレクション内のFieldオブジェクトを、コレクションで付けられたインデックスまたはNameプロパティを指定します。

Valueプロパティは、objectに指定したFieldオブジェクトの値を設定または取得します。

Tips 270

レコードセットの最初/最後のレコードを取得する

▶関連Tips 271

使用機能・命令 **MoveFirstメソッド/MoveLastメソッド**

サンプルファイル名 gokui07.accdb/7_3Module

▼「T_7ShoMaster」テーブルの「商品名」フィールドの先頭と最後の値を表示する

```
Private Sub Sample270()
    Dim db As DAO.Database      'データベースへの参照を代入する変数を宣言する
    Dim rs As DAO.Recordset     'レコードセットへの参照を代入する変数を宣言する

    Set db = CurrentDb        '現在のデータベースに接続する

    '「T_7ShoMaster」テーブルから「商品名」フィールドの
    'データを抽出してレコードセットを作成する
    Set rs = db.OpenRecordset("SELECT 商品名 FROM T_7ShoMaster" _
        , dbOpenDynaset)
    rs.MoveFirst     '先頭のレコードにカレントレコードを移動する
    '先頭のレコードの「商品名」フィールドの値を表示する
    Debug.Print "先頭：" & rs!商品名
    rs.MoveLast      '最後のレコードにカレントレコードを移動する
    '最後のレコードの「商品名」フィールドの値を表示する
    Debug.Print "最後：" & rs!商品名

    db.Close             'データベースへの接続を閉じる
End Sub
```

❖ 解説

DAOでレコードセットの最初のレコードを取得するにはMoveFirstメソッドを、最後のレコードにするにはMoveLastメソッドを使用します。いずれも指定したRecordsetオブジェクトの対象のレコードをカレントレコードにします。

ここでは、OpenRecordsetメソッドを使用して、「T_7ShoMaster」テーブルの「商品名」フィールドをレコードセットとして取得します。このレコードセットのカレントレコードを、MoveFirstメソッドで先頭に移動して、先頭の「商品名」フィールドの値をイミディエイトウィンドウに表示します。続けて、MoveLastメソッドで最後のレコードに移動し、同様にイミディエイトウィンドウに表示します。

▼実行結果

イミディエイト

先頭：ウルトラブック
最後：複合機

先頭のレコードが表示された

• MoveFirst/MoveLastの構文

object.MoveFirst/MoveLast

MoveFirst メソッドは、object に指定したRecordsetオブジェクトの最初のレコードに、MoveLastメソッドは最後のレコードに移動して、そのレコードをカレントレコードにします。カレントレコードを編集した場合は、他のレコードに移動する前に、必ずUpdateメソッドを使用して変更を保存してください。更新を実行せずに他のレコードに移動すると、変更は警告なしで取り消されます。Recordsetを開いた時点では、最初のレコードがカレントレコードで、BOFプロパティはFalseです。Recordsetにレコードが含まれていない場合、BOF プロパティはTrue で、カレントレコードはありません。

Tips 271 カレントレコードを移動する

▶関連Tips 270

使用機能・命令 MovePreviousメソッド/MoveNextメソッド

サンプルファイル名 gokui07.accdb/7_3Module

▼「商品名」フィールドの、先頭と最後から1つ前/後の2つの値を取得する

```
Private Sub Sample271()
    Dim db As DAO.Database        'データベースへの参照を代入する変数を宣言する
    Dim rs As DAO.Recordset       'レコードセットへの参照を代入する変数を宣言する

    Set db = CurrentDb            '現在のデータベースに接続する
    '「T_7ShoMaster」テーブルから「商品名」フィールドの
    'データを抽出してレコードセットを作成する
    Set rs = db.OpenRecordset("SELECT 商品名 FROM T_7ShoMaster" _
        , dbOpenDynaset)
    rs.MoveFirst                  '先頭のレコードにカレントレコードを移動する
    rs.MoveNext                   '次のレコードにカレントレコードを移動する
    Debug.Print rs!商品名         'カレントレコードの「商品名」フィールドの値を表示する
    rs.MoveLast                   '最後のレコードにカレントレコードを移動する
    rs.MovePrevious               '一つ前のレコードにカレントレコードを移動する
    Debug.Print rs!商品名         'カレントレコードの「商品名」フィールドの値を表示する
    db.Close                      'データベースへの接続を閉じる
End Sub
```

解説

カレントレコードを前方に移動するにはMovePreviousメソッドを、後方に移動するにはMoveNextメソッドを使用します。ここでは、「T_7ShoMaster」の「商品名」フィールドの値を取得し、そのレコードセットを対象に処理をします。まず、カレントレコードをMoveFirstメソッドでレコードセットの先頭に移動し、MoveNextメソッドで2番目のレコードに移動して、「商品名」フィールドの値をイミディエイトウィンドウに表示します。次に、MoveLastメソッドを使用して、カレントレコードをレコードセットの最後に移動し、MovePreviousメソッドで1つ手前のレコードに移動して、「商品名」フィールドの値をイミディエイトウィンドウに表示します。

• MovePreviousメソッド/MoveNextメソッドの構文

object.MovePrevious/MoveNext

MovePreviousメソッド、MoveNextメソッドは、それぞれobjectにRecordset オブジェクトを指定し、MovePreviousメソッドは前のレコードに、MoveNextメソッドは次のレコードに移動し、そのレコードをカレントレコードにします。

Tips 272

レコードセットのレコード件数を確認する

▶関連Tips 270

使用機能・命令　**RecordCountプロパティ**

サンプルファイル名　gokui07.accdb/7_3Module

▼「Q_Uriage」クエリの結果が何件か表示する

```
Private Sub Sample272()
    Dim db As DAO.Database       'データベースへの参照を代入する変数を宣言する
    Dim rs As DAO.Recordset      'レコードセットへの参照を代入する変数を宣言する

    Set db = CurrentDb       '現在のデータベースに接続する

    '「Q_Uriage」クエリをダイナセットタイプのレコードセットとして取得する
    Set rs = db.OpenRecordset("Q_Uriage", dbOpenDynaset)

    Debug.Print rs.RecordCount  '1が表示される

    rs.MoveLast                  '最後のレコードにカレントレコードを移動する
    Debug.Print rs.RecordCount   '実際のレコード数を表示する

    rs.Close                     'レコードセットを閉じる
    db.Close         'データベースへの接続を閉じる
End Sub
```

解説

RecordCountプロパティは、レコードセットのデータ件数を返します。ただし、レコードセットがダイナセットタイプまたはスナップショットタイプの場合、アクセスされたレコード数を返します。そのため、レコードセットを取得した時点では、データが存在する場合、RecordCountプロパティの値は「1」になります。このサンプルでは、「Q_Uriage」クエリをダイナセットタイプのレコードセットとして取得します。そのままだと、RecordCountプロパティの値は「1」なので、MoveLastメソッド（→Tips270）を使ってカレントレコードを最後のレコードまで移動し、再度、RecordCountプロパティでデータ件数を取得しています。MoveLastメソッドを使用することで、一旦すべてのレコードにアクセスすることになるため、データ件数が取得できるのです。

• RecordCountプロパティの構文

object.RecordCount

RecordCountプロパティは、objectにRecordsetオブジェクトを指定し、Recordsetオブジェクト内のアクセス済みのレコード数、またはテーブルタイプのRecordsetオブジェクト、あるいはTableDefオブジェクトの合計レコード数を取得します。値の取得のみ可能です。

Tips 273 パラメータクエリのレコードセットを開く

▶関連Tips 255 270 272

使用機能・命令　**Parametersプロパティ**

サンプルファイル名　gokui07.accdb/7_3Module

▼「Q_Uriage2」パラメータクエリをパラメータを指定して開く

```
Private Sub Sample273()
    Dim db As DAO.Database        'データベースへの参照を代入する変数を宣言する
    Dim qd As DAO.QueryDef        'クエリへの参照を代入する変数を宣言する
    Dim rs As DAO.Recordset       'レコードセットへの参照を代入する変数を宣言する
    Set db = CurrentDb        '現在のデータベースに接続する
    '「Q_Uriage2」クエリを取得する
    Set qd = db.QueryDefs("Q_Uriage2")
    With qd
        .Parameters("商品コードを入力") = "A001"   'パラメータの値を設定する
        Set rs = .OpenRecordset  'レコードセットを開く
    End With
    rs.MoveLast         'カレントレコードを最後のレコードに移動する
    Debug.Print rs.RecordCount        'レコードセットのデータ件数を出力する
    rs.Close            'レコードセットを閉じる
    db.Close            'データベースへの接続を閉じる
End Sub
```

❖ 解説

パラメータクエリに対して、パラメータを指定して開くには、Parametersプロパティを使用します。Parametersプロパティの要素に指定するパラメータを指定し、実際に抽出する条件を設定します。ここでは、「Q_Uriage2」パラメータクエリを開き、レコード件数をイミディエイトウィンドウに表示します。このクエリには、「商品コードを入力」というパラメータが設定されています。そこで、Parametersプロパティを使用して、このパラメータに「A001」を指定します。パラメータを指定後、OpenRecordsetメソッド（→Tips255）でレコードセットを取得します。

なお、クエリを指定して取得したレコードセットはダイナセットタイプになるので、MoveLastメソッド（→Tips270）で一旦、カレントレコードを最後まで移動してから、RecordCountプロパティ（→Tips272）を使用してレコードセットのデータ件数を取得しています。

• Parametersプロパティ

object.Parameters

Parametersプロパティは、objectにQueryDefオブジェクトを指定して、そのオブジェクトのすべてのParameterオブジェクトを含むParametersコレクションを取得します。値の取得のみ可能です。

Tips 274

レコードセットのすべてのレコードを参照する

▶関連Tips 255 270 272

使用機能・命令 **BOFプロパティ/EOFプロパティ**

サンプルファイル名 gokui07.accdb/7_3Module

▼「T_7ShoMaster」テーブルの値を、レコードの先頭からと最後からの両方から取得する

```
Private Sub Sample274()
    Dim db As DAO.Database      'データベースへの参照を代入する変数を宣言する
    Dim rs As DAO.Recordset     'レコードセットへの参照を代入する変数を宣言する

    Set db = CurrentDb          '現在のデータベースに接続する
    '「Q_Uriage」クエリをダイナセットタイプのレコードセットとして取得する
    Set rs = db.OpenRecordset("T_7ShoMaster", dbOpenDynaset)
    rs.MoveFirst            'カレントレコードを最初のレコードに移動する
    Do Until rs.EOF         'カレントレコードが最後のレコードの後まで処理を行う
        '「商品名」フィールドの値を表示する
        Debug.Print rs.Fields("商品名").Value
        rs.MoveNext         'カレントレコードを次のレコードに移動する
    Loop
    rs.MoveLast            'カレントレコードを最後のレコードに移動する
    Do Until rs.BOF         'カレントレコードが最初のレコードの前まで処理を行う
        '「商品名」フィールドの値を表示する
        Debug.Print rs.Fields("商品名").Value
        rs.MovePrevious         'カレントレコードを1つ前のレコードに移動する
    Loop
    rs.Close            'レコードセットを閉じる
    db.Close            'データベースへの接続を閉じる
End Sub
```

解説

BOFプロパティは、カレントレコードが最初のレコードよりも前にあるとTrueを返します。

EOFプロパティは、カレントレコードが最後のレコードよりも後にあるとTrueを返します。このプロパティを使用することで、ループ処理ですべてのレコードを参照することができます。

ここでは、レコードセットの先頭からと最後からの2回、Do Loopステートメントを使用して、「商品名」フィールドのすべての値をイミディエイトウィンドウに表示します。この時、Do Loopステートメントの終了条件に、BOFプロパティとEOFプロパティをそれぞれ使用しています。

なお、レコードを1つも持たないレコードセットを開くと、BOFプロパティ、EOFプロパティともに、値はTrueになります。

第8章
275~296

DAOによる並べ替え・検索・抽出の極意

Tips 275

レコードを並べ替える（1）

▶関連Tips 276 278

使用機能・命令 **Sortプロパティ**

サンプルファイル名 gokui08.accdb/8_1Module

▼「Q_Order」クエリの「金額」欄を降順に並べ替えて、先頭のデータを出力する

```
Private Sub Sample275()
    Dim db As DAO.Database      'データベースへの参照を代入する変数を宣言する
    Dim rs As DAO.Recordset     'レコードセットへの参照を代入する変数を宣言する

    Set db = CurrentDb()         'カレントデータベースを参照する
    '「Q_Order」クエリを開きレコードセットを取得する
    Set rs = db.OpenRecordset("Q_Order", dbOpenDynaset)
    rs.Sort = "金額 DESC"        '「金額」欄の降順に並べ替える
    Set rs = rs.OpenRecordset    'レコードセットを再度取得する
    '「日付」「商品名」「金額」のそれぞれの1つ目の値を出力する
    Debug.Print rs!日付.Value
    Debug.Print rs!商品名.Value
    Debug.Print rs!金額.Value
    rs.Close            'レコードセットを閉じる
    db.Close            'データベースを閉じる
End Sub
```

❖ 解説

DAOを利用してレコードセットを並べ替えるには、Sortプロパティを使用します。この並べ替えでは、**Sortプロパティを実行したあと、再度、レコードセットを取得し直す必要がある**ので注意してください。ここでは、「Q_Order」クエリをダイナセットタイプのレコードセットとして取得後、Sortプロパティで「金額」フィールドの降順に並べ替え、そのあとに再度OpenRecordsetメソッドで、レコードセットを再取得しています。

•Sortプロパティの構文

object.Sort

Sortプロパティは、objectにRecordsetオブジェクトを指定し、ダイナセットタイプおよびスナップショットタイプのRecordsetオブジェクトを並べ替えます。Sortプロパティを設定すると、QueryDefオブジェクトに指定された並べ替え順序が無効になります。Sortプロパティは、**並べ替えるフィールド名に続けてASCを指定すると昇順に、DESCを指定すると降順になります**。ASCは省略可能です。また、複数のフィールドを対象にする場合は、「,(カンマ)」で区切って対象のフィールドを指定します（→Tips278）。

Tips
276 レコードを並べ替える(2)

▶関連Tips 275

使用機能・命令 **Indexプロパティ**

サンプルファイル名 gokui08.accdb/8_1Module

▼「T_Master」テーブルの「姓(カタカナ)」欄を昇順に並べ替えて、先頭のデータを出力する

```
Private Sub Sample276()
    Dim db As DAO.Database      'データベースへの参照を代入する変数を宣言する
    Dim rs As DAO.Recordset     'レコードセットへの参照を代入する変数を宣言する
    Set db = CurrentDb()         'カレントデータベースを参照する
    '「T_Master」テーブルを開きレコードセットを取得する
    Set rs = db.OpenRecordset("T_Master", dbOpenTable)
    rs.Index = "姓(カタカナ)"          '「姓(カタカナ)」欄にインデックスを設定する
    '「姓(カタカナ)」欄の1つ目の値を出力する
    Debug.Print rs![姓(カタカナ)].Value
    rs.Close           'レコードセットを閉じる
    db.Close           'データベースを閉じる
End Sub
```

解説

DAOを利用して、テーブルタイプのレコードセットを並べ替えるには、Indexプロパティを使用します。

ここでは、「T_Master」テーブルをテーブルタイプのレコードセットとして取得後、Indexプロパティで「姓(カタカナ)」フィールドの昇順に並べ替えています。

▼実行結果

```
イミディエイト
アイカワ
```

「姓(カタカナ)」フィールドにインデックスが設定された

•Indexプロパティの構文

object.Index

Indexプロパティを利用して、objectに指定したRecordsetオブジェクトを並べ替えることができます。Indexを指定するフィールドにはあらかじめインデックスの設定を行っておく必要があります。

Tips 277

レコードの並べ替えを解除する

▶関連Tips 275

使用機能・命令 OpenRecordsetメソッド（→Tips255）

サンプルファイル名 gokui08.accdb/8_1Module

▼「Q_Order」クエリの「金額」欄を降順に並べ替えたあと解除する

```
Private Sub Sample277()
    Dim db As DAO.Database      'データベースへの参照を代入する変数を宣言する
    Dim rs As DAO.Recordset     'レコードセットへの参照を代入する変数を宣言する

    Set db = CurrentDb()          'カレントデータベースを参照する
    '「Q_Order」クエリを開きレコードセットを取得する
    Set rs = db.OpenRecordset("Q_Order", dbOpenDynaset)
    rs.Sort = "金額 DESC"          '「金額」欄の降順に並べ替える
    Set rs = rs.OpenRecordset     'レコードセットを再度取得する

    '「日付」「商品名」「金額」のそれぞれの1つ目の値を出力する
    Debug.Print rs!日付.Value
    Debug.Print rs!商品名.Value
    Debug.Print rs!金額.Value

    'レコードセットを再度取得する
    Set rs = db.OpenRecordset("Q_Order", dbOpenDynaset)
    '「日付」「商品名」「金額」のそれぞれの1つ目の値を出力する
    Debug.Print rs!日付.Value
    Debug.Print rs!商品名.Value
    Debug.Print rs!金額.Value

    rs.Close           'レコードセットを閉じる
    db.Close           'データベースを閉じる
End Sub
```

解説

DAOでSortプロパティ（→Tips275）を使用して並べ替えを行ったレコードセットを元に戻すには、レコードセットを再取得します。もともと、昇順に並んでいるレコードを降順に並べ直したのであれば、昇順にもどせばよいのですが、並べ替えの設定が行われていないフィールドでは、それではうまく行きません。そこでOpenRecordsetメソッドを使用して、再度元となるレコードセットを取得し直します。このサンプルでは、一旦並べ替えたレコードセットの先頭のデータをイミディエイトウィンドウに表示したあと、再度レコードセットを取得したデータをイミディエイトウィンドウに表示することで、処理結果を比較します。

Tips 278

複数のフィールドでレコードを並べ替える

▶関連Tips 275

使用機能・命令 **Sortプロパティ**

サンプルファイル名 gokui08.accdb/8_1Module

▼取得したレコードセットを「金額」欄の降順、「日付」欄の降順に並べ替える

```
Private Sub Sample278()
    Dim db As DAO.Database        'データベースへの参照を代入する変数を宣言する
    Dim rs As DAO.Recordset       'レコードセットへの参照を代入する変数を宣言する

    Set db = CurrentDb()          'カレントデータベースを参照する

    '「Q_Order」クエリを開きレコードセットを取得する
    Set rs = db.OpenRecordset("Q_Order", dbOpenDynaset)

    '「金額」欄の降順、「日付」欄の降順に並べ替える
    rs.Sort = "金額 DESC, 日付 DESC"
    Set rs = rs.OpenRecordset     'レコードセットを再度取得する

    '「日付」「商品名」「金額」のそれぞれの1つ目の値を出力する
    Debug.Print rs!日付.Value
    Debug.Print rs!商品名.Value
    Debug.Print rs!金額.Value

    rs.Close           'レコードセットを閉じる
    db.Close           'データベースを閉じる
End Sub
```

❖ 解説

DAOを利用して、ダイナセットタイプ、またはスタップショットタイプのレコードセットを並べ替えるには、Sortプロパティ（→Tips275）を使用します。Sortプロパティを利用して、複数のフィールドに対して並べ替えの設定を行うには、「,（カンマ）」で並べ替えの対象となるフィールドを区切って指定します。

なお、この並べ替えでは、**Sortプロパティを実行したあと、再度、レコードセットを取得し直す必要があるので注意してください**。Sortプロパティを設定しただけでは、レコードセットに並べ替えの設定は反映されていません。

ここでは、「Q_Order」クエリをダイナセットタイプのレコードセットとして取得後、Sortプロパティで「金額」フィールドの降順、「日付」フィールドの降順に並べ替え、その後再度OpenRecordsetメソッドで、レコードセットを再取得しています。

Tips 279

レコードを次/前に移動する

▶関連Tips 280

使用機能・命令 **MoveNextメソッド/MovePreviousメソッド**

サンプルファイル名 gokui08.accdb/8_2Module

▼「Q_Master」クエリを開き「会員ID」「姓」「名」を順に出力し、続けて逆順に出力する

```
Private Sub Sample279()
    Dim db As DAO.Database      'データベースへの参照を代入する変数を宣言する
    Dim rs As DAO.Recordset     'レコードセットへの参照を代入する変数を宣言する
    Set db = CurrentDb()         'カレントデータベースを参照する
    '「Q_Master」クエリを開きレコードセットを取得する
    Set rs = db.OpenRecordset("Q_Master", dbOpenDynaset)

    'レコードセットの最後まで処理を繰り返す
    Do Until rs.EOF
        '「会員ID」「姓」「名」をイミディエイトウィンドウに表示する
        Debug.Print rs!会員ID, rs!姓, rs!名
        '次のレコードに移動する
        rs.MoveNext
    Loop
    '最終レコードにカレントレコードを移動する
    rs.MoveLast
    'レコードセットの最初まで処理を繰り返す
    Do Until rs.BOF
        '「会員ID」「姓」「名」をイミディエイトウィンドウに表示する
        Debug.Print rs!会員ID, rs!姓, rs!名
        '前のレコードに移動する
        rs.MovePrevious
    Loop
    rs.Close           'レコードセットを閉じる
    db.Close           'データベースを閉じる
End Sub
```

❖ 解説

DAOでレコードセットのカレントレコードを次のレコードに移動するにはMoveNextメソッドを、手前に移動するにはMovePreviousメソッドを使用します。

このとき、カレントレコードが最終行よりも後になるとレコードセットのEOFプロパティ（→Tips274）が、最初のレコードより前になるとレコードセットのBOFプロパティ（→Tips274）がTrueになるので、それぞれ終了条件にしています。

Tips 280 文字列型のレコードを検索する

▶関連Tips 288

使用機能・命令 **FindFirstメソッド/NoMatchプロパティ**

サンプルファイル名 gokui08.accdb/8_2Module

▼「姓」フィールドから「相川」を検索し、「名」フィールドの値を表示する

```
Private Sub Sample280()
    Dim db As DAO.Database      'データベースへの参照を代入する変数を宣言する
    Dim rs As DAO.Recordset     'レコードセットへの参照を代入する変数を宣言する
    Set db = CurrentDb()         'カレントデータベースを参照する
    '「Q_Master」クエリを開きレコードセットを取得する
    Set rs = db.OpenRecordset("Q_Master", dbOpenDynaset)
    '「姓」フィールドから「相川」を検索する
    rs.FindFirst "姓 = '相川'"
    'データが見つかったか判定する
    If rs.NoMatch Then
        MsgBox "見つかりませんでした"     '見つからない場合のメッセージ
    Else
        Debug.Print rs!名                  '「名」フィールドの値を表示する
    End If
    rs.Close          'レコードセットを閉じる
    db.Close          'データベースを閉じる
End Sub
```

❖ 解説

DAOでレコードを先頭から末尾方向に向かって検索するには、FindFirstメソッドを使用します。文字列を検索条件にする場合、指定する文字列を「'(シングルクォーテーション)」で囲みます。

なお、検索したデータが見つかったかどうかは、NoMatchプロパティで確認することができます。レコードが見つからない場合は、NoMatchプロパティはTrueを返します。

ここでは、「Q_Master」クエリのレコードセットを取得し、「姓」フィールドで「相川」を検索します。検索結果は、NoMatchプロパティを使用してデータの有無を確認します。

▼実行結果

文字列のレコードが検索された

DAOによる並べ替え・検索・抽出の極意

なお、DAOには、FindFirstメソッドと同様に検索をするメソッドがあります。違いは「検索開始位置」と「検索方法」です。それぞれのメソッドについてまとめます（これらをまとめて、Find系メソッドと呼ぶことがあります）。

◈ Find系メソッドの違い

メソッド	検索開始位置	検索方向
FindFirst	レコードセットの先頭	レコードセットの末尾
FindLast	レコードセットの末尾	レコードセットの先頭
FindNext	カレントレコード	レコードセットの末尾
FindPrevious	カレントレコード	レコードセットの先頭

•FindFirstメソッドの構文

object.FindFirst(Criteria)

•NoMatchプロパティの構文

object.NoMatch

FindFirstメソッドは、objectに指定したRecordsetオブジェクトで、指定された条件を満たす最初のレコードを検索し、そのレコードをカレントレコードにします。引数Criteriaは、レコードの検索に使用する文字列です。検索の文字列は、「"姓 = '相川'"」のように全体をダブルクォーテーションで囲みます。この時、検索条件（'相川'の部分）が文字列の場合は、シングルクォーテーションで囲むことに注意してください。

また、日付の場合は日付は、「#2022/10/4#」のように「#」で囲みます。

なお、検索するメソッドには、FindFirstメソッドの他にも種類があります。詳しくは「解説」を参照してください。

NoMatchプロパティは、objectにRecordsetオブジェクトを指定します。Find系のメソッドやSeekメソッドでレコードが見つかった場合はFalseを、見つからなかった場合はTrueを返します。

Tips 281 数値型のレコードを検索する

▶関連Tips 280

使用機能・命令　**FindFirstメソッド**（→Tips280）/**比較演算子**

サンプルファイル名　gokui08.accdb/8_2Module

▼「Q_Master」クエリの「年齢」フィールドから30歳以上のレコードを検索する

```
Private Sub Sample281()
    Dim db As DAO.Database          'データベースへの参照を代入する変数を宣言する
    Dim rs As DAO.Recordset         'レコードセットへの参照を代入する変数を宣言する

    Set db = CurrentDb()             'カレントデータベースを参照する
    '「Q_Master」クエリを開きレコードセットを取得する
    Set rs = db.OpenRecordset("Q_Master", dbOpenDynaset)
    '「年齢」フィールドから30歳以上のレコードを検索する
    rs.FindFirst "年齢 >= 30"
    'データが見つかったか判定する
    If rs.NoMatch Then
        MsgBox "見つかりませんでした"     '見つからない場合のメッセージ
    Else
        Debug.Print rs!姓                  '「姓」フィールドの値を表示する
    End If
    rs.Close            'レコードセットを閉じる
    db.Close            'データベースを閉じる
End Sub
```

解説

DAOでレコードを先頭から末尾方向に向かって検索するには、FindFirstメソッドを使用します。数値を検索条件にする場合、比較演算子を使用します。比較演算子とその意味は、次のようになります。

◈ 比較演算子

演算子	説明	演算子	説明
フィールド名 > 値	「値」より大きい	フィールド名 < 値	「値」未満
フィールド名 >= 値	「値」以上	フィールド名 <= 値	「値」以下
フィールド名 = 値	「値」と等しい		

なお、検索したデータが見つかったかどうかは、NoMatchプロパティ（→Tips280）で確認することができます。レコードが見つからない場合は、NoMatchプロパティはTrueを返します。

ここでは、「Q_Master」クエリのレコードセットを取得し、「年齢」フィールドの値が30以上のレコードを検索します。データが見つからない場合はメッセージを表示し、見つかった場合は、そのレコードの「姓」フィールドの値を表示します。

Tips 282 日付型のレコードを検索する

▶関連Tips 280

使用機能・命令 **FindFirstメソッド（→Tips280）**

サンプルファイル名 gokui08.accdb/8_2Module

▼「Q_Master」クエリの「生年月日」フィールドから1970/1/1以降のデータを検索する

```
Private Sub Sample282()
    Dim db As DAO.Database       'データベースへの参照を代入する変数を宣言する
    Dim rs As DAO.Recordset      'レコードセットへの参照を代入する変数を宣言する

    Set db = CurrentDb()          'カレントデータベースを参照する
    '「Q_Master」クエリを開きレコードセットを取得する
    Set rs = db.OpenRecordset("Q_Master", dbOpenDynaset)
    '「生年月日」フィールドから1970/1/1以降の誕生日を検索する
    rs.FindFirst "生年月日 >= #1970/1/1#"
    'データが見つかったか判定する
    If rs.NoMatch Then
        MsgBox "見つかりませんでした"   '見つからない場合のメッセージ
    Else
        Debug.Print rs!姓              '「姓」フィールドの値を表示する
    End If
    rs.Close          'レコードセットを閉じる
    db.Close          'データベースを閉じる
End Sub
```

❖ 解説

DAOでレコードを先頭から末尾方向に向かって検索するには、FindFirstメソッド（→Tips280）を使用します。日付を検索条件にする場合、値を「#（井桁－シャープ）」で囲みます。

検索したデータが見つかったかどうかは、NoMatchプロパティ（→Tips280）で確認することができます。レコードが見つからない場合は、NoMatchプロパティはTrueを返します。

ここでは、「Q_Master」クエリのレコードセットを取得し、「生年月日」フィールドの値が1970年1月1日以降のレコードを検索します。データが見つからない場合はメッセージを表示し、見つかった場合は、そのレコードの「姓」フィールドの値を表示します。

期間を決めて検索する

▶関連Tips 280

使用機能・命令 **FindFirstメソッド（→Tips280）／Between And演算子**

サンプルファイル名 gokui08.accdb/8_2Module

▼「Q_Master」クエリの「生年月日」フィールドが1969/1/1から1969/12/31の値を検索する

```
Private Sub Sample283()
    Dim db As DAO.Database      'データベースへの参照を代入する変数を宣言する
    Dim rs As DAO.Recordset     'レコードセットへの参照を代入する変数を宣言する
    Set db = CurrentDb()         'カレントデータベースを参照する
    '「Q_Master」クエリを開きレコードセットを取得する
    Set rs = db.OpenRecordset("Q_Master", dbOpenDynaset)
    '「生年月日」フィールドから1969/1/1から1969/12/31の誕生日を検索する
    rs.FindFirst "生年月日 Between #1969/1/1# And #1969/12/31#"
    'データが見つかったか判定する
    If rs.NoMatch Then
        MsgBox "見つかりませんでした"    '見つからない場合のメッセージ
    Else
        Debug.Print rs!姓                 '「姓」フィールドの値を表示する
    End If
    rs.Close           'レコードセットを閉じる
    db.Close           'データベースを閉じる
End Sub
```

❖ 解説

DAOでレコードを先頭から末尾方向に向かって検索するには、FindFirstメソッド（→Tips280）を使用します。指定した期間内のレコードを検索するには、Between And演算子を使用し、日付を「#（井桁－シャープ）」で囲みます。なお、検索したデータが見つかったかどうかは、NoMatchプロパティ（→Tips280）で確認することができます。レコードが見つからない場合は、NoMatchプロパティはTrueを返します。ここでは、「Q_Master」クエリのレコードセットを取得し、「生年月日」フィールドの値が1969年1月1日から1969年12月31日までのレコードを検索します。データが見つからない場合はメッセージを表示し、見つかった場合は、そのレコードの「姓」フィールドの値を表示します。

・Between And演算子の構文

expr [Not] Between value1 And value2

Between.And演算子は、exprに指定したフィールドがvalue1とvalue2の間にあるか評価します。

範囲を決めて検索する

▶関連Tips 280 281

使用機能・命令 **FindFirstメソッド（→Tips280）/ 比較演算子（→Tips281）/ 論理演算子**

サンプルファイル名 gokui08.accdb/8_2Module

▼「Q_Master」クエリの「年齢」フィールドの値が20以上30未満の値を検索する

```
Private Sub Sample284()
    Dim db As DAO.Database         'データベースへの参照を代入する変数を宣言する
    Dim rs As DAO.Recordset        'レコードセットへの参照を代入する変数を宣言する
    Set db = CurrentDb()            'カレントデータベースを参照する
    Set rs = db.OpenRecordset("Q_Master", dbOpenDynaset)
    '「年齢」フィールドの値が20以上30未満の値を検索する
    rs.FindFirst "年齢 >= 20 And 年齢 < 30"
    Debug.Print rs!姓              '「姓」フィールドの値を表示する
    rs.Close            'レコードセットを閉じる
    db.Close            'データベースを閉じる
End Sub
```

解説

DAOで範囲内のレコードを検索するには、FindFirstメソッド（→Tips280）と比較演算子（→Tips281）、論理演算子を組み合わせて使用します。ここではAnd演算子を指定して、期間を限定しています。なお、論理演算子については以下を参照してください。

◈ 論理演算子の種類と例

演算子	目的	例
And	Expr1とExpr2がTrueの場合にTrueを返す	式1 And 式2
Or	Expr1またはExpr2のいずれかがTrueの場合にTrueを返す	式1 Or 式2
Eqv	Expr1とExpr2の両方がTrueか、Expr1とExpr2の両方がFalseの場合にTrueを返す	式1 Eqv 式2
Not	ExprがTrueでない場合にTrueを返す	Not 式
Xor	Expr1またはExpr2のいずれか一方がTrueで、両方がTrueでない場合にTrueを返す	式1 Xor 式2

•論理演算子の構文

Expr1 演算子 Expr2

論理演算子を使って、2つのブール値を組み合わせると、結果としてTrue、False、またはNullが返されます。論理演算子は、ブール演算子とも呼ばれています。それぞれの論理演算子については、「解説」を参照してください。

Tips 285 検索したデータをすべて取得する

▶関連Tips 280

使用機能・命令 FindFirstメソッド（→Tips280）/ FindNextメソッド（→Tips280）

サンプルファイル名 gokui08.accdb/8_2Module

▼「Q_Master」クエリから年齢が30代のレコードをすべて取得する

```
Private Sub Sample285()
    Dim db As DAO.Database        'データベースへの参照を代入する変数を宣言する
    Dim rs As DAO.Recordset       'レコードセットへの参照を代入する変数を宣言する
    Dim vStr As String              '検索条件を代入する変数を宣言する
    Set db = CurrentDb()          'カレントデータベースを参照する
    '「Q_Master」クエリを開きレコードセットを取得する
    Set rs = db.OpenRecordset("Q_Master", dbOpenDynaset)
    'カレントレコードをレコードセットの先頭に移動する
    rs.MoveFirst
    '検索条件を「年齢」フィールドの値が30以上40未満の値とする
    vStr = "年齢 >= 30 And 年齢 < 40"
    '先頭のレコードから指定した条件で検索する
    rs.FindFirst vStr
    'すべての検索結果を出力する
    Do Until rs.NoMatch
        Debug.Print rs!姓 & rs!名    '「姓」フィールドと「名」フィールドの値を出力する
        rs.FindNext vStr               '条件にあう次のレコードを検索する
    Loop
    rs.Close          'レコードセットを閉じる
    db.Close          'データベースを閉じる
End Sub
```

❖ 解説

DAOで検索条件に合うデータをすべて取得するには、Do LoopステートメントとFind系のメソッド（→Tips280）を組み合わせます。また、検索したレコードが見つからない場合は、NoMatchプロパティ（→Tips280）はTrueを返すため、これをDo Loopステートメントの終了条件に指定します。ここでは、まずFindFirstメソッドを使用して、レコードセットの先頭からデータを検索します。次のレコードを検索するには、FindNextメソッドを使用します。FindNextメソッドは、カレントレコードから指定した条件に当てはまる次のレコードを検索します。

ここで**注意すべき点は、FindFirstメソッドとFindNextメソッドに指定する条件を同じにしなくてはならない点です**。サンプルでは、条件を修正した時などのミスを無くすために、抽出条件を変数に代入してから指定しています。

複数の条件を指定してレコードを抽出する

▶関連Tips 280 284

使用機能・命令 **FindFirstメソッド**（→Tips280）/ **FindNextメソッド**（→Tips280）/ **論理演算子**（→Tips284）

サンプルファイル名 gokui08.accdb/8_2Module

▼「Q_Master」クエリから「年齢」が30代で「都道府県」が「神奈川県」のデータをすべて検索する

```
Private Sub Sample286()
    Dim db As DAO.Database        'データベースへの参照を代入する変数を宣言する
    Dim rs As DAO.Recordset       'レコードセットへの参照を代入する変数を宣言する
    Dim str As String              '検索条件を代入する変数を宣言する
    Set db = CurrentDb()           'カレントデータベースを参照する
    '「Q_Master」クエリを開きレコードセットを取得する
    Set rs = db.OpenRecordset("Q_Master", dbOpenDynaset)
    'カレントレコードをレコードセットの先頭に移動する
    rs.MoveFirst
    '検索条件を「年齢」フィールドの値が30以上40未満の値で、
    '「都道府県」フィールドの値が「神奈川県」の値とする
    str = "年齢 >= 30 And 年齢 < 40 And 都道府県 = '神奈川県'"
    rs.FindFirst str         '先頭のレコードから指定した条件で検索する
    Do Until rs.NoMatch       'すべての検索結果を出力する
        Debug.Print rs!姓 & rs!名    '「姓」フィールドと「名」フィールドの値を出力する
        rs.FindNext str               '条件にあう次のレコードを検索する
    Loop
    rs.Close            'レコードセットを閉じる
    db.Close            'データベースを閉じる
End Sub
```

❖ 解説

DAOで検索条件に複数の条件を指定する場合は、論理演算子を使用します。ここでは、複数の条件すべてを満たすレコードを検索するため、And演算子を使用します。ここでは、すべての検索結果を取得するために、まずFindFirstメソッドを使用して、レコードセットの先頭からデータを検索します。その後、Do LoopステートメントとFindNextメソッドを使用して、次のデータを検索します。該当するデータが見つからない場合、NoMatchプロパティ（→Tips280）がTrueを返すので、これを条件にして繰り返し処理を行います。なお、FindFirstメソッドとFindNextメソッドに指定する条件は、同じにしなくてはなりません。

曖昧な条件でレコードを抽出する

▶関連Tips 064 280

使用機能・命令 FindFirstメソッド（→Tips280）/ FindNextメソッド（→Tips280）/ Like演算子（→Tips064）

サンプルファイル名 gokui08.accdb/8_2Module

▼「姓」フィールドの値が「田」を含むレコードを抽出する

```
Private Sub Sample287()
    Dim db As DAO.Database      'データベースへの参照を代入する変数を宣言する
    Dim rs As DAO.Recordset     'レコードセットへの参照を代入する変数を宣言する
    Dim str As String            '検索条件を代入する変数を宣言する
    Set db = CurrentDb()         'カレントデータベースを参照する
    '「Q_Master」クエリを開きレコードセットを取得する
    Set rs = db.OpenRecordset("Q_Master", dbOpenDynaset)
    'カレントレコードをレコードセットの先頭に移動する
    rs.MoveFirst
    '検索条件を「姓」フィールドに「田」が含まれる値とする
    str = "姓 Like '*田*'"
    '先頭のレコードから指定した条件で検索する
    rs.FindFirst str
    'すべての検索結果を出力する
    Do Until rs.NoMatch
        Debug.Print rs!姓 & rs!名    '「姓」フィールドと「名」フィールドの値を出力する
        rs.FindNext str              '条件にあう次のレコードを検索する
    Loop
    rs.Close            'レコードセットを閉じる
    db.Close            'データベースを閉じる
End Sub
```

解説

DAOであいまい検索を行うには、Like演算子（→Tips064）とワイルドカードを組み合わせて使用します。ここでは、「*（アスタリスク）」を使用して、「'田'を含む文字列」を検索条件にしています。**文字列を検索条件に指定する場合、対象の文字列は「'（シングルクォーテーション）」で囲まなくてはなりません**。この時、ワイルドカードも一緒に「'」の中に含めるようにしてください。なお、ここではすべての検索結果を取得するために、まずFindFirstメソッドを使用して、レコードセットの先頭からデータを検索します。その後、Do LoopステートメントとFindNextメソッドを使用して、次のデータを検索します。該当するデータが見つからない場合、NoMatchプロパティがTrueを返すので、これを条件にして繰り返し処理を行います。

Tips 288

Indexのあるフィールドを検索する

▶関連Tips 276

使用機能・命令 **Seekメソッド**

サンプルファイル名 gokui08.accdb/8_2Module

▼「T_Master」テーブルの「姓(カタカナ)」フィールドにIndexを設定して、「ミズノ」を検索する

```
Private Sub Sample288()
    Dim db As DAO.Database       'データベースへの参照を代入する変数を宣言する
    Dim rs As DAO.Recordset      'レコードセットへの参照を代入する変数を宣言する
    Set db = CurrentDb()          'カレントデータベースを参照する
    '「T_Master」テーブルを開きレコードセットを取得する
    Set rs = db.OpenRecordset("T_Master", dbOpenTable)
    rs.Index = "姓(カタカナ)"          '「姓(カタカナ)」欄にインデックスを設定する
    '先頭のレコードから指定した条件で検索する
    rs.Seek "=", "ミズノ"
    '検索結果を判定する
    If rs.NoMatch Then
        MsgBox "見つかりませんでした"    '見つからない場合のメッセージ
    Else
        Debug.Print rs!姓 & rs!名    '「姓」フィールドと「名」フィールドの値を出力する
    End If
    rs.Close          'レコードセットを閉じる
    db.Close          'データベースを閉じる
End Sub
```

解説

Seekメソッドを使用して、インデックスが設定されたフィールドを検索することができます。なお、Seekメソッドを使用する前に、Indexプロパティで現在のインデックスを設定しておく必要があります。インデックスが一意でないキーフィールドを指している場合、Seekメソッドは抽出条件を満たす最初のレコードを返します。ここでは、「T_Master」テーブルの「姓(カタカナ)」フィールドにIndexを設定して、「ミズノ」を検索しています。

・Seekメソッドの構文

object.Seek(Comparison, Key1, Key2, Key3, Key4, Key5, Key6, Key7, Key8, Key9, Key10, Key11, Key12, Key13)

Seekメソッドは、objectにRecordsetオブジェクトを指定します。引数Comparisonは、「<、<=、=、>=、>」のうちいずれかを指定します。引数Key1,Key2...Key13は、検索する値を指定します。引数keyは、最大13個まで使用できます。

Tips 289

文字列型のレコードを抽出する

▶関連Tips 255 274

使用機能・命令 **Filterプロパティ/OpenRecordsetメソッド**（→Tips255）

サンプルファイル名 gokui08.accdb/8_3Module

▼「Q_Master」クエリの「都道府県」フィールドが「神奈川県」のレコードを抽出する

```
Private Sub Sample289()
    Dim db As DAO.Database      'データベースへの参照を代入する変数を宣言する
    Dim rs As DAO.Recordset     'レコードセットへの参照を代入する変数を宣言する
    Set db = CurrentDb()         'カレントデータベースを参照する
    '「Q_Master」クエリを開きレコードセットを取得する
    Set rs = db.OpenRecordset("Q_Master", dbOpenDynaset)
    '「都道府県」フィールドから「神奈川県」を抽出する
    rs.Filter = "都道府県 = '神奈川県'"
    'レコードセットを再取得する
    Set rs = rs.OpenRecordset
    Debug.Print rs!姓 & rs!名  '「姓」フィールドと「名」フィールドの値を表示する
    rs.Close            'レコードセットを閉じる
    db.Close            'データベースを閉じる
End Sub
```

解説

DAOでレコードを抽出するには、Filterプロパティを使用します。

Filterプロパティに指定する抽出条件が文字列の場合、「'（シングルクォーテーション）」で対象の文字列を囲みます。抽出した結果を得るには、Filterプロパティを指定後、OpenRecordsetメソッド（→Tips255）を使用してレコードセットを再取得します。再取得後該当のレコードがない場合EOFプロパティ（→Tips274）がTrueになります。なお、Filterプロパティでフィルタをかけたあとに再取得するレコードセットは、このサンプルのように、いったん取得したレコードセットを上書きしても、新たに別のレコードセットとして取得してもどちらでも結構です。

• Filterプロパティの構文

object.Filter = expression

Filterプロパティは、objectにRecordsetオブジェクトを指定し、ダイナセットタイプ、スナップショットタイプ、または前方スクロールタイプのRecordsetオブジェクトにフィルタを適用します。フィルタの条件は、expresionにWHERE句のないSQLステートメントと同様の書き方で指定します。Filterプロパティを使用すると、既存のRecordsetオブジェクトに基づいて新しいRecordsetオブジェクトを開くときに、既存のオブジェクトから取得するレコードを制限できます。

数値型のレコードを抽出する

▶関連Tips
255
274
289

使用機能・命令 **Filterプロパティ(→Tips289)**

サンプルファイル名 gokui08.accdb/8_3Module

▼「Q_Master」クエリの「年齢」フィールドが、「30」未満のレコードを抽出する

```
Private Sub Sample290()
    Dim db As DAO.Database      'データベースへの参照を代入する変数を宣言する
    Dim rs As DAO.Recordset     'レコードセットへの参照を代入する変数を宣言する

    Set db = CurrentDb()         'カレントデータベースを参照する
    '「Q_Master」クエリを開きレコードセットを取得する
    Set rs = db.OpenRecordset("Q_Master", dbOpenDynaset)
    '「年齢」フィールドが30未満の値を抽出する
    rs.Filter = "年齢 < 30"
    'レコードセットを再取得する
    Set rs = rs.OpenRecordset
    'データの有無を確認する
    If rs.EOF Then
        Debug.Print "データがありません"  'データが見つからない場合のメッセージ
    Else
        '「姓」フィールドと「名」フィールドの値を表示する
        Debug.Print rs!姓 & rs!名
    End If

    rs.Close            'レコードセットを閉じる
    db.Close            'データベースを閉じる
End Sub
```

❖ 解説

DAOでレコードを抽出するには、Filterプロパティ(→Tips289)を使用します。抽出した結果を得るには、Filterプロパティを指定後、OpenRecordsetメソッドを使用して、レコードセットを再取得します。ここでは、再取得後、該当のレコードがない場合にEOFプロパティ(→Tips274)がTrueになることを利用して、データが見つからない場合の処理を記述しています。

なお、Filterプロパティでフィルタをかけたあとに再取得するレコードセットは、このサンプルのように、いったん取得したレコードセットを上書きしても、新たに別のレコードセットとして、取得してもどちらでも結構です。

Tips 291 日付型のレコードを抽出する

▶関連Tips
255
274
289

使用機能・命令 **Filterプロパティ（→Tips289）**

サンプルファイル名 gokui08.accdb/8_3Module

▼「Q_Master」クエリで「生年月日」が1980/1/1以降のレコードを抽出する

```
Private Sub Sample291()
    Dim db As DAO.Database       'データベースへの参照を代入する変数を宣言する
    Dim rs As DAO.Recordset      'レコードセットへの参照を代入する変数を宣言する

    Set db = CurrentDb()          'カレントデータベースを参照する
    '「Q_Master」クエリを開きレコードセットを取得する
    Set rs = db.OpenRecordset("Q_Master", dbOpenDynaset)
    '「生年月日」フィールドが1980/1/1以降の値を抽出する
    rs.Filter = "生年月日 >= #1980/1/1#"
    'レコードセットを再取得する
    Set rs = rs.OpenRecordset
    'データの有無を確認する
    If rs.EOF Then
        Debug.Print "データがありません"  'データが見つからない場合のメッセージ
    Else
        '「姓」フィールドと「名」フィールドの値を表示する
        Debug.Print rs!姓 & rs!名
    End If

    rs.Close            'レコードセットを閉じる
    db.Close            'データベースを閉じる
End Sub
```

解説

DAOでレコードを抽出するには、Filterプロパティ（→Tips289）を使用します。日付を条件に指定する場合、対象の日付を「#（井桁ーシャープ）」で囲みます。

抽出した結果を得るには、Filterプロパティを指定後、OpenRecordsetメソッド（→Tips255）を使用して、レコードセットを再取得します。ここでは、再取得後、該当のレコードがない場合にEOFプロパティ（→Tips274）がTrueになることを利用して、データが見つからない場合の処理を記述しています。

なお、Filterプロパティでフィルタをかけたあとに再取得するレコードセットは、このサンプルのように、いったん取得したレコードセットを上書きしても、新たに別のレコードセットとして取得してもどちらでも結構です。

曖昧な条件でレコードを抽出する

▶関連Tips
064
255
274
289

使用機能・命令 **Filterプロパティ (→Tips289) / Like演算子 (→Tips064)**

サンプルファイル名 gokui08.accdb/8_3Module

▼「Q_Master」クエリから「姓」に「田」が含まれるデータを抽出する

```
Private Sub Sample292()
    Dim db As DAO.Database      'データベースへの参照を代入する変数を宣言する
    Dim rs As DAO.Recordset     'レコードセットへの参照を代入する変数を宣言する

    Set db = CurrentDb()          'カレントデータベースを参照する
    '「Q_Master」クエリを開きレコードセットを取得する
    Set rs = db.OpenRecordset("Q_Master", dbOpenDynaset)
    '「姓」フィールドから「田」を含む値を抽出する
    rs.Filter = "姓 Like '*田*'"
    'レコードセットを再取得する
    Set rs = rs.OpenRecordset
    'データの有無を確認する
    If rs.EOF Then
        Debug.Print "データがありません"  'データが見つからない場合のメッセージ
    Else
        '「姓」フィールドと「名」フィールドの値を表示する
        Debug.Print rs!姓 & rs!名
    End If

    rs.Close           'レコードセットを閉じる
    db.Close           'データベースを閉じる
End Sub
```

❖ 解説

DAOでレコードを抽出するには、Filterプロパティを使用します。あいまいな条件で抽出を行うには、Like演算子 (→Tips064) とワイルドカード (→Tips064) を組み合わせて使用します。ここでは、「*(アスタリスク)」を使用して、「'田'を含む文字列」を抽出条件にしています。文字列を抽出条件に指定する場合、対象の文字列は「'(シングルクォーテーション)」で囲まなくてはなりません。この時、ワイルドカードも一緒に「'」の中に含めるようにしてください。抽出した結果を得るには、Filterプロパティを指定後、OpenRecordsetメソッド (→Tips255) を使用して、レコードセットを再取得します。ここでは、再取得後、該当のレコードがない場合にEOFプロパティ (→274) がTrueになることを利用して、データが見つからない場合の処理を記述しています。

Tips 293

期間を指定して レコードを抽出する

▶関連Tips 255 274 283

使用機能・命令 **Filterプロパティ（→Tips289）/ Between And演算子（→Tips283）**

サンプルファイル名 gokui08.accdb/8_3Module

▼「Q_Master」クエリの「生年月日」フィールドが1969/1/1から1969/12/31の値を抽出する

```
Private Sub Sample293()
    Dim db As DAO.Database      'データベースへの参照を代入する変数を宣言する
    Dim rs As DAO.Recordset     'レコードセットへの参照を代入する変数を宣言する

    Set db = CurrentDb()         'カレントデータベースを参照する
    '「Q_Master」クエリを開きレコードセットを取得する
    Set rs = db.OpenRecordset("Q_Master", dbOpenDynaset)
    '「生年月日」フィールドが1969/1/1から1969/12/31の値を抽出する
    rs.Filter = "生年月日 Between #1969/1/1# And #1969/12/31#"
    'レコードセットを再取得する
    Set rs = rs.OpenRecordset
    'データの有無を確認する
    If rs.EOF Then
        Debug.Print "データがありません"   'データが見つからない場合のメッセージ
    Else
        '「姓」フィールドと「名」フィールドの値を表示する
        Debug.Print rs!姓 & rs!名
    End If
    rs.Close          'レコードセットを閉じる
    db.Close          'データベースを閉じる
End Sub
```

❖ 解説

DAOで指定した期間内のレコードを抽出するには、Filterプロパティの条件に、Between And演算子（→Tips283）を使用し、日付を「#（井桁ーシャープ）」で囲んで、「フィールド名Between #開始日# And #終了日# 」のように条件を指定します。

なお、抽出した結果を得るには、Filterプロパティを指定後、OpenRecordsetメソッド（→Tips255）を使用してレコードセットを再取得します。ここでは、再取得後、該当のレコードがない場合にEOFプロパティ（→Tips274）がTrueになることを利用して、データが見つからない場合の処理を記述しています。

Tips 294 数値型データの範囲を指定してレコードを抽出する

▶関連Tips 255 274 281 284 289

使用機能・命令 **Filterプロパティ（→Tips289）／比較演算子（→Tips281）／論理演算子（→Tips284）**

サンプルファイル名 gokui08.accdb/8_3Module

▼「Q_Master」クエリの「年齢」フィールドの値が20以上30未満の値を検索する

```
Private Sub Sample294()
    Dim db As DAO.Database      'データベースへの参照を代入する変数を宣言する
    Dim rs As DAO.Recordset     'レコードセットへの参照を代入する変数を宣言する

    Set db = CurrentDb()         'カレントデータベースを参照する
    '「Q_Master」クエリを開きレコードセットを取得する
    Set rs = db.OpenRecordset("Q_Master", dbOpenDynaset)
    '「年齢」フィールドの値が20以上30未満の値を抽出する
    rs.Filter = "年齢 >= 20 And 年齢 < 30"
    'レコードセットを再取得する
    Set rs = rs.OpenRecordset
    'データの有無を確認する
    If rs.EOF Then
        Debug.Print "データがありません"  'データが見つからない場合のメッセージ
    Else
        '「姓」フィールドと「名」フィールドの値を表示する
        Debug.Print rs!姓 & rs!名
    End If
    rs.Close            'レコードセットを閉じる
    db.Close            'データベースを閉じる
End Sub
```

❖ 解説

DAOで範囲内のレコードを検索するには、Filterプロパティに、比較演算子（→Tips281）と論理演算子（→Tips284）を組み合わせて条件を指定します。この場合は期間を限定するため、使用する論理演算子はAnd演算子になります。

抽出した結果を得るには、Filterプロパティを指定後、OpenRecordsetメソッド（→Tips255）を使用して、レコードセットを再取得します。

ここでは、再取得後、該当のレコードがない場合にEOFプロパティ（→Tips274）がTrueになることを利用して、データが見つからない場合の処理を記述しています。

複数の条件を指定してレコードを抽出する

▶関連Tips 255 274 284 289

使用機能・命令　Filterプロパティ（→Tips289）/ 論理演算子（→Tips284）

サンプルファイル名　gokui08.accdb/8_3Module

▼「Q_Master」クエリから「年齢」が30代で「都道府県」が「神奈川県」のデータを抽出する

```
Private Sub Sample295()
    Dim db As DAO.Database       'データベースへの参照を代入する変数を宣言する
    Dim rs As DAO.Recordset     'レコードセットへの参照を代入する変数を宣言する

    Set db = CurrentDb()         'カレントデータベースを参照する
    '「Q_Master」クエリを開きレコードセットを取得する
    Set rs = db.OpenRecordset("Q_Master", dbOpenDynaset)
    '「年齢」フィールドの値が30以上40未満で、
    '「都道府県」フィールドが「神奈川県」の値を抽出する
    rs.Filter = "年齢 >= 30 And 年齢 < 40 And 都道府県 = '神奈川県'"
    'レコードセットを再取得する
    Set rs = rs.OpenRecordset
    'データの有無を確認する
    If rs.EOF Then
        Debug.Print "データがありません"  'データが見つからない場合のメッセージ
    Else
        '「姓」フィールドと「名」フィールドの値を表示する
        Debug.Print rs!姓 & rs!名
    End If
    rs.Close          'レコードセットを閉じる
    db.Close          'データベースを閉じる
End Sub
```

❖ 解説

論理演算子（→Tips284）を利用することで、DAOで抽出条件に複数の条件を指定することができます。ここでは、すべての条件にあったデータを抽出するために、And演算子を使用します。And演算子は、指定したすべての値がTrueの時にTrueを返します。抽出した結果を得るには、Filterプロパティ（→Tips289）を指定後、OpenRecordsetメソッド（→Tips255）を使用して、レコードセットを再取得します。ここでは、再取得後、該当のレコードがない場合にEOFプロパティ（→Tips274）がTrueになることを利用して、データが見つからない場合の処理を記述しています。

なお、抽出条件に指定するフィールド名の順序は、抽出結果に関係ありません。ここで、「都道府県 = '神奈川県' And 年齢 >= 30 And 年齢 < 40」と指定しても、同じ結果を得ることができます。

Tips 296

抽出結果をすべて取得する

▶関連Tips 255 274 279 289

使用機能・命令 **Filterプロパティ**（→Tips289）/ **MoveNextメソッド**（→Tips279）

サンプルファイル名 gokui08.accdb/8_3Module

▼「Q_Master」クエリで年齢が30代のレコードをすべて抽出する

```
Private Sub Sample296()
    Dim db As DAO.Database      'データベースへの参照を代入する変数を宣言する
    Dim rs As DAO.Recordset     'レコードセットへの参照を代入する変数を宣言する
    Set db = CurrentDb()         'カレントデータベースを参照する
    '「Q_Master」クエリを開きレコードセットを取得する
    Set rs = db.OpenRecordset("Q_Master", dbOpenDynaset)
    '「年齢」フィールドの値が30以上40未満の値を抽出する
    rs.Filter = "年齢 >= 30 And 年齢 < 40"
    'レコードセットを再取得する
    Set rs = rs.OpenRecordset
    '抽出結果のすべてに対して処理を行う
    Do Until rs.EOF
        '「姓」フィールドと「名」フィールドの値を表示する
        Debug.Print rs!姓 & rs!名
        rs.MoveNext
    Loop
    rs.Close          'レコードセットを閉じる
    db.Close          'データベースを閉じる
End Sub
```

解説

DAOでFilterプロパティを使用して抽出した結果すべてを参照するには、Do LoopステートメントとMoveNextメソッド（→Tips279）を使用します。Filterプロパティを適用後、OpenRecordsetメソッド（→Tips255）で再度レコードセットを取得します。

このレコードに対して繰り返し処理を行うことで、すべての結果を参照します。該当するレコードがない場合や、最後のレコードの次のレコードにカレントレコードが移動すると、EOFプロパティ（→Tips274）はTrueを返します。これを利用して、Do Loopステートメントの終了条件にします。

繰り返し処理では、該当するレコードの値を表示したあと、MoveNextメソッド（→Tips279）を使用して、次のレコードにカレントレコードを移動します。

DAOによる
レコード操作の極意

Tips
297 レコードを追加する

▶関連Tips 298

使用機能・命令 **AddNewメソッド/Updateメソッド**

サンプルファイル名 gokui09.accdb/9_1Module

▼「T_ShohinMaster」テーブルに新規にレコードを追加する

```
Private Sub Sample297()
    Dim db As DAO.Database      'データベースへの参照を代入する変数を宣言する
    Dim rs As DAO.Recordset     'レコードセットへの参照を代入する変数を宣言する

    Set db = CurrentDb()         '現在のデータベースに接続する

    'テーブル「T_ShohinMaster」をレコードセットとして開く
    Set rs = db.OpenRecordset("T_ShohinMaster", dbOpenDynaset)

    rs.AddNew               'レコードを追加する
    rs!商品ID = "B0004"
    rs!商品名 = "ベルトD"
    rs!単価 = 12000

    rs.Update           'レコードセットを保存する

    rs.Close            'レコードセットを閉じる
    db.Close            'データベースを閉じる
End Sub
```

❖ 解説

DAOでレコードを追加するには、AddNewメソッドとUpdateメソッドを使用します。AddNewメソッドは、レコードセットオブジェクトの新しいレコードを作成します。Updateメソッドは、レコードの変更内容を保存します。レコードを追加する場合は、追加対象のレコードセットを取得し、そのレコードセットに対してAddNewメソッドでレコードを追加して、Updateメソッドで保存します。

ここでは、「T_ShohinMaster」テーブルに新たにレコードを追加しています。

▼このテーブルにレコードを追加する

T_ShohinMaster

商品ID	商品名	単価	クリックして追加
B0001	ベルトA	10,000	
B0002	ベルトB	5,000	
B0003	ベルトC	3,000	
K0001	靴下A	500	
K0002	靴下B	300	
N0001	ネクタイA	20,000	
N0002	ネクタイB	10,000	
N0003	ネクタイC	5,000	
W0001	財布A	15,000	
W0002	財布B	12,000	
W0003	財布C	8,000	
Y0001	YシャツA	2,000	
Y0002	YシャツB	1,800	
Y0003	YシャツC	1,500	

「商品ID」が「B0004」のレコードを追加する

▼実行結果

T_ShohinMaster

商品ID	商品名	単価	クリックして追加
B0001	ベルトA	10,000	
B0002	ベルトB	5,000	
B0003	ベルトC	3,000	
B0004	ベルトD	12,000	
K0001	靴下A	500	
K0002	靴下B	300	
N0001	ネクタイA	20,000	
N0002	ネクタイB	10,000	
N0003	ネクタイC	5,000	
W0001	財布A	15,000	
W0002	財布B	12,000	
W0003	財布C	8,000	
Y0001	YシャツA	2,000	
Y0002	YシャツB	1,800	
Y0003	YシャツC	1,500	

レコードが追加された

なお、Updateメソッドの引数UpdateTypeに指定するUpdateTypeEnum列挙型の定数は、次の通りです。

◈ UpdateTypeEnum列挙型の定数

定数	値	説明
dbUpdateBatch	4	更新キャッシュ内の保留中のすべての変更をディスクに書き込む
dbUpdateCurrentRecord	2	現在のレコードの保留中の変更のみをディスクに書き込む
dbUpdateRegular	1	(既定値)保留中の変更をキャッシュせず、ディスクに直ちに書き込む

• AddNewメソッドの構文

object.AddNew

• Updateメソッドの構文

object.Update(UpdateType,Force)

AddNewメソッドは、objectにRecordsetオブジェクトを指定し、新しいレコードを作成して追加します。このメソッドによってフィールドは既定値に設定されますが、既定値が指定されていない場合はNullになります。新しいレコードを追加した後、Updateメソッドを使用して変更内容を保存します。Updateメソッドを使用するまで、データベースは変更されません。

Updateメソッドは、objectに指定したRecordsetオブジェクトを追加したレコードで更新します。引数UpdateTypeは、更新の種類を表します。指定できる値は、「解説」を参照してください。引数Forceは、元になるデータが他のユーザーによって変更されたかどうかにかかわらず、変更を強制的にデータベースに反映するかどうかを示します。Trueに設定すると、変更が強制的に反映され、他のユーザーによる変更は単純に上書きされます。False(既定値)に設定すると、更新が保留されている間に他のユーザーが変更を加えた場合、競合する変更の更新が失敗します。

Tips 298

フォームでレコードを追加する

▶関連Tips 297

使用機能・命令 **AddNewメソッド**（→Tips297）/ **Updateメソッド**（→Tips297）

サンプルファイル名 gokui09.accdb/F_298

▼非連結フォームに入力された値をテーブルに追加する

```
Private Sub cmdSample_Click()
    Dim db As DAO.Database      'データベースへの参照を代入する変数を宣言する
    Dim rs As DAO.Recordset     'レコードセットへの参照を代入する変数を宣言する

    Set db = CurrentDb()         '現在のデータベースに接続する

    'テーブル「T_ShohinMaster」をレコードセットとして開く
    Set rs = db.OpenRecordset("T_ShohinMaster", dbOpenDynaset)

    rs.AddNew                'レコードを追加する
    rs!商品ID = Me!商品ID
    rs!商品名 = Me!商品名
    rs!単価 = Me!単価

    rs.Update            'レコードセットを保存する

    rs.Close             'レコードセットを閉じる
    db.Close             'データベースを閉じる
End Sub
```

❖ 解説

DAOでレコードを追加するには、AddNewメソッド（→Tips297）とUpdateメソッド（→Tips297）を使用します。

AddNewメソッドは、レコードセットオブジェクトの新しいレコードを作成します。Updateメソッドは、レコードの変更内容を保存します。

ここでは、F_298に入力された値をT_ShohinMasterに追加します。

F_298は非連結フォームです。そこで、T_ShohinMasterテーブルのレコードセットを取得し、そのレコードセットに対して処理を行います。

フォームに入力されている値は、Meキーワードに続けてコントロール名を指定して取得することができます。ここでは、「商品ID」「商品名」「単価」の3つのフィールドの値を、それぞれレコードセットに追加します。最後に、Updateメソッドを実行してレコードを保存します。

レコードを更新する

▶関連Tips 297

使用機能・命令　**Editメソッド/Updateメソッド**（→Tips297）

サンプルファイル名　gokui09.accdb/9_1Module

▼「T_ShohinMaster」テーブルの「商品ID」が「B0003」の「単価」を3500に更新する

```
Sub Sample299()
    Dim db As DAO.Database      'データベースへの参照を代入する変数を宣言する
    Dim rs As DAO.Recordset     'レコードセットへの参照を代入する変数を宣言する
    Dim vSQL As String          'SQL文を代入するための変数を宣言する

    Set db = CurrentDb()        '現在のデータベースに接続する
    'T_ShohinMasterテーブルから「商品ID」が「B0003」のレコードを
    '抽出するSQL文を変数に代入する
    vSQL = "SELECT * FROM T_ShohinMaster WHERE 商品ID='B0003'"
    '指定したSQL文を使ってレコードセットを開く
    Set rs = db.OpenRecordset(vSQL, dbOpenDynaset)
    rs.Edit              'レコードセットの更新を開始する
    rs!単価 = 3500          '「単価」を3500に更新する
    rs.Update            'レコードセットを保存する
    rs.Close             'レコードセットを閉じる
    db.Close             'データベースを閉じる
End Sub
```

解説

DAOでレコードを更新するには、EditメソッドとUpdateメソッド（→Tips297）を使用します。Editメソッドは、レコードセットを更新します。Updateメソッドは、レコードの変更内容を保存します。ここでは、「T_ShohinMaster」テーブルで、「商品コード」が「B0003」のレコードの「単価」を「3500」に更新しています。この時、Updateメソッドを実行しないと追加したレコードは保存されないので、気をつけてください。

なお、「T_ShohinMaster」テーブルから「商品コード」が「B0003」のレコードを取得するために、ここではSQL文を使用しています。SQL文については、第17章を参照してください。

•Editメソッドの構文

object.Edit

Editメソッドは、objectに指定したRecordsetオブジェクトを変更します。変更後、Updateメソッドを使用して変更を保存します。カレントレコードは、Editメソッドの使用後もカレントレコードのままです。

Tips 300 フォームでレコードを更新する

▶関連Tips 297 299

使用機能・命令 Editメソッド（→Tips299）/ Updateメソッド（→Tips297）

サンプルファイル名 gokui09.accdb/F_300

▼非連結フォームを使用して「T_ShohinMaster」テーブルのレコードを更新する

```
Private Sub cmdSample_Click()
    Dim db As DAO.Database       'データベースへの参照を代入する変数を宣言する
    Dim rs As DAO.Recordset      'レコードセットへの参照を代入する変数を宣言する
    Dim vSQL As String            'SQL文を代入するための変数を宣言する

    Set db = CurrentDb()          '現在のデータベースに接続する
    'T_ShohinMasterテーブルから「商品ID」が「B0003」のレコードを
    '抽出するSQL文を変数に代入する
    vSQL = "SELECT * FROM T_ShohinMaster WHERE 商品ID='B0003'"
    '指定したSQL文を使ってレコードセットを開く
    Set rs = db.OpenRecordset(vSQL, dbOpenDynaset)
    rs.Edit            'レコードセットの更新を開始する
    '各フィールドの値を更新する
    rs!商品ID = Me!商品ID
    rs!商品名 = Me!商品名
    rs!単価 = Me!単価
    rs.Update          'レコードセットを保存する
    rs.Close           'レコードセットを閉じる
    db.Close           'データベースを閉じる
End Sub
```

❖ 解説

DAOでレコードを更新するには、Editメソッド（→Tips299）とUpdateメソッド（→Tips297）を使用します。Editメソッドは、レコードセットを更新します。Updateメソッドは、レコードの変更内容を保存します。

F_300は非連結フォームです。ここではSQL文を使用して、T_ShohinMasterの「商品コード」が「B0003」のレコードセットを取得し、「更新」ボタンをクリックするとフォームに入力された値に更新します。この時、Updateメソッドを実行しないと、追加したレコードは保存されないので気をつけてください。

なお、T_ShohinMasterから「商品コード」が「B0003」のレコードを取得するために、SQL文を使用しています。また、「B0003」の商品情報が表示されるように、フォームのLoadイベントでデータを読み込んでいます。SQL文については、第17章を参照してください。

レコードを削除する

▶関連Tips 255

使用機能・命令 Deleteメソッド

サンプルファイル名 gokui09.accdb/9_1Module

▼「T_UserMaster」から「ID」が「2」のデータを削除する

```
Sub Sample301()
    Dim db As DAO.Database        'データベースへの参照を代入する変数を宣言する
    Dim rs As DAO.Recordset       'レコードセットへの参照を代入する変数を宣言する
    Dim vSQL As String             'SQL文を代入するための変数を宣言する

    Set db = CurrentDb()           '現在のデータベースに接続する
    'T_UserMasterテーブルから「ID」が「2」のレコードを
    '抽出するSQL文を変数に代入する
    vSQL = "SELECT * FROM T_UserMaster WHERE ID= 2"
    '指定したSQL文を使ってレコードセットを開く
    Set rs = db.OpenRecordset(vSQL, dbOpenDynaset)

    'レコード削除の確認のメッセージを表示する
    If MsgBox("レコードを削除しますか？", vbYesNo) = vbYes Then
        rs.Delete              'レコードを削除する
    End If
    rs.Close         'レコードセットを閉じる
    db.Close         'データベースを閉じる
End Sub
```

❖ 解説

DAOでレコードを削除するには、Deleteメソッドを使用します。Deleteメソッドは、レコードセットオブジェクトの既存のレコードを削除します。**Deleteメソッドを使用して削除する場合、警告や確認のメッセージは表示されません**。また、削除したレコードは元に戻すことができないので、注意が必要です。ここでは、「T_UserMaster」テーブルからSQL文を使用して、「ID」が「2」のレコードをレコードセットとして取得しています。その後、確認のメッセージを表示して、該当のレコードを削除します。なお、SQL文については、第17章を参照してください。

• Deleteメソッドの構文

object.Delete

Deleteメソッドは、objectに指定したRecordsetを削除します。削除する際に警告のメッセージは表示されません。

フォームでレコードを削除する

▶関連Tips 301

使用機能・命令 Deleteメソッド（→Tips301）

サンプルファイル名 gokui09.accdb/F_302

▼非連結フォームに表示されているレコードを削除する

```
Private Sub cmdSample_Click()
    Dim db As DAO.Database        'データベースへの参照を代入する変数を宣言する
    Dim rs As DAO.Recordset       'レコードセットへの参照を代入する変数を宣言する
    Dim vSQL As String             'SQL文を代入するための変数を宣言する

    Set db = CurrentDb()           '現在のデータベースに接続する
    'T_UserMasterテーブルから「ID」が「3」のレコードを
    '抽出するSQL文を変数に代入する
    vSQL = "SELECT * FROM T_UserMaster WHERE ID= 3"
    '指定したSQL文を使ってレコードセットを開く
    Set rs = db.OpenRecordset(vSQL, dbOpenDynaset)
    'レコード削除の確認のメッセージを表示する
    If MsgBox("レコードを削除しますか？", vbYesNo) = vbYes Then
        rs.Delete              'レコードを削除する
    End If
    rs.Close            'レコードセットを閉じる
    db.Close            'データベースを閉じる
End Sub
```

❖ 解説

DAOでレコードを削除するには、Deleteメソッド（→Tips301）を使用します。Deleteメソッドは、レコードセットオブジェクトの既存のレコードを削除します。

F_302は非連結フォームです。ここではSQL文を使用して、T_UserMasterテーブルの「ID」が「3」のレコードセットを取得し、「削除」ボタンをこのレコードを削除します。

なおここでは、T_UserMasterテーブルから「ID」が「3」のレコードを取得するために、SQL文を使用しています。また、「ID」が「3」の情報が表示されるように、フォームのLoadイベントでデータを読み込んでいます。SQL文については、第17章を参照してください。

連番を振る

▶関連Tips 297 299

使用機能・命令 **Editメソッド**（→Tips299）/ **Updateメソッド**（→Tips297）

サンプルファイル名 gokui09.accdb/9_2Module

▼「T_303」テーブルの「商品連番」フィールドに、商品IDの昇順に連番を降る

```
Private Sub Sample303()
    Dim db As DAO.Database          'データベースへの参照を代入する変数を宣言する
    Dim rs As DAO.Recordset         'レコードセットへの参照を代入する変数を宣言する
    Dim vSQL As String              'SQL文を代入するための変数を宣言する
    Dim num As Long                 '連番用の変数を宣言する

    Set db = CurrentDb()            '現在のデータベースに接続する
    'T_303テーブル「商品ID」の昇順に並べ替えて抽出するSQL文を変数に代入する
    vSQL = "SELECT * FROM T_303 ORDER BY 商品ID"
    '指定したSQL文を使ってレコードセットを開く
    Set rs = db.OpenRecordset(vSQL, dbOpenDynaset)
    If Not rs.EOF Then              'レコードがあるか確認する
        rs.MoveFirst                '先頭のレコードに移動する

        Do Until rs.EOF             '最終レコードまで処理を繰り返す
            rs.Edit                 '更新処理を開始する
            num = num + 1           '連番用の変数に1加算する
            rs.Fields("商品連番") = num     '「商品連番」フィールドを更新する
            rs.Update               '更新データを保存する
            rs.MoveNext             '次のレコードに移動する
        Loop
    End If
    rs.Close            'レコードセットを閉じる
    db.Close            'データベースを閉じる
End Sub
```

❖ 解説

DAOでレコードに連番を振るには、連番を振る順にレコードの並べ替えをしてレコードセットを取得し、繰り返し処理を使用して、すべてのレコードの指定したフィールドに連番を入力してレコードを更新します。

なお、ここでは「商品ID」の昇順に並べ替えたレコードセットを取得するために、SQL文を使用しています。SQL文については、第17章を参照してください。

分類ごとに連番を振る

▶関連Tips
060
274
297
299

使用機能・命令 **Editメソッド**（→Tips299）／**Updateメソッド**（→Tips297）

サンプルファイル名 gokui09.accdb/9_2Module

▼商品IDの分類ごとに連番を振る

```
Private Sub Sample304()
    Dim db As DAO.Database        'データベースへの参照を代入する変数を宣言する
    Dim rs As DAO.Recordset       'レコードセットへの参照を代入する変数を宣言する
    Dim vSQL As String            'SQL文を代入するための変数を宣言する
    Dim vId As String             '「商品ID」を代入するための変数を宣言する
    Dim num As Long               '連番用の変数を宣言する

    Set db = CurrentDb()          '現在のデータベースに接続する

    'T_304テーブル「商品ID」の昇順に並べ替えて抽出するSQL文を変数に代入する
    vSQL = "SELECT * FROM T_304 ORDER BY 商品ID"

    '指定したSQL文を使ってレコードセットを開く
    Set rs = db.OpenRecordset(vSQL, dbOpenDynaset)

    If Not rs.EOF Then            'レコードがあるか確認する
        rs.MoveFirst              '先頭のレコードに移動する
        vId = rs!商品ID           '「商品ID」の値を代入する
        Do Until rs.EOF           '最終レコードまで処理を繰り返す
            rs.Edit               '更新処理を開始する

            '「商品ID」の一番左の文字を比較する
            If Left(vId, 1) <> Left(rs!商品ID, 1) Then
                num = 0               '連番をリセットする
                vId = rs!商品ID       '変数に商品IDを代入する
            End If
            num = num + 1         '連番用の変数に1加算する
            rs.Fields("分類連番") = num    '「分類連番」フィールドを更新する
            rs.Update             '更新データを保存する
            rs.MoveNext           '次のレコードに移動する
        Loop
    End If

```

```
        rs.Close            'レコードセットを閉じる
        db.Close            'データベースを閉じる
End Sub
```

❖ 解説

DAOでレコードに連番を振るには、連番を振る順にレコードの並べ替えをしてレコードセットを取得し、繰り返し処理を使用して、すべてのレコードの指定したフィールドに連番を入力してレコードを更新します。

商品の分類ごとに連番を振るには、この並べ替えたレコードセットに対して、Do Loopステートメントを使用して、1レコードずつ「分類」を取得し、分類が異なったときに、連番をリセットしてはじめから振り直すようにします。そのため、Do Loopステートメントの前にまず、MoveFirst(→Tips284)で先頭のレコードに移動しています。

ここでは、「T_304」テーブルの「商品ID」を元に分類を判定しています。このテーブルの「商品ID」は、分類ごとに「商品ID」のはじめの1文字が異なります。

そこで、Left関数(→Tips060)を使用して、「商品ID」のはじめの1文字を変数vIdに取得し、それが異なる場合は、新しい分類として連番をリセットしています。

Left関数は、1番目の引数に指定した文字列の左側から、2番目に指定した文字数分だけ抜き出す関数です。

また、あわせて「商品ID」を比較するために、変数vIdの値を新たな商品IDで更新します。

そして、EOFプロパティ(→Tips274)がTrueになるまで、処理を繰り返しています。こうすることで、すべてのレコードに対して処理を行うことができます。

なお、ここでは「商品ID」の昇順に並べ替えたレコードセットを取得するために、SQL文を使用しています。SQL文については、第17章を参照してください。

▼「分類」ごとに連番をつける

商品ID	分類連番	商品名	単価
B0001		ベルトA	10,000
B0002		ベルトB	5,000
B0003		ベルトC	3,000
K0001		靴下A	500
K0002		靴下B	300
N0001		ネクタイA	20,000
N0002		ネクタイB	10,000
N0003		ネクタイC	5,000
W0001		財布A	15,000
W0002		財布B	12,000
W0003		財布C	8,000
Y0001		YシャツA	2,000
Y0002		YシャツB	1,800
Y0003		YシャツC	1,500
*	0		

「分類連番」フィールドに連番を入力する

▼実行結果

商品ID	分類連番	商品名	単価
B0001	1	ベルトA	10,000
B0002	2	ベルトB	5,000
B0003	3	ベルトC	3,000
K0001	1	靴下A	500
K0002	2	靴下B	300
N0001	1	ネクタイA	20,000
N0002	2	ネクタイB	10,000
N0003	3	ネクタイC	5,000
W0001	1	財布A	15,000
W0002	2	財布B	12,000
W0003	3	財布C	8,000
Y0001	1	YシャツA	2,000
Y0002	2	YシャツB	1,800
Y0003	3	YシャツC	1,500
*	0		

「分類」ごとに連番が入力された

連鎖更新の設定をする

▶関連Tips 262

使用機能・命令 **CreateRelationメソッド（→Tips262）／Attributesプロパティ**

サンプルファイル名 gokui09.accdb/9_2Module

▼「T_305Master」テーブルと「T_305Tran」テーブルに連鎖更新の設定を行う

```
Private Sub Sample305()
    Dim db As DAO.Database      'データベースへの参照を代入する変数を宣言する
    Dim rls As DAO.Relation     'リレーションシップへの参照を代入する変数を宣言する
    Dim fld As DAO.Field        'フィールドへの参照を代入する変数を宣言する

    Set db = CurrentDb()        '現在のデータベースに接続する

    Set rls = db.CreateRelation     'リレーションシップを作成する

    rls.Name = "T_305_商品ID"   'リレーションシップに「T_305_商品ID」と名前を付ける
    rls.Table = "T_305Master"     '「一側」に「T_305Master」テーブルを指定する
    rls.ForeignTable = "T_305Tran"  '「多側」に「T_305Tran」テーブルを指定する

    rls.Attributes = dbRelationUpdateCascade    '連鎖更新の設定を行う
    Set fld = rls.CreateField("商品コード")      '「商品コード」を作成する
    fld.ForeignName = "商品コード"           '外部キーに「商品コード」を指定する
    rls.Fields.Append fld          'フィールドをリレーションシップに追加する

    db.Relations.Append rls       'リレーションシップをデータベースに追加する

    db.Close        'データベースを閉じる
End Sub
```

❖ 解説

DAOでリレーションシップを設定するには、CreateRelationメソッド（→Tips262）を使用して、データベースに対して新しいRelationオブジェクトを作成します。そして、連鎖更新を指定するには、このRelationオブジェクトのAttributesプロパティに、dbRelationUpdateCascadsを指定します。Attributesプロパティに指定する値は、次のとおりです。

◈ Attributesプロパティに指定するRelationAttributeEnum列挙型の値

定数	値	説明
dbRelationDeleteCascade	4096	削除が連鎖的に行われる
dbRelationDontEnforce	2	リレーションシップは適用されない(参照整合性なし)
dbRelationInherited	4	リレーションシップは2つのリンクテーブルを含むデータベース内に存在する
dbRelationLeft	16777216	デザインビューで、左結合を既定の結合の種類として表示する
dbRelationRight	33554432	デザインビューで、右結合を既定の結合の種類として表示する
dbRelationUnique	1	一対一リレーションシップ
dbRelationUpdateCascade	256	更新が連鎖的に行われる

▼実行結果

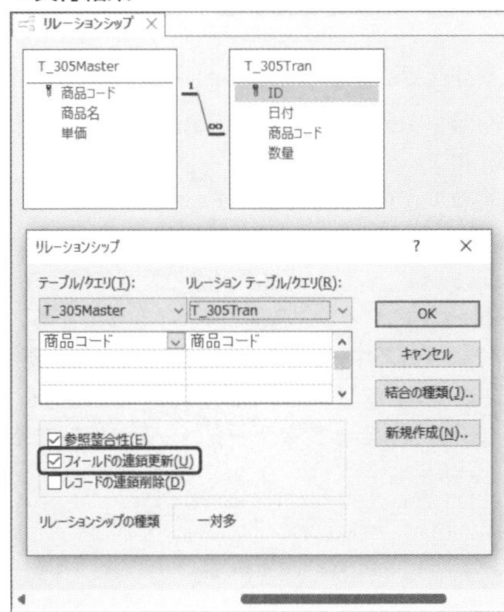

「連鎖更新」の設定が行われた

• Attributesプロパティの構文

object.Attributes

Attributesプロパティは、objectにRelationオブジェクトを指定し、特性を示す値を取得または設定します。指定する値については、「解説」を参照してください。

連鎖削除の設定をする

▶関連Tips 262 305

使用機能・命令 **CreateRelationメソッド**（→Tips262）/ **Attributesプロパティ**（→Tips305）

サンプルファイル名 gokui09.accdb/9_2Module

▼「T_306Master」テーブルと「T_306Tran」テーブルに連鎖削除の設定を行う

```
Private Sub Sample306()
    Dim db As DAO.Database          'データベースへの参照を代入する変数を宣言する
    Dim rls As DAO.Relation         'リレーションシップへの参照を代入する変数を宣言する
    Dim fld As DAO.Field            'フィールドへの参照を代入する変数を宣言する
    Set db = CurrentDb()            '現在のデータベースに接続する

    Set rls = db.CreateRelation             'リレーションシップを作成する
    rls.Name = "T_306_商品ID"        'リレーションシップに「T_306_商品ID」と名前を付ける
    rls.Table = "T_306Master"        '「一側」に「T_306Master」テーブルを指定する
    rls.ForeignTable = "T_306Tran"   '「多側」に「T_306Tran」テーブルを指定する

    rls.Attributes = dbRelationDeleteCascade        '連鎖削除の設定を行う
    Set fld = rls.CreateField("商品コード")         '「商品コード」を作成する
    fld.ForeignName = "商品コード"             '外部キーに「商品コード」を指定する
    rls.Fields.Append fld             'フィールドをリレーションシップに追加する
    db.Relations.Append rls          'リレーションシップをデータベースに追加する

    db.Close          'データベースを閉じる
End Sub
```

❖ 解説

DAOでリレーションシップを設定するには、CreateRelationメソッド（→Tips262）を使用して、データベースに対して新しいRelationオブジェクトを作成します。そして、連鎖削除を指定するには、このRelationオブジェクトのAttributesプロパティ（→Tips305）にdbRelationDeleteCascadsを指定します。

なお、連鎖更新と連鎖削除の両方の設定を行う場合には、Attributesプロパティに「rls.Attributes = dbRelationDeleteCascade + dbRelationUpdateCascade」のように記述します。

Tips 307 連鎖更新・連鎖削除の設定を解除する

▶関連Tips 262 263

使用機能・命令 **Deleteメソッド**（→Tips263）

サンプルファイル名 gokui09.accdb/9_2Module

▼「T_307Master」テーブルと「T_307Tran」テーブルの連鎖更新・連鎖削除を削除する

```
Private Sub Sample307()
    Dim db As DAO.Database         'データベースへの参照を代入する変数を宣言する
    Dim rl As DAO.Relation         'リレーションシップの削除用の変数を宣言する
    Dim rls As DAO.Relation        'リレーションシップへの参照を代入する変数を宣言する
    Dim fld As DAO.Field           'フィールドへの参照を代入する変数を宣言する
    Set db = CurrentDb()           '現在のデータベースに接続する
    'データベースのすべてのリレーションシップに対して処理を行う
    For Each rl In db.Relations
        '「一側」のテーブルが「T_307Master」で、
        '「多側」のテーブルが「T_307Tran」かどうか判定する
        If rl.Table = "T_307Master" _
            And rl.ForeignTable = "T_307Tran" Then
            '条件に当てはまる場合リレーションシップを削除する
            db.Relations.Delete rl.Name
            Exit For           'ループ処理を抜け出す
        End If
    Next
    Set rls = db.CreateRelation          'リレーションシップを作成する
    rls.Name = "T_307_商品ID"  'リレーションシップに「T_307_商品ID」と名前を付ける
    rls.Table = "T_307Master"      '「一側」に「T_307Master」テーブルを指定する
    rls.ForeignTable = "T_307Tran"  '「多側」に「T_307Tran」テーブルを指定する
    Set fld = rls.CreateField("商品コード")         '「商品コード」を作成する
    fld.ForeignName = "商品コード"    '外部キーに「商品コード」を指定する
    rls.Fields.Append fld           'フィールドをリレーションシップに追加する
    db.Relations.Append rls        'リレーションシップをデータベースに追加する
    db.Close           'データベースを閉じる
End Sub
```

解説

DAOでリレーションシップの連鎖更新・連鎖削除の設定を解除するには、一旦リレーションシップを削除し、改めて連鎖更新・連鎖削除の設定を行わないリレーションシップを作成します。リレーションシップの作成は、Tips262を参照してください。

DAOによるレコード操作の極意

トランザクション処理を行う

▶関連Tips 309

使用機能・命令 BeginTransメソッド/CommitTransメソッド

サンプルファイル名 gokui09.accdb/9_3Module

▼「T_308」テーブルにデータを追加する処理を、トランザクション処理する

```
Sub Sample308()
    Dim db As DAO.Database      'データベースへの参照を代入する変数を宣言する
    Dim ws As DAO.Workspace     'ワークスペースへの参照を代入する変数を宣言する
    Dim rs As DAO.Recordset     'レコードセットへの参照を代入する変数を宣言する
    Set db = CurrentDb()         '現在のデータベースに接続する
    Set ws = DBEngine.Workspaces(0)
    'テーブル「T_308」をレコードセットとして開く
    Set rs = db.OpenRecordset("T_308", dbOpenDynaset)
    ws.BeginTrans     'トランザクションを開始する
    rs.AddNew             'レコードを追加する
    rs!商品ID = "B0004"
    rs!商品名 = "ベルトD"
    rs!単価 = 12000
    rs.Update         'レコードセットを保存する

    ws.CommitTrans        '処理を確定する
    rs.Close          'レコードセットを閉じる
    db.Close          'データベースを閉じる
    ws.Close          'ワークスペースを閉じる
End Sub
```

❖ 解説

トランザクション処理では、一連の処理の全体が完了して初めて、その作業全体が成功したことになります。そうすることで、データの整合性を保ちます。DAOでトランザクション処理を行うには、BeginTransメソッド（トランザクションの開始）とCommitTransメソッド（トランザクションの終了）をセットで使用します。

•BeginTransメソッド/CommitTransメソッドの構文

object.BeginTrans/CommitTrans

いずれも、objectにはWorkspaceオブジェクトを指定します。BeginTransメソッドは、新しいトランザクションを開始します。CommitTransメソッドは、現在のトランザクションを終了して変更を保存します。

ロールバック処理を行う

▶関連Tips 308

使用機能・命令 **RollBackメソッド**

サンプルファイル名 gokui09.accdb/9_3Module

▼「T_309」テーブルに追加したデータをロールバックする処理を行う

```
Sub Sample309()
    Dim db As DAO.Database       'データベースへの参照を代入する変数を宣言する
    Dim ws As DAO.Workspace      'ワークスペースへの参照を代入する変数を宣言する
    Dim rs As DAO.Recordset      'レコードセットへの参照を代入する変数を宣言する
    Set db = CurrentDb()          '現在のデータベースに接続する
    Set ws = DBEngine.Workspaces(0)
    'テーブル「T_309」をレコードセットとして開く
    Set rs = db.OpenRecordset("T_309", dbOpenDynaset)
    ws.BeginTrans   'トランザクションを開始する
    rs.AddNew            'レコードを追加する
    rs!商品ID = "B0004"
    rs!商品名 = "ベルトD"
    rs!単価 = 12000
    rs.Update          'レコードセットを保存する
    If MsgBox("データの追加を許可しますか?", vbYesNo) = vbYes Then
        ws.CommitTrans       '処理を確定する
    Else
        ws.Rollback          '処理を無効にする
    End If
    rs.Close          'レコードセットを閉じる
    db.Close          'データベースを閉じる
    ws.Close          'ワークスペースを閉じる
End Sub
```

解説

トランザクション処理内で行った処理を無効にしてトランザクション開始前の状態に戻すには、RollBackメソッドを使用します。ここでは、「T_309」テーブルに新規にデータを追加する処理を、トランザクション処理します。データを追加後、確認のメッセージを表示して「いいえ」が選択された場合、RollBackメソッドを使用して処理を無効にします。

・RollBackメソッドの構文

object.RollBack

RollBackメソッドは、objectにWorkspaceオブジェクトを指定して、トランザクションが開始された時点の状態に戻します。

600 Tips to Use Access VBA Better!
現場ですぐに使える!
Access
VBA
Microsoft 365/
Office 2021/2019/
2016/2013対応
逆引き大全

DAOによる フォーム操作の極意

Tips 310 連結フォームを開くときレコードを並べ替える

▶関連Tips 275

使用機能・命令 **Sortプロパティ（→Tips275）／Recordsetプロパティ**

サンプルファイル名 gokui10.accdb/F_310

▼「F_310」フォームのレコードを「単価」の降順に並べ替えて表示する

```
Dim db As DAO.Database          'データベースへの参照を代入する変数を宣言する
Dim rs As DAO.Recordset         'レコードセットへの参照を代入する変数を宣言する
'フォームが開くときに処理を行う
Private Sub Form_Open(Cancel As Integer)
    Set db = CurrentDb()            'カレントデータベースを参照する
    '「Q_ShohinMaster」クエリを開きレコードセットを取得する
    Set rs = db.OpenRecordset("Q_ShohinMaster", dbOpenDynaset)
    rs.Sort = "単価 DESC"                '「単価」欄の降順に並べ替える
    Set rs = rs.OpenRecordset            'レコードセットを開く
    Set Me.Recordset = rs                'レコードセットを再設定する
End Sub

'フォームを閉じるときに処理を行う
Private Sub Form_Close()
    rs.Close            'レコードセットを閉じる
    db.Close            'データベースを閉じる
End Sub
```

解説

DAOで連結フォームのレコードを並べ替えるには、Sortプロパティ（→Tips275）に対象のフィールド名を指定します。降順の場合は、フィールド名に続けて半角スペースを開けて、「DESC」を指定します。昇順の場合は設定しないか、「ASC」を指定します。次に、Recordsetプロパティを使用して、並べ替えたレコードセットを開き、フォームに再設定します。並べ替えたレコードセットを開いて、フォームに再設定するところがポイントです。なお、プロシージャの最後でレコードセットを閉じるとフォームにレコードが表示されないため、変数dbと変数rsをモジュールレベルで宣言し、フォームを閉じるときにレコードセットも閉じるようにしています。

•Recordsetプロパティの構文

object.Recordset

Recordsetプロパティは、objectにFormオブジェクトを指定し、元となるレコードセットを指定します。

Tips 311

非連結フォームを開くとき レコードを並べ替える

▶関連Tips 255 275 310

使用機能・命令 **ControlSourceプロパティ**

サンプルファイル名 gokui10.accdb/F_311

▼「F_311」非連結フォームを開くときに、レコードを「単価」の降順に並べ替えて表示する

```
Dim db As DAO.Database       'データベースへの参照を代入する変数を宣言する
Dim rs As DAO.Recordset      'レコードセットへの参照を代入する変数を宣言する

'フォームが開くときに処理を行う
Private Sub Form_Open(Cancel As Integer)
    Set db = CurrentDb()           'カレントデータベースを参照する
    '「Q_ShohinMaster」クエリを開きレコードセットを取得する
    Set rs = db.OpenRecordset("Q_ShohinMaster", dbOpenDynaset)
    rs.Sort = "単価 DESC"              '「単価」欄の降順に並べ替える
    Set rs = rs.OpenRecordset          'レコードセットを開く
    Set Me.Recordset = rs              'レコードセットを再設定する
    '各コントロールとフィールドの関連付けを行う
    Me!商品ID.ControlSource = "商品ID"
    Me!商品名.ControlSource = "商品名"
    Me!単価.ControlSource = "単価"
End Sub
'フォームを閉じるときに処理を行う
Private Sub Form_Close()
    rs.Close          'レコードセットを閉じる
    db.Close          'データベースを閉じる
End Sub
```

❖ 解説

DAOでは、Sortプロパティ（→Tips275）を使用してレコードセットを並べ替えることができます。一旦取得したレコードセットを並べ替え、OpenRecordsetメソッド（→Tips255）でレコードセットを開き直し、フォームのRecordsetプロパティにレコードセットを設定します。非連結フォームの場合、その後、ControlSourceプロパティを使用して、各コントロールにフィールドを関連付けます。

•ControlSourceプロパティの構文

object.ControlSource

ControlSourceプロパティは、objectにTextBoxオブジェクトなどのコントロールを指定し、そのコントロールのデータを指定することができます。

Tips 312 テキストボックスに入力したフィールドで並べ替える

▶関連Tips 255 275 310

使用機能・命令　**Sortプロパティ（→Tips275）/ Recordsetプロパティ（→Tips310）**

サンプルファイル名　gokui10.accdb/F_312

▼「F_312」フォームのテキストボックスに入力されたフィールドを基準に並べ替える

```
'「並べ替え」ボタンがクリックされた時に処理を行う
Private Sub cmdSort_Click()
    Dim db As DAO.Database      'データベースへの参照を代入する変数を宣言する
    Dim rs As DAO.Recordset     'レコードセットへの参照を代入する変数を宣言する

    Set db = CurrentDb()         'カレントデータベースを参照する

    '「Q_ShohinMaster」クエリを開きレコードセットを取得する
    Set rs = db.OpenRecordset("Q_ShohinMaster", dbOpenDynaset)

    '昇順・降順の確認を行う
    If MsgBox("昇順に並べ替えますか？", vbYesNo) = vbYes Then
        rs.Sort = Me.txtField     'テキストボックスの値を基準に昇順に並べ替える
    Else
        rs.Sort = Me.txtField & " DESC"  'テキストボックスの値を基準に降順に並べ替える
    End If
    Set rs = rs.OpenRecordset          'レコードセットを開く
    Set Me.Recordset = rs              'レコードセットを再設定する
End Sub
```

解説

ここでは、テキストボックスに入力されたフィールドを対象に、並べ替えを行います。レコードを並べ替えるには、Sortプロパティ（→Tips275）を使用します。Sortプロパティにテキストボックスの値を設定することで、その値が並べ替えの対象フィールドとなります。

なお、ここでは「並べ替え」ボタンをクリックした時に確認のメッセージを表示し、並べ替えを昇順で行うか降順で行うかを選択しています。

並べ替えを降順で行う場合は、フィールド名に続けて「DESC」を指定します。この時、フィールド名と「DESC」の間には半角のスペースが必要です。

並べ替えの設定を行ったあと、OpenRecordsetメソッド（→Tips255）で再度レコードセットを開き、Recordsetプロパティにレコードセットを指定することで、並べ替えを反映しています。

Tips 313 複数のコンボボックスで選択したフィールドで並べ替える

▶関連Tips
255
275
310

使用機能・命令 Sortプロパティ（→Tips275）／Recordsetプロパティ（→Tips310）

サンプルファイル名 gokui10.accdb/F_313

▼「F_313」フォームにある2つのコンボボックスで指定されたフィールドで並べ替える

```
'「並べ替え」ボタンをクリックした時の処理
Private Sub cmdSort_Click()
    Dim db As DAO.Database          'データベースへの参照を代入する変数を宣言する
    Dim rs As DAO.Recordset         'レコードセットへの参照を代入する変数を宣言する

    Set db = CurrentDb()             'カレントデータベースを参照する

    '「Q_Master」クエリを開きレコードセットを取得する
    Set rs = db.OpenRecordset("Q_Master", dbOpenDynaset)

    '「フィールド1」コンボボックスの昇順、「フィールド2」コンボボックスの降順に並べ替える
    rs.Sort = cmbField1 & "," & cmbField2 & " DESC"

    Set rs = rs.OpenRecordset           'レコードセットを開く
    Set Me.Recordset = rs               'レコードセットを再設定する
End Sub

'フォームの読み込み時の処理
Private Sub Form_Load()
    '「フィールド1」コンボボックスに「Q_Master」クエリのフィールド名が表示されるようにする
    Me.cmbField1.RowSourceType = "field list"
    Me.cmbField1.RowSource = "Q_Master"

    '「フィールド2」コンボボックスに「Q_Master」クエリのフィールド名が表示されるようにする
    Me.cmbField2.RowSourceType = "field list"
    Me.cmbField2.RowSource = "Q_Master"
End Sub
```

解説

コンボボックスで選択された値を元に、並べ替えを行います。ここでは、2つのコンボボックスを用意し、1つめのコンボボックスで選択されたフィールドの昇順、2つめのコンボボックスで選択されたフィールドの降順でレコードを並べ替えます。なお、ここではフォームの読み込み時に、2つのコンボボックスに「Q_Master」クエリのフィールド名を表示するように設定しています。

Tips **314**

並べ替えを解除する

▶関連Tips 255 275 310

使用機能・命令 Sortプロパティ(→Tips275)/ Recordsetプロパティ(→Tips310)

サンプルファイル名 gokui10.accdb/F_314

▼「F_314」フォームの「解除」ボタンをクリックして、レコードの並べ替えを解除する

```
'「解除」ボタンがクリックされた時に処理を行う
Private Sub cmdReset_Click()
    Dim db As DAO.Database      'データベースへの参照を代入する変数を宣言する
    Dim rs As DAO.Recordset     'レコードセットへの参照を代入する変数を宣言する

    Set db = CurrentDb()         'カレントデータベースを参照する

    '「Q_ShohinMaster」クエリを開きレコードセットを取得する
    Set rs = db.OpenRecordset("Q_ShohinMaster", dbOpenDynaset)

    '並べ替えを解除する
    rs.Sort = ""

    Set rs = rs.OpenRecordset           'レコードセットを開く
    Set Me.Recordset = rs               'レコードセットを再設定する
End Sub
```

❖ 解説

並べ替えを解除するには、Sortプロパティ(→Tips275)に「""」を設定します。その後、OpenRecordsetメソッド(→Tips255)でレコードセットを再度開き、Recordsetプロパティ(→Tips310)にレコードセットを設定することで、並べ替えが解除されます。

なお、ここでは「並べ替え」ボタンに、「単価」の降順にレコードを並べ替える設定が行われています。一度「並べ替え」ボタンをクリックした後、「解除」ボタンをクリックすると並べ替えが解除されることを確認できます。

▼実行結果

F_商品マスタ　並べ替え　解除

商品ID	商品名		単価
B0001	ベルトA		¥10,000
B0002	ベルトB		¥5,000
B0003	ベルトC		¥3,000
K0001	靴下A		¥500
K0002	靴下B		¥300
N0001	ネクタイA		¥20,000
N0002	ネクタイB		¥10,000
N0003	ネクタイC		¥5,000
W0001	財布A		¥15,000
W0002	財布B		¥12,000
W0003	財布C		¥8,000
Y0001	Yシャツ A		¥2,000
Y0002	Yシャツ B		¥1,800
Y0003	Yシャツ C		¥1,500

「並べ替え」ボタンをクリック後、「解除」ボタンをクリックすると、並べ替えが解除される

文字列型のレコードを検索し、非連結フォームに表示する

▶関連Tips 280

使用機能・命令 **FindFirstメソッド（→Tips280）／NoMatchプロパティ（→Tips280）**

サンプルファイル名 gokui10.accdb/F_315

▼非連結フォームを開くときに、ユーザーが入力した文字を含む「氏名」データを検索して表示する

```
'フォームの読み込み時の処理
Private Sub Form_Load()
    Dim db As DAO.Database        'データベースへの参照を代入する変数を宣言する
    Dim rs As DAO.Recordset       'レコードセットへの参照を代入する変数を宣言する
    Dim res As String              'ユーザーの入力を代入する変数を宣言する

    Set db = CurrentDb()           'カレントデータベースを参照する
    '「Q_UserMaster」クエリを開きレコードセットを取得する
    Set rs = db.OpenRecordset("Q_UserMaster", dbOpenDynaset)
    res = InputBox("表示する「氏名」の一部を入力してください")
    rs.FindFirst "氏名  Like '*" & res & "*'"          '「氏名」を検索する
    '該当するレコードがあるかチェックする
    If rs.NoMatch Then
        MsgBox "該当する氏名はありません"     'レコードが見つからなかった場合のメッセージ
    Else
        'レコードが見つかった場合、テキストボックスに各フィールドを割り当てる
        Me!ID = rs!ID
        Me!氏名 = rs!氏名
        Me!フリガナ = rs!フリガナ
        Me!性別 = rs!性別
        Me!生年月日 = rs!生年月日
    End If
    rs.Close            'レコードセットを閉じる
    db.Close            'データベースを閉じる
End Sub
```

解説

DAOでレコード検索をするには、Find系のメソッド（FindFirst、FindNext、FindPrevious、FindLast）（→Tips280）を使用します。検索結果を非連結のフォームに表示するには、検索後のレコードセットの各フィールドをフォームのフィールドに設定します。

なお、検索したデータが見つかったかどうかは、NoMatchプロパティ（→Tips280）で確認することができます。レコードが見つからない場合は、NoMatchプロパティはTrueを返します。

Tips 316 連結フォームで連続検索する

▶関連Tips 280

使用機能・命令 **Bookmarkプロパティ**

サンプルファイル名 gokui10.accdb/F_316

▼フォームで指定した文字を含む「氏名」を連続で検索する

```
'「検索」ボタンをクリックした時の処理
Private Sub cmdSample_Click()
    Dim db As DAO.Database      'データベースへの参照を代入する変数を宣言する
    Dim rs As DAO.Recordset     'レコードセットへの参照を代入する変数を宣言する
    Dim res As String            'ユーザーの入力を代入する変数を宣言する
    Set db = CurrentDb()         'カレントデータベースを参照する
    '「Q_UserMaster」クエリを開きレコードセットを取得する
    Set rs = db.OpenRecordset("Q_UserMaster", dbOpenDynaset)
    res = InputBox("表示する「氏名」の一部を入力してください")
    rs.FindFirst "氏名 Like '*" & res & "*'"          '「氏名」を検索する
    Do      '繰り返し処理を解する
        Me.Bookmark = rs.Bookmark          '見つかったレコードを表示する
        '検索を続けるかどうか確認する
        If MsgBox("次を検索しますか？", vbYesNo) = vbNo Then Exit Do
        rs.FindNext "氏名 Like '*" & res & "*'"       '次のレコードを検索する
    Loop
    rs.Close            'レコードセットを閉じる
    db.Close            'データベースを閉じる
End Sub
```

解説

DAOで連続でレコードを検索するには、まずFindFirstメソッド（→Tips280）でレコードセットの先頭から検索し、データが見つかった場合、FindNextメソッド（→Tips280）で見つかったレコードの次のレコードから検索を行います。この処理を繰り返すことで、該当するすべてのレコードを検索します。なお、見つかったレコードをフォームに表示するには、Bookmarkプロパティを使用します。

・Bookmarkプロパティの構文

object.Bookmark

Bookmarkプロパティは、objectにRecordsetオブジェクトを指定して、指定したオブジェクトのカレントレコードを一意に識別するブックマークを設定または取得することができます。

Tips 317 非連結フォームで連続検索する

▶関連Tips 280

使用機能・命令 **FindFirstメソッド（→Tips280）/ NoMatchプロパティ（→Tips280）**

サンプルファイル名 gokui10.accdb/F_317

▼非連結フォームで入力された文字を含む「氏名」をすべて検索する

```
'「検索」ボタンをクリックした時の処理
Private Sub cmdSample_Click()
    Dim db As DAO.Database      'データベースへの参照を代入する変数を宣言する
    Dim rs As DAO.Recordset     'レコードセットへの参照を代入する変数を宣言する
    Dim res As String            'ユーザーの入力を代入する変数を宣言する
    Set db = CurrentDb()         'カレントデータベースを参照する
    '「Q_UserMaster」クエリを開きレコードセットを取得する
    Set rs = db.OpenRecordset("Q_UserMaster", dbOpenDynaset)
    res = InputBox("表示する「氏名」の一部を入力してください")
    rs.FindFirst "氏名 Like '*" & res & "*'"          '「氏名」を検索する
    Do      '繰り返し処理を解する
        If rs.NoMatch Then          'データが見つかったかどうかの判定
            MsgBox "データはありません" '見つからなかった場合のメッセージ
            Exit Do                    '繰り返し処理の終了
        End If
        'レコードが見つかったレコードを表示する
        Me!ID = rs!ID
        Me!氏名 = rs!氏名
        Me!フリガナ = rs!フリガナ
        Me!性別 = rs!性別
        '検索を続けるかどうか確認する
        If MsgBox("次を検索しますか？", vbYesNo) = vbNo Then Exit Do
        rs.FindNext "氏名 Like '*" & res & "*'"       '次のレコードを検索する
    Loop
    rs.Close        'レコードセットを閉じる
    db.Close        'データベースを閉じる
End Sub
```

解説

DAOで連続してレコードを検索するには、まずFindFirstメソッド（→Tips280）でレコードセットの先頭から検索し、データが見つかった場合、FindNextメソッドで見つかったレコードの次のレコードから検索を行います。この処理を繰り返すことで、該当するすべてのレコードを検索します。NoMatchプロパティ（→Tips280）は、検索結果が見つからない場合Trueになるので、それを終了条件にしています。

Tips 318

連結フォームで部分一致検索をする

▶関連Tips 064 280 316

使用機能・命令 **Like演算子**（→Tips064）

サンプルファイル名 gokui10.accdb/F_318

▼フォームで入力された文字列が「住所1」フィールドに含まれるレコードを検索する

```
'「検索」ボタンをクリックした時の処理
Private Sub cmdSample_Click()
    Dim db As DAO.Database        'データベースへの参照を代入する変数を宣言する
    Dim rs As DAO.Recordset       'レコードセットへの参照を代入する変数を宣言する
    Dim res As String              'ユーザーの入力を代入する変数を宣言する

    Set db = CurrentDb()           'カレントデータベースを参照する

    '「Q_UserMaster」クエリを開きレコードセットを取得する
    Set rs = db.OpenRecordset("Q_UserMaster", dbOpenDynaset)

    res = InputBox("表示する「住所（市区町村）」の一部を入力してください")

    rs.FindFirst "住所1 Like '*" & res & "*'"          '「住所」を検索する

    '該当するレコードがあるかチェックする
    If rs.NoMatch Then
        MsgBox "該当する住所はありません"       'レコードが見つからなかった場合のメッセージ
    Else
        '見つかったレコードを表示する
        Me.Bookmark = rs.Bookmark
    End If

    rs.Close            'レコードセットを閉じる
    db.Close            'データベースを閉じる
End Sub
```

❖ 解説

DAOで部分一致検索を行うには、Like演算子（→Tips064）とワイルドカードを組み合わせて使用します。ここでは、「住所1」欄でインプットボックスに入力された値が含まれるレコードを検索します。そのため、入力された文字を「*」で囲んでいます。

見つからない場合、NoMatchプロパティ（→Tips280）がTrueになるので、メッセージを表示します。レコードが見つかった場合、Bookmarkプロパティ（→Tips316）を使用して、見つかったレコードを表示します。

Tips 319 非連結フォームで部分一致検索をする

▶関連Tips 064 280

使用機能・命令 Like演算子（→Tips064）

サンプルファイル名 gokui10.accdb/F_319

▼非連結フォームで、入力された文字列が「住所1」フィールドに含まれるレコードを検索する

```
'「検索」ボタンがクリックされた時に処理を行う
Private Sub cmdSample_Click()
    Dim db As DAO.Database      'データベースへの参照を代入する変数を宣言する
    Dim rs As DAO.Recordset     'レコードセットへの参照を代入する変数を宣言する
    Dim res As String            'ユーザーの入力を代入する変数を宣言する

    Set db = CurrentDb()         'カレントデータベースを参照する
    '「Q_UserMaster」クエリを開きレコードセットを取得する
    Set rs = db.OpenRecordset("Q_UserMaster", dbOpenDynaset)
    res = InputBox("表示する「住所（市区町村）」の一部を入力してください")
    rs.FindFirst "住所1  Like '*" & res & "*'"          '「住所」を検索する

    '該当するレコードがあるかチェックする
    If rs.NoMatch Then
        MsgBox "該当する住所はありません"      'レコードが見つからなかった場合のメッセージ
    Else
        '見つかったレコードを表示する
        Me!ID = rs!ID
        Me!氏名 = rs!氏名
        Me!〒 = rs!〒
        Me!都道府県 = rs!都道府県
        Me!住所1 = rs!住所1
    End If
    rs.Close             'レコードセットを閉じる
    db.Close             'データベースを閉じる
End Sub
```

❖ 解説

DAOで部分一致検索を行うには、Like演算子（→Tips064）とワイルドカードを組み合わせて使用します。ここでは、「住所1」欄で、インプットボックスに入力された値が含まれるレコードを検索します。そのため、入力された文字を「*」で囲んでいます。見つからない場合、NoMatchプロパティ（→Tips280）がTrueになるので、メッセージを表示します。レコードが見つかった場合、それぞれのテキストボックスにフィールドの値を設定します。

Tips 320 日付型のレコードを検索する

▶関連Tips 064 280

使用機能・命令 FindFirstメソッド（→Tips280）/ NoMatchプロパティ（→Tips280）

サンプルファイル名 gokui10.accdb/F_320

▼「F_320」フォームで、「生年月日」フィールドが1980/1/1以降のデータを検索する

```
'「検索」ボタンをクリックした時の処理
Private Sub cmdSample_Click()
    Dim db As DAO.Database       'データベースへの参照を代入する変数を宣言する
    Dim rs As DAO.Recordset      'レコードセットへの参照を代入する変数を宣言する
    Dim res As String             'ユーザーの入力を代入する変数を宣言する

    Set db = CurrentDb()          'カレントデータベースを参照する
    '「Q_UserMaster」クエリを開きレコードセットを取得する
    Set rs = db.OpenRecordset("Q_UserMaster", dbOpenDynaset)

    '「生年月日」フィールドから1980/1/1以降の誕生日を検索する
    rs.FindFirst "生年月日 >= #1980/1/1#"
    '該当するレコードがあるかチェックする
    If rs.NoMatch Then
        MsgBox "該当するレコードはありません"   'レコードが見つからなかった場合のメッセージ
    Else
        '見つかったレコードを表示する
        Me.Bookmark = rs.Bookmark
    End If
    rs.Close            'レコードセットを閉じる
    db.Close            'データベースを閉じる
End Sub
```

解説

DAOでレコードを先頭から末尾方向に向かって検索するには、FindFirstメソッド（→Tips280）を使用します。日付を検索条件にする場合、値を「#（井桁ーシャープ）」で囲みます。なお、検索したデータが見つかったかどうかは、NoMatchプロパティ（→Tips280）で確認することができます。レコードが見つからない場合、NoMatchプロパティはTrueを返します。

ここでは、「生年月日」フィールドの値が1980年1月1日以降のレコードを検索します。データが見つからない場合はメッセージを表示し、見つかった場合は、そのレコードを表示します。

期間を決めて検索する

▶関連Tips 280 283

使用機能・命令 FindFirstメソッド（→Tips280）／Between And演算子（→Tips283）

サンプルファイル名 gokui10.accdb/F_321

▼「F_321」フォームで、「生年月日」フィールドが1969/1/1から1969/12/31の値を検索する

```
'「検索」ボタンをクリックした時の処理
Private Sub cmdSample_Click()
    Dim db As DAO.Database      'データベースへの参照を代入する変数を宣言する
    Dim rs As DAO.Recordset     'レコードセットへの参照を代入する変数を宣言する
    Dim res As String            'ユーザーの入力を代入する変数を宣言する

    Set db = CurrentDb()         'カレントデータベースを参照する
    '「Q_UserMaster」クエリを開きレコードセットを取得する
    Set rs = db.OpenRecordset("Q_UserMaster", dbOpenDynaset)
    '「生年月日」フィールドから1969/1/1から1969/12/31の誕生日を検索する
    rs.FindFirst "生年月日 Between #1969/1/1# And #1969/12/31#"
    '該当するレコードがあるかチェックする
    If rs.NoMatch Then
        MsgBox "該当するレコードはありません"   'レコードが見つからなかった場合のメッセージ
    Else
        '見つかったレコードを表示する
        Me.Bookmark = rs.Bookmark
    End If
    rs.Close            'レコードセットを閉じる
    db.Close            'データベースを閉じる
End Sub
```

解説

DAOでレコードを先頭から末尾方向に向かって検索するには、FindFirstメソッド（→Tips280）を使用します。指定した期間内のレコードを検索するには、Between And演算子（→Tips283）を使用し、日付を「#（井桁－シャープ）」で囲んで、開始日と終了日を指定します。

なお、検索したデータが見つかったかどうかは、NoMatchプロパティ（→Tips280）で確認することができます。レコードが見つからない場合、NoMatchプロパティはTrueを返します。

範囲を決めて検索する

▶関連Tips 280 281 284

使用機能・命令 **FindFirstメソッド**（→Tips280）/ **比較演算子**（→Tips281）/ **論理演算子**（→Tips284）

サンプルファイル名 gokui10.accdb/F_322

▼「F_322」フォームで、「年齢」フィールドの値が20以上30未満の値を検索する

```
'「検索」ボタンをクリックした時の処理
Private Sub cmdSample_Click()
    Dim db As DAO.Database      'データベースへの参照を代入する変数を宣言する
    Dim rs As DAO.Recordset     'レコードセットへの参照を代入する変数を宣言する
    Dim res As String            'ユーザーの入力を代入する変数を宣言する

    Set db = CurrentDb()         'カレントデータベースを参照する
    '「Q_UserMaster」クエリを開きレコードセットを取得する
    Set rs = db.OpenRecordset("Q_UserMaster", dbOpenDynaset)
    '「年齢」フィールドの値が20以上30未満の値を検索する
    rs.FindFirst "年齢 >= 20 And 年齢 < 30"
    '該当するレコードがあるかチェックする
    If rs.NoMatch Then
        MsgBox "該当するレコードはありません"   'レコードが見つからなかった場合のメッセージ
    Else
        '見つかったレコードを表示する
        Me.Bookmark = rs.Bookmark
    End If
    rs.Close          'レコードセットを閉じる
    db.Close          'データベースを閉じる
End Sub
```

解説

DAOで範囲内のレコードを検索するには、FindFirstメソッド（→Tips280）と比較演算子（→Tips281）、論理演算子（→Tips284）を組み合わせて使用します。ただし、この場合は期間を限定するため、使用する論理演算子はAnd演算子になります。なお、検索したデータが見つかったかどうかは、NoMatchプロパティ（→Tips280）で確認することができます。レコードが見つからない場合、NoMatchプロパティはTrueを返します。

ここでは、「年齢 >=20 And 年齢 <30 」ようにして、「年齢」フィールドの値が20以上30未満の値を検索しています。不等号（<>）の向きと、等号（=）の有無に気をつけてください。

Tips 323

複数の条件のすべてを満たすレコードを検索する

▶関連Tips 280 284 316

使用機能・命令 **FindFirstメソッド**（→Tips280）/ **Bookmarkプロパティ**（→Tips316）

サンプルファイル名 gokui10.accdb/F_323

▼「F_323」フォームで、「年齢」が30代で「都道府県」が「神奈川県」のデータを検索する

```
'「検索」ボタンをクリックした時の処理
Private Sub cmdSample_Click()
    Dim db As DAO.Database        'データベースへの参照を代入する変数を宣言する
    Dim rs As DAO.Recordset       'レコードセットへの参照を代入する変数を宣言する
    Dim res As String              'ユーザーの入力を代入する変数を宣言する

    Set db = CurrentDb()           'カレントデータベースを参照する
    '「Q_UserMaster」クエリを開きレコードセットを取得する
    Set rs = db.OpenRecordset("Q_UserMaster", dbOpenDynaset)
    '「年齢」フィールドの値が30以上40未満の値で、
    '「都道府県」フィールドの値が「神奈川県」のレコードを検索する
    rs.FindFirst "年齢 >= 30 And 年齢 < 40 And 都道府県 = '神奈川県'"
    '該当するレコードがあるかチェックする
    If rs.NoMatch Then
        MsgBox "該当するレコードはありません"  'レコードが見つからなかった場合のメッセージ
    Else
        '見つかったレコードを表示する
        Me.Bookmark = rs.Bookmark
    End If
    rs.Close            'レコードセットを閉じる
    db.Close            'データベースを閉じる
End Sub
```

解説

DAOで検索条件に複数の条件を指定し、すべての条件にあったデータを検索するには、And演算子（→Tips284）を使用します。And演算子は、指定したすべての値がTrueの時にTrueを返します。該当するレコードが見つからない場合、NoMatchプロパティ（→Tips280）がTrueを返します。レコードが見つかった場合は、Bookmarkプロパティ（→Tips316）を使用して、見つかったレコードをフォームに表示します。

複数の条件の１つでも満たすレコードを検索する

▶関連Tips 280 284 316

使用機能・命令 **FindFirstメソッド（→Tips280）／Bookmarkプロパティ（→Tips316）**

サンプルファイル名 gokui10.accdb/F_324

▼「F_324」フォームで、「年齢」が30代または「都道府県」が「神奈川県」のデータを検索する

```
'「検索」ボタンをクリックした時の処理
Private Sub cmdSample_Click()
    Dim db As DAO.Database        'データベースへの参照を代入する変数を宣言する
    Dim rs As DAO.Recordset       'レコードセットへの参照を代入する変数を宣言する
    Dim res As String              'ユーザーの入力を代入する変数を宣言する

    Set db = CurrentDb()           'カレントデータベースを参照する
    '「Q_UserMaster」クエリを開きレコードセットを取得する
    Set rs = db.OpenRecordset("Q_UserMaster", dbOpenDynaset)

    '「年齢」フィールドの値が30以上40未満の値、
    'または「都道府県」フィールドの値が「神奈川県」のレコードを検索する
    rs.FindFirst "年齢 >= 30 And 年齢 < 40 Or 都道府県 = '神奈川県'"
    '該当するレコードがあるかチェックする
    If rs.NoMatch Then
        MsgBox "該当するレコードはありません"  'レコードが見つからなかった場合のメッセージ
    Else
        '見つかったレコードを表示する
        Me.Bookmark = rs.Bookmark
    End If
    rs.Close            'レコードセットを閉じる
    db.Close            'データベースを閉じる
End Sub
```

解説

DAOで検索条件に複数の条件を指定し、**いずれか１つの条件に当てはまるデータを検索するには、Or演算子（→Tips284）を使用します**。Or演算子は、指定した値のうちいずれか１つがTrueの時に、Trueを返します。

該当するレコードが見つからない場合、NoMatchプロパティ（→Tips280）がTrueを返します。レコードが見つかった場合は、Bookmarkプロパティ（→Tips316）を使用して、見つかったレコードをフォームに表示します。

Tips 325

文字列型のレコードを抽出する

▶関連Tips 255 289 310

使用機能・命令　**Filterプロパティ（→Tips289）/Requeryメソッド**

サンプルファイル名　gokui10.accdb/F_325

▼「F_325」フォームで、「都道府県」フィールドが神奈川県のデータを抽出する

```
'「抽出」ボタンをクリックした時の処理
Private Sub cmdFilter_Click()
    Dim db As DAO.Database      'データベースへの参照を代入する変数を宣言する
    Dim rs As DAO.Recordset     'レコードセットへの参照を代入する変数を宣言する
    Set db = CurrentDb()        'カレントデータベースを参照する
    '「Q_Master」クエリを開きレコードセットを取得する
    Set rs = db.OpenRecordset("Q_Master", dbOpenDynaset)
    '「都道府県」フィールドから「神奈川県」を抽出する
    rs.Filter = "都道府県 = '神奈川県'"
    'レコードセットを再取得する
    Set rs = rs.OpenRecordset
    'フォームのレコードセットを再設定する
    Set Me.Recordset = rs
    Me.Requery          'フォームのデータを更新する
End Sub
```

解説

DAOでレコードを抽出するには、Filterプロパティ（→Tips289）を使用します。Filterプロパティを使用するには、スナップショットまたはダイナセットのレコードセットを取得し、そのレコードセットに対してFilterプロパティを指定します。Filterプロパティに指定する抽出条件が文字列の場合、「'（シングルクォーテーション）」で対象の文字列を囲みます。

抽出した結果を得るには、Filterプロパティを指定後、OpenRecordsetメソッド（→Tips255）を使用してレコードセットを再取得します。

フォームのレコードを更新するには、フォームのRecordsetプロパティ（→Tips310）を抽出したレコードセットで更新し、Requeryメソッドで表示を更新します。

•Requeryメソッドの構文

object.Requery

Requeryメソッドは、objectに指定したフォームの元になるデータを再クエリして更新します。

Tips 326 数値型のレコードを抽出する

▶関連Tips 255 289 310 325

使用機能・命令 Filterプロパティ（→Tips289）/ Requeryメソッド（→Tips325）

サンプルファイル名 gokui10.accdb/F_326

▼「F_326」フォームで、「単価」フィールドの値が10000のレコードを抽出する

```
'「抽出」ボタンをクリックした時の処理
Private Sub cmdFilter_Click()
    Dim db As DAO.Database      'データベースへの参照を代入する変数を宣言する
    Dim rs As DAO.Recordset     'レコードセットへの参照を代入する変数を宣言する

    Set db = CurrentDb()         'カレントデータベースを参照する

    '「Q_MasterData」クエリを開きレコードセットを取得する
    Set rs = db.OpenRecordset("Q_MasterData", dbOpenDynaset)

    '「単価」フィールドが「10000」のレコードを抽出する
    rs.Filter = "単価 = 10000"
    'レコードセットを再取得する
    Set rs = rs.OpenRecordset

    'フォームのレコードセットを再設定する
    Set Me.Recordset = rs
    Me.Requery        'フォームのデータを更新する
End Sub
```

❖ 解説

DAOでレコードを抽出するには、Filterプロパティ（→Tips289）を使用します。Filterプロパティを使用するには、スナップショットまたはダイナセットのレコードセットを取得し、そのレコードセットに対してFilterプロパティを指定します。

数値型のレコードを抽出するには、比較演算子を用いて対象の値を指定します。ここでは、等号（「=」）を使用しています。

抽出した結果を得るには、Filterプロパティを指定後、OpenRecordsetメソッド（→Tips255）を使用して、レコードセットを再取得します。

フォームのレコードを更新するには、フォームのRecordsetプロパティ（→Tips310）を抽出したレコードセットで更新し、Requeryメソッド（→Tips325）で表示を更新します。

なお、Filterプロパティでフィルタをかけたあとに再取得するレコードセットは、このサンプルのように、いったん取得したレコードセットを上書きしても、新たに別のレコードセットとして取得してもどちらでも結構です。

Tips 327

日付型のレコードを抽出する

▶関連Tips 255 289 310 325

使用機能・命令　**Filterプロパティ**（→Tips289）/ **Requeryメソッド**（→Tips325）

サンプルファイル名　gokui10.accdb/F_327

▼「F_327」フォームで、「生年月日」フィールドの値が1980/1/1以降のレコードを抽出する

```
'「抽出」ボタンをクリックした時の処理
Private Sub cmdFilter_Click()
    Dim db As DAO.Database         'データベースへの参照を代入する変数を宣言する
    Dim rs As DAO.Recordset        'レコードセットへの参照を代入する変数を宣言する

    Set db = CurrentDb()           'カレントデータベースを参照する

    '「Q_Master」クエリを開きレコードセットを取得する
    Set rs = db.OpenRecordset("Q_Master", dbOpenDynaset)

    '「生年月日」フィールドが1980/1/1以降のレコードを抽出する
    rs.Filter = "生年月日 >= #1980/1/1#"
    'レコードセットを再取得する
    Set rs = rs.OpenRecordset

    'フォームのレコードセットを再設定する
    Set Me.Recordset = rs
    Me.Requery           'フォームのデータを更新する
End Sub
```

❖ 解説

DAOでレコードを抽出するには、Filterプロパティ（→Tips289）を使用します。Filterプロパティを使用するには、スナップショットまたはダイナセットのレコードセットを取得し、そのレコードセットに対してFilterプロパティを指定します。日付を条件に指定する場合、対象の日付を「#（井桁ーシャープ）」で囲みます。

抽出した結果を得るには、Filterプロパティを指定後、OpenRecordsetメソッド（→Tips255）を使用して、レコードセットを再取得します。

フォームのレコードを更新するには、フォームのRecordsetプロパティ（→Tips310）を抽出したレコードセットで更新し、RequeryメソッドRequeryメソッド（→Tips325）で表示を更新します。なお、Filterプロパティでフィルタをかけたあとに再取得するレコードセットは、このサンプルのように、いったん取得したレコードセットを上書きしても、新たに別のレコードセットとして取得してもどちらでも結構です。

Tips 328

レコードの抽出を解除する

▶関連Tips 255 310 325

使用機能・命令 **Recordsetプロパティ（→Tips310）/ Requeryメソッド（→Tips325）**

サンプルファイル名 gokui10.accdb/F_328

▼「F_328」フォームのトグルボタンで「抽出」「解除」を切り替える

```
'トグルボタンをクリックした時の処理
Private Sub tglFilter_Click()
    Dim db As DAO.Database      'データベースへの参照を代入する変数を宣言する
    Dim rs As DAO.Recordset     'レコードセットへの参照を代入する変数を宣言する
    Set db = CurrentDb()         'カレントデータベースを参照する
    '「Q_Master」クエリを開きレコードセットを取得する
    Set rs = db.OpenRecordset("Q_Master", dbOpenDynaset)
    If Me!tglFilter.Value Then      'トグルボタンがonかどうか判定する
        '「生年月日」フィールドが
        '1980/1/1以降のレコードを抽出する
        rs.Filter _
            = "生年月日 >= #1980/1/1#"
        Me!tglFilter.Caption = "解除"
    Else
        Me!tglFilter.Caption = "抽出"
    End If
    Set rs = rs.OpenRecordset      'レコードセットを再取得する
    'フォームのレコードセットを再設定する
    Set Me.Recordset = rs
    Me.Requery        'フォームのデータを更新する
End Sub
```

❖ 解説

DAOで抽出したレコードを解除するには、OpenRecordsetメソッド（→Tips255）で基となるレコードセットを開き、フォームのRecordsetプロパティ（→Tips310）でレコードセットを指定したあと、Requeryメソッド（→Tips325）でフォームを再描画します。

このサンプルでは、トグルボタンのOn/Offで抽出と解除を行っています。トグルボタンは、ONの時、ValueプロパティがTrueを返します。そこで、Filterプロパティを使用してレコードを抽出する処理をトグルボタンがONの時に、解除をOFFの時に行うようにしています。

なお、データの抽出条件は、「Q_Master」クエリの「生年月日」フィールドの値が「1980/1/1」以降のレコードとしています。

Tips 329 あいまいな条件のレコードを抽出する

▶関連Tips
064
255
289
310
325

使用機能・命令 **Like演算子（→Tips064）**

サンプルファイル名 gokui10.accdb/F_329

▼「F_329」フォームで、「氏名」フィールドに「田」が含まれているレコードを抽出する

```
'「抽出」ボタンをクリックした時の処理
Private Sub cmdFilter_Click()
    Dim db As DAO.Database        'データベースへの参照を代入する変数を宣言する
    Dim rs As DAO.Recordset       'レコードセットへの参照を代入する変数を宣言する

    Set db = CurrentDb()           'カレントデータベースを参照する

    '「Q_Master」クエリを開きレコードセットを取得する
    Set rs = db.OpenRecordset("Q_Master", dbOpenDynaset)

    '「氏名」フィールドに「田」を含むレコードを抽出する
    rs.Filter = "氏名 Like '*田*'"
    'レコードセットを再取得する
    Set rs = rs.OpenRecordset

    'フォームのレコードセットを再設定する
    Set Me.Recordset = rs
    Me.Requery          'フォームのデータを更新する
End Sub
```

❖ 解説

DAOでレコードを抽出するには、Filterプロパティ（→Tips289）を使用します。Filterプロパティを使用するには、スナップショットまたはダイナセットのレコードセットを取得し、そのレコードセットに対してFilterプロパティを指定します。

あいまいな条件で抽出を行うには、Like演算子（→Tips064）とワイルドカードを組み合わせて使用します。ここでは、「*（アスタリスク）」を使用して、「'田'を含む文字列」を抽出条件にしています。なお、**文字列を抽出条件に指定する場合、対象の文字列は「'（シングルクォーテーション）」で囲まなくてはなりません。この時、ワイルドカードも一緒に「'」の中に含めるようにしてください。**

抽出した結果を得るには、Filterプロパティを指定後、OpenRecordsetメソッド（→Tips255）を使用して、レコードセットを再取得します。

フォームのレコードを更新するには、フォームのRecordsetプロパティ（→Tips310）を抽出したレコードセットで更新し、Requeryメソッド（→Tips325）で表示を更新します。

Tips 330 期間を指定してレコードを抽出する

▶関連Tips 255 283 289 310 325

使用機能・命令 Between And演算子（→Tips283）

サンプルファイル名 gokui10.accdb/F_330

▼「F_330」フォームで、「生年月日」フィールドが1969/1/1から1969/12/31の値を抽出する

```
'「抽出」ボタンをクリックした時の処理
Private Sub cmdFilter_Click()
    Dim db As DAO.Database      'データベースへの参照を代入する変数を宣言する
    Dim rs As DAO.Recordset     'レコードセットへの参照を代入する変数を宣言する

    Set db = CurrentDb()          'カレントデータベースを参照する

    '「Q_Master」クエリを開きレコードセットを取得する
    Set rs = db.OpenRecordset("Q_Master", dbOpenDynaset)

    '「生年月日」フィールドが1969/1/1から1969/12/31の値を抽出する
    rs.Filter = "生年月日 Between #1969/1/1# And #1969/12/31#"

    'レコードセットを再取得する
    Set rs = rs.OpenRecordset

    'フォームのレコードセットを再設定する
    Set Me.Recordset = rs
    Me.Requery         'フォームのデータを更新する
End Sub
```

❖ 解説

DAOで指定した期間内のレコードを抽出するには、Filterプロパティ（→Tips289）の条件に、Between And演算子（→Tips283）を使用し、日付を「#（井桁ーシャープ）」で囲んで、「フィールド名 Between #開始日# And #終了日#」のように条件を指定します。

なお、**Between And演算子を使用した抽出結果には、指定した日付が含まれます**。特定の日付以降（その日を含まない）のレコードを抽出したい場合は、その日付の翌日の日付を指定するようにしてください。

抽出した結果を得るには、Filterプロパティを指定後、OpenRecordsetメソッド（→Tips255）を使用して、レコードセットを再取得します。

フォームのレコードを更新するには、フォームのRecordsetプロパティ（→Tips310）を抽出したレコードセットで更新し、Requeryメソッド（→Tips325）で表示を更新します。

Tips 331 数値型データの範囲を指定してレコードを抽出する

▶関連Tips
255
281
284
289
310
325

使用機能・命令　比較演算子（→Tips281）/論理演算子（→Tips284）

サンプルファイル名　gokui10.accdb/F_331

▼「F_331」フォームで、「年齢」フィールドが20以上30未満のレコードを抽出する

```
'「抽出」ボタンをクリックした時の処理
Private Sub cmdFilter_Click()
    Dim db As DAO.Database      'データベースへの参照を代入する変数を宣言する
    Dim rs As DAO.Recordset     'レコードセットへの参照を代入する変数を宣言する

    Set db = CurrentDb()         'カレントデータベースを参照する

    '「Q_Master」クエリを開きレコードセットを取得する
    Set rs = db.OpenRecordset("Q_Master", dbOpenDynaset)

    '「年齢」フィールドが20以上30未満のレコードを抽出する
    rs.Filter = "年齢 >= 20 And 年齢 < 30"

    'レコードセットを再取得する
    Set rs = rs.OpenRecordset

    'フォームのレコードセットを再設定する
    Set Me.Recordset = rs

    Me.Requery        'フォームのデータを更新する
End Sub
```

❖ 解説

DAOで範囲内のレコードを検索するには、Filterプロパティ（→Tips289）に、比較演算子（→Tips281）と論理演算子（→Tips284）を組み合わせて条件を指定します。ただし、この場合は期間を限定するため、使用する論理演算子はAnd演算子になります。

なお、ここでは比較演算子の前後に半角のスペースを入れていますが、この半角スペースはなくても結構です。

抽出した結果を得るには、Filterプロパティを指定後、OpenRecordsetメソッド（→Tips255）を使用して、レコードセットを再取得します。

フォームのレコードを更新するには、フォームのRecordsetプロパティ（→Tips310）を抽出したレコードセットで更新し、Requeryメソッド（→Tips325）で表示を更新します。

Tips 332

複数の条件のすべてを満たすレコードを抽出する

▶関連Tips 255 284 289 310 325

使用機能・命令 Filterプロパティ（→Tips289）/ And演算子（→Tips284）

サンプルファイル名 gokui10.accdb/F_332

▼「F_332」フォームの、「年齢」フィールドの値が30以上40未満で、「都道府県」フィールドが「神奈川県」の値を抽出する

```
'「抽出」ボタンをクリックした時の処理
Private Sub cmdFilter_Click()
    Dim db As DAO.Database      'データベースへの参照を代入する変数を宣言する
    Dim rs As DAO.Recordset     'レコードセットへの参照を代入する変数を宣言する

    Set db = CurrentDb()         'カレントデータベースを参照する

    '「Q_Master」クエリを開きレコードセットを取得する
    Set rs = db.OpenRecordset("Q_Master", dbOpenDynaset)

    '「年齢」フィールドの値が30以上40未満で、
    '「都道府県」フィールドが「神奈川県」の値を抽出する
    rs.Filter = "年齢 >= 30 And 年齢 < 40 And 都道府県 = '神奈川県'"

    'レコードセットを再取得する
    Set rs = rs.OpenRecordset

    'フォームのレコードセットを再設定する
    Set Me.Recordset = rs

    Me.Requery          'フォームのデータを更新する
End Sub
```

❖ 解説

DAOで抽出条件に複数の条件を指定し、すべての条件にあったデータを抽出するには、And演算子を使用します。And演算子（→Tips284）は、指定したすべての値がTrueの時に、Trueを返します。なお、抽出条件に指定するフィールド名の順序は、抽出結果に関係ありません。ここで、「都道府県 = '神奈川県' And 年齢 >= 30 And 年齢 <40」のように指定しても、同じ結果を得ることができます。抽出した結果を得るには、Filterプロパティ（→Tips289）を指定後、OpenRecordsetメソッド（→Tips255）を使用して、レコードセットを再取得します。フォームのレコードを更新するには、フォームのRecordsetプロパティ（→Tips310）を抽出したレコードセットで更新し、Requeryメソッド（→Tips325）で表示を更新します。

Tips 333 複数の条件の１つでも満たすレコードを抽出する

▶関連Tips
255
284
289
310
325

使用機能・命令 **Filterプロパティ（→Tips289）／Or演算子（→Tips284）**

サンプルファイル名 gokui10.accdb/F_333

▼「F_333」フォームから、「年齢」が30代または「都道府県」が「神奈川県」のデータを抽出する

```
'「抽出」ボタンをクリックした時の処理
Private Sub cmdFilter_Click()
    Dim db As DAO.Database          'データベースへの参照を代入する変数を宣言する
    Dim rs As DAO.Recordset         'レコードセットへの参照を代入する変数を宣言する

    Set db = CurrentDb()             'カレントデータベースを参照する

    '「Q_Master」クエリを開きレコードセットを取得する
    Set rs = db.OpenRecordset("Q_Master", dbOpenDynaset)

    '「年齢」フィールドの値が30以上40未満、
    'または「都道府県」フィールドが「神奈川県」の値を抽出する
    rs.Filter = "年齢 >= 30 And 年齢 < 40 Or 都道府県 = '神奈川県'"

    'レコードセットを再取得する
    Set rs = rs.OpenRecordset

    'フォームのレコードセットを再設定する
    Set Me.Recordset = rs

    Me.Requery          'フォームのデータを更新する
End Sub
```

解説

DAOで抽出条件に複数の条件を指定し、いずれかの条件にあったデータを抽出するには、Or演算子（→Tips284）を使用します。Or演算子は、指定した値のうちいずれか1つがTrueの時に、Trueを返します。

抽出した結果を得るには、Filterプロパティ（→Tips289）を指定後、OpenRecordsetメソッド（→Tips255）を使用して、レコードセットを再取得します。フォームのレコードを更新するには、フォームのRecordsetプロパティ（→Tips310）を抽出したレコードセットで更新し、Requeryメソッド（→Tips325）で表示を更新します。

ふりがなで抽出する

▶関連Tips 255 289 310 325

使用機能・命令 **Like演算子**（→Tips064）

サンプルファイル名 gokui10.accdb/F_334

▼「F_334」フォームで、「フリガナ」フィールドが「ア行」から始まるレコードを抽出する

```
'「抽出」ボタンをクリックした時の処理
Private Sub cmdFilter_Click()
    Dim db As DAO.Database      'データベースへの参照を代入する変数を宣言する
    Dim rs As DAO.Recordset     'レコードセットへの参照を代入する変数を宣言する

    Set db = CurrentDb()         'カレントデータベースを参照する
    '「Q_Master」クエリを開きレコードセットを取得する
    Set rs = db.OpenRecordset("Q_Master", dbOpenDynaset)
    '「フリガナ」フィールドが「ア行」から始まるレコードを抽出する
    rs.Filter = "フリガナ Like '[ア-オ]*'"
    'レコードセットを再取得する
    Set rs = rs.OpenRecordset
    'フォームのレコードセットを再設定する
    Set Me.Recordset = rs

    Me.Requery      'フォームのデータを更新する
End Sub
```

解説

DAO で抽出を行うには、Filterプロパティ（→Tips289）を使用します。「ア行で始まる」のような範囲を指定した条件で抽出を行うには、Like演算子（→Tips064）と組み合わせます。ここでは、「[-]」による範囲指定を使用して、「ア行」のデータを表しています。

Like演算子には、次のような文字列の指定方法があります。

◈ Like演算子に指定する文字パターン

文字パターン	意味	例	マッチする例
*	任意の複数文字	Like "ナカ*"	ナカムラ、ナカタなど
?	任意の1文字	Like "ナカ?"	ナカタ、ナカなど
#	任意の数字（0～9）	Like "A#01"	A101, A201, A301など
[-]	範囲指定	Like "[あ-お]*"	あいかわ、いのうえ、おいかわ、など
[charlist]	charlist内の1文字	Like "[bdp]ot"	bot、dot、pot
[!charlist]	charlist以外の1文字	Like "[!bdp]ot"	gotなど

ADO・ADOXによる テーブル・クエリの極意

Tips 335

ADOを利用してカレントデータベースを参照する

▶関連Tips 252

使用機能・命令

CurrentProjectオブジェクト/Connectionプロパティ

サンプルファイル名 gokui11.accdb/11_1Module

▼カレントデータベースに接続して、プロバイダ名を表示する

```
Private Sub Sample335()
    'データベースへのコネクションを代入する変数を宣言する
    Dim cn As ADODB.Connection
    '現在のプロジェクトへのコネクションを取得する
    Set cn = CurrentProject.Connection
    'コネクションの接続文字列を表示する
    Debug.Print cn.ConnectionString
    cn.Close              'コネクションを閉じる
End Sub
```

❖ 解説

ADOでデータベースに接続するには、Connectionプロパティを使用して現在開かれているデータベースのConnectionオブジェクト、およびその関連プロパティへの参照を取得します。ここでは、カレントデータベースへConnectionプロパティを使用して接続し、ConnectionStringプロパティを使用して、接続文字列をイミディエイトウィンドウに表示します。接続文字列とは、ADOを使ってデータベースに接続するための文字列です。対象のデータベースによって、使用する接続文字列は異なります。

なお、ADOを使用するには「Microsoft ActiveX Data Objects X.X Library」(Xは数字)に参照設定が必要です。VBEで参照設定を行うには、VBEの［ツール］メニューから［参照設定］を選択し、「参照設定」ダイアログで対象にチェックを入れます。

• CurrentProjectオブジェクトの構文

CurrentProject

• Connectionプロパティの構文

object.Connection

CurrentProjectオブジェクトは、現在のデータベースに接続します。

Connectionプロパティは、objectにCurrentProjectオブジェクトを指定して、現在のActiveXデータオブジェクト(ADO)のConnectionオブジェクトおよびその関連プロパティへの参照を取得します。

Tips 336

レコードセットを取得する

▶関連Tips 335

使用機能・命令 **Recordsetオブジェクト/Openメソッド**

サンプルファイル名 gokui11.accdb/11_1Module

▼「T_11ShoMaster」テーブルのレコードセットを取得する

```
Private Sub Sample336()
    'データベースへのコネクションを代入する変数を宣言する
    Dim cn As ADODB.Connection
    'レコードセットへの参照を代入する変数を宣言する
    Dim rs As ADODB.Recordset
    '現在のプロジェクトへのコネクションを取得する
    Set cn = CurrentProject.Connection
    Set rs = New ADODB.Recordset
    '「T_11ShoMaster」テーブルのレコードセットを取得する
    rs.Open "T_11ShoMaster", cn
    '「商品名」フィールドの値を表示する
    Debug.Print rs!商品名.Value
End Sub
```

解説

ADOでデータを参照するレコードセットを取得するには、Openメソッドを使用します。Openメソッドは1番目の引数に対象のテーブルやクエリを、2番目の引数に接続しているコネクションを、3番目の引数にカーソルタイプを、4番目の引数にロックタイプを指定します。3番目と4番目の引数は省略可能です。

ここでは、カレントデータベースへのコネクションを取得したあと、空のRecordsetオブジェクトを、Newキーワードを使用して作成します。そして、「T_11ShoMaster」テーブルのレコードセットを、Openメソッドを使用して作成します。

最後に、レコードセットから「商品名」フィールドの値を、イミディエイトウィンドウに表示します。

なお、カーソルタイプ、ロックタイプのそれぞれに指定できる値は、次のとおりです。

◈引数CursorTypeに指定できるCursorTypeEnum列挙型の定数

定数	値	説明
adOpenDynamic	2	動的カーソル。ほかのユーザーによる追加、変更、および削除を確認できる。プロバイダがブックマークをサポートしていない場合を除き、Recordset 内でのすべての動作を許可する
adOpenForwardOnly	0	既定値。前方専用カーソル。レコードのスクロール方向が前方向に限定されていることを除き、静的カーソルと同じ働きをする。Recordset のスクロールが1回だけで十分な場合は、これによってパフォーマンスを向上できる

adOpenKeyset	1	キーセットカーソル。ほかのユーザーが追加したレコードは表示できない点を除き、動的カーソルと同じく、自分のRecordsetからほかのユーザーが削除したレコードはアクセスできない。ほかのユーザーが変更したデータは表示できる
adOpenStatic	3	キーセットカーソル。データの検索またはレポートの作成に使用するための、レコードの静的コピー。ほかのユーザーによる追加、変更、または削除は表示されない
adOpenUnspecified	-1	カーソルの種類を指定しない

◈ 引数LockTypeに指定できるLockTypeEnum列挙型の定数

定数	値	説明
adLockBatchOptimistic	4	共有的バッチ更新。バッチ更新モードの場合にのみ指定できる
adLockOptimistic	3	レコード単位の共有的ロック。Update メソッドを呼び出した場合にのみ、プロバイダは共有的ロックを使ってレコードをロックする
adLockPessimistic	2	レコード単位の排他的ロックを示す。プロバイダは、レコードを確実に編集するための措置を行う。通常は、編集直後のデータソースでレコードをロックする
adLockReadOnly	1	読み取り専用のレコードを示す。データの変更はできない
adLockUnspecified	-1	ロックの種類を指定しない。クローンの場合、複製元と同じロックの種類が適用される

・Openメソッドの構文

object.Open Source, ActiveConnection, CursorType, LockType, Options

Openメソッドは、objectにRecordsetオブジェクトを指定し、指定した方法でレコードセットを開きます。引数SourceはCommandオブジェクト、SQLステートメント、テーブル名、ストアドプロシージャの呼び出し、URL、または保存されたRecordsetが格納されているファイル名、Streamオブジェクト名の評価に使う値を指定します。引数ActiveConnectionは、Connectionオブジェクトを表す値、またはConnectionStringパラメータを含む値を指定します。

引数CursorTypeは、プロバイダがRecordsetを開くときに使うカーソルの種類を決めるための、CursorTypeEnum列挙型の値を指定します。既定値は、adOpenForwardOnlyです。指定できる値は、「解説」を参照してください。

引数LockTypeは、プロバイダがRecordsetを開くときに使うロック(同時作用)の種類を決めるための、LockTypeEnum列挙型の値を指定します。既定値は、adLockReadOnlyです。指定できる値は、「解説」を参照してください。

引数Optionsは、引数SourceがCommandオブジェクト以外のソースを表す場合に、プロバイダが引数Sourceを評価する方法、または以前に保存されていたファイルからRecordsetを復元する必要があることを示す長整数型(Long)の値を指定します。1つまたは複数のCommandTypeEnum値、またはExecuteOptionEnum値を指定できます。これらの値は、ビット単位のAnd演算子で組み合わせて使用することができます。

Tips 337

データベースを作成する

▶関連Tips 336

使用機能・命令 **Createメソッド**

サンプルファイル名 gokui11.accdb/11_1Module

▼「ADOXSample.accdb」データベースを新規に作成する

```
Private Sub Sample337()
    Dim cat As ADOX.Catalog   'Catalogオブジェクトへの参照を代入する変数を宣言する

    Set cat = New ADOX.Catalog   '新たにCatalogオブジェクトを作成する

    '新規に「ADOXSample.accdb」データベースファイルを
    'カレントデータベースと同じフォルダに作成する
    cat.Create "Provider=Microsoft.ACE.OLEDB.12.0" _
        & ";Data Source=" & CurrentProject.Path & "¥ADOXSample.accdb"
End Sub
```

❖ 解説

データベースを作成するには、ADOXのCreateメソッドを使用します。Createメソッドの引数に接続文字列を指定して、新しくデータベースファイルを作成することができます。

接続文字列は「Provider」にプロバイダ名を、「DataSource」にはファイルのパスを指定します。

ADOXはデータベースを参照する場合、Catalogオブジェクトを使用します。このCatalogオブジェクトのCreateメソッドを使用して、新規にデータベースファイルを作成します。

ADOXは、ADOの機能を拡張したものです（ADOではテーブルは作れません）。使用する場合、「Microsoft ADO Ext.6.X for DDL and Security」（Xは数値）に参照設定します。VBEで参照設定を行うには、VBEの［ツール］メニューから［参照設定］を選択し、「参照設定」ダイアログで対象にチェックを入れます。

• Createメソッドの構文

object.Create ConnectString

Createメソッドは、objectにCatalogオブジェクトを指定し、引数ConnectStringにデータソースを指定して、新たにデータベースを作ることができます。

Tips
338 テーブルを作成する

▶関連Tips 335

使用機能・命令 **Appendメソッド**

サンプルファイル名 gokui11.accdb/11_1Module

▼「ID」フィールドを持つ「T_NewTable」テーブルを作成する

```
Private Sub Sample338()
    Dim cat As ADOX.Catalog  'Catalogオブジェクトへの参照を代入する変数を宣言する
    Dim tbl As ADOX.Table    'Tableオブジェクトへの参照を代入する変数を宣言する

    Set cat = New ADOX.Catalog    '新たにCatalogオブジェクトを作成する
    'カレントデータベースに接続する
    cat.ActiveConnection = CurrentProject.Connection

    Set tbl = New ADOX.Table     'Tableオブジェクトを作成する
    tbl.Name = "T_NewTable"      'テーブル名を指定する
    Set tbl.ParentCatalog = cat 'Catalogオブジェクトにテーブルを追加する

    '長整数型の「ID」フィールドを作成する
    tbl.Columns.Append "ID", adInteger
    'オートナンバー型にする
    tbl.Columns.Item("ID").Properties("AutoIncrement") = True
    cat.Tables.Append tbl   'Tableコレクションにテーブルを追加する

    Set cat = Nothing        'Catalogオブジェクトへの参照を解除する
End Sub
```

解説

ここでは、ADOXを使ってテーブルを作成します。まず、Catalogオブジェクトは、ADOXの最上位のオブジェクトです。データソースのTablesコレクション、Viewsコレクションなどを含みます。このCatalogオブジェクトを新たに作成し、CurrentProjectオブジェクト（→Tips335）のConnectionプロパティ（→Tips335）を使用して、カレントデータベースに接続します。

次に、Tableオブジェクトを作成します。Tableオブジェクトはテーブルを表します。Nameプロパティで、テーブル名を指定することができます。そして、このTableオブジェクトを、ParentCatalogプロパティを使用して、カレントデータベースに接続したCatalogオブジェクトと関連付けます。こうすることで、作成するテーブルをTablesコレクションに追加する前に、プロパティの指定をすることができます。

次に、作成するテーブルのフィールドの設定を行います。フィールドの設定は、ColumnsコレクションのAppendメソッドを使用します。また、ここではPropertiesコレクションの「AutoIncrement」をTrueにすることで、作成したIDフィールドをオートナンバー型のフィールドにします。

そして、最後に作成したテーブルを、TablesコレクションのAppendメソッドでTablesコレクションに追加します。

なお、フィールドのデータ型に指定できる値は、次のとおりです。

◈ データ型に指定できる値

値	データ型	値	データ型
adGUID	オートナンバー型	adSmallInt	整数型
adVarWChar	テキスト型	dbBigInt	多倍長整数型 (Big Integer)（Access2016以降）
adLongVarWChar	メモ型	adBoolean	ブール型
adCurrency	通貨型	adDouble	倍精度浮動少数点数型
adDate	日付時刻型	adSingle	単精度浮動少数点数型
adInteger	長整数型		

なお、実行結果は次のようになります。ただし、作成したテーブルがナビゲーションウィンドウにすぐに表示されないことがあります。その場合は、ナビゲーションウィンドウをアクティブにして[F5]キーを押してください。

▼実行結果

テーブルが作成された

• Appendメソッドの構文

object.Append Column [, Type] [, DefinedSize]

Appendメソッドは、objectにテーブルのフィールドを表すColumnsコレクションを指定することで、テーブルに新たにフィールドを作成することができます。引数Columnにはフィールド名を、引数Typeにはデータ型を、引数DefinedSizeにはフィールドサイズを指定します。

Tips 339

テーブルを削除する

▶関連Tips 340

使用機能・命令 **Deleteメソッド**

サンプルファイル名 gokui11.accdb/11_1Module

▼「T_11Sho_Delete」テーブルをカレントデータベースから削除する

```
Private Sub Sample339()
    Dim cat As ADOX.Catalog 'Catalogオブジェクトへの参照を代入する変数を宣言する
    Dim tbl As ADOX.Table   'Tableオブジェクトへの参照を代入する変数を宣言する


    Set cat = New ADOX.Catalog    '新たにCatalogオブジェクトを作成する
    'カレントデータベースに接続する
    cat.ActiveConnection = CurrentProject.Connection

    For Each tbl In cat.Tables
        '「T_11Sho_Delete」テーブルか判定する
        If tbl.Name = "T_11Sho_Delete" Then
            cat.Tables.Delete tbl.Name       'テーブルを削除する
            Exit For
        End If
    Next
End Sub
```

✣ 解説

ADOXでテーブルを削除するには、Deleteメソッドを使用します。Deleteメソッドは、Tablesコレクションから指定したテーブルを削除します。

この時、存在しないテーブルを指定すると、実行時エラーが発生します。そこで、このサンプルではエラーを避けるためにTablesコレクションに対して削除するテーブル名をチェックし、対象のテーブルが存在するときのみテーブルを削除しています。

•Deleteメソッドの構文

object.Delete expression

Deleteメソッドは、objectにTablesコレクションを指定すると、引数expressionに指定したテーブルを削除します。

Tips 340 フィールドを追加・削除する

▶関連Tips 338

使用機能・命令 **Appendメソッド（→Tips338）/Deleteメソッド**

サンプルファイル名 gokui11.accdb/11_1Module

▼「T_11ShoMaster」テーブルにの「備考」フィールドを追加し、「備考2」フィールドを削除する

```
Private Sub Sample340()
    'Catalogオブジェクトへの参照を代入する変数を宣言する
    Dim cat As ADOX.Catalog
    'Tableオブジェクトへの参照を代入する変数を宣言する
    Dim tbl As ADOX.Table
    Set cat = New ADOX.Catalog    '新たにCatalogオブジェクトを作成する
    'カレントデータベースに接続する
    cat.ActiveConnection = CurrentProject.Connection
    '「T_11ShoMaster」テーブルを取得する
    Set tbl = cat.Tables("T_11ShoMaster")
    'メモ型の「備考」フィールドを作成する
    tbl.Columns.Append "備考", adLongVarWChar
    tbl.Columns.Delete "備考2"         '「備考2」フィールドを削除する
    Set cat = Nothing       'Catalogオブジェクトへの参照を解除する
End Sub
```

❖ 解説

ADOXで既存のテーブルにフィールドを追加するには、Appendメソッドを使用します。Tablesコレクションから追加する対象のテーブルを取得し、テーブルのフィールドを表すColumnsコレクションに対して、Appendメソッドを使用してフィールドを追加します。ADOXでフィールドを削除するには、Deleteメソッドを使用します。対象のTableオブジェクトを取得し、フィールドを表すColumnsコレクションから指定したフィールドを削除します。ここでは、Deleteメソッドで「備考2」フィールドを削除しています。

•Deleteメソッドの構文

object.Delete expression

Deleteメソッドは、objectにフィールドを表すColumnsコレクションを指定し、expressionに指定したフィールドを削除します。

Tips 341 オートナンバー型のフィールドを持つテーブルを作成する

▶関連Tips 338

使用機能・命令 **Propertiesコレクション**

サンプルファイル名 gokui11.accdb/11_1Module

▼オートナンバー型のフィールドを持つ「T_AutoNumber」テーブルを作成する

```
Private Sub Sample341()
    'Catalogオブジェクトへの参照を代入する変数を宣言する
    Dim cat As ADOX.Catalog
    'Tableオブジェクトへの参照を代入する変数を宣言する
    Dim tbl As ADOX.Table

    Set cat = New ADOX.Catalog    '新たにCatalogオブジェクトを作成する
    'カレントデータベースに接続する
    cat.ActiveConnection = CurrentProject.Connection

    Set tbl = New ADOX.Table     'Tableオブジェクトを作成する
    tbl.Name = "T_AutoNumber"     'テーブル名を指定する
    Set tbl.ParentCatalog = cat   'Catalogオブジェクトにテーブルを追加する

    '長整数型の「ID」フィールドを作成する
    tbl.Columns.Append "ID", adInteger
    '「ID」フィールドをオートナンバー型のフィールドにする
    tbl.Columns("ID").Properties("AutoIncrement") = True

    cat.Tables.Append tbl   'Tableコレクションにテーブルを追加する

    Set cat = Nothing       'Catalogオブジェクトへの参照を解除する
End Sub
```

❖ 解説

ADOXでテーブルを作成するには、TablesコレクションにTableオブジェクトを追加します。詳しくは、Tips338を参照してください。

また、フィールドを作成するには、TableオブジェクトのColumnsプロパティにAppendメソッドを使用して追加します。こちらも、Tips338を参照してください。

ここでは、この追加するフィールドを、オートナンバー型のフィールドにします。そのため、フィールドのPropertiesコレクションのAutoIncrementプロパティを、Trueにしています。

Propertiesコレクションに指定できる値は、次のとおりです。

◈ Propertiesコレクションに指定できる値

データ型	プロパティ値
オートナンバー型	AutoIncrement（Trueに設定）
Numericフィールドの既定値	ColumnAttributes（adColFixedに設定）
ハイパーリンク型	Jet OLEDB:Hyperlink（True） （Memoフィールドのみ adLongVarWCharデータ型）
Textフィールドの既定値	ColumnAttributes（Not adColFixedに設定）

なお、実行結果は次のようになります。ただし、作成したテーブルがナビゲーションウィンドウにすぐに表示されないことがあります。その場合は、ナビゲーションウィンドウをアクティブにして、[F5]キーを押してください。

▼実行結果

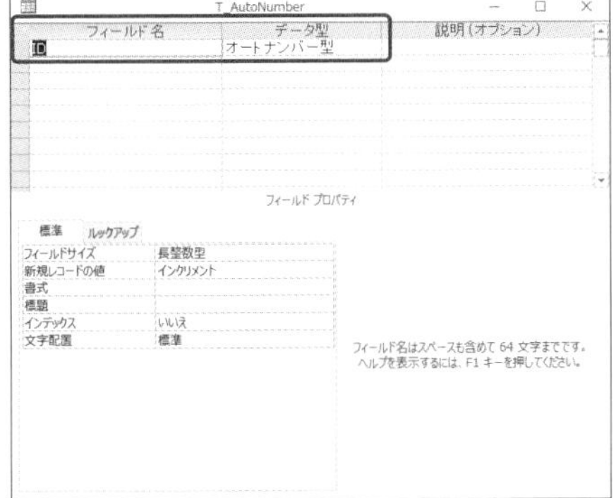

オートナンバー型のフィールドを持つテーブルが作成された

•Propertiesコレクションの構文

object.Properties(attribute)

Propertiesコレクションは、objectにColumnオブジェクトを指定して、フィールドの属性を指定することができます。指定する値については、「解説」を参照してください。

Tips 342 テーブルにインデックスを作成・削除する

▶関連Tips 338

使用機能・命令 Indexオブジェクト/Deleteメソッド

サンプルファイル名 gokui11.accdb/11_1Module

▼「T_11ShoIndex」テーブルの「ID」フィールドのインデックスを設定・解除する

```
Private Sub Sample342()
    'Catalogオブジェクトへの参照を代入する変数を宣言する
    Dim cat As ADOX.Catalog
    'Tableオブジェクトへの参照を代入する変数を宣言する
    Dim tbl As ADOX.Table
    'Indexオブジェクトへの参照を代入する変数を宣言する
    Dim idx As ADOX.Index
    Set cat = New ADOX.Catalog    '新たにCatalogオブジェクトを作成する
    'カレントデータベースに接続する
    cat.ActiveConnection = CurrentProject.Connection
    Set tbl = cat.Tables("T_11ShoIndex")'「T_11ShoIndex」テーブルを取得する
    Set idx = New ADOX.Index     '新たにIndexオブジェクトを作成する
    idx.Name = "Index"          'インデックス名を「Index」にする
    idx.Columns.Append "ID"     'インデックスを構成する「ID」フィールドを作成する
    '作成したインデックスをIndexesコレクションに追加する
    tbl.Indexes.Append idx
    Stop    'いったん処理を止める
    tbl.Indexes.Delete "Index"    '「Index」インデックスを削除する
    Set cat = Nothing         'Catalogオブジェクトへの参照を解除する
End Sub
```

❖ 解説

ADOXでテーブルにインデックスを作成するには、インデックスを設定するフィールドを作成します。Indexオブジェクトを作成し、Nameプロパティに名前を指定します。そのIndexオブジェクトのColumnsコレクション（→Tips338）に、Indexを設定するフィールドをAppendメソッド（→Tips338）で追加します。そして、テーブルのIndexの集合を表すIndexesコレクションに作成したIndexオブジェクトを追加します。

また、ADOXでテーブルのインデックスを削除するには、Deleteメソッドを使用します。TableオブジェクトのIndexesコレクションに対して、Deleteメソッドを使用して削除するインデックス名を指定します。ここでは、インデックスの追加と削除を確認するために、インデックスを追加後、Stopステートメントで処理を中断しています。この段階で「T_11ShoIndex」テーブルをデザインビューで開くと、インデックスが確認できます。確認後テーブルを閉じた後、コードを再開すると、今度はインデックスが削除されています。

Tips 343 主キーを設定する

▶関連Tips 338

使用機能・命令 Typeプロパティ

サンプルファイル名 gokui11.accdb/11_1Module

▼「T_11ShoPrimaryKey」テーブルの「ID」フィールドに主キーの設定を行う

```
Private Sub Sample343()
    Dim cat As ADOX.Catalog
    Dim tbl As ADOX.Table
    Dim vKey As ADOX.Key      'Keyオブジェクトへの参照を代入する変数を宣言する
    Set cat = New ADOX.Catalog    '新たにCatalogオブジェクトを作成する
    cat.ActiveConnection = CurrentProject.Connection
    Set tbl = cat.Tables("T_11ShoPrimaryKey")
    Set vKey = New ADOX.Key       '新たにKeyオブジェクトを作成する
    vKey.Name = "主キー"          'キーの名前を「主キー」にする
    vKey.Type = adKeyPrimary      '主キーの設定を行う
    vKey.Columns.Append "ID"      '「ID」フィールドに対して設定する
    tbl.Keys.Append vKey       '作成したKeyオブジェクトを追加する
    Set cat = Nothing          'Catalogオブジェクトへの参照を解除する
End Sub
```

解説

ADOXでテーブルに主キーを設定するには、Keyオブジェクトを作成し、Nameプロパティにキーの名前を、TypeプロパティにadKeyPrimaryを指定して、ColumnsコレクションのAppendメソッド（→Tips338）を使用して対象のフィールドを追加します。なお、KeysコレクションのAppendメソッドを使用して、「tbl.Keys.Append"主キー",adKeyPrimary,"ID"」のように記述することで、主キーの設定を行うこともできます。Appendメソッドの1番目の引数はKeyオブジェクト名を、2番目の引数はKeyオブジェクトのTypeを、3番目の引数に対象のフィールド名を指定しています。

◈ Typeプロパティに指定するKeyTypeEnum列挙型の定数

定数	値	説明	定数	値	説明
adKeyPrimary	1	既定値。主キー	adKeyUnique	3	キーは一意
adKeyForeign	2	外部キー			

•Typeプロパティの構文

object.Type

Typeプロパティは、objectにKeyオブジェクトを指定して、主キーを設定することができます。指定できる値は、KeyTypeEnum列挙型の値です。「解説」を参照してください。

Tips 344

リレーションシップを作成する

▶関連Tips 338 345

使用機能・命令 **RelatedTableプロパティ/RelatedColumnプロパティ**

サンプルファイル名 gokui11.accdb/11_1Module

▼「T_11ShoMaster」テーブルと「T_11ShoTransaction」テーブルにリレーションシップを設定する

```
Private Sub Sample344()
    Dim cat As ADOX.Catalog
    Dim tbl As ADOX.Table
    Dim vKey As ADOX.Key    'Keyオブジェクトへの参照を代入する変数を宣言する
    Set cat = New ADOX.Catalog    '新たにCatalogオブジェクトを作成する
    'カレントデータベースに接続する
    cat.ActiveConnection = CurrentProject.Connection
    Set tbl = cat.Tables("T_11ShoTransaction")
    Set vKey = New ADOX.Key    '新たにKeyオブジェクトを作成する
    vKey.Name = "外部キー"    'キーの名前を指定する
    vKey.Type = adKeyForeign    '外部キーを設定する
    vKey.RelatedTable = "T_11ShoMaster"    '「一側」のテーブルを指定する
    vKey.Columns.Append "商品コード"    'キーを指定するフィールドを追加する
    '「一側」のテーブルと連結するフィールドを指定する
    vKey.Columns("商品コード").RelatedColumn = "商品コード"
    tbl.Keys.Append vKey    'テーブルにキーを追加する
    Set cat = Nothing    'Catalogオブジェクトへの参照を解除する
End Sub
```

解説

ADOXでリレーションシップを設定するには、最初にKeyオブジェクトのTypeプロパティ（→Tips343）にadKeyForeignを指定して、外部キーを設定します。次に、RelatedTableプロパティに一側のテーブルを設定し、ColumnsコレクションのAppendメソッドを使用して外部キーのフィールドを指定します。そしてRelatedColumnプロパティで一側のテーブルの主キーを指定したあと、外部キーをKeysコレクションに追加します。

・RelatedTableプロパティ/RelatedColumnプロパティの構文

object.RelatedTable/RelatedColumn

RelatedTableプロパティは「一側」のテーブルを、RelatedColumnプロパティは連結するフィールドを表します。

Tips 345 リレーションシップを削除する

▶関連Tips 344

使用機能・命令 **Deleteメソッド**

サンプルファイル名 gokui11.accdb/11_1Module

▼「T_11ShoTransaction2」テーブルのリレーションシップを削除する

```
Private Sub Sample345()
    'Catalogオブジェクトへの参照を代入する変数を宣言する
    Dim cat As ADOX.Catalog
    'Tableオブジェクトへの参照を代入する変数を宣言する
    Dim tbl As ADOX.Table
    Dim vKey As ADOX.Key      'Keyオブジェクトへの参照を代入する変数を宣言する
    Set cat = New ADOX.Catalog    '新たにCatalogオブジェクトを作成する
    'カレントデータベースに接続する
    cat.ActiveConnection = CurrentProject.Connection
    '「T_11ShoTransaction2」テーブルを取得する
    Set tbl = cat.Tables("T_11ShoTransaction2")
    Set vKey = New ADOX.Key       '新たにKeyオブジェクトを作成する
    For Each vKey In tbl.Keys     'すべてのキーを対象に処理を行う
        If vKey.Name = "外部キー" Then   'キーの名前が「外部キー」か判定する
            tbl.Keys.Delete vKey.Name   '対象のキーを削除する
            Exit Sub
        End If
    Next
    Set cat = Nothing         'Catalogオブジェクトへの参照を解除する
End Sub
```

解説

ADOXでリレーションシップを削除するには、データベースに対してDeleteメソッドを使用します。ただし、Deleteメソッドを使用してリレーションシップを削除するには、対象のテーブルに対して、リレーションシップ名を指定して実行しなくてはなりません。そこで、このサンプルでは、For Each Nextステートメントを使用して、すべてのKeyオブジェクトの名前を評価します。Keyオブジェクトの名前が「外部キー」の場合、Keyオブジェクトを「多側」のテーブルのKeysコレクションから削除します。

•Deleteメソッドの構文

object.Delete expression

Deleteメソッドは、objectにKeysコレクションを指定し、引数expressionに指定したKeyオブジェクトを削除します。

Tips
346 選択クエリを作成する

▶関連Tips 338

使用機能・命令　**CommandTextプロパティ**

サンプルファイル名　gokui11.accdb/11_2Module

▼「Q_商品リスト」クエリを作成する

```
Private Sub Sample346()
    'Catalogオブジェクトへの参照を代入する変数を宣言する
    Dim cat As ADOX.Catalog
    'Tableオブジェクトへの参照を代入する変数を宣言する
    Dim tbl As ADOX.Table
    'Commandオブジェクトへの参照を代入する変数を宣言する
    Dim cmd As ADODB.Command
    Dim vSQL As String              'SQL文を代入する変数を宣言する

    Set cat = New ADOX.Catalog      '新たにCatalogオブジェクトを作成する
    'カレントデータベースに接続する
    cat.ActiveConnection = CurrentProject.Connection
    Set cmd = New ADODB.Command       '新たにCommandオブジェクトを作成する
    '作成する選択クエリのSQL文を指定する
    vSQL = "SELECT 商品コード, 商品名 FROM T_11ShoMaster"
    'SQL文をCommandオブジェクトのコマンドテキストに指定する
    cmd.CommandText = vSQL
    '「Q_商品リスト」という名前で選択クエリを作成する
    cat.Views.Append "Q_商品リスト", cmd
    Set cat = Nothing           'Catalogオブジェクトへの参照を解除する
End Sub
```

❖ 解説

ADOXでは、クエリはViewsコレクションで管理されます。ADOXでクエリを作成するには、Commandオブジェクトの CommandTextプロパティにクエリを表すSQL文を指定します。そして、Appendメソッドを使用して、Catalogオブジェクト（→Tips338）のViewsコレクションに作成したCommandオブジェクトを追加します。

•CommandTextプロパティの構文

object.CommandText

CommandTextプロパティは、SQL文、テーブル名など、プロバイダーのコマンドを設定または取得します。既定値は「""(長さ0の文字列)」です。

Tips 347

選択クエリを削除する

▶関連Tips 346

使用機能・命令 **Deleteメソッド**

サンプルファイル名 gokui11.accdb/11_2Module

▼「Q_ DeleteSample」クエリを削除する

```
Private Sub Sample347()
    'Catalogオブジェクトへの参照を代入する変数を宣言する
    Dim cat As ADOX.Catalog
    'Tableオブジェクトへの参照を代入する変数を宣言する
    Dim tbl As ADOX.Table
    'Viewオブジェクトへの参照を代入する変数を宣言する
    Dim vw As ADOX.View

    Set cat = New ADOX.Catalog    '新たにCatalogオブジェクトを作成する
    'カレントデータベースに接続する
    cat.ActiveConnection = CurrentProject.Connection
    For Each vw In cat.Views
        If vw.Name = "Q_DeleteSample" Then    'クエリ名を判定する
            cat.Views.Delete vw.Name              'クエリを削除する
            Exit For
        End If
    Next
    Set cat = Nothing       'Catalogオブジェクトへの参照を解除する
End Sub
```

解説

既存のクエリを削除するには、ViewsコレクションのDeleteメソッドを使用します。ADOXでは、クエリをViewsコレクションとして管理します。なお、Deleteメソッドに指定したクエリが存在しない場合は、実行時エラーが発生します。ここでは、エラーが起きないように、ViewオブジェクトのNameプロパティでクエリ名を判定してから削除します。

•Deleteメソッドの構文

object.Delete expression

Deleteメソッドは、objectにViewsコレクションを指定し、引数expressionに指定したViewオブジェクト（クエリ）を削除します。

Tips 348 アクションクエリを作成する

▶関連Tips 338 346

使用機能・命令 **CommandTextプロパティ（→Tips346）/ Proceduresコレクション**

サンプルファイル名 gokui11.accdb/11_2Module

▼「T_11ShoUpdate」テーブルの値を更新する「Q_単価更新」クエリを作成する

```
Private Sub Sample348()
    'Catalogオブジェクトへの参照を代入する変数を宣言する
    Dim cat As ADOX.Catalog
    'Tableオブジェクトへの参照を代入する変数を宣言する
    Dim tbl As ADOX.Table
    'Commandオブジェクトへの参照を代入する変数を宣言する
    Dim cmd As ADODB.Command
    Dim vSQL As String              'SQL文を代入する変数を宣言する
    Set cat = New ADOX.Catalog      '新たにCatalogオブジェクトを作成する
    'カレントデータベースに接続する
    cat.ActiveConnection = CurrentProject.Connection
    Set cmd = New ADODB.Command     '新たにCommandオブジェクトを作成する
    '作成する選択クエリのSQL文を指定する
    vSQL = "UPDATE T_11ShoUpdate SET 単価 = Int(単価 * 1.1)"
    'SQL文をCommandオブジェクトのコマンドテキストに指定する
    cmd.CommandText = vSQL
    '「Q_単価更新」という名前で選択クエリを作成する
    cat.Procedures.Append "Q_単価更新", cmd
    Set cat = Nothing           'Catalogオブジェクトへの参照を解除する
End Sub
```

❖ 解説

ADOXでアクションクエリを作成するには、CommandオブジェクトのCommandText（→Tips346）プロパティにクエリを表すSQL文を指定します。そして、Appendメソッドを使用して、Catalogオブジェクト（→Tips338）のProceduresコレクションに作成したCommandオブジェクトを追加します。

•Proceduresコレクションの構文

object.Procedures

Proceduresコレクションは、objectにCatalogオブジェクトを指定し、アクションクエリのコレクションを表します。

Tips 349 アクションクエリを削除する

▶関連Tips 348

使用機能・命令 **Deleteメソッド**

サンプルファイル名 gokui11.accdb/11_2Module

▼「Q_UriageData2」テーブル作成クエリを削除する

```
Private Sub Sample349()
    'Catalogオブジェクトへの参照を代入する変数を宣言する
    Dim cat As ADOX.Catalog
    'Tableオブジェクトへの参照を代入する変数を宣言する
    Dim tbl As ADOX.Table
    'Procedureオブジェクトへの参照を代入する変数を宣言する
    Dim pd As ADOX.Procedure

    Set cat = New ADOX.Catalog    '新たにCatalogオブジェクトを作成する
    'カレントデータベースに接続する
    cat.ActiveConnection = CurrentProject.Connection
    For Each pd In cat.Procedures
        If pd.Name = "Q_UriageData2" Then   'クエリ名を判定する
            cat.Procedures.Delete pd.Name                 'クエリを削除する
            Exit For
        End If
    Next
    Set cat = Nothing       'Catalogオブジェクトへの参照を解除する
End Sub
```

❖ 解説

既存のアクションクエリを削除するには、Proceduresコレクション（→Tips348）のDeleteメソッドを使用します。ADOXでは、アクションクエリをProceduresコレクションとして管理します。

なお、Deleteメソッドに指定したクエリが存在しない場合は、実行時エラーが発生します。そこで、ここではエラーを回避するために、ProcedureオブジェクトのNameプロパティでクエリ名を判定してから削除しています。

•Deleteメソッドの構文

object.Delete expression

Deleteメソッドは、objectにProceduresコレクションを指定し、引数expressionに削除するProcedureオブジェクト（アクションクエリ）名を指定します。

Tips 350

アクションクエリを実行する

▶関連Tips 346

使用機能・命令 **Executeメソッド**

サンプルファイル名 gokui11.accdb/11_2Module

▼「Q_UriageData」テーブル作成クエリを実行する

```
Private Sub Sample350()
    'Catalogオブジェクトへの参照を代入する変数を宣言する
    Dim cn As ADODB.Connection
    'Commandオブジェクトへの参照を代入する変数を宣言する
    Dim cmd As ADODB.Command
    'カレントデータベースに接続する
    Set cn = CurrentProject.Connection
    'Commandオブジェクトを作成する
    Set cmd = New ADODB.Command
    With cmd
        .ActiveConnection = cn    'コマンドオブジェクトのコネクションを設定する
        .CommandText = "Q_UriageData"    'アクションクエリを指定
        .Execute                         'アクションクエリを実行
    End With
End Sub
```

❖ 解説

ADOでアクションクエリを実行するには、CommandオブジェクトのExecuteメソッドを使用します。CommandオブジェクトのCommandTextプロパティ(→Tips346)を使用して、コマンドテキストに実行するアクションクエリ名を指定します。その後、Executeメソッドでコマンドを実行します。

•Executeメソッドの構文

object.Execute

Executeメソッドは、objectにCommandオブジェクトを指定して、Commandオブジェクトに設定されているアクションクエリを実行します。

Tips 351

他のデータベースを開く

▶関連Tips 335

使用機能・命令 **ConnectionStringプロパティ/Openメソッド**

サンプルファイル名 gokui11.accdb/11_3Module

▼「Sample.accdb」データベースファイルへの参照を取得する

```
Private Sub Sample351()
    'Catalogオブジェクトへの参照を代入する変数を宣言する
    Dim cn As ADODB.Connection

    'Connectionオブジェクトを作成する
    Set cn = New ADODB.Connection

    '接続文字列を設定する
    cn.ConnectionString = "Provider=Microsoft.ACE.OLEDB.12.0" _
        & ";Data Source=" & CurrentProject.Path & "¥Sample.accdb"

    cn.Open        'コネクションを開く
    'コネクションの接続文字列を表示する
    Debug.Print cn.ConnectionString

    cn.Close           'コネクションを閉じる
End Sub
```

❖ 解説

他のデータベースへの参照を取得するには、ConnectionオブジェクトのConnectionStringプロパティに、対象のデータベースを指定します。

この時、ProviderにはAccessを表す「Microsoft.ACE.OLEDB.12.0」を、DataSourceには対象のデータベースのファイル名をフルパスで指定します。このサンプルでは、CurrentProjectオブジェクト（→Tips335）のPathプロパティを使用して、現在のデータベースと同じフォルダを参照し、「Sample.accdb」ファイルを指定しています。

そして、その後はOpenメソッドでコネクションを開きます。開いたコネクションオブジェクトのConnectionStringプロパティの値を取得して、イミディエイトウィンドウに表示します。

ConnectionStringプロパティに指定する引数は、次のとおりです。

◈ ConnectionStringプロパティの引数

引数	説明
Provider	接続に使用するプロバイダの名前を指定。Accessの場合は「Microsoft.ACE.OLEDB.12.0」を指定
FileName	事前に設定された接続情報を格納している、プロバイダ固有のファイル（たとえば、永続化されたデータソースオブジェクト）の名前を指定
RemoteProvider	クライアント側の接続を開くときに使用するプロバイダ名を指定（リモートデータサービスのみ）
RemoteServer	クライアント側の接続を開くときに使用するサーバーのパス名を指定（リモートデータサービスのみ）
URL	ファイルやディレクトリなどのリソースを識別する絶対URLとして接続文字列を指定

▼実行結果

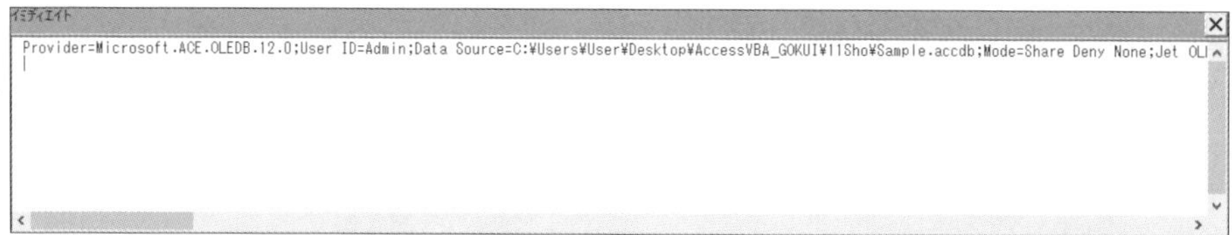

接続文字列が表示された

•ConnectionStringプロパティの構文

object.ConnectionString

ConnectionStringプロパティは、objectにConnectionオブジェクトを指定します。値の取得/設定が可能です。値を設定する場合は、引数をセミコロンで区切って指定します。指定する引数については、「解説」を参照してください。

•Openメソッドの構文

object.Open

Openメソッドは、objectにConnectionオブジェクトを指定して、設定したコネクションを開きます。

Tips 352 指定したフィールドの値を参照する

▶関連Tips 336

使用機能・命令 **Fieldsプロパティ/Valueプロパティ**

サンプルファイル名 gokui11.accdb/11_3Module

▼「T_11ShoMaster」テーブルの1件目の「商品コード」を取得する

```
Private Sub Sample352()
    Dim cn As ADODB.Connection
    'Recordsetオブジェクトへの参照を代入する変数を宣言する
    Dim rs As ADODB.Recordset
    'カレントデータベースに接続する
    Set cn = CurrentProject.Connection
    'レコードセットを新規に作成する
    Set rs = New ADODB.Recordset
    '「T_11ShoMaster」テーブルのレコードセットを開く
    rs.Open "T_11ShoMaster", cn
    '「商品コード」フィールドの値を表示する
    Debug.Print rs.Fields("商品コード").Value
    rs.Close          'レコードセットを閉じる
    cn.Close          'コネクションを閉じる
End Sub
```

❖ 解説

ADOでフィールドの値を取得するには、Recordsetオブジェクト（→Tips336）のFieldsコレクションで対象のフィールドを取得して、Valueプロパティで値を取得します。

ここでは、「T_11ShoMaster」テーブルの1件目の「商品コード」のレコードを取得して、イミディエイトウィンドウに表示します。

• Fieldsプロパティの構文

object.Fields

Fieldsプロパティは、objectにRecordsetオブジェクトを指定して、レコードセットオブジェクトのFieldsコレクションを返します。

• Valueプロパティの構文

object.Value

Valueプロパティは、objectにFieldオブジェクトを指定し、対象のフィールドのレコードを取得/設定します。

Tips 353

レコードセットの最初／最後のレコードを取得する

▶関連Tips 354

使用機能・命令 **MoveFirstメソッド/MoveLastメソッド**

サンプルファイル名 Gokui11.accdb/11_3Module

▼「T_11ShoMaster」テーブルの「商品名」フィールドの先頭と最後の値を表示する

```
Private Sub Sample353()
    'Catalogオブジェクトへの参照を代入する変数を宣言する
    Dim cn As ADODB.Connection
    'Recordsetオブジェクトへの参照を代入する変数を宣言する
    Dim rs As ADODB.Recordset
    'カレントデータベースに接続する
    Set cn = CurrentProject.Connection
    'レコードセットを新規に作成する
    Set rs = New ADODB.Recordset
    '「T_11ShoMaster」テーブルから「商品名」フィールドの
    'データを抽出してレコードセットを作成する
    rs.Open "SELECT 商品名 FROM T_11ShoMaster", cn
    rs.MoveFirst          '先頭のレコードにカレントレコードを移動する
    '「商品名」フィールドの値を表示する
    Debug.Print rs.Fields("商品名").Value
    rs.MoveLast           '最後のレコードにカレントレコードを移動する
    '「商品名」フィールドの値を表示する
    Debug.Print rs.Fields("商品名").Value
    rs.Close          'レコードセットを閉じる
    cn.Close          'コネクションを閉じる
End Sub
```

❖ 解説

ADOでレコードセットの最初のレコードを取得するにはMoveFirstメソッドを、最後のレコードにするにはMoveLastメソッドを使用します。ここでは、Openメソッド（→Tips336）の1番目の引数にSQL文を使用して、「T_11ShoMaster」テーブルの「商品名」フィールドをレコードセットとして取得し、このレコードセットのカレントレコードを、MoveFirstメソッドで先頭に移動して「商品名」フィールドの値を、続けてMoveLastメソッドで最後のレコードに移動し、同様にイミディエイトウィンドウにそれぞれ表示します。

•MoveFirst/MoveLastの構文

object.MoveFirst/MoveLast

MoveFirst メソッドは、object に指定したRecordsetオブジェクトの最初のレコードに、MoveLastメソッドは最後のレコードに移動して、そのレコードをカレントレコードにします。

Tips 354 カレントレコードを移動する

▶関連Tips 336 353

使用機能・命令 **MoveNextメソッド/MovePreviousメソッド**

サンプルファイル名 gokui11.accdb/11_3Module

▼「商品名」フィールドの値を、先頭の次と最後の１つ前の２つの値を取得する

```
Private Sub Sample354()
    Dim cn As ADODB.Connection
    Dim rs As ADODB.Recordset
    Set cn = CurrentProject.Connection
    Set rs = New ADODB.Recordset
    rs.Open "SELECT 商品名 FROM T_11ShoMaster", cn
    rs.MoveFirst              '先頭のレコードにカレントレコードを移動する
    rs.MoveNext               '次のレコードにカレントレコードを移動する
    'カレントレコードの「商品名」フィールドの値を表示する
    Debug.Print rs.Fields("商品名").Value
    rs.MoveLast               '最後のレコードにカレントレコードを移動する
    rs.MovePrevious           '一つ前のレコードにカレントレコードを移動する
    'カレントレコードの「商品名」フィールドの値を表示する
    Debug.Print rs.Fields("商品名").Value
    rs.Close        'レコードセットを閉じる
    cn.Close        'コネクションを閉じる
End Sub
```

❖ 解説

カレントレコードを前方に移動するにはMovePreviousメソッドを、後方に移動するにはMoveNextメソッドを使用します。

ここでは、「T_11ShoMaster」の「商品名」フィールドの値を取得し、そのレコードセットを対象に処理をします。まず、カレントレコードをMoveFirstメソッド（→Tips353）でレコードセットの先頭に移動し、MoveNextメソッドで２番目のレコードに移動して、「商品名」フィールドの値をイミディエイトウィンドウに表示します。次に、MoveLastメソッド（→Tips353）を使用して、カレントレコードをレコードセットの最後に移動し、MovePreviousメソッドで１つ手前のレコードに移動して、「商品名」フィールドの値をイミディエイトウィンドウに表示します。

•MoveNextメソッド/MovePreviousメソッドの構文

object.MoveNext.MovePrevious

objectにRecordsetオブジェクトを指定し、MoveNextメソッドはカレントレコードを次のレコードへ、MovePreviousメソッドは前のレコードへ進めます。

Tips 355 レコードセットのレコード件数を確認する

▶関連Tips 336

使用機能・命令 **RecordCountプロパティ**

サンプルファイル名 gokui11.accdb/11_3Module

▼「Q_Uriage」クエリの結果が何件か表示する

```
Private Sub Sample355()
    'Catalogオブジェクトへの参照を代入する変数を宣言する
    Dim cn As ADODB.Connection
    'Recordsetオブジェクトへの参照を代入する変数を宣言する
    Dim rs As ADODB.Recordset

    'カレントデータベースに接続する
    Set cn = CurrentProject.Connection

    'レコードセットを新規に作成する
    Set rs = New ADODB.Recordset
    '「T_11ShoMaster」テーブルから「商品名」フィールドの
    'データを抽出してレコードセットを作成する
    rs.Open "Q_Uriage", cn, adOpenKeyset, adLockOptimistic

    'レコード件数を表示する
    Debug.Print rs.RecordCount

    rs.Close          'レコードセットを閉じる
    cn.Close          'コネクションを閉じる
End Sub
```

❖ 解説

RecordCountプロパティは、レコードセットのデータ件数を返します。ただし、レコードセットが静的カーソルかキーセットカーソルでないと、値を取得できません。

このサンプルでは、Openメソッド（→Tips336）で「Q_Uriage」クエリを、キーセットカーソルのレコードセットとして取得しています。

•RecordCountプロパティの構文

object.RecordCount

RecordCountプロパティは、objectに指定したRecordsetオブジェクトのレコード数を取得します。

Tips 356

パラメータクエリのレコードセットを開く

▶関連Tips 350

使用機能・命令 **Parametersコレクション/Executeメソッド**（→Tips350）

サンプルファイル名 gokui11.accdb/11_3Module

▼「Q_Uriage2」パラメータクエリを、パラメータを指定して開く

```
Private Sub Sample356()
    Dim cn As ADODB.Connection
    Dim cmd As ADODB.Command
    Dim rs As ADODB.Recordset
    'カレントデータベースに接続する
    Set cn = CurrentProject.Connection
    Set cmd = New ADODB.Command     '新Commandオブジェクトを作成する
    With cmd
        .ActiveConnection = cn    'コマンドオブジェクトのコネクションを設定する
        .CommandType = adCmdTable       'コマンドオブジェクトの型を指定する
        .CommandText = "Q_Uriage2"      '対象のクエリを指定する
        .Parameters("[商品コードを入力]") = "A001"  'パラメータの値を設定する
    End With
    Set rs = cmd.Execute        'クエリを実行して、レコードセットを取得する
    Debug.Print rs.Fields("商品名").Value   '「商品名」フィールドの値を表示する
    rs.Close        'レコードセットを閉じる
    cn.Close        'コネクションを閉じる
End Sub
```

解説

パラメータクエリに対して、パラメータを指定して開くには、ParametersコレクションのParameterオブジェクトを使用します。Parametersコレクションの要素に指定するパラメータを指定し、実際に抽出する条件を設定します。ここでは、「Q_Uriage2」パラメータクエリの「商品コードを入力」というパラメータに「A001」を指定して開き、「商品名」フィールドの値をイミディエイトウィンドウに表示します。なお、**パラメータの文字列は「[]」で囲まないとエラーになるので注意してください。**

• Parametersコレクションの構文

object.Parameters(parameterString) = expression

Parametersコレクションは、objectにCommandオブジェクトを指定します。引数parameterStringに指定するパラメータを、expressionにはパラメータに設定する値を指定します。

Tips 357

レコードセットのすべてのレコードを参照する

▶関連Tips 353

使用機能・命令 **EOFプロパティ/BOFプロパティ**

サンプルファイル名 gokui11.accdb/11_3Module

▼「T_11ShoMaster」テーブルの値を、レコードの先頭からと最後からの両方から取得する

```
Private Sub Sample357()
    Dim cn As ADODB.Connection
    Dim rs As ADODB.Recordset
    'カレントデータベースに接続する
    Set cn = CurrentProject.Connection
    'レコードセットを新規に作成する
    Set rs = New ADODB.Recordset
    '「T_11ShoMaster」クエリをレコードセットとして取得する
    rs.Open "T_11ShoMaster", cn
    rs.MoveFirst          'カレントレコードを最初のレコードに移動する
    Do Until rs.EOF       'カレントレコードが最後のレコードの後まで処理を行う
        Debug.Print rs.Fields("商品名").Value  '「商品名」フィールドの値を表示する
        rs.MoveNext       'カレントレコードを次のレコードに移動する
    Loop
    rs.MoveLast          'カレントレコードを最後のレコードに移動する
    Do Until rs.BOF       'カレントレコードが最初のレコードの前まで処理を行う
        Debug.Print rs.Fields("商品名").Value  '「商品名」フィールドの値を表示する
        rs.MovePrevious      'カレントレコードを1つ前のレコードに移動する
    Loop
    rs.Close          'レコードセットを閉じる
    cn.Close          'コネクションを閉じる
End Sub
```

❖ 解説

BOFプロパティは、カレントレコードが最初のレコードよりも前にあると、Trueを返します。EOFプロパティは、カレントレコードが最後のレコードよりも後にあると、Trueを返します。このプロパティを使用することで、ループ処理ですべてのレコードを参照することができます。

•BOFプロパティ/EOFプロパティの構文

object.BOF/EOF

objectにRecordsetオブジェクトを指定し、BOFプロパティはカレントレコードが最初のレコードよりも前にあるとTrueを、EOFプロパティは最後のレコードよりも後にあるとTrueを返します。

ADOによる並べ替え・検索・抽出の極意

Tips 358 レコードを並べ替える

▶関連Tips 336

使用機能・命令 Sortプロパティ/CursorLocationプロパティ

サンプルファイル名 gokui12.accdb/12_1Module

▼「Q_Master」クエリから取得したレコードセットを「生年月日」の降順に並べ替える

```
Private Sub Sample358()
    Dim cn As ADODB.Connection    'データベースへの参照を代入する変数を宣言する
    Dim rs As ADODB.Recordset    'レコードセットへの参照を代入する変数を宣言する

    Set cn = CurrentProject.Connection    'カレントデータベースに接続する
    Set rs = New ADODB.Recordset    'レコードセットを新規に作成する
    'レコードセットのカーソルサービスをクライアントに設定する
    rs.CursorLocation = adUseClient
    '「Q_Master」クエリのレコードセットを取得する
    rs.Open "Q_Master", cn, adOpenKeyset, adLockOptimistic
    rs.Sort = "生年月日 DESC"    '「生年月日」の降順に並べ替える
    '「姓」フィールドと「名」フィールドの値を表示する
    Debug.Print rs!姓 & rs!名
    rs.Close    'レコードセットを閉じる
    cn.Close    'データベースへの参照を閉じる
End Sub
```

❖ 解説

ADOで並べ替えを行うには、Sortプロパティを使用します。このとき、レコードセットのCursorLocationプロパティの値をadUseClientにし、その後Openメソッドでレコードセットを取得する必要があります。

このサンプルでは、Sortプロパティを使用して「生年月日」フィールドの値を降順に並べ替え、最初のレコードの「姓」フィールドと「名」フィールドの値をイミディエイトウィンドウに表示します。

◈ CursorLocationプロパティに指定できるCursorLocationEnum列挙型の値

定数	値	説明
adUseClient	3	クライアント側カーソルを使用
adUseNone	1	カーソルサービスを使用しない
adUseServer	2	既定値。データプロバイダカーソルまたはドライバによって提供されるカーソルを使用

▼このテーブルのデータを並べ替える

Q_Master

会員ID	姓	名	姓(カタカナ)	名(カタカナ)	性別	生年月日	年齢
A001	大瀧	正澄	オオタキ	マサスミ	男性	1953/09/10	63
A002	田中	涼子	タナカ	リョウコ	女性	1975/02/06	42
A003	山崎	久美子	ヤマザキ	クミコ	女性	1966/08/02	50
A004	橋田	健介	ハシダ	ケンスケ	男性	1969/01/31	48
A005	水野	奈穂子	ミズノ	ナオコ	女性	1975/06/04	41
A006	松田	真澄	マツダ	マスミ	女性	1975/01/08	42
A007	牧	冴子	マキ	サエコ	女性	1982/03/06	35
A008	本間	智也	ホンマ	トモヤ	男性	1971/12/22	45
A009	千代田	光枝	チヨダ	ミツエ	女性	1955/10/03	61
A010	相川	美佳	アイカワ	ミカ	女性	1980/08/31	36
A011	中野	伸夫	ナカノ	ノブオ	男性	1957/06/30	59
A012	渋谷	真友子	シブヤ	マユコ	女性	1975/08/09	41
A013	吉田	智子	ヨシダ	トモコ	女性	1964/09/13	52
A014	相川	秀人	アイカワ	ヒデト	男性	1955/02/13	62
A015	西川	祐子	ニシカワ	ユウコ	女性	1971/09/06	45
A016	嶋倉	美樹	シマクラ	ミキ	女性	1953/04/09	64
A017	加藤	亜矢	カトウ	アヤ	女性	1981/08/31	35
A018	中臺	晃子	ナカダイ	アキコ	女性	1989/05/05	28
A019	原	ゆき	ハラ	ユキ	女性	1979/04/07	38
A020	坂内	高志	バンナイ	タカシ	男性	1981/01/09	36

並べ替えた最初のデータを取得する

▼実行結果

並べ替えた結果が取得された

•Sortプロパティの構文

object.Sort = expression

•CursorLocationプロパティの構文

object.CursorLocation = expression

Sortプロパティ、CursorLocationプロパティともにobjectにはRecordsetオブジェクトを指定します。Sortプロパティは、expressionに指定したレコードセットの並べ替えを行うフィールド名を指定します。フィールド名に続けて半角スペースとASCを指定すると昇順に、DESCを指定すると降順にデータが並べ替えられます（ASCは省略可能です）。

CursorLocationプロパティは、指定したレコードセットのカーソルタイプをexpressionに指定します。指定できる値については、「解説」を参照してください。

Memo ここではSortプロパティを使用して並べ替えを行っていますが、そもそものクエリで並べ替えを行っておく方法もあります。通常使用する並べ替えが決まっているならクエリで行い、イレギュラー時のみSortプロパティを使用するという方法もあります。ただし、その場合元のクエリで並べ替えが行われているということを知っていなくてはなりません。コードの可読性だけを考えるのであれば、都度Sortプロパティを使用するという方法も有効です。

Tips 359

レコードの並べ替えを解除する

▶関連Tips 358

使用機能・命令 Sortプロパティ（→Tips358）/ CursorLocationプロパティ（→Tips358）

サンプルファイル名 gokui12.accdb/12_1Module

▼「生年月日」フィールドに設定した並べ替えを解除する

```
Private Sub Sample359()
    Dim cn As ADODB.Connection   'データベースへの参照を代入する変数を宣言する
    Dim rs As ADODB.Recordset   'レコードセットへの参照を代入する変数を宣言する

    'カレントデータベースに接続する
    Set cn = CurrentProject.Connection
    'レコードセットを新規に作成する
    Set rs = New ADODB.Recordset
    'レコードセットのカーソルサービスをクライアントに設定する
    rs.CursorLocation = adUseClient
    '「Q_Master」クエリのレコードセットを取得する
    rs.Open "Q_Master", cn, adOpenKeyset, adLockOptimistic
    '「生年月日」の降順に並べ替える
    rs.Sort = "生年月日 DESC"
    '「姓」フィールドと「名」フィールドの値を表示する
    Debug.Print rs!姓 & rs!名
    '並べ替えを解除する
    rs.Sort = ""
    '「姓」フィールドと「名」フィールドの値を表示する
    Debug.Print rs!姓 & rs!名
    rs.Close          'レコードセットを閉じる
    cn.Close          'データベースへの参照を閉じる
End Sub
```

解説

ADOで並べ替えを行うには、Sortプロパティ（→Tips358）を使用します。このとき、レコードセットのCursorLocationプロパティ（→Tips358）の値をadUseClientにし、その後Openメソッドでレコードセットを取得する必要があります。Sortプロパティで設定した並べ替えを解除するには、Sortプロパティに「""（空欄）」を設定します。このサンプルでは、Sortプロパティを使用して「生年月日」フィールドの値を降順に並べ替え、最初のレコードの「姓」フィールドと「名」フィールドの値を表示したあと、並べ換えを解除して、再度値を表示しています。

Tips 360 複数のフィールドでレコードを並べ替える

▶関連Tips 358

使用機能・命令 Sortプロパティ（→Tips358）

サンプルファイル名 gokui12.accdb/12_1Module

▼「Q_Order」クエリを「金額」欄の降順、「日付」欄の降順に並べ替える

```
Private Sub Sample360()
    Dim cn As ADODB.Connection    'データベースへの参照を代入する変数を宣言する
    Dim rs As ADODB.Recordset   'レコードセットへの参照を代入する変数を宣言する

    'カレントデータベースに接続する
    Set cn = CurrentProject.Connection
    'レコードセットを新規に作成する
    Set rs = New ADODB.Recordset
    'レコードセットのカーソルサービスをクライアントに設定する
    rs.CursorLocation = adUseClient
    '「Q_Order」クエリのレコードセットを取得する
    rs.Open "Q_Order", cn, adOpenKeyset, adLockOptimistic
    '「金額」フィールドの降順、「日付」フィールドの降順に並べ替える
    rs.Sort = "金額 DESC, 日付 DESC"
    '「日付」「商品名」「金額」のそれぞれの1つ目の値を出力する
    Debug.Print rs!日付
    Debug.Print rs!商品名
    Debug.Print rs!金額
    rs.Close            'レコードセットを閉じる
    cn.Close            'データベースへの参照を閉じる
End Sub
```

❖ 解説

ADOで並べ替えを行うには、Sortプロパティ（→Tips358）を使用します。このとき、レコードセットのCursorLocationプロパティ（→Tips358）の値をadUseClientにし、その後Openメソッドでレコードセットを取得する必要があります。

Sortプロパティで複数のフィールドを対象に並べ替えを行うには、フィールド名を「,（カンマ）」で区切って指定します。

このサンプルでは、Sortプロパティを使用して「金額」フィールドの値を降順に並べ替え、最初のレコードの値をイミディエイトウィンドウに表示します。

Tips 361

レコードを次/前に移動する

▶関連Tips 354

使用機能・命令 **MoveNextメソッド/MovePreviousメソッド**

サンプルファイル名 gokui12.accdb/12_2Module

▼「Q_Master」クエリを開き「姓」「名」を順に出力し、続けて逆順に出力する

```
Private Sub Sample361()
    Dim cn As ADODB.Connection    'データベースへの参照を代入する変数を宣言する
    Dim rs As ADODB.Recordset     'レコードセットへの参照を代入する変数を宣言する
    'カレントデータベースに接続する
    Set cn = CurrentProject.Connection
    'レコードセットを新規に作成する
    Set rs = New ADODB.Recordset
    '「Q_Master」クエリのレコードセットを取得する
    rs.Open "Q_Master", cn, adOpenKeyset, adLockOptimistic
    'レコードセットの最後まで処理を繰り返す
    Do Until rs.EOF
        '「姓」フィールドと「名」フィールドの値を表示する
        Debug.Print rs!姓 & rs!名
        rs.MoveNext
    Loop
    '最終レコードにカレントレコードを移動する
    rs.MoveLast
    'レコードセットの先頭まで処理を繰り返す
    Do Until rs.BOF
        '「姓」フィールドと「名」フィールドの値を表示する
        Debug.Print rs!姓 & rs!名
        rs.MovePrevious
    Loop
    rs.Close              'レコードセットを閉じる
    cn.Close              'データベースへの参照を閉じる
End Sub
```

❖ 解説

ADOでレコードセットのカレントレコードを次のレコードに移動するにはMoveNextメソッド（→Tips354）を、前のレコードに移動するにはMovePreviousメソッド（→Tips354）使用します。

ここでは、取得したレコードセットのカレントレコードを、Do Loopステートメントを使用して順に移動し、「姓」フィールドと「名」フィールドの値をイミディエイトウィンドウに表示します。

Tips 362 文字列型のレコードを検索する

▶関連Tips 357

使用機能・命令 **Findメソッド**

サンプルファイル名 gokui12.accdb/12_2Module

▼「都道府県」フィールドの値が「神奈川県」のレコードを検索する

```
Private Sub Sample362()
    Dim cn As ADODB.Connection 'データベースへの参照を代入する変数を宣言する
    Dim rs As ADODB.Recordset  'レコードセットへの参照を代入する変数を宣言する
    Set cn = CurrentProject.Connection
    Set rs = New ADODB.Recordset
    '「Q_Master」クエリのレコードセットを取得する
    rs.Open "Q_Master", cn, adOpenKeyset, adLockOptimistic
    '「都道府県」フィールドが「神奈川県」の値を検索する
    rs.Find "都道府県 = '神奈川県'"
    If Not rs.EOF Then     '検索結果があるか判定する
        '「姓」フィールドと「名」フィールドの値を表示する
        Debug.Print rs!姓 & rs!名
    End If
    rs.Close          'レコードセットを閉じる
    cn.Close          'データベースへの参照を閉じる
End Sub
```

解説

ADOでレコードを検索するには、Findメソッドを使用します。Findメソッドで文字列を検索条件にする場合、指定する文字列を「'（シングルクォーテーション）」で囲みます。

Findメソッドは、検索結果がない場合はレコードセットのBOFプロパティ（→Tips357）またはEOFプロパティ（→Tips357）がTrueになります。

•Findメソッドの構文

object.Find(Criteria, SlipRows, SearchDirection, Start)

Findメソッドは、objectにRecordsetオブジェクトを指定して、レコードを検索します。引数Criteriaは、検索対象の列名、比較演算子、および値を指定する値を指定します。引数SkipRowsは、検索を開始するカレント行またはStartブックマークからの行のオフセットを指定します。

既定値は0で、カレント行から検索が開始されます。引数SearchDirectionは検索方向に向かって、カレント行または使用可能な次の行のどちらから検索を開始するかを指定します。省略するかadSearchForwardを指定すると前方へ、adSearchBackwardを指定すると後方へ検索を行います。引数Startは、検索を開始する行を指定します。省略すると、カレントレコードから検索を行います。なお、ADOのFindメソッドは、And演算子などで複数の条件を指定することができません。その場合は、Filterプロパティを使用して条件にあったデータを抽出します。

Tips 363

数値型のレコードを検索する

▶関連Tips 357 362

使用機能・命令 **Findメソッド**（→Tips362）

サンプルファイル名 gokui12.accdb/12_2Module

▼「年齢」フィールドが30以上の値を検索する

```
Private Sub Sample363()
    Dim cn As ADODB.Connection    'データベースへの参照を代入する変数を宣言する
    Dim rs As ADODB.Recordset   'レコードセットへの参照を代入する変数を宣言する

    'カレントデータベースに接続する
    Set cn = CurrentProject.Connection
    'レコードセットを新規に作成する
    Set rs = New ADODB.Recordset
    '「Q_Master」クエリのレコードセットを取得する
    rs.Open "Q_Master", cn, adOpenKeyset, adLockOptimistic
    '「年齢」フィールドが30以上の値を検索する
    rs.Find "年齢 >= 30"
    '検索結果があるか判定する
    If rs.EOF Then
        Debug.Print "データがありません"
    Else
        '「姓」フィールドと「名」フィールドの値を表示する
        Debug.Print rs!姓 & rs!名
    End If

    rs.Close          'レコードセットを閉じる
    cn.Close          'データベースへの参照を閉じる
End Sub
```

❖ 解説

ADOでレコードを検索するには、Findメソッド（→Tips362）を使用します。Findメソッドの1番目の引数に、条件を指定します。**数値を検索条件にする場合、文字列のように「'（シングルクォーテーション）」で囲む必要はありません。**

なお、Findメソッドは、検索結果がない場合はレコードセットのEOFプロパティ（→Tips357）がTrueになります。

Tips 364 日付型のレコードを検索する

▶関連Tips
357
362

使用機能・命令 Findメソッド（→Tips362）

サンプルファイル名 gokui12.accdb/12_2Module

▼「生年月日」フィールドから1970/1/1以降のデータを検索する

```
Private Sub Sample364()
    Dim cn As ADODB.Connection    'データベースへの参照を代入する変数を宣言する
    Dim rs As ADODB.Recordset   'レコードセットへの参照を代入する変数を宣言する

    'カレントデータベースに接続する
    Set cn = CurrentProject.Connection

    'レコードセットを新規に作成する
    Set rs = New ADODB.Recordset
    '「Q_Master」クエリのレコードセットを取得する
    rs.Open "Q_Master", cn, adOpenKeyset, adLockOptimistic
    '「生年月日」フィールドが1970/1/1以降の値を検索する
    rs.Find "生年月日 >= #1970/1/1#"
    '検索結果があるか判定する
    If rs.EOF Then
        Debug.Print "データがありません"
    Else
        '「姓」フィールドと「名」フィールドの値を表示する
        Debug.Print rs!姓 & rs!名
    End If
    rs.Close            'レコードセットを閉じる
    cn.Close            'データベースへの参照を閉じる
End Sub
```

❖ 解説

ADOでレコードを検索するには、Findメソッド（→Tips362）を使用します。Findメソッドの1番目の引数に、検索条件を指定します。**日付を検索条件にする場合、値を「#（井桁－シャープ）」で囲みます。**

Findメソッドは、検索結果がない場合はレコードセットのEOFプロパティ（→Tips357）がTrueになります。

ここでは、このことを利用して検索結果の有無を判定しています。

Tips 365 検索したデータをすべて取得する

▶関連Tips 357 362

使用機能・命令 **Findメソッド（→Tips362）**

サンプルファイル名 gokui12.accdb/12_2Module

▼「生年月日」フィールドが1970/1/1以降のデータを検索し、すべてのレコードを参照する

```
Private Sub Sample365()
    Dim cn As ADODB.Connection    'データベースへの参照を代入する変数を宣言する
    Dim rs As ADODB.Recordset   'レコードセットへの参照を代入する変数を宣言する
    Dim vStr As String              '検索条件を代入する変数を宣言する
    'カレントデータベースに接続する
    Set cn = CurrentProject.Connection
    'レコードセットを新規に作成する
    Set rs = New ADODB.Recordset
    '「Q_Master」クエリのレコードセットを取得する
    rs.Open "Q_Master", cn, adOpenKeyset, adLockOptimistic
    '検索条件を「生年月日」フィールドが1970/1/1以降の値にする
    vStr = "生年月日 >= #1970/1/1#"
    '指定した条件で検索を行う
    rs.Find vStr
    '連続して検索を行う
    Do Until rs.EOF
        '「姓」フィールドと「名」フィールドの値を表示する
        Debug.Print rs!姓 & rs!名
        '次のレコードを検索する
        rs.Find vStr, 1
    Loop
    rs.Close          'レコードセットを閉じる
    cn.Close          'データベースへの参照を閉じる
End Sub
```

❖ 解説

ADOでレコードを検索するには、Findメソッド（→Tips362）を使用します。Findメソッドの1番目の引数に検索条件を指定します。連続して同じ条件で検索を行うには、2回目の検索時に、2番目の引数に1を指定します。2番目の引数は、検索時に飛ばすレコード数を指定します。検索時には、検索で見つかったレコードがカレントレコードになっているため、この引数に1を指定することでカレントレコードを飛ばして、次のレコードを検索することができます。

なお、Findメソッドは、検索結果がない場合はレコードセットのEOFプロパティ（→Tips357）がTrueになります。ここでは、これを利用して繰り返し処理の終了条件にしています。

Tips 366 文字列型のレコードを抽出する

▶関連Tips 355

使用機能・命令 Filterプロパティ

サンプルファイル名 gokui12.accdb/12_3Module

▼「都道府県」フィールドが「神奈川県」のレコードを抽出する

```
Private Sub Sample366()
    Dim cn As ADODB.Connection    'データベースへの参照を代入する変数を宣言する
    Dim rs As ADODB.Recordset   'レコードセットへの参照を代入する変数を宣言する
    'カレントデータベースに接続する
    Set cn = CurrentProject.Connection
    Set rs = New ADODB.Recordset   'レコードセットを新規に作成する
    '「Q_Master」クエリのレコードセットを取得する
    rs.Open "Q_Master", cn, adOpenKeyset, adLockOptimistic
    '「都道府県」フィールドが「神奈川県」のレコードを抽出する
    rs.Filter = "都道府県 = '神奈川県'"
    If rs.RecordCount = 0 Then     '検索結果があるか判定する
        Debug.Print "データがありません"
    Else
        '「姓」フィールドと「名」フィールドの値を表示する
        Debug.Print rs!姓 & rs!名
    End If
    rs.Close           'レコードセットを閉じる
    cn.Close           'データベースへの参照を閉じる
End Sub
```

解説

ADOでレコードセットからレコードを抽出するには、Filterプロパティを使用します。Filterプロパティに抽出条件を指定することで、対象のレコードセットからレコードが絞り込まれます。**文字列を抽出条件にする場合、指定する文字列を「'(シングルクォーテーション)」で囲みます。**なお、該当するレコードがない場合は、レコードセットのレコード件数を返すRecordCountプロパティ(→Tips355)が0になります。

•Filterプロパティの構文

object.Filter = expression

Filterプロパティは、objectにRecordsetオブジェクトを指定し、expressionに指定した条件にあったレコードを取得します。expressionは、「フィールド名-演算子-値」の形で記述します。ANDやORを組み合わせることも可能です。

数値型のレコードを抽出する

▶関連Tips
355
366

使用機能・命令 Filterプロパティ（→Tips366）

サンプルファイル名 gokui12.accdb/12_3Module

▼「年齢」フィールドが40以下のレコードを抽出する

```
Private Sub Sample367()
    Dim cn As ADODB.Connection    'データベースへの参照を代入する変数を宣言する
    Dim rs As ADODB.Recordset    'レコードセットへの参照を代入する変数を宣言する

    'カレントデータベースに接続する
    Set cn = CurrentProject.Connection
    'レコードセットを新規に作成する
    Set rs = New ADODB.Recordset
    '「Q_Master」クエリのレコードセットを取得する
    rs.Open "Q_Master", cn, adOpenKeyset, adLockOptimistic
    '「年齢」フィールドが40以下のレコードを抽出する
    rs.Filter = "年齢 <= 40"
    '検索結果があるか判定する
    If rs.RecordCount = 0 Then
        Debug.Print "データがありません"
    Else
        '「姓」フィールドと「名」フィールドの値を表示する
        Debug.Print rs!姓 & rs!名
    End If

    rs.Close          'レコードセットを閉じる
    cn.Close          'データベースへの参照を閉じる
End Sub
```

❖ 解説

ADOでレコードセットからレコードを抽出するには、Filterプロパティ（→Tips366）を使用します。Filterプロパティに抽出条件を指定することで、対象のレコードセットからレコードが絞り込まれます。

数値を条件に指定する場合は、比較演算子と組み合わせて使用します。

なお、該当するレコードがない場合は、レコードセットのレコード件数を返すRecordCountプロパティ（→Tips355）が0になります。

Tips 368 日付型のレコードを抽出する

▶関連Tips 355 366

使用機能・命令 **Filterプロパティ（→Tips366）**

サンプルファイル名 gokui12.accdb/12_3Module

▼「生年月日」が1980/1/1以降のレコードを抽出する

```
Private Sub Sample368()
    Dim cn As ADODB.Connection    'データベースへの参照を代入する変数を宣言する
    Dim rs As ADODB.Recordset   'レコードセットへの参照を代入する変数を宣言する

    'カレントデータベースに接続する
    Set cn = CurrentProject.Connection
    'レコードセットを新規に作成する
    Set rs = New ADODB.Recordset
    '「Q_Master」クエリのレコードセットを取得する
    rs.Open "Q_Master", cn, adOpenKeyset, adLockOptimistic
    '「生年月日」フィールドが1980/1/1以降のレコードを抽出する
    rs.Filter = "生年月日 >= #1980/1/1#"

    '検索結果があるか判定する
    If rs.RecordCount = 0 Then
        Debug.Print "データがありません"
    Else
        '「姓」フィールドと「名」フィールドの値を表示する
        Debug.Print rs!姓 & rs!名
    End If
    rs.Close            'レコードセットを閉じる
    cn.Close            'データベースへの参照を閉じる
End Sub
```

解説

ADOでレコードセットからレコードを抽出するには、Filterプロパティ（→Tips366）を使用します。Filterプロパティに抽出条件を指定することで、対象のレコードセットからレコードが絞り込まれます。

日付を検索条件にする場合、値を「#（井桁ーシャープ）」で囲みます。

なお、該当するレコードがない場合は、レコードセットのレコード件数を返すRecordCountプロパティ（→Tips355）が0になります。

Tips 369 あいまいな条件のレコードを抽出する

▶関連Tips 064 355 366

使用機能・命令 **Filterプロパティ**（→Tips366）/ **Like演算子**（→Tips064）

サンプルファイル名 gokui12.accdb/12_3Module

▼「姓」フィールドで「田」を含むレコードを抽出する

```
Private Sub Sample369()
    Dim cn As ADODB.Connection   'データベースへの参照を代入する変数を宣言する
    Dim rs As ADODB.Recordset  'レコードセットへの参照を代入する変数を宣言する

    'カレントデータベースに接続する
    Set cn = CurrentProject.Connection
    'レコードセットを新規に作成する
    Set rs = New ADODB.Recordset
    '「Q_Master」クエリのレコードセットを取得する
    rs.Open "Q_Master", cn, adOpenKeyset, adLockOptimistic
    '「姓」フィールドで「田」を含むレコードを抽出する
    rs.Filter = "姓 Like '*田*'"
    '検索結果があるか判定する
    If rs.RecordCount = 0 Then
        Debug.Print "データがありません"
    Else
        '「姓」フィールドと「名」フィールドの値を表示する
        Debug.Print rs!姓 & rs!名
    End If

    rs.Close          'レコードセットを閉じる
    cn.Close          'データベースへの参照を閉じる
End Sub
```

解説

ADOでレコードセットからレコードを抽出するには、Filterプロパティ（→Tips366）を使用します。Filterプロパティに抽出条件を指定することで、対象のレコードセットからレコードが絞り込まれます。抽出条件にワイルドカードの「*（アスタリスク）」を使用し、Like演算子（→Tips064）と組み合わせると、あいまいな条件でレコードを抽出することができます。文字列を検索条件に指定する場合、対象の文字列は「'（シングルクォーテーション）」で囲まなくてはなりません。この時、ワイルドカードも一緒に、「'」の中に含めるようにしてください。なお、該当するレコードがない場合は、レコードセットのレコード件数を返すRecordCountプロパティ（→Tips355）が0になります。

Tips 370 期間を指定してレコードを抽出する

▶関連Tips 281 283 284 366

使用機能・命令 Filterプロパティ(→Tips366)/比較演算子(→Tips281)

サンプルファイル名 gokui12.accdb/12_3Module

▼「生年月日」フィールドで、1969/1/1から1969/12/31の期間のレコードを抽出する

```
Private Sub Sample370()
    Dim cn As ADODB.Connection    'データベースへの参照を代入する変数を宣言する
    Dim rs As ADODB.Recordset    'レコードセットへの参照を代入する変数を宣言する

    'カレントデータベースに接続する
    Set cn = CurrentProject.Connection
    'レコードセットを新規に作成する
    Set rs = New ADODB.Recordset
    '「Q_Master」クエリのレコードセットを取得する
    rs.Open "Q_Master", cn, adOpenKeyset, adLockOptimistic

    '「生年月日」フィールドで1969/1/1から1969/12/31の期間のレコードを抽出する
    rs.Filter = "生年月日 >= #1969/1/1# And 生年月日 <= #1969/12/31#"
    '検索結果があるか判定する
    If rs.RecordCount = 0 Then
        Debug.Print "データがありません"
    Else
        '「姓」フィールドと「名」フィールドの値を表示する
        Debug.Print rs!姓 & rs!名
    End If

    rs.Close            'レコードセットを閉じる
    cn.Close            'データベースへの参照を閉じる
End Sub
```

解説

ADOで期間を指定してレコードを抽出するには、Filterプロパティ(→Tips366)と比較演算子(→Tips281)、論理演算子(→Tips284)を使用します。ここでは、Filterプロパティの抽出条件にAnd演算子を使用して、期間を指定しています。

なお、期間の指定にはBetween And演算子も使用できます。Between And演算子については、Tips283を参照してください。

数値型データの範囲を指定してレコードを抽出する

▶関連Tips 281 283 284 366

使用機能・命令 **Filterプロパティ (→Tips366) / 比較演算子 (→Tips281)**

サンプルファイル名 gokui12.accdb/12_3Module

▼「年齢」フィールドが40以上50未満のレコードを抽出する

```
Private Sub Sample371()
    Dim cn As ADODB.Connection    'データベースへの参照を代入する変数を宣言する
    Dim rs As ADODB.Recordset    'レコードセットへの参照を代入する変数を宣言する

    'カレントデータベースに接続する
    Set cn = CurrentProject.Connection
    'レコードセットを新規に作成する
    Set rs = New ADODB.Recordset
    '「Q_Master」クエリのレコードセットを取得する
    rs.Open "Q_Master", cn, adOpenKeyset, adLockOptimistic
    '「年齢」フィールドが40以上50未満のレコードを抽出する
    rs.Filter = "年齢 >= 40 And 年齢 < 50"
    '検索結果があるか判定する
    If rs.RecordCount = 0 Then
        Debug.Print "データがありません"
    Else
        '「姓」フィールドと「名」フィールドの値を表示する
        Debug.Print rs!姓 & rs!名
    End If

    rs.Close            'レコードセットを閉じる
    cn.Close            'データベースへの参照を閉じる
End Sub
```

解説

ADOで期間を指定してレコードを抽出するには、Filterプロパティ (→Tips366) と比較演算子 (→Tips281)、論理演算子 (→Tips284) を使用します。ここでは、Filterプロパティの抽出条件にAnd演算子を使用して、期間を指定しています。

なお、期間の指定にはBetween And演算子も使用できます。Between And演算子については、Tips283を参照してください。

Tips 372 抽出したデータをすべて取得する

▶関連Tips 281 285 357 366

使用機能・命令　**Filterプロパティ（→Tips366）**

サンプルファイル名　gokui12.accdb/12_3Module

▼「年齢」フィールドが40以上50未満のレコードを抽出し、すべてのレコードを参照する

```
Private Sub Sample372()
    Dim cn As ADODB.Connection    'データベースへの参照を代入する変数を宣言する
    Dim rs As ADODB.Recordset    'レコードセットへの参照を代入する変数を宣言する

    'カレントデータベースに接続する
    Set cn = CurrentProject.Connection
    'レコードセットを新規に作成する
    Set rs = New ADODB.Recordset
    '「Q_Master」クエリのレコードセットを取得する
    rs.Open "Q_Master", cn, adOpenKeyset, adLockOptimistic
    '「年齢」フィールドが40以上50未満のレコードを抽出する
    rs.Filter = "年齢 >= 40 And 年齢 < 50"
    'すべてのレコードに対して処理を行う
    Do Until rs.EOF
        '「姓」フィールドと「名」フィールドの値を表示する
        Debug.Print rs!姓 & rs!名
        '次のレコードに移動する
        rs.MoveNext
    Loop
    rs.Close          'レコードセットを閉じる
    cn.Close          'データベースへの参照を閉じる
End Sub
```

❖ 解説

ADOで範囲を指定してレコードを抽出するには、Filterプロパティ（→Tips366）と比較演算子（→Tips281）、論理演算子（→Tips284）を使用します。

ここでは、すべての抽出結果を取得するために、Do Loopステートメントを使用します。取得したレコードを表示したあと、MoveNextメソッド（→Tips354）で次のレコードにカレントレコードを移動します。レコードセットでカレントレコードが最後のレコードの次に移動すると、EOFプロパティ（→Tips357）はTrueになります。これを利用して、Do Loopステートメントの終了条件にします。Filterプロパティを使用したあとのレコードセットは、抽出後のレコードセットになっています。ですから、このように単純な繰り返し処理とMoveNextメソッドの組み合わせで、すべてのレコードを参照することができるのです。

Tips 373 複数の条件を満たすレコードを抽出する

▶関連Tips 284 366

使用機能・命令 Filterプロパティ（→Tips366）/ 論理演算子（→Tips284）

サンプルファイル名 gokui12.accdb/12_3Module

▼「年齢」が40代で「都道府県」が「東京都」のデータを抽出する

```
Private Sub Sample373()
    Dim cn As ADODB.Connection    'データベースへの参照を代入する変数を宣言する
    Dim rs As ADODB.Recordset   'レコードセットへの参照を代入する変数を宣言する

    'カレントデータベースに接続する
    Set cn = CurrentProject.Connection
    'レコードセットを新規に作成する
    Set rs = New ADODB.Recordset
    '「Q_Master」クエリのレコードセットを取得する
    rs.Open "Q_Master", cn, adOpenKeyset, adLockOptimistic
    '「年齢」フィールドが40以上50未満で、
    '「都道府県」フィールドの値が「東京都」のレコードを抽出する
    rs.Filter = "年齢 >= 40 And 年齢 < 50 And 都道府県 = '東京都'"
    'すべてのレコードに対して処理を行う
    Do Until rs.EOF
        '「姓」フィールドと「名」フィールドの値を表示する
        Debug.Print rs!姓 & rs!名
        '次のレコードに移動する
        rs.MoveNext
    Loop
    rs.Close            'レコードセットを閉じる
    cn.Close            'データベースへの参照を閉じる
End Sub
```

解説

ADOのFilterプロパティ（→Tips366）は、抽出条件に複数の条件を指定することができます。サンプルでは、すべての条件にあったデータを抽出するためにAnd演算子（→Tips284）を使用しています。And演算子は、指定したすべての値がTrueの時にTrueを返します。

いずれか1つの条件を満たすデータを抽出するには、Or演算子（→Tips284）を使用します。

また、ここではDo Loopステートメントを使用して、抽出結果のすべてのレコードの「姓」フィールドと「名」フィールドの値を出力します。

Tips 374 抽出を解除する

▶関連Tips 366

使用機能・命令 Filterプロパティ（→Tips366）

サンプルファイル名 gokui12.accdb/12_3Module

▼「都道府県」の値が「静岡県」のレコードを抽出後、抽出を解除する

```
    Dim cn As ADODB.Connection    'データベースへの参照を代入する変数を宣言する
    Dim rs As ADODB.Recordset    'レコードセットへの参照を代入する変数を宣言する

    'カレントデータベースに接続する
    Set cn = CurrentProject.Connection
    'レコードセットを新規に作成する
    Set rs = New ADODB.Recordset

    '「Q_Master」クエリのレコードセットを取得する
    rs.Open "Q_Master", cn, adOpenKeyset, adLockOptimistic
    '「都道府県」フィールドの値が「静岡県」のレコードを抽出する
    rs.Filter = "都道府県 = '静岡県'"
    '「姓」フィールドと「名」フィールドの値を表示する
    Debug.Print rs!姓 & rs!名

    '抽出を解除する
    rs.Filter = adFilterNone
    '「姓」フィールドと「名」フィールドの値を表示する
    Debug.Print rs!姓 & rs!名

    rs.Close           'レコードセットを閉じる
    cn.Close           'データベースへの参照を閉じる
End Sub
```

解説

ADOでレコードを抽出するには、Filterプロパティ（→Tips366）を使用します。このFilterプロパティによる抽出を解除するには、FilterプロパティにadFilterNoneまたは「""」を指定します。

ここでは、一旦「都道府県」が「静岡県」のレコードを抽出し、該当するレコードの「姓」と「名」フィールドの値を出力したあと、抽出を解除して、抽出前のレコードセットの値を表示しています。

600 Tips to Use Access VBA Better!
現場ですぐに使える!
Access
VBA
Microsoft 365/
Office 2021/2019/
2016/2013対応
逆引き大全

ADOによる
レコード操作の極意

Tips
375 レコードを追加する

▶関連Tips 376

使用機能・命令 **AddNewメソッド/Updateメソッド**

サンプルファイル名 gokui13.accdb/13_1Module

▼「T_375」テーブルに新規にレコードを追加する

```
Private Sub Sample375()
    Dim cn As ADODB.Connection
    Dim rs As ADODB.Recordset
    '現在のプロジェクトへのコネクションを取得する
    Set cn = CurrentProject.Connection
    'レコードセットを新たに作成する
    Set rs = New ADODB.Recordset
    'レコードセットのカーソルサービスをクライアントに設定する
    rs.CursorLocation = adUseClient
    '「T_375」テーブルのレコードセットを開く
    rs.Open "T_375", cn, adOpenDynamic, adLockOptimistic
    rs.AddNew              'レコードを追加する
    rs!商品ID = "B0004"
    rs!商品名 = "ベルトD"
    rs!単価 = 12000
    rs.Update          'レコードセットを保存する
    rs.Close           'レコードセットを閉じる
    cn.Close           'コネクションを閉じる
End Sub
```

解説

ADOでレコードを追加するには、AddNewメソッドとUpdateメソッドを使用します。AddNewメソッドは、レコードセットオブジェクトの新しいレコードを作成します。Updateメソッドは、レコードの変更内容を保存します。レコードを追加する場合は、追加対象のレコードセットを取得し、そのレコードセットに対して、AddNewメソッドを使用後、レコードを追加してUpdateメソッドで保存します。ここでは、T_375テーブルに新たにレコードを追加しています。この時、Updateメソッドを実行しないと、追加したレコードは保存されないので気をつけてください。

• AddNewメソッド/Updateメソッドの構文

object.AddNew/Update

いずれも、objectにRecordsetオブジェクトを指定します。AddNewメソッドは、レコードの追加を開始します。Updateメソッドは、レコードセットを更新して追加されたレコードを保存します。

Tips 376

フォームでレコードを追加する

▶関連Tips 375

使用機能・命令 **AddNewメソッド**（→Tips375）/ **Updateメソッド**（→Tips375）

サンプルファイル名 gokui13.accdb/F_376

▼非連結フォームに入力された値をテーブルに追加する

```
Private Sub cmdSample_Click()
    'データベースへのコネクションを代入する変数を宣言する
    Dim cn As ADODB.Connection
    'レコードセットへの参照を代入する変数を宣言する
    Dim rs As ADODB.Recordset

    '現在のプロジェクトへのコネクションを取得する
    Set cn = CurrentProject.Connection
    'レコードセットを新たに作成する
    Set rs = New ADODB.Recordset
    'レコードセットのカーソルサービスをクライアントに設定する
    rs.CursorLocation = adUseClient
    '「T_376」テーブルのレコードセットを開く
    rs.Open "T_376", cn, adOpenDynamic, adLockOptimistic
    rs.AddNew                   'レコードを追加する
    rs!商品ID = Me!商品ID
    rs!商品名 = Me!商品名
    rs!単価 = Me!単価
    rs.Update               'レコードセットを保存する
    rs.Close                'レコードセットを閉じる
    cn.Close                'コネクションを閉じる
End Sub
```

❖ 解説

ADOでレコードを追加するには、AddNewメソッド（→Tips375）とUpdateメソッド（→Tips375）を使用します。レコードを追加する場合は、追加対象のレコードセットを取得し、そのレコードセットに対してAddNewメソッドでレコードを追加して、Updateメソッドで保存します。ここでは、F_376非連結フォームに入力された値を、T_376テーブルに追加します。そこで、T_376テーブルのレコードセットを取得し、そのレコードセットに対して処理を行います。

フォームに入力されている値は、Meキーワードに続けてコントロール名を指定して、取得することができます。

最後に、Updateメソッドを実行してレコードを保存します。

Tips 377

レコードを更新する

▶関連Tips 375

使用機能・命令 **Updateメソッド**(→Tips375)

サンプルファイル名 gokui13.accdb/13_1Module

▼「商品ID」が「B0003」のレコードの単価を「3500」に更新する

```
Private Sub Sample377()
    'データベースへのコネクションを代入する変数を宣言する
    Dim cn As ADODB.Connection
    'レコードセットへの参照を代入する変数を宣言する
    Dim rs As ADODB.Recordset
    Dim vSQL As String          'SQL文を代入するための変数を宣言する
    '現在のプロジェクトへのコネクションを取得する
    Set cn = CurrentProject.Connection
    'レコードセットを新たに作成する
    Set rs = New ADODB.Recordset
    'レコードセットのカーソルサービスをクライアントに設定する
    rs.CursorLocation = adUseClient
    'T_377テーブルから「商品ID」が「B0003」のレコードを
    '抽出するSQL文を変数に代入する
    vSQL = "SELECT * FROM T_377 WHERE 商品ID='B0003'"
    'レコードセットを開く
    rs.Open vSQL, cn, adOpenDynamic, adLockOptimistic
    rs.Update "単価", 3500          'レコードを更新する
    rs.Close        'レコードセットを閉じる
    cn.Close        'コネクションを閉じる
End Sub
```

解説

ADOでレコードを更新するには、Updateメソッドを使用します。

ここでは、T_377の「商品ID」が「B0003」のレコードの「単価」を、「3500」に更新しています。なお、T_377から「商品ID」が「B0003」のレコードを取得するために、ここではSQL文を使用しています。SQL文については、第17章を参照してください。

•Updateメソッドの構文

object.Update Fields, Values

Updateメソッドは、objectにRecordsetオブジェクトを指定してレコードセットの値を更新します。引数Fieldsには、変更するフィールド名を指定します(複数可)。引数Valuesは、更新する値を指定します。引数はいずれも省略可能で、AddNewメソッド(→Tips375)と組み合わせて値を追加した場合は、引数を指定しません(→Tips375)。

Tips 378

フォームでレコードを更新する

▶関連Tips 153 375

使用機能・命令 **Updateメソッド**（→Tips375）

サンプルファイル名 gokui13.accdb/F_378

▼非連結フォームを使用して、「T_378」テーブルのレコードを更新する

```
Private Sub cmdSample_Click()
    'データベースへのコネクションを代入する変数を宣言する
    Dim cn As ADODB.Connection
    'レコードセットへの参照を代入する変数を宣言する
    Dim rs As ADODB.Recordset
    Dim vSQL As String              'SQL文を代入するための変数を宣言する
    '現在のプロジェクトへのコネクションを取得する
    Set cn = CurrentProject.Connection
    'レコードセットを新たに作成する
    Set rs = New ADODB.Recordset
    'レコードセットのカーソルサービスをクライアントに設定する
    rs.CursorLocation = adUseClient
    'T_378テーブルから「商品ID」が「B0003」のレコードを
    '抽出するSQL文を変数に代入する
    vSQL = "SELECT * FROM T_378 WHERE 商品ID='B0003'"
    'レコードセットを開く
    rs.Open vSQL, cn, adOpenDynamic, adLockOptimistic
    '各フィールドの値を更新する
    rs!商品名 = Me!商品名
    rs!単価 = Me!単価
    rs.Update       'レコードセットを更新する
    rs.Close        'レコードセットを閉じる
    cn.Close        'コネクションを閉じる
End Sub
```

❖ 解説

ADOでレコードを更新するには、Updateメソッド（→Tips375）を使用します。ここではSQL文を使用して、T_378テーブルの「商品ID」が「B0003」のレコードセットを取得し、「更新」ボタンをクリックすると非連結フォーム「F_378」に入力された値で更新します。

なお、T_378テーブルから「商品ID」が「B0003」のレコードを取得するために、SQL文を使用しています。また、「B0003」の商品情報が表示されるように、フォームのLoadイベント（→Tips153）でデータを読み込んでいます。SQL文については、第17章を参照してください。

Tips
379 レコードを削除する

▶関連Tips 378

使用機能・命令 **Deleteメソッド**

サンプルファイル名 gokui13.accdb/13_1Module

▼「T_379」テーブルからレコードを削除する

```
Sub Sample379()
    Dim cn As ADODB.Connection
    Dim rs As ADODB.Recordset
    Dim vSQL As String            'SQL文を代入するための変数を宣言する
    '現在のプロジェクトへのコネクションを取得する
    Set cn = CurrentProject.Connection
    'レコードセットを新たに作成する
    Set rs = New ADODB.Recordset
    'レコードセットのカーソルサービスをクライアントに設定する
    rs.CursorLocation = adUseClient
    'T_379テーブルから「商品ID」が「B0003」のレコードを
    '抽出するSQL文を変数に代入する
    vSQL = "SELECT * FROM T_379 WHERE 商品ID='B0003'"
    'レコードセットを開く
    rs.Open vSQL, cn, adOpenDynamic, adLockOptimistic
    If MsgBox("レコードを削除しますか？", vbYesNo) = vbYes Then
        rs.Delete           'レコードを削除する
    End If
    rs.Close        'レコードセットを閉じる
    cn.Close        'コネクションを閉じる
End Sub
```

❖ 解説

ADOでレコードを削除するには、Deleteメソッドを使用します。**Deleteメソッドを使用して削除する場合、警告や確認のメッセージは表示されません。**また、削除したレコードは元に戻すことができないので、注意が必要です。ここでは、「T_379」テーブルからSQL文を使用して、「商品ID」が「B0003」のレコードをレコードセットとして取得しています。その後、MsgBox関数を使って確認のメッセージを表示し、該当のレコードを削除します。なお、SQL文については、第17章を参照してください。

•Deleteメソッドの構文

object. Delete

Deleteメソッドは、objectにRecordsetオブジェクトを指定し、そのレコードを削除します。

Tips 380 フォームでレコードを削除する

▶関連Tips 153 379

使用機能・命令 **Deleteメソッド**（→Tips379）

サンプルファイル名 gokui13.accdb/F_380

▼非連結フォームに表示されているレコードを削除する

```
Private Sub cmdSample_Click()
    Dim db As DAO.Database          'データベースへの参照を代入する変数を宣言する
    Dim rs As DAO.Recordset         'レコードセットへの参照を代入する変数を宣言する
    Dim vSQL As String              'SQL文を代入するための変数を宣言する

    Set db = CurrentDb()            '現在のデータベースに接続する
    'T_380テーブルから「ID」が「3」のレコードを
    '抽出するSQL文を変数に代入する
    vSQL = "SELECT * FROM T_380 WHERE ID= 3"

    '指定したSQL文を使ってレコードセットを開く
    Set rs = db.OpenRecordset(vSQL, dbOpenDynaset)
    'レコード削除の確認のメッセージを表示する
    If MsgBox("レコードを削除しますか？", vbYesNo) = vbYes Then
        rs.Delete               'レコードを削除する
    End If
    rs.Close            'レコードセットを閉じる
    db.Close            'データベースを閉じる
End Sub
```

解説

ADOでレコードを削除するには、Deleteメソッド（→Tips379）を使用します。Deleteメソッドは、レコードセットオブジェクトの既存のレコードを削除します。

Deleteメソッドを使用して削除する場合、警告や確認のメッセージは表示されません。また、削除したレコードは元に戻すことができないので、注意が必要です。

F_380は非連結フォームです。ここではSQL文を使用して、T_380テーブルの「ID」が「3」のレコードセットを取得し、「削除」ボタンでこのレコードを削除します。

なお、T_380テーブルから「ID」が「3」のレコードを取得するために、SQL文を使用しています。また、「ID」が「3」の情報が表示されるように、フォームのLoadイベント（→Tips153）でデータを読み込んでいます。SQL文については、第17章を参照してください。

連番を振る

▶関連Tips 375

使用機能・命令 **Updateメソッド（→Tips375）**

サンプルファイル名 gokui13.accdb/13_2Module

▼「T_381」テーブルの「商品連番」フィールドに、商品IDの昇順に連番を降る

```
Private Sub Sample381()
    Dim cn As ADODB.Connection
    Dim rs As ADODB.Recordset
    Dim vSQL As String              'SQL文を代入するための変数を宣言する
    Dim num As Long                 '連番用の変数を宣言する
    '現在のプロジェクトへのコネクションを取得する
    Set cn = CurrentProject.Connection
    'レコードセットを新たに作成する
    Set rs = New ADODB.Recordset
    'レコードセットのカーソルサービスをクライアントに設定する
    rs.CursorLocation = adUseClient
    'T_381テーブル「商品ID」の昇順に並べ替えて抽出するSQL文を変数に代入する
    vSQL = "SELECT * FROM T_381 ORDER BY 商品ID"
    '指定したSQL文を使ってレコードセットを開く
    rs.Open vSQL, cn, adOpenDynamic, adLockOptimistic
    If Not rs.EOF Then              'レコードがあるか確認する
        rs.MoveFirst                '先頭のレコードに移動する
        Do Until rs.EOF             '最終レコードまで処理を繰り返す
            num = num + 1           '連番用の変数に1加算する
            rs.Fields("商品連番") = num    '「商品連番」フィールドを更新する
            rs.Update               '更新データを保存する
            rs.MoveNext             '次のレコードに移動する
        Loop
    End If
    rs.Close            'レコードセットを閉じる
    cn.Close            'コネクションを閉じる
End Sub
```

❖ 解説

AODでレコードに連番を振るには、連番を振る順にレコードの並べ替えをしてレコードセットを取得し、繰り返し処理を使用して、すべてのレコードの指定したフィールドに連番を入力してUpdateメソッド（→Tips375）でレコードを更新します。なお、ここでは「商品ID」の昇順に並べ替えたレコードセットを取得するために、SQL文（→第17章）を使用しています。

Tips
382 分類ごとに連番を振る

▶関連Tips
060
375

使用機能・命令 **Updateメソッド**（→Tips375）

サンプルファイル名 gokui13.accdb/13_2Module

▼商品IDの分類ごとに連番を振る

```
Private Sub Sample382()
    'データベースへのコネクションを代入する変数を宣言する
    Dim cn As ADODB.Connection
    'レコードセットへの参照を代入する変数を宣言する
    Dim rs As ADODB.Recordset
    Dim vSQL As String              'SQL文を代入するための変数を宣言する
    Dim vId As String               '商品IDを代入するための変数を宣言する
    Dim num As Long                 '連番用の変数を宣言する

    '現在のプロジェクトへのコネクションを取得する
    Set cn = CurrentProject.Connection
    'レコードセットを新たに作成する
    Set rs = New ADODB.Recordset
    'レコードセットのカーソルサービスをクライアントに設定する
    rs.CursorLocation = adUseClient

    'T_382テーブル「商品ID」の昇順に並べ替えて抽出するSQL文を変数に代入する
    vSQL = "SELECT * FROM T_382 ORDER BY 商品ID"

    '指定したSQL文を使ってレコードセットを開く
    rs.Open vSQL, cn, adOpenDynamic, adLockOptimistic

    If Not rs.EOF Then              'レコードがあるか確認する
        rs.MoveFirst                '先頭のレコードに移動する
        vId = rs!商品ID             '「商品ID」の値を代入する
        Do Until rs.EOF             '最終レコードまで処理を繰り返す
            '「商品ID」の一番左の文字を比較する
            If Left(vId, 1) <> Left(rs!商品ID, 1) Then
                num = 0             '連番をリセットする
                vId = rs!商品ID     '変数に商品IDを代入する
            End If
            num = num + 1           '連番用の変数に1加算する
            rs.Fields("分類連番") = num     '「分類連番」フィールドを更新する
            rs.Update               '更新データを保存する
```

```
            rs.MoveNext            '次のレコードに移動する
        Loop
    End If

    rs.Close          'レコードセットを閉じる
    cn.Close          'コネクションを閉じる
End Sub
```

❖ 解説

ADOでレコードに連番を振るには、連番を振る順にレコードの並べ替えをしてレコードセットを取得し、繰り返し処理を使用して、すべてのレコードの指定したフィールドに連番を入力しUpdateメソッド（→Tips375）でレコードを更新します。

商品の分類ごとに連番を振るには、さらにこの並べ替えたレコードセットから分類を取得し、分類が異なったときに、連番をリセットしてはじめから振り直すようにします。

ここでは、「T_382」テーブルの「商品ID」を元に、分類を判定しています。このテーブルの「商品ID」は、分類ごとに「商品ID」のはじめの1文字が異なります。そこで、Left関数（→Tips060）を使用して、「商品ID」のはじめの1文字を取得し、それが異なる場合は、新しい分類として連番をリセットしています。

Left関数は、1番目の引数に指定した文字列の左側から、2番目に指定した文字数分だけ抜き出す関数です。

なお、変数numの値を0にしていますが、ループの前に変数numの値を0にする処理がありません。これは、長整数型の変数の初期値が「0」だからです。

もちろん、このことを明示するために、繰り返し処理が始まる部分で「num=0」のコードを入れても結構です。

また、あわせて「商品ID」を比較するために、変数vIdの値を新たな商品IDで更新します。なお、ここでは「商品ID」の昇順に並べ替えたレコードセットを取得するために、SQL文を使用しています。SQL文については、第17章を参照してください。

▼実行結果

T_382

商品ID	分類連番	商品名	単価	クリックして追加
B0001	1	ベルトA	10,000	
B0002	2	ベルトB	5,000	
B0003	3	ベルトC	3,000	
K0001	1	靴下A	500	
K0002	2	靴下B	300	
N0001	1	ネクタイA	20,000	
N0002	2	ネクタイB	10,000	
N0003	3	ネクタイC	5,000	
W0001	1	財布A	15,000	
W0002	2	財布B	12,000	
W0003	3	財布C	8,000	
Y0001	1	YシャツA	2,000	
Y0002	2	YシャツB	1,800	
Y0003	3	YシャツC	1,500	
*	0			

分類ごとに連番が振られた

Tips 383

連鎖更新の設定をする

▶関連Tips 344

使用機能・命令 **UpdateRuleプロパティ**

サンプルファイル名 gokui13.accdb/13_2Module

▼「T_383Master」テーブルと「T_383Tran」テーブルに、連鎖更新のリレーションシップを設定する

```
Private Sub Sample383()
    Dim cat As ADOX.Catalog
    Dim tbl As ADOX.Table
    Dim vKey As ADOX.Key      'Keyオブジェクトへの参照を代入する変数を宣言する
    Set cat = New ADOX.Catalog    '新たにCatalogオブジェクトを作成する
    cat.ActiveConnection = CurrentProject.Connection
    Set tbl = cat.Tables("T_383Tran")
    Set vKey = New ADOX.Key      '新たにKeyオブジェクトを作成する
    With vKey
        .Name = "外部キー"          'キーの名前を指定する
        .Type = adKeyForeign         '外部キーを設定する
        .RelatedTable = "T_383Master"   '「一側」のテーブルを指定する
        .Columns.Append "商品コード"     'キーを指定するフィールドを追加する
        .UpdateRule = adRICascade        '連鎖更新を設定する
        '「一側」のテーブルと連結するフィールドを指定する
        .Columns("商品コード").RelatedColumn = "商品コード"
    End With
    tbl.Keys.Append vKey      'テーブルにキーを追加する
    Set cat = Nothing         'Catalogオブジェクトへの参照を解除する
End Sub
```

解説

ADOXで連鎖更新のリレーションシップを設定するには、外部キーの設定後、UpdateRuleプロパティにadRICascadeを指定します。

リレーションシップの設定方法については、Tips344を参照してください。

• UpdateRuleプロパティの構文

object.UpdateRule = expression

UpdateRuleプロパティはobjectにKeyオブジェクトを指定し、レコード更新時の動作を設定します。expressionには、adRICascade（カスケード変更を実行）、adRINone（既定値。アクションは実行されない）、adRISetDefault（外部キーの値は既定値に設定される）、adRISetNull（外部キーの値はNullに設定される）のいずれかになります。

Tips 384

連鎖削除の設定をする

▶関連Tips 344

使用機能・命令 **DeleteRuleプロパティ**

サンプルファイル名 gokui13.accdb/13_2Module

▼「T_384Master」テーブルと「T_384Tran」テーブルに、連鎖削除の設定を行う

```
Private Sub Sample384()
    Dim cat As ADOX.Catalog
    Dim tbl As ADOX.Table
    Dim vKey As ADOX.Key      'Keyオブジェクトへの参照を代入する変数を宣言する
    Set cat = New ADOX.Catalog    '新たにCatalogオブジェクトを作成する
    cat.ActiveConnection = CurrentProject.Connection
    Set tbl = cat.Tables("T_384Tran")
    Set vKey = New ADOX.Key       '新たにKeyオブジェクトを作成する
    With vKey
        .Name = "外部キー"          'キーの名前を指定する
        .Type = adKeyForeign          '外部キーを設定する
        .RelatedTable = "T_384Master"  '「一側」のテーブルを指定する
        .Columns.Append "商品コード"     'キーを指定するフィールドを追加する
        .DeleteRule = adRICascade        '連鎖削除を設定する
        '「一側」のテーブルと連結するフィールドを指定する
        .Columns("商品コード").RelatedColumn = "商品コード"
    End With
    tbl.Keys.Append vKey      'テーブルにキーを追加する
    Set cat = Nothing         'Catalogオブジェクトへの参照を解除する
End Sub
```

❖ 解説

ADOXで連鎖削除のリレーションシップを設定するには、外部キーを設定後、DeleteRuleプロパティにadRICascadeを指定します。

リレーションシップの設定方法については、Tips344を参照してください。

•DeleteRuleプロパティの構文

object.DeleteRule = expression

DeleteRuleプロパティはobjectにKeyオブジェクトを指定し、レコード削除時の動作を設定します。expressionには、adRICascade（カスケード変更を実行）、adRINone（既定値。アクションは実行されない）、adRISetDefault（外部キーの値は既定値に設定される）、adRISetNull（外部キーの値はNullに設定される）のいずれかになります。

Tips 385 連鎖更新・連鎖削除の設定を解除する

▶関連Tips 344 345

使用機能・命令 **Deleteメソッド**（→Tips345）

サンプルファイル名 gokui13.accdb/13_2Module

▼「T_385Master」テーブルと「T_385Tran」テーブルの連鎖更新・連鎖削除の設定を解除する

```
Private Sub Sample385()
    Dim cat As ADOX.Catalog
    Dim tbl As ADOX.Table
    Dim vKey As ADOX.Key    'Keyオブジェクトへの参照を代入する変数を宣言する
    Set cat = New ADOX.Catalog    '新たにCatalogオブジェクトを作成する
    cat.ActiveConnection = CurrentProject.Connection
    Set tbl = cat.Tables("T_385Tran")
    Set vKey = New ADOX.Key    '新たにKeyオブジェクトを作成する
    For Each vKey In tbl.Keys    'すべてのキーを対象に処理を行う
        If vKey.Name = "外部キー" Then    'キーの名前が「外部キー」か判定する
            tbl.Keys.Delete vKey.Name    '対象のキーを削除する
            Exit Sub
        End If
    Next
    Set vKey = New ADOX.Key    '新たにKeyオブジェクトを作成する
    With vKey
        .Name = "外部キー"    'キーの名前を指定する
        .Type = adKeyForeign    '外部キーを設定する
        .RelatedTable = "T_385Master"    '「一側」のテーブルを指定する
        .Columns.Append "商品コード"    'キーを指定するフィールドを追加する
        '「一側」のテーブルと連結するフィールドを指定する
        .Columns("商品コード").RelatedColumn = "商品コード"
    End With
    tbl.Keys.Append vKey    'テーブルにキーを追加する
    Set cat = Nothing    'Catalogオブジェクトへの参照を解除する
End Sub
```

❖ 解説

ADOXでリレーションシップの連鎖更新・連鎖削除の設定を解除するには、一旦リレーションシップを削除し、改めて連鎖更新・連鎖削除の設定を行わないリレーションシップを作成します。

リレーションシップの作成は、Tips344を参照してください。

Tips 386

トランザクション処理を行う

▶関連Tips 387

使用機能・命令 **BeginTransメソッド/CommitTransメソッド**

サンプルファイル名 gokui13.accdb/13_3Module

▼「T_386」テーブルにデータを追記する処理を、トランザクション処理にする

```
Private Sub Sample386()
    Dim cn As ADODB.Connection
    Dim rs As ADODB.Recordset
    Set cn = CurrentProject.Connection
    'レコードセットを新たに作成する
    Set rs = New ADODB.Recordset
    'レコードセットのカーソルサービスをクライアントに設定する
    rs.CursorLocation = adUseClient
    rs.Open "T_386", cn, adOpenDynamic, adLockOptimistic
    cn.BeginTrans     'トランザクション処理を開始する
    rs.AddNew            'レコードを追加する
    rs!商品ID = "B0004"
    rs!商品名 = "ベルトD"
    rs!単価 = 12000
    rs.Update          'レコードセットを保存する
    cn.CommitTrans     'トランザクション処理を確定する
    rs.Close           'レコードセットを閉じる
    cn.Close           'コネクションを閉じる
End Sub
```

❖ 解説

トランザクション処理では、一連の処理を1つのまとまりとして処理し、その全体の処理が完了して初めて、その作業全体が成功したことになります。そうすることで、データの整合性を保つ役割を果たします。

ADOでトランザクション処理を行うには、ConnectionオブジェクトのBeginTransメソッドと、CommitTransメソッドをセットで使用します。

•BeginTransメソッド/CommitTransメソッドの構文

object.BeginTrans/CommitTrans

いずれも、objectにConnectionオブジェクトを指定します。BeginTransメソッドは、トランザクションを開始します。CommitTransメソッドは、トランザクションを確定します。

Tips 387 ロールバック処理を行う

▶関連Tips 386

使用機能・命令 **RollBackTransメソッド**

サンプルファイル名 gokui13.accdb/13_3Module

▼「T_387」テーブルに追加したデータをロールバックする処理を行う

```
Private Sub Sample387()
    Dim cn As ADODB.Connection
    Dim rs As ADODB.Recordset
    Set cn = CurrentProject.Connection
    Set rs = New ADODB.Recordset    'レコードセットを新たに作成する
    'レコードセットのカーソルサービスをクライアントに設定する
    rs.CursorLocation = adUseClient
    rs.Open "T_387", cn, adOpenDynamic, adLockOptimistic
    cn.BeginTrans     'トランザクション処理を開始する
    rs.AddNew             'レコードを追加する
    rs!商品ID = "B0004"
    rs!商品名 = "ベルトD"
    rs!単価 = 12000
    rs.Update           'レコードセットを保存する
    If MsgBox("データの更新を行いますか?", vbYesNo) = vbYes Then
        cn.CommitTrans  'トランザクション処理を確定する
    Else
        cn.RollbackTrans    '処理を無効にする
    End If
    rs.Close            'レコードセットを閉じる
    cn.Close            'コネクションを閉じる
End Sub
```

❖ 解説

トランザクション処理内で行った処理を無効にして、トランザクション開始前の状態に戻すには、RollBackTransメソッドを使用します。ここでは、「T_387」テーブルに新規にデータを追加する処理を、トランザクション処理します。データを追加後、確認のメッセージを表示して「いいえ」が選択された場合、RollBackメソッドを使用して、新規にデータを追加した処理を無効にしています。

•RollBackTransメソッドの構文

object.RollBackTrans

RollBackTransメソッドは、objectにConnectionオブジェクトを指定して、トランザクション処理をロールバックします。

600 Tips to Use Access VBA Better!
現場ですぐに使える!
Access
VBA
Microsoft 365/
Office 2021/2019/
2016/2013対応
逆引き大全

第14章
388~409

ADOによるフォームの操作の極意

Tips 388

フォームにレコードソースを設定する

▶関連Tips 336

使用機能・命令 **ControlSourceプロパティ**

サンプルファイル名 gokui14.accdb/F_388

▼「F_388」フォームを開くときに、「Q_ShohinMaster」クエリをレコードセットに設定する

```
'フォームの読み込み時に処理を行う
Private Sub Form_Load()
    Dim cn As ADODB.Connection    'データベースへの参照を代入する変数を宣言する
    Dim rs As ADODB.Recordset    'レコードセットへの参照を代入する変数を宣言する

    'カレントデータベースに接続する
    Set cn = CurrentProject.Connection
    'レコードセットを新規に作成する
    Set rs = New ADODB.Recordset
    '「Q_ShohinMaster」クエリを開きレコードセットを取得する
    rs.Open "Q_ShohinMaster", cn, adOpenKeyset, adLockOptimistic
    'フォームのレコードセットを設定する
    Set Me.Recordset = rs
    '各フィールドに値を表示する
    Me!商品ID.ControlSource = "商品ID"
    Me!商品名.ControlSource = "商品名"
    Me!単価.ControlSource = "単価"
    rs.Close        'レコードセットを閉じる
    cn.Close        'データベースへの参照を閉じる
End Sub
```

❖ 解説

ADOでフォームのコントロールソースを指定するには、コントロールのControlSourceプロパティにフィールド名を指定します。ここでは、F_388フォームのLoadイベントで、Openメソッド(→Tips336)を使ってレコードセットを取得し、フォームのレコードセットに指定します。そして、各コントロールのコントロールソースを設定しています。

•ControlSourceプロパティの構文

object.ControlSource = FieldName

ControlSourceプロパティは、objectにフォームのコントロールを指定し、FieldNameに設定するコントロールソースを指定します。

Tips 389 連結フォームを開くとき レコードを並べ替える

▶関連Tips 336 358

使用機能・命令　Sortプロパティ（→Tips358）

サンプルファイル名　gokui14.accdb/F_389

▼「F_389」フォームから取得したレコードセットを「単価」の降順に並べ替える

```
'フォームの読み込み時に処理を行う
Private Sub Form_Load()
    Dim cn As ADODB.Connection    'データベースへの参照を代入する変数を宣言する
    Dim rs As ADODB.Recordset    'レコードセットへの参照を代入する変数を宣言する

    'カレントデータベースに接続する
    Set cn = CurrentProject.Connection
    'レコードセットを新規に作成する
    Set rs = New ADODB.Recordset

    'レコードセットのカーソルサービスをクライアントに設定する
    rs.CursorLocation = adUseClient
    '「Q_ShohinMaster」クエリを開きレコードセットを取得する
    rs.Open "Q_ShohinMaster", cn, adOpenKeyset, adLockOptimistic
    rs.Sort = "単価 DESC"
    'フォームのレコードセットを設定する
    Set Me.Recordset = rs

    rs.Close          'レコードセットを閉じる
    cn.Close          'データベースへの参照を閉じる
End Sub
```

解説

ADOで並べ替えを行うには、Sortプロパティ（→Tips358）を使用します。このとき、レコードセットのCursorLocationプロパティ（→Tips358）の値をadUseClientにし、その後Openメソッド（→Tips336）でレコードセットを取得する必要があります。

このサンプルでは、フォームの読み込み時にSortプロパティを使用して、「単価」フィールドの値を降順に並べ替えています。

非連結フォームを開くときレコードを並べ替える

▶関連Tips 336 358 388

使用機能・命令 Sortプロパティ（→Tips358）

サンプルファイル名 gokui14.accdb/F_390

▼「F_390」非連結フォームを開くときに、レコードを「単価」の降順に並べ替えて表示する

```
'フォームの読み込み時に処理を行う
Private Sub Form_Load()
    Dim cn As ADODB.Connection    'データベースへの参照を代入する変数を宣言する
    Dim rs As ADODB.Recordset    'レコードセットへの参照を代入する変数を宣言する

    'カレントデータベースに接続する
    Set cn = CurrentProject.Connection
    'レコードセットを新規に作成する
    Set rs = New ADODB.Recordset
    'レコードセットのカーソルサービスをクライアントに設定する
    rs.CursorLocation = adUseClient
    '「Q_ShohinMaster」クエリを開きレコードセットを取得する
    rs.Open "Q_ShohinMaster", cn, adOpenKeyset, adLockOptimistic
    rs.Sort = "単価 DESC"

    'フォームのレコードセットを設定する
    Set Me.Recordset = rs
    '各テキストボックスにフィールドを設定する
    Me!商品ID.ControlSource = "商品ID"
    Me!商品名.ControlSource = "商品名"
    Me!単価.ControlSource = "単価"
    rs.Close          'レコードセットを閉じる
    cn.Close          'データベースへの参照を閉じる
End Sub
```

❖ 解説

ADOで並べ替えを行うには、Sortプロパティ（→Tips358）を使用します。このとき、レコードセットのCursorLocationプロパティ（→Tips358）の値をadUseClientにし、その後Openメソッド（→Tips336）でレコードセットを取得する必要があります。

その後、非連結フォームではControlSourceプロパティ（→Tips388）を使用して、各コントロールにフィールドを関連付けます。

Tips 391 テキストボックスに入力したフィールドで並べ替える

▶関連Tips 336 358

使用機能・命令 **Sortプロパティ（→Tips358）**

サンプルファイル名 gokui14.accdb/F_391

▼「F_391」フォームのテキストボックスに入力されたフィールドを基準に並べ替える

```
Private Sub cmdSort_Click()
    Dim cn As ADODB.Connection    'データベースへの参照を代入する変数を宣言する
    Dim rs As ADODB.Recordset   'レコードセットへの参照を代入する変数を宣言する

    'カレントデータベースに接続する
    Set cn = CurrentProject.Connection
    'レコードセットを新規に作成する
    Set rs = New ADODB.Recordset
    'レコードセットのカーソルサービスをクライアントに設定する
    rs.CursorLocation = adUseClient
    '「Q_ShohinMaster」クエリを開きレコードセットを取得する
    rs.Open "Q_ShohinMaster", cn, adOpenKeyset, adLockOptimistic
    '昇順・降順の確認を行う
    If MsgBox("昇順に並べ替えますか？", vbYesNo) = vbYes Then
        rs.Sort = Me.txtField    'テキストボックスの値を基準に昇順に並べ替える
    Else
        'テキストボックスの値を基準に降順に並べ替える
        rs.Sort = Me.txtField & " DESC"
    End If
    Set Me.Recordset = rs          'レコードセットを再設定する
    rs.Close        'レコードセットを閉じる
    cn.Close        'データベースへの参照を閉じる
End Sub
```

解説

テキストボックスに入力されたフィールドを基準に、並べ替えを行います。レコードを並べ替えるには、Sortプロパティ（→Tips358）を使用します。Sortプロパティにテキストボックスの値を設定することで、その値が並べ替えの対象フィールドとなります。なお、ここでは「並べ替え」ボタンをクリックした時に確認のメッセ―ジを表示し、並べ替えを昇順で行うか降順で行うかを選択しています。並べ替えを降順で行う場合は、フィールド名に続けて「DESC」を指定します。この時、フィールド名と「DESC」の間には半角のスペースが必要なため、サンプルでは「DESC」の前に半角のスペースを入れています。最後に、Recordsetプロパティにレコードセットを指定することで、並べ替えを反映します。（→Tips336）

複数のコンボボックスで選択したフィールドで並べ替える

▶関連Tips 153 336 358

使用機能・命令　**Sortプロパティ（→Tips358）**

サンプルファイル名　gokui14.accdb/F_392

▼「F_392」フォームにある2つのコンボボックスで指定されたフィールドで並べ替える

```
'「並べ替え」ボタンをクリックした時の処理
Private Sub cmdSort_Click()
    Dim cn As ADODB.Connection    'データベースへの参照を代入する変数を宣言する
    Dim rs As ADODB.Recordset   'レコードセットへの参照を代入する変数を宣言する

    'カレントデータベースに接続する
    Set cn = CurrentProject.Connection
    'レコードセットを新規に作成する
    Set rs = New ADODB.Recordset
    'レコードセットのカーソルサービスをクライアントに設定する
    rs.CursorLocation = adUseClient
    '「Q_Master」クエリを開きレコードセットを取得する
    rs.Open "Q_Master", cn, adOpenKeyset, adLockOptimistic
    '「フィールド1」コンボボックスの昇順、「フィールド2」コンボボックスの降順に並べ替える
    rs.Sort = cmbField1 & "," & cmbField2 & " DESC"

    Set Me.Recordset = rs              'レコードセットを再設定する
    rs.Close          'レコードセットを閉じる
    cn.Close          'データベースへの参照を閉じる
End Sub
```

❖ 解説

コンボボックスで選択された値を元に、並べ替えを行います。ここでは、2つのコンボボックスを用意し、1つめのコンボボックスで選択されたフィールドの昇順、2つめのコンボボックスで選択されたフィールドの降順でレコードを並べ替えます。

Sortプロパティ（→Tips358）で並べ替えの指定をした後、フォームのRecordsetプロパティ（→Tips336）にレコードセットを再度指定します。

なお、ここではフォームのLoadイベント（→Tips153）で、2つのコンボボックスに「Q_Master」クエリのフィールド名を表示するように設定しています。

コンボボックスには直接表示する値を指定することもできますが、こうすることで元のクエリが変更になっても、コンボボックスの設定を変更する必要はありません。

Tips 393

並べ替えを解除する

▶関連Tips 336 358

使用機能・命令 Sortプロパティ（→Tips358）

サンプルファイル名 gokui14.accdb/F_393

▼「F_393」フォームの「解除」ボタンをクリックして、レコードの並べ替えを解除する

```
'「解除」ボタンがクリックされた時に処理を行う
Private Sub cmdReset_Click()
    Dim cn As ADODB.Connection    'データベースへの参照を代入する変数を宣言する
    Dim rs As ADODB.Recordset    'レコードセットへの参照を代入する変数を宣言する

    'カレントデータベースに接続する
    Set cn = CurrentProject.Connection
    'レコードセットを新規に作成する
    Set rs = New ADODB.Recordset
    'レコードセットのカーソルサービスをクライアントに設定する
    rs.CursorLocation = adUseClient
    '「Q_ShohinMaster」クエリを開きレコードセットを取得する
    rs.Open "Q_ShohinMaster", cn, adOpenKeyset, adLockOptimistic
    '並べ替えを解除する
    rs.Sort = ""
    Set Me.Recordset = rs              'レコードセットを再設定する
    rs.Close          'レコードセットを閉じる
    cn.Close          'データベースへの参照を閉じる
End Sub
```

解説

並べ替えを解除するには、Sortプロパティ（→Tips358）に「""」を設定します。その後、Recordsetプロパティ（→Tips336）にレコードセットを設定することで、並べ替えが解除されます。

なお、ここでは「F_393」フォームの「並べ替え」ボタンに、「単価」の降順にレコードを並べ替える設定が行われています。動作を確認する際には、「F_393」フォームを開いた後に「並べ替え」ボタンをクリックしてデータを並べ替えた後、「解除」ボタンをクリックしてください。

Tips 394 文字列型のレコードを検索し、非連結フォームに表示する

▶関連Tips 357 362

使用機能・命令 **Findメソッド**（→Tips362）

サンプルファイル名 gokui14.accdb/F_394

▼「F_394」フォームで入力された値で「都道府県」フィールドを検索する

```
'フォームの読み込み時の処理
Private Sub Form_Load()
    Dim cn As ADODB.Connection    'データベースへの参照を代入する変数を宣言する
    Dim rs As ADODB.Recordset    'レコードセットへの参照を代入する変数を宣言する
    Dim res As String            'ユーザーの入力を代入する変数を宣言する

    'カレントデータベースに接続する
    Set cn = CurrentProject.Connection
    'レコードセットを新規に作成する
    Set rs = New ADODB.Recordset
    '「Q_UserMaster」クエリを開きレコードセットを取得する
    rs.Open "Q_UserMaster", cn, adOpenKeyset, adLockOptimistic
    res = InputBox("表示する「都道府県」を入力してください")
    rs.Find "都道府県 = '" & res & "'"        '「都道府県」を検索する
    '該当するレコードがあるかチェックする
    If rs.EOF Then
        MsgBox "該当するレコードはありません" 'レコードが見つからなかった場合のメッセージ
    Else
        'レコードが見つかった場合、テキストボックスにレコードを表示する
        Me!ID = rs!ID
        Me!氏名 = rs!氏名
        Me!〒 = rs!〒
        Me!都道府県 = rs!都道府県
    End If
    rs.Close          'レコードセットを閉じる
    cn.Close          'データベースへの参照を閉じる
End Sub
```

解説

ADOでレコードを検索するには、Findメソッド（→Tips362）を使用します。Findメソッドの1番目の引数に、検索条件を指定します。文字列を検索条件にする場合、指定する文字列を「'（シングルクォーテーション）」で囲みます。Findメソッドは、検索結果がない場合、レコードセットのEOFプロパティ（→Tips357）がTrueになります。

連結フォームで連続検索する

▶関連Tips 153 336 357

使用機能・命令　**Findメソッド**（→Tips362）

サンプルファイル名　gokui14.accdb/F_395

▼「生年月日」フィールドが1970/1/1以降のデータを検索し、すべてのレコードを参照する

```
Dim cn As ADODB.Connection          'データベースへの参照を代入する変数を宣言する
Dim rs As ADODB.Recordset          'レコードセットへの参照を代入する変数を宣言する

'「検索」ボタンをクリックした時の処理
Private Sub cmdSample_Click()
    Static HasData As Boolean          '2回目以降の検索を表すフラグ
    Dim vStr As String                 '検索条件を代入する変数を宣言する

    '検索条件を「生年月日」フィールドが1970/1/1以降の値にする
    vStr = "生年月日 >= #1970/1/1#"
    '指定した条件で検索を行う
    If HasData Then
        rs.Find vStr, 1, adSearchForward
    Else
        rs.Find vStr, 0, , adSearchForward
        HasData = True
    End If

    '連続して検索を行う
    If rs.EOF Then
        MsgBox "レコードがありません"
    Else
        '見つかったレコードを表示する
       Me.Bookmark = rs.Bookmark
    End If
End Sub

'フォームを読み込む時の処理
Private Sub Form_Load()
    'カレントデータベースに接続する
    Set cn = CurrentProject.Connection
    'レコードセットを新規に作成する
    Set rs = New ADODB.Recordset
    '「Q_UserMaster」クエリのレコードセットを取得する
```

```
    rs.Open "Q_UserMaster", cn, adOpenKeyset, adLockOptimistic
End Sub

'フォームを閉じる時の処理
Private Sub Form_Close()
    rs.Close            'レコードセットを閉じる
    cn.Close            'データベースへの参照を閉じる
End Sub
```

❖ 解説

ADOでレコードを検索するには、Findメソッド(→Tips362)を使用します。

すべてのレコードを順に検索するためには、検索結果のレコードセットを検索のたびに作成するのではなく、前回の検索結果を保持する必要があります。そこで、レコードセットを表す変数rsを、モジュールレベルで宣言しています。

まず、Openメソッド(→Tips336)でレコードセットを開く処理を、フォームを読み込む時のLoadイベント(→Tips153)で処理しています。

さらに、Findメソッドでは、2番目の引数に単純に1を指定してしまうと、カレントレコードの次のレコードから検索を開始します。そこで、1回目の検索時は、Findメソッド2番目の引数に0を指定し、カレントレコード含め検索をして、2回目以降はカレントレコード(この時点で検索で見つかったレコードになります)の次のレコードから検索を開始するようにします。

この時、1回目の検索かどうかを、変数HasDataで判定しています。また、この変数はStaticキーワードを使って宣言されています。こうすることで、このプロシージャの処理が終わっても、変数の値が保持されます。

そして、対象レコードが見つかった場合に、Bookmarkプロパティに見つかったレコードを設定して、フォームにレコードを表示しています。

なお、このサンプルでは、検索を最後まで進めると、それ以上は検索ができなくなります(再度先頭から検索はできません。フォームを開き直す必要があります)。これは、レコードセットのカーソルを先頭に戻す処理がないためです。

▼「生年月日」フィールドが1970/1/1以降の値を検索する

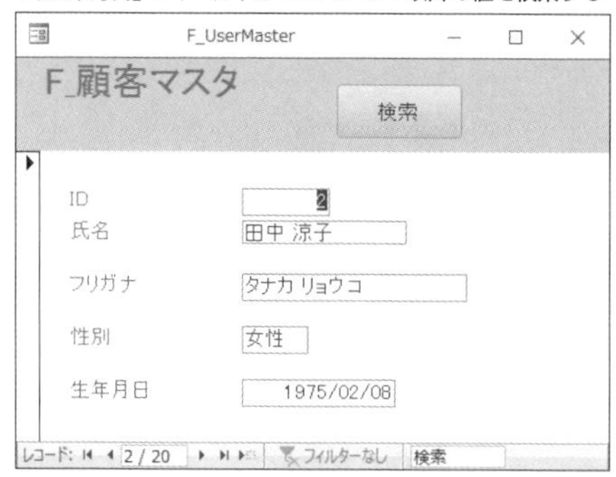

▼実行結果

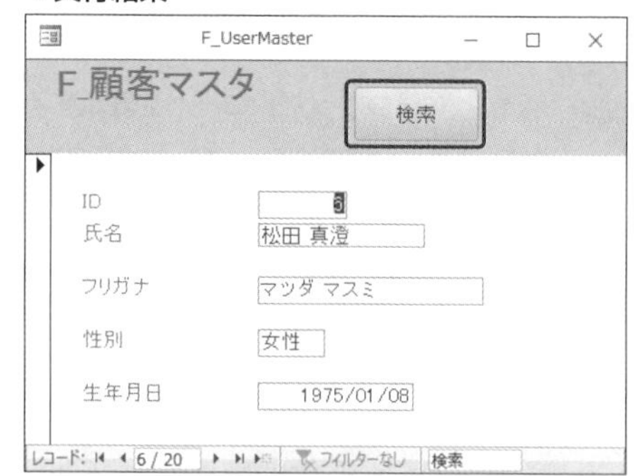

Tips 396 非連結フォームで連続検索する

▶関連Tips 153 336 357

使用機能・命令 Findメソッド（→Tips362）

サンプルファイル名 gokui14.accdb/F_396

▼「F_396」フォームで、「生年月日」フィールドが1970/1/1以降のレコードをすべて検索する

```
Dim cn As ADODB.Connection        'データベースへの参照を代入する変数を宣言する
Dim rs As ADODB.Recordset         'レコードセットへの参照を代入する変数を宣言する

'「検索」ボタンをクリックした時の処理
Private Sub cmdSample_Click()
    Static HasData As Boolean         '2回目以降の検索を表すフラグ
    Dim vStr As String                '検索条件を代入する変数を宣言する
    '検索条件を「生年月日」フィールドが1970/1/1以降の値にする
    vStr = "生年月日 >= #1970/1/1#"
    '指定した条件で検索を行う
    If HasData Then
        rs.Find vStr, 1, adSearchForward
    Else
        rs.Find vStr, 0, , adSearchForward
        HasData = True
    End If
    '連続して検索を行う
    If rs.EOF Then
        MsgBox "レコードがありません"
    Else
        '見つかったレコードを表示する
        Me!ID = rs!ID
        Me!氏名 = rs!氏名
        Me!フリガナ = rs!フリガナ
        Me!性別 = rs!性別
        Me!生年月日 = rs!生年月日
    End If
End Sub
'フォームを読み込む時の処理
Private Sub Form_Load()
    'カレントデータベースに接続する
    Set cn = CurrentProject.Connection
    'レコードセットを新規に作成する
    Set rs = New ADODB.Recordset
```

```
    '「Q_UserMaster」クエリのレコードセットを取得する
    rs.Open "Q_UserMaster", cn, adOpenKeyset, adLockOptimistic
End Sub
'フォームを閉じる時の処理
Private Sub Form_Close()
    rs.Close          'レコードセットを閉じる
    cn.Close          'データベースへの参照を閉じる
End Sub
```

❖ 解説

ADOでレコードを検索するには、Findメソッド（→Tips362）を使用します。

ここでは、非連結フォームで見つかったレコードをすべて表示します。非連結フォームの場合、レコードセットの値をフィールドに設定する必要があります。すべてのレコードを順に検索するためには、検索結果のレコードセットを検索のたびに作成するのではなく、前回の検索結果を保持する必要があります。そこで、レコードセットを表す変数rsを、モジュールレベルで宣言しています。

まず、Openメソッド（→Tips336）でレコードセットを開く処理を、フォームを読み込む時のLoadイベント（→Tips153）で処理しています。さらに、Findメソッドでは、2番目の引数に単純に1を指定してしまうと、カレントレコードの次のレコードから検索を開始します。そこで、1回目の検索時は、Findメソッド2番目の引数に0を指定し、カレントレコード含め検索をして、2回目以降はカレントレコード（この時点で検索で見つかったレコードになります）の次のレコードから検索を開始するようにします。この時、1回目の検索かどうかを、変数HasDataで判定しています。また、この変数はStaticキーワードを使って宣言されています。こうすることで、このプロシージャの処理が終わっても変数の値が保持されます。そして、対象レコードが見つかった場合に、Bookmarkプロパティに見つかったレコードを設定して、フォームにレコードを表示しています。

なお、このサンプルでは検索を最後まで進めると、それ以上は検索ができなくなります（再度先頭から検索はできません。フォームを開き直す必要があります）。これは、レコードセットのカーソルを先頭に戻す処理がないためです。

▼「生年月日」フィールドが1970/1/1以降の値を検索する

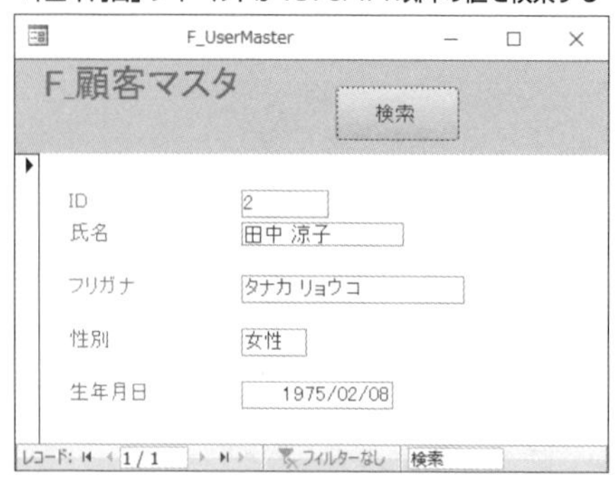

▼実行結果

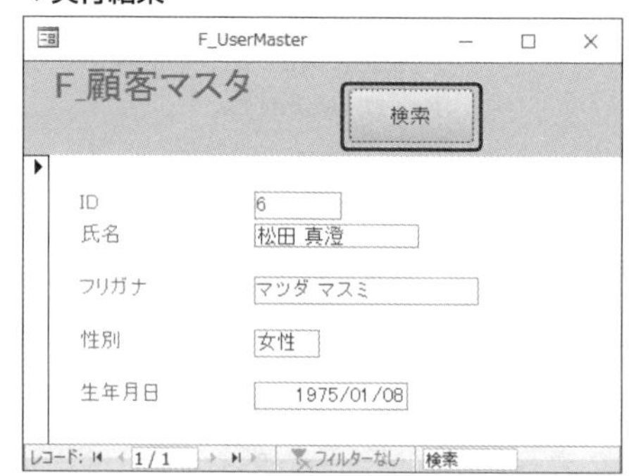

Tips 397 連結フォームで部分一致検索をする

▶関連Tips 151 362

使用機能・命令 **Like演算子**（→Tips151）

サンプルファイル名 gokui14.accdb/F_397

▼「F_397」フォームで任意の「氏名」を検索する

```
'「検索」ボタンがクリックされた時の処理
Private Sub cmdSearch_Click()
    Dim cn As ADODB.Connection     'データベースへの参照を代入する変数を宣言する
    Dim rs As ADODB.Recordset     'レコードセットへの参照を代入する変数を宣言する
    Dim res As String              'ユーザーの入力を代入する変数を宣言する

    'カレントデータベースに接続する
    Set cn = CurrentProject.Connection
    'レコードセットを新規に作成する
    Set rs = New ADODB.Recordset

    '「Q_UserMaster」クエリを開きレコードセットを取得する
    rs.Open "Q_UserMaster", cn, adOpenKeyset, adLockOptimistic
    res = InputBox("表示する「氏名」を入力してください")
    rs.Find "氏名 Like '%" & res & "%'"          '「氏名」を検索する
    '該当するレコードがあるかチェックする
    If rs.EOF Then
    'レコードが見つからなかった場合のメッセージ
        MsgBox "該当する氏名はありません"
    Else
        'レコードが見つかった場合、レコードを表示する
        Me.Bookmark = rs.Bookmark
    End If
    rs.Close            'レコードセットを閉じる
    cn.Close            'データベースへの参照を閉じる
End Sub
```

解説

ADOで検索を行うには、Findメソッド（→Tips362）を使用します。この時、部分一致検索を行うには、Like演算子（→Tips151）とワイルドカードを使用します。

なお、ADOでは、ワイルドカードは「%」（任意の数の文字）、または「_」（任意の一文字）になります。

検索結果がある場合は、Bookmarkプロパティを使用してレコードを表示します。

Tips 398

非連結フォームで部分一致検索をする

▶関連Tips 151 362

使用機能・命令 **Like演算子（→Tips151）**

サンプルファイル名 gokui14.accdb/F_398

▼「F_398」フォームで入力された値を含む氏名を検索する

```
'「検索」ボタンがクリックされた時の処理
Private Sub cmdSearch_Click()
    Dim cn As ADODB.Connection    'データベースへの参照を代入する変数を宣言する
    Dim rs As ADODB.Recordset    'レコードセットへの参照を代入する変数を宣言する
    Dim res As String            'ユーザーの入力を代入する変数を宣言する
    Set cn = CurrentProject.Connection
    Set rs = New ADODB.Recordset
    '「Q_UserMaster」クエリを開きレコードセットを取得する
    rs.Open "Q_UserMaster", cn, adOpenKeyset, adLockOptimistic
    res = InputBox("表示する「氏名」を入力してください")
    rs.Find "氏名 Like '%" & res & "%'"          '「氏名」を検索する
    '該当するレコードがあるかチェックする
    If rs.EOF Then
        'レコードが見つからなかった場合のメッセージ
        MsgBox "該当する氏名はありません"
    Else
        'レコードが見つかった場合、テキストボックスにレコードを表示する
        Me!ID = rs!ID
        Me!氏名 = rs!氏名
        Me!〒 = rs!〒
        Me!都道府県 = rs!都道府県
    End If
    rs.Close        'レコードセットを閉じる
    cn.Close        'データベースへの参照を閉じる
End Sub
```

❖ 解説

ADOで検索を行うには、Findメソッド（→Tips362）を使用します。この時、部分一致検索を行うには、Like演算子（→Tips151）とワイルドカードを使用します。

なお、ADOでは、ワイルドカードは「%」（任意の数の文字）、または「_」（任意の一文字）になります。

検索結果がある場合は、Bookmarkプロパティを使用してレコードを表示します。

Tips 399

日付型のレコードを検索する

▶関連Tips 362

使用機能・命令　**Findメソッド（→Tips362）**

サンプルファイル名　gokui14.accdb/F_399

▼「F_399」フォームで、「生年月日」フィールドが1970/1/1以降のレコードを検索する

```
Private Sub cmdSearch_Click()
    Dim cn As ADODB.Connection    'データベースへの参照を代入する変数を宣言する
    Dim rs As ADODB.Recordset    'レコードセットへの参照を代入する変数を宣言する

    'カレントデータベースに接続する
    Set cn = CurrentProject.Connection
    'レコードセットを新規に作成する
    Set rs = New ADODB.Recordset
    '「Q_UserMaster」クエリを開きレコードセットを取得する
    rs.Open "Q_UserMaster", cn, adOpenKeyset, adLockOptimistic
    '「生年月日」が1970/1/1以降のレコードを検索する
    rs.Find "生年月日 >= #1970/1/1#"
    '該当するレコードがあるかチェックする
    If rs.EOF Then
        'レコードが見つからなかった場合のメッセージ
        MsgBox "該当するレコードはありません"
    Else
        'レコードが見つかった場合、レコードを表示する
        Me.Bookmark = rs.Bookmark
    End If
    rs.Close           'レコードセットを閉じる
    cn.Close           'データベースへの参照を閉じる
End Sub
```

❖ 解説

ADOでレコードを検索するには、Findメソッド（→Tips362）を使用します。日付を検索条件にする場合、値を「#（井桁－シャープ）」で囲みます。

ここでは、「生年月日」フィールドの値が1970年1月1日以降のレコードを検索します。データが見つからない場合はメッセージを表示し、見つかった場合はBookmarkプロパティを使用して、そのレコードを表示します。

Tips 400 文字列型のレコードを抽出する

▶関連Tips 366

使用機能・命令 **Filterプロパティ（→Tips366）**

サンプルファイル名 gokui14.accdb/F_400

▼「F_400」フォームで、「都道府県」フィールドが神奈川県のデータを抽出する

```
'「抽出」ボタンをクリックした時の処理
Private Sub cmdFilter_Click()
    Dim cn As ADODB.Connection   'データベースへの参照を代入する変数を宣言する
    Dim rs As ADODB.Recordset   'レコードセットへの参照を代入する変数を宣言する

    'カレントデータベースに接続する
    Set cn = CurrentProject.Connection
    'レコードセットを新規に作成する
    Set rs = New ADODB.Recordset

    'レコードセットのカーソルサービスをクライアントに設定する
    rs.CursorLocation = adUseClient
    '「Q_Master」クエリを開きレコードセットを取得する
    rs.Open "Q_Master", cn, adOpenKeyset, adLockOptimistic

    '「都道府県」フィールドが「神奈川県」の値を抽出する
    rs.Filter = "都道府県 = '神奈川県'"

    'フォームのレコードセットを再設定する
    Set Me.Recordset = rs

    rs.Close          'レコードセットを閉じる
    cn.Close          'データベースへの参照を閉じる
End Sub
```

❖ 解説

ADOでレコードを抽出するには、Filterプロパティ（→Tips366）を使用します。

Filterプロパティを使用するには、スナップショットまたはダイナセットのレコードセットを取得し、そのレコードセットに対してFilterプロパティを指定します。Filterプロパティに指定する抽出条件が文字列の場合、「'（シングルクォーテーション）」で対象の文字列を囲みます。

なお、フォーム上でレコードを抽出するには、レコードセットのカーソルサービスがadUseClientでなくてはなりません。抽出した結果を得るには、Filterプロパティを指定後、フォームのRecordsetプロパティを抽出したレコードセットで更新します。

Tips 401 数値型のレコードを抽出する

▶関連Tips 281 366

使用機能・命令　Filterプロパティ（→Tips366）

サンプルファイル名　gokui14.accdb/F_401

▼「F_401」フォームで、「年齢」フィールドの値が40未満のレコードを抽出する

```
'「抽出」ボタンをクリックした時の処理
Private Sub cmdFilter_Click()
    Dim cn As ADODB.Connection    'データベースへの参照を代入する変数を宣言する
    Dim rs As ADODB.Recordset    'レコードセットへの参照を代入する変数を宣言する

    'カレントデータベースに接続する
    Set cn = CurrentProject.Connection
    'レコードセットを新規に作成する
    Set rs = New ADODB.Recordset
    'レコードセットのカーソルサービスをクライアントに設定する
    rs.CursorLocation = adUseClient
    '「Q_Master」クエリを開きレコードセットを取得する
    rs.Open "Q_Master", cn, adOpenKeyset, adLockOptimistic
    '「年齢」フィールドが40未満のレコードを抽出する
    rs.Filter = "年齢 < 40"
    'フォームのレコードセットを再設定する
    Set Me.Recordset = rs

    rs.Close           'レコードセットを閉じる
    cn.Close           'データベースへの参照を閉じる
End Sub
```

❖ 解説

ADOでレコードを抽出するには、Filterプロパティ（→Tips366）を使用します。

数値型のレコードを抽出するには、比較演算子（→Tips281）を用いて対象の値を指定します。ここでは、不等号（「<」）を使用しています。

なお、フォーム上でレコードを抽出するには、レコードセットのカーソルサービスがadUseClientでなくてはなりません。

抽出した結果を得るには、Filterプロパティを指定後、フォームのRecordsetプロパティを抽出したレコードセットで更新します。

Tips 402 日付型のレコードを抽出する

▶関連Tips 366

使用機能・命令 Filterプロパティ（→Tips366）

サンプルファイル名 gokui14.accdb/F_402

▼「F_402」フォームで、「生年月日」フィールドの値が1980/1/1以降のレコードを抽出する

```
'「抽出」ボタンをクリックした時の処理
Private Sub cmdFilter_Click()
    Dim cn As ADODB.Connection    'データベースへの参照を代入する変数を宣言する
    Dim rs As ADODB.Recordset    'レコードセットへの参照を代入する変数を宣言する

    'カレントデータベースに接続する
    Set cn = CurrentProject.Connection
    'レコードセットを新規に作成する
    Set rs = New ADODB.Recordset
    'レコードセットのカーソルサービスをクライアントに設定する
    rs.CursorLocation = adUseClient
    '「Q_Master」クエリを開きレコードセットを取得する
    rs.Open "Q_Master", cn, adOpenKeyset, adLockOptimistic
    '「生年月日」フィールドが1980/1/1以降のレコードを抽出する
    rs.Filter = "生年月日 >= #1980/1/1#"
    'フォームのレコードセットを再設定する
    Set Me.Recordset = rs

    rs.Close        'レコードセットを閉じる
    cn.Close        'データベースへの参照を閉じる
End Sub
```

解説

ADOでレコードを抽出するには、Filterプロパティ（→Tips366）を使用します。日付を条件に指定する場合、対象の日付を「#（井桁ーシャープ）」で囲みます。

なお、フォーム上でレコードを抽出するには、レコードセットのカーソルサービスがadUseClientでなくてはなりません。

抽出した結果を得るには、Filterプロパティを指定後、フォームのRecordsetプロパティを抽出したレコードセットで更新します。

Tips 403

レコードの抽出を解除する

▶関連Tips 366

使用機能・命令　Filterプロパティ（→Tips366）

サンプルファイル名　gokui14.accdb/F_403

▼「F_403」フォームの「抽出」ボタンで設定された抽出を解除する

```
'「解除」ボタンをクリックした時の処理
Private Sub cmdReset_Click()
    Dim cn As ADODB.Connection    'データベースへの参照を代入する変数を宣言する
    Dim rs As ADODB.Recordset    'レコードセットへの参照を代入する変数を宣言する
    'カレントデータベースに接続する
    Set cn = CurrentProject.Connection
    'レコードセットを新規に作成する
    Set rs = New ADODB.Recordset

    'レコードセットのカーソルサービスをクライアントに設定する
    rs.CursorLocation = adUseClient
    '「Q_Master」クエリを開きレコードセットを取得する
    rs.Open "Q_Master", cn, adOpenKeyset, adLockOptimistic
    'レコードセットのフィルタを解除する
    rs.Filter = adFilterNone
    'フォームのレコードセットを再設定する
    Set Me.Recordset = rs
    rs.Close            'レコードセットを閉じる
    cn.Close            'データベースへの参照を閉じる
End Sub
```

❖ 解説

ADOのFilterプロパティ（→Tips366）で抽出されたレコードを解除するには、FilterプロパティにadFilterNone、または「""」（長さ0の文字列）を指定します。

なお、フォーム上でレコードを抽出するには、レコードセットのカーソルサービスがadUseClientでなくてはなりません。

抽出を解除したレコードは、Filterプロパティを設定後、フォームのRecordsetプロパティにレコードセットを再度指定することで、すべてのレコードが表示されます。

なお、このサンプルでは「抽出」ボタンに、「Q_Master」クエリの「生年月日」フィールドの値が「1980/1/1」以降のレコードを抽出するプロシージャが設定されています。動作を確認するには、「F_403」フォームを開いたあと、「抽出」ボタンをクリックしてレコードを抽出してから、「解除」ボタンをクリックしてください。

Tips 404 あいまいな条件のレコードを抽出する

▶関連Tips 151 334 366

使用機能・命令 **Filterプロパティ**（→Tips366）/ **Like演算子**（→Tips151）

サンプルファイル名 gokui14.accdb/F_404

▼「F_404」フォームで、「氏名」フィールドに「中」が含まれているレコードを抽出する

```
'「抽出」ボタンをクリックした時の処理
Private Sub cmdFilter_Click()
    Dim cn As ADODB.Connection     'データベースへの参照を代入する変数を宣言する
    Dim rs As ADODB.Recordset    'レコードセットへの参照を代入する変数を宣言する
    'カレントデータベースに接続する
    Set cn = CurrentProject.Connection
    'レコードセットを新規に作成する
    Set rs = New ADODB.Recordset
    'レコードセットのカーソルサービスをクライアントに設定する
    rs.CursorLocation = adUseClient
    '「Q_Master」クエリを開きレコードセットを取得する
    rs.Open "Q_Master", cn, adOpenKeyset, adLockOptimistic
    '「氏名」フィールドに「中」を含むレコードを抽出する
    rs.Filter = "氏名 Like '%中%'"
    'フォームのレコードセットを再設定する
    Set Me.Recordset = rs
    rs.Close          'レコードセットを閉じる
    cn.Close          'データベースへの参照を閉じる
End Sub
```

❖ 解説

ADOでレコードを抽出するには、Filterプロパティ（→Tips366）を使用します。Filterプロパティを使用するには、スナップショットまたはダイナセットのレコードセットを取得し、そのレコードセットに対してFilterプロパティを指定します。

あいまいな条件で抽出を行うには、Like演算子とワイルドカードを組み合わせて使用します。Like演算子の構文についてはTips151を、指定する文字パターンについてはTips334を参照してください。

ここでは、「%（パーセント）」を使用して、「'田'を含む文字列」を抽出条件にしています。

なお、文字列を抽出条件に指定する場合、対象の文字列は「'（シングルクォーテーション）」で囲まなくてはなりません。この時、ワイルドカードも一緒に、「'」の中に含めるようにしてください。

なお、Filterプロパティでは、ワイルドカードは「*」と「%」の両方が使えます（同じ意味です）。また、「%中」のような後方一致や、「中%子」のような指定はできません（正しく抽出されません）。

期間を指定してレコードを抽出する

▶関連Tips 281 366

使用機能・命令 **Filterプロパティ**（→Tips366）/ **比較演算子**（→Tips281）

サンプルファイル名 gokui14.accdb/F_405

▼「F_405」フォームで、「生年月日」フィールドが1969/1/1から1969/12/31の値を抽出する

```
'「抽出」ボタンをクリックした時の処理
Private Sub cmdFilter_Click()
    Dim cn As ADODB.Connection   'データベースへの参照を代入する変数を宣言する
    Dim rs As ADODB.Recordset   'レコードセットへの参照を代入する変数を宣言する

    'カレントデータベースに接続する
    Set cn = CurrentProject.Connection
    'レコードセットを新規に作成する
    Set rs = New ADODB.Recordset
    'レコードセットのカーソルサービスをクライアントに設定する
    rs.CursorLocation = adUseClient
    '「Q_Master」クエリを開きレコードセットを取得する
    rs.Open "Q_Master", cn, adOpenKeyset, adLockOptimistic
    '「生年月日」フィールドが1969/1/1から1969/12/31の値を抽出する
    rs.Filter = "生年月日 >= #1969/1/1# And 生年月日 <= #1969/12/31#"
    'フォームのレコードセットを再設定する
    Set Me.Recordset = rs
    rs.Close          'レコードセットを閉じる
    cn.Close          'データベースへの参照を閉じる
End Sub
```

❖ 解説

ADOで指定した期間内のレコードを抽出するには、Filterプロパティ（→Tips366）の条件に比較演算子（→Tips281）を使用し、日付を「#（井桁ーシャープ）」で囲んで条件を指定します。

DAOのように、Between And演算子は使用できないので注意してください。抽出した結果を得るには、Filterプロパティを指定後、フォームのRecordsetプロパティを抽出したレコードセットで更新します。

数値型データの範囲を指定してレコードを抽出する

▶関連Tips 281 284 366

使用機能・命令 Filterプロパティ（→Tips366）／比較演算子（→Tips281）

サンプルファイル名 gokui14.accdb/F_406

▼「F_406」フォームで、「年齢」フィールドが20以上30未満のレコードを抽出する

```
'「抽出」ボタンをクリックした時の処理
Private Sub cmdFilter_Click()
    Dim cn As ADODB.Connection    'データベースへの参照を代入する変数を宣言する
    Dim rs As ADODB.Recordset     'レコードセットへの参照を代入する変数を宣言する

    'カレントデータベースに接続する
    Set cn = CurrentProject.Connection
    'レコードセットを新規に作成する
    Set rs = New ADODB.Recordset
    'レコードセットのカーソルサービスをクライアントに設定する
    rs.CursorLocation = adUseClient
    '「Q_Master」クエリを開きレコードセットを取得する
    rs.Open "Q_Master", cn, adOpenKeyset, adLockOptimistic
    '「年齢」フィールドが20以上30未満のレコードを抽出する
    rs.Filter = "年齢 >= 20 And 年齢 < 30"

    'フォームのレコードセットを再設定する
    Set Me.Recordset = rs
    rs.Close          'レコードセットを閉じる
    cn.Close          'データベースへの参照を閉じる
End Sub
```

❖ 解説

ADOで範囲内のレコードを検索するには、Filterプロパティ（→Tips366）に、比較演算子（→Tips281）と論理演算子（→Tips284）を組み合わせて条件を指定します。ここでは期間を限定するため、使用する論理演算子にAnd演算子を使用しています。

なお、ここでは比較演算子の前後に半角のスペースを入れていますが、この半角スペースはなくても結構です。

抽出した結果を得るには、Filterプロパティを指定後、フォームのRecordsetプロパティを抽出したレコードセットで更新します。

複数の条件のすべてを満たすレコードを抽出する

▶関連Tips 284 366

使用機能・命令 **Filterプロパティ(→Tips366)/論理演算子(→Tips284)**

サンプルファイル名 gokui14.accdb/F_407

▼「F_407」フォームの「年齢」フィールドの値が30以上40未満で、「都道府県」フィールドが「神奈川県」の値を抽出する

```
'「抽出」ボタンをクリックした時の処理
Private Sub cmdFilter_Click()
    Dim cn As ADODB.Connection    'データベースへの参照を代入する変数を宣言する
    Dim rs As ADODB.Recordset    'レコードセットへの参照を代入する変数を宣言する

    'カレントデータベースに接続する
    Set cn = CurrentProject.Connection
    'レコードセットを新規に作成する
    Set rs = New ADODB.Recordset
    'レコードセットのカーソルサービスをクライアントに設定する
    rs.CursorLocation = adUseClient
    '「Q_Master」クエリを開きレコードセットを取得する
    rs.Open "Q_Master", cn, adOpenKeyset, adLockOptimistic
    '「年齢」フィールドの値が30以上40未満で、
    '「都道府県」フィールドが「神奈川県」の値を抽出する
    rs.Filter = "年齢 >= 30 And 年齢 < 40 And 都道府県 = '神奈川県'"
    'フォームのレコードセットを再設定する
    Set Me.Recordset = rs
    rs.Close        'レコードセットを閉じる
    cn.Close        'データベースへの参照を閉じる
End Sub
```

❖ 解説

ADOで抽出条件に複数の条件を指定し、**すべての条件にあったデータを抽出するには、And演算子(→Tips284)を使用します**。And演算子は、指定したすべての値がTrueの時にTrueを返します。

なお、抽出条件に指定するフィールド名の順序は、抽出結果に関係ありません。ここで、「都道府県 = '神奈川県' And 年齢 >= 30 And 年齢 < 40」のように指定しても、同じ結果を得ることができます。

抽出した結果を得るには、Filterプロパティ(→Tips366)を指定後、フォームのRecordsetプロパティを抽出したレコードセットで更新します。

複数の条件の1つでも満たすレコードを抽出する

▶関連Tips 284 366

使用機能・命令 **Filterプロパティ（→Tips366）／論理演算子（→Tips284）**

サンプルファイル名 gokui14.accdb/F_408

▼「F_408」フォームから「年齢」が30代、または「都道府県」が「神奈川県」のデータを抽出する

```
'「抽出」ボタンをクリックした時の処理
Private Sub cmdFilter_Click()
    Dim cn As ADODB.Connection    'データベースへの参照を代入する変数を宣言する
    Dim rs As ADODB.Recordset    'レコードセットへの参照を代入する変数を宣言する

    'カレントデータベースに接続する
    Set cn = CurrentProject.Connection
    'レコードセットを新規に作成する
    Set rs = New ADODB.Recordset
    'レコードセットのカーソルサービスをクライアントに設定する
    rs.CursorLocation = adUseClient
    '「Q_Master」クエリを開きレコードセットを取得する
    rs.Open "Q_Master", cn, adOpenKeyset, adLockOptimistic

    '「年齢」フィールドの値が30以上40未満、
    'または「都道府県」フィールドが「神奈川県」の値を抽出する
    rs.Filter = "年齢 >= 30 And 年齢 < 40 or 都道府県 = '神奈川県'"

    'フォームのレコードセットを再設定する
    Set Me.Recordset = rs

    rs.Close            'レコードセットを閉じる
    cn.Close            'データベースへの参照を閉じる
End Sub
```

❖ 解説

ADOで抽出条件に複数の条件を指定し、いずれかの条件にあったデータを抽出するには、Or演算子（→Tips284）を使用します。Or演算子は、指定した値のうちいずれか1つがTrueの時に、Trueを返します。

抽出した結果を得るには、Filterプロパティ（→Tips366）を指定後、フォームのRecordsetプロパティを抽出したレコードセットで更新します。

Tips 409 ふりがなで抽出する

▶関連Tips 151 334 366

使用機能・命令 **Filterプロパティ（→Tips366）/ Like演算子（→Tips151）**

サンプルファイル名 gokui14.accdb/F_409

▼「F_409」フォームで、「フリガナ」フィールドが「ア行」から始まるレコードを抽出する

```
'「抽出」ボタンをクリックした時の処理
Private Sub cmdFilter_Click()
    Dim cn As ADODB.Connection    'データベースへの参照を代入する変数を宣言する
    Dim rs As ADODB.Recordset    'レコードセットへの参照を代入する変数を宣言する

    'カレントデータベースに接続する
    Set cn = CurrentProject.Connection
    'レコードセットを新規に作成する
    Set rs = New ADODB.Recordset
    'レコードセットのカーソルサービスをクライアントに設定する
    rs.CursorLocation = adUseClient
    '「Q_Master」クエリを開きレコードセットを取得する
    rs.Open "Q_Master", cn, adOpenKeyset, adLockOptimistic
    '「フリガナ」フィールドが「ア行」から始まるレコードを抽出する
    rs.Filter = "フリガナ Like 'ア%' Or フリガナ Like 'イ%'" _
        & " Or フリガナ Like 'ウ%' Or フリガナ Like 'エ%' Or フリガナ Like 'オ%'"
    'フォームのレコードセットを再設定する
    Set Me.Recordset = rs

    rs.Close          'レコードセットを閉じる
    cn.Close          'データベースへの参照を閉じる
End Sub
```

❖ 解説

ADOで抽出を行うには、Filterプロパティ（→Tips366）を使用します。「○○で始まる」といったような曖昧な条件で抽出を行うには、Like演算子と組み合わせます。Like演算子の構文についてはTips151を、指定する文字パターンについてはTips334を参照してください。

ただし、ADOの場合、Filterプロパティでは、Like演算子に範囲を指定する「[-]」を使用することができません。また、Not演算子やBeween And演算子も使用することができません。

そこで、「ア行から始まる」という条件を満たすために、ここではOr演算子を使用して処理しています。

600 Tips to Use Access VBA Better!
現場ですぐに使える!
Access
VBA
Microsoft 365/
Office 2021/2019/
2016/2013対応
逆引き大全

ファイルとフォルダ操作の極意

Tips 410

ファイルの存在を調べる

▶関連Tips 417

使用機能・命令 **FileExistsメソッド**

サンプルファイル名 gokui15.accdb/15_1Module

▼カレントデータベースと同じフォルダに「Sample410.txt」ファイルがあるかチェックする

```
Private Sub Sample410()
    Dim fso As Object   'FileSystemObjectオブジェクトを代入する変数を宣言する
    Dim Target As String         '対象のファイルのパスを代入する変数を宣言する

    'FileSystemObjectオブジェクトを作成して変数に代入する
    Set fso = CreateObject("Scripting.FileSystemObject")

    'このデータベースを同じフォルダ内の
    '「Sample410.txt」ファイルへのパスを変数に代入する
    Target = CurrentProject.Path & "¥Sample410.txt"

    'ファイルが存在するかチェックする
    If fso.FileExists(Target) Then
        MsgBox Target & "が存在します"       'ファイルが存在する場合のメッセージ
    Else
        MsgBox Target & "は存在しません" 'ファイルが存在しない場合のメッセージ
    End If
End Sub
```

❖ 解説

FileSystemObjectオブジェクトのFileExistsメソッドは、ファイルが存在するかどうかを返します。ここでは、カレントデータベースと同じフォルダに「Sample410.txt」ファイルがあるかをチェックしています。

FileSystemObjectオブジェクトは、ファイルやフォルダを扱うためのライブラリです。FileSystemObjectオブジェクトを利用するには、「Microsoft Scripting Runtime」に参照設定するか、サンプルのようにCreateObject関数を使用します。

• FileExistsメソッドの構文

object.FileExists(filespec)

FileExistsメソッドは、objectにFileSystemObjectオブジェクトを指定し、引数filespecに指定したファイルが存在するかを返します。存在する場合はTrueを、存在しない場合はFalseを返します。

Tips 411

ファイルをコピーする

▶関連Tips 410

使用機能・命令 **CopyFileメソッド**

サンプルファイル名 gokui15.accdb/15_1Module

▼「Sample411.txt」ファイルのコピー(別フォルダ)と、別名のコピーを作成する

```
Private Sub Sample411()
    Dim fso As Object    'FileSystemObjectオブジェクトを代入する変数を宣言する
    Dim Target As String         '対象のファイルのパスを代入する変数を宣言する
    'FileSystemObjectオブジェクトを作成して変数に代入する
    Set fso = CreateObject("Scripting.FileSystemObject")
    'このデータベースが保存されているパスを取得して変数に代入する
    Target = CurrentProject.Path & "¥"
    'Sample411.txtファイルを「Sample411」フォルダにコピーする
    fso.CopyFile Target & "Sample411.txt", Target & "Sample411¥"
    'Sample411.txtファイルをSample411_bk.txtファイルとしてコピーする
    fso.CopyFile Target & "Sample411.txt", Target & "Sample411_bk.txt"
End Sub
```

❖ 解説

FileSystemObjectオブジェクトのCopyFileメソッドは、指定したファイルをコピーします。

ここでは、カレントデータベースと同じフォルダにある「Sample411.txt」ファイルのコピーを2つ作成します。1つは、「Sample411」フォルダにコピーします。もう1つは、元のファイルと同じフォルダ内に「Sample411_bk.txt」という別名でコピーします。

このように、**FileSystemObjectオブジェクトのCopyFileメソッドは、ファイルのコピー先を表す2番目の引数に、元のファイルとは異なるファイル名を指定して、結果的に別名のコピーを作成することができます。**

• CopyFileメソッドの構文

object.CopyFile(source, destination[, overwrite])

CopyFileメソッドは、objectにFileSystemObjectオブジェクトを指定し、指定したファイルをコピーします。引数sourceは、コピーするファイルを指定します。1つ以上のファイルを指定するために、ワイルドカード文字を使用することもできます。**引数destinationは、コピー先を指定します。ワイルドカード文字は使用できません。**引数overwriteは、既存のファイルを上書きするかを指定します。Trueを指定するとファイルは上書きされ、Falseを指定すると上書きされません。既定値は、Trueです。引数destinationに指定したコピー先が読み取り専用の属性を持っていた場合は、引数overwriteに指定した値とは関係なくCopyFileメソッドの処理は失敗するので注意する必要があります。

Tips
412 ファイルを移動する

▶関連Tips 410

使用機能・命令 **Moveメソッド/GetFileメソッド**

サンプルファイル名 gokui15.accdb/15_1Module

▼「Sample412.txt」ファイルを「Work」フォルダに移動する

```
Private Sub Sample412()
    Dim fso As Object   'FileSystemObjectオブジェクトを代入する変数を宣言する

    'FileSystemObjectオブジェクトを作成して変数に代入する
    Set fso = CreateObject("Scripting.FileSystemObject")

    'Sample412.txtを「Work」フォルダに移動する
    fso.GetFile(CurrentProject.Path & "¥Sample412.txt") _
        .Move CurrentProject.Path & "¥Work¥"
End Sub
```

❖ 解説

FileSystemObjectオブジェクトのMoveメソッドは、対象に指定したファイルを引数に指定したフォルダに移動します。FileSystemObjectオブジェクトのGetFileメソッドは、指定したファイルに対応するFileオブジェクトを返します。FileSystemObjectオブジェクトでは、ファイルはFileオブジェクトとして扱います。**Moveメソッドは、移動先に同名のファイルがある場合、エラーが発生します**。同名のファイルが存在する可能性がある場合、Moveメソッドの前にファイルの存在を確認すると良いでしょう。ここでは、GetFileメソッドを使用して「Sample412.txt」ファイルを取得し、このFileオブジェクトに対してMoveメソッドを使用しています。Moveメソッドの引数に移動先の「Work」フォルダを指定して、GetFileメソッドで取得したファイルを移動します。

なお、ここではカレントデータベースのパスを取得するために、CurrentProjectオブジェクトのPathプロパティ（→Tips253）を使用しています。

•Moveメソッドの構文

object.Move destination

•GetFileメソッドの構文

object.GetFile(filespec)

Moveメソッドは、objectにFileオブジェクトまたはFolderオブジェクトを指定し、引数destinationに指定した移動先に移動します。ワイルドカード文字は使用できません。

GetFileメソッドは、objectにFileSystemObjectオブジェクトを指定し、引数filespecに指定したファイルをFileオブジェクトとして取得します。

Tips 413 ファイルを削除する

▶関連Tips 410 412

使用機能・命令 **Deleteメソッド**

サンプルファイル名 gokui15.accdb/15_1Module

▼「Sample413」フォルダ内の「Sample413.txt」を削除する

```
Private Sub Sample413()
    Dim fso As Object   'FileSystemObjectオブジェクトを代入する変数を宣言する

    'FileSystemObjectオブジェクトを作成して変数に代入する
    Set fso = CreateObject("Scripting.FileSystemObject")

    '「Sample413」フォルダ内の「Sample413.txt」を削除する
    fso.GetFile(CurrentProject.Path _
        & "¥Sample413¥Sample413.txt").Delete
End Sub
```

解説

FileSystemObjectオブジェクトのDeleteメソッドは、対象のFileオブジェクトを削除します。引数にTrueを指定すると、読み取り専用のファイルも削除します。既定値はFalseです。引数を省略し、読み取り専用のファイルを削除しようとすると、エラーが発生します。

ここでは、FileSystemObjectオブジェクト（→Tips410）のGetFileメソッド（→Tips412）を使用して、「Sample413」フォルダ内の「Sample413.txt」ファイルを取得し、このファイルを削除します。

なお、Deleteメソッドを使用して削除したファイルは、ゴミ箱には入らず、完全に削除されてしまうので注意してください。

▼実行結果

・Deleteメソッドの構文

object.Delete force

Deleteメソッドは、objectに指定したFileオブジェクトまたはFolderオブジェクトを削除します。引数forceをTrueにすると、読み取り専用属性がオンになっているファイルやフォルダも削除の対象となります。削除しない場合は、False(既定値)を指定します。

Tips 414

ファイルの属性を調べる

▶関連Tips 020 410

使用機能・命令 **Attributesプロパティ**

サンプルファイル名 gokui15.accdb/15_1Module

▼「Sample414.txt」ファイルに設定されている「読み取り専用」属性を解除する

```
Private Sub Sample414()
    Dim fso As Object   'FileSystemObjectオブジェクトを代入する変数を宣言する
    Dim vFile As Object         'Fileオブジェクトを代入する変数を宣言する

    'FileSystemObjectオブジェクトを作成して変数に代入する
    Set fso = CreateObject("Scripting.FileSystemObject")

    '対象のファイルをFileオブジェクトとして変数に代入する
    Set vFile = fso.GetFile(CurrentProject.Path & "¥Sample414.txt")
    '対象ファイルが読み取り専用かチェック
    If vFile.Attributes And ReadOnly Then
        '読み取り専用の場合読み取り専用を解除する
        vFile.Attributes = 0
    End If
End Sub
```

解説

Attributesプロパティは、対象のFileオブジェクトの属性を取得/設定します。

設定する属性は数値で指定します。なお、複数の属性を設定する場合は、+演算子を使用して数値を加算します。

なお、属性が設定されているかどうかは、And演算子を使用して確認します。Attributesプロパティの値と確認したい値を、And演算子で処理した結果がTureの場合は、その属性が設定されていることになります。

ここでは、「Sample414.txt」ファイルの属性が「読み取り専用」かチェックし、その場合は「読み取り専用」の属性を解除します。

Attributesプロパティに指定する属性を表す値は、次のとおりです。

◈ Attributesプロパティに指定できる値

定数	値	説明
Normal	0	標準ファイル
ReadOnly	1	読み取り専用ファイル
Hidden	2	隠しファイル
System	4	システムファイル
Volume	8	ディスクドライブボリュームラベル（取得のみ可能）
Directory	16	フォルダまたはディレクトリ（取得のみ可能）
Archive	32	アーカイブファイル
Alias	64	リンクまたはショートカット（取得のみ可能）
Compressed	128	圧縮ファイル（取得のみ可能）

▼実行結果

「読み取り専用」属性が解除された

• Attributesプロパティの構文

object.Attributes = newattributes

Attributesプロパティは、objectにFileオブジェクトまたはFolderオブジェクトを指定します。newattributesは、objectに指定したファイルまたはフォルダに与える新しい属性値を指定します。

Tips 415

ファイル名のパスとファイル名を取得する

▶関連Tips 410 412

使用機能・命令 **GetFileNameメソッド/Pathプロパティ/ParentFolderプロパティ**

サンプルファイル名 gokui15.accdb/15_1Module

▼ファイルのファイル名と、フルパスおよびフォルダ名を取得して、メッセージボックスに表示する

```
Private Sub Sample415()
    Dim fso As Object   'FileSystemObjectオブジェクトを代入する変数を宣言する
    Dim vFile As Object         'Fileオブジェクトを代入する変数を宣言する
    'FileSystemObjectオブジェクトを作成して変数に代入する
    Set fso = CreateObject("Scripting.FileSystemObject")
    '指定したパスからファイル名のみメッセージボックスに表示する
    MsgBox "ファイル名：" & _
        fso.GetFileName(CurrentProject.Path & "¥Sample415.txt")
    '「Sample415.txt」ファイルをFileオブジェクトを取得して変数に代入する
    Set vFile = fso.GetFile(CurrentProject.Path & "¥Sample415.txt")
    '指定したファイルのパスとフォルダ名をメッセージボックスに表示する
    MsgBox "パス：" & vFile.Path & vbLf _
        & "フォルダ名：" & vFile.ParentFolder
End Sub
```

❖ 解説

ここでは、「Sample415.txt」ファイルのパスとファイル名をそれぞれ取得し、メッセージボックスに表示します。

• GetFileNameメソッドの構文

object.GetFileName(pathspec)

• Pathプロパティ/ParentFolderプロパティの構文

object. Path/ParentFolder

GetFileNameメソッドは、objectにFileSystemObjectオブジェクトを指定し、引数pathspecに指定したパスからファイル名のみを返します。ただし、ファイルの有無には関係なく、指定したパスからファイル名のみを取り出します。また、OSの設定とは関係なく、指定したパスに拡張子が含まれていれば、拡張子込みのファイル名を返します。

Pathプロパティ/ParentFolderプロパティは、objectにFileオブジェクトまたはFolderオブジェクトを指定し、対象のパス（Pathプロパティ）や親フォルダ（ParentFolderプロパティ）を取得します。Pathプロパティは、Driveオブジェクトを指定することも可能です。

Tips 416

ファイル名と拡張子をそれぞれ取得する

▶関連Tips 410 415

使用機能・命令 **GetBaseNameメソッド/GetExtensionNameメソッド**

サンプルファイル名 gokui15.accdb/15_1Module

▼「Sample416.txt」ファイルのファイル名と拡張子を、ぞれぞれ取得する

```
Private Sub Sample416()
    Dim fso As Object    'FileSystemObjectオブジェクトを代入する変数を宣言する
    Dim Target As String          '対象のファイルのパスを代入する変数を宣言する

    'FileSystemObjectオブジェクトを作成して変数に代入する
    Set fso = CreateObject("Scripting.FileSystemObject")
    '対象ファイルのパスを変数に代入する
    Target = CurrentProject.Path & "¥Sample416.txt"
    '拡張子を除くファイル名と拡張子のみ取得してメッセージボックスに表示する
    MsgBox "ファイル名：" & fso.GetBaseName(Target) & vbCrLf _
        & "拡張子：" & fso.GetExtensionName(Target)
End Sub
```

解説

FileSystemObjectオブジェクトのGetBaseNameメソッドは、拡張子を除いたファイルのベース名を取得します。また、FileSystemObjectオブジェクトのGetExtensionNameメソッドは、引数に指定したパスからファイルの拡張子を取得します。この時、OSの設定で拡張子が非表示になっていても拡張子を取得します。ただし、ファイルに拡張子がない場合は、長さ0の文字列（""）を返します。

▼実行結果

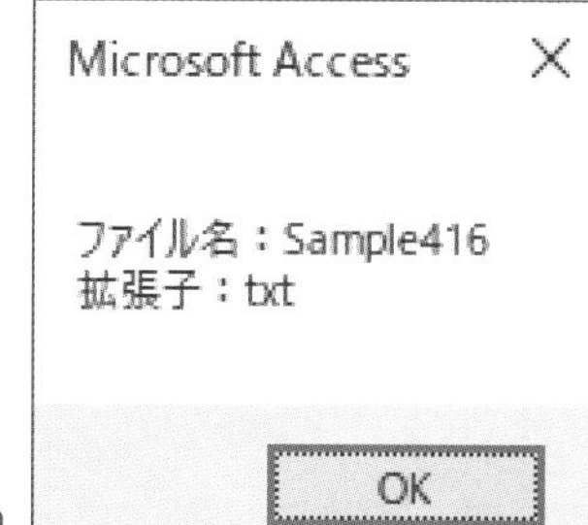

ファイル名と拡張子が表示された

•GetBaseNameメソッド/GetExtensionNameメソッドの構文

object.GetBaseName/GetExtensionName (path)

いずれも、objectにFileSystemObject オブジェクトを指定し、引数pathに対象のファイルのパスを指定します。GetBaseNameメソッドは、ファイル名から拡張子を除いたベース名を、GetExtensionNameメソッドはファイルの拡張子を取得します。

Tips 417 フォルダの存在を調べる

▶関連Tips 410

使用機能・命令 **FolderExistsメソッド**

サンプルファイル名 gokui15.accdb/15_2Module

▼「Work」フォルダが存在するかチェックする

```
Private Sub Sample417()
    Dim fso As Object    'FileSystemObjectオブジェクトを代入する変数を宣言する
    Dim temp As String    'カレントディレクトリを代入する変数を宣言する
    'FileSystemObjectオブジェクトを作成して変数に代入する
    Set fso = CreateObject("Scripting.FileSystemObject")
    temp = CurDir    '現在のカレントフォルダを変数に代入
    'カレントフォルダをカレントデータベースの保存先に変更する
    ChDir CurrentProject.Path
    'Workフォルダがあるかどうかチェックする
    If fso.FolderExists(".¥Work") Then
        MsgBox "Workフォルダが存在します"    'フォルダが見つかった場合のメッセージ
    Else
        MsgBox "Workフォルダは存在しません"    'フォルダが見つからなかった場合のメッセージ
    End If
    ChDir temp    'カレントフォルダを変更前に戻す
End Sub
```

解説

FileSystemObjectオブジェクトのFolderExistsメソッドは、引数に指定したフォルダが存在するかを取得します。存在する場合はTrueを、存在しない場合はFalseを返します。

対象フォルダには、相対パスを指定することも可能です。相対パスでは、「.」がカレントフォルダを示し、「..」はカレントフォルダの親フォルダを表します。ここでは、カレントデータベースと同じフォルダ内に「Work」フォルダが存在するかチェックし、結果をメッセージボックスに表示します。

この時、FolderExistsメソッドの引数に、相対パスで「Work」フォルダを指定しています。そのため、ChDir関数でカレントフォルダを、カレントデータベースが保存されているフォルダに変更しています。また、処理終了後、カレントフォルダを変更前に戻しています。

•FolderExistsメソッドの構文

object.FolderExists(folderspec)

FolderExistsメソッドは、objectにFileSystemObjectオブジェクトを指定し、引数folderspecに指定したフォルダが存在するかを調べます。存在する場合はTrueを、存在しない場合はFalseが返ります。

Tips 418

フォルダを作成する

▶関連Tips 039 043 410

使用機能・命令 **CreateFolderメソッド**

サンプルファイル名 gokui15.accdb/15_2Module

▼カレントデータベースと同じフォルダに「Sample418」フォルダを作成する

```
Private Sub Sample418()
    Dim fso As Object   'FileSystemObjectオブジェクトを代入する変数を宣言する
    Dim temp As String    'カレントディレクトリを代入する変数を宣言する
    'FileSystemObjectオブジェクトを作成して変数に代入する
    Set fso = CreateObject("Scripting.FileSystemObject")
    On Error Resume Next    'エラー処理を開始
    '「Sample418」フォルダを作成する
    temp = fso.CreateFolder(CurrentProject.Path & "¥Sample418")
    If Err.Number = 0 Then    'エラーが発生したかの判定
        'エラーは発生せず、フォルダが作成された時のメッセージ
        MsgBox temp & "フォルダを作成しました"
    Else
        'エラーが発生した時のメッセージ
        MsgBox temp & "フォルダは作成できませんでした" & vbLf _
            & Err.Description
    End If
End Sub
```

❖ 解説

FileSystemObjectオブジェクトのCreateFolderメソッドは、引数に指定したフォルダを作成します。**すでに同名のフォルダが存在する場合は、エラーになります**。作成に成功すると、作成したフォルダのパスを返します。

なお、ここではOn Error Resume Nextステートメント（→Tips039）で、既に同名のフォルダが存在してエラーが発生しても処理が中断しないようにしています。また、エラーが発生した場合、Descriptionプロパティ（→Tips043）を使用して、エラーの内容をメッセージボックスに表示します。

・CreateFolderメソッドの構文

object.CreateFolder(foldername)

CreateFolderメソッドは、objectにFileSystemObjectオブジェクトを指定し、引数foldernameに指定したパスにフォルダを作成します。

Tips 419 フォルダをコピーする

▶関連Tips 410

使用機能・命令　CopyFolderメソッド

サンプルファイル名　gokui15.accdb/15_2Module

▼「Sample419」フォルダを「Work」フォルダ内にコピーする

```
Private Sub Sample419()
    Dim fso As Object   'FileSystemObjectオブジェクトを代入する変数を宣言する

    'FileSystemObjectオブジェクトを作成して変数に代入する
    Set fso = CreateObject("Scripting.FileSystemObject")

    '「Sample419」フォルダを「Work」フォルダにコピーする
    fso.CopyFolder CurrentProject.Path & "¥Sample419", _
        CurrentProject.Path & "¥Work¥"
End Sub
```

❖ 解説

FileSystemObjectオブジェクトのCopyFolderメソッドは、指定したフォルダをコピーします。1番目の引数にコピーするフォルダを、2番目の引数にコピー先を指定します。

ここでは、「Sample419」フォルダを「Work」フォルダにコピーします。CopyFolderメソッドは2番目の引数にコピー先を指定しますが、ここで末尾に「¥」を付けるのを忘れないようにしてください。ここでは「¥Work¥」としていますが、これで、Workフォルダの「中」にコピーする、という意味になります。

▼実行結果

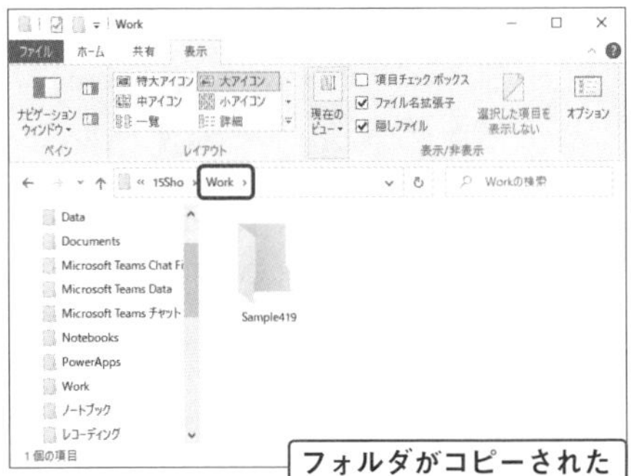

• CopyFolderメソッドの構文

object.CopyFolder(source, destination[, overwrite])

CopyFolderメソッドは、objectにFileSystemObjectオブジェクトを指定し、フォルダをコピーします。引数sourceは、対象となるフォルダを指定します。１つ以上のフォルダを指定するために、ワイルドカード文字を使用できます。引数destinationはコピー先を指定します。ワイルドカード文字は使用できません。引数overwriteは、既存のフォルダを上書きするかを指定します。Trueを指定すると上書きされ、Falseを指定すると上書きされません。既定値はTrueです。

フォルダを移動する

▶関連Tips
410
417
419
421

使用機能・命令 **MoveFolderメソッド**

サンプルファイル名 gokui15.accdb/15_2Module

▼「Sample420」フォルダを「Work」フォルダ内に移動する

```
Private Sub Sample420()
    Dim fso As Object   'FileSystemObjectオブジェクトを代入する変数を宣言する

    'FileSystemObjectオブジェクトを作成して変数に代入する
    Set fso = CreateObject("Scripting.FileSystemObject")

    '「Sample420」フォルダを「Work」フォルダ内に移動する
    fso.MoveFolder CurrentProject.Path & "¥Sample420", _
        CurrentProject.Path & "¥Work¥"
End Sub
```

解説

FileSystemObjectオブジェクトのMoveFolderメソッドは、指定したフォルダを移動します。**移動先にすでに同名のフォルダがある場合、エラーになります。**これを避けるには、FolderExistsメソッド(→Tips417)で事前に対象のフォルダがあるか確認するか、CopyFolderメソッド(→Tips419)でフォルダを上書きしたあと、DeleteFolderメソッド(→Tips421)で元のフォルダを削除する、といった方法があります。

▼実行結果

• MoveFolderメソッドの構文

object.MoveFolder(source, destination)

MoveFolderメソッドは、objectにFileSystemObjectオブジェクトを指定し、引数sourceに指定したフォルダを引数destinationに指定したフォルダに移動します。引数sourceは、指定するパスの最後の要素ではワイルドカード文字を使用できます。引数destinationにワイルドカード文字は使用できません。

フォルダを削除する

▶関連Tips 410 417

使用機能・命令 **DeleteFolderメソッド**

サンプルファイル名 gokui15.accdb/15_2Module

▼「Sample421」フォルダ内の「Data」フォルダを削除する

```
Private Sub Sample421()
    Dim fso As Object    'FileSystemObjectオブジェクトを代入する変数を宣言する
    Dim Target As String    '対象のフォルダ名を代入する変数を宣言する
    'FileSystemObjectオブジェクトを作成して変数に代入する
    Set fso = CreateObject("Scripting.FileSystemObject")
    Target = CurrentProject.Path & "¥Sample421¥Data"
    '対象フォルダの存在をチェックする
    If fso.FolderExists(Target) Then
        '「Sample421」フォルダ内の「Data」フォルダを削除する
        fso.DeleteFolder Target
    End If
End Sub
```

❖ 解説

FileSystemObjectオブジェクトのDeleteFolderメソッドは、引数に指定したフォルダを削除します。フォルダ内のファイルも、同時にすべて削除します。ただし、対象のフォルダが存在しないと、エラーが発生します。

そこでこのサンプルでは、対象フォルダが存在するか、FileSystemObjectオブジェクトのFolderExistsメソッド（→Tips417）を使用して確認してから、フォルダを削除しています。

▼実行結果

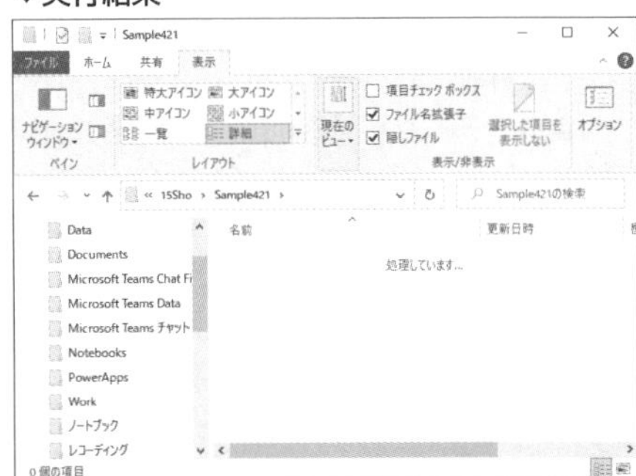

フォルダが削除された

• DeleteFolderメソッドの構文

object.DeleteFolder(folderspec[, force])

DeleteFolderメソッドは、objectにFileSystemObjectオブジェクトを指定し、引数folderspecに指定したフォルダを削除します。指定するパスの最後の構成要素内では、ワイルドカード文字を使用できます。引数forceはTrueを指定すると、読み取り専用の属性を持つフォルダも削除されます。False（既定値）を指定すると、読み取り専用フォルダは削除されません。

Tips **422**

フォルダの属性を調べる

▶関連Tips 410 414

使用機能・命令 **Attributesプロパティ** (→Tips414)

サンプルファイル名 gokui15.accdb/15_2Module

▼「Sample422」フォルダが隠しフォルダか確認し、隠しフォルダの場合は解除する

```
Private Sub Sample422()
    Dim fso As Object   'FileSystemObjectオブジェクトを代入する変数を宣言する
    Dim vFolder As Object    '対象のフォルダを代入する変数を宣言する

    'FileSystemObjectオブジェクトを作成して変数に代入する
    Set fso = CreateObject("Scripting.FileSystemObject")

    '「Sample422」フォルダをFolderオブジェクトとして変数に代入する
    Set vFolder = fso.GetFolder(CurrentProject.Path & "¥Sample422")

    '対象フォルダが隠しフォルダかチェックする
    If vFolder.Attributes And 2 Then
        '隠しフォルダの場合、解除する
        vFolder.Attributes = 0
    End If
End Sub
```

解説

Attributesプロパティは、対象に指定したFolderオブジェクトの属性を取得/設定します。複数の属性を設定する場合は、+演算子を使用して数値を加算します。詳しくは、Tips414を参照してください。

ここでは、「Sample422」フォルダが隠しフォルダかチェックして、隠しフォルダの場合は解除しています。

▼実行結果

「隠しフォルダ」の属性が解除された

ファイルとフォルダ操作の極意 15

Tips
423 サブフォルダを取得する

▶関連Tips 410

使用機能・命令 **SubFoldersプロパティ**

サンプルファイル名 gokui15.accdb/15_2Module2

▼カレントデータベースと同じフォルダ内のすべてのサブフォルダを検索し、ファイル名を取得する

```
'取得したファイル名を保存するコレクション
Private vFoundFiles As Collection

Private Sub Sample423()
    Dim i As Long          '繰り返し処理用の変数を宣言する
    'コレクションを作成する
    Set vFoundFiles = New Collection

    'カレントデータベースのあるフォルダ内のファイル名を取得する
    GetFileList CurrentProject.Path

    '見つかったファイルに対して処理を行う
    For i = 1 To vFoundFiles.Count
        Debug.Print vFoundFiles.Item(i)    'ファイル名を表示する
    Next
End Sub

'すべてのサブフォルダに対して処理を行うプロシージャ
Private Sub GetFileList(ByVal vPath As String)
    Dim fso As Object    'FileSystemObjectオブジェクトを代入する変数を宣言する
    Dim TargetFolder As Object  '対象フォルダを代入する変数を宣言する
    Dim SubFolder As Object     'サブフォルダを代入する変数を宣言する
    Dim vFile As Object         '対象ファイルを代入する変数を宣言する

    'FileSystemObjectオブジェクトを作成して変数に代入する
    Set fso = CreateObject("Scripting.FileSystemObject")

    '指定したフォルダをFolderオブジェクトとして変数に代入する
    Set TargetFolder = fso.GetFolder(vPath)

    'すべてのフォルダに対して処理を行う
    For Each SubFolder In TargetFolder.SubFolders
        '取得したフォルダに対して、GetFileLisを再び実行する
        GetFileList SubFolder.Path
```

```
        Next

        'フォルダに対して処理を行う
        For Each vFile In TargetFolder.Files
            'フォルダ内のファイル名をコレクションに追加する
            vFoundFiles.Add Item:=vFile.Path
        Next
        Set fso = Nothing    '変数fsoにNothingを代入してオブジェクトの参照を切る
    End Sub
```

❖ 解説

FileSystemObjectオブジェクトのSubFoldersプロパティは、指定したフォルダのサブフォルダを取得します。

ここでは、カレントデータベースがあるフォルダ内のすべてのサブフォルダを検索し、サブフォルダ内のすべてのファイル名を取得します。

すべてのサブフォルダを検索するために、ここではGetFileListプロシージャ内で、GetFileListプロシージャを繰り返し実行することで、すべてのファイル名を取得します。

このように、GetFileListプロシージャ内で、再度GetFileListプロシージャを呼び出す処理を、再帰処理と呼びます。

なお、再帰処理を使用する場合、注意しなくてはならない点がいくつかあります。

・制限条件

再帰プロシージャでは、再帰を終了する条件が必要です。条件がないと、プロシージャが無限ループに陥る可能性が高くなります。このサンプルでは、For Each Nextステートメントでサブフォルダを呼び出していますが、対象のサブフォルダがなくなるとこのループ処理は終了するので、それが再帰処理の終了条件となっています。

・メモリ使用状況

再帰処理では、ローカル変数のコピーが毎回作成され、メモリを消費します。このプロセスがいつまでも続くと、最終的にはオーバーフローエラーが発生します。

・効率

ほとんどの場合、再帰処理はループ処理で代替できます。ループ処理では引数を渡したり、追加の領域を初期化したり、値を返したりするオーバーヘッドは発生しません。再帰処理よりも、パフォーマンスは大きく向上します。

・テスト

再帰処理を行う場合、終了条件を満たしていることを必ずテストしてください。また、再帰呼び出しが多すぎるためにメモリを使い果たすことがないことを、十分確認するようにしてください。

▼実行結果

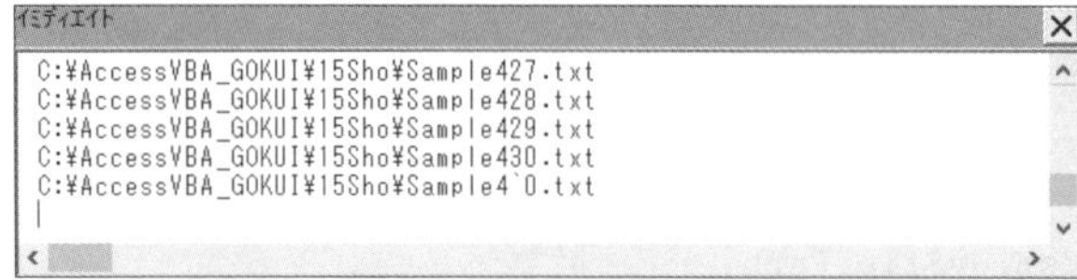

ファイル名がイミディエイトウィンドウに表示された

•SubFoldersプロパティの構文

object.SubFolders

SubFoldersプロパティは、objectにFolderオブジェクトを指定し、指定されたフォルダ内にあるすべてのフォルダの入ったFoldersコレクションを返します。このコレクションには、隠しファイルやシステムファイルの属性を持つフォルダも含まれます。

Tips 424

ドライブの総容量と空き容量を調べて使用容量を計算する

▶関連Tips 410

使用機能・命令 **TotalSizeプロパティ/FreeSpaceプロパティ**

サンプルファイル名 gokui15.accdb/15_2Module

▼Cドライブの総容量と空き容量を取得して、メッセージボックスに表示する

```
Private Sub Sample424()
    Dim fso As Object   'FileSystemObjectオブジェクトを代入する変数を宣言する
    Dim vTotal As Long       'トータルサイズを代入する変数を宣言する
    Dim vFree As Long        '空き容量を代入する変数を宣言する

    'FileSystemObjectオブジェクトを作成して変数に代入する
    Set fso = CreateObject("Scripting.FileSystemObject")
    'CドライブをDriveオブジェクトとして取得し、処理対象にする
    With fso.GetDrive("C")
        '総容量をGB単位で取得する
        vTotal = Format(.TotalSize / 1024 / 1024 / 1024, "#,###")
        '空き容量をGB単位で取得する
        vFree = .FreeSpace / 1024 / 1024 / 1024
    End With

    '取得した値をメッセージボックスに表示
    MsgBox "総容量：" & vTotal & "GB" & vbCrLf _
        & "空き容量：" & vFree & "GB"
End Sub
```

解説

FileSystemObjectオブジェクトのTotalSizeプロパティは、指定したドライブの総容量を取得します。また、FileSystemObjectオブジェクトのFreeSpaceプロパティは、空き容量を取得します。いずれも、単位はバイト単位になります。なお、対象にはFileSystemObjectオブジェクトのDrivesオブジェクトを指定します。ドライブオブジェクトは、GetDriveメソッドで取得します。ここでは、Cドライブの総容量と空き容量を取得し、メッセージボックスに表示します。

TotalSizeプロパティで総容量を、FreeSpaceプロパティで空き容量を取得していますが、バイト単位で取得されるため、1024での除算を繰り返してGB単位に変換しています。

• TotalSizeプロパティ/FreeSpaceプロパティの構文

object. TotalSize/FreeSpace

いずれも、object にはDriveオブジェクトを指定します。TotalSizeプロパティは指定したドライブの総容量を、FreeSpaceプロパティは空き容量をバイト単位で取得します。

ファイル・フォルダの存在を確認する

▶関連Tips 434

使用機能・命令 **Dir関数**

サンプルファイル名 gokui15.accdb/15_3Module

▼「Samle425.txt」ファイルと「Sample425」フォルダが、それぞれ存在するかチェックする

```
Private Sub Sample425()
    Dim vFileName As String      'ファイル名を代入する変数を宣言する
    Dim vFolderName As String    'フォルダ名を代入する変数を宣言する
    'ファイル名を取得する
    vFileName = Dir(CurrentProject.Path & "¥Sample425.txt")
    'フォルダ名を取得する
    vFolderName = Dir(CurrentProject.Path & "¥Sample425", vbDirectory)
    If Len(vFileName) <> 0 Then    'ファイルが存在するかチェックする
        'ファイルが存在する場合のメッセージ
        MsgBox "「Sample425.txt」は存在します"
    End If
    If Len(vFolderName) <> 0 Then     'フォルダが存在するかチェックする
        'フォルダが存在した場合のメッセージ
        MsgBox "「Sample425」フォルダは存在します"
    End If
End Sub
```

解説

Dir関数は、引数に指定したファイル・フォルダを検索します。値はフルパスで指定します。フォルダ名を省略した場合、カレントフォルダが対象になります。

ここでは、ファイルとフォルダのそれぞれを検索しています。

Dir関数の2番目の引数に、検索対象の種類を指定します。指定できる値は、次のようになります。なお、「vbNormal+vbHidden」のようにすることで、これらの値は複数指定することができます。

◈ Dir関数の引数attributesに指定する値

定数	値	説明
vbNormal	0	（既定値）属性のないファイル
vbReadOnly	1	属性のないファイルと読み取り専用のファイル
vbHidden	2	属性のないファイルと隠しファイル
VbSystem	4	属性のないファイルとシステムファイル
vbVolume	8	ボリュームラベル。他の属性を指定した場合は、vbVolumeは無視される
vbDirectory	16	属性のないファイルとフォルダ

ここでは、「Sample425.txt」ファイルと「Sample425」フォルダが有るか確認します。

▼ファイルとフォルダの有無を確認する

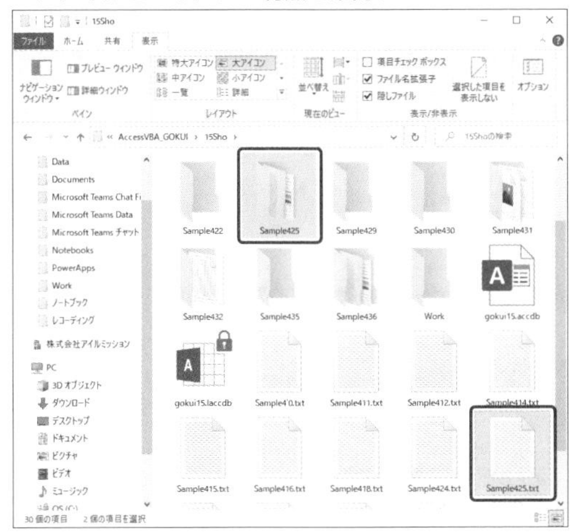

「Sample425.txt」ファイルと「Sample425」フォルダの有無を確認する

▼実行結果

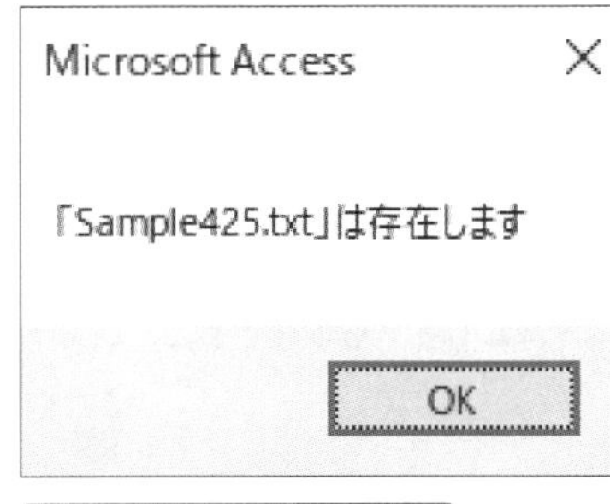

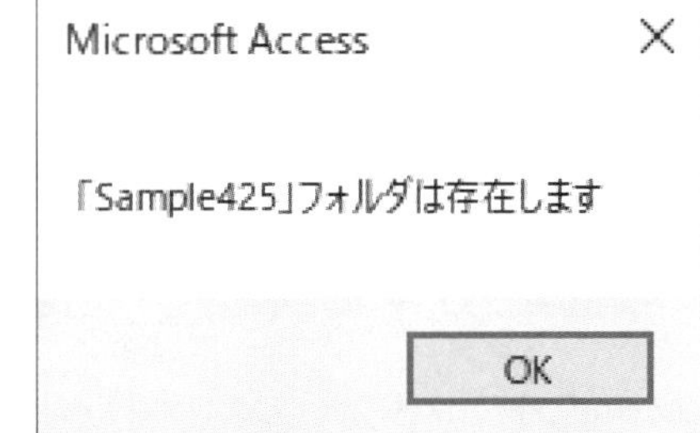

それぞれの有無を確認した

•Dir関数の構文

Dir[(pathname[, attributes])]

Dir関数は、指定したパターンまたはファイル属性に一致するファイル、ディレクトリ、フォルダの名前、またはドライブのボリュームラベルを表すStringを返します。引数pathnameには、対象となるファイル名を指定します。指定したファイルやフォルダが見つからない場合は、長さ0の文字列("")が返されます。引数attributesは、ファイル属性を指定する定数または数式です。指定できる値については、「解説」を参照してください。

Tips 426

ファイルサイズを取得する

▶関連Tips 424

使用機能・命令 **FileLen関数**

サンプルファイル名 gokui15.accdb/15_3Module

▼「Sample426.txt」ファイルのファイルサイズを確認する

```
Private Sub Sample426()
    Dim temp As String        '表示するメッセージを代入する変数を宣言する

    'チェックするファイルのパスを変数に代入する
    temp = CurrentProject.Path & "¥Sample426.txt"

    '指定したファイルのファイルサイズをKB単位で表示する
    MsgBox "選択されたファイルのファイルサイズ：" _
        & Round(FileLen(temp) / 1024, 2) & "KB"
End Sub
```

❖ 解説

FileLen関数は、ファイルサイズ(バイト数)を取得します。引数に、対象となるファイルをフルパスで指定します。フォルダ名を省略すると、カレントフォルダのファイルが対象となります。

なお、FileLen関数は対象のファイルが開いている状態の場合でも、開く前のファイルサイズを取得します。そのため、対象のファイルが編集中のファイルサイズを取得することはできません。編集中のファイルのファイルサイズを取得するには、LOF関数を使用します。LOF関数は、Openステートメントを使用して開かれたファイルのファイルサイズを取得します。LOF関数の引数に、Openステートメントに指定したファイル番号を指定することで、ファイルサイズを取得することができます。

ここでは、「Sample426.txt」ファイルのファイルサイズを、メッセージボックスに表示します。

FileLen関数は、指定したファイルのバイト数を返します。そこで、1024で除算してKB単位に変換します。

また、小数点第2位までの値に丸めるために、Round関数を使用しています。**Round関数は、銀行系の丸め処理を行う関数です。いわゆる四捨五入とは異なるので、注意してください。**

•FileLen関数の構文

FileLen(pathname)

FileLen関数は、引数pathnameに指定したファイルの長さ(バイト数)を返します。

Tips 427 ファイルの属性を取得／設定する

▶関連Tips 425

使用機能・命令 **GetAttr関数／SetAttrステートメント**

サンプルファイル名 gokui15.accdb/15_3Module

▼「Sample427.txt」ファイルに属性を設定して、その属性を確認する

```
Private Sub Sample427()
    Dim FileName As String      'ファイル名を代入する変数を宣言する
    Dim FileAttr As Long        '属性を代入する変数を宣言する
    Dim msg As String           'メッセージを代入する変数を宣言する

    '対象のファイル名を変数に代入する
    FileName = CurrentProject.Path & "¥Sample427.txt"

    '指定したファイルに「隠しファイル」「読み取り専用」の属性を設定する
    SetAttr FileName, vbHidden + vbReadOnly

    FileAttr = GetAttr(FileName)        'ファイルの属性を取得する

    If FileAttr And vbReadOnly Then     '読み取り専用かどうかの判定
        msg = msg & "読み取り専用" & vbCrLf  '読み取り専用だった場合のメッセージ
    End If
    If FileAttr And vbHidden Then       '隠しファイル華道家の判定
        msg = msg & "隠しファイル" & vbCrLf   '隠しファイルだった場合のメッセージ
    End If
    If FileAttr And vbSystem Then       'システムファイルかどうかの判定
        'システムファイルだった場合のメッセージ
        msg = msg & "システムファイル" & vbCrLf

    End If
    If FileAttr And vbDirectory Then    'フォルダかどうかの判定
        msg = msg & "フォルダ" & vbCrLf      'フォルダだった場合のメッセージ
    End If
    If FileAttr And vbArchive Then      'アーカイブ属性かどうかの判定
        msg = msg & "アーカイブ"          'アーカイブ属性だった場合のメッセージ
    End If
    MsgBox "Sample427.txtファイルの属性" & vbCrLf & msg     '処理結果を表示
End Sub
```

❖ 解説

GetAttr関数は、ディスクに保存されたファイルの属性を取得します。属性を表す戻り値は、各属性を表す値の合計値となります。例えば、「読み取り専用（1）」と「隠しファイル（2）」の属性を持つファイルの戻り値は、「1＋2＝3」となります。

SetAttrステートメントは、ファイルの属性を設定することができます。1番目の引数に設定するファイル名を、2番目の引数に設定する属性の値の合計を指定します。いずれも、1番目の引数には対象のファイル名をフルパスで指定します。フォルダ名を省略すると、カレントフォルダを指定したことと見なされます。

ここでは、「Sample427.txt」ファイルに対して処理を行います。まず、SetAttrステートメントで「隠しファイル」「読み取り専用」の属性を設定します。

続けて、GetAttr関数を使用して、正しく属性が設定されているかどうかを判定します。GetAttr関数は、指定したファイルの属性を数値で返します。複数の属性が設定されている場合は、その合計値を返します。これを判定するには、And演算子を使用します。取得した値とAnd演算子の結果がTrueになれば、その属性が設定されていることになります。

なお、SetAttrステートメント、GetAttr関数で使用する属性を表す定数は、次のとおりです。

◈ 属性を表す定数

定数	値	説明
vbNormal	0	標準
vbReadOnly	1	読み取り専用
vbHidden	2	非表示
vbSystem	4	システムファイル
vbDirectory	16	ディレクトリまたはフォルダ
vbArchive	32	前回のバックアップ以降に変更されているファイル

また、And演算子のこのような利用方法については、Tips020を参照してください。

•GetAttr関数の構文

GetAttr(pathname)

•SetAttrステートメントの構文

SetAttr pathname, attributes

GetAttr関数は、引数pathnameに指定したファイル、ディレクトリ、またはフォルダの属性を表す値を返します。返される値は、「解説」にある値の合計値です。

SetAttrステートメントは、引数pathnameに指定したファイルの属性を指定します。引数attributesに設定する属性を指定します。指定できる値は、「解説」を参照してください。

Tips 428 ファイルの作成日時を取得する

▶関連Tips 427

使用機能・命令 **FileDateTime関数**

サンプルファイル名 gokui15.accdb/15_3Module

▼「Sample428.txt」ファイルの作成日時をメッセージボックスに表示する

```
Private Sub Sample428()
    '「Sample428.txt」ファイルの作成日時を表示する
    MsgBox "ファイルの作成日時：" & _
        FileDateTime(CurrentProject.Path & "¥Sample428.txt")
End Sub
```

解説

FileDateTime関数は、ファイルの作成日時を取得します。ファイル名は、引数にフルパスで指定します。フォルダ名を省略すると、カレントフォルダが対象となります。

なお、取得される日時は、Windowsのシステム設定に設定されている形式になります。

ここでは、カレントデータベースと同じフォルダにある「Sample428.txt」ファイルの作成日時を、メッセージボックスに表示します。

▼実行結果

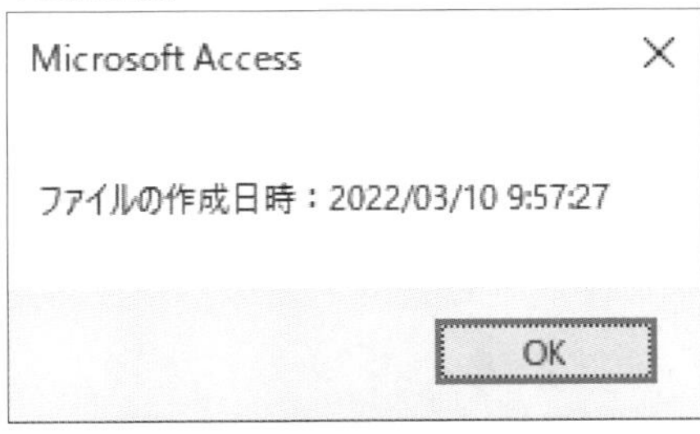

ファイルの作成日時が表示された

• FileDateTime関数の構文

FileDateTime(pathname)

FileDateTime関数は、引数pathnameに指定したファイルの作成日時、または最終更新日時を示す値を返します。

Tips 429

ファイルをコピーする

▶関連Tips 411

使用機能・命令

FileCopyステートメント

サンプルファイル名 gokui15.accdb/15_3Module

▼「Sample429.txt」ファイルを別名で「Sample429」フォルダにコピーする

```
Private Sub Sample429()
    '「Sample429.txt」ファイルを「Sample429」フォルダに、
    '「Sample429_bk.txt」という名前でコピーする
    FileCopy CurrentProject.Path & "¥Sample429.txt" _
        , CurrentProject.Path & "¥Sample429¥Sample429_bk.txt"
End Sub
```

解説

FileCopyステートメントは、ファイルをコピーするステートメントです。FileCopyステートメントでは、1番目の引数にコピー元ファイル名を、2番目の引数にコピー後のファイル名をフルパスで指定します。**フォルダ名を省略すると、カレントフォルダが対象になります。コピー後のファイル名は、元のファイルと異なる名前を指定することもできます**。ここでは、「Sample429.txt」ファイルを「Sample429_bk.txt」という名前でコピーしています。

なお、コピー元のファイルが存在しない場合や、コピー先に同名のファイルがあって、そのファイルが開かれている場合にはエラーが発生します。さらに、コピー元のファイルが読み込みロック中の場合にも、エラーが発生します。

それ以外の場合は、コピー先にすでにファイルが存在する場合であっても、FileCopyステートメントは特にメッセージ等は表示せずに、コピーを実行します。そのため、指定先に同名のファイルがある場合、既存のファイルが上書きされてしまうので注意が必要です。

▼実行結果

ファイルがコピーされた

•FileCopyステートメントの構文

FileCopy source, destination

FileCopyステートメントは、引数sourceに指定したファイルを引数destinationにコピーします。

Tips 430

ファイルを移動する

▶関連Tips 412

使用機能・命令

Nameステートメント

サンプルファイル名　gokui15.accdb/15_3Module

▼「Sample430.txt」ファイルを「Sample430」フォルダに移動する

```
Private Sub Sample430()
    '「Sample430.txt」ファイルを「Sample430」フォルダに移動する
    Name CurrentProject.Path & "¥Sample430.txt" _
        As CurrentProject.Path & "¥Sample430¥Sample430.txt"
End Sub
```

解説

Nameステートメントは、ファイル名やフォルダ名を変更するステートメントです。１番目の引数に元のファイル名を、２番目の引数に変更後のファイル名を、それぞれフルパスで指定します。フォルダ名を省略した場合、カレントフォルダが対象になります。

１番目の引数と２番目の引数に同じフォルダを指定した場合、元のファイル名が変更されます。この仕組みを利用して、２番目の引数に元のファイルと別のフォルダを指定すると、結果的にファイルが移動します。

さらに、移動先のファイル名を別の名前にすることもできます。結果、単にファイルを移動するだけではなく、同時にファイル名を変更することができます。

なお、Nameステートメントは、元のファイルが開かれている場合や、変更先のファイルが存在する場合はエラーが発生します。また、Nameステートメントを使用してファイル名を変更・移動する場合には、元のフォルダ内のファイルが開いているとエラーが発生します。

▼実行結果

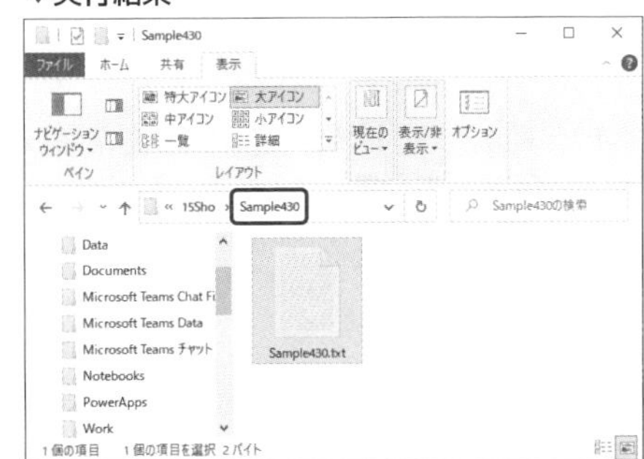

ファイルが移動した

•Nameステートメントの構文

Name oldpathname As newpathname

Nameステートメントは、oldpathnameに指定したファイル名を、newpathnameに指定したファイル名に変更します。この時、別のフォルダ、別のファイル名を指定することもできます。

なお、newpathnameでは、既に存在しているファイルの名前を指定することはできません。

ファイルを削除する

▶関連Tips 413

使用機能・命令 **Killステートメント**

サンプルファイル名 gokui15.accdb/15_3Module

▼「Sample431」フォルダ内のすべてのファイルを削除する

```
Private Sub Sample431()
    '「Sample431」フォルダ内のすべてのファイルを削除する
    Kill CurrentProject.Path & "¥Sample431¥*.*"
End Sub
```

❖ 解説

Killステートメントは、フォルダ内のファイルを削除します。対象となるファイルをフルパスで指定します。フォルダ名を省略すると、カレントフォルダが対象となります。また、ファイル名には、「*」「?」といったワイルドカードを利用することができます。

Killステートメントは、対象ファイルが見つからないとエラーになります。エラー処理と組み合わせるか、対象のファイルが事前に存在するかをチェックするようにしてください。

また、指定したファイルが開かれている場合もエラーになるので、注意してください。

ここでは、ファイル名を「*.*」のように指定して、指定したフォルダ内のすべてのファイルを削除対象にしています。この部分を、たとえば「*.txt」のようにすれば、テキストファイルのみ削除することができます。

また、Killステートメントを使用して削除したファイルは、ゴミ箱には入らず、完全に削除されてしまうので注意してください。

▼実行結果

ファイルがすべて削除された

•Killステートメントの構文

Kill pathname

Killステートメントは、引数pathnameに指定したファイルを削除します。

Tips 432 ファイル名やフォルダ名を変更する

▶関連Tips 430

使用機能・命令 Nameステートメント(→Tips430)

サンプルファイル名 gokui15.accdb/15_3Module

▼「Sample432」フォルダ内のファイルとフォルダの名前に、それぞれ「_bk」を付ける

```
Private Sub Sample432()
    '「Sample432.txt」ファイルのファイル名を「Sample432_bk.txt」に変更する
    Name CurrentProject.Path & "¥Sample432¥Sample432.txt" _
        As CurrentProject.Path & "¥Sample432¥Sample432_bk.txt"

    '「Sample432」フォルダのフォルダ名を「Sample432_bk」に変更する
    Name CurrentProject.Path & "¥Sample432¥Sample432" _
        As CurrentProject.Path & "¥Sample432¥Sample432_bk"
End Sub
```

❖ 解説

Nameステートメント(→Tips430)は、ファイル名やフォルダ名を変更します。Asキーワードと組み合わせて使用します。ファイル名はフルパスで指定します。フォルダ名を省略すると、カレントフォルダが対象になります。

なお、Nameステートメントは、元のファイルが開かれている場合や、変更先のファイルが存在する場合はエラーが発生します。また、Nameステートメントを使用してフォルダ名を変更する場合には、元のフォルダ内のファイルが開いているとエラーが発生します。

▼このフォルダとファイルの名前を変更する

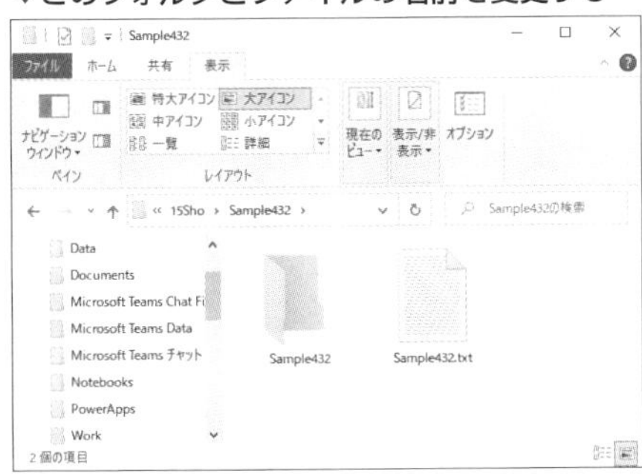

▼実行結果

フォルダ名とファイル名が変更された

Tips 433 フルパスからファイル名を取得する

▶関連Tips 059 060 061

使用機能・命令 **InStrRev関数**（→Tips061）/ **Right関数**（→Tips060）/**Len関数**（→Tips059）

サンプルファイル名 gokui15.accdb/15_3Module

▼カレントデータベースのファイル名を取得する

```
Private Sub Sample433()
    Dim temp As String        '対象のパスを代入する変数を宣言する
    Dim pos As String         '文字の位置を代入する変数を宣言する

    temp = CurrentDb.Name   'カレントデータベースのフルパスを取得する
    pos = InStrRev(temp, "¥")   '区切り文字の位置を取得する

    'フルパスの右側から、区切り文字の位置までの文字数分を取得して
    'メッセージボックスに表示する
    MsgBox "ファイル名：" & Right(temp, Len(temp) - pos)
End Sub
```

解説

フルパスからファイル名のみを取得するには、InStrRev関数（→Tips061）とRight関数（→Tips060）、Len関数（→Tips059）を組み合わせて使用します。InStrRev関数は、1番目の引数に指定した文字列から、2番目の引数に指定した文字を文字列の後ろ側から検索し、対象の文字の先頭からの位置を返します。Right関数は、1番目の引数に指定した文字列から、2番目の引数に指定した文字だけ、文字列の右側から取得します。Len関数は、引数に指定した文字の文字数を返します。ファイルのパスは、区切り文字「¥」でファルダ名とファイル名を区切っています。ファイル名は、最後の「¥」以降の文字列になります。そこで、InStrRev関数で最後の「¥」の位置を取得します。ファイル名の文字数は、フルパス全体の文字数から、この「¥」の位置までの文字数を引いた数になります。したがって、フルパスの文字列の右側から、ファイル名の文字数分をRight関数で取得すれば、ファイル名が取得できます。

なお、ここでは、CurrentDbオブジェクトのNameプロパティでカレントデータベースのフルパスを取得し、その値を元にファイル名を取得しています。

▼実行結果

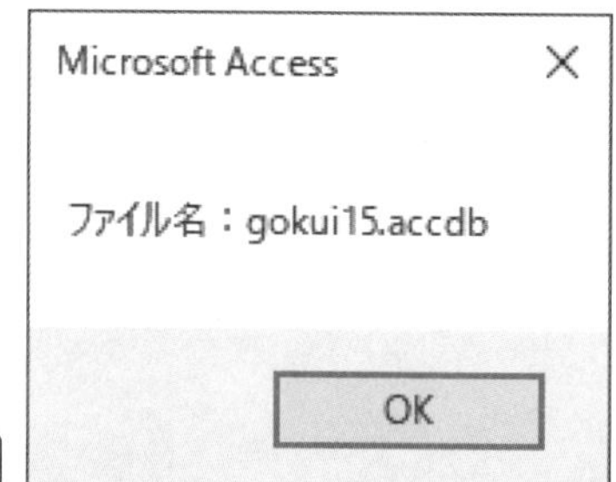

ファイル名が表示された

Tips 434 さまざまな条件でファイルを検索する

▶関連Tips 425

使用機能・命令 **Dir関数**（→Tips425）

サンプルファイル名 gokui15.accdb/15_3Module

▼隠しファイルやシステムファイルを検索する

```
Private Sub Sample434()
    Dim vPath As String          '対象フォルダのパスを代入する変数を宣言する

    vPath = CurrentProject.Path & "¥"      '対象フォルダを変数に代入する

    '「Sample」を含むSampleファイルを検索する
    If Len(Dir(vPath & "*Sample*.*")) <> 0 Then
        MsgBox "ファイルが見つかりました"          '見つかった場合のメッセージ
    Else
        MsgBox "ファイルが見つかりません"        '見つからなかった場合のメッセージ
    End If

    '隠しファイルを検索する
    If Len(Dir(vPath & "*.*", vbHidden)) <> 0 Then
        MsgBox "隠しファイルがあります"           '見つかった場合のメッセージ
    Else
        MsgBox "隠しファイルはありません"        '見つからなかった場合のメッセージ
    End If

    'システムファイルを検索
    If Len(Dir(vPath & "*.*", vbSystem)) <> 0 Then
        MsgBox "システムファイルがあります"          '見つかった場合のメッセージ
    Else
        MsgBox "システムファイルはありません"   '見つからなかった場合のメッセージ
    End If
End Sub
```

❖ 解説

Dir関数（→Tips425）は、1番目の引数に指定したファイル・フォルダを検索します。ファイル・フォルダは、フルパスで指定します。フォルダ名を省略した場合、カレントフォルダが対象になります。2番目の引数に、対象ファイル・フォルダの属性を指定します。見つかった場合はファイル・フォルダ名を返し、見つからなかった場合は長さ0の文字列を返します。2番目の引数に指定する値は、Tips425を参照してください。

新規フォルダを作成する

▶関連Tips 418

使用機能・命令 **MkDirステートメント**

サンプルファイル名 gokui15.accdb/15_4Module

▼カレントデータベースと同じフォルダに「Sample435」フォルダを作成する

```
Private Sub Sample435()
    'カレントデータベースと同じフォルダに「Sample435」フォルダを作成する
    MkDir CurrentProject.Path & "¥Sample435"
End Sub
```

解説

MkDirステートメントは、フォルダを新規作成します。引数には、作成するフォルダ名をフルパスで指定します。省略すると、カレントフォルダが対象となります。

ここでは、CurrentProjectオブジェクトのPathプロパティを使用して、カレントデータベースのパスを取得し、そこに「Sample435」フォルダを作成しています。

なお、このサンプルでは「Sample435」フォルダを作成していますが、「Sample435」フォルダの作成と同時に、「Sample435」フォルダの中に更に「Test」フォルダをつくる、といったような**複数階層のフォルダをまとめて作成することはできません**。

そのような場合、まず「Sample435」フォルダを作成し、次に「Sample435」フォルダ内に「Test」フォルダを作成します。

なお、MkDirステートメントは、すでに同名のフォルダがある場合はエラーになります。

▼実行結果

フォルダが作成された

・MkDirステートメントの構文

MkDir path

MkDirステートメントは、引数pathに指定したパスにフォルダを作成します。ドライブを指定しないと、現在のドライブに新しいディレクトリ、またはフォルダを作成します。

フォルダを削除する

▶関連Tips 431

使用機能・命令 **RmDirステートメント/ Killステートメント（→Tips431）**

サンプルファイル名 gokui15.accdb/15_4Module

▼カレントデータベースと同じフォルダにある「Sample436」フォルダの「Data」フォルダを削除する

```
Private Sub Sample436()
    Dim Target As String       '削除対象のパスを代入する変数を宣言する
    '削除対象のフォルダのフルパスを変数に代入する
    Target = CurrentProject.Path & "¥Sample436¥Data"
    On Error Resume Next       'エラー処理を開始する
    Kill Target & "¥*.*"       'フォルダ内のファイルを全て削除する
    RmDir Target     'フォルダを削除する
End Sub
```

❖ 解説

RmDirステートメントは、引数に指定したフォルダを削除します。対象をフルパスで指定します。フォルダ名を省略すると、カレントフォルダが対象となります。また、対象のフォルダにファイルが存在すると、RmDirステートメントはエラーになります。そこで、ここではファイルを削除するKillステートメント（→Tips431）と組み合わせて使用します。Killステートメントは、引数に指定したファイルを削除します。ワイルドカードが利用できるので、対象フォルダ内の全てのファイルを削除することができます。ただし、Killステートメントは、対象のファイルが存在しないとエラーになります。そこでここでは、On Error Resume Nextステートメントを使用して、エラーを回避しています。また、対象のフォルダ内にフォルダがある場合は、一番深い階層から順にすべてのファイルやフォルダを削除する必要があります。

▼実行結果

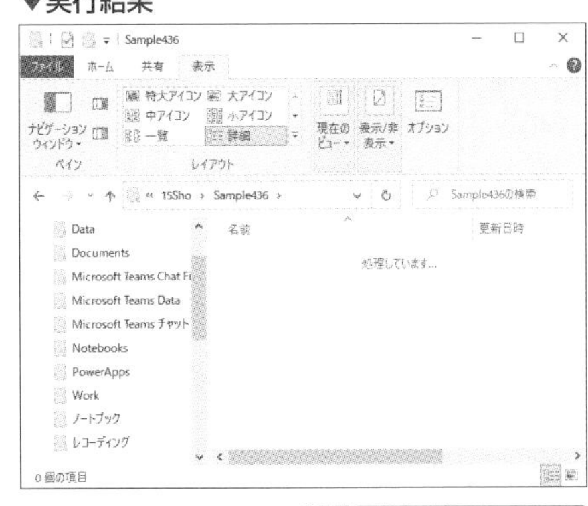

フォルダが削除された

•RmDirステートメントの構文

RmDir path

RmDirステートメントは、引数pathに指定したフォルダを削除します。

Tips 437

カレントドライブを変更する

▶関連Tips 060 438

使用機能・命令 **ChDriveステートメント**

サンプルファイル名 gokui15.accdb/15_4Module

▼カレントドライブを「C」ドライブに変更後、ドライブ名を取得する

```
Private Sub Sample437()
    ChDrive "C"     'カレントドライブをcドライブにする
    'カレントドライブをメッセージボックスに表示する
    MsgBox "カレントドライブ：" & Left(CurDir, 1)
End Sub
```

❖ 解説

ChDriveステートメントは、カレントドライブを変更します。引数に、変更先のドライブ名を文字列で指定します。

「カレント」とは、「現在作業対象の」という意味になります。作業対象のドライブなので、カレントドライブです。

ここでは、その後でカレントドライブを確認しています。ただし、カレントドライブを直接調べるコマンドはありません。そこで、カレントフォルダを調べるCurDir関数（→Tips438）を使用し、CurDir関数が返値から、Left関数（→Tips060）で左側の1文字を取得して、ドライブ名として表示しています。

なお、ChDriveステートメントは、「ChDrive"DEFG"」のように複数の文字を指定しても、先頭の1文字のみを対象にするので、このサンプルのようにLeft関数を用いる必要は無いのですが、このように記述した方が、CurDir関数からドライブ名を取得していることがコード上明確になるので、あえて処理を入れています。

▼実行結果

カレントドライブが表示された

• ChDriveステートメントの構文

ChDrive drive

ChDriveステートメントは、引数driveに指定したドライブをカレントドライブにします。長さ0の文字列("")を指定すると、現在のドライブは変更されません。drive引数に複数の文字列が含まれる場合は、最初の文字だけを使用します。

Tips 438

カレントフォルダを取得する

▶関連Tips 437

使用機能・命令　**CurDir関数**

サンプルファイル名　gokui15.accdb/15_4Module

▼カレントフォルダをメッセージボックスに表示する

```
Private Sub Sample438()
    'カレントフォルダをメッセージボックスに表示する
    MsgBox "カレントフォルダ：" & CurDir()
End Sub
```

❖ 解説

CurDir関数を使用すると、現在Accessが作業をしているカレントフォルダを取得することができます。

カレントフォルダの「カレント」とは、「現在作業中の」という意味です。Accessが現在作業対象にしているフォルダが、カレントフォルダです。

CurDirの引数には、対象となるドライブを指定します。省略すると、カレントドライブが対象となります。また、CurDir関数の引数に存在しないドライブを指定すると、エラーになります。

なお、カレントフォルダはドライブごとに存在します。ただし、Access側がカレントフォルダとして認識するのは、カレントドライブのカレントフォルダです。そのため、「カレントフォルダ」というと1つしか存在しないように思う方がいますが、そうではありません。

▼実行結果

カレントフォルダが表示された

• CurDir関数の構文

CurDir[(drive)]

CurDir関数は、カレントフォルダを返します。引数driveにドライブを指定することができます。ドライブが指定されていないか、driveが長さ0の文字列("")の場合は、CurDirは現在のドライブのパスを返します。

Tips 439

カレントフォルダを別のフォルダに変更する

▶関連Tips 438

使用機能・命令 **ChDirステートメント**

サンプルファイル名 gokui15.accdb/15_4Module

▼カレントフォルダを「C:¥」に変更し、メッセージボックスに表示する

```
Private Sub Sample439()
    Dim temp As String  'カレントフォルダを代入する変数を宣言する

    temp = CurDir     '現在のカレントフォルダ名を変数に代入する
    ChDir "C:¥"     'カレントフォルダを変更する

    MsgBox "カレントフォルダ：" & CurDir  '変更後のカレントフォルダ名を表示する
    ChDir temp    'カレントフォルダを元のフォルダに戻す
End Sub
```

❖ 解説

ChDirステートメントは、カレントフォルダを変更します。引数には、変更後のフォルダをフルパスで指定します。

ここでは、一旦、現在のカレントフォルダを変数に代入し、その後、カレントフォルダを変更してメッセージを表示しています。最後に、カレントフォルダを元に戻しています。

カレントフォルダを任意の場所に変更することができると、例えば、ユーザーにインポート処理などでファイルを開かせる場合に、プログラム側で最初に表示するフォルダを指定できるので、ユーザーの負担を減らすことができます。

細かいことですが、このような処理を行うことで、ユーザーにとって使いやすいプログラムにすることができます。

▼実行結果

カレントフォルダが変更された

•ChDir ステートメントの構文

ChDir path

ChDirステートメントは、引数pathに指定したフォルダにカレントフォルダを変更します。

他のアプリケーションとの連携の極意

Tips 440

Excelのワークシートをインポートする

▶関連Tips 443

使用機能・命令 **TransferSpreadsheetメソッド**

サンプルファイル名 gokui16.accdb/16_1Module

▼「Sample440.xlsx」Excelファイルのデータをインポートする

```
Private Sub Sample440()
    Dim vPath As String      'インポートするファイル名を代入する変数を宣言する

    'このデータベースと同じフォルダにある「Data」フォルダ内の
    '「Sample440.xlsx」ファイルを指定する
    vPath = CurrentProject.Path & "¥Data¥Sample440.xlsx"

    '指定したファイルを「T_Sample440」テーブルにインポートする
    DoCmd.TransferSpreadsheet acImport, , "T_Sample440", _
        vPath, True
End Sub
```

❖ 解説

Excelのワークシート形式のデータは、TransferSpreadsheetメソッドを使用して、データベースにインポートすることができます。TransferSpreadsheetメソッドは、Excelのワークシート形式のデータをAccessのカレントデータベースにインポートやエクスポートしたり、リンクしたりすることが可能です。

ここでは、「Data」フォルダ内の「Sample440.xlsx」ファイルの内容を、「T_Sample440」テーブルにインポートします。

▼実行結果

会員ID	氏名	フリガナ	性別	生年月日	〒	都道府県	
A001	大瀧 正澄	オオタキ マサ	男性	1953/09/10	1430021	東京都	大
A002	田中 涼子	タナカ リョウコ	女性	1975/02/08	1150042	東京都	北
A003	山崎 久美子	ヤマザキ クミ	女性	1966/08/02	1950053	東京都	町
A004	橋田 健介	ハシダ ケンス	男性	1969/01/31	1790071	東京都	練
A005	水野 奈穂子	ミズノ ナオコ	女性	1975/08/04	1700011	東京都	豊
A006	松田 真澄	マツダ マスミ	女性	1975/01/08	2080013	東京都	武
A007	牧 冴子	マキ サエコ	女性	1982/03/06	1460082	東京都	大
A008	本間 智也	ホンマ トモヤ	男性	1971/12/22	1610031	東京都	新
A009	千代田 光枝	チヨダ ミツエ	女性	1955/10/03	1680062	東京都	杉
A010	相川 美佳	アイカワ ミカ	女性	1980/08/31	2430216	神奈川県	厚
A011	中野 伸夫	ナカノ ノブオ	男性	1957/08/30	2760036	千葉県	八
A012	渋谷 真友子	シブヤ マユコ	女性	1975/08/09	4180112	静岡県	富
A013	吉田 智子	ヨシダ トモコ	女性	1964/09/13	1640002	東京都	中
A014	相川 秀人	アイカワ ヒデト	男性	1955/02/13	1650031	東京都	中
A015	西川 祐子	ニシカワ ユウ	女性	1971/09/08	2110012	神奈川県	川
A016	嶋倉 美樹	シマクラ ミキ	女性	1953/04/09	1870032	東京都	小
A017	加藤 亜矢	カトウ アヤ	女性	1981/08/31	2720034	千葉県	市
A018	中臺 晃子	ナカダイ アキ	女性	1989/05/05	3490205	埼玉県	白
A019	原 ゆき	ハラ ユキ	女性	1979/04/07	1330055	東京都	江
A020	坂内 高志	バンナイ タカシ	男性	1981/01/09	2230064	神奈川県	横
*							

「T_Sample440」テーブルにExcelのデータがインポートされた

TransferSpreadsheetメソッドに指定する値は、次のとおりです。

◈ 引数TransferTypeに指定するAcDataTransferType列挙型の値

定数	値	説明	定数	値	説明
acExport	1	エクスポート	acLink	2	リンク
acImport	0	（既定値）インポート			

◈ 引数SpreadsheetTypeに指定するAcSpreadSheetType列挙型の値

定数	値	説明
acSpreadsheetTypeExcel3	0	Excel3.0形式
acSpreadsheetTypeExcel4	6	Excel4.0形式
acSpreadsheetTypeExcel5	5	Excel5.0形式
acSpreadsheetTypeExcel7	5	Excel95形式
acSpreadsheetTypeExcel8	8	Excel97形式
acSpreadsheetTypeExcel9	8	Excel2000形式
acSpreadsheetTypeExcel12	9	Excel2010形式
acSpreadsheetTypeExcel12Xml	10	Microsoft Excel 2010/2013/2016 XML形式

• TransferSpreadsheetメソッドの構文

ojbect.TransferSpreadsheet(TransferType, SpreadsheetType, TableName, FileName, HasFieldNames, Range)

TransferSpreadsheetメソッドは、objectにDoCmdオブジェクトを指定し、ワークシートを変換します。引数TransferTypeは、変換の種類を指定します。指定する値は、「解説」を参照してください。引数SpreadsheetTypeは、ワークシートの種類を指定します。こちらも「解説」を参照してください。

引数TableNameは、対象のテーブルや選択クエリの名前を指定します。引数FileNameは、ワークシートのファイル名およびパスを指定します。

引数HasFieldNamesは、インポートまたはリンクの際に、ワークシートの1行目をフィールド名として使用するか指定します。使用する場合はTrueを、ワークシートの1行目をデータとして処理する場合はFalse（既定値）を使います。データをエクスポートした場合は、この引数の値に関係なく、ワークシートの1行目にフィールド名が挿入されます。

引数Rangeは、ワークシートのセルの範囲または範囲の名前を指定します。この引数は、インポートにのみ適用されます。この引数を指定しないと、ワークシート全体がインポートされます。ワークシートにエクスポートする際は、この引数を空白のままにしておきます。範囲を入力すると、エラーが発生します。

テキストファイルをインポートする

▶関連Tips 444

使用機能・命令 TransferTextメソッド

サンプルファイル名 gokui16.accdb/16_1Module

▼「Sample441.txt」ファイル（カンマ区切り）をテーブルにインポートする

```
Private Sub Sample441()
    Dim vPath As String      'インポートするファイル名を代入する変数を宣言する
    'このデータベースと同じフォルダにある「Data」フォルダ内の
    '「Sample441.txt」ファイルを指定する
    vPath = CurrentProject.Path & "¥Data¥Sample441.txt"
    '指定したファイルを「T_Sample441」テーブルにインポートする
    DoCmd.TransferText acImportDelim, , "T_Sample441", _
        vPath, True
End Sub
```

❖ 解説

テキスト形式のデータは、TransferTextメソッドを使用して、データベースにインポートすることができます。

ここでは、「T_Sample441」テーブルに「Sample441.txt」ファイルをインポートします。

▼実行結果

会員ID	氏名	フリガナ	性別	生年月日	〒	都道府県	住所1
A001	大瀧 正澄	オオタキ マサ	男性	1953/09/10	1430021	東京都	大田区
A002	田中 涼子	タナカ リョウコ	女性	1975/02/08	1150042	東京都	北区志
A003	山崎 久美子	ヤマザキ クミ	女性	1966/08/02	1950053	東京都	町田市
A004	橋田 健介	ハシダ ケンス	男性	1969/01/31	1790071	東京都	練馬区
A005	水野 奈穂子	ミズノ ナオコ	女性	1975/08/04	1700011	東京都	豊島区
A006	松田 真澄	マツダ マスミ	女性	1975/01/08	2080013	東京都	武蔵村
A007	牧 冴子	マキ サエコ	女性	1982/03/06	1460082	東京都	大田区
A008	本間 智也	ホンマ トモヤ	男性	1971/12/22	1610031	東京都	新宿区
A009	千代田 光枝	チヨダ ミツエ	女性	1955/10/03	1680062	東京都	杉並区
A010	相川 美佳	アイカワ ミカ	女性	1980/08/31	2430216	神奈川県	厚木市
A011	中野 伸夫	ナカノ ノブオ	男性	1957/08/30	2760036	千葉県	八千代
A012	渋谷 真友子	シブヤ マユコ	女性	1975/08/09	4180112	静岡県	富士宮
A013	吉田 智子	ヨシダ トモコ	女性	1964/09/13	1640002	東京都	中野区
A014	相川 秀人	アイカワ ヒデト	男性	1955/02/13	1650031	東京都	中野区
A015	西川 祐子	ニシカワ ユウ	女性	1971/09/08	2110012	神奈川県	川崎市
A016	嶋倉 美樹	シマクラ ミキ	女性	1953/04/09	1870032	東京都	小平市
A017	加藤 亜矢	カトウ アヤ	女性	1981/08/31	2720034	千葉県	市川市
A018	中臺 晃子	ナカダイ アキ	女性	1989/05/05	3490205	埼玉県	白岡市
A019	原 ゆき	ハラ ユキ	女性	1979/04/07	1330055	東京都	江戸川
A020	坂内 高志	バンナイ タカ	男性	1981/01/09	2230064	神奈川県	横浜市

「T_Sample441」テーブルにテキストファイルのデータがインポートされた

TransferTextメソッドの引数TransferTypeに指定する値は、次のようになります。

◈ 引数TransferTypeに指定するAcTextTransferType列挙型の値

定数	値	説明
acExportDelim	2	(既定値)区切り記号付きエクスポート
acExportFixed	3	固定長エクスポート
acExportHTML	8	HTMLエクスポート
acExportMerge	4	Word差し込みデータ エクスポート
acImportDelim	0	区切り記号付きインポート
acImportFixed	1	固定長インポート
acImportHTML	7	HTMLインポート
acLinkDelim	5	区切り記号付きリンク
acLinkFixed	6	固定長リンク
acLinkHTML	9	HTMLリンク

• TransferTextメソッドの構文

object.TransferText(TransferType,SpecificationName,TableName,FileName,HasFieldNames,HTMLTableName,CodePage)

TransferTextメソッドは、objectにDoCmdオブジェクトを指定し、テキスト変換を行います。引数TransferTypeは、変換の種類を指定します。データのインポート、エクスポート、およびリンクができるのは、区切りテキストファイル、固定幅テキストファイル、またはHTMLファイルです。詳しくは「解説」を参照してください。Accessプロジェクト(.adp)では、acImportDelim、acImportFixed、acExportDelim、acExportFixed、またはacExportMergeのみサポートされています。

引数SpecificationNameは、作成してカレントデータベースに保存したインポートまたはエクスポートの定義名を指定します。固定幅テキストファイルの場合、引数を指定するか、schema.iniファイルを使用する必要があります。このschema.iniファイルは、インポート、リンク、またはエクスポートを行うテキストファイルと同じフォルダに保存する必要があります。schemaファイルを作成するには、テキストのインポート/エクスポートウイザードを使用します。区切りテキストファイルおよびWordの差し込み印刷データファイルの場合は、この引数を指定しないで、既定のインポート/エクスポート定義を選択できます。

引数TableNameは、対象のテーブルやクエリ名を指定します。引数FileNameは、テキストファイルのパスを指定します。引数HasFieldNamesは、テキストファイルの1行目をフィールド名として使用するか指定します。使用する場合はTrueを、データとして処理する場合はFalse(既定値)を使います。引数HTMLTableNameは、インポートまたはリンクするHTMLファイル内のテーブル、あるいは一覧の名前を指定します。引数CodePageは、コードページの文字セットを示す長整数型(Long)の値を指定します。

Tips 442 他のAccessのオブジェクトをインポートする

▶関連Tips 440

使用機能・命令 TransferDatabaseメソッド

サンプルファイル名 gokui16.accdb/16_1Module

▼「gokui16_2.accdb」データベースから「T_Sample442」テーブルをインポートする

```
Private Sub Sample442()
    '「gokui16_2.accdb」データベースの「T_Sample442」テーブルを
    '「T_Sample442」という名前でインポートする
    DoCmd.TransferDatabase acImport, "Microsoft Access", _
        CurrentProject.Path & "¥gokui16_2.accdb", acTable _
        , "T_Sample442", "T_Sample442"
End Sub
```

❖ 解説

ここでは、TransferDatabaseメソッドを使用して、「gokui16_2.accdb」データベースから「T_Sample442」テーブルをインポートしています。

• TransferDatabaseメソッドの構文

object.TransferDatabase(TransferType, DatabaseType, DatabaseName, ObjectType, Source, Destination, StructureOnly, StoreLogin)

TransferDatabaseメソッドは、objectにDoCmdオブジェクトを指定し、データベースの変換を行います。

引数TransferTypeは、変換の種類を指定します。指定できる値については、Tips440の「解説」を参照してください。

引数DatabaseTypeは、データベースの種類を指定します。この引数はエクスポートとリンクの場合に必要ですが、インポートの際には不要です。使用できる値は、「Access(既定値)」「Jet2.x」「Jet3.x」「dBaseIII」「dBaseIV」「dBase5.0」「Paradox3.x」「Paradox4.x」「Paradox5.x」「Paradox7.x」「ODBCデータベース」「WSS」です。引数DatabaseNameは、対象のデータベースを指定します。引数ObjectTypeは、オブジェクトの種類を指定します。詳しくは「解説」を参照してください。引数Source対象となる元のオブジェクト名を指定します。

引数Destinationは、対象のデータベース内での名前を指定します。

引数StructureOnlyは、データベーステーブルの構造のみをインポートまたはエクスポートするにはTrueを、テーブルの構造とデータをインポートまたはエクスポートするにはFalse（既定値）を指定します。引数StoreLoginは、ODBCデータベースへのログインIDとパスワードを、データベースからリンクされるテーブルの接続文字列に格納するにはTrueを使います。これを設定しておくと、テーブルを開くたびにログインする必要がなくなります。ログインIDとパスワードを格納しない場合は、False（既定値）を指定します。

Excelのワークシートにエクスポートする

▶関連Tips 440

使用機能・命令 TransferSpreadsheetメソッド（→Tips440）

サンプルファイル名 gokui16.accdb/16_1Module

▼「T_Master」テーブルのデータを「T_Sample443.xlsx」ファイルにエクスポートする

```
Private Sub Sample443()
    Dim vPath As String      'ファイルのパスを代入する変数を宣言する
    'カレントデータベースと同じフォルダの「Sample443」フォルダの
    '「T_Sample443.xlsx」ファイルのパスを変数に代入する
    vPath = CurrentProject.Path & "¥Sample443¥T_Sample443.xlsx"
    '指定したパスに、「T_Master」テーブルをExcel形式でエクスポートする
    DoCmd.TransferSpreadsheet acExport, acSpreadsheetTypeExcel12Xml _
        , "T_Master", vPath, True
End Sub
```

❖ 解説

TransferSpreadsheetメソッド（→Tips440）は、AccessのデータをExcelのワークシート形式でエクスポートすることができます。TransferSpreadsheetメソッドは、1番目の引数に「acExport」を指定するとデータをエクスポートします。2番目の引数には、エクスポートするファイルフォーマットを指定します。Excel2007以降のファイル形式の場合は「acSpreadsheetTypeExcel12Xml」を、Excel2000-2003形式の場合は「acSpreadsheetTypeExcel9」を指定します。なお、「acSpreadsheetTypeExcel12」も、Excel2007以降のファイル形式ではありますが、拡張子「.xlsb」のファイル形式になります。なお、エクスポートするときに、対象のファイルが既に存在する場合は、自動的にファイルが上書きされます。

▼実行結果

会員ID	氏名	フリガナ	性別	生年月日	〒	都道府県	住所1	住所2
A001	大瀧 正澄	オオタキ マ	男性	########	1430021	東京都	大田区北	x-xx-xx
A002	田中 涼子	タナカ リョ	女性	1975/2/8	1150042	東京都	北区志茂	x-x-x
A003	山﨑 久美	ヤマザキ ク	女性	1966/8/2	1950053	東京都	町田市能	xxx-x-xxx
A004	橋田 健介	ハシダ ケン	男性	########	1790071	東京都	練馬区旭	x-xx-xx
A005	水野 奈穂	ミズノ ナオ	女性	1975/8/4	1700011	東京都	豊島区池	x-xx-x-xxx
A006	松田 真澄	マツダ マス	女性	1975/1/6	2080013	東京都	武蔵村山	x-xx-x-xxx
A007	牧 冴子	マキ サエコ	女性	1982/3/6	1460082	東京都	大田区池上	x-xx-x-xxx
A008	本間 智也	ホンマ トモ	男性	########	1610031	東京都	新宿区西	x-x-xx-xxx
A009	千代田 光	チヨダ ミツ	女性	########	1680062	東京都	杉並区方	x-xx-xx
A010	相川 美佳	アイカワ ミ	女性	########	2430216	神奈川県	厚木市宮	x-x-x
A011	中野 伸夫	ナカノ ノブ	男性	########	2760036	千葉県	八千代市	xxx-xxx
A012	渋谷 真友	シブヤ マユ	女性	1975/8/9	4180112	静岡県	富士宮市	xxx-x
A013	吉田 智子	ヨシダ トモ	女性	########	1640002	東京都	中野区上	x-xx-x
A014	相川 秀人	アイカワ ヒ	男性	########	1650031	東京都	中野区上	x-xx-x
A015	西川 祐子	ニシカワ ユ	女性	1971/9/8	2110012	神奈川県	川崎市中	xx
A016	嶋倉 美樹	シマクラ ミ	女性	1953/4/9	1870032	東京都	小平市小	x-xxxx-xx-xxx
A017	加藤 亜矢	カトウ アヤ	女性	########	2720034	千葉県	市川市市	x-x-x
A018	中童 晃子	ナカダイ ア	女性	1989/5/5	3490205	埼玉県	白岡市西	x-x-x
A019	原 ゆき	ハラ ユキ	女性	1979/4/7	1330055	東京都	江戸川区	x-xx-x
A020	坂内 高志	バンナイ タ	男性	1981/1/9	2230064	神奈川県	横浜市港	x-x-xx

Excelにデータがエクスポートされた

テキストファイルに エクスポートする

▶関連Tips 441

使用機能・命令 **TransferTextメソッド**（→Tips441）

サンプルファイル名 gokui16.accdb/16_1Module

▼「T_Master」テーブルを「Sample444.txt」ファイルにエクスポートする

```
Private Sub Sample444()
    Dim vPath As String        'ファイル名を代入する変数を宣言する

    'このデータベースと同じフォルダにある「Sample444」フォルダ内の
    '「Sapmle444.txt」ファイルを指定する
    vPath = CurrentProject.Path & "¥Sample444¥Sample444.txt"

    '「T_Master」テーブルを指定したファイルにエクスポートする
    DoCmd.TransferText acExportDelim, , "T_Master", _
        vPath, True
End Sub
```

❖ 解説

データベースのオブジェクトのデータは、TransferTextメソッド（→Tips441）を使用して、テキスト形式のファイルにエクスポートすることができます。TransferTextメソッドの1番目の引数に、エクスポートを表す「acExportDelim」を指定します。2番目の引数には、ファイル形式を指定します。なお、エクスポート先に既にファイルがある場合は、自動的にファイルは上書きされます。

ここでは、拡張子「txt」のファイルをエクスポートしていますが、それ以外にも「csv」などの拡張子を指定することができます。ただし、拡張子「dat」など、環境によっては指定した場合にエラーになる拡張子もあります。その場合は一旦、拡張子「txt」でファイルをエクスポートしたあと、対象の拡張子を変更する方法が確実です。

▼実行結果

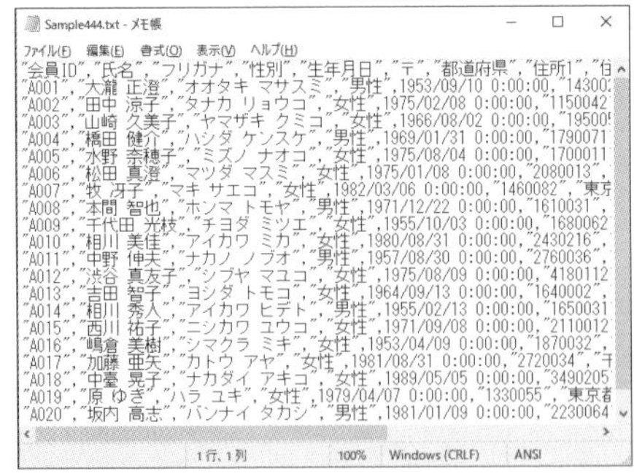

テキストファイルにデータがエクスポートされた

Accessオブジェクトをエクスポートする

▶関連Tips 442

使用機能・命令 TransferDatabaseメソッド（→Tips442）

サンプルファイル名 gokui16.accdb/16_1Module

▼「gokui16_2.accdb」データベースに「T_Sample445」テーブルをエクスポートする

```
Private Sub Sample445()
    '「gokui16_2.accdb」データベースに「T_Sample445」テーブルを
    '「T_Sample445」という名前でエクスポートする
    DoCmd.TransferDatabase acExport, "Microsoft Access", _
        CurrentProject.Path & "¥gokui16_2.accdb", acTable _
        , "T_Sample445", "T_Sample445"
End Sub
```

❖ 解説

現在のAccessデータベースのオブジェクトは、TransferDatabaseメソッド（→Tips442）を使用して、他のデータベースにエクスポートすることができます。

TransferDatabaseメソッドは、1番目の引数に「acExport」を指定することで、オブジェクトをエクスポートすることができます。2番目の引数には、「MicrosoftAccess」を指定します。

TransferDatabaseメソッドについては、Tips442を参照してください。

ここでは、「gokui16_2.accdb」データベースに「T_Sample445」テーブルを、そのままの名前でエクスポートします。

なお、プログラムを実行するときに、警告のメッセージが表示されることがあります。この場合、「gokui16_2.accdb」ファイルを一度開き、開くときに表示される「このファイルを信頼済みドキュメントにしますか」というメッセージで「はい」を選択してください。

▼実行結果

「T_Sample445」テーブルがエクスポートされた

Tips 446 Excelのワークシートをリンクする

▶関連Tips 440

使用機能・命令 TransferSpreadsheetメソッド（→Tips440）

サンプルファイル名 gokui16.accdb/16_1Module

▼「T_Sample446」テーブルに指定した「Sample446.xlsx」ファイルをリンクする

```
Private Sub Sample446()
    Dim vPath As String        'ファイルのパスを代入する変数を宣言する

    'カレントデータベースと同じフォルダの「Sample446」フォルダの
    '「Sample446.xlsx」ファイルのパスを変数に代入する
    vPath = CurrentProject.Path & "¥Sample446¥Sample446.xlsx"

    '「T_Sample446」テーブルに指定したExcelファイルをリンクする
    DoCmd.TransferSpreadsheet acLink, , "T_Sample446", vPath, True
End Sub
```

❖ 解説

TransferSpreadsheetメソッド（→Tips440）を使用すると、Excelのワークシートのデータをテーブルにリンクすることができます。

Excelのワークシートをリンクするには、TransferSpreadsheetメソッドの、1番目の引数に「acLink」を指定します。

ここでは、「Sample446.xlsx」ファイルを「T_Sample446」テーブルにリンクします。

▼実行結果

テキストファイルのデータを読み込む

▶関連Tips 038 274 297 425

使用機能・命令　**Openステートメント/Inputステートメント/Closeステートメント**

サンプルファイル名　gokui16.accdb/16_2Module

▼「T_Sample447」テーブルに「Sample447.txt」ファイルのデータを読み込む

```
Private Sub Sample447()
    Dim db As DAO.Database         'データベースへの参照を代入する変数を宣言する
    Dim rs As DAO.Recordset        'レコードセットへの参照を代入する変数を宣言する
    Dim temp(3) As String          'テキストファイルのデータを代入する変数を宣言する

    Set db = CurrentDb()           '現在のデータベースに接続する

    'テーブル「T_Sample447」をレコードセットとして開く
    Set rs = db.OpenRecordset("T_Sample447", dbOpenDynaset)

    'エラー処理を開始する
    On Error GoTo ErrHdl
    '「Sample447.txt」をシーケンシャル入力モードで開く
    Open CurrentProject.Path & "¥Sample447.txt" For Input As #1
    Do Until EOF(1)        'ファイルの最後まで処理を繰り返す
        '1行4列分のデータを読み込む
        Input #1, temp(0), temp(1), temp(2), temp(3)
        rs.AddNew     'レコードを追加する
        rs!会員ID = temp(0)
        rs!氏名 = temp(1)
        rs!フリガナ = temp(2)
        rs!性別 = temp(3)
        rs.Update          'レコードセットを保存する
    Loop
    Close #1      'ファイルを閉じる
ExitHdl:
    rs.Close          'レコードセットを閉じる
    db.Close          'データベースを閉じる
    Exit Sub
ErrHdl:
    MsgBox "テキストファイルがありません", vbInformation
    Resume ExitHdl
End Sub
```

❖ 解説

Openステートメントは、指定したテキストファイルを開きます。Inputステートメントは、データを読み込みます。Closeステートメントは、指定したファイルを閉じます。

これら一連の処理にはファイル番号が必要です。ファイル番号は、すでに使用されている番号を指定するとエラーになるので、FreeFile関数を使用して取得した値を使用するのが一般的です。FreeFile関数は、現在未使用のファイル番号を返す関数です。

テキストファイルを読み込む場合、この流れが基本となります。

ここでは、「Sample447.txt」ファイルのデータを読み込み、「T_Sample447」テーブルに追記します。まず、Openステートメントでデータを開き、ファイルの最後まで1行ずつ処理を行います。EOF関数（→Tips274）は、指定したファイル番号のデータの末尾まで処理が進むと、Trueを返します。Inputステートメントで、1行4列分のデータを配列に読み込みます。

また、Openステートメントは、対象のテキストファイルが存在しないとエラーになるため、ここではOn Errorステートメント（→Tips038）と組み合わせています。Dir関数（→Tips425）を使用して、事前にファイルの存在をチェックしても結構です。

ただし、**引数「モード」にAppend、Binary、Output、Randomを指定した場合は、自動的に新しくファイルが作成されます**。また、引数「モード」にBinary、Input、Randomを指定した場合、ファイルを開いたまま、別のファイル番号で同時に開くことができます。Append、Outputを指定した場合は、いったんファイルを閉じなくてはなりません。

なお、ここではDAOを利用して、テーブルにデータを追加しています。詳細は、Tips297を参照してください。

▼「T_Sample447」テーブルにデータを追加する

会員ID	氏名	フリガナ	性別	クリックして追加
A001	大瀧 正澄	オオタキ マサ	男性	
A002	田中 涼子	タナカ リョウコ	女性	
A003	山崎 久美子	ヤマザキ クミ	女性	
A004	橋田 健介	ハシダ ケンス	男性	
A005	水野 奈穂子	ミズノ ナオコ	女性	
A006	松田 真澄	マツダ マスミ	女性	
A007	牧 冴子	マキ サエコ	女性	
A008	本間 智也	ホンマ トモヤ	男性	
A009	千代田 光枝	チヨダ ミツエ	女性	
A010	相川 美佳	アイカワ ミカ	女性	
*				

「会員ID」が「A011」以降のデータをテキストファイルから読み込む

▼実行結果

会員ID	氏名	フリガナ	性別	クリックして追加
A001	大瀧 正澄	オオタキ マサ	男性	
A002	田中 涼子	タナカ リョウコ	女性	
A003	山崎 久美子	ヤマザキ クミ	女性	
A004	橋田 健介	ハシダ ケンス	男性	
A005	水野 奈穂子	ミズノ ナオコ	女性	
A006	松田 真澄	マツダ マスミ	女性	
A007	牧 冴子	マキ サエコ	女性	
A008	本間 智也	ホンマ トモヤ	男性	
A009	千代田 光枝	チヨダ ミツエ	女性	
A010	相川 美佳	アイカワ ミカ	女性	
A011	中野 伸夫	ナカノ ノブオ	男性	
A012	渋谷 真友子	シブヤ マユコ	女性	
A013	吉田 智子	ヨシダ トモコ	女性	
A014	相川 秀人	アイカワ ヒデト	男性	
A015	西川 祐子	ニシカワ ユウ	女性	
A016	嶋倉 美樹	シマクラ ミキ	女性	
A017	加藤 亜矢	カトウ アヤ	女性	
A018	中臺 晃子	ナカダイ アキ	女性	
A019	原 ゆき	ハラ ユキ	女性	
A020	坂内 高志	バンナイ タカシ	男性	
*				

テキストファイルからデータが読み込まれた

•Open ステートメントの構文

Open pathname For mode [Access access] [lock] As [#]filenumber [Len=reclength]

•Input ステートメントの構文

Input # filenumber, varlist

•Close ステートメントの構文

Close [filenumberlist]

Openステートメントは、指定したファイルを開きます。

pathnameは、ファイル名をフルパスで指定します。

modeは、ファイルモードを示すAppend（追加）、Binary（バイナリ）、Input（シーケンシャル入力）、Output（シーケンシャル出力）、Random（ランダムアクセス）のいずれかのキーワードを指定します。省略すると、ファイルはランダムアクセスモードで開かれます。

accessは、開くファイルに対して行う処理を示すRead（読み取り専用）、Write（書き込み専用）、またはReadWrite（読み書き）のいずれかの次のキーワードを指定します。

lockは、開くファイルに対する、他のプロセスからのアクセスを制御するShared（読み書き可）、LockRead（読み込み不可）、LockWrite（書き込み不可）、またはLockReadWrite（読み書き不可）の、いずれかのキーワードを指定します。

filenumberは、1から511以下の値を指定します。通常はFreeFile関数を使用して、自動的に取得して利用します。

reclengthは、32,767(バイト)以下の数値を指定します。ランダムアクセス用に開かれたファイルでは、この値はレコード長です。シーケンシャルファイルでは、この値はバッファリングされる文字数です。

Input#ステートメントは、シーケンシャルモードで開かれたファイルのデータを読み込みます。

filenumberは、対象のファイル番号を指定します。varlistは、ファイルから読み取られた値を代入する変数をカンマ区切りで指定します。配列またはオブジェクト変数は、使用できません。

Closeステートメントは、Openステートメントを使用して開かれたファイルに対する入出力(I/O)を終了します。filenumberlistは、[[#]filenumber][,[#]filenumber]...のように記述して、複数のファイル番号を指定することができます。

なお、filenumberlistを指定しないと、Openステートメントによって開かれたすべてのアクティブなファイルが閉じられます。

Tips 448 テキストファイルを1行ずつ読み込む

▶関連Tips 076 274 447

使用機能・命令 **Line Input #ステートメント**

サンプルファイル名 gokui16.accdb/16_2Module

▼「T_Sample448」テーブルに「Sample448.txt」ファイルのデータを読み込む

```
Private Sub Sample448()
    Dim db As DAO.Database      'データベースへの参照を代入する変数を宣言する
    Dim rs As DAO.Recordset     'レコードセットへの参照を代入する変数を宣言する
    Dim temp As String        'テキストファイルのデータを代入する変数を宣言する
    Dim DataArray As Variant

    Set db = CurrentDb()          '現在のデータベースに接続する

    'テーブル「T_Sample448」をレコードセットとして開く
    Set rs = db.OpenRecordset("T_Sample448", dbOpenDynaset)

    '「Sample448.txt」を入力モードで開く
    Open CurrentProject.Path & "¥Sample448.txt" For Input As #1
    Do Until EOF(1)       'ファイルの末尾まで処理を繰り返す
        Line Input #1, temp     '1行分のデータを読み込む
        DataArray = Split(temp, ",")
        rs.AddNew    'レコードを追加する
        rs!会員ID = DataArray(0)
        rs!氏名 = DataArray(1)
        rs!フリガナ = DataArray(2)
        rs!性別 = DataArray(3)
        rs.Update          'レコードセットを保存する
    Loop
    Close #1     'ファイルを閉じる
    rs.Close          'レコードセットを閉じる
    db.Close          'データベースを閉じる
End Sub
```

❖ 解説

テキストファイルを1行ずつ読み込んでテーブルに追記するには、Line Input #ステートメントを使用します。Line Input #ステートメントは、シーケンシャル入力モードで開いたテキストファイルを1行ずつ読み込み、2番目の引数に指定した変数に代入します。

「Sample448.txt」は、カンマでデータが区切られたテキストファイルです。Openステートメント（→Tips447）でデータを開き、ファイルの最後まで1行ずつ処理を行います。

EOF関数（→Tips274）は、指定したファイル番号のデータの末尾まで処理が進むと、Trueを返します。

Line Input #ステートメントで、変数tempに1行分のデータを読み込みます。読み込んだデータをSplit関数（→Tips076）で、カンマごとに分けた配列に取り込み、それぞれの値をレコードセットに追加します。

なお、ここではDAOを利用して、テーブルにデータを追加しています。詳細は、Tips297を参照してください。

▼このテーブルにデータを読み込む

会員ID	氏名	フリガナ	性別	クリックして追加
A001	大瀧 正澄	オオタキ マサ	男性	
A002	田中 涼子	タナカ リョウコ	女性	
A003	山崎 久美子	ヤマザキ クミ	女性	
A004	橋田 健介	ハシダ ケンス	男性	
A005	水野 奈穂子	ミズノ ナオコ	女性	
A006	松田 真澄	マツダ マスミ	女性	
A007	牧 冴子	マキ サエコ	女性	
A008	本間 智也	ホンマ トモヤ	男性	
A009	千代田 光枝	チヨダ ミツエ	女性	
A010	相川 美佳	アイカワ ミカ	女性	
*				

「Sample448.txt」ファイルのデータを読み込む

▼実行結果

会員ID	氏名	フリガナ	性別	クリックして追加
A001	大瀧 正澄	オオタキ マサ	男性	
A002	田中 涼子	タナカ リョウコ	女性	
A003	山崎 久美子	ヤマザキ クミ	女性	
A004	橋田 健介	ハシダ ケンス	男性	
A005	水野 奈穂子	ミズノ ナオコ	女性	
A006	松田 真澄	マツダ マスミ	女性	
A007	牧 冴子	マキ サエコ	女性	
A008	本間 智也	ホンマ トモヤ	男性	
A009	千代田 光枝	チヨダ ミツエ	女性	
A010	相川 美佳	アイカワ ミカ	女性	
A011	中野 伸夫	ナカノ ノブオ	男性	
A012	渋谷 真友子	シブヤ マユコ	女性	
A013	吉田 智子	ヨシダ トモコ	女性	
A014	相川 秀人	アイカワ ヒデト	男性	
A015	西川 祐子	ニシカワ ユウ	女性	
A016	嶋倉 美樹	シマクラ ミキ	女性	
A017	加藤 亜矢	カトウ アヤ	女性	
A018	中臺 晃子	ナカダイ アキ	女性	
A019	原 ゆき	ハラ ユキ	女性	
A020	坂内 高志	バンナイ タカシ	男性	
*				

データが読み込まれた

•Line Input #ステートメントの構文

Line Input #filenumber, varname

Line Input #ステートメントは、開いているシーケンシャルファイルから1行分のデータを読み取ります。filenumberは、対象のファイル番号を指定します。varnameは、読み取る時の変数名を指定します。

Tips 449 テーブルの内容をカンマ区切りでテキストファイルに書き込む

▶関連Tips 269 447

使用機能・命令 Write #ステートメント

サンプルファイル名 gokui16.accdb/16_2Module

▼「T_Sample449」テーブルのデータを「Sample449.txt」に書き込む

```
Private Sub Sample449()
    Dim db As DAO.Database       'データベースへの参照を代入する変数を宣言する
    Dim rs As DAO.Recordset      'レコードセットへの参照を代入する変数を宣言する
    Set db = CurrentDb()         '現在のデータベースに接続する
    'テーブル「T_Sample449」をレコードセットとして開く
    Set rs = db.OpenRecordset("T_Sample449", dbOpenDynaset)
    rs.MoveFirst     '先頭のレコードに移動する
    '「Sample449.txt」を出力モードで開く
    Open CurrentProject.Path & "¥Sample449.txt" For Output As #1
    Do Until rs.EOF      'すべてのレコードに対して処理を行う
        'レコードを書き込む
        Write #1, rs!会員ID, rs!氏名, rs!フリガナ, rs!性別
        rs.MoveNext      '次のレコードに移動する
    Loop
    Close #1     'ファイルを閉じる
    rs.Close         'レコードセットを閉じる
    db.Close         'データベースを閉じる
End Sub
```

❖ 解説

テーブルの内容をカラム毎にカンマで区切って、既存のテキストファイルに出力するには、Write #ステートメントを利用します。Write#ステートメントは、シーケンシャル出力モード（OutputまたはAppend）で開いたテキストファイルにデータを書き込みます。指定した値は、自動的にカンマで区切られます。Openステートメント（→Tips447）は出力モードでファイルを開く際に、該当するファイルがないと、自動的にそのファイルを作成します。ここでは、「T_Sample449」テーブルのレコードセットを開き、Write #ステートメントを使って「Sample449.txt」ファイルに書き込みます。なお、Write #ステートメントを使用して書き込んだ値は、自動的に「("ダブルクォーテーション)」で囲まれます（ただし、日付データは「#」で囲まれます）。

• Write #ステートメントの構文

Write #filenumber,[outputlist]

Write # ステートメントは、データをファイルに書き込みます。filenumberは対象のファイル番号を指定します。outputlistには、ファイルに書き込む、カンマで区切られた値を指定します。

テーブルのデータを行単位でテキストファイルに書き込む

▶関連Tips 447 451

使用機能・命令　Print #ステートメント/GetRowsメソッド

サンプルファイル名　gokui16.accdb/16_2Module

▼「T_Sample450」テーブルのデータを「Sample450.txt」ファイルに書き込む

```
Private Sub Sample450()
    Dim db As DAO.Database          'データベースへの参照を代入する変数を宣言する
    Dim rs As DAO.Recordset         'レコードセットへの参照を代入する変数を宣言する
    Dim DataArray As Variant        'テーブルのデータを代入する変数を宣言する
    Dim i As Long                   '繰り返し処理用の変数を宣言する

    Set db = CurrentDb()            '現在のデータベースに接続する
    'テーブル「T_Sample450」をレコードセットとして開く
    Set rs = db.OpenRecordset("T_Sample450", dbOpenTable)

    'レコードセットのデータを2次元配列として取得する
    DataArray = rs.GetRows(rs.RecordCount)

    '「Sample450.txt」を出力モードで開く
    Open CurrentProject.Path & "¥Sample450.txt" For Output As #1
    For i = 0 To UBound(DataArray,2)        'すべてのレコードに対して処理を行う
        'レコードを書き込む
        Print #1, DataArray(0, i) & "," & DataArray(1, i) & "," _
            & DataArray(2, i) & "," & DataArray(3, i)
    Next
    Close #1      'ファイルを閉じる
    rs.Close          'レコードセットを閉じる
    db.Close          'データベースを閉じる
End Sub
```

解説

テーブルのデータをテキストファイルに1行単位で書き込むには、Print #ステートメントを利用します。Print #ステートメントは、シーケンシャル出力モード（OutputまたはAppend）で開いたファイルにデータを書き込みます。

ここでは、まず、OpenRecordsetメソッド（→Tips255）で、「T_Sample450」テーブルのレコードセットを取得し、GetRowsメソッドを使用して、レコードセットから2次元の配列を取得します。GetRowsメソッドは、レコードセットを2次元の配列として取得します。取得した配列の1次元目がフィールド、2次元目がレコードを表します。

次に、Openステートメント（→Tips447）を使用して、「Sample450.txt」ファイルをOutput

モードで開きます。

そして、データをPrint#ステートメントを利用して、テキストファイルに書き込んでいます。

▼実行結果

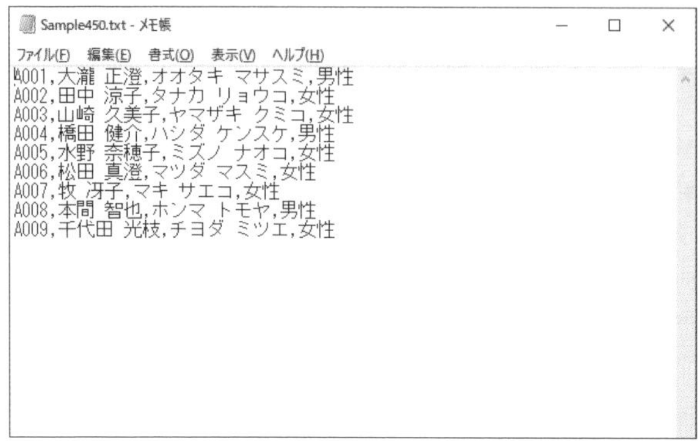

テキストファイルにデータが書き込まれた

•Print# ステートメントの構文

Print # filenumber, [outputlist]

•GetRows メソッドの構文

object.GetRows(NumRows)

Print#ステートメントは、ファイルにデータを書き込みます。filenumberは対象のファイル番号です。outputlistは出力する値を指定します。なお、outputlistは、単に書き込む値を指定できるだけではなく、次のような構文が有ります。

outputlistの設定は、次のとおりです。

[{Spc(n) | Tab[(n)]}][expression][charpos]

Spc(n)は、空白文字を出力に挿入するときに使用されます。nは空白文字数です。

Tab(n)は、挿入ポイントを絶対列番号に配置するときに使用されます。nは列番号を表します。引数を指定しないでTabを使用すると、挿入ポイントは次の出力領域の先頭に配置されます。

expressionは、出力する数式または文字列式です。

charposは、次の文字の挿入ポイントを指定します。表示されている最後の文字の直後に挿入ポイントを配置するには、セミコロンを使用します。絶対列番号に挿入ポイントを配置するには、Tab(n)を使用します。charposを省略すると、次の文字は次の行に出力されます。

GetRowsは、objectにRecordsetオブジェクトを指定し、レコードセットから複数の行を取得します。引数NumRowsには、取得する行数を指定することができます（省略可）。

テキストファイルの指定した位置からデータを読み込む

▶関連Tips 447

使用機能・命令 **Seekステートメント**

サンプルファイル名 gokui16.accdb/16_2Module

▼「AccessVBA」と入力されているテキストファイルの7バイト目以降の文字を取得する

```
Private Sub Sample451()
    Dim buf As String          '読み込んだ値を代入する変数を宣言する
    Dim num As Integer         'ファイル番号を代入する変数を宣言する

    num = FreeFile     'ファイル番号を取得する
    '「Sample451.txt」ファイルを入力モードで開く
    Open CurrentProject.Path & "¥Sample451.txt" For Input As #num
    Seek #num, 7               '開始位置を7バイト目にする
    Input #num, buf            '変数bufにデータを読み込む
    Close #num       'ファイルを閉じる
    MsgBox "読み込んだ値：" & buf
End Sub
```

解説

Seekステートメントは、Openステートメント(→Tips447)で開いたファイルの、次の書き込み位置や読み込み位置を設定します。ここでは、「AccessVBA」と入力されている「Sample451.txt」テキストファイルの7バイト目以降のデータを取得し、メッセージボックスに表示します。実際にデータを取得するために、Inputステートメント(→Tips447)を使用しています。また、ここではファイル番号を取得するために、FreeFile関数を使用しています。FreeFile関数は、未使用のファイル番号を返す関数です。

▼実行結果

7バイト目以降の文字列「VBA」が取得された

•Seekステートメントの構文

Seek [#]filenumber, position

Seekステートメントは、Openステートメントで開いたファイルで、次に読み取りまたは書き込み操作を行う位置を設定します。

filenumberには、対象のファイル番号を指定します。positionには、次の読み取り/書き込み操作の対象となる位置を表す、1～2,147,483,647の範囲の数値を指定します。ファイルの末尾より後ろの位置を指定して書き込みを行うと、ファイルの末尾にデータが追加されます。

Tips 452

ファイルの指定した位置にデータを書き込む

▶関連Tips 447

使用機能・命令 **Putステートメント**

サンプルファイル名 gokui16.accdb/16_2Module

▼「Sample452.txt」ファイルの7バイト目以降に「VBA」と書き込む

```
Private Sub Sample452()
    Dim num As Integer          'ファイル番号を代入する変数を宣言する

    num = FreeFile      'ファイル番号を取得する
    Open CurrentProject.Path & "¥Sample452.txt" For Binary As #num
    '「Sample452.txt」ファイルをバイナリモードで開く
    Put #num, 7, "VBA"    '7バイト目以降に「VBA」と書き込む

    Close #num    'ファイルを閉じる
End Sub
```

解説

Putステートメントは、指定した値をファイルに書き込みます。開くファイルは、RandomモードまたはBinaryモードになります。

なお、Putステートメントでデータを書き込む際、指定した位置にデータがあると上書きされます。ここでは、あらかじめ「Access」と6バイトの文字列が入力されている「Sample452.txt」ファイルの7バイト目以降に、「VBA」と書き込みます。

なお、ファイル番号はFreeFile関数を使用して取得しています。FreeFile関数は、空いているファイル番号を返す関数です。

▼実行結果

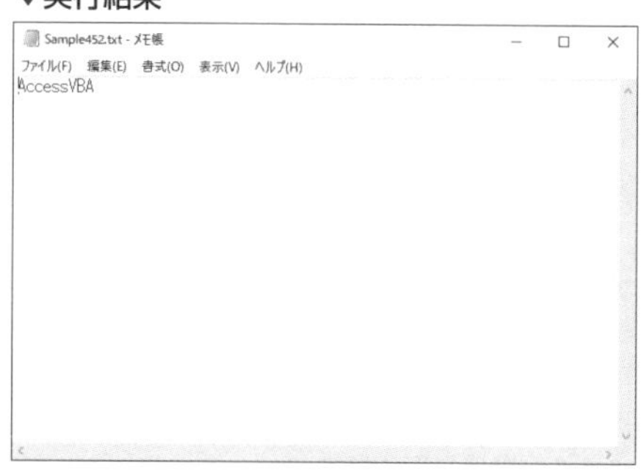

ファイルに「VBA」の文字が書き込まれた

• Putステートメントの構文

Put [#]filenumber, [recnumber], varname

Putステートメントは、変数のデータをディスクファイルに書き込みます。filenumberは、対象のファイル番号を指定します。recnumberは書き込みを開始する場所のレコード番号(Randomモードファイル)、またはバイト番号(Binaryモードファイル)を指定します。

varnameは、書き込むデータを表します。

一度にテキストファイルを読み込む

▶関連Tips 076 447

使用機能・命令 **Getステートメント/ LOF関数/ Split関数**（→Tips076）

サンプルファイル名 gokui16.accdb/16_2Module

▼「Sample453.txt」ファイルの内容を一度に読み込んで、「T_Sample453」テーブルに追加する

```
Private Sub Sample453()
    Dim db As DAO.Database          'データベースへの参照を代入する変数を宣言する
    Dim rs As DAO.Recordset         'レコードセットへの参照を代入する変数を宣言する
    Dim num As Integer              'ファイル番号を代入する変数を宣言する
    Dim buf() As Byte               'テキストデータを代入する変数を宣言する
    Dim DataList As Variant         '行ごとの配列を代入する変数を宣言する
    Dim temp As Variant             'フィールドごとの値を代入する変数を宣言する
    Dim i As Long                   '繰り返し処理用の変数を宣言する

    Set db = CurrentDb()            '現在のデータベースに接続する

    'テーブル「T_Sample453」をレコードセットとして開く
    Set rs = db.OpenRecordset("T_Sample453", dbOpenDynaset)

    num = FreeFile      'ファイル番号を取得する
    '「Sample453.txt」ファイルをバイナリモードで開く
    Open CurrentProject.Path & "¥Sample453.txt" For Binary As #num
    'ファイルの長さを取得し、変数bufの大きさを確保する
    ReDim buf(1 To LOF(num))
    Get #num, , buf     'ファイルを変数bufに読み込む
    Close #num      'ファイルを閉じる

    '読み込んだデータを改行コードで区切り、配列に代入する
    'この処理で配列は行ごとのデータになる
    DataList = Split(StrConv(buf, vbUnicode), vbCrLf)

    For i = 1 To UBound(DataList)     'データの行数分処理を繰り返す
        '1行分のデータをカンマで区切り配列に代入する
        temp = Split(DataList(i - 1), ",")
        rs.AddNew
        rs!会員ID = temp(0)
        rs!氏名 = temp(1)
        rs!フリガナ = temp(2)
```

```
        rs!性別 = temp(3)
        rs.Update
    Next
    Close #1    'ファイルを閉じる
    rs.Close        'レコードセットを閉じる
    db.Close        'データベースを閉じる
End Sub
```

❖ 解説

Getステートメントは、ファイルのデータを読み込みます。

ここでは、Getステートメントに読み込む変数bufを指定しています。この時、事前にLOF関数を使用して、変数bufにファイルのデータ分の容量を確保しています。Getステートメントでは、指定した変数のサイズ分のデータしか読み込めないため、この処理が必要になります。

読み込んだデータは、Split関数(→Tips076)を使用して、2回の処理でフィールド単位のデータを取得しています。Split関数は、1番目の引数に指定した文字列を、2番目の引数に指定した区切り文字で区切り、配列を返します。ここでは、Split関数の2番目の引数に「vbCrLf」を指定して、読み込んだデータを行ごとの配列データに分割します。

そして、取得した各行のデータに対し、やはりSplit関数を使用して、2番目の引数にカンマを指定してデータをフィールドごとのデータに分割します。

こうしてフィールド単位に分割したデータを、テーブルの各フィールドに追加します。

なお、ここではDAOを利用して、テーブルにデータを追加しています。詳細は、Tips297を参照してください。

•Getステートメントの構文

Get [#]filenumber, [recnumber], varname

•LOF関数の構文

LOF(filenumber)

Getステートメントは、開いているディスクファイルから変数にデータを読み込みます。

filenumberは、対象のファイル番号を指定します。recnumberは、読み取りが開始される場所のレコード番号(Randomモードファイル)、またはバイト番号(Binaryモードファイル)を指定します。

varnameは、データの読み込み先となる有効な変数名をしています。

LOF関数は、Openステートメントを使用して開いたファイルの大きさをバイト単位で示すLongデータ型の値を返します。filenumberに対象のファイル番号を指定します。

UTF-8形式でテキストファイルに出力する

▶関連Tips 357

使用機能・命令 **Charsetプロパティ/WriteTextメソッド/SaveToFileメソッド**

サンプルファイル名 gokui16.accdb/16_2Module

▼「T_Sample454」テーブルのデータを「Sample454.txt」ファイルにUTF-8形式で出力する

```
Private Sub Sample454()
    Dim cn As ADODB.Connection
    Dim rs As ADODB.Recordset
    Dim strm As ADODB.Stream
    Dim vData As String
    Dim Target As String

    Set cn = CurrentProject.Connection
    Set rs = New ADODB.Recordset
    '「T_Sample454」テーブルのデータを取得する
    With rs
        .Open "T_Sample454", cn, adOpenForwardOnly, adLockReadOnly _
            , adCmdTable
        Do Until .EOF
            vData = vData & !会員ID & "," & !氏名 & vbCrLf
            .MoveNext
        Loop
        .Close
    End With
    Set rs = Nothing
    cn.Close
    Set cn = Nothing

    'ファイルに出力
    Target = CurrentProject.Path & "¥Sample454.txt"
    Set strm = New ADODB.Stream
    With strm
          .Charset = "UTF-8"      '文字コードを設定
          .Open 'Streamオブジェクトを開く
          '変数vDataの内容をStreamオブジェクトに書き込む
          .WriteText vData
          'Streamオブジェクトの内容をテキストファイルに保存する
          .SaveToFile Target, adSaveCreateOverWrite
```

```
            .Close
        End With
        Set strm = Nothing
    End Sub
```

❖ 解説

UTF-8形式で、テキストファイルに出力するには、ADOのStreamオブジェクトを使用します。Streamオブジェクトは、バイナリデータまたはテキストのストリームを表すオブジェクトです。StreamオブジェクトのCharsetプロパティで、文字コードを指定します。そして、WriteTextメソッドで、テキストファイルにデータを書き込み、SaveToFileメソッドでファイルを保存します。

ここでは、「T_Sample454」テーブルの内容を、一旦変数vDataに格納し、そのデータを「Sample454.txt」ファイルに出力しています。

▼実行結果

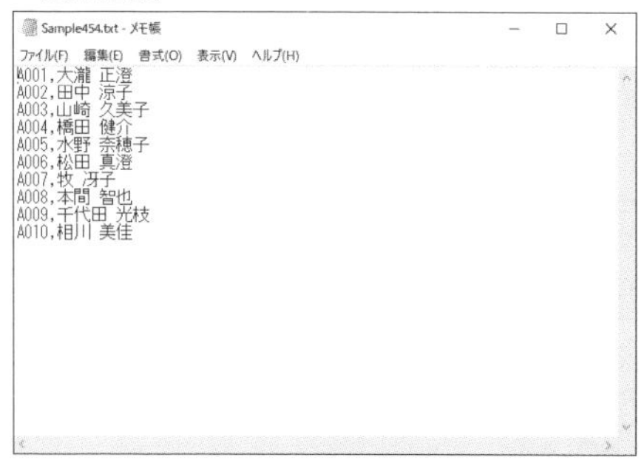

「UTF-8」形式で書き込まれた

WriteTextメソッドの引数Optionsに指定する値は、次のとおりです。

◈ WriteTextメソッドの引数Optionsに指定するStreamWriteEnum列挙型の値

定数	値	説明
adWriteChar	0	既定値。改行は書き込まない
adWriteLine	1	改行を書き込む

また、SaveToFileメソッドの引数SaveOptionsに指定する値は、次の通りです。

◈ SaveToFileメソッドの引数SaveOptionsに指定するSaveOptionsEnum列挙型の値

定数	値	説明
adSaveCreateNotExist	1	既定値。FileName パラメーターで指定したファイルがない場合は新しいファイルを作成する
adSaveCreateOverWrite	2	Filename パラメーターで指定したファイルがある場合は、現在開かれているStreamオブジェクトのデータでファイルが上書きされる

•Charsetプロパティの構文

object.Charaset = expression

•WriteTextメソッドの構文

object.WriteText Data, Options

•SaveToFileメソッドの構文

object.SaveToFile FileName, SaveOptions

Charsetプロパティは、objectにStreamオブジェクトを指定し、Streamオブジェクトの文字セットを指定します。既定値は"Unicode"です。"UTF-8"を指定することで、UFT-8形式を指定することができます。

WriteTextメソッドは、objectに指定したStreamオブジェクトにテキストデータを書き込みます。引数Dataには、書き込むテキストを指定します。引数Optionsには、指定された文字列の末尾に行区切り文字を書き込むかどうかを指定します。指定できる値は、「解説」を参照してください。

SaveToFileメソッドは、objectにStreamオブジェクトを指定して、Streamオブジェクトのバイナリデータをファイルに保存します。

引数FileNameは、保存先であるファイル名を指定します。引数SaveOptionsは、保存するファイルがまだ存在しない場合に、SaveToFileメソッドで新しいファイルを作成するかどうか指定します。指定できる値は、「解説」を参照してください。

Memo Windwos 11のメモ帳も、デフォルトがUTF-8形式となっています。また、インターネットから取得できるファイルの多くはUTF-8形式になっています。文字コードについては苦手意識の強い方もいらっしゃると思いますが、現在の傾向を鑑みると、UTF-8の使用は避けられない状況と言えます。

UTF-8のテキストファイルを読み込む

▶関連Tips 454

使用機能・命令　**Charsetプロパティ（→Tips454）/LoadFromFileメソッド/ReadTextメソッド**

サンプルファイル名　gokui16.accdb/16_2Module

▼UTF-8形式（改行はLF）で保存されている「Sample455.txt」ファイルを読み込む

```
Private Sub Sample455()
    Dim strm As ADODB.Stream
    Dim Target As String
    Dim vData As String

    Set strm = New ADODB.Stream
    Target = CurrentProject.Path & "¥Sample455.txt"
    With strm
        .Type = adTypeText  'データの種類をテキストに指定
        .Charset = "UTF-8"  '文字コードを設定
        .LineSeparator = adLF '改行をLFに指定
        .Open       'Streamオブジェクトを開く
        'テキストファイルをStreamオブジェクトに読み込み
        .LoadFromFile Target
    End With

    Do Until strm.EOS
        'Streamオブジェクトの内容イミディエイトウィンドウに出力
        Debug.Print strm.ReadText(adReadLine)
    Loop
    'Streamオブジェクトを閉じる
    strm.Close
    Set strm = Nothing
End Sub
```

❖ 解説

UTF-8形式のテキストファイルを読み込むには、ADOのStreamオブジェクトを使用します。まず、StreamオブジェクトのTypeプロパティで、データをテキストデータに指定します。Charsetプロパティに「UTF-8」を指定して、文字コードを指定しています。また、LineSeparatorプロパティにadLFを指定して、改行コードをLFに指定します。

その後、OpenメソッドでStreamオブジェクトを開き、LoadFromFileメソッドで「Sample455.txt」ファイルを読み込みます。

続けて、ReadTextメソッドで、1行ずつ読み込んだファイルからデータを取り出し、イミディエイトウィンドウに表示しています。この時、EOSプロパティでStreamオブジェクトが終了かを判定しています。

▼実行結果

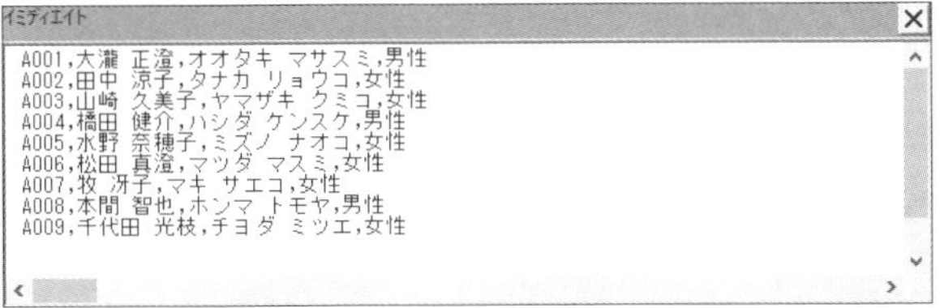

UTF-8のファイルが読み込まれた

ReadTextメソッドの引数NumCharsに指定できる値は、次のようになります。

◈ ReadTextメソッドの引数NumCharsに指定するStreamReadEnum列挙型の値

定数	値	説明
adReadAll	-1	既定値。現在の位置からEOSマーカー方向に、すべてのバイトをストリームから読み取る
adReadLine	-2	ストリームから行単位で読み取る

• LoadFromFileメソッドの構文

object.LoadFromFile FileName

• ReadTextメソッドの構文

object.ReadText(NumChars)

LoadFromFileメソッドは、objectにStreamオブジェクトを指定し、既存のファイルの内容をStreamに読み込みます。引数FileNameに対象のファイルを指定します。

ReadTextメソッドは、objectに指定したStreamオブジェクトから、指定された文字数を読み取ります。引数NumCharsはファイルから読み取る文字の数を指定するか、StreamReadEnum値を指定します。指定できる値は、「解説」を参照してください。

Tips 456

テーブルのデータをPDFファイルにする

▶関連Tips 457

使用機能・命令 OutputToメソッド

サンプルファイル名 gokui16.accdb/16_3Module

▼「T_Master」テーブルを「会員一覧.pdf」として出力する

```
Private Sub Sample456()
    '「T_Master」テーブルを「会員一覧.pdf」として出力する
    DoCmd.OutputTo acOutputTable, "T_Master", _
        acFormatPDF, "会員一覧.pdf", True
End Sub
```

❖ 解説

テーブルやクエリ、レポートなどのデータは、OutputToメソッドを使用してPDF形式で出力することができます。OutputToメソッドは、"OutputTo/出力"アクションを実行して、データベースオブジェクトのデータを指定した出力形式で出力することが可能です。

ここでは、「T_Master」テーブルを「会員一覧.pdf」として出力しています。

▼実行結果

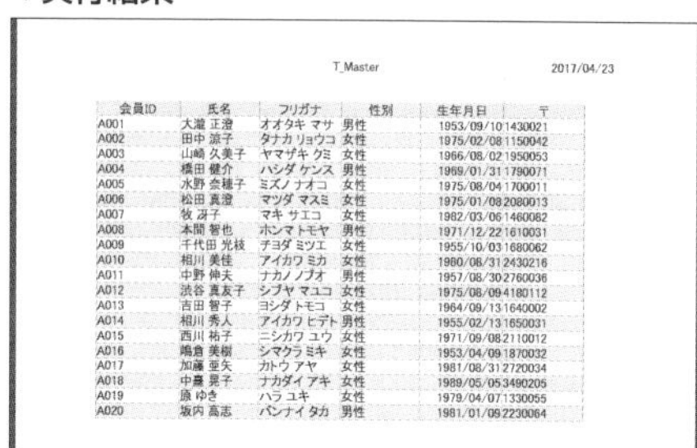

T_Master　　2017/04/23

会員ID	氏名	フリガナ	性別	生年月日	〒
A001	大滝 正澄	オオタキ マサ	男性	1953/09/10	1430021
A002	田中 涼子	タナカ リョウコ	女性	1975/02/08	1150042
A003	山崎 久美子	ヤマザキ クミ	女性	1966/08/02	1950053
A004	橋田 健介	ハシダ ケンス	男性	1969/01/31	1790071
A005	水野 奈穂子	ミズノ ナオコ	女性	1975/08/04	1700011
A006	松田 真澄	マツダ マスミ	女性	1975/01/08	2080013
A007	牧 冴子	マキ サエコ	女性	1982/03/06	1460082
A008	本間 智也	ホンマ トモヤ	男性	1971/12/22	1610031
A009	千代田 光枝	チヨダ ミツエ	女性	1955/10/03	1680062
A010	相川 美佳	アイカワ ミカ	女性	1980/08/31	2430216
A011	中野 伸夫	ナカノ ノブオ	男性	1957/08/30	2760036
A012	渋谷 真友子	シブヤ マユコ	女性	1975/08/09	4180112
A013	吉田 智子	ヨシダ トモコ	女性	1964/09/13	1640002
A014	相川 秀人	アイカワ ヒデト	男性	1955/02/13	1650031
A015	西川 祐子	ニシカワ ユウ	女性	1971/09/08	2110012
A016	嶋倉 美樹	シマクラ ミキ	女性	1953/04/09	1870032
A017	加藤 亜矢	カトウ アヤ	女性	1981/08/31	2720034
A018	中嘉 晃子	ナカダイ アキ	女性	1989/05/05	3490205
A019	原 ゆき	ハラ ユキ	女性	1979/04/07	1330055
A020	坂内 高志	バンナイ タカ	男性	1981/01/09	2230064

PDFファイルが出力された

OutputToメソッドの引数に指定できる値は、それぞれ次のようになります。

◈ 引数ObjectTypeに指定するAcOutputObjectType列挙型の定数

定数	値	説明
acOutputForm	2	フォーム
acOutputFunction	10	ユーザー定義プロシージャ
acOutputModule	5	モジュール
acOutputQuery	1	クエリ
acOutputReport	3	レポート
acOutputServerView	7	サーバービュー
acOutputStoredProcedure	9	ストアドプロシージャ
acOutputTable	0	テーブル

◈ 引数OutputFormatに指定するacFormatクラスの定数

定数	説明
acFormatHTML	HTML形式
acFormatRTF	リッチテキストフォーマット形式
acFormatTXT	テキスト形式
acFormatXLS	Excel形式
acFormatSNP	スナップショット形式
acFormatXLSB	Excelバイナリ形式
acFormatXLSX	Excel形式（2007以降）
acFormatXPS	XPS形式
acFormatPDF	PDF形式

◈ 引数OutputQualityに指定するAcExportQuality列挙型の定数

定数	値	説明
acExportQualityPrint	0	出力が印刷に最適化される
acExportQualityScreen	1	出力が画面表示に最適化される

• OutputToメソッドの構文

object.OutputTo(ObjectType, ObjectName, OutputFormat, OutputFile, AutoStart, TemplateFile, Encoding, OutputQuality)

OutputToメソッドは、objectにDoCmdオブジェクトを指定して、"OutputTo/出力"アクションを実行します。

引数ObjectTypeには、オブジェクトの種類を指定します。指定できる値は、「解説」を参照してください。引数ObjectNameは、オブジェクト名を指定します。省略すると、アクティブオブジェクトが対象となります。

引数OutputFormatは、出力形式を指定します。指定できる値は、「解説」を参照してください。この引数を省略すると、出力フォーマットのダイアログボックスが表示されます。

引数OutputFileは、出力先を指定します。引数AutoStartは、出力したファイルを開くかどうか指定します。開く場合はTrueを指定します。引数TemplateFileは、HTMLファイル、HTXファイル、またはASPファイルのテンプレートとして使うファイル名を指定します。引数Encodingは、テキストまたはHTMLデータを出力する際に使用する文字コードを指定します。引数OutputQualityは、出力するクオリティを指定します。指定できる値は、「解説」を参照してください。

レポートのデータをPDFファイルにする

▶関連Tips 456

使用機能・命令 OutputToメソッド（→Tips456）

サンプルファイル名 gokui16.accdb/16_3Module

▼「R_ Order」レポートを「売上一覧.pdf」として出力する

```
Private Sub Sample457()
    '「R_Order」レポートを「売上一覧.pdf」として出力する
    DoCmd.OutputTo acOutputReport, "R_Order", _
        acFormatPDF, "売上一覧.pdf", True
End Sub
```

❖ 解説

テーブルやクエリ、レポートなどのデータは、OutputToメソッドを使用してPDF形式で出力することができます。OutputToメソッドは、"OutputTo/出力"アクションを実行して、データベースオブジェクトのデータを指定した出力形式で出力することが可能です。

OutputToメソッドは、1番目の引数に対象のオブジェクトの種類を指定します。レポートを対象にする場合は、「acOutputReport」を指定します。詳しくは、Tips456を参照してください。

▼実行結果

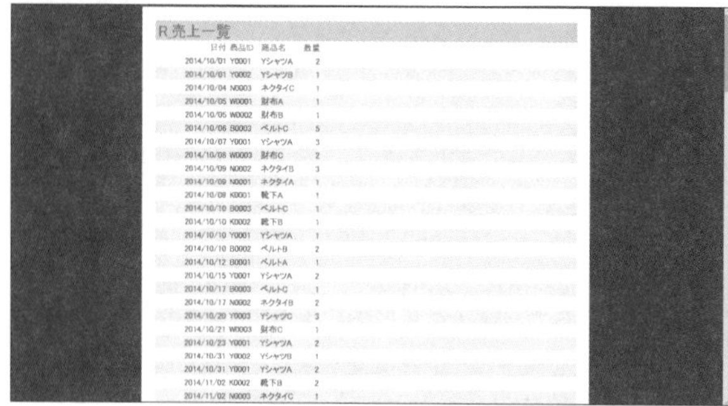

PDFファイルが出力された

Tips 458

他のアプリケーションを起動する

▶関連Tips 459

使用機能・命令 **Shell関数**

サンプルファイル名 gokui16.accdb/16_4Module

▼電卓を起動する

```
Private Sub Sample458()
    '電卓を起動して、フォーカスを移す
    Shell "C:¥Windows¥system32¥calc.exe", vbNormalFocus
End Sub
```

解説

電卓やメモ帳など他のアプリケーションは、Shell関数を使用して、データベースから起動することができます。Shell関数は、実行可能プログラムを実行し、実行が完了するとプログラムのタスクIDを示す値を返します。

ここでは、Windowsの電卓を起動しています。

なお、Shell関数の引数windowstyleに指定できる値は、次のようになります。

▼実行結果

電卓が起動した

◈ ウィンドウの状態を表す値

定数	値	説明
vbHide	0	フォーカスを持ち、非表示のウィンドウ
vbNormalFocus	1	ウィンドウがフォーカスを持ち、元のサイズと位置に表示される
vbMinimizedFocus	2	ウィンドウがフォーカスを持ってアイコンとして表示される
vbMaximizedFocus	3	ウィンドウがフォーカスを持って最大化される
vbNormalNoFocus	4	ウィンドウが直近のサイズと位置に復元される
vbMinimizedNoFocus	6	ウィンドウがアイコンとして表示される

• Shell関数の構文

Shell(pathname[,windowstyle])

Shell関数はプログラムを実行し、成功した場合はプログラムのタスクIDを、失敗した場合は0を返します。引数pathnameは実行するプログラムの名前と、必要であれば引数やコマンドラインスイッチを指定します。引数windowstyleは、ウィンドウのスタイルを表す値を指定します。windowstyleの指定を省略すると、プログラムがフォーカスを持った状態で最小化され開始されます。

指定できる値については、「解説」を参照してください。

Tips 459

キーボード操作でデータをコピーしてメモ帳に張り付ける

▶関連Tips 458

使用機能・命令 **Shell関数（→Tips458）／SendKeysステートメント**

サンプルファイル名 gokui16.accdb/16_4Module

▼メモ帳を起動して、コピーしてあるデータを貼り付ける

```
Private Sub Sample459()
    'メモ帳を起動する
    Shell "C:¥Windows¥system32¥notepad.exe", vbNormalFocus
    '[Ctrl]キー+[v]キーを送信する
    SendKeys "^v", True
End Sub
```

❖ 解説

キーボード操作でオブジェクトのデータをコピーし、Shell関数（→Tips458）、SendKeysステートメントを使用して、他のアプリケーションに貼り付けることができます。Shell関数は、実行可能プログラムを実行し、実行が完了するとプログラムのタスクIDを示す値を返します。

SendKeysステートメントは、キーストロークまたはキーストロークの組み合わせを、キーボードから入力したときと同様に、アクティブウィンドウに渡します。

ここでは、まずShell関数を使ってメモ帳を起動します。そして、「貼り付け」のショートカットキーである[Ctrl]キー＋[v]キーのキー操作を、SendKyesステートメントを利用して行っています。

◈ キーとキーコードの対照表

キー	コード	キー	コード
[Backspace]	{BACKSPACE},{BS},or{BKSP}	[Tab]	{TAB}
[Break]	{BREAK}	[↑]	{UP}
[Break]	{CAPSLOCK}	[F1]	{F1}
[DEL]または[Delete]	{DELETE}or{DEL}	[F2]	{F2}
[↓]	{DOWN}	[F3]	{F3}
[End]	{END}	[F4]	{F4}
[Enter]	{ENTER}or~	[F5]	{F5}
[Esc]	{ESC}	[F6]	{F6}
[HELP]	{HELP}	[F7]	{F7}
[Home]	{HOME}	[F8]	{F8}
[Ins]または[Insert]	{INSERT}or{INS}	[F9]	{F9}
[←]	{LEFT}	[F10]	{F10}
[NUMLOCK]	{NUMLOCK}	[F11]	{F11}
[PageDown]	{PGDN}	[F12]	{F12}
[PageUp]	{PGUP}	[F13]	{F13}

[PrintScreen]	{PRTSC}	[F14]	{F14}
[→]	{RIGHT}	[F15]	{F15}
[ScrollLock]	{SCROLLLOCK}	[F16]	{F16}

SendKeysステートメントでは、[Shift]キー、[Alt]キー、[Ctrl]キーとキーの組み合わせを、次のようにしてい指定します。

◈ 他のキーとの組み合わせ

キー	コード	キー	コード	キー	コード
Shift	+	Alt	%	Ctrl	^

このサンプルでは、実行する前にテーブルのデータを手動でコピーしています。コピー後、このプロシージャを実行することで、コピーしたデータがメモ帳に貼り付けられます。

•SendKeysステートメントの構文

SendKeys string[,wait]

SendKeysステートメントは、キーボードから入力したときのように、1つ以上のキーストロークをアクティブなウィンドウに送信します。

引数stringは、送信するキーストロークを指定します。指定できる値については、「解説」を参照してください。引数Waitは待機モードを指定します。False(既定値)に設定すると、キーが送信された直後にプロシージャに制御が戻されます。Trueに設定すると、キーストロークが処理されてからプロシージャに制御が戻されます。

各キーは、1つ以上の文字で表されます。キーボードの文字を1つ指定するには、その文字自体を使用します。たとえば、文字Aを表す場合は、stringに"A"を使用します。複数の文字を表すには、2文字目以降を前の文字に続けて入力します。たとえば、文字A、B、およびCを表す場合は、stringに"ABC"を使用します。

プラス記号(+)、キャレット(^),パーセント記号(%)、チルダ(~)、およびかっこ()は、SendKeysにとって特別な意味を持ちます。これらの文字を指定するには、中かっこ({})で囲みます。たとえば、プラス記号を指定するには、{+}を使用します。ブラケット([])は、SendKeysにとって特別な意味を持ちませんが、中かっこで囲む必要があります。中かっこ文字を指定するには、{{}と{}}を使用します。

キーを押したときに表示されない文字(Enter、Tabなど)や、文字ではなくアクションを表すキーについては、「解説」を参照してください。

また、通常のキーと[Shift]、[Ctrl]、および[M]キーの任意の組み合わせを指定するには、通常のキーのコードを付加するコードがあります。こちらも、「解説」を参照してください。

[Shift]、[Ctrl]、および[Alt]キーの任意の組み合わせを押しながら、他の複数のキーを押すように指定する場合は、それらのキーのコードをかっこで囲みます。たとえば、[Shift]キーを押しながら[E]キーと[C]キーを押すように指定する場合は、"+(EC)"を使用します。

キーを繰り返し押すように指定するには、{keynumber}という形式を使用します。keyとnumberの間には、空白を入れる必要があります。たとえば、{LEFT42}は左方向キーを42回、{h10}は[H]キーを10回押すことを意味します。

Tips 460 他のアプリケーションと通信する

▶関連Tips 458 461

使用機能・命令 DDEInitiateメソッド

サンプルファイル名 gokui16.accdb/16_4Module

▼DDE接続を使用してWordを起動する

```
Private Sub Sample460()
    Dim num As Integer          'Shell関数の戻り値を代入する変数を宣言する
    Dim ch As Long              'DDEチャンネルの値を代入する変数を宣言する

    'Wordを起動する
    num = Shell("C:¥Program Files (x86)¥Microsoft
        Office¥root¥Office16¥winWord.exe")
    'DDE接続を開始する
    ch = DDEInitiate("winWord", "system")

    'メッセージを表示する
    MsgBox "接続を終了します"
    'DDE接続を解除する
    DDETerminate ch
End Sub
```

❖ 解説

他のアプリケーションとデータベースは、DDEInitiateメソッド、Shell関数（→Tips458）を使用して、DDE接続で通信を開始することができます。

DDEInitiateメソッドは、別のアプリケーションと動的データ交換(DDE)通信を開始します。

DDEInitiateメソッドは、1番目の引数に対象のアプリケーション名を指定します。また、DDEInitiateメソッドは、接続を開始するとチャンネル番号を返します。接続に失敗した場合は、「0」を返します。最後に、DDETerminateステートメントは、指定された動的データ交換(DDE)チャネルを閉じます。なお、ここではWordを起動するために、Wordの実行ファイルのあるパスを直接指定しています。みなさんの環境とは異なる可能性がありますので、ご注意ください。

•DDEInitiateメソッドの構文

DDEInitiate(Application,Topic)

DDEInitiateメソッドを使用すると、別のアプリケーションと動的データ交換(DDE)通信を開始できます。引数Applicationは、対象のアプリケーションを指定します。指定する値は、アプリケーションの.exeファイル(.exe拡張子なし)の名前です。引数Topicは、引数applicationが識別できるトピックの名前を文字列式で指定します。

Tips 461

DDEチャンネルを使用して、Excelファイルを指定して開く

▶関連Tips 458 460

使用機能・命令 **DDEInitiateメソッド（→Tips460）／DDEExecuteメソッド**

サンプルファイル名 gokui16.accdb/16_4Module

▼DDE接続を使用して、「Sample461.xlsx」ファイルを開く

```
Private Sub Sample461()
    Dim num As Integer        'Shell関数の戻り値を代入する変数を宣言する
    Dim ch As Long            'DDEチャンネルの値を代入する変数を宣言する

    'Excelを起動する
    num = Shell("C:¥Program Files (x86)¥Microsoft
        Office¥root¥Office16¥EXCEL.exe")
    'DDE接続を開始する
    ch = DDEInitiate("Excel", "system")
    '「Sample461.xlsx」ファイルを開く
    DDEExecute ch, "[open(""" & CurrentProject.Path & "¥Sample461.
        xlsx"")]"
    'メッセージを表示する
    MsgBox "接続を終了します"
    'DDE接続を解除する
    DDETerminate ch
End Sub
```

❖ 解説

他のアプリケーションとデータベースは、DDEInitiateメソッド（→Tips460）とShell関数（→Tips458）を使用して、DDE接続で通信を開始することができます。そして、DDEExecuteメソッドを使って接続先にコマンドを送信します。ここでは、ファイルを開く「open」コマンドを送信します。そうすることで、Excelのファイルを開いています。

最後に、DDETerminateステートメントは、指定された動的データ交換(DDE)チャネルを閉じます。ここでは、Excelを起動するために、Excelの実行ファイルのあるパスを直接指定しています。みなさんの環境とは異なる可能性がありますので、ご注意ください。

• DDEExecuteメソッドの構文

DDEExecute(ChanNum,Command)

DDEExecuteメソッドは、開いているDynamicDataExchange(DDE)チャネルで、コマンドを送信することができます。引数ChanNumは、DDEInitiateメソッドチャネル番号を指定します。引数Commandは、コマンドを指定します。

Tips 462

Excelブックを新規作成する

▶関連Tips 463

使用機能・命令 **CreateObject関数**

サンプルファイル名 gokui16.accdb/16_4Module

▼Excelを起動して、新規ブックを作成する

```
Private Sub Sample462()
    Dim xlApp As Object        'Excelへの参照を代入する変数を宣言する
    Dim wb As Object           'ワークブックへの参照を代入する変数を宣言する
    Dim sh As Object           'ワークシートへの参照を代入する変数を宣言する
    Dim vPath As String        '保存するファイル名を代入する変数を宣言する
    'Excelアプリケーションを起動する
    Set xlApp = CreateObject("Excel.Application")
    Set wb = xlApp.Workbooks.Add       '新規ブックを追加する
    'ワークシートへの参照を変数に代入する
    Set sh = wb.Worksheets(1)
    sh.Name = "Test"      'ワークシート名を変更する
    '保存するファイル名を指定する
    vPath = CurrentProject.Path & "¥Sample462.xlsx"
    wb.SaveAs vPath       'ブックを保存する
    xlApp.Visible = True 'Excelを見えるようにする
End Sub
```

解説

CreateObject関数を使用して、Excelを起動して新規ブックを作成することができます。CreateObject関数は、ActiveXオブジェクトへの参照を作成し、オートメーション機能を利用して、他のアプリケーション機能を使用可能とします。ここでは、CreateObject関数を使用してExcelを起動したあと、ExcelVBAのAddメソッドを使用してワークブックを新規に追加し、Nameプロパティを使用してワークシートに「Test」と名前をつけています。そして、SaveAsメソッドを使用して、ブックに名前をつけて保存した後、Visibleプロパティを使用してExcelを表示しています。

•CreateObject関数の構文

CreateObject (class [, servername])

CreateObject関数は、ActiveXオブジェクトへの参照を作成して返します。引数classは作成するオブジェクトのアプリケーション名とクラスを、「appname.objecttype」の形で指定します。appnameにはアプリケーション名を、objecttypeにはクラスを指定します。

引数servernameは、オブジェクトが作成されるネットワークサーバー名を指定します。servernameが空の文字列("")の場合、ローカルコンピューターが使用されます。

Tips 463 Excelファイルを指定して表示する

▶関連Tips 462

使用機能・命令 CreateObject関数（→Tips462）

サンプルファイル名 gokui16.accdb/16_4Module

▼「Sample463.xlsx」ファイルを開く

```
Private Sub Sample463()
    Dim xlApp As Object        'Excelへの参照を代入する変数を宣言する
    Dim wb As Object           'ワークブックへの参照を代入する変数を宣言する
    Dim vPath As String        '開くファイル名を代入する変数を宣言する

    'Excelアプリケーションを起動する
    Set xlApp = CreateObject("Excel.Application")

    '開くファイル名を指定する
    vPath = CurrentProject.Path & "¥Sample463.xlsx"
    '指定したブックを開く
    Set wb = xlApp.Workbooks.Open(vPath)
    xlApp.Visible = True 'Excelを見えるようにする
End Sub
```

❖ 解説

CreateObject関数（→Tips462）を使用して、Excelを起動して新規ブックを作成することができます。

Excelを起動するには、CreateObject関数の引数に「Excel.Application」を指定します。ここでは、CreateObject関数を使用してExcelを起動したあと、ExcelVBAのOpenメソッドを使用して指定したワークブックを開きます。その後、Visibleプロパティを使用して、Excelを表示しています。

▼実行結果

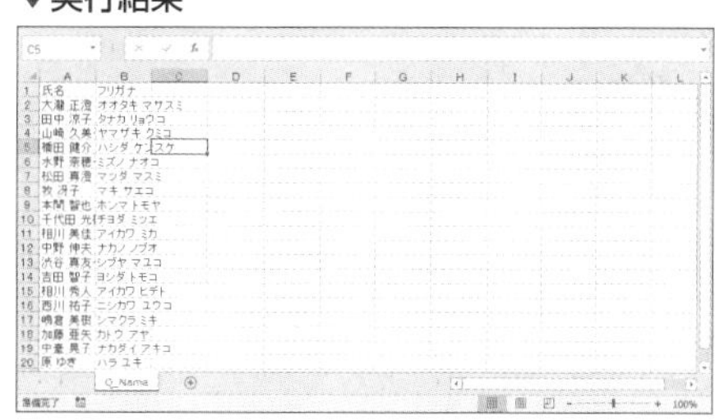

Excelファイルが開いた

なお、ここではCreateObject関数を使用してExcelを起動していますが、[Microsoft Excel Object library]の参照設定をすることで、Excelを起動することもできます。その場合、変数の宣言を「Dim xlApp As Excel.Application」とし、「Set xlApp=New Excel.Application」とすることで、Excelを起動することができます。なお、参照するライブラリのバージョンは、Excelのバージョンによって異なります。

Excelのワークシートでデータを扱う

▶関連Tips 462

使用機能・命令 **GetObject関数**

サンプルファイル名 gokui16.accdb/16_4Module

▼「Sample464.xlsx」ファイルを取得し、内容を表示する

```
Private Sub Sample464()
    Dim wb As Object            'ワークブックへの参照を代入する変数を宣言する
    Dim sh As Object            'ワークシートへの参照を代入する変数を宣言する
    Dim vPath As String         '開くファイル名を代入する変数を宣言する
    Dim i As Long               '繰り返し処理用の変数を宣言する
    vPath = CurrentProject.Path & "¥Sample464.xlsx"
    Set wb = GetObject(vPath)           '対象のファイルを取得する
    Set sh = wb.Sheets("会員一覧")  'ワークシートへの参照を代入する
    With sh     'ワークシートへの処理を行う
        'データが入力されたセル範囲の行数分処理を行う
        For i = 1 To .Range("A1").Currentregion.Rows.Count
            'A列の値をイミディエイトウィンドウに表示する
            Debug.Print .Cells(i, 1).Value
        Next
    End With
    wb.Close    'ワークブックを閉じる
End Sub
```

❖ 解説

GetObject関数は、オートメーション機能を利用して、他のアプリケーションファイルから取得したActiveXオブジェクトへの参照を返します。ここでは、「Sample464.xlsx」ファイルへの参照を取得することで、このファイルのデータを取得できるようにしています（ただし、画面への表示は行っていないため、Excelのウィンドウは見えない状態で処理が行われます）。

このサンプルでは、ExcelVBAの命令を使用して、セルA1以降に入力されているデータのA列の値を、イミディエイトウィンドウに表示しています。

• GetObject関数の構文

GetObject([pathname][,class])

GetObject関数は、ActiveXオブジェクトへの参照を返します。引数classは、取得するオブジェクトを含むファイルのフルパスと名前を指定します。pathnameを省略する場合は、classを指定する必要があります。classは「appname.objecttype」の形で指定します。appnameにはアプリケーション名を、objecttypeにはオブジェクトの種類またはクラスを指定します。

ExcelのワークシートにデータをI出力する

▶関連Tips 462

使用機能・命令　**CreateObject関数**（→Tips462）

サンプルファイル名　gokui16.accdb/16_4Module

▼「Q_Master」クエリのデータを、「Sample465.xlsx」を開いて転記する

```
Private Sub Sample465()
    Dim db As DAO.Database          'データベースへの参照を代入する変数を宣言する
    Dim rs As DAO.Recordset        'レコードセットへの参照を代入する変数を宣言する
    Dim xlApp As Object         'Excelへの参照を代入する変数を宣言する
    Dim wb As Object            'ワークブックへの参照を代入する変数を宣言する
    Dim sh As Object            'ワークシートへの参照を代入する変数を宣言する
    Dim vPath As String         '開くファイル名を代入する変数を宣言する

    '開くファイル名を指定する
    vPath = CurrentProject.Path & "¥Sample465.xlsx"
    'Excelアプリケーションを起動する
    Set xlApp = CreateObject("Excel.Application")
    '指定してブックを開く
    Set wb = xlApp.Workbooks.Open(vPath)
    'ワークシートへの参照を変数に代入する
    Set sh = wb.Worksheets(1)

    Set db = CurrentDb()            '現在のデータベースに接続する
    'テーブル「Q_Master」をレコードセットとして開く
    Set rs = db.OpenRecordset("Q_Master", dbOpenDynaset)
    '取得したレコードセットをセルA1以降に張り付ける
    sh.Range("A1").CopyFromRecordset rs

    xlApp.Visible = True 'Excelを見えるようにする
End Sub
```

解説

CreateObject関数（→Tips462）を使用して起動したExcelに対して、Accessのデータを出力することができます。

Accessのデータをまとめて出力するには、レコードセットを取得し、ExcelVBAのCopyFromRecordsetメソッドを使用します。**CopyFromRecordsetメソッドは、引数に指定したレコードセットのデータをすべてワークシートのセルに出力します。**

Wordのファイルを指定して表示する

▶関連Tips 462

使用機能・命令 CreateObject関数（→Tips462）

サンプルファイル名 gokui16.accdb/16_4Module

▼「Sample466.docx」ファイルを開く

```
Private Sub Sample466()
    Dim wdApp As Object        'Wordへの参照を代入する変数を宣言する
    Dim vDoc As Object          'ドキュメントへの参照を代入する変数を宣言する
    Dim vPath As String       '開くファイル名を代入する変数を宣言する

    'Wordアプリケーションを起動する
    Set wdApp = CreateObject("Word.Application")

    '開くファイル名を指定する
    vPath = CurrentProject.Path & "¥Sample466.docx"
    '指定したブックを開く
    Set vDoc = wdApp.Documents.Open(vPath)
    wdApp.Visible = True 'Wordを見えるようにする
End Sub
```

✣ 解説

CreateObject関数（→Tips462）を使用して、Wordを起動して指定した文書を開くことができます。

CreateObject関数は、ActiveXオブジェクトへの参照を作成し、オートメーション機能を利用して、他のアプリケーション機能を使用可能とします。Wordを起動するには、CreateObject関数の引数に「Word.Application」を指定します。

ここでは、CreateObject関数を使用してWordを起動したあと、WordVBAのOpenメソッドを使用して指定した文書を開きます。

その後、Visibleプロパティを使用してWordを表示しています。

▼実行結果

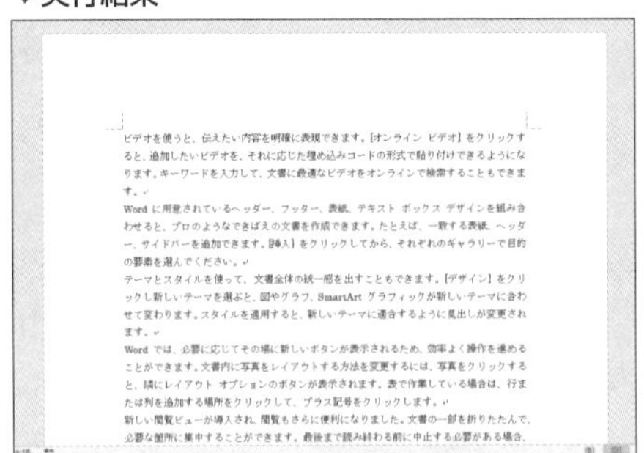
ビデオを使うと、伝えたい内容を明確に表現できます。[オンライン ビデオ] をクリックすると、追加したいビデオを、それに応じた埋め込みコードの形式で貼り付けできるようになります。キーワードを入力して、文書に最適なビデオをオンラインで検索することもできます。

Word に用意されているヘッダー、フッター、表紙、テキスト ボックス デザインを組み合わせると、プロのようなできばえの文書を作成できます。たとえば、一致する表紙、ヘッダー、サイドバーを追加できます。[挿入] をクリックしてから、それぞれのギャラリーで目的の要素を選んでください。

テーマとスタイルを使って、文書全体の統一感を出すこともできます。[デザイン] をクリックし新しいテーマを選ぶと、図やグラフ、SmartArt グラフィックが新しいテーマに合わせて変わります。スタイルを適用すると、新しいテーマに適合するように見出しが変更されます。

Word では、必要に応じてその場に新しいボタンが表示されるため、効率よく操作を進めることができます。文書内に写真をレイアウトする方法を変更するには、写真をクリックすると、隣にレイアウト オプションのボタンが表示されます。表で作業している場合は、行または列を追加する場所をクリックして、プラス記号をクリックします。

新しい閲覧ビューが導入され、閲覧もさらに便利になりました。文書の一部を折りたたんで、必要な箇所に集中することができます。最後まで読み終わる前に中止する必要がある場合、

Wordファイルが開いた

Tips 467 Wordのファイルにデータを出力する

▶関連Tips 462

使用機能・命令 CreateObject関数（→Tips462）

サンプルファイル名 gokui16.accdb/16_4Module

▼「Sample467.docx」ファイルにレコードセットの値を出力する

```
Private Sub Sample467()
    Dim db As DAO.Database         'データベースへの参照を代入する変数を宣言する
    Dim rs As DAO.Recordset        'レコードセットへの参照を代入する変数を宣言する
    Dim wdApp As Object           'Wordへの参照を代入する変数を宣言する
    Dim vDoc As Object             'ドキュメントへの参照を代入する変数を宣言する
    Dim vPath As String           '開くファイル名を代入する変数を宣言する

    '開くファイル名を指定する
    vPath = CurrentProject.Path & "¥Sample467.docx"

    'Wordアプリケーションを起動する
    Set wdApp = CreateObject("Word.Application")
    '指定してブックを開く
    Set vDoc = wdApp.Documents.Open(vPath)

    Set db = CurrentDb()            '現在のデータベースに接続する
    'テーブル「Q_Master」をレコードセットとして開く
    Set rs = db.OpenRecordset("Q_Master", dbOpenDynaset)
    '取得したレコードセットの「氏名」の値を挿入する
    vDoc.Content.InsertAfter rs!氏名

    wdApp.Visible = True 'Wordを見えるようにする
End Sub
```

❖ 解説

CreateObject関数（→Tips462）を使用して起動したWordに対して、Accessのデータを出力することができます。

ここでは、WordVBAのOpenメソッドを使用して「Sample467.docx」を開き、InsertAfterメソッドを使用して、末尾に「氏名」フィールドの値を入力しています。

Tips 468 メールを送信する

▶関連Tips 462

使用機能・命令 CreateObject関数（→Tips462）

サンプルファイル名 gokui16.accdb/16_5Module

▼Outlookを起動して、新たにメールを作成する

```
Private Sub Sample468()
    Dim olApp As Object      'Outlookへの参照を代入する変数を宣言する
    Dim MailItem As Object   'メールへの参照を代入する変数を宣言する

    'Outlookを起動する
    Set olApp = CreateObject("Outlook.Application")
    'メールアイテムを作成する
    Set MailItem = olApp.CreateItem(0)
    'メールアイテムに対する処理を行う
    With MailItem
        .Recipients.Add("xxxx@xxx.xx").Type = 1  'メールアドレスを指定する
        .Subject = "ご報告"                      '件名を指定する
        .Body = "先日のご報告をさせて頂きます"      '本文を指定する
        '.Send   'メールを送信する
        .Display    'Outlookを表示する
    End With
End Sub
```

❖ 解説

Outlookでメールを送信します。CreateObject関数でOutlookを起動し、CreateItemメソッドでメールアイテムを作成します。CreateItemメソッドは引数に「0」を指定すると、メールアイテムを作成します。

Recipientsプロパティで、メールの「To」の値を指定します。また、Subjectプロパティにメールのタイトルを、Bodyプロパティにメールの本文を指定します。

最後に、Sendメソッドでメールを送信します。なお、ここでは動作確認のため、Sendメソッドの代わりに、Displayメソッドを使用して作成したメールを表示し、Sendメソッドはコメントアウトしています。

▼実行結果

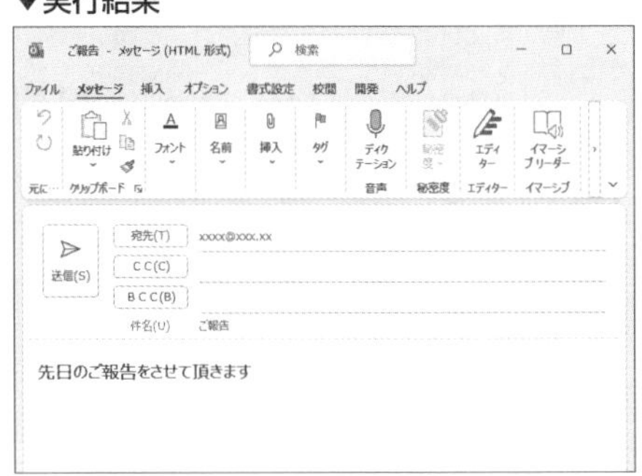

メールが作成された

Tips 469 オブジェクトをExcelに変換し、メールに添付して送信する

▶関連Tips 462

使用機能・命令 SendObjectメソッド

サンプルファイル名 gokui16.accdb/16_5Module

▼「T_Order」テーブルをExcelファイルに変換してメールに添付する

```
Private Sub Sample469()
    Dim vObj As String          '添付するオブジェクト名を代入する変数を宣言する
    Dim vTo As String           '「宛先」を代入する変数を宣言する
    Dim vTitle As String        '「件名」を代入する変数を宣言する
    Dim vText As String         '「本文」を代入する変数を宣言する

    On Error Resume Next        'エラー処理を開始する
    vObj = "T_Order"            '「T_Order」テーブルを添付する
    vTo = "xxxx@xxx.xx"         '「宛先」を指定する
    vTitle = "メールの件名を入力します"       '「件名」を指定する
    vText = "本文に書き込みたい文字列を入力します"   '「本文」を指定する

    '指定したオブジェクトをExcelに変換して、メールを作成する
    DoCmd.SendObject acSendTable, vObj, acFormatXLS, _
        vTo, , , vTitle, vText, True
End Sub
```

❖ 解説

SendObjectメソッドは、テーブルやクエリなどオブジェクトを指定したフォーマットに変換して、メールに添付することができます。

SendObjectメソッドは、1番目の引数に送信するオブジェクトの種類を指定します。テーブルの場合は、「acSendTable」になります。2番目の引数にはオブジェクト名を、3番目の引数には変換するフォーマットを指定します。Excelに変換する場合は、「acFormatXLS」を指定します。ここでは、「T_Order」テーブルをExcelファイルに変換し、メールに添付しています。

▼このテーブルのデータを添付する

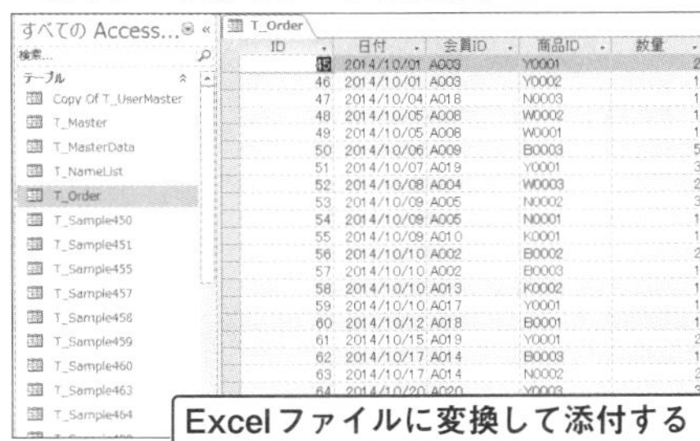

▼実行結果

なお、SendObjectメソッドの引数ObjectTypeに指定する値は、次のようになります。

◈ SendObjectメソッドの引数ObjectTypeに指定する

定数	値	説明
acSendForm	2	フォームを送信する
acSendModule	5	モジュールを送信する
acSendNoObject	-1	(既定値)データベースオブジェクトを送信しない
acSendQuery	1	クエリを送信する
acSendReport	3	レポートを送信する
acSendTable	0	テーブルを送信する

•SendObjectメソッドの構文

object.SendObject(ObjectType,ObjectName,OutputFormat,To,Cc,Bcc,Subject,MessageText,EditMessage,TemplateFile)

SendObjectメソッドは、objectにDoCmdを指定し、「オブジェクトの送信」アクションを実行します。

引数ObjectTypeは、送信するオブジェクトの種類を指定します。詳しくは、「解説」を参照してください。

引数ObjectNameは、引数ObjectTypeで選択した種類のオブジェクト名を指定します。メールメッセージにアクティブオブジェクトを含める場合は、オブジェクトの種類を引数ObjectTypeで指定し、この引数を空白のままにしておきます。引数ObjectTypeとObjectNameを両方とも指定しないと、引数ObjectTypeにacSendNoObject(既定値)が使われ、データベースオブジェクトを含まずにメッセージが送られます。

引数OutputFormatは、オブジェクトを送信する形式を指定する定数です。次のいずれかの値になります。acFormatHTML、acFormatRTF、acFormatSNP、acFormatTXT、acFormatXLS、acFormatXLSB、acFormatXLSX、acFormatXPS、acFormatPDF。

引数Toは、メールのToになります。この引数と引数CcおよびBccに複数の名前を指定する場合は、セミコロン(;)で区切ります。引数Ccはメールのccです。引数Bccはメールのbccです。

引数Subjectはメールの件名です。引数MessageTextはメール本文です。

引数EditMessageはメッセージが読み込まれた直後にメールアプリケーションを開き、メッセージを編集できるようにするにはTrue(既定値)を、メッセージを編集せずに送信するにはFalseを指定します。引数TemplateFileは、HTMLファイルのテンプレートとして使うファイルのパス名を含んだファイル名を、文字列式で指定します。

Tips 470 Outlookメールの一覧を取得する

▶関連Tips 462

使用機能・命令 **CreateObject関数**（→Tips462）

サンプルファイル名 gokui16.accdb/16_5Module

▼指定したOutlookフォルダのメール情報を、テーブルに転記する

```
Private Sub Sample470()
    Dim db As DAO.Database          'データベースへの参照を代入する変数を宣言する
    Dim rs As DAO.Recordset         'レコードセットへの参照を代入する変数を宣言する
    Dim olApp As Object             'Outlookへの参照を代入する変数を宣言する
    Dim vNamespase As Object        '名前空間への参照を代入する変数を宣言する
    Dim vFolder As Object           'フォルダへの参照を代入する変数を宣言する
    Dim i As Long                   '繰り返し処理用の変数を宣言する

    Set db = CurrentDb()            '現在のデータベースに接続する

    'テーブル「T_Sample470」をレコードセットとして開く
    Set rs = db.OpenRecordset("T_Sample470", dbOpenDynaset)

    'Outlookを起動する
    Set olApp = CreateObject("Outlook.Application")
    '名前空間を取得する
    Set vNamespase = olApp.GetNamespace("MAPI")
    '対象フォルダを選択する
    Set vFolder = vNamespase.PickFolder

    '対象フォルダ内のすべてのアイテムに対して処理を行う
    For i = 1 To vFolder.Items.Count
        If vFolder.Items(i).Class = 43 Then     'メールアイテムの場合の処理
            rs.AddNew                   'レコードを追加する
            '送信者名を取得
            rs!送信者 = vFolder.Items(i).SenderName
            'メールのタイトルを取得
            rs!タイトル = vFolder.Items(i).Subject
            '受信日時を取得
            rs!受信日時 = vFolder.Items(i).ReceivedTime
            '本文を取得
            rs!本文 = vFolder.Items(i).Body
            rs.Update           'レコードセットを更新する
        End If
```

```
        Next
        rs.Close          'レコードセットを閉じる
        db.Close          'データベースを閉じる
End Sub
```

❖ 解説

CreateObject関数でOutlookを起動し、GetNamespaseメソッドで受信メールを取得するための名前空間を取得します。

GetNamespaceメソッドは、指定した名前空間を取得します。受信メールを取得するため、「MAPI」を指定します。

ここでは、Outlookの指定したフォルダ内のメールの内容を、「T_Sample470」テーブルに転記します。

続けて、PicFolderメソッドで対象となるフォルダを選択する、ダイアログボックスを表示します。フォルダが選択されたら、Countプロパティでアイテムの数をカウントし、そのフォルダ内すべてのアイテムに対して処理を行います。

メールアイテムは、Classプロパティが「43」になるので、Classプロパティの値をチェックして、メールアイテムの場合には「送信者名」「タイトル」「受信日時」「本文」をテーブルに入力します。

▼Outlookからメールの内容を取得する

「受信トレイ」の2つメールの内容を取得する

▼実行結果

「T_Sample470」にメールの内容が転記された

ブラウザを起動する（1）

▶関連Tips 472

使用機能・命令　HyperlinkAddressプロパティ

サンプルファイル名 gokui16.accdb/F_471

▼秀和システムのホームページへのハイパーリンクを、コマンドボタンに設定する

```
'コマンドボタンのクリック時に処理を行う
Private Sub cmdSample_Click()
    'コマンドボタンにハイパーリンクを設定し、対象のホームページを開く
    Me.cmdSample.HyperlinkAddress = _
        "https://www.shuwasystem.co.jp/"
End Sub
```

❖ 解説

ブラウザは、HyperlinkAddressプロパティを使用して、コマンドボタンやラベルにハイパーリンクを設定して起動することができます。コマンドボタンのHyperlinkAddressプロパティにURLを指定すると、コマンドボタンをクリックした時にブラウザを起動して、指定したURLのホームページを表示することができます。なお、この方法では、起動するブラウザは「標準のブラウザ」に設定されているブラウザになります。普段、お使いのブラウザが表示されます。

▼実行結果

ブラウザが起動した

• HyperlinkAddressプロパティの構文

object.HyperlinkSubAddress

HyperlinkAddressプロパティは、objectにCommandButtonを指定すると、ハイパーリンクを設定することができます。

URLを指定することでブラウザが自動的に起動し、指定したURLの内容が表示されます。

ブラウザを起動する（2）

▶関連Tips 471

使用機能・命令　WebBrowserコントロール/Navigateメソッド

サンプルファイル名　gokui16.accdb/F_472

▼「秀和システム」のホームページを表示する

```
Private Sub cmdSample_Click()
    WebBrowser1.Object.Silent = True    'スクリプトエラーを抑止
    WebBrowser1.Object.Navigate "https://www.shuwasystem.co.jp/"
End Sub
```

❖ 解説

　ここでは、WebBrowserコントロールを使用して対象のホームページをAccessのフォーム上に表示します。

　従来、Internet Explorer（以下IE）をVBAから起動して、ブラウザ上の処理を自動化することができました。しかし、Microsoft社がIEのサポートを2022年6月で終了するため、従来の方法でIEの処理を自動化することができません。

　そこでここでは、IEに近い機能を持ち、サポートが継続されるWebBrowserコントロールを使用してホームページを表示する方法を紹介します。

　WebBrowserコントロールはIEの古いバージョン相当の機能しか持たないため、対象のホームページによってはスクリプトエラーが発生することがあります。そこでここでは、Silentプロパティを Trueにしてスクリプトエラーが発生しても何も表示しないようにします。その後、Navigateメソッドを使用して対象のホームページにアクセスしています。

　なお、この方法ですが、説明したようにIEの古いバージョン相当の機能しか持たないため、従来のような処理が可能かどうかは対象のホームページ次第となります。細かな制御が必要な場合は、RPAを使用するなど別の方法を検討してください。

▼実行結果

指定したホームページが表示された

Tips 473

他のアプリケーションへハイパーリンクを設定する

▶関連Tips 462

使用機能・命令　**HyperlinkAddressプロパティ**

サンプルファイル名　gokui16.accdb/F_473

▼コマンドボタンをクリックして指定したファイルを開く

```
'コマンドボタンのクリック時に処理を行う
Private Sub cmdSample_Click()
    Dim vName As String     'ファイル名を代入する変数を宣言する

    vName = Me.cmbFileName  'コンボボックスの値を代入する
    'コマンドボタンにハイパーリンクを設定し、
    'コンボボックスで選択されたファイルを開く
    Me.cmdSample.HyperlinkAddress = _
        CurrentProject.Path & "¥" & vName
End Sub
```

❖ 解説

HyperlinkAddressプロパティを使用して、コマンドボタンやラベルにハイパーリンクを設定してファイルを開くことができます。

コマンドボタンのHyperlinkAddressプロパティに、開きたいファイルのパスを指定すると、コマンドボタンをクリックした時に対象のファイルを開きます。

なお、ここではコマンドボタンのハイパーリンクの設定と同時に、リンク先のファイルを開く処理をしています。これを利用して、コンボボックスで選択された値に応じて開くファイルを変更しています。

▼実行結果

選択したファイルが開いた

• HyperlinkAddressプロパティ

object. HyperlinkAddress

HyperlinkAddressプロパティは、objectにCommandButtonを指定すると、ハイパーリンクを設定することができます。

URLを指定することでブラウザが自動的に起動し、指定したURLの内容が表示されます。

HTMLファイルを インポート・エクスポートする

▶関連Tips 462

使用機能・命令 **TransferTextメソッド**（→Tips441）

サンプルファイル名 gokui16.accdb/16_6Module

▼「Sample474.html」ファイルを「T_Sample474」テーブルにインポートする

```
Private Sub Sample474()
    On Error Resume Next    'エラー処理を開始する

    '「Sample474.html」ファイルを「T_Sample474」テーブルにインポートする
    DoCmd.TransferText acImportHTML, "", "T_Sample474", _
        CurrentProject.Path & "¥Sample474.html", True

    '「T_Sample474_2」テーブルを「Sample474_2.html」ファイルにエクスポートする
    DoCmd.TransferText acExportHTML, "", "T_Sample474", _
        CurrentProject.Path & "¥Sample474_2.html", True
End Sub
```

❖ 解説

HTMLファイルは、TransferTextメソッド（→Tips441）を使用して、データベースにオブジェクトとしてインポートすることができます。TransferTextメソッドは、テキストファイルやHTMLファイルのテーブル、またはリストをインポートやエクスポート、またはリンクを行うことが可能です。ここでは、「Sample474.html」ファイルの内容を「T_Sample474」テーブルにインポートします。なお、このテーブルはインポート時に自動的に作成されます。

また、「T_Sample474_2」テーブルの内容を、「Sample474_2.html」ファイルにエクスポートします。

▼実行結果

すべての Access...

T_Sample448, T_Sample449, T_Sample450, T_Sample453, T_Sample454, T_Sample470, T_Sample474, T_Sample474_2, T_Sample476, T_Sample489, T_Sample490, T_Sample490_2, T_ShohinMaster, T_TransactionData, T_UserMaster

クエリ

フォーム

F_471, F_472, F_473

T_Sample474

2014/10/0	A003	山崎 久美子	Y0001	YシャツA	2000	2#00	4000#00
2014/10/01	03	山崎 久美子	Y0002	YシャツB	1800	1	1800
2014/10/04	A018	中臺 晃子	N0003	ネクタイC	5000	1	5000
2014/10/05	A008	本間 智也	W0001	財布A	15000	1	15000
2014/10/05	A008	本間 智也	W0002	財布B	12000	1	12000
2014/10/06	A009	千代田 光枝	B0003	ベルトC	3000	5	15000
2014/10/07	A019	原 ゆき	Y0001	YシャツA	2000	3	6000
2014/10/08	A004	橋田 健介	W0003	財布C	8000	2	16000
2014/10/09	A005	水野 奈穂子	N0002	ネクタイB	10000	3	30000
2014/10/09	A005	水野 奈穂子	N0001	ネクタイA	20000	1	20000
2014/10/09	A010	相川 美佳	K0001	靴下A	500	1	500
2014/10/10	A002	田中 涼子	B0003	ベルトC	3000	1	3000
2014/10/10	A013	吉田 智子	K0002	靴下B	300	1	300
2014/10/10	A017	加藤 亜矢	Y0001	YシャツA	2000	1	2000
2014/10/10	A002	田中 涼子	B0002	ベルトB	5000	2	10000
2014/10/12	A018	中臺 晃子	B0001	ベルトA	10000	1	10000
2014/10/15	A019	原 ゆき	Y0001	YシャツA	2000	2	4000
2014/10/17	A014	相川 秀人	B0003	ベルトC	3000	1	3000
2014/10/17	A014	相川 秀人	N0002	ネクタイB	10000	2	20000
2014/10/20	A020	坂内 高志	Y0003	YシャツC	1500	3	4500
2014/10/21	A003	山崎 久美子	W0003	財布C	8000	1	8000
2014/10/23	A003	山崎 久美子	Y0001	YシャツA	2000	2	4000
2014/10/31	A003	山崎 久美子	Y0002	YシャツB	1800	1	1800
2014/10/31	A003	山崎 久美子	Y0001	YシャツA	2000	2	4000
2014/11/02	A002	田中 涼子	K0002	靴下B	300	2	600
2014/11/02	A010	相川 美佳	N0003	ネクタイC	5000	1	5000
2014/11/03	A018	中臺 晃子	N0003	ネクタイC	5000	1	5000
2014/11/04	A008	本間 智也	W0002	財布B	12000	1	12000
2014/11/04	A008	本間 智也	W0001	財布A	15000	1	15000

レコード: 1 / 128 検索

HTMLのデータがインポートされた

Tips 475

XMLファイルをインポートする

▶関連Tips 476

使用機能・命令　**ImportXMLメソッド**

サンプルファイル名　gokui16.accdb/16_7Module

▼「Sample475.xml」ファイルをインポートする

```
Private Sub Sample475()
    '「Sample475.xml」ファイルをインポートする
    Application.ImportXML CurrentProject.Path & "¥Sample475.xml"
End Sub
```

❖ 解説

XMLファイルは、ImportXMLメソッドを使用して、データベースにインポートすることができます。

ここでは、「Sample475.xml」ファイルをインポートします。

なお、ImportXMLメソッドは、Microsoft SQL Server2000 DesktopEngine(MSDE2000)、Microsoft SQL Server7.0以降、またはMicrosoft Office Accessデータベースエンジンから XMLデータとXMLスキーマ情報をインポート可能です。

なお、ImportXMLメソッドの引数DataSourceに指定できる値は、次のようになります。

◈ ImportXMLメソッドの引数DataSourceに指定するAcImportXMLOption列挙型の値

定数	値	説明
acAppendData	2	データを既存のテーブルにインポートする
acStructureAndData	1	指定したXMLファイルの構造に基づく新しいテーブルにデータをインポートする
acStructureOnly	0	指定したXMLファイルの構造に基づく新しいテーブルを作成する

• ImportXMLメソッドの構文

object.ImportXML(DataSource, ImportOptions)

ImportXMLメソッドは、objectにApplicationオブジェクトを指定し、Microsoft SQL Server 2000 Desktop Engine (MSDE 2000)、Microsoft SQL Server 7.0 以降、または Microsoft Office Accessデータベースエンジンから、XMLデータとXMLスキーマ情報をインポートできます。

引数DataSourceは、インポートするXMLファイル名を指定します。引数ImportOptionsは、XMLファイルをインポートするときに使用するオプションを指定します。指定できる値は、「解説」を参照してください。

Tips 476

XMLファイルとしてエクスポートする

▶関連Tips 475

使用機能・命令 ExportXMLメソッド

サンプルファイル名 gokui16.accdb/16_7Module

▼「T_Sample476」テーブルを「Sample476.xml」ファイルにエクスポートする

```
Private Sub Sample476()
    '「T_Sample476」テーブルを「Sample476.xml」ファイルと
    '「Sample476_Schema.xml」ファイルにエクスポートする
    Application.ExportXML acExportTable, "T_Sample476" _
        , CurrentProject.Path & "¥Sample476.xml" _
        , CurrentProject.Path & "¥Sample476_Schema.xml"
End Sub
```

解説

テーブルやクエリなどのオブジェクトは、ExportXMLメソッドを使用して、XMLファイルとしてエクスポートすることができます。

ここでは、「T_Sample476」テーブルの内容を、「Sample476.xml」ファイルと「Sample476.Schema.xml」ファイルにエクスポートします。

ExportXMLメソッドの引数に指定する値は、次のようになります。

◈引数ObjectTypeに指定するAcExportXMLObjectType列挙型の値

定数	値	説明
acExportForm	2	フォーム
acExportFunction	10	ユーザー定義関数
acExportQuery	1	クエリ
acExportReport	3	レポート
acExportServerView	7	サーバービュー
acExportStoredProcedure	9	ストアドプロシージャ
acExportTable	0	テーブル

◈引数Encoding に指定できるAcExportXMLEncoding列挙型の値

定数	値	説明
acUTF16	1	UTF16エンコード
acUTF8	0	(既定値)UTF8エンコード

◈引数OtherFlagsに指定できるAcExportXMLOtherFlags列挙型の値

定数	値	説明
acEmbedSchema	1	引数DataTargetで指定したドキュメントにスキーマ情報を書き込む。この引数の値は引数SchemaTargetよりも優先される
acExcludePrimaryKeyAndIndexes	2	主キーおよびインデックスのスキーマプロパティはエクスポートしない
acExportAllTableAndFieldProperties	32	エクスポートされたスキーマに、テーブルとそのフィールドのプロパティが含まれる
acLiveReportSource	8	リモートのMicrosoft SQL Server2000データベースへのライブリンクを作成する。Microsoft SQL Server2000データベースに連結されたレポートをエクスポートするときだけ有効
acPersistReportML	16	エクスポートされたオブジェクトのReportML情報を維持する
acRunFromServer	4	ASPwrapperを作成する。既定値はHTML wrapper。レポートをエクスポートするときのみ適用される

•ExportXMLメソッドの構文

object.ExportXML(ObjectType,DataSource,DataTarget,SchemaTarget,PresentationTarget,ImageTarget,Encoding,OtherFlags,WhereCondition,AdditionalData)

ExportXMLメソッドは、objectにApplicationオブジェクトを指定し、Microsoft SQL Server2000 DesktopEngine(MSDE2000)、Microsoft SQL Server6.5以降、またはMicrosoft Office Accessデータベースエンジンから XMLデータ、XMLスキーマ、およびプレゼンテーション情報をエクスポートできます。

引数ObjectTypeは、エクスポートするオブジェクトの種類を指定します。指定できる値は、「解説」を参照してください。

引数DataSourceは、エクスポートするオブジェクト名を指定します。引数DataTargetは、エクスポートされるデータのファイル名を指定します。引数SchemaTargetは、エクスポートされるスキーマ情報のファイル名を指定します。引数PresentationTargetは、エクスポートされるプレゼンテーション情報のファイル名を指定します。

引数ImageTargetは、エクスポートされるイメージのパスを指定します。引数Encodingは、エクスポートされるXMLで使用するテキストのエンコードを指定します。指定できる値は、「解説」を参照してください。

引数OtherFlagsは、XMLのエクスポートに関連する動作を指定します。指定できる値は、「解説」を参照してください。

引数WhereConditionは、エクスポートされるレコードのサブセットを指定します。引数AdditionalDataは、エクスポートする追加テーブルを指定します。

Tips 477

XMLファイルの読み込みを確認する

▶関連Tips 462

使用機能・命令 CreateObject関数（→Tips462）

サンプルファイル名 gokui16.accdb/16_7Module

▼「Sample477.xml」ファイルを読み込むときに、正しく読み込めたかを確認する

```
Private Sub Sample477()
    Dim vXml As Object        'XMLドキュメントへの参照を代入する変数を宣言する
    Dim vPath As String       '対象のファイル名を代入する変数を宣言する

    'XML DOMドキュメントを作成する
    Set vXml = CreateObject("MSXML2.DOMDocument")
    '対象のファイルを「Sample477.xml」にする
    vPath = CurrentProject.Path & "¥Sample477.xml"

    '非同期に設定する
    vXml.Async = True

    'XMLファイルを読み込む
    If vXml.Load(vPath) Then
        '読み込んだ場合のメッセージ
        MsgBox "XMLファイルを非同期で読み込みました"
    Else
        '読み込みに失敗した場合のメッセージ
        MsgBox "XMLファイルの読み込みに失敗しました"
    End If
End Sub
```

解説

XMLファイルの読み込みは、Asyncプロパティ、Loadメソッドを使用して確認することができます。Asyncプロパティは、XMLファイルが非同期であるかどうかを設定することが可能です。非同期の場合は、Trueを指定します。

Loadメソッドは、指定したXMLファイルを読み込みます。正しく読み込めた場合はTrueを、読み込めなかった場合にはFalseを返します。

XML DOMは、XMLドキュメントの内容を公開するオブジェクトモデルです。使用するには、参照設定を行って使用することもできます。

参照設定を行う場合は、「Microsoft XML v.xx」の参照設定を行います（xxはバージョン番号が入ります）。

SQLの極意

Tips 478 DoCmdオブジェクトでSQL文を利用する（選択クエリ）

▶関連Tips 105 264

使用機能・命令 OpenQueryメソッド（→Tips105）

サンプルファイル名 gokui17.accdb/17_1Module

▼SQL文を使用して、「Q_Sample478」選択クエリを作成し実行する

```
Private Sub Sample478()
    Dim qdf As DAO.QueryDef       'QueryDefオブジェクトを代入する変数を宣言する
    Dim vSQL As String            'SQL文を代入する変数を宣言する

    '「T_Sample478」のすべてのフィールドを選択するSQL文を指定する
    vSQL = "SELECT * FROM T_Sample478;"
    '「Q_Sample478」クエリを指定したSQL文を使用して作成する
    Set qdf = CurrentDb.CreateQueryDef("Q_Sample478", vSQL)

    DoCmd.OpenQuery qdf.Name, acViewNormal  '作成したクエリを開く
End Sub
```

❖ 解説

DoCmdオブジェクトでは、SQL文を利用した選択クエリを直接実行することができません。

そこで、ここではDAOのCreateQueryDefメソッド（→Tips264）を使用して、選択クエリのオブジェクトを作成したあと、DoCmdオブジェクトのOpenQueryメソッド（→Tips105）で作成した選択クエリを実行しています。

CreateQueryDefメソッドは、1番目の引数に作成するクエリ名を、2番目の引数にSQL文を指定して、クエリオブジェクトを作成します。

またここでは、作成したクエリオブジェクトを、QueryDefオブジェクト変数に代入しています。

そして、QueryDefオブジェクトのNameプロパティを使用して、OpenQueryメソッドの1番目の引数にクエリ名を指定しています。

▼実行結果

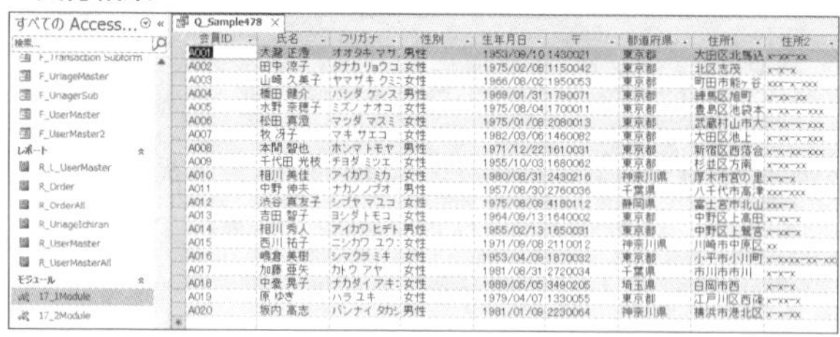

会員ID	氏名	フリガナ	性別	生年月日	〒	都道府県	住所1	住所2
A001	大瀧 正彦	オオタキ マサ	男性	1953/09/10	1430021	東京都	大田区北馬込	x-xx-xx
A002	田中 涼子	タナカ リョウコ	女性	1975/02/06	1150042	東京都	北区志茂	x-x-x
A003	山崎 久美子	ヤマザキ クミ	女性	1966/08/02	1950053	東京都	町田市能ヶ谷	xxx-x-xxx
A004	橋田 健介	ハシダ ケンス	男性	1969/01/31	1790071	東京都	練馬区旭町	x-xx-xx
A005	水野 奈穂子	ミズノ ナオコ	女性	1975/08/04	1700011	東京都	豊島区池袋本	x-xx-x-xxx
A006	松田 真澄	マツダ マスミ	女性	1975/01/08	2080013	東京都	武蔵村山市大	x-xx-x-xxx
A007	牧 冴子	マキ サエコ	女性	1982/03/06	1460082	東京都	大田区池上	x-xx-x-xxx
A008	本間 智也	ホンマ トモヤ	男性	1971/12/22	1610031	東京都	新宿区西落合	x-x-xx-xxx
A009	千代田 光枝	チヨダ ミツエ	女性	1955/10/03	1680062	東京都	杉並区方南	x-xx-xx
A010	相川 美佳	アイカワ ミカ	女性	1980/08/31	2430216	神奈川県	厚木市宮の里	x-x-x
A011	中野 伸夫	ナカノ ノブオ	男性	1957/08/30	2760036	千葉県	八千代市高津	xxx-xxx
A012	渋谷 真友子	シブヤ マユコ	女性	1975/08/09	4180112	静岡県	富士宮市北山	xxx-x
A013	吉田 智子	ヨシダ トモコ	女性	1964/09/13	1640002	東京都	中野区上高田	x-xx-x
A014	相川 秀人	アイカワ ヒデト	男性	1955/02/13	1650031	東京都	中野区上鷺宮	x-xx-x
A015	西川 祐子	ニシカワ ユウ	女性	1971/09/08	2110012	神奈川県	川崎市中原区	xx
A016	嶋倉 美樹	シマクラ ミキ	女性	1953/04/09	1870032	東京都	小平市小川町	x-xxxx-xx-xx
A017	加藤 亜矢	カトウ アヤ	女性	1981/08/31	2720034	千葉県	市川市市川	x-x-x
A018	中嶽 晃子	ナカダイ アキ	女性	1989/05/05	3490205	埼玉県	白岡市西	x-x-x
A019	原 ゆき	ハラ ユキ	女性	1979/04/07	1330055	東京都	江戸川区西篠	x-xx-x
A020	坂内 高志	バンナイ タカシ	男性	1981/01/09	2230064	神奈川県	横浜市港北区	x-x-xx

SQL文を元にしたクエリが作成された

Tips 479 DoCmdオブジェクトでSQL文を利用する(アクションクエリ)

▶関連Tips 106

使用機能・命令 **RunSQLメソッド**

サンプルファイル名 gokui17.accdb/17_1Module

▼「T_Sample479」テーブルのすべてのレコードを削除するSQL文を作成し実行する

```
Private Sub Sample479()
    Dim vSQL As String          'SQL文を代入する変数を宣言する

    '「T_Sample479」テーブルの全てのデータを削除するSQL文を指定する
    vSQL = "DELETE * FROM T_Sample479;"

    '警告のメッセージを非表示にする
    DoCmd.SetWarnings False
    'SQLを実行する
    DoCmd.RunSQL vSQL
    '警告のメッセージを表示する
    DoCmd.SetWarnings True
End Sub
```

❖ 解説

DoCmdオブジェクトでアクションクエリを実行するには、RunSQLメソッドを使用します。

RunSQLメソッドは、引数に指定したアクションクエリを表すSQL文を実行します。

ただし、SQL文が選択クエリだと、実行時エラーが発生します。

また、アクションクエリの実行時には、警告のメッセージが表示されます。これを回避するために、SetWarningsメソッド(→Tips106)にFalseを指定してから、アクションクエリを実行し、アクションクエリ実行後、SetWarningsメソッドをTrueに戻しています。

なお、ここでは削除クエリを表すDELETEステートメントを使用して、「T_Sample479」テーブルのすべてのレコードを削除しています。一旦、レコードを削除後、再度このプロシージャを実行すると「T_Sample479」テーブルにレコードがないため、エラーが発生します。

• RunSQLメソッドの構文

object.RunSQL(SQLStatement,UseTransaction)

RunSQLメソッドは、objectにDoCmdを指定し、SQL文を実行します。

引数SQLStatementは、アクションクエリまたはデータ定義クエリを表すSQL文を指定します。引数UseTransactionは、このクエリをトランザクションに含めるかを指定します。含める場合はTrue(既定値)を、トランザクションを使わない場合はFalseを指定します。

Tips 480 DAOでSQL文を利用する（選択クエリ）

▶関連Tips 255

使用機能・命令 OpenRecordsetメソッド（→Tips255）

サンプルファイル名 gokui17.accdb/17_1Module

▼「T_Sample480」テーブルのすべてのフィールドを選択するSQL文を元に、レコードセットを取得する

```
Private Sub Sample480()
    Dim db As DAO.Database          'データベースへの参照を代入する変数を宣言する
    Dim rs As DAO.Recordset         'レコードセットへの参照を代入する変数を宣言する
    Dim vSQL As String              'SQL文を代入する変数を宣言する

    '「T_Sample480」テーブルの全てのフィールドを選択するSQL文を作成する
    vSQL = "SELECT * FROM T_Sample480;"

    Set db = CurrentDb        'データベースに接続する
    Set rs = db.OpenRecordset(vSQL)        'SQL文を元にレコードセットを取得する

    Do Until rs.EOF       'レコードセットの最後まで処理を行う
        Debug.Print rs!氏名        '「氏名」フィールドの値を出力する
        rs.MoveNext                '次のフィールドに移動する
    Loop

    rs.Close          'レコードセットを閉じる
    db.Close          'データベースを閉じる
End Sub
```

解説

DAOで選択クエリを表すSQL文を元に、レコードセットを取得するには、OpenRecordsetメソッド（→Tips255）の引数にSQL文を指定します。選択クエリのレコードセットを取得することができます。ここでは、選択クエリをSQL文を使用して指定しています。取得したレコードセットのすべてのレコードの「氏名」フィールドの値を、イミディエイトウィンドウに表示します。

▼実行結果

```
イミディエイト
渋谷 真友子
吉田 智子
相川 秀人
西川 祐子
嶋倉 美樹
加藤 亜矢
中臺 晃子
原 ゆき
坂内 高志
```

「氏名」フィールドのデータが表示される

Tips 481 DAOでSQL文を利用する（アクションクエリ）

▶関連Tips 480

使用機能・命令　**Executeメソッド**

サンプルファイル名　gokui17.accdb/17_1Module

▼「T_Sample481」テーブルのすべてのレコードを削除するSQL文を作成し実行する

```
Private Sub Sample481()
    Dim db As DAO.Database       'データベースへの参照を代入する変数を宣言する
    Dim vSQL As String           'SQL文を代入する変数を宣言する
    '「T_Sample481」テーブルの全てのフィールドを選択するSQL文を作成する
    vSQL = "DELETE * FROM T_Sample481;"
    Set db = CurrentDb          'データベースに接続する
    '確認のメッセージを表示する
    If MsgBox("「T_Sample481」テーブルのレコードを削除しますか", vbYesNo) _
        = vbYes Then
        db.Execute vSQL, dbFailOnError  'SQL文を実行する
    End If
    db.Close            'データベースを閉じる
End Sub
```

❖ 解説

DAOでアクションクエリを実行するには、Executeメソッドを使用します。

ここでは、「T_Sample481」テーブルのデータを削除するアクションクエリを実行します。なお、Executeメソッドは実行時に警告のメッセージを表示しません。そこで、ここではIfステートメントとMsgBox関数を使用して、確認のメッセージを表示しています。

▼実行結果

T_Sample481
会員ID　氏名　フリガナ　性別　生年月日　〒　都道府県　住所1　住所2　クリックして追加

確認のメッセージが表示され、「はい」をクリックするとデータが削除される

なお、Executeメソッドの２番目の引数に指定できる主な値は、次のとおりです。

◈ Executeメソッドの引数Optionsに指定できるRecordsetOptionEnumクラスの定数

定数	値	説明
dbDenyWrite	1	他のユーザーに対して書き込み権限を許可しない
dbInconsistent	16	（既定値）矛盾した更新を実行する
dbConsistent	32	一貫性のある更新を実行する
dbSQLPassThrough	64	SQLパススルークエリを実行する
dbFailOnError	128	エラーが発生した場合、更新をロールバックする
dbSeeChanges	512	編集中のデータが他のユーザーによって変更されている場合、実行時エラーを生成する
dbRunAsync	1024	クエリを非同期に実行する
dbExecDirect	2048	SQLPrepareODBCAPI関数を呼び出さずにステートメントを実行する

•Executeメソッドの構文

object.Execute(Query,Options)

Executeメソッドは、objectにDatabaseオブジェクトを指定し、アクションクエリまたはSQL文を実行します。

引数Queryには、SQL文を指定します。引数Optionsには、実行するクエリのオプションを指定します。指定できる値については、「解説」を参照してください。

Memo SQL文を作成する際、Accessのクエリを利用する、という方法もあります。クエリを作成し、SQLビューで表示すると、Accessが自動的に生成したSQL文を確認することができます。これをもとにSQL文を作成すると効率的です。また、少し複雑なSQL文を作成したときにもこの既往を利用すれば、比較的簡単にSQL文を作成することができます。ただし、Accessが作成するSQL文には若干クセもあるのでその点は留意してください。

Tips 482 ADOでSQL文を利用する（選択クエリ）

▶関連Tips 336

使用機能・命令　Openメソッド（→Tips336）

サンプルファイル名　gokui17.accdb/17_1Module

▼「T_Sample482」テーブルのすべてのレコードを選択するSQL文を作成し実行する

```
Private Sub Sample482()
    Dim cn As ADODB.Connection    'データベースへの参照を代入する変数を宣言する
    Dim rs As ADODB.Recordset    'レコードセットへの参照を代入する変数を宣言する
    Dim vSQL As String    'SQL文を代入する変数を宣言する

    'カレントデータベースに接続する
    Set cn = CurrentProject.Connection

    '「T_Sample482」テーブルの全てのフィールドを選択するSQL文を作成する
    vSQL = "SELECT * FROM T_Sample482;"

    Set rs = New ADODB.Recordset    'レコードセットを新規に作成する
    rs.Open vSQL, cn, adOpenKeyset    'SQL文を元にレコードセットを取得する
    Do Until rs.EOF    'レコードセットの最後まで処理を行う
        Debug.Print rs!氏名    '「氏名」フィールドの値を出力する
        rs.MoveNext    '次のフィールドに移動する
    Loop

    rs.Close    'レコードセットを閉じる
    cn.Close    'データベースへの参照を閉じる
End Sub
```

❖ 解説

ADOで選択クエリを表すSQL文を元に、レコードセットを取得するには、Openメソッド（→Tips336）の引数にSQL文を指定します。選択クエリのレコードセットを取得することができます。ここでは、選択クエリをSQL文を使用して指定しています。取得したレコードセットのすべてのレコードの「氏名」フィールドの値を、イミディエイトウィンドウに表示します。

▼実行結果

```
イミディエイト
渋谷 真友子
吉田 智子
相川 秀人
西川 祐子
嶋倉 美樹
加藤 亜矢
中臺 晃子
原 ゆき
坂内 高志
```

「氏名」フィールドのデータが表示された

Tips 483

ADOでSQL文を利用する（アクションクエリ）

▶関連Tips 350

使用機能・命令 Executeメソッド（→Tips350）

サンプルファイル名 gokui17.accdb/17_1Module

▼「T_Sample483」テーブルのすべてのレコードを削除するSQL文を作成し実行する

```
Private Sub Sample483()
    Dim cn As ADODB.Connection    'データベースへの参照を代入する変数を宣言する
    Dim vSQL As String            'SQL文を代入する変数を宣言する

    'カレントデータベースに接続する
    Set cn = CurrentProject.Connection

    '「T_Sample483」テーブルの全てのフィールドを選択するSQL文を作成する
    vSQL = "DELETE * FROM T_Sample483;"

    '確認のメッセージを表示する
    If MsgBox("全レコードを削除します。", vbYesNo) = vbYes Then
        cn.Execute vSQL           'SQL文を実行する
    End If

    cn.Close             'データベースへの参照を閉じる
End Sub
```

❖ 解説

ADOでアクションクエリを実行するには、Executeメソッド（→Tips350）を使用します。Executeメソッドの引数に、アクションクエリを表すSQL文を指定します。

ここでは、「T_Sample483」テーブルのデータを削除するアクションクエリを、SQL文のDELETEステートメントを利用して実行しています。なお、**Executeメソッドは、実行時に警告のメッセージを表示しません**。そこで、ここではIfステートメントとMsgBox関数を使用して、確認のメッセージを表示しています。また、対象のテーブルにレコードがない状態で、このプロシージャを実行しても、特にエラーは発生しません。

▼実行結果

会員ID	氏名	フリガナ	性別	生年月日	〒	都道府県	住所1	住所2	クリックして追加
*									

T_Sample483

「T_Sample483」テーブルのデータが削除された

Tips 484

テーブルのすべてのレコードを取得する

▶関連Tips 255

使用機能・命令　**SELECTステートメント**

サンプルファイル名　gokui17.accdb/17_2Module

▼「T_Sample484」テーブルのすべてのフィールドと、すべてのレコードを取得する

```
Private Sub Sample484()
    Dim db As DAO.Database          'データベースへの参照を代入する変数を宣言する
    Dim rs As DAO.Recordset         'レコードセットへの参照を代入する変数を宣言する
    Dim vSQL As String              'SQL文を代入する変数を宣言する

    '「T_Sample484」テーブルの全てのフィールドを取得するSQL文を作成する
    vSQL = "SELECT * FROM T_Sample484;"

    Set db = CurrentDb          'データベースに接続する
    Set rs = db.OpenRecordset(vSQL)         'SQL文を元にレコードセットを取得する

    Do Until rs.EOF         'レコードセットの最後まで処理を行う
        Debug.Print rs!氏名         '「氏名」フィールドの値を出力する
        rs.MoveNext                 '次のフィールドに移動する
    Loop

    rs.Close            'レコードセットを閉じる
    db.Close            'データベースを閉じる
End Sub
```

❖ 解説

SQL文ですべてのフィールド・レコードを取得するには、SELECTステートメントを使用します。ここでは、「T_Sample484」テーブルのレコードをSQL文を使って、OpenRecordsetメソッド（→Tips255）で取得しています。

▼実行結果

取得したレコードの内「氏名」フィールドの値が、イミディエイトウィンドウに出力された

・SELECTステートメントの構文

SELECT [predicate] { * ｜ table.* ｜ [table.]field1 [AS alias1] [, [table.]field2 [AS alias2] [, ...]]} FROM tableexpression [, ...] [IN externaldatabase] [WHERE...] [GROUP BY...] [HAVING...] [ORDER BY...]

SELECTステートメントは、データベースのレコードセットを取得します。指定する値は、次のようになります。

「predicate」は、レコードセットの重複の扱いを決めます。ALL（全て）、DISTINCT（指定したフィールドで重複を除く）、DISTINCT ROW（レコード全体で重複を除く）、TOP（TOP nの形で指定し、上位/下位n件のレコードを取得する）のいずれかを指定します。指定がない場合は、ALLになります。

「*」は、指定したテーブルのすべてのフィールドを選択します。

「table」は、FROM句に続けて対象のテーブル名を指定します。

「field1、field2」は、取得するデータのある1つ以上のフィールド名を指定します。複数のフィールドを指定した場合は、指定順に取得されます。

「alias1、alias2」は、「table」の元の列名の代わりに列見出しとして使用する名前です。

「tableexpression」は、取得するデータのある1つ以上のテーブル名を指定します。IN句に続けて指定し、「externaldatabase」は「tableexpression」で指定したテーブルを格納しているデータベース名を指定します。

WHERE句は、抽出条件を指定します。GROUP BY句は、グループ化の指定をします。HAVING句は、グループ化した列に対しての条件を指定します。

ORDER BY句は、並べ替えの基準となるフィールドを指定します。

Tips 485

指定したフィールドのレコードを取得する

▶関連Tips 255 485

使用機能・命令 SELECTステートメント（→Tips484）

サンプルファイル名 gokui17.accdb/17_2Module

▼「T_Sample485」テーブルの「氏名」と「フリガナ」フィールドの値を取得する

```
Private Sub Sample485()
    Dim db As DAO.Database       'データベースへの参照を代入する変数を宣言する
    Dim rs As DAO.Recordset      'レコードセットへの参照を代入する変数を宣言する
    Dim vSQL As String           'SQL文を代入する変数を宣言する

    '「T_Sample485」テーブルの「氏名」と
    '「フリガナ」フィールドの値を取得するSQL文を作成する
    vSQL = "SELECT 氏名, フリガナ FROM T_Sample485;"

    Set db = CurrentDb          'データベースに接続する
    Set rs = db.OpenRecordset(vSQL)     'SQL文を元にレコードセットを取得する

    Do Until rs.EOF         'レコードセットの最後まで処理を行う
        Debug.Print rs!氏名, rs!フリガナ      '取得したフィールドの値を出力する
        rs.MoveNext                 '次のフィールドに移動する
    Loop

    rs.Close            'レコードセットを閉じる
    db.Close            'データベースを閉じる
End Sub
```

❖ 解説

SQL文のSELECTステートメント（→Tips484）は、指定したフィールドの値を取得することができます。取得したいフィールドのフィールド名をカンマで区切って指定することで、FROM句に指定したテーブルから複数のフィールドの値を取得することができます。ここでは、「T_Sample485」テーブルから「氏名」と「フリガナ」の2つのフィールドを取得しています。また、ここではSQL文を実行するために、OpenRecordset（→Tips255）を使用しています。

▼実行結果

```
イミディエイト
渋谷 真友子    シブヤ マユコ
吉田 智子      ヨシダ トモコ
相川 秀人      アイカワ ヒデト
西川 祐子      ニシカワ ユウコ
嶋倉 美樹      シマクラ ミキ
加藤 亜矢      カトウ アヤ
中臺 晃子      ナカダイ アキコ
原 ゆき        ハラ ユキ
坂内 高志      バンナイ タカシ
```

「氏名」と「フリガナ」が表示された

17 SQLの極意

Tips 486

フィールドに別名を付けてレコードを取得する

▶関連Tips 484

使用機能・命令 **SELECTステートメント (→Tips484) /AS句**

サンプルファイル名 gokui17.accdb/17_2Module

▼「T_Sample486」テーブルの「氏名」フィールドを「会員氏名」として取得する

```
Private Sub Sample486()
    Dim db As DAO.Database          'データベースへの参照を代入する変数を宣言する
    Dim rs As DAO.Recordset         'レコードセットへの参照を代入する変数を宣言する
    Dim vSQL As String              'SQL文を代入する変数を宣言する
        '「T_Sample486」テーブルの「氏名」フィールドを
    '「会員氏名」として取得するSQL文を作成する
    vSQL = "SELECT 氏名 AS 会員氏名 FROM T_Sample486;"
        Set db = CurrentDb          'データベースに接続する
    Set rs = db.OpenRecordset(vSQL)         'SQL文を元にレコードセットを取得する
    Do Until rs.EOF       'レコードセットの最後まで処理を行う
        Debug.Print rs!会員氏名        '「会員氏名」フィールドの値を出力する
        rs.MoveNext                 '次のフィールドに移動する
    Loop

    rs.Close          'レコードセットを閉じる
    db.Close          'データベースを閉じる
End Sub
```

❖ 解説

SQL文のSELECTステートメント (→Tips484) では、AS句を使用して取得するフィールド名に別名をつけることができます。「元のフィールド名 AS 別のフィールド名」とすることで、新たにつけたフィールド名でそのフィールドを参照することができます。

ここでは、「SELCT 氏名 AS 会員氏名」とすることで、「氏名」フィールドを「会員氏名」という名前で参照できるようにしています。そして、Do Loopステートメントを使用して、レコードセットの値を表示する際に、「rs!会員氏名」という形で参照しています。AS句を使用すると、このような参照方法ができるのです。AS句を利用すると、たとえばテーブルAに「会員ID」、テーブルBにも「会員ID」というフィールドがあって、両方のフィールドを参照するような場合に、テーブルAの方を「会員ID_A」、テーブルBの方を「会員ID_B」のようにして、区別することができます。

また、AS句がよく利用されるのは、フィールドの値を集計した時です。たとえば、「金額」フィールドを集計した結果に、「合計金額」という別名をつけることができます。なお、SQL文を使った集計については、Tips487を参照してください。

Tips 487

フィールドの演算結果を取得する

▶関連Tips 484 486

使用機能・命令 **SELECTステートメント**（→Tips484）

サンプルファイル名 gokui17.accdb/17_2Module

▼「数量」フィールドの合計を取得する

```
Private Sub Sample487()
    Dim db As DAO.Database          'データベースへの参照を代入する変数を宣言する
    Dim rs As DAO.Recordset         'レコードセットへの参照を代入する変数を宣言する
    Dim vSQL As String              'SQL文を代入する変数を宣言する

    '「T_Sample487」テーブルの「数量」フィールドの合計を取得するSQL文を作成する
    vSQL = "SELECT SUM(数量) AS 数量合計 FROM T_Sample487;"
    Set db = CurrentDb          'データベースに接続する
    Set rs = db.OpenRecordset(vSQL)        'SQL文を元にレコードセットを取得する
    Debug.Print rs!数量合計        '「数量合計」フィールドの値を出力する
    rs.Close        'レコードセットを閉じる
    db.Close        'データベースを閉じる
End Sub
```

解説

SQL文のSELECTステートメント（→Tips484）で取得したフィールドを集計するには、集計関数を使用します。

関数の引数にフィールド名を指定します。また、AS句（→Tips486）を利用することで、集計結果のレコードに対して名前をつけることができます。ここでは、「数量」フィールドの合計を集計し、「数量合計」という名前をつけています。

なお、SQLで使用できる集計関数は、次のようになります。

◈ 集計関数

関数	内容
AVG	データの平均
SUM	データの合計
MIN	最小の値
MAX	最大の値
COUNT	レコードセットのレコード数
FIRST	最初のレコード
LAST	最後のレコード
STDEVP	標準偏差
VARP	分散

Tips 488 複数のテーブルから指定したフィールドのレコードを取得する

▶関連Tips 484

使用機能・命令 **SELECTステートメント**(→Tips484)/**FROM句**(→Tips484)

サンプルファイル名 gokui17.accdb/17_2Module

▼2つのテーブルから「商品ID」フィールドと「商品名」フィールドを抽出する

```
Private Sub Sample488()
    Dim db As DAO.Database          'データベースへの参照を代入する変数を宣言する
    Dim rs As DAO.Recordset        'レコードセットへの参照を代入する変数を宣言する
    Dim vSQL As String              'SQL文を代入する変数を宣言する
    Dim i As Long                   '繰り返し処理の変数を宣言する

    '「T_Sample488M」テーブルと「T_Sample488T」テーブルの
    '2つのテーブルから「商品ID」フィールドと「商品名」フィールドを取得するSQL文を作成する
    vSQL = "SELECT T_Sample488T.商品ID, T_Sample488M.商品名 "
    vSQL = vSQL & "FROM T_Sample488M, T_Sample488T "
    vSQL = vSQL & "WHERE T_Sample488M.商品ID = T_Sample488T.商品ID;"

    Set db = CurrentDb         'データベースに接続する
    Set rs = db.OpenRecordset(vSQL)      'SQL文を元にレコードセットを取得する

    For i = 0 To rs.Fields.Count - 1     'すべてのフィールドに処理を行う
        Debug.Print rs.Fields(i).Name    'フィールド名を出力する
    Next

    rs.Close          'レコードセットを閉じる
    db.Close          'データベースを閉じる
End Sub
```

❖ 解説

SQL文で2つのテーブルからフィールドを取得するには、FROM句にテーブル名をカンマで区切って指定します。また、2つのテーブルに同じ名前のフィールドがある場合は、「テーブル名.フィールド名」のように「.(ピリオド)」を使って、テーブル名とフィールド名をつなげて指定します。なお、ここではWHERE句を利用して、「T_Sample488M」テーブルと「T_Sample488T」テーブルの「商品ID」の値が同じレコードを取得しています。なお、SQL文はどうしても長くなりがちです。その場合、このサンプルのようにいくつかに区切って変数に代入すると、読みやすくなります。ここでは、FROM句以降とWHERE句以降の文を区切っています。なお、この時、FROM句、WHERE句の前には半角スペースが必要なため、その直前の文字列の末尾には半角スペースを入れています。

Tips 489 重複を除いたレコードを取得する

▶関連Tips 484

使用機能・命令 **SELECTステートメント**（→Tips484）/ **DISTINCT句**（→Tips484）

サンプルファイル名 gokui17.accdb/17_2Module

▼「T_Sample489」テーブルの「商品名」フィールドで重複のないレコードを取得する

```
Private Sub Sample489()
    Dim db As DAO.Database        'データベースへの参照を代入する変数を宣言する
    Dim rs As DAO.Recordset       'レコードセットへの参照を代入する変数を宣言する
    Dim vSQL As String            'SQL文を代入する変数を宣言する

    '「T_Sample489」テーブルの「商品名」フィールドで
    '重複のない値を取得するSQL文を作成する
    vSQL = "SELECT DISTINCT 商品名 FROM T_Sample489;"

    Set db = CurrentDb        'データベースに接続する
    Set rs = db.OpenRecordset(vSQL)       'SQL文を元にレコードセットを取得する

    Do Until rs.EOF       'レコードセットの最後まで処理を行う
        Debug.Print rs!商品名        '「商品名」フィールドの値を出力する
        rs.MoveNext                 '次のフィールドに移動する
    Loop

    rs.Close          'レコードセットを閉じる
    db.Close          'データベースを閉じる
End Sub
```

解説

SQL文でSELECTステートメントにDISTINCT句を使用すると、対象のフィールドの重複のないレコードを取得することができます。ここでは、売上データである「T_Sample489」テーブルの「商品名」フィールドを対象に、重複のないレコードを取得します。こうすることで、売上のあった商品のみの一覧を得ることができます。

▼実行結果

Tips
490

レコード全体で重複していないレコードを取得する

▶関連Tips
484
488

使用機能・命令

SELECTステートメント（→Tips484）/ DISTINCTROW句（→Tips484）

サンプルファイル名 gokui17.accdb/17_2Module

▼2つのテーブルから重複のない「商品ID」と「商品名」の一覧を取得する

```
Private Sub Sample490()
    Dim db As DAO.Database         'データベースへの参照を代入する変数を宣言する
    Dim rs As DAO.Recordset        'レコードセットへの参照を代入する変数を宣言する
    Dim vSQL As String             'SQL文を代入する変数を宣言する

    '「T_Sample490M」テーブルと「T_Sample490T」テーブルの
    '2つのテーブルから重複のない「商品ID」フィールドと「商品名」フィールド
    'の値を取得するSQL文を作成する
    vSQL = "SELECT DISTINCTROW T_Sample490M.商品ID,T_Sample490M.商品名 "
    vSQL = vSQL & "FROM T_Sample490M, T_Sample490T "
    vSQL = vSQL & "WHERE T_Sample490M.商品ID = T_Sample490T.商品ID;"

    Set db = CurrentDb         'データベースに接続する
    Set rs = db.OpenRecordset(vSQL)      'SQL文を元にレコードセットを取得する

    Do Until rs.EOF       'レコードセットの最後まで処理を行う
        Debug.Print rs!商品ID, rs!商品名   'それぞれのフィールドの値を出力する
        rs.MoveNext               '次のフィールドに移動する
    Loop

    rs.Close         'レコードセットを閉じる
    db.Close         'データベースを閉じる
End Sub
```

❖ 解説

SQL文で、レコード全体で重複のないレコードを取得するには、DISTINCTROW句を使用します。ここでは、商品マスタとなる「T_Sample490M」テーブルと、売上データとなる「T_Sample490T」テーブルの2つのテーブルで、「商品ID」が同じレコードの重複のない一覧を取得しています。

なお、DISTINCTROW句には、「クエリにテーブルが1つしかない場合、DISTINCTROW句は無視される」「使用するすべてのテーブルのすべてのカラムが指定された場合、DISTINCTROW句は無視される」というルールがあるので気をつけてください。

Tips 491 上位3件のレコードを取得する

▶関連Tips 484 494

使用機能・命令 **SELECTステートメント**（→Tips484）/ **TOP句**（→Tips484）

サンプルファイル名 gokui17.accdb/17_2Module

▼「T_ShohinMaster」テーブルから「単価」の高い上位3つのレコードを取得する

```
Private Sub Sample491()
    Dim db As DAO.Database          'データベースへの参照を代入する変数を宣言する
    Dim rs As DAO.Recordset         'レコードセットへの参照を代入する変数を宣言する
    Dim vSQL As String              'SQL文を代入する変数を宣言する

    '「T_ShohinMaster」テーブルから「商品名」と「単価」フィールドを取得し、
    '単価の降順に並べ替えた上位3つのレコードを取得するSQL文を作成する
    vSQL = "SELECT TOP 3 商品名, 単価 FROM T_ShohinMaster "
    vSQL = vSQL & "ORDER BY 単価 DESC;"

    Set db = CurrentDb          'データベースに接続する
    Set rs = db.OpenRecordset(vSQL)     'SQL文を元にレコードセットを取得する
    Do Until rs.EOF         'レコードセットの最後まで処理を行う
        Debug.Print rs!商品名, rs!単価     'それぞれのフィールドの値を出力する
        rs.MoveNext             '次のフィールドに移動する
    Loop
    rs.Close            'レコードセットを閉じる
    db.Close            'データベースを閉じる
End Sub
```

❖ 解説

SQL文のSELECTステートメントで、取得したレコードから指定した件数のレコードを取得するには、TOP句を使用します。TOP句に続けて、取得するレコード数を指定します。

ここでは、「T_ShohinMaster」テーブルをORDER BY句（→Tips494）を使って「単価」の降順に並べ替え、上位3つのレコードを取得しています。逆に「単価」の昇順に並べ替えれば、「単価」の低い順に3件のレコードを取得できます。このように、TOP句の結果はレコードを並べ替えた結果に基づきます。

なお、たとえば上位3件のレコードを抽出する際に、3番目のレコードが2件ある場合には、取得されるレコードは4件になります。

▼実行結果

```
イミディエイト
ネクタイA      20000
財布A          15000
財布B          12000
```

「単価」の上位3件が表示された

Tips 492

上位10%のレコードを取得する

▶関連Tips 484 491 494

使用機能・命令 **SELECTステートメント**（→Tips484）/ **TOP句**（→Tips484）

サンプルファイル名 gokui17.accdb/17_2Module

▼「T_ShohinMaster」テーブルから、「単価」の上位10%のレコードを取得する

```
Private Sub Sample492()
    Dim db As DAO.Database          'データベースへの参照を代入する変数を宣言する
    Dim rs As DAO.Recordset         'レコードセットへの参照を代入する変数を宣言する
    Dim vSQL As String              'SQL文を代入する変数を宣言する

    '「T_ShohinMaster」テーブルから「商品名」と「単価」フィールドを取得し、
    '単価の降順に並べ替えた上位10%のレコードを取得するSQL文を作成する
    vSQL = "SELECT TOP 10 PERCENT 商品名, 単価 FROM T_ShohinMaster "
    vSQL = vSQL & "ORDER BY 単価 DESC;"

    Set db = CurrentDb          'データベースに接続する
    Set rs = db.OpenRecordset(vSQL)       'SQL文を元にレコードセットを取得する

    Do Until rs.EOF         'レコードセットの最後まで処理を行う
        Debug.Print rs!商品名, rs!単価     'それぞれのフィールドの値を出力する
        rs.MoveNext                 '次のフィールドに移動する
    Loop

    rs.Close            'レコードセットを閉じる
    db.Close            'データベースを閉じる
End Sub
```

❖ 解説

SQL文のSELECTステートメントで、取得したレコードから指定した件数のレコードを取得するには、TOP句を使用します。TOP句（→Tips484）に続けて、取得するパーセンテージと「PERCENT」を指定します。

ここでは、「T_ShohinMaster」テーブルをORDER BY句（→Tips484）を使って「単価」の降順に並べ替え、上位10%のレコードを取得しています。

▼実行結果

```
イミディエイト
 ネクタイA      20000
 財布A          15000
```

上位10%のデータが取得された

Tips 493 複数テーブルのレコードを結合する

▶関連Tips 484 486

使用機能・命令 SELECTステートメント（→Tips484）／UNION演算子

サンプルファイル名 gokui17.accdb/17_2Module

▼「T_Shohin_1」テーブルと「T_Shohin_2」テーブルを結合する

```
Private Sub Sample493()
    Dim db As DAO.Database        'データベースへの参照を代入する変数を宣言する
    Dim rs As DAO.Recordset       'レコードセットへの参照を代入する変数を宣言する
    Dim vSQL As String             'SQL文を代入する変数を宣言する
    '「T_Shohin_1」テーブルと「T_Shohin_2」テーブルを結合するSQL文を作成する
    vSQL = "SELECT 商品コード AS 商品ID, 商品名 FROM T_Shohin_1 "
    vSQL = vSQL & "UNION ALL SELECT 商品ID, 商品名 FROM T_Shohin_2"
    Set db = CurrentDb          'データベースに接続する
    Set rs = db.OpenRecordset(vSQL)       'SQL文を元にレコードセットを取得する
    Do Until rs.EOF        'レコードセットの最後まで処理を行う
        Debug.Print rs!商品ID, rs!商品名   'それぞれのフィールドの値を出力する
        rs.MoveNext                '次のフィールドに移動する
    Loop
    rs.Close           'レコードセットを閉じる
    db.Close           'データベースを閉じる
End Sub
```

❖ 解説

SQLでは、UNION演算子を使用して、似た構造のテーブルを結合することができます。ここでは、「T_Shohin_1」テーブルに「商品コード」と「商品名」フィールドが、「T_Shohin_2」テーブルには「商品ID」と「商品名」フィールドが、それぞれあります。

この2つのテーブルを結合して、1つのレコードセットを取得します。この時、「T_Shohin_1」テーブルの「商品コード」を、AS句（→Tips486）を利用して「商品ID」と別名をつけています。こうすることで、両方のテーブルの「商品ID」フィールドを結合することができるのです。

・UNION演算子の構文

[TABLE] query1 UNION [ALL] [TABLE] query2 [UNION [ALL] [TABLE] queryn [...]]

UNION演算子は、指定したテーブルを結合します。UNIONクエリに相当します。「query1-n」には、SELECTステートメント、保存されたクエリ名、またはTABLEに続けて指定する保存されたテーブル名を指定します。UNION演算子では、特に指定しなければ重複したレコードは返されません。重複分も含むレコードを取得する場合はALL句を使用します。

レコードを並べ替える

▶関連Tips 484

使用機能・命令 **ORDER BY句**(→Tips484)

サンプルファイル名 gokui17.accdb/17_3Module

▼「生年月日」の降順に並べ替えたレコードを取得する

```
Private Sub Sample494()
    Dim db As DAO.Database        'データベースへの参照を代入する変数を宣言する
    Dim rs As DAO.Recordset       'レコードセットへの参照を代入する変数を宣言する
    Dim vSQL As String            'SQL文を代入する変数を宣言する

    '「T_UserMaster」テーブルから「生年月日」の降順に並べ替えた
    'レコードを取得するSQL文を作成する
    vSQL = "SELECT 氏名, 生年月日 FROM T_UserMaster "
    vSQL = vSQL & "ORDER BY 生年月日 DESC;"

    Set db = CurrentDb        'データベースに接続する
    Set rs = db.OpenRecordset(vSQL)      'SQL文を元にレコードセットを取得する
    Do Until rs.EOF      'レコードセットの最後まで処理を行う
        Debug.Print rs!氏名, rs!生年月日      'それぞれのフィールドの値を出力する
        rs.MoveNext                '次のフィールドに移動する
    Loop
    rs.Close         'レコードセットを閉じる
    db.Close         'データベースを閉じる
End Sub
```

解説

SQL文でフィールドの順序を並べ替えるには、ORDER BY句(→Tips484)を使用します。ORDER BY句に続けて対象のフィールドを指定し、昇順に並べ替える場合は「ASC」を、降順に並べ替える場合には「DESC」を指定します。省略した場合は、「ASC」となります。

なお、抽出条件をあらわすWHERE句がある場合は、WHERE句のあとにORDER BY句を記述します。

▼実行結果

```
イミディエイト
中臺 晃子      1989/05/05
牧 冴子        1982/03/06
加藤 亜矢      1981/08/31
坂内 高志      1981/01/09
相川 美佳      1980/08/31
原 ゆき        1979/04/07
渋谷 真友子    1975/08/09
水野 奈穂子    1975/08/04
田中 涼子      1975/02/08
松田 真澄      1975/01/08
```

「生年月日」の降順にデータが表示された

複数のフィールドを指定して並べ替える

▶関連Tips 484

使用機能・命令　**ORDER BY句**（→Tips484）

サンプルファイル名　gokui17.accdb/17_3Module

▼「フリガナ」の昇順、「生年月日」の降順に並べ替えたレコードを取得する

```
Private Sub Sample495()
    Dim db As DAO.Database          'データベースへの参照を代入する変数を宣言する
    Dim rs As DAO.Recordset        'レコードセットへの参照を代入する変数を宣言する
    Dim vSQL As String              'SQL文を代入する変数を宣言する

    '「T_UserMaster」テーブルから「フリガナ」の昇順、
    '「生年月日」の降順に並べ替えたレコードを取得するSQL文を作成する
    vSQL = "SELECT フリガナ, 生年月日 FROM T_UserMaster "
    vSQL = vSQL & "ORDER BY フリガナ ASC, 生年月日 DESC;"

    Set db = CurrentDb          'データベースに接続する
    Set rs = db.OpenRecordset(vSQL)      'SQL文を元にレコードセットを取得する

    Do Until rs.EOF        'レコードセットの最後まで処理を行う
        'それぞれのフィールドの値を出力する
        Debug.Print rs!フリガナ & vbTab & rs!生年月日
        rs.MoveNext                '次のフィールドに移動する
    Loop

    rs.Close          'レコードセットを閉じる
    db.Close          'データベースを閉じる
End Sub
```

❖ 解説

SQL文でフィールドの順序を並べ替えるには、ORDER BY句（→Tips484）を使用します。ORDER BY句には、複数のフィールドをカンマで区切って指定することができます。フィールドごとに、「昇順（ASC）」か「降順（DESC）」かの指定をします。

なお、並べ替えの優先順は、先に指定したフィールドが高くなります。

▼実行結果

```
イミディエイト
アイカワ ヒデト 1955/02/13
アイカワ ミカ   1980/08/31
オオタキ マサスミ   1953/09/10
カトウ アヤ 1981/08/31
シブヤ マユコ   1975/08/09
シマクラ ミキ   1953/04/09
タナカ リョウコ 1975/02/08
チヨダ ミツエ   1955/10/03
ナカダイ アキコ 1989/05/05
ナカノ ノブオ   1957/08/30
```

「フリガナ」の昇順、「生年月日」の降順にレコードが表示された

Tips 496

任意の順序で並べ替える

▶関連Tips 484

使用機能・命令 **SWITCH関数**

サンプルファイル名 gokui17.accdb/17_3Module

▼「都道府県」フィールドを任意の順序で並べ替える

```
Private Sub Sample496()
    Dim db As DAO.Database      'データベースへの参照を代入する変数を宣言する
    Dim rs As DAO.Recordset     'レコードセットへの参照を代入する変数を宣言する
    Dim vSQL As String          'SQL文を代入する変数を宣言する
    '「T_UserMaster」テーブルから「フリガナ」の昇順、
    '「生年月日」の降順に並べ替えたレコードを取得するSQL文を作成する
    vSQL = "SELECT 氏名, 都道府県 FROM T_Master ORDER BY "
    vSQL = vSQL & "SWITCH([都道府県] = '神奈川県','1', "
    vSQL = vSQL & "[都道府県] = '東京都','2', [都道府県] = '千葉県','3', "
    vSQL = vSQL & "[都道府県] = '静岡県','4', [都道府県] = '埼玉県','5');"
    Debug.Print vSQL
    Set db = CurrentDb          'データベースに接続する
    Set rs = db.OpenRecordset(vSQL)     'SQL文を元にレコードセットを取得する
    Do Until rs.EOF     'レコードセットの最後まで処理を行う
        'それぞれのフィールドの値を出力する
        Debug.Print rs!氏名 & vbTab & rs!都道府県
        rs.MoveNext             '次のフィールドに移動する
    Loop
    rs.Close            'レコードセットを閉じる
    db.Close            'データベースを閉じる
End Sub
```

解説

ここでは、「都道府県」フィールドの値を、「神奈川県」「東京都」「千葉県」「静岡県」「埼玉県」の順序で並べ替えます。このように、任意の順序で並べ替えるには、ORDER BY句（→Tips484）にSWITCH関数を使用します。

・SWITCH関数の構文

Switch(expr-1,value-1[,expr-2,value-2]…[,expr-n,value-n])

SWITCH関数は、式（expr-n）の一覧を評価し、一覧の中で真（True）である最初の式に関連付けられた値（value-n）を返します。

Tips 497

指定したフィールドでレコードを抽出する

▶関連Tips 484

使用機能・命令 **WHERE句**（→Tips484）

サンプルファイル名 gokui17.accdb/17_4Module

▼「都道府県」フィールドの値が「神奈川県」のレコードを取得する

```
Private Sub Sample497()
    Dim db As DAO.Database          'データベースへの参照を代入する変数を宣言する
    Dim rs As DAO.Recordset         'レコードセットへの参照を代入する変数を宣言する
    Dim vSQL As String              'SQL文を代入する変数を宣言する

    '「T_UserMaster」テーブルから「都道府県」が「神奈川県」の
    'レコードを取得するSQL文を作成する
    vSQL = "SELECT 氏名, 都道府県 FROM T_UserMaster "
    vSQL = vSQL & "WHERE 都道府県 = '神奈川県';"

    Set db = CurrentDb          'データベースに接続する
    Set rs = db.OpenRecordset(vSQL)        'SQL文を元にレコードセットを取得する

    Do Until rs.EOF         'レコードセットの最後まで処理を行う
        Debug.Print rs!氏名, rs!都道府県      'それぞれのフィールドの値を出力する
        rs.MoveNext                 '次のフィールドに移動する
    Loop

    rs.Close            'レコードセットを閉じる
    db.Close            'データベースを閉じる
End Sub
```

解説

SQL文で抽出条件を指定するには、WHERE句を使用します。WHERE句に続けて、条件を設定するフィールドと抽出条件を指定します。WHERE句は、FROM句のあとに記述します。

なお、このサンプルのように抽出条件に文字列を指定する場合には、文字列は「'（シングルクォーテーション）」で囲みます。

▼実行結果

イミディエイト

```
相川 美佳    神奈川県
西川 祐子    神奈川県
坂内 高志    神奈川県
```

「都道府県」フィールドの値が「神奈川県」のレコードのみ表示された

17

SQLの極意

Tips 498

2つの条件のいずれかに合うレコードを抽出する

▶関連Tips 284 484

使用機能・命令 **WHERE句（→Tips484）/OR演算子（→Tips284）**

サンプルファイル名 gokui17.accdb/17_4Module

▼「都道府県」フィールドの値が、「神奈川県」または「千葉県」のレコードを取得する

```
Private Sub Sample498()
    Dim db As DAO.Database          'データベースへの参照を代入する変数を宣言する
    Dim rs As DAO.Recordset         'レコードセットへの参照を代入する変数を宣言する
    Dim vSQL As String              'SQL文を代入する変数を宣言する

    '「T_UserMaster」テーブルから「都道府県」が「神奈川県」
    'または「千葉県」のレコードを取得するSQL文を作成する
    vSQL = "SELECT 氏名, 都道府県 FROM T_UserMaster "
    vSQL = vSQL & "WHERE 都道府県 = '神奈川県' OR 都道府県 = '千葉県';"

    Set db = CurrentDb          'データベースに接続する
    Set rs = db.OpenRecordset(vSQL)      'SQL文を元にレコードセットを取得する

    Do Until rs.EOF         'レコードセットの最後まで処理を行う
        Debug.Print rs!氏名, rs!都道府県    'それぞれのフィールドの値を出力する
        rs.MoveNext             '次のフィールドに移動する
    Loop

    rs.Close            'レコードセットを閉じる
    db.Close            'データベースを閉じる
End Sub
```

❖ 解説

SQL文で抽出条件を指定するには、WHERE句を使用します。WHERE句に続けて、条件を設定するフィールドと抽出条件を指定します。

条件は複数指定することができます。この時、OR演算子（→Tips284）を利用すると、いずれかの条件にあったレコードを抽出します。

▼実行結果

```
イミディエイト
相川 美佳     神奈川県
中野 伸夫     千葉県
西川 祐子     神奈川県
加藤 亜矢     千葉県
坂内 高志     神奈川県
```

「都道府県」フィールドの値が、「神奈川県」または「千葉県」のレコードが表示された

Tips 499

2つの条件の両方共に合うレコードを抽出する

▶関連Tips 284 484

使用機能・命令 **WHERE句**（→Tips484）/ **AND演算子**（→Tips284）

サンプルファイル名 gokui17.accdb/17_4Module

▼「都道府県」が「神奈川県」で、「生年月日」が「1980/1/1」以降のレコードを取得する

```
Private Sub Sample499()
    Dim db As DAO.Database        'データベースへの参照を代入する変数を宣言する
    Dim rs As DAO.Recordset       'レコードセットへの参照を代入する変数を宣言する
    Dim vSQL As String            'SQL文を代入する変数を宣言する

    '「T_UserMaster」テーブルから「都道府県」が「神奈川県」で
    '「生年月日」が1980/1/1以降のレコードを取得するSQL文を作成する
    vSQL = "SELECT 氏名,生年月日, 都道府県 FROM T_UserMaster "
    vSQL = vSQL & "WHERE 都道府県 = '神奈川県' AND 生年月日 >= #1980/1/1#;"

    Set db = CurrentDb         'データベースに接続する
    Set rs = db.OpenRecordset(vSQL)        'SQL文を元にレコードセットを取得する

    Do Until rs.EOF        'レコードセットの最後まで処理を行う
        Debug.Print rs!氏名, rs!生年月日      'それぞれのフィールドの値を出力する
        rs.MoveNext                    '次のフィールドに移動する
    Loop

    rs.Close          'レコードセットを閉じる
    db.Close          'データベースを閉じる
End Sub
```

解説

SQL文で抽出条件を指定するには、WHERE句を使用します。WHERE句に続けて、条件を設定するフィールドと抽出条件を指定します。条件は、複数指定することができます。この時、AND演算子（→Tips284）を利用すると、すべての条件にあったレコードを抽出します。

なお、このサンプルのように**抽出条件に日付を指定する場合には、日付を「#（シャープ・井桁）」で囲みます。**

▼実行結果

```
イミディエイト
相川 美佳    1980/08/31
坂内 高志    1981/01/09
```

「都道府県」が「神奈川県」で、「生年月日」が「1980/1/1」以降のレコードが表示された

17 SQLの極意

曖昧な条件でレコードを抽出する

▶関連Tips 151 484

使用機能・命令　**LIKE演算子（→Tips064）/ワイルドカード**

サンプルファイル名　gokui17.accdb/17_4Module

▼「氏名」フィールドで「田」または「子」を含むレコードを抽出する

```
Private Sub Sample500()
    Dim db As DAO.Database          'データベースへの参照を代入する変数を宣言する
    Dim rs As DAO.Recordset        'レコードセットへの参照を代入する変数を宣言する
    Dim vSQL As String             'SQL文を代入する変数を宣言する
    '「T_UserMaster」テーブルから「氏名」に「田」または「子」を含む
    'レコードを取得するSQL文を作成する
    vSQL = "SELECT 氏名 FROM T_UserMaster "
    vSQL = vSQL & "WHERE 氏名 LIKE '*[田子]*';"
    Set db = CurrentDb         'データベースに接続する
    Set rs = db.OpenRecordset(vSQL)        'SQL文を元にレコードセットを取得する
    Do Until rs.EOF        'レコードセットの最後まで処理を行う
        Debug.Print rs!氏名     'フィールドの値を出力する
        rs.MoveNext                '次のフィールドに移動する
    Loop
    rs.Close          'レコードセットを閉じる
    db.Close          'データベースを閉じる
End Sub
```

❖ 解説

SQL文で抽出条件を指定するには、WHERE句を使用します。WHERE句に続けて、条件を設定するフィールドと抽出条件を指定します。LIKE演算子とワイルドカードを使用すると、あいまいな条件でレコードを抽出することができます。ワイルドカードについては、次の表を参照してください。

◈ワイルドカードとその意味

ワイルドカード	説明
*（アスタリスク）または%（パーセント）	0文字以上の任意の文字列を表す
?（疑問符）または_（アンダスコア）	任意の一文字を表す
#（シャープ・井桁）	任意の半角の1数字を表す
[文字リスト]	文字リストに含まれる全角、または半角の1文字を表す
[!文字リスト]	文字リストに含まれない全角、または半角の1文字を表す
[文字A-文字B]	文字A～文字Bの範囲の全角または半角の1文字を表す
[!文字A-文字B]	文字A～文字Bの範囲以外の全角または半角の1文字を表す

指定した期間のレコードを抽出する

▶関連Tips 283

使用機能・命令　**BETWEEN AND演算子**（→Tips283）

サンプルファイル名　gokui17.accdb/17_4Module

▼「生年月日」が「1980/1/1」から「1989/12/31」までのレコードを取得する

```
Private Sub Sample501()
    Dim db As DAO.Database          'データベースへの参照を代入する変数を宣言する
    Dim rs As DAO.Recordset         'レコードセットへの参照を代入する変数を宣言する
    Dim vSQL As String              'SQL文を代入する変数を宣言する

    '「T_UserMaster」テーブルから「生年月日」が1980/1/1から1989/12/31までの
    'レコードを取得するSQL文を作成する
    vSQL = "SELECT 氏名, 生年月日 FROM T_UserMaster "
    vSQL = vSQL & "WHERE 生年月日 BETWEEN #1980/1/1# AND #1989/12/31#;"

    Set db = CurrentDb          'データベースに接続する
    Set rs = db.OpenRecordset(vSQL)         'SQL文を元にレコードセットを取得する

    Do Until rs.EOF         'レコードセットの最後まで処理を行う
        Debug.Print rs!氏名, rs!生年月日   'それぞれのフィールドの値を出力する
        rs.MoveNext                 '次のフィールドに移動する
    Loop

    rs.Close            'レコードセットを閉じる
    db.Close            'データベースを閉じる
End Sub
```

解説

SQL文で抽出条件を指定するには、WHERE句を使用します。WHERE句に続けて、条件を設定するフィールドと抽出条件を指定します。BETWEEN AND演算子を使用すると、指定した期間のレコードを取得することができます。

BETWEEN AND演算子は、「対象のフィールドBETWEEN開始日AND終了日」のように指定します。

▼実行結果

```
イミディエイト
牧 冴子      1982/03/06
相川 美佳    1980/08/31
加藤 亜矢    1981/08/31
中臺 晃子    1989/05/05
坂内 高志    1981/01/09
```

1980年代のレコードが抽出される

17　SQLの極意

レコードをグループ化する

▶関連Tips 484 487

使用機能・命令 GROUP BY句（→Tips484）

サンプルファイル名 gokui17.accdb/17_4Module

▼売上データが入力されている「T_Order」テーブルから、「商品ID」の一覧を取得する

```
Private Sub Sample502()
    Dim db As DAO.Database          'データベースへの参照を代入する変数を宣言する
    Dim rs As DAO.Recordset         'レコードセットへの参照を代入する変数を宣言する
    Dim vSQL As String              'SQL文を代入する変数を宣言する

    '「T_Order」テーブルから「商品ID」グループ化して取得するSQL文を作成する
    vSQL = "SELECT 商品ID FROM T_Order "
    vSQL = vSQL & "GROUP BY 商品ID;"

    Set db = CurrentDb          'データベースに接続する
    Set rs = db.OpenRecordset(vSQL)         'SQL文を元にレコードセットを取得する

    Do Until rs.EOF         'レコードセットの最後まで処理を行う
        Debug.Print rs!商品ID  'フィールドの値を出力する
        rs.MoveNext                 '次のフィールドに移動する
    Loop

    rs.Close            'レコードセットを閉じる
    db.Close            'データベースを閉じる
End Sub
```

❖ 解説

SQL文で指定したフィールドをグループ化するには、GROUP BY句を使用します。ここでは、「商品ID」フィールドをグループ化しています。結果、重複のない「商品ID」のリストが取得できます。なお、GROUP BY句は、グループ化したデータを集計するときにも使用します。データの集計については、Tips487を参照してください。

▼実行結果

売上データが入力されている「T_Order」テーブルから、「商品ID」の一覧を取得する

Tips 503 グループ化したレコードから抽出する

▶関連Tips 484 500

使用機能・命令 **GROUP BY句**（→Tips484）/ **HAVING句**（→Tips484）

サンプルファイル名 gokui17.accdb/17_4Module

▼「商品ID」をグループ化し、「商品ID」が「Y」から始まるレコードを取得する

```
Private Sub Sample503()
    Dim db As DAO.Database          'データベースへの参照を代入する変数を宣言する
    Dim rs As DAO.Recordset         'レコードセットへの参照を代入する変数を宣言する
    Dim vSQL As String              'SQL文を代入する変数を宣言する

    '「T_Order」テーブルから「商品ID」グループ化し
    '「商品ID」が「Y」から始まるレコードを取得するSQL文を作成する
    vSQL = "SELECT 商品ID FROM T_Order "
    vSQL = vSQL & "GROUP BY 商品ID HAVING 商品ID LIKE 'Y*';"

    Set db = CurrentDb          'データベースに接続する
    Set rs = db.OpenRecordset(vSQL)     'SQL文を元にレコードセットを取得する

    Do Until rs.EOF         'レコードセットの最後まで処理を行う
        Debug.Print rs!商品ID   'フィールドの値を出力する
        rs.MoveNext             '次のフィールドに移動する
    Loop

    rs.Close            'レコードセットを閉じる
    db.Close            'データベースを閉じる
End Sub
```

解説

SQL文で指定したフィールドをグループ化するには、GROUP BY句を使用します。ここでは、「商品ID」フィールドをグループ化しています。結果、重複のない「商品ID」のリストが取得できます。

さらに、グループ化したレコードから条件に合ったレコードだけを抽出するには、HAVING句を使用します。HAVING句は、グループ化されたフィールドに対して抽出条件を指定します。

ここでは、LIKE演算子（→Tips500）とワイルドカード（→Tips500）を組み合わせて、「商品ID」が「Y」で始まるレコードを抽出しています。

2つのテーブルの両方に含まれるレコードを抽出する(1)

▶関連Tips 484

使用機能・命令 **INNER JOIN句**

サンプルファイル名 gokui17.accdb/17_4Module

▼「T_MasterData」テーブルと「T_Tran」テーブルの「商品ID」が一致するレコードを取得する

```
Private Sub Sample504()
    Dim db As DAO.Database          'データベースへの参照を代入する変数を宣言する
    Dim rs As DAO.Recordset         'レコードセットへの参照を代入する変数を宣言する
    Dim vSQL As String              'SQL文を代入する変数を宣言する
    '「T_MasterData」テーブルと「T_Tran」テーブルの
    '2つのテーブルから「商品コード」「商品名」「数量」フィールドを取得するSQL文を作成する
    vSQL = "SELECT T_Tran.商品コード, T_MasterData.商品名,T_Tran.数量 "
    vSQL = vSQL & "FROM T_MasterData INNER JOIN T_Tran "
    vSQL = vSQL & "ON T_MasterData.商品コード = T_Tran.商品コード;"
    Set db = CurrentDb          'データベースに接続する
    Set rs = db.OpenRecordset(vSQL)         'SQL文を元にレコードセットを取得する
    Do Until rs.EOF         'レコードセットの最後まで処理を行う
        Debug.Print rs!商品コード, rs!商品名, rs!数量
'それぞれのフィールドの値を出力する
        rs.MoveNext                 '次のフィールドに移動する
    Loop
    rs.Close            'レコードセットを閉じる
    db.Close            'データベースを閉じる
End Sub
```

解説

SQL文で、2つのテーブルに共通のレコードを取得するには、INNER JOIN句を使用します。

ここでは、「商品コード」フィールドで結合し、両方のテーブルに含まれるレコードのみを抽出しています。

•INNER JOIN句の構文

FROM table1 INNER JOIN table2 ON table1.field1 compopr table2.field2

INNER JOIN句は、2つのテーブルの共通するフィールドに同じ値があった場合に、両方のテーブルのレコードを結合します。

「table1」「table2」には、結合するレコードのあるテーブルの名前を指定します。「field1」「field2」には、結合するフィールドの名を指定します。「compoprには、「"="、"<"、">"、"<="、">="、"<>"」などの比較演算子を指定します。

Tips 505 2つのテーブルの両方に含まれるレコードを抽出する（2）

▶関連Tips 484

使用機能・命令 **WHERE句**（→Tips484）

サンプルファイル名 gokui17.accdb/17_4Module

▼「T_MasterData」テーブルと「T_Tran」テーブルの「商品ID」が一致するレコードを取得する

```
Private Sub Sample505()
    Dim db As DAO.Database 'データベースへの参照を代入する変数を宣言する
    Dim rs As DAO.Recordset 'レコードセットへの参照を代入する変数を宣言する
    Dim vSQL As String 'SQL文を代入する変数を宣言する

    '「T_MasterData」テーブルと「T_Tran」テーブルの
   '2つのテーブルから「商品コード」「商品名」「数量」フィールドを取得するSQL文を作成する
    vSQL = "SELECT T_Tran.商品コード, T_MasterData.商品名,T_Tran.数量 "
    vSQL = vSQL & "FROM T_MasterData, T_Tran "
    vSQL = vSQL & "WHERE T_MasterData.商品コード = T_Tran.商品コード;"

    Set db = CurrentDb 'データベースに接続する
    Set rs = db.OpenRecordset(vSQL) 'SQL文を元にレコードセットを取得する

    Do Until rs.EOF 'レコードセットの最後まで処理を行う
        'それぞれのフィールドの値を出力する
        Debug.Print rs!商品コード, rs!商品名, rs!数量
        rs.MoveNext '次のフィールドに移動する
    Loop

    rs.Close 'レコードセットを閉じる
    db.Close 'データベースを閉じる
End Sub
```

解説

SQL文で、2つのテーブルに共通のレコードを取得するには、WHERE句を使用します。WHERE句に、結合の基準となるフィールドを抽出条件として指定します。

ここでは、「商品コード」フィールドで結合し、両方のテーブルに含まれるレコードのみを抽出しています。

2つのテーブルのうち、片方のテーブルのすべてのレコードを抽出する

▶関連Tips 504

使用機能・命令 **OUTER JOIN句**

サンプルファイル名 gokui17.accdb/17_4Module

▼「T_ShohinM」テーブルのすべてのレコードと「T_Tran」のデータを取得する

```
Private Sub Sample506()
    Dim db As DAO.Database          'データベースへの参照を代入する変数を宣言する
    Dim rs As DAO.Recordset         'レコードセットへの参照を代入する変数を宣言する
    Dim vSQL As String              'SQL文を代入する変数を宣言する
    '「T_ShohinM」テーブルと「T_Tran」テーブルの
    '2つのテーブルから「商品コード」「商品名」フィールドを取得するSQL文を作成する
    vSQL = "SELECT T_ShohinM.商品コード, T_ShohinM.商品名, T_Tran.数量 "
    vSQL = vSQL & "FROM T_ShohinM LEFT OUTER JOIN T_Tran "
    vSQL = vSQL & "ON T_ShohinM.商品コード = T_Tran.商品コード;"
    Set db = CurrentDb          'データベースに接続する
    Set rs = db.OpenRecordset(vSQL)         'SQL文を元にレコードセットを取得する
    Do Until rs.EOF         'レコードセットの最後まで処理を行う
        'それぞれのフィールドの値を出力する
        Debug.Print rs!商品コード, rs!商品名, rs!数量
        rs.MoveNext                 '次のフィールドに移動する
    Loop

    rs.Close            'レコードセットを閉じる
    db.Close            'データベースを閉じる
End Sub
```

❖ 解説

SQLで、2つのテーブルのうち片方のテーブルにある全てのレコードを取得するには、OUTER JOIN句を使用します。ここでは、「商品コード」フィールドで結合し、「T_ShohinM」テーブルのすべてのレコードを抽出しています。なお、「C001」の商品が「T_Tran」テーブルにはありません。そのため、「数量」フィールドの値は「Null」と出力されます。

•OUTER JOIN句の構文

FROM table1 [LEFT | RIGHT] OUTER JOIN table2 ON table1.field1 compopr table2.field2

OUTER JOIN句は、FROM句の中で使用され、テーブルのレコードを結合します。このとき、LEFTをつけると左側のテーブルのすべてのレコードが、RIGHTをつけると右側のテーブルのすべてのレコードが取得され、ON句に続けて指定したフィールドの値「compopr」に指定した、「"="、"<"、">"、"<="、">="、"<>"」などの比較演算子の結果に基づき抽出されます。

レコードをテーブルに追加する

▶関連Tips 484

使用機能・命令 **INSERT INTOステートメント**

サンプルファイル名 gokui17.accdb/17_5Module

▼「T_Sample507」テーブルに商品コードが「F001」、商品名が「デジタルカメラ」のレコードを追加する

```
Private Sub Sample507()
    Dim db As DAO.Database         'データベースへの参照を代入する変数を宣言する
    Dim vSQL As String             'SQL文を代入する変数を宣言する
    '「T_Sample507」テーブルの「商品コード」と「商品名」フィールドに
    'レコードを追加するSQL文を作成する
    vSQL = "INSERT INTO T_Sample507(商品コード, 商品名) "
    vSQL = vSQL & "VALUES('F001','デジタルカメラ');"
    Set db = CurrentDb         'データベースに接続する
    '確認のメッセージを表示する
    If MsgBox("「T_Sample507」テーブルにレコードを追加しますか", vbYesNo) _
        = vbYes Then
        db.Execute vSQL, dbFailOnError  'SQL文を実行する
    End If
    db.Close            'データベースを閉じる
End Sub
```

❖ 解説

SQL文で既存のテーブルにレコードを追加するには、INSERT INTOステートメントを使用します。ここでは、「T_Sample507」テーブルの「商品コード」と「商品名」フィールドに、それぞれデータを追加しています。INSERTINTOステートメントは、「追加クエリ」に相当します。

•INSERT INTOステートメントの構文

INSERT INTO target[(field1[,field2[,...]])][IN externaldatabase]
SELECT[source.] field1[,field2[,...] FROM tableexpression
INSERT INTO target[(field1[,field2[,...]])] VALUES (value1[,value2[,...]]

INSERT INTOステートメントには、テーブルにレコードを追加します。「target」は、レコードを追加するテーブルまたはクエリ名を指定します。「field1」「field2」は、データを追加するフィールド名（targetの後に指定する場合）、または、データを取得するフィールド名（sourceの後に指定する場合）を指定します。「externaldatabase」は、外部データベースのパスを指定します。「source」は、コピー元のレコードのあるテーブル、またはクエリの名を指定します。「tableexpression」は、挿入するレコードのある1つ以上のテーブル名、またはJOIN句を使用した結果の複合テーブルを指定します。「value1」「value2」は、VALUE句に続けて、新しいレコードの特定のフィールドに挿入する値を指定します。それぞれの値は、記述順にフィールドに挿入されます。

テーブルのレコードを別テーブルに追加する

▶関連Tips 507

使用機能・命令 INSERT INTOステートメント（→Tips507）/ SELECTステートメント（→Tips484）

サンプルファイル名 gokui17.accdb/17_5Module

▼「T_Sample508」テーブルに「T_Sampe508_2」テーブルのレコードを追加する

```
Private Sub Sample508()
    Dim db As DAO.Database          'データベースへの参照を代入する変数を宣言する
    Dim vSQL As String              'SQL文を代入する変数を宣言する

    '「T_Sample508」テーブルに「T_Sample508_2」テーブルのレコードを
    '追加するSQL文を作成する
    vSQL = "INSERT INTO T_Sample508(商品コード, 商品名, 単価) "
    vSQL = vSQL & "SELECT T_Sample508_2.商品コード,T_Sample508_2.商品名,"
    vSQL = vSQL & "T_Sample508_2.単価 "
    vSQL = vSQL & "FROM T_Sample508_2;"

    Set db = CurrentDb          'データベースに接続する

    '確認のメッセージを表示する
    If MsgBox("「T_Sample508」テーブルにレコードを追加しますか", vbYesNo) _
        = vbYes Then
        db.Execute vSQL, dbFailOnError  'SQL文を実行する
    End If
    db.Close            'データベースを閉じる
End Sub
```

解説

SQL文で既存のテーブルにレコードを追加するには、INSERT INTOステートメントを使用します。このとき、値を指定するVALUE句の代わりに、SELECTステートメントを使用して、他のテーブルのレコードを追加することができます。

ここでは、SELECTステートメントに「T_Sample508_2」テーブルを指定し、「T_Sample508_2」の「商品コード」「商品名」「単価」フィールドの値を「T_Sample508」テーブルに追加します。

Tips 509 すべてのレコードを更新する

▶関連Tips 048

使用機能・命令 UPDATEステートメント

サンプルファイル名 gokui17.accdb/17_6Module

▼「単価」フィールドの値をすべて10%上乗せした金額に更新する

```
Private Sub Sample509()
    Dim db As DAO.Database          'データベースへの参照を代入する変数を宣言する
    Dim vSQL As String              'SQL文を代入する変数を宣言する
    '「T_Sample509」テーブルの「単価」フィールドの値を
    'すべて10%増しにするSQL文を作成する
    vSQL = "UPDATE T_Sample509 "
    vSQL = vSQL & "SET 単価 = Int(単価 * 1.1);"
    Set db = CurrentDb          'データベースに接続する
    '確認のメッセージを表示する
    If MsgBox("「T_Sample509」テーブルのレコードを更新しますか", vbYesNo) _
        = vbYes Then
        db.Execute vSQL, dbFailOnError   'SQL文を実行する
    End If
    db.Close            'データベースを閉じる
End Sub
```

❖ 解説

SQLでフィールドの値を更新するには、UPDATEステートメントを使用します。

ここでは、「T_Sample509」テーブルの「単価」フィールドの値を更新します。この時、Int関数（→Tips048）を使用して、端数を切り捨てています。

なお、UPDATEステートメントは「更新クエリ」に相当します。

• UPDATEステートメントの構文

UPDATE table SET newvalue WHERE criteria;

UPDATEステートメントは、指定したテーブルのフィールドの値を指定の抽出条件に従って変更します。「table」には、変更するデータのあるテーブル名を指定します。「newvalue」には、更新後の値を指定します。「criteria」は、更新するレコードを抽出するための条件を指定します。

Tips 510

条件に一致するレコードを更新する

▶関連Tips 509

使用機能・命令 **UPDATEステートメント**（→Tips509）/ **WHERE句**（→Tips484）

サンプルファイル名 gokui17.accdb/17_6Module

▼「商品コード」が「B」から始まるレコードのみ、「単価」を10%増やす

```
Private Sub Sample510()
    Dim db As DAO.Database          'データベースへの参照を代入する変数を宣言する
    Dim vSQL As String              'SQL文を代入する変数を宣言する

    '「T_Sample510」テーブルで「商品コード」が「B」から始まる
    'レコードのみ「単価」フィールドの値を10%増しにするSQL文を作成する
    vSQL = "UPDATE T_Sample510 "
    vSQL = vSQL & "SET 単価 = Int(単価 * 1.1) "
    vSQL = vSQL & "WHERE 商品コード LIKE 'B*';"

    Set db = CurrentDb          'データベースに接続する

    '確認のメッセージを表示する
    If MsgBox("「T_Sample510」テーブルのレコードを更新しますか", vbYesNo) _
        = vbYes Then
        db.Execute vSQL, dbFailOnError   'SQL文を実行する
    End If
    db.Close            'データベースを閉じる
End Sub
```

❖ 解説

SQL文でフィールドの値を更新するには、UPDATEステートメントを使用します。このとき、WHERE句を使用して、更新対象のレコードを限定することができます。

ここでは、「商品コード」が「B」から始まるレコードのみを更新します。

Tips 511

テーブルのレコードすべてを削除する

▶関連Tips 512

使用機能・命令　**DELETEステートメント**

サンプルファイル名　gokui17.accdb/17_7Module

▼「T_Sample511」テーブルのすべてのレコードを削除する

```
Private Sub Sample511()
    Dim db As DAO.Database          'データベースへの参照を代入する変数を宣言する
    Dim vSQL As String              'SQL文を代入する変数を宣言する

    '「T_Sample511」テーブルのすべてのレコードを削除するSQL文を作成する
    vSQL = "DELETE * FROM T_Sample511;"

    Set db = CurrentDb          'データベースに接続する

    '確認のメッセージを表示する
    If MsgBox("「T_Sample511」テーブルのレコードを削除しますか", vbYesNo) _
        = vbYes Then
        db.Execute vSQL, dbFailOnError  'SQL文を実行する
    End If
    db.Close            'データベースを閉じる
End Sub
```

解説

SQLでレコードを削除するには、DELETEステートメントを使用します。

なお、DELETEステートメントによってレコードを削除する場合、警告のメッセージは表示されません。また、削除してしまったら元に戻すことはできないので、注意してください。

なお、DELETEステートメントは「削除クエリ」に相当します。

・DELETEステートメントの構文

DELETE [table.*] FROM table WHERE criteria

DELETEステートメントは、指定したテーブルからWHERE句の条件を満たすレコードを削除する削除クエリを作成します。

「table.*」は、削除するレコードのあるテーブル名を指定します。「table.」は省略可能です。「table」は、削除するレコードのあるテーブル名を指定します。「criteria」は、削除する条件を指定します。

Tips 512

条件に一致するレコードを更新する

▶関連Tips 484 511

使用機能・命令 **DELETEステートメント**（→Tips511）/ **WHERE句**（→Tips484）

サンプルファイル名 gokui17.accdb/17_7Module

▼「商品コード」が「A」から始まるレコードのみ削除する

```
Private Sub Sample512()
    Dim db As DAO.Database          'データベースへの参照を代入する変数を宣言する
    Dim vSQL As String              'SQL文を代入する変数を宣言する

    '「T_Sample512」テーブルから「商品コード」が
    '「A」から始まるレコードを削除するSQL文を作成する
    vSQL = "DELETE * FROM T_Sample512 "
    vSQL = vSQL & "WHERE 商品コード LIKE 'A*';"

    Set db = CurrentDb          'データベースに接続する

    '確認のメッセージを表示する
    If MsgBox("「T_Sample512」テーブルのレコードを削除しますか", vbYesNo) _
        = vbYes Then
        db.Execute vSQL, dbFailOnError   'SQL文を実行する
    End If
    db.Close            'データベースを閉じる
End Sub
```

❖ 解説

SQL文でレコードを削除するには、DELETEステートメントを使用します。

DELETEステートメントは、指定したテーブルのレコードを削除するステートメントです。WHERE句と組み合わせることで、条件にあったレコードのみを削除することができます。

ここでは、「商品コード」が「A」から始まるレコードのみを削除しています。

なお、DELETEステートメントによってレコードを削除する場合、警告のメッセージは表示されません。また、削除してしまったら元に戻すことはできないので、注意してください。

Tips 513 グループ化したレコードを集計する

▶関連Tips 484 487

使用機能・命令　**集計関数（→Tips487）/GROUP BY句（→Tips484）**

サンプルファイル名 gokui17.accdb/17_8Module

▼「商品ID」ごとの「数量」の合計を求めて表示する

```
Private Sub Sample513()
    Dim db As DAO.Database          'データベースへの参照を代入する変数を宣言する
    Dim rs As DAO.Recordset         'レコードセットへの参照を代入する変数を宣言する
    Dim vSQL As String              'SQL文を代入する変数を宣言する

    '「T_Order」テーブルから「商品ID」グループ化し
    '「商品ID」ごとの「数量」の合計を計算するSQL文を作成する
    vSQL = "SELECT 商品ID, SUM(数量) AS 数量合計 FROM T_Order "
    vSQL = vSQL & "GROUP BY 商品ID;"

    Set db = CurrentDb          'データベースに接続する
    Set rs = db.OpenRecordset(vSQL)     'SQL文を元にレコードセットを取得する

    Do Until rs.EOF         'レコードセットの最後まで処理を行う
        Debug.Print rs!商品ID, rs!数量合計 'フィールドの値を出力する
        rs.MoveNext                 '次のフィールドに移動する
    Loop

    rs.Close        'レコードセットを閉じる
    db.Close        'データベースを閉じる
End Sub
```

❖ 解説

SQL文でレコードをグループ化するには、GROUP BY句を使用します。GROUP BY句に続けて、グループ化したいフィールド名を指定します。グループ化したレコードは、集計関数と組み合わせてレコードの集計を行うことができます。ここでは、SUM関数を使用して、「数量」フィールドの合計を算出しています。また、AS句と組み合わせることで、集計結果のフィールドに「数量合計」と名前をつけています。

▼実行結果

```
イミディエイト

B0001         3
B0002         10
B0003         30
K0001         30
K0002         9
N0001         9
N0002         15
N0003         15
W0001         12
W0002         3
```

「商品ID」ごとの「数量」の合計が表示された

グループ化したレコードから条件に合うレコードのみ集計する

▶関連Tips 487 500

使用機能・命令 **GROUP BY句**（→Tips484）/ **HAVING句**（→Tips484）

サンプルファイル名 gokui17.accdb/17_8Module

▼「商品ID」が「Y」から始まるレコードのみの数量の合計を求める

```
Private Sub Sample514()
    Dim db As DAO.Database          'データベースへの参照を代入する変数を宣言する
    Dim rs As DAO.Recordset         'レコードセットへの参照を代入する変数を宣言する
    Dim vSQL As String              'SQL文を代入する変数を宣言する

    '「T_Order」テーブルから「商品ID」ごとの「数量」の合計を計算し、
    '「商品ID」が「Y」から始まるレコードを抽出するSQL文を作成する
    vSQL = "SELECT 商品ID, SUM(数量) AS 数量合計 FROM T_Order "
    vSQL = vSQL & "GROUP BY 商品ID HAVING 商品ID LIKE 'Y*';"

    Set db = CurrentDb          'データベースに接続する
    Set rs = db.OpenRecordset(vSQL)     'SQL文を元にレコードセットを取得する

    Do Until rs.EOF         'レコードセットの最後まで処理を行う
        Debug.Print rs!商品ID, rs!数量合計  'フィールドの値を出力する
        rs.MoveNext                 '次のフィールドに移動する
    Loop

    rs.Close            'レコードセットを閉じる
    db.Close            'データベースを閉じる
End Sub
```

❖ 解説

SQL文でレコードをグループ化するには、GROUP BY句を使用します。GROUP BY句につづけて、グループ化したいフィールド名を指定します。

また、グループ化したレコードは、集計関数（→Tips487）と組み合わせてレコードの集計を行うことができます。

さらに、HAVING句と組み合わせることで、グループ化したレコードから条件に合うレコードを抽出することができます。

ここでは、LIKE演算子（→Tips500）とワイルドカード（→Tips500）を組み合わせて、「商品ID」が「Y」から始まるレコードのみを抽出しています。

Tips 515

他のテーブルを元にテーブルを作成する

▶関連Tips 484

使用機能・命令 **SELECT INTOステートメント**

サンプルファイル名 gokui17.accdb/17_9Module

▼「T_Master」テーブルのレコードをもとに、新規に「T_Sample515」テーブルを作成する

```
Private Sub Sample515()
    Dim db As DAO.Database      'データベースへの参照を代入する変数を宣言する
    Dim vSQL As String          'SQL文を代入する変数を宣言する
    '「T_Master」テーブルから「会員ID」と「氏名」フィールドを持つ
    '「T_Sample515」テーブルを作成するSQL文を作成する
    vSQL = "SELECT 会員ID, 氏名 INTO T_Sample515 "
    vSQL = vSQL & "FROM T_Master;"
    Set db = CurrentDb        'データベースに接続する
    '確認のメッセージを表示する
    If MsgBox("「T_Sample515」テーブルを作成しますか", vbYesNo) _
        = vbYes Then
        db.Execute vSQL, dbFailOnError  'SQL文を実行する
    End If
    db.Close          'データベースを閉じる
End Sub
```

解説

SQL文では、SELECT INTOステートメントを利用して、既存のテーブルから新規にテーブルを作成することができます。

ここでは、「T_Master」テーブルをもとに、新たにテーブルを作成します。指定したフィールドのレコードも一緒に、新しいテーブルにコピーされます。SELECT INTOステートメントは、テーブル作成クエリに相当します。

•SELECT INTOステートメントの構文

SELECT field1[,field2[,...]] INTO newtable[IN externaldatabase] FROM source

SELECT INTOステートメントは、テーブル作成クエリを作成します。

「field1」「field2」は、新しいテーブルにコピーするフィールド名を指定します。「newtable」は、作成するテーブル名を指定します。「externaldatabase」は、外部データベースのパスです。「source」は、選択するレコードのある既存のテーブルの名を指定します。

Tips 516

新規にテーブルを作成する

▶関連Tips 517

使用機能・命令

CREATE TABLEステートメント

サンプルファイル名 gokui17.accdb/17_9Module

▼「商品ID」「商品名」「単価」フィールドを持つテーブルを新規に作成する

```
Private Sub Sample516()
    Dim db As DAO.Database        'データベースへの参照を代入する変数を宣言する
    Dim vSQL As String            'SQL文を代入する変数を宣言する
    '「商品ID」と「商品名」「単価」フィールドを持つ
    '「T_Sample516」テーブルを作成するSQL文を作成する
    vSQL = "CREATE TABLE T_Sample516"
    vSQL = vSQL & "(商品ID CHAR(5), 商品名 CHAR(25), 数量 INTEGER);"
    Set db = CurrentDb       'データベースに接続する
    db.Execute vSQL, dbFailOnError  'SQL文を実行する
    db.Close         'データベースを閉じる
End Sub
```

解説

SQL文でテーブルを新たに作成するには、CREATE TABLEステートメントを使用します。ここでは、「商品ID」「商品名」「数量」の3つのフィールドを持つ「T_Sample516」テーブルを作成します。CREATE TABLEステートメント「Type」に指定する値は、次のようになります。

◈ CREATE TABLEステートメント「Type」に指定する値

値	説明	値	説明
CHAR()	短いテキスト。カッコ内にサイズを指定する	MONEY	通過型
SMALLINT	整数型	DATETIME	日付・時刻型
INTEGER	長整数型		

・CREATE TABLEステートメントの構文

CREATE [TEMPORARY] TABLE table (field1 type [(size)] [NOT NULL] [WITH COMPRESSION ｜ WITH COMP] [index1] [, field2 type [(size)] [NOT NULL] [index2] [, ...]] [, CONSTRAINT multifieldindex [, ...]])

CREATE TABLEステートメントは、新規にテーブルを作成します。「table」は、作成するテーブル名を指定します。「field1」「field2」は、新しいテーブルに作成するフィールド名を指定します。「Type」は、作成するフィールドのデータ型を指定します。詳しくは、「解説」を参照してください。

「size」は、そのフィールドサイズを指定します。「index1」「index2」は、インデックスを指定します。「multifieldindex」は、複数フィールドのインデックスを指定します。

Tips 517 主キーを設定してテーブルを作成する

▶関連Tips 516

使用機能・命令 CREATE TABLEステートメント（→Tips516）/ PRIMARY KEYキーワード

サンプルファイル名 gokui17.accdb/17_9Module

▼「商品ID」「商品名」「単価」フィールドを持つテーブルを新規に作成し、「商品ID」に主キーを設定する

```
Private Sub Sample517()
    Dim db As DAO.Database        'データベースへの参照を代入する変数を宣言する
    Dim vSQL As String            'SQL文を代入する変数を宣言する

    '「商品ID」と「商品名」「単価」フィールドを持つ
    '「T_Sample517」テーブルを作成するSQL文を作成する
    vSQL = "CREATE TABLE T_Sample517 (商品ID CHAR(5) PRIMARY KEY, "
    vSQL = vSQL & "商品名 CHAR(25), 単価 INTEGER);"

    Set db = CurrentDb        'データベースに接続する
    db.Execute vSQL, dbFailOnError   'SQL文を実行する
    db.Close         'データベースを閉じる
End Sub
```

❖ 解説

SQL文でテーブルを新たに作成するには、CREATE TABLEステートメントを使用します。フィールド名に続けてデータ型を指定し、その後に「PRIMARY KEY」を指定すると、そのフィールドは主キーとなります。

ここでは、「商品ID」フィールドに主キーの設定をしています。

▼実行結果

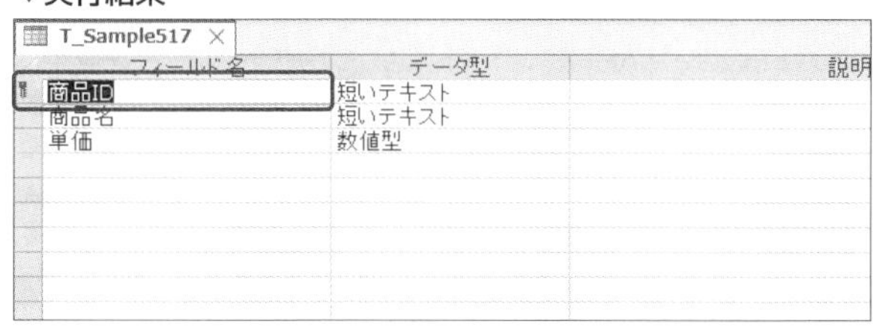

テーブルが作成され、主キーが設定された

17

SQLの極意

Tips 518

テーブルを削除する

▶関連Tips 519

使用機能・命令

DROP TABLEステートメント

サンプルファイル名 gokui17.accdb/17_9Module

▼「T_Sample518」テーブルを削除する

```
Private Sub Sample518()
    Dim db As DAO.Database          'データベースへの参照を代入する変数を宣言する
    Dim vSQL As String              'SQL文を代入する変数を宣言する

    '「T_Sample518」テーブルを削除するSQL文を作成する
    vSQL = "DROP TABLE T_Sample518;"

    Set db = CurrentDb          'データベースに接続する

    '確認のメッセージを表示する
    If MsgBox("「T_Sample518」テーブルを削除しますか", vbYesNo) _
        = vbYes Then
        db.Execute vSQL, dbFailOnError  'SQL文を実行する
    End If
    db.Close            'データベースを閉じる
End Sub
```

❖ 解説

SQLでテーブルそのものを削除するには、DROP TABLEステートメントを使用します。

ここでは、「T_Sample518」テーブルを削除します。DROP TABLEステートメントは、実行時に警告のメッセージ等は表示しないので、MsgBox関数を使用して確認のメッセージを表示しています。

また、対象のテーブルが存在しない場合、DROP TABLEステートメントは実行時エラーを発生させます。

•DROP TABLEステートメントの構文

DROP TABLE table

DROP TABLEステートメントは、データベースから既存のテーブルを削除します。「table」には、削除するテーブルの名を指定します。

Tips 519

テーブルを変更する

▶関連Tips 518

使用機能・命令 **ALTER TABLEステートメント**

サンプルファイル名 gokui17.accdb/17_9Module

▼「T_Sample519」テーブルに「備考」フィールドを追加する

```
Private Sub Sample519()
    Dim db As DAO.Database        'データベースへの参照を代入する変数を宣言する
    Dim vSQL As String            'SQL文を代入する変数を宣言する

    '「T_Sample519」テーブルに「備考」フィールドを追加するSQL文を作成する
    vSQL = "ALTER TABLE T_Sample519 ADD COLUMN 備考 CHAR(100);"

    Set db = CurrentDb        'データベースに接続する
    db.Execute vSQL, dbFailOnError  'SQL文を実行する
    db.Close          'データベースを閉じる
End Sub
```

解説

SQLでテーブルの構造を変更するには、ALTERTABLEステートメントを使用します。

ここでは、「T_Sample519」テーブルに「短いテキスト」でフィールドサイズが「100」の「備考」フィールドを追加します。

•ALTER TABLEステートメントの構文

ALTER TABLE table {ADD {COLUMN field type[(size)] [NOT NULL] [CONSTRAINT index] | ALTER COLUMN field type[(size)] | CONSTRAINT multifieldindex} | DROP {COLUMN field I CONSTRAINT indexname} }

ALTER TABLEステートメントは、テーブルのデザインを変更します。「table」は、変更するテーブル名を指定します。「field」は追加、削除、または変更するフィールド名を指定します。「Type」は「field」のデータ型を、「size」はフィールドサイズを指定します。「index」は、インデックスを指定します。「multifieldindex」は、複数フィールドインデックスの定義を指定します。「indexname」は、削除する複数フィールドインデックス名を指定します。

600 Tips to Use Access VBA Better!
現場ですぐに使える!
Access VBA
Microsoft 365/Office 2021/2019/2016/2013対応
逆引き大全

データベース作成の極意

オブジェクトの数を取得する

▶関連Tips
252
335

使用機能・命令　**Countプロパティ**

サンプルファイル名　gokui18.accdb/18_1Module

▼データベースのすべてのテーブル、クエリ、フォームとレポートの数を取得する

```
Private Sub Sample520()
    'テーブルとクエリ、フォームとレポートの数を表示する
    With Application.CurrentData      'カレントプロジェクトに対する処理
        MsgBox "テーブルの数：" & .AllTables.Count & vbCrLf _
            & "クエリの数：" & .AllQueries.Count
    End With
    With CurrentProject      'カレントプロジェクトに対する処理
        MsgBox "フォームの数：" & .AllForms.Count & vbCrLf _
            & "レポートの数：" & .AllReports.Count
    End With
End Sub

Private Sub Sample520_2()
    Dim db As DAO.Database      'データベースへの参照を代入する変数を宣言する

    Set db = CurrentDb      'カレントデータベースに接続する
    'テーブルとクエリ、フォームとレポートの数を表示する
    MsgBox "テーブルの数：" & db.TableDefs.Count & vbCrLf _
        & "クエリの数：" & db.QueryDefs.Count & vbCrLf _
        & "フォームの数：" & db.Containers!Forms.Documents.Count & vbCrLf _
        & "レポートの数：" & db.Containers!Reports.Documents.Count
End Sub

Private Sub Sample520_3()
    Dim cat As ADOX.Catalog      'カタログへの参照を代入する変数を宣言する

    Set cat = New ADOX.Catalog  'カタログオブジェクトを作成する
    '現在のプロジェクトのコネクションを取得する
    cat.ActiveConnection = CurrentProject.Connection

    'テーブルとクエリの数を表示する
    MsgBox "テーブルの数：" & cat.Tables.Count & vbCrLf _
        & "クエリの数：" & cat.Views.Count
End Sub
```

❖ 解説

ここでは、3つのサンプルを紹介します。1つ目と2つ目は、データベースのテーブル、クエリ、フォーム、レポートの数を取得します。

1つ目のサンプルでは、それぞれAllTablesオブジェクト（すべてのテーブル）、AllQueriesオブジェクト（すべてのクエリ）、AllFormsオブジェクト（すべてのフォーム）とAllReportオブジェクト（すべてのレポート）のCountプロパティを使用します

2つ目のサンプルは、DAOを利用しています。DAOでは、テーブル（TableDefs）、クエリ（QueryDefs）とフォーム（Containers!Forms）とレポート（Containers!Reports）では取得方法が異なります。

3つ目のサンプルは、テーブルとクエリの数を調べます。ADOXを使用し、テーブル（Tables）とクエリ（Views）を取得しています。

▼1つ目のサンプルの実行結果

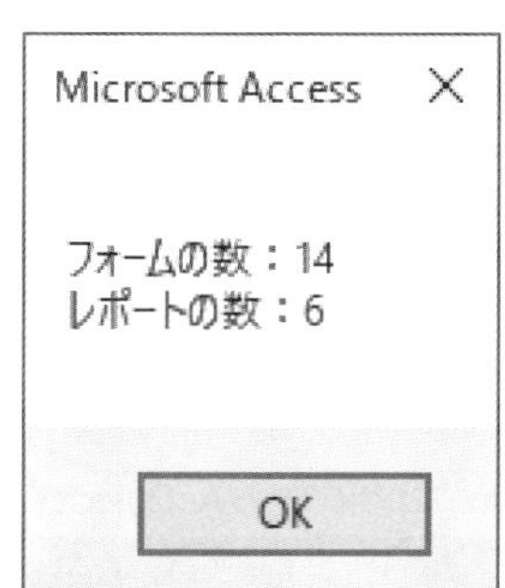

テーブルとクエリ、フォームとレポートの数がそれぞれ表示された

▼2つ目のサンプルの実行結果

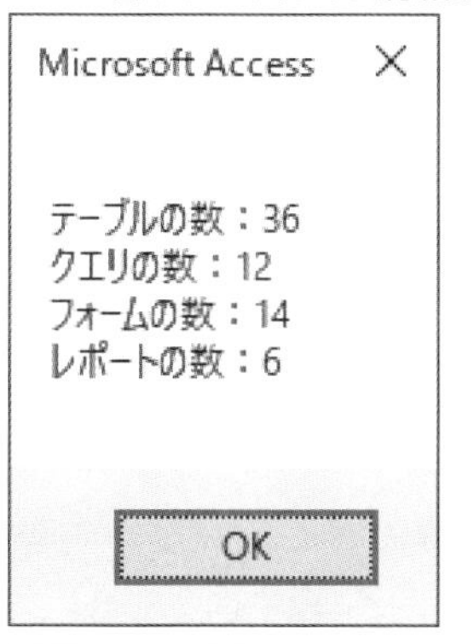

テーブル、クエリ、フォーム、そしてレポートの数が表示された

▼3つ目のサンプルの実行結果

テーブルとクエリの数が表示された

オブジェクトの名前を変更する

▶関連Tips 522

使用機能・命令 **Renameメソッド**

サンプルファイル名 gokui18.accdb/18_1Module

▼「T_Sample521」テーブルの名称を「T_Sample521_bk」に変更する

```
Private Sub Sample521()
    '「T_Sample521」テーブルの名称を「T_Sample521_bk」に変更する
    DoCmd.Rename "T_Sample521_bk", acTable, "T_Sample521"
End Sub
```

解説

データベースオブジェクトの名前を変更するには、DoCmdオブジェクトのRenameメソッドを使用します。ここでは、「T_Sample521」テーブルを「T_Sample521_bk」に変更しています。

なお、名称を変更する際には、警告のメッセージは表示されません。また、変更後の名前のオブジェクトが既に存在する場合には、置き換えるかどうか確認のメッセージが表示されます。

◇ Renameメソッドの引数ObjectTypeに指定できるAcObjectType列挙型の値

定数	値	説明
acDatabaseProperties	11	Databaseプロパティ
acDefault	-1	既定値
acDiagram	8	データベースダイアグラム(Accessプロジェクト)
acForm	2	フォーム
acFunction	10	関数
acMacro	4	マクロ
acModule	5	モジュール
acQuery	1	クエリ
acReport	3	レポート
acServerView	7	サーバービュー
acStoredProcedure	9	ストアドプロシージャ(Accessプロジェクト)
acTable	0	テーブル
acTableDataMacro	12	データマクロ

・Renameメソッドの構文

object.Rename(NewName,ObjectType,OldName)

Renameメソッドは、objectにDoCmdオブジェクトを指定して、オブジェクト名を変更します。引数NewNameは、変更後のオブジェクト名を指定します。引数ObjectTypeは、対象のオブジェクトの種類を指定します。指定できる値は、「解説」を参照してください。引数OldNameは、変更前のオブジェクト名を指定します。

Tips 522

オブジェクトをコピーする

▶関連Tips 521

使用機能・命令 **CopyObjectメソッド**

サンプルファイル名 gokui18.accdb/18_1Module

▼「T_Sample522」テーブルをコピーして、「T_Sample522_bk」を作成する

```
Private Sub Sample522()
    '「T_Sample522」テーブルをコピーして「T_Sample522_bk」を作成する
    DoCmd.CopyObject , "T_Sample522_bk", acTable, "T_Sample522"
End Sub
```

解説

CopyObjectメソッドを使用して、同じデータベースや他のデータベースにコピーすることができます。

ここでは、「T_Sample522」テーブルをコピーして、「T_Sample522_bk」を作成しています。

なお、「新しいオブジェクト名」に指定した名前のオブジェクトが既に存在する場合は、オブジェクトを上書きするかどうかのメッセージが表示されます。

・CopyObjectメソッドの構文

object.CopyObject(DestinationDatabase,NewName,SourceObjectType,SourceObjectName)

CopyObjectメソッドは、objectにDoCmdオブジェクトを指定し、指定したオブジェクトをコピーします。

引数DestinationDatabaseはコピー先のデータベースを、引数NewNameはコピー先のオブジェクト名を表します。どちらか一方または両方を指定する必要があります。

また、引数SourceObjectTypeは元のオブジェクトの種類を、引数SourceObjectNameは元のオブジェクトを指定します。引数SourceObjectTypeについては、Tips521を参照してください。

Tips 523 オブジェクトを削除する

▶関連Tips 256 339

使用機能・命令 **DeleteObjectメソッド**

サンプルファイル名 gokui18.accdb/18_1Module

▼「T_Sample523」テーブルを削除する

```
Private Sub Sample523()
    '「T_Sample523」テーブルを削除する
    DoCmd.DeleteObject acTable, "T_Sample523"
End Sub
Private Sub Sample523_2()
    Dim db As DAO.Database      'データベースへの参照を代入する変数を宣言する
    Set db = CurrentDb          'カレントデータベースに接続する
    '「T_Sample523」テーブルを削除する
    db.TableDefs.Delete "T_Sample523"
    db.Close
End Sub
Private Sub Sample523_3()
    Dim cat As ADOX.Catalog     'カタログへの参照を代入する変数を宣言する
    Set cat = New ADOX.Catalog  'カタログオブジェクトを作成する
    '現在のプロジェクトのコネクションを取得する
    cat.ActiveConnection = CurrentProject.Connection
    '「T_Sample523」テーブルを削除する
    cat.Tables.Delete "T_Sample523"
End Sub
```

❖ 解説

ここでは、3つのサンプルを紹介します。いずれもテーブルを削除します。1つ目のDeleteObjectメソッドは、DoCmdオブジェクトのメソッドです。DeleteObject メソッドは、対象のオブジェクトがない場合、エラーになります。

2つ目のサンプルは、DAOのDeleteメソッド(→Tips256)を使用したサンプル、3つ目のサンプルはADOXのDeleteメソッド(→Tips339)を使用したサンプルです。

・DeleteObjectメソッドの構文

object.DeleteObject(ObjectType, ObjectName)

DeleteObjectメソッドは、objectにDoCmdオブジェクトを指定してオブジェクトを削除します。引数ObjectTypeおよびObjectNameを指定しないと、ObjectTypeには定数acDefault(既定値)が使われ、データベースウィンドウで選択されたオブジェクトが削除されます。

Tips 524 オブジェクトの依存情報を取得する

▶関連Tips 520

使用機能・命令 **GetDependencyInfo メソッド/Dependencies プロパティ**

サンプルファイル名 gokui18.accdb/18_1Module

▼「Q_UriageIchiran」クエリが依存関係にあるオブジェクト名をすべて表示する

```
Private Sub Sample524()
    'クエリオブジェクトへの参照を代入する変数を宣言する
    Dim objQuery As Access.AccessObject
    'アクセスオブジェクトへの参照を代入する変数を宣言する
    Dim objAccess As Access.AccessObject
    '「Q_UriageIchiran」クエリを取得する
    Set objQuery = _
    Application.CurrentData.AllQueries.Item("Q_UriageIchiran")
    '取得したクエリの依存情報があるか判定する
    If objQuery.GetDependencyInfo.Dependencies.Count = 0 Then
        MsgBox objQuery.Name & "に依存情報はありません" 'メッセージを表示する
    Else
        'すべての依存関係について処理をおこなう
        For Each objAccess In _
            objQuery.GetDependencyInfo.Dependencies
            MsgBox objAccess.Name          '依存するオブジェクト名を表示する
        Next objAccess
    End If
End Sub
```

❖ 解説

クエリやフォームなど、オブジェクトの依存情報を取得することができます。

ここでは、「Q_UriageIchiran」クエリの依存関係を取得して、メッセージボックスに表示します。

まず「Q_UriageIchiran」クエリを、AllQueriesオブジェクトのItemプロパティを使用して取得します。

次に、GetDependencyInfoメソッドで、依存関係にあるオブジェクトを取得します。Dependenciesプロパティは、依存関係にあるオブジェクトのコレクションを取得します。

依存関係がない場合、DependenciesコレクションのCountプロパティは「0」になります。依存関係がある場合は、Dependenciesコレクションで取得したオブジェクト名を、Nameプロパティを使用してメッセージボックスに表示します。

なお、「Q_UriageIchiran」クエリは、「T_Master」「T_Oder」「T_ShohinMaster」の3つのテーブルから作成されています。このプロシージャを実行すると、これらの名前がそれぞれメッセージボックスに表示されます。

Tips 525

テーブルの一覧を取得する

▶関連Tips 520

使用機能・命令 **TableDefオブジェクト/Tableオブジェクト**

サンプルファイル名 gokui18.accdb/18_2Module

▼カレントデータベースのすべてのテーブル名を表示する

```
Private Sub Sample525()
    Dim db As DAO.Database          'データベースへの参照を代入する変数を宣言する
    Dim tdf As DAO.TableDef         'テーブルオブジェクトへの参照を代入する変数を宣言する

    Set db = CurrentDb          'カレントデータベースに接続する
    'すべてのテーブルオブジェクトに対して処理を行う
    For Each tdf In db.TableDefs
        Debug.Print tdf.Name            'テーブル名を表示する
    Next
    db.Close
End Sub

Private Sub Sample525_2()
    Dim cat As ADOX.Catalog         'カタログへの参照を代入する変数を宣言する
    Dim tbl As ADOX.Table           'テーブルへの参照を代入する変数を宣言する

    Set cat = New ADOX.Catalog      'カタログオブジェクトを作成する
    '現在のプロジェクトのコネクションを取得する
    cat.ActiveConnection = CurrentProject.Connection
    'すべてのテーブルオブジェクトに対して処理を行う
    For Each tbl In cat.Tables
        Debug.Print tbl.Name        'テーブル名を表示する
    Next
End Sub
```

解説

ここでは、2つのサンプルを紹介します。いずれもデータベースのすべてのテーブルを取得して、テーブル名をイミディエイトウィンドウに表示します。1つ目はDAO を利用して、すべてのテーブル名を取得しています。対象のデータベースのテーブル（TableDefオブジェクト）は、TableDefsコレクションで取得できます。このコレクションの各要素に対してNameプロパティを使用して、テーブル名を取得します。2つ目はADOXを使用しています。対象のデータベースのテーブル（Tableオブジェクト）は、Tablesコレクションで取得できます。こちらもNameプロパティを使用して、テーブル名を取得しています。

Tips 526 フィールド情報を取得する

▶関連Tips 520

使用機能・命令 **Nameプロパティ/Typeプロパティ/Sizeプロパティ**

サンプルファイル名 gokui18.accdb/18_2Module

▼「T_Order」テーブルのすべてのフィールド名、データ型、フィールドサイズを表示する

```
Private Sub Sample526()
    Dim db As DAO.Database         'データベースへの参照を代入する変数を宣言する
    Dim rs As DAO.Recordset        'レコードセットへの参照を代入する変数を宣言する
    Dim i As Long                  '繰り返し処理用の変数を宣言する

    Set db = CurrentDb             'カレントデータベースに接続する
    Set rs = db.OpenRecordset("T_Order")
    'すべてのテーブルオブジェクトに対して処理を行う

    For i = 0 To rs.Fields.Count - 1      'すべてのフィールドに対して処理を行う
        Debug.Print rs.Fields(i).Name     'フィールド名を表示する
        Debug.Print GetTypeString(rs.Fields(i).Type)    'データ型を表示する
        Debug.Print rs.Fields(i).Size     'フィールドのサイズを表示する
    Next
    rs.Close            'レコードセットを閉じる
    db.Close            'データベースを閉じる
End Sub

'FileオブジェクトのTypeプロパティの値に応じてデータ型を返す関数
Private Function GetTypeString(ByVal vTypeNum As Long) As String
    Select Case vTypeNum
        Case dbChar
            GetTypeString = "固定長テキスト型"
        Case dbCurrency
            GetTypeString = "通貨型"
        Case dbDate
            GetTypeString = "日付型"
        Case dbDouble
            GetTypeString = "倍精度浮動小数点数型"
        Case dbInteger
            GetTypeString = "整数型"
        Case dbLong
            GetTypeString = "長整数型"
```

18

データベース作成の極意

```
            Case dbLongBinary
                GetTypeString = "バイナリ型 (ビットマップ)"
            Case dbMemo
                GetTypeString = "メモ型 (拡張テキスト)"
            Case dbSingle
                GetTypeString = "単精度浮動小数点数型"
            Case dbText
                GetTypeString = "可変長テキスト型"
        End Select
    End Function
```

❖ 解説

DAOを利用して、フィールドの情報を取得します。Nameプロパティはフィールド名を、Typeプロパティはデータ型を、Sizeプロパティはフィールドの最大サイズをバイト数で、それぞれ返します。Sizeプロパティは、文字データを含むフィールド(メモ型フィールドを除く)の場合、フィールドが保持できる最大文字数を返します。数値フィールドの場合、格納に必要なバイト数を返します。

Typeプロパティは、データ型を数値で返します。そこでここでは、Typeプロパティの値に応じてデータ型を表す文字列を返すGetTypeStringプロシージャを用意して、文字列として返すようにしています。なお、Typeプロパティの返す値は数値です。数値と実際のデータ型の関係は、次のようになります。

◈ Typeプロパティの主な値とデータ型

定数	値	説明	定数	値	説明
dbAttachment	101	添付ファイル型	dbInteger	3	整数型
dbBinary	9	バイナリ型	dbLong	4	長整数型
dbBoolean	1	ブール型	dbLongBinary	11	バイナリ型(ビットマップ)
dbByte	2	バイト型			
dbChar	18	固定長テキスト型データ	dbMemo	12	メモ型データ(拡張テキスト)
dbCurrency	5	通貨型			
dbDate	8	日付型	dbSingle	6	単精度浮動小数点数型
dbDouble	7	倍精度浮動小数点数型	dbText	10	可変長テキスト型
dbGUID	15	GUID型			

• Nameプロパティ/Typeプロパティ/Sizeプロパティの構文

object.Name/Type/Size

いずれも、objectにFieldオブジェクトを指定します。Nameプロパティはフィールド名を、Typeプロパティはデータ型を、Sizeプロパティはフィールドサイズを表します。Typeプロパティの値とデータ型については、「解説」を参照してください。

Tips 527

クエリの一覧を取得する

▶関連Tips 520

使用機能・命令　QueryDefオブジェクト/Viewオブジェクト

サンプルファイル名　gokui18.accdb/18_2Module

▼「gokui18.accdb」データベースのクエリをすべて取得する

```
Private Sub Sample527()
    Dim db As DAO.Database          'データベースへの参照を代入する変数を宣言する
    Dim qdf As DAO.QueryDef         'クエリへの参照を代入する変数を宣言する

    Set db = CurrentDb          'カレントデータベースに接続する
    'すべてのクエリに対して処理を行う
    For Each qdf In db.QueryDefs
        'フォームなどに登録されているSQLを除く
        If Not qdf.Name Like "~sq*" Then
            Debug.Print qdf.Name            'クエリ名を表示する
        End If
    Next

    db.Close            'データベースを閉じる
End Sub

Private Sub Sample527_2()
    Dim cat As ADOX.Catalog         'カタログへの参照を代入する変数を宣言する
    Dim vw As ADOX.View         'ビュー(クエリ)への参照を代入する変数を宣言する
    Set cat = New ADOX.Catalog  'カタログオブジェクトを作成する
    '現在のプロジェクトのコネクションを取得する
    cat.ActiveConnection = CurrentProject.Connection

    'テーブルとクエリの数を表示する
    For Each vw In cat.Views
        Debug.Print vw.Name
    Next
End Sub
```

❖ 解説

ここでは、2つのサンプルを紹介します。いずれも、データベースのすべてのクエリ名をイミディエイトウィンドウに表示します。

1つ目は、DAOを利用して、カレントデータベースのすべてのクエリ名を取得しています。DAOでは、QueryDefsコレクションがすべてのクエリの集合を表します。そこで、ここではFor Each Nextステートメントを利用して、QueryDefsコレクションのすべてのQueryDefオブジェクトを参照します。そして、Nameプロパティを利用して、クエリ名をイミディエイトウィンドウに表示します。なお、QueryDefsコレクションには、フォームやレポート内のSQL文も含まれます。これらは、「~sq」から始まる名前が内部的につけられます。これらを除いてクエリ名を取得するには、クエリ名を出力しています。

2つ目は、ADOXを使用してクエリ名を取得しています。ADOXでは、クエリはViewsコレクションで取得されます。1つ目のサンプル同様、For Each Nextステートメントで、個々のViewオブジェクトを取得し、Nameプロパティでクエリ名を表示しています。

▼実行結果

すべてのクエリが取得された

Tips 528

フォームの一覧を取得する

▶関連Tips 520

使用機能・命令 **Documentオブジェクト/Nameプロパティ**

サンプルファイル名 gokui18.accdb/18_2Module

▼カレントデータベースのすべてのフォーム名を取得する

```
Private Sub Sample528()
    Dim db As DAO.Database          'データベースへの参照を代入する変数を宣言する
    Dim cnt As DAO.Container        'コンテナへの参照を代入する変数を宣言する
    Dim doc As DAO.Document         'ドキュメントへの参照を代入する変数を宣言する

    Set db = CurrentDb          'カレントデータベースに接続する
    Set cnt = db.Containers!Forms    'フォームを取得する

    'すべてのフォームに対して処理を行う
    For Each doc In cnt.Documents
        Debug.Print doc.Name        'フォーム名を表示する
    Next doc

    db.Close          'データベースを閉じる
End Sub
```

解説

DAOを利用して、カレントデータベースのすべてのフォーム名を取得します。DAOのContainersコレクションに含まれるDocumentsコレクションから、取得することができます。

まず、Containersコレクションのメンバである Forms プロパティで、フォームのコレクションを取得します。そのコレクションが持つDocumentsコレクションに、個々のフォームが格納されます。そこで、For Each Nextステートメントを使用して、すべてのフォームに対して処理を行い、Nameプロパティでフォーム名を取得します。

▼実行結果

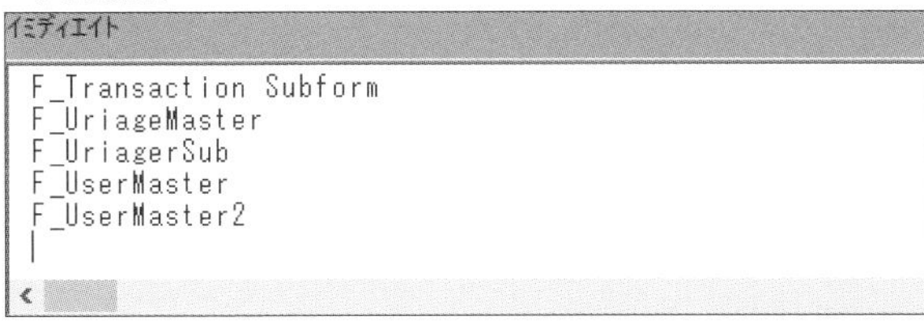

フォーム名が表示された

Tips 529 レポートの一覧を取得する

▶関連Tips 520 528

使用機能・命令 Documentオブジェクト/Nameプロパティ

サンプルファイル名 gokui18.accdb/18_2Module

▼カレントデータベースのすべてのレポート名を取得する

```
Private Sub Sample529()
    Dim db As DAO.Database          'データベースへの参照を代入する変数を宣言する
    Dim cnt As DAO.Container        'コンテナへの参照を代入する変数を宣言する
    Dim doc As DAO.Document         'ドキュメントへの参照を代入する変数を宣言する

    Set db = CurrentDb          'カレントデータベースに接続する
    Set cnt = db.Containers!Reports    'レポートを取得する

    'すべてのレポートに対して処理を行う
    For Each doc In cnt.Documents
        Debug.Print doc.Name       'レポート名を表示する
    Next doc

    db.Close          'データベースを閉じる
End Sub
```

❖ 解説

DAOを利用して、カレントデータベースのすべてのレポート名を取得します。DAOのContainersコレクションに含まれるDocumentsコレクションから、取得することができます。

まず、Containersコレクションのメンバである Reportsプロパティで、レポートのコレクションを取得します。そのコレクションが持つDocumentsコレクションに、個々のレポートが格納されます。そこで、For Each Nextステートメントを使用して、すべてのレポートに対して処理を行い、Nameプロパティでレポート名を取得します。

▼実行結果

```
イミディエイト
R_L_UserMaster
R_Order
R_OrderAll
R_UriageIchiran
R_UserMaster
R_UserMasterAll
```

すべてのレポートが表示された

マクロの一覧を取得する

▶関連Tips 528

使用機能・命令 **Documentオブジェクト/Nameプロパティ**

サンプルファイル名 gokui18.accdb/18_2Module

▼カレントデータベースのすべてのマクロ名を取得する

```
Private Sub Sample530()
    Dim db As DAO.Database          'データベースへの参照を代入する変数を宣言する
    Dim cnt As DAO.Container        'コンテナへの参照を代入する変数を宣言する
    Dim doc As DAO.Document         'ドキュメントへの参照を代入する変数を宣言する

    Set db = CurrentDb          'カレントデータベースに接続する
    Set cnt = db.Containers!Scripts    'マクロを取得する

    'すべてのマクロに対して処理を行う
    For Each doc In cnt.Documents
        Debug.Print doc.Name      'マクロ名を表示する
    Next doc

    db.Close            'データベースを閉じる
End Sub
```

解説

DAOを利用して、カレントデータベースのすべてのマクロ名を取得します。DAOのContainersコレクションに含まれる、Documentsコレクションから取得することができます。

まず、Containersコレクションのメンバである Scriptsプロパティで、マクロのコレクションを取得します。そのコレクションが持つDocumentsコレクションに、個々のマクロが格納されます。そこで、For Each Nextステートメントを使用して、すべてのマクロに対して処理を行い、Nameプロパティでマクロ名を取得します。

▼実行結果

```
イミディエイト
M_OpenQuery
M_Window
```

すべてのマクロ名が表示された

モジュールの一覧を取得する

▶関連Tips 528

使用機能・命令 **Documentオブジェクト/Nameプロパティ**

サンプルファイル名 gokui18.accdb/18_2Module

▼カレントデータベースのすべてのモジュール名を取得する

```
Private Sub Sample531()
    Dim db As DAO.Database          'データベースへの参照を代入する変数を宣言する
    Dim cnt As DAO.Container        'コンテナへの参照を代入する変数を宣言する
    Dim doc As DAO.Document         'ドキュメントへの参照を代入する変数を宣言する

    Set db = CurrentDb          'カレントデータベースに接続する
    Set cnt = db.Containers!Modules     'モジュールを取得する

    'すべてのモジュールに対して処理を行う
    For Each doc In cnt.Documents
        Debug.Print doc.Name        'モジュール名を表示する
    Next doc

    db.Close        'データベースを閉じる
End Sub
```

解説

DAOを利用して、カレントデータベースのすべてのモジュール名を取得します。DAOのContainersコレクションに含まれる、Documentsコレクションから取得することができます。

まず、Containersコレクションのメンバであるモジュールsプロパティで、モジュールのコレクションを取得します。そのコレクションが持つDocumentsコレクションに、個々のモジュールが格納されます。そこで、For Each Nextステートメントを使用して、すべてのモジュールに対して処理を行い、Nameプロパティでモジュール名を取得します。

▼実行結果

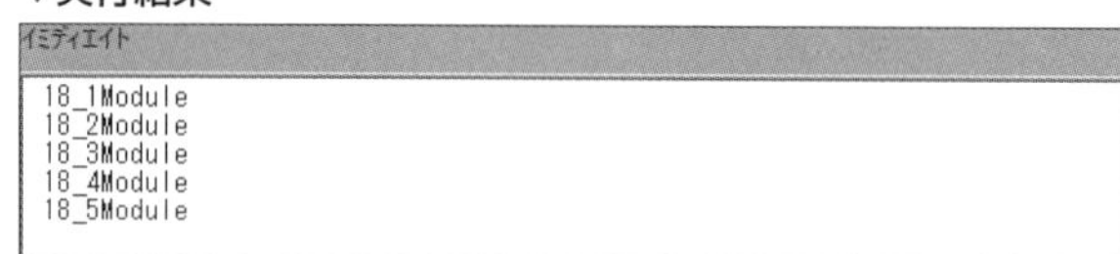

すべてのモジュール名が表示された

Tips 532

データベースを共有モードで開く

▶関連Tips 268

使用機能・命令　OpenDatabaseメソッド（→Tips268）

サンプルファイル名　gokui18.accdb/18_3Module

▼「gokui18_2.accdb」データベースを共有モードで開く

```
Private Sub Sample532()
    Dim db As DAO.Database         'データベースへの参照を代入する変数を宣言する
    Dim vPath As String        'ファイルのパスを代入する変数を宣言する

    On Error GoTo ErrHdl          'エラー処理を開始する
    '対象のファイルを指定する
    vPath = CurrentProject.Path & "¥gokui18_2.accdb"

    '対象のデータベースファイルを共有モードで開く
    Set db = Workspaces(0).OpenDatabase(vPath, False, False)
    MsgBox vPath & "を共有モードで参照しました"        'メッセージを表示する
    Exit Sub          '処理を終了する

ErrHdl:       'エラー処理ルーチン
    If Err.Number = 3024 Then     'エラー番号を確認する
        MsgBox "データベースが存在しません"        'メッセージを表示する
    End If
End Sub
```

解説

データベースは、OpenDatabaseメソッド（→Tips268）を使用して、共有モードで開くことができます。

OpenDatabaseメソッドは、Workspaceオブジェクト内で指定されたデータベースを開き、そのデータベースを表すDatabaseオブジェクトへの参照を返します。

OpenDatabaseメソッドは、1番目の引数に対象ファイルへのパスを、2番目の引数にオプションを指定します。オプションは、Trueを指定するとデータベースを排他モードで開きます。Falseを指定すると、データベースを共有モードで開きます。3番目の引数は、Trueを指定すると読み取り専用になります。

なお、別のユーザーによって排他的に開かれているデータベースを指定すると、エラーになります。

ここでは、エラー処理も合わせて行っています。対象のデータベースが存在しない場合、「3024」番のエラーが発生するので、Ifステートメントを利用して、このエラーが発生した時にはメッセージを表示するようにしています。

Tips 533

データベースを排他モードで開く

▶関連Tips 268

使用機能・命令 **OpenDatabaseメソッド**（→Tips268）

サンプルファイル名 gokui18.accdb/18_3Module

▼「gokui18_2.accdb」データベースを排他モードで開く

```
Private Sub Sample533()
    Dim db As DAO.Database        'データベースへの参照を代入する変数を宣言する
    Dim vPath As String      'ファイルのパスを代入する変数を宣言する

    On Error GoTo ErrHdl          'エラー処理を開始する
    '対象のファイルを指定する
    vPath = CurrentProject.Path & "¥gokui18_2.accdb"

    '対象のデータベースファイルを排他モードで開く
    Set db = Workspaces(0).OpenDatabase(vPath, True, False)
    MsgBox vPath & "を排他モードで参照しました"        'メッセージを表示する

    db.Close          'データベースを閉じる
    Exit Sub          '処理を終了する

ErrHdl:       'エラー処理ルーチン
    If Err.Number = 3024 Then    'エラー番号を確認する
        MsgBox "データベースが存在しません"        'メッセージを表示する
    End If
End Sub
```

解説

データベースは、OpenDatabaseメソッドを使用して共有モードで開くことができます。

OpenDatabaseメソッドは、Workspaceオブジェクト内で指定されたデータベースを開き、そのデータベースを表すDatabaseオブジェクトへの参照を返します。

OpenDatabaseメソッドは、1番目の引数に対象ファイルへのパスを、2番目の引数にオプションを指定します。オプションは、Trueを指定すると、データベースを排他モードで開きます。Falseを指定すると、データベースを共有モードで開きます。3番目の引数は、Trueを指定すると読み取り専用になります。

なお、別のユーザーによって排他的に開かれているデータベースを指定すると、エラーになります。

ここでは、エラー処理も合わせて行っています。対象のデータベースが存在しない場合、「3024」番のエラーが発生するので、Ifステートメントを利用して、このエラーが発生した時にはメッセージを表示するようにしています。

Tips 534

データベースを読み取り専用モードで開く

▶関連Tips 268

使用機能・命令　**OpenDatabaseメソッド**（→Tips268）

サンプルファイル名　gokui18.accdb/18_3Module

▼「gokui18_2.accdb」データベースを読み取り専用で開く

```
Private Sub Sample534()
    Dim db As DAO.Database          'データベースへの参照を代入する変数を宣言する
    Dim vPath As String         'ファイルのパスを代入する変数を宣言する

    On Error GoTo ErrHdl            'エラー処理を開始する
    '対象のファイルを指定する
    vPath = CurrentProject.Path & "¥gokui18_2.accdb"

    '対象のデータベースファイルを読み取り専用モードで開く
    Set db = Workspaces(0).OpenDatabase(vPath, False, True)
    MsgBox vPath & "を読み取り専用モードで参照しました"     'メッセージを表示する

    db.Close            'データベースを閉じる
    Exit Sub            '処理を終了する

ErrHdl:        'エラー処理ルーチン
    If Err.Number = 3024 Then     'エラー番号を確認する
        MsgBox "データベースが存在しません"        'メッセージを表示する
    End If
End Sub
```

❖ 解説

データベースは、OpenDatabaseメソッドを使用して、共有モードで開くことができます。

OpenDatabaseメソッドは、Workspaceオブジェクト内で指定されたデータベースを開き、そのデータベースを表すDatabaseオブジェクトへの参照を返します。

OpenDatabaseメソッドは、1番目の引数に対象ファイルへのパスを、2番目の引数にオプションを指定します。オプションは、Trueを指定すると、データベースを排他モードで開きます。Falseを指定すると、データベースを共有モードで開きます。3番目の引数は、Trueを指定すると読み取り専用になります。なお、**別のユーザーによって排他的に開かれているデータベースを指定すると、エラーになります。**

ここでは、エラー処理も合わせて行っています。対象のデータベースが存在しない場合、「3024」番のエラーが発生するので、Ifステートメントを利用して、このエラーが発生した時にはメッセージを表示するようにしています。

Tips 535 レコードセットをロックする

▶関連Tips 255

使用機能・命令 **OpenRecordsetメソッド**(→Tips255)

サンプルファイル名 gokui18.accdb/18_3Module

▼「Q_Master」クエリのレコードセットをロックして取得する

```
Private Sub Sample535()
    Dim db As DAO.Database          'データベースへの参照を代入する変数を宣言する
    Dim rs As DAO.Recordset         'レコードセットへの参照を代入する変数を宣言する

    Set db = CurrentDb          'カレントデータベースに接続する

    '「Q_Master」クエリをロックする
    Set rs = db.OpenRecordset("Q_Master", dbOpenDynaset, dbDenyWrite)

    '1番目のフィールド名を表示する
    Debug.Print rs.Fields(1).Name

    rs.Close            'レコードセットを閉じる
    db.Close            'データベースを閉じる
End Sub
```

解説

DAOでレコードセットを開く時に、他のユーザーが変更や追加できないように設定するには、OpenRecordsetメソッドの3番目の引数に「dbDenyWrite」を使用します。OpenRecordsetメソッドに指定する値については、詳しくはTips255を参照してください。

ここでは、「Q_Master」クエリをロックして開き、1番目のフィールド名をイミディエイトウィンドウに表示しています。

▼実行結果

イミディエイト
氏名

フィールド名が表示された

Tips 536

共有的ページロックを設定する

▶関連Tips 520

使用機能・命令　**LockEditsプロパティ**

サンプルファイル名　gokui18.accdb/18_3Module

▼「T_Sample536」テーブルを共有的ページロックで編集する

```
Private Sub Sample536()
    Dim db As DAO.Database        'データベースへの参照を代入する変数を宣言する
    Dim rs As DAO.Recordset       'レコードセットへの参照を代入する変数を宣言する
    Set db = CurrentDb            'カレントデータベースに接続する
    '「T_Sample536」テーブルのレコードセットを取得する
    Set rs = db.OpenRecordset("T_Sample536", dbOpenDynaset)
    rs.LockEdits = False          '共有的ロックを設定する
    rs.AddNew                     'レコードを追加する
    rs!商品コード = "C001"
    rs!商品名 = "外付けハードディスク"
    rs!単価 = 12000
    rs.Update                     'レコードセットを更新する
    rs.Close            'レコードセットを閉じる
    db.Close            'データベースを閉じる
End Sub
```

解説

レコードセットに共有的ロックを有効にするには、LockEditsプロパティにFalseを指定します。Falseを指定すると、Updateメソッドが実行されるまで、レコードが含まれたページはロックされません。LockEditsプロパティにTrueを指定すると、排他的ロックが有効になります。Editメソッドを呼び出した直後に、編集中のレコードが含まれるページがロックされます。Trueが既定値です。

LockEditsプロパティにFalseを指定した場合、別のユーザーがページをロックしている時にUpdateメソッドを実行すると、エラーが発生します。このサンプルでは、「T_Sample536」テーブルのレコードセットを取得後に共有的ロックを設定し、レコードを追加しています。

• LockEditsプロパティの構文

object.LockEdits

LockEditsプロパティは、objectにRecordsetオブジェクトを指定し、編集時のロック状態を示す値を設定または取得します。

True（既定値）は、排他的ロックが有効になります。Editメソッドを呼び出した直後に、編集中のレコードが含まれているページがロックされます。Falseは、編集に対して共有的ロックが有効になります。Updateメソッドが実行されるまで、レコードが含まれたページはロックされません。

VBAを使用して VBEを起動する

▶関連Tips 575

使用機能・命令 Visibleプロパティ

サンプルファイル名 gokui18.accdb/F_537

▼「F_537」フォームの「実行」ボタンをクリックしてVBEを起動する

```
'コマンドボタンがクリックされたときに処理を行う
Private Sub cmdSample_Click()
    'VBEを開く
    Application.VBE.MainWindow.Visible = True
End Sub
```

❖ 解説

VBEのメインウィンドウは、VBEオブジェクトのMainWindowプロパティで取得します。Visibleプロパティの対象に指定することで、VBEを起動することができます。表示する場合は、Trueを指定します。

ここでは、「F_537」フォームにある「実行」ボタンをクリックするとVBEが起動し、画面がVBEに切り替わります。

▼実行結果

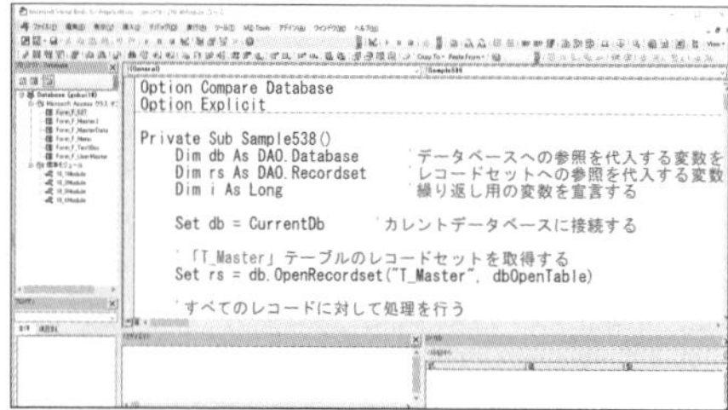

VBEが開いた

• Visibleプロパティの構文

object.Visible

Visibleプロパティは、objectにVBEオブジェクトのMainWindowオブジェクトを指定し、Trueを指定するVBEのウィンドウを表示します。

Tips 538

OSに制御を返す

関連Tips 308 309

使用機能・命令 **DoEvents関数**

サンプルファイル名 gokui18.accdb/18_4Module

▼時間のかかる処理で、定期的にOSに制御を返す

```
Private Sub Sample538()
    Dim db As DAO.Database          'データベースへの参照を代入する変数を宣言する
    Dim rs As DAO.Recordset         'レコードセットへの参照を代入する変数を宣言する
    Dim i As Long                   '繰り返し用の変数を宣言する

    Set db = CurrentDb        'カレントデータベースに接続する
    '「T_Master」テーブルのレコードセットを取得する
    Set rs = db.OpenRecordset("T_Master", dbOpenTable)
    'すべてのレコードに対して処理を行う
    For i = 1 To rs.RecordCount
        Debug.Print rs.Fields(1).Value  '「氏名」フィールドの値を表示する
        rs.MoveNext
        If i Mod 10 = 0 Then '繰り返しの回数を10で除算したあまりをチェックする
            DoEvents            'osに制御を返す
        End If
    Next
    rs.Close          'レコードセットを閉じる
    db.Close          'データベースを閉じる
End Sub
```

解説

DoEvents関数は、OSに制御を返すことで、他の処理などの実行を割りこませることができます。時間がかかる処理を行う場合、Accessがフリーズしてしまったかのようになってしまうことがあります。定期的にOSに制御を返すことで、これを防ぎます。ここでは、取得したレコードセットすべてに対して処理を行っています。この時、繰り返し処理の10回ごとに、DoEvents関数を使用してOSに制御を返しています。

定期的にDoEventsを使用すると言っても、繰り返し処理のたびに行うほどではないという場合には、このような方法が有効です。なお、Mod演算子（→Tips056）は、左側の値を右側の値で除算した余り（剰余）を求める演算子です。対象のレコードがたくさんあるため処理に時間がかかる場合、処理中に何かしらトラブルが起きる可能性はどうしても高くなります。特に、レコードを編集したりする場合には、途中でトラブルが発生しては困ります。そのような場合には、トランザクション処理を使用します。トランザクション処理については、Tips308、Tips309を参照してください。

バッチ更新を実行する

▶関連Tips 520

使用機能・命令 **UpdateBatchメソッド**

サンプルファイル名 gokui18.accdb/18_4Module

▼「T_Sample539」テーブルの「備考」フィールドをバッチ更新で処理する

```
Private Sub Sample539()
    'データベースへのコネクションを代入する変数を宣言する
    Dim cn As ADODB.Connection
    'レコードセットへの参照を代入する変数を宣言する
    Dim rs As ADODB.Recordset

    '現在のプロジェクトへのコネクションを取得する
    Set cn = CurrentProject.Connection
    'レコードセットを新たに作成する
    Set rs = New ADODB.Recordset
    'レコードセットのカーソルサービスをクライアントに設定する
    rs.CursorLocation = adUseClient
    'レコードセットのロックタイプをバッチタイプにする
    rs.LockType = adLockBatchOptimistic
    '「T_Sample539」テーブルのレコードセットを取得する
    rs.Open "T_Sample539", cn, adOpenForwardOnly, , adCmdTable
    'すべての「備考」フィールドの値を更新する
    Do Until rs.EOF
        rs.Fields("備考") = "処理済"
        rs.MoveNext
    Loop
    rs.UpdateBatch          'バッチ更新する
    MsgBox "バッチ処理完了"      'メッセージを表示する

    rs.Close           'レコードセットを閉じる
    cn.Close           'コネクションを閉じる
End Sub
```

❖ 解説

レコードセットは、UpdateBatchメソッドを使用してバッチ更新することができます。UpdateBatchメソッドは、保留中の更新をすべて書き込みます。このとき、レコードセットのロックタイプを「adLockBatchOptimistic」に指定して、バッチ更新モードにします。

ここでは、「T_Sample539」テーブルの「備考」フィールドに「処理済」と入力します。この処理を、バッチ処理で行います。

バッチ処理とは、コンピュータ用語で「コンピュータでプログラムを処理目的ごとに区切り、この区切り毎に順次実行していく処理」のことを言います。ここでは、テーブルのレコードを更新する処理を1つのまとまりとして扱っているので、バッチ処理になります。

▼実行結果

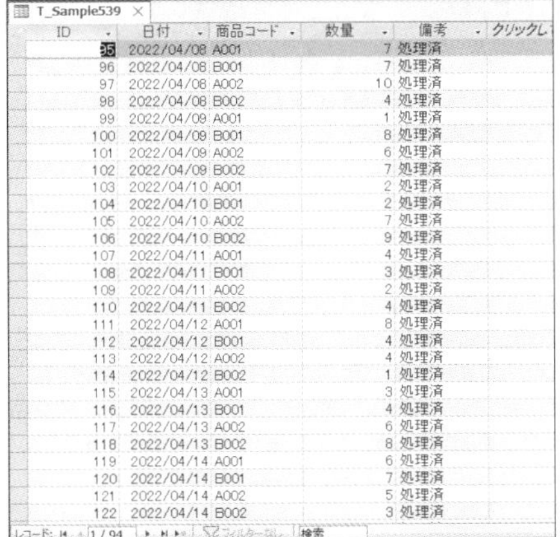

T_Sample539

ID	日付	商品コード	数量	備考	クリックし
95	2022/04/08	A001	7	処理済	
96	2022/04/08	B001	7	処理済	
97	2022/04/08	A002	10	処理済	
98	2022/04/08	B002	4	処理済	
99	2022/04/09	A001	1	処理済	
100	2022/04/09	B001	8	処理済	
101	2022/04/09	A002	6	処理済	
102	2022/04/09	B002	7	処理済	
103	2022/04/10	A001	2	処理済	
104	2022/04/10	B001	2	処理済	
105	2022/04/10	A002	7	処理済	
106	2022/04/10	B002	9	処理済	
107	2022/04/11	A001	4	処理済	
108	2022/04/11	B001	3	処理済	
109	2022/04/11	A002	2	処理済	
110	2022/04/11	B002	4	処理済	
111	2022/04/12	A001	8	処理済	
112	2022/04/12	B001	4	処理済	
113	2022/04/12	A002	4	処理済	
114	2022/04/12	B002	1	処理済	
115	2022/04/13	A001	3	処理済	
116	2022/04/13	B001	4	処理済	
117	2022/04/13	A002	6	処理済	
118	2022/04/13	B002	8	処理済	
119	2022/04/14	A001	6	処理済	
120	2022/04/14	B001	7	処理済	
121	2022/04/14	A002	5	処理済	
122	2022/04/14	B002	3	処理済	

レコード: 1/94　フィルターなし　検索

すべてのレコードに「処理済」と入力された

・UpdateBatchメソッドの構文

object.UpdateBatch AffectRecords

UpdateBatchメソッドは、objectにRecordsetオブジェクトを指定し、保留中の一括更新をすべてディスクに書き込みます。

引数AffectRecordsは、UpdateBatchメソッドで処理するレコードの数を示すAffectEnum値を指定します。

Tips **540**

ナビゲーションウィンドウのオブジェクトをロックする

▶関連Tips 537

使用機能・命令 **LockNavigationPaneメソッド**

サンプルファイル名 gokui18.accdb/18_4Module

▼ナビゲーションウィンドウのロックを設定/解除する

```
Private Sub Sample540()
    'ナビゲーションウィンドウにロックを設定する
    DoCmd.LockNavigationPane True
End Sub

Private Sub Sample540_2()
    'ナビゲーションウィンドウのロックを解除する
    DoCmd.LockNavigationPane False
End Sub
```

❖ 解説

ナビゲーションウィンドウは、LockNavigationPaneメソッドにFalseを使用して、ロックすることができます。LockNavigationPaneメソッドにFalseを指定すると、ナビゲーションウィンドウでデータベースオブジェクトをユーザーが削除することができなくなります。

ただし、次の操作は実行できます。

- **データベースオブジェクトをクリップボードにコピーする**
- **クリップボードからデータベースオブジェクトを貼り付ける**
- **ナビゲーションウィンドウの表示と非表示を切り替える**
- **ナビゲーションウィンドウのレイアウトを変更する**
- **ナビゲーションウィンドウのセクションの表示と非表示を切り替える**

•LockNavigationPaneメソッドの構文

object.LockNavigationPane

LockNavigationPaneメソッドは、objectにDoCmdオブジェクトを指定し、ナビゲーションウィンドウのロックを指定します。Trueを指定するとロックがかかり、Falseを指定するとロックが解除されます。

フォルダを指定してエクスプローラを表示する

▶関連Tips 458

使用機能・命令 **Shellオブジェクト**（→Tips458）

サンプルファイル名 gokui18.accdb/18_4Module

▼カレントデータベースのあるフォルダを開く

```
Private Sub Sample541()
    Dim sh As Object        'Shellオブジェクトへの参照を代入する変数を宣言する

    'Shellオブジェクトを作成する
    Set sh = CreateObject("Shell.Application")
    'カレントデータベースのあるフォルダを開く
    sh.Explore CurrentProject.Path
End Sub
```

解説

フォルダを指定してエクスプローラを表示するには、Shellオブジェクトを使用します。

CreateObject関数に「Shell.Application」を指定すると、Shellオブジェクトを作成することができます。ShellオブジェクトのExploreメソッドは、指定したパスのフォルダを開きます。

なお、Exploreメソッドには、値を指定することで特殊フォルダを開くことができます。

指定できる主な値は、次のようになります。

◇ 特殊なフォルダを表す値

説明	値
デスクトップ	0
コントロールパネル	3
プリンタ	4
個人フォルダ	5
お気に入り	6
最近使った項目	8
送る	9
スタートメニュー	11
ネットワーク	18
ウィンドウズ	36
Program Files (x86)	38
マイピクチャ	39

▼実行結果

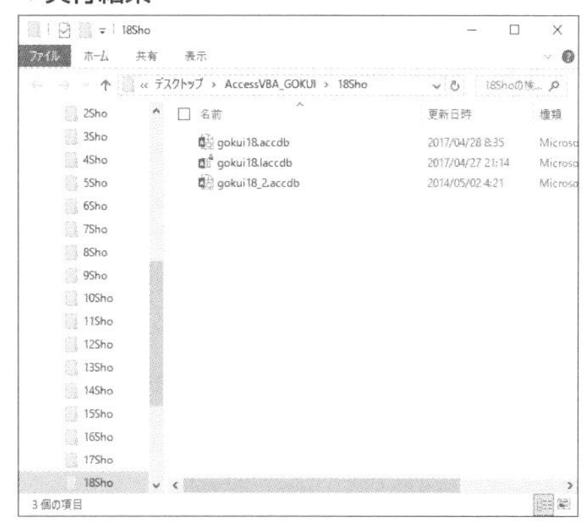

カレントデータベースのフォルダが開いた

Tips 542

「ファイルを開く」ダイアログボックスを表示する

▶関連Tips 543

使用機能・命令 **FileDialogオブジェクト**

サンプルファイル名 gokui18.accdb/18_4Module

▼「ファイルを開く」ダイアログボックスを表示して、選択されたファイル名を表示する

```
Private Sub Sample542()
    Dim fDialog As Object    'FileDialogオブジェクトへの参照を代入する変数を宣言する
     '「ファイルを開く」ダイアログボックスを作成する
    Set fDialog = Application.FileDialog(1)
    fDialog.Show                         'ダイアログボックスを表示する
     'ダイアログボックスで選択された項目があるか確認する
    If fDialog.SelectedItems.Count > 0 Then
        MsgBox fDialog.SelectedItems(1)       '選択されたファイル名を表示する
    End If
End Sub
```

❖ 解説

ファイルを参照する「ファイルを開く」ダイアログボックスは、FileDialogオブジェクトを使用して表示することができます。ダイアログボックスは複数のファイルを選択することができ、選択されたファイルはSelectedItemsコレクションに格納されます。そこで、SelectedItemsコレクションのCountプロパティでファイルが選択されているか判定します。選択されているファイルは、SelectedItemsプロパティのインデックス番号で参照することができます。

ここでは1番目のファイルを取得して、そのファイルのパスをメッセージボックスに表示しています。

◈ FileDialogオブジェクトの引数に指定できるMsoFileDialogType列挙型の値

定数	値	説明
msoFileDialogFilePicker	3	[参照] ダイアログボックス
msoFileDialogFolderPicker	4	[フォルダの選択] ダイアログボックス
msoFileDialogOpen	1	[開く] ダイアログ ボックス
msoFileDialogSaveAs	2	[名前を付けて保存] ダイアログ ボックス

なお、msoFileDialogOpenおよびmsoFileDialogSaveAsは、Accessファイルに対して使用することはできません。

• FileDialogオブジェクトの構文

FileDialog(dialogType)

FileDialogオブジェクトは、ファイルダイアログボックスを取得します。引数dialogTypeには、ダイアログボックスの種類を示す値を指定します。詳しくは、「解説」を参照してください。

Tips 543 フォルダの「参照」ダイアログボックスを表示する

▶関連Tips 542

使用機能・命令 FileDialogオブジェクト（→Tips542）

サンプルファイル名 gokui18.accdb/18_4Module

▼「参照」ダイアログボックスを表示して、選択されたフォルダ名を表示する

```
Private Sub Sample543()
    Dim fDialog As Object    'FileDialogオブジェクトへの参照を代入する変数を宣言する

    'フォルダの「参照」ダイアログボックスを作成する
    Set fDialog = Application.FileDialog(4)
    fDialog.Show                        'ダイアログボックスを表示する

    'ダイアログボックスで選択された項目があるか確認する
    If fDialog.SelectedItems.Count > 0 Then
        MsgBox fDialog.SelectedItems(1)      '選択されたフォルダ名を表示する
    End If
End Sub
```

❖ 解説

フォルダを参照する「参照」ダイアログボックスは、FileDialogオブジェクト（→Tips542）を使用して表示することができます。FileDialogオブジェクトは、FileDialogプロパティで取得します。引数に「4」を指定すると、フォルダの「参照」ダイアログボックスを取得します。

また、ダイアログボックスでは、複数のフォルダを選択することができます。選択されたフォルダは、SelectedItemsコレクションに格納されます。そこで、SelectedItemsコレクションのCountプロパティの値が0よりも大きければ、フォルダが選択されていると判断することができます。また、選択されているフォルダは、SelectedItemsプロパティのインデックス番号で参照することができます。

ここでは、フォルダが選択された場合に、選択されているフォルダの1番目のフォルダを取得して、そのフォルダのパスをメッセージボックスに表示しています。

▼実行結果

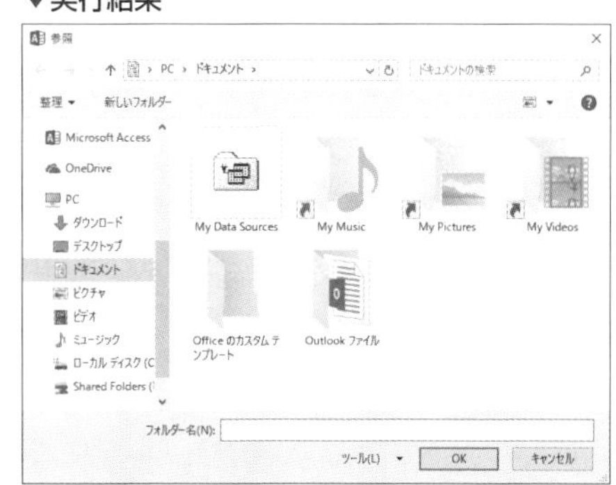

「参照」ダイアログボックスが表示された

ファイルの「参照」ダイアログボックスを表示する

▶関連Tips 542

使用機能・命令 FileDialogオブジェクト（→Tips542）

サンプルファイル名 gokui18.accdb/18_4Module

▼ファイルの「参照」ダイアログボックスを表示して、選択されたファイル名を表示する

```
Private Sub Sample544()
    Dim fDialog As Object    'FileDialogオブジェクトへの参照を代入する変数を宣言する

    'ファイルの「参照」ダイアログボックスを作成する
    Set fDialog = Application.FileDialog(3)
    fDialog.Show                        'ダイアログボックスを表示する

    'ダイアログボックスで選択された項目があるか確認する
    If fDialog.SelectedItems.Count > 0 Then
        MsgBox fDialog.SelectedItems(1)    '選択されたファイル名を表示する
    End If
End Sub
```

❖ 解説

ファイルを参照する「参照」ダイアログボックスは、FileDialogオブジェクト（→Tips542）を使用して表示することができます。FileDialogオブジェクトは、FileDialogプロパティで取得します。引数に「3」を指定すると、「参照」ダイアログボックスを取得します。

また、ダイアログボックスでは、複数のファイルを選択することができます。選択されたファイルは、SelectedItemsコレクションに格納されます。そこで、SelectedItemsコレクションのCountプロパティの値が0よりも大きければ、ファイルが選択されていると判断することができます。また、選択されているファイルは、SelectedItemsプロパティのインデックス番号で参照することができます。

ここでは、ファイルが選択された場合に、選択されているファイルの1番目のファイルを取得して、そのファイル名をメッセージボックスに表示しています。

▼実行結果

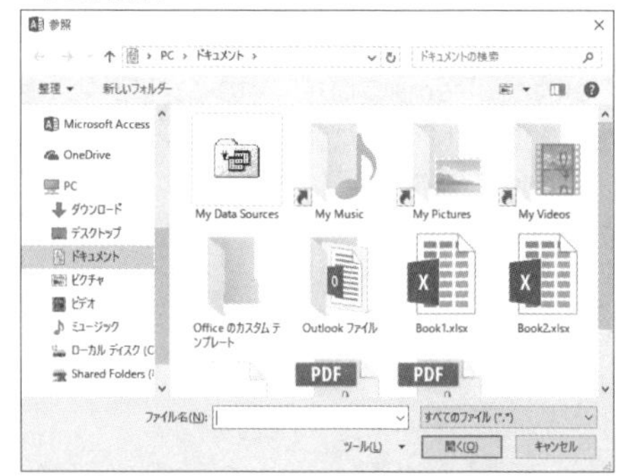

ファイルの「参照」ダイアログボックスが表示された

Tips 545

「名前を付けて保存」ダイアログボックスを表示する

▶関連Tips 542

使用機能・命令　**FileDialogオブジェクト**（→Tips542）

サンプルファイル名　gokui18.accdb/18_4Module

▼「名前を付けて保存」ダイアログボックスを表示して、指定されたファイル名を表示する

```
Private Sub Sample545()
    Dim fDialog As Object   'FileDialogオブジェクトへの参照を代入する変数を宣言する

    '「名前を付けて保存」ダイアログボックスを作成する
    Set fDialog = Application.FileDialog(2)
    fDialog.Show                    'ダイアログボックスを表示する

    'ダイアログボックスで選択された項目があるか確認する
    If fDialog.SelectedItems.Count > 0 Then
        MsgBox fDialog.SelectedItems(1)     '選択されたファイル名を表示する
    End If
End Sub
```

❖ 解説

「名前を付けて保存」ダイアログボックスは、FileDialogオブジェクト（→Tips542）を使用して表示することができます。FileDialogオブジェクトは、FileDialogプロパティで取得します。引数に「2」を指定すると、「名前を付けて保存」ダイアログボックスを取得します。

また、ダイアログボックスでは、保存するファイルを指定することができます。指定されたファイル名は、SelectedItemsコレクションに格納されます。そこで、SelectedItemsコレクションのCountプロパティの値が0よりも大きければ、ファイル名が指定されていると判断することができます。また、指定されたファイル名は、SelectedItemsプロパティのインデックス番号で参照することができます。

ここでは、ファイル名が指定された場合に、指定されているファイル名を取得して、メッセージボックスに表示しています。

▼実行結果

「名前を付けて保存」ダイアログボックスが表示された

Tips 546

セキュリティモードを設定する

▶関連Tips 442

使用機能・命令 **AutomationSecurityプロパティ**

サンプルファイル名 gokui18.accdb/18_4Module

▼セキュリティレベルを変更して、他のデータベースからテーブルをインポートする

```
Private Sub Sample546()
    Dim vSecurity As Integer  '現在のセキュリティレベルを代入する変数を宣言する

    '現在のセキュリティレベルを保存する
    vSecurity = Application.AutomationSecurity
    'セキュリティレベルを下げる
    Application.AutomationSecurity = 1
    '「gokui18_2.accdb」ファイルの「T_Order」テーブルから
    '「T_Order2」テーブルにインポートする
    DoCmd.TransferDatabase acImport, "Microsoft Access" _
        , CurrentProject.Path & "¥gokui18_2.accdb", acTable _
            , "T_Order", "T_Order2"
    '現在のセキュリティレベルを戻す
    Application.AutomationSecurity = vSecurity
End Sub
```

❖ 解説

セキュリティモードは、AutomationSecurityプロパティを使用して変更することができます。すべてのマクロを有効にするには、「1」を指定します。

ここでは、セキュリティレベルを一時的に下げてから、他のデータベースファイルからテーブルをインポートします。こうすることで、セキュリティの警告メッセージを非表示にして、テーブルをインポートすることができます。

ここでは、TransferDatabaseメソッド（→Tips442）を使用して、「gokui18_2.accdb」データベースの「T_Order」テーブルと「T_Order2」テーブルをインポートしています。

あくまでも一時的な処理なため、まず、現在のセキュリティレベルを変数に代入し、処理が終了したあと、その値にセキュリティレベルを戻しています。

このように、一時的にアプリケーションの設定を変更する場合は、一旦変数に元の設定を代入し、変更後元の値に戻すという方法を取ります。変数に元の値を取らずに、初期値（既定値）に戻すコードを見かけますが、必ずしも初期値（既定値）が設定されているとは限らないので、この方法を取るようにしてください。

なお、AutomationSecurityプロパティに指定する値は、次のようになります。

◈ AutomationSecurityプロパティに指定するMsoAutomationSecurity列挙型の値

定数	値	説明
msoAutomationSecurityByUI	2	［セキュリティ］ダイアログ ボックスで指定されたセキュリティ設定値
msoAutomationSecurityForceDisable	3	プログラムで開いているすべてのファイルのすべてのマクロを無効にする。セキュリティの警告は表示されない
msoAutomationSecurityLow	1	すべてのマクロを有効にする。アプリケーションが起動されたときの既定値

▼セキュリティの警告のメッセージ

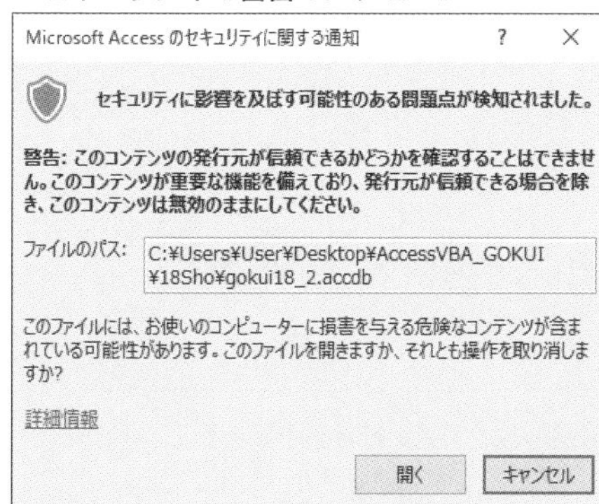

通常はこのメッセージが表示される

▼実行結果

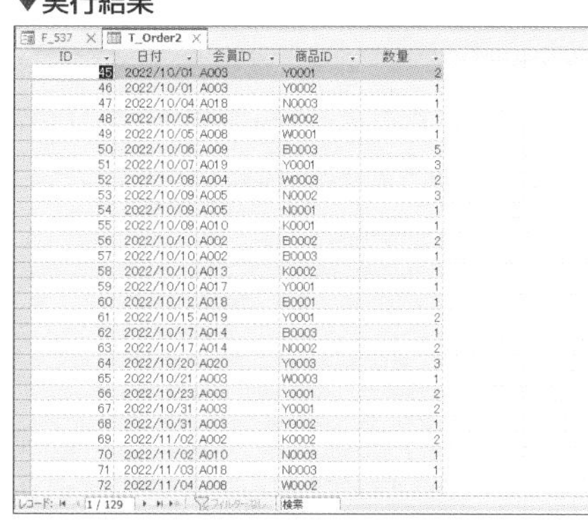

ID	日付	会員ID	商品ID	数量
45	2022/10/01	A003	Y0001	2
46	2022/10/01	A003	Y0002	1
47	2022/10/04	A018	N0003	1
48	2022/10/05	A008	W0002	1
49	2022/10/05	A008	W0001	1
50	2022/10/06	A009	B0003	5
51	2022/10/07	A019	Y0001	3
52	2022/10/08	A004	W0003	2
53	2022/10/09	A005	N0002	3
54	2022/10/09	A005	N0001	1
55	2022/10/09	A010	K0001	1
56	2022/10/10	A002	B0002	2
57	2022/10/10	A002	B0003	1
58	2022/10/10	A013	K0002	1
59	2022/10/10	A017	Y0001	1
60	2022/10/12	A018	B0001	1
61	2022/10/15	A019	Y0001	2
62	2022/10/17	A014	B0003	1
63	2022/10/17	A014	N0002	2
64	2022/10/20	A020	Y0003	3
65	2022/10/21	A003	W0003	1
66	2022/10/23	A003	Y0001	2
67	2022/10/31	A003	Y0001	2
68	2022/10/31	A003	Y0002	1
69	2022/11/02	A002	K0002	2
70	2022/11/02	A010	N0003	1
71	2022/11/03	A018	N0003	1
72	2022/11/04	A008	W0002	1

警告のメッセージが表示されずにインポートされた

• AutomationSecurityプロパティの構文

object.AutomationSecurity

AutomationSecurityプロパティは、objectにApplicationオブジェクトを指定し、プログラムによってファイルを開くときに使用するセキュリティモードを表す値を取得または設定します。指定できる値については、「解説」を参照してください。

Tips **547**

ユーザーパスワードを設定する

▶関連Tips 546

使用機能・命令 **NewPasswordメソッド**

サンプルファイル名 gokui18.accdb/18_4Module

▼データベースにパスワードを設定／解除する

```
Private Sub Sample547()
    'パスワード「access」を設定する
    DBEngine.Workspaces(0).Users("admin").NewPassword "", "access"
End Sub

Private Sub Sample547_2()
    '設定されているパスワードを解除する
    DBEngine.Workspaces(0).Users("admin").NewPassword "access", ""
End Sub
```

❖ 解説

データベースのパスワードを設定するには、NewPasswordメソッドを使用します。

NewPasswordメソッドは、1番目の引数に以前のパスワードを、2番目の引数に新しいパスワードを指定します。ここでは、「admin」ユーザーに「access」というパスワードを設定しています。

動作を確認するには、プロシージャを実行後、このデータベースファイルを開き直します。データベースを開くときに、「ログイン」ダイアログボックスが表示されるようになります。

また、2つ目のサンプルはパスワードを解除します。パスワードを解除するには、NewPasswordメソッドの1番目の引数に現在のパスワードを、2番目の引数に「""」を指定します。

▼実行結果

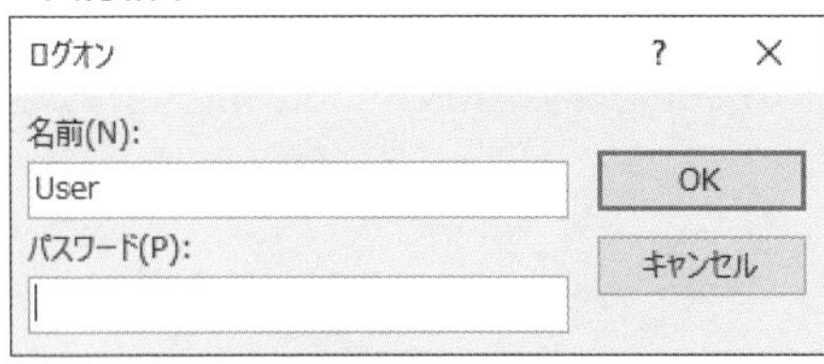

ファイルを開く時に「ログオン」画面が表示されるようになる

• NewPasswordメソッドの構文

object.NewPassword(bstrOld, bstrNew)

NewPasswordメソッドは、objectにデータベースオブジェクトを指定しパスワードを設定・解除します。引数bstrOldに現在のパスワードを指定し、引数bstrNewに新しいパスワードを設定します。パスワードを解除するには、引数bstrNewに「""」を指定します。

Tips 548

リボンの表示・非表示を切り替える

▶関連Tips 549

使用機能・命令 **ShowToolbarメソッド**

サンプルファイル名 gokui18.accdb/18_4Module

▼リボンを表示/非表示/最小化にする

```
Private Sub Sample548()
    'リボンを非表示にする
    DoCmd.ShowToolbar "ribbon", acToolbarNo
End Sub

Private Sub Sample548_2()
    'リボンを表示する
    DoCmd.ShowToolbar "ribbon", acToolbarYes
End Sub

Private Sub Sample548_3()
    'リボンを最小化・元に戻す
    Application.CommandBars.ExecuteMso "MinimizeRibbon"
End Sub
```

❖ 解説

リボンの表示・非表示を切り替えるには、DoCmdオブジェクトのShowToolbarメソッドを使用します。ShowToolbarメソッドの1番目の引数に「ribbon」を指定し、2番目の引数に「acToolbarNo」を指定すると、リボンを非表示にします。逆に、リボンを表示するには「acToolBarYes」を指定します。

また、3つ目のサンプルでは、リボンを非表示にするのではなく、最小化して隠します。リボンを最小化するには、ExecuteMsoメソッドを使用し、引数に「MinimizeRibbon」を指定します。なお、リボンが最小化されている状態で、再びこのサンプルを実行すると、リボンの最小化が解かれて元に戻ります。

• ShowToolbarメソッドの構文

object.ShowToolbar(ToolbarName, Show)

ShowToolbarメソッドは、objectにDoCmd オブジェクトを指定し、ツールバーの表示・非表示を設定します。引数ToolbarNameに、ツールバーの名前を指定します。リボンの場合は、「ribbon」を指定します。引数Showは、ツールバーを表示するかどうかを指定します。acToolbarNo (2) は、ツールバーを表示しません。acToolbarWhereApprop (1) は、適切なビューでツールバーを表示します。acToolbarYes (0) は、ツールバーを表示します。

起動時にアプリケーションタイトルを設定する

▶関連Tips 546

使用機能・命令 **AppTitleプロパティ**

サンプルファイル名 gokui18.accdb/18_4Module

▼タイトルバーに「VBAの極意Sample」と表示する

```
Private Sub Sample549()
    Dim db As DAO.Database          'データベースへの参照を代入する変数を宣言する
    Dim vProp As String             'プロパティ用の変数を宣言する
    Dim vTitle As String            'タイトル用の変数を宣言する
    Dim vProperty As Property       'プロパティへの参照を代入する変数を宣言する
    On Error GoTo ErrHdl            'エラー処理を開始する
    vProp = "AppTitle"              '指定するプロパティを変数に代入する
    vTitle = "VBAの極意Sample"     'タイトルを指定する
    Set db = CurrentDb          'カレントデータベースを開く
    db.Properties(vProp) = vTitle   'タイトルを設定する
    Application.RefreshTitleBar     'タイトルバーを更新する
    db.Close        'データベースを閉じる
    Exit Sub        '処理を終了する
ErrHdl:     'エラー処理ルーチン
    If Err.Number = 3270 Then   'エラーが発生したか評価する
        'スタートアッププロパティを作成する
        Set vProperty = db.CreateProperty(vProp, dbText, vTitle)
        db.Properties.Append vProperty  'プロパティを追加する
        Resume Next     '処理を継続する
    End If
End Sub
```

❖ 解説

アプリケーションタイトルを設定するには、スタートアッププロパティのAppTitleプロパティを指定します。AppTitleプロパティは、Propertiesコレクションで取得し、タイトルバーに表示するテキストを指定することができます。また、RefreshTitleBarメソッドを実行すると、Accessのタイトルバーを更新します。

なお、スタートアッププロパティは、MicrosoftAccessによって定義されているため、スタートアッププロパティが設定されていない場合はエラーが発生します。そこでこのサンプルでは、エラーが発生した場合には、CreatePropertyメソッドを使用してスタートアッププロパティを作成し、Appendメソッドでプロパティをデータベースに追加しています。

VBAを応用する極意

起動時にリンクテーブルを作成する

▶関連Tips 551

使用機能・命令 **Connectプロパティ/RefreshLinkメソッド**

サンプルファイル名 gokui19.accdb/19_1Module

▼gouki19.accdbデータベースのリンクテーブルを更新する

```
Private Sub Sample550()
    Dim db As DAO.Database  'Databaseオブジェクトへの参照を代入する変数
    Dim tdf As DAO.TableDef  'テーブルへの参照を代入する変数
    Dim vPath As String  'リンクテーブルのあるデータベースのパスを代入する変数
    'リンク先のテーブルがあるデータベースのパスを指定する
    vPath = CurrentProject.path & "¥gokui19_2.accdb"
    Set db = CurrentDb
    For Each tdf In db.TableDefs  'すべてのテーブルオブジェクトに対して処理を行う
        If tdf.Connect <> "" Then  'リンクテーブルかどうかをチェックする
            tdf.Connect = ";DATABASE=" & vPath & ";TABLE=" & tdf.Name
            tdf.RefreshLink ' リンク情報の更新する
        End If
    Next
End Sub
```

❖ 解説

リンクテーブルは、TableDefオブジェクトのConnectプロパティで指定します。Connectプロパティを指定した後、RefreshLinkメソッドで変更を反映します。ここでは、すべてのテーブルオブジェクトを対象に、リンクテーブルかどうかをチェックし、リンクテーブルの場合はリンクテーブルのリンク先を更新しています。リンクテーブルかどうかは、Connectプロパティで調べることができます。リンクテーブルではない（ローカルテーブル）の場合は、Connectプロパティが「""」になります。

• Connectプロパティの構文

object.Connect

• RefreshLinkメソッドの構文

object.RefreshLink

Connectプロパティは、objectにTableDefオブジェクトを指定して、リンクテーブルに関する情報を提供する値を設定します。Connectプロパティの設定値は、DATABASEにリンク先のテーブルがあるデータベースのパスを、TABLEにテーブル名を指定します。この時、それぞれの指定の前に「;」（セミコロン）がつくことを忘れないでください。RefreshLinkメソッドは、objectにTableDefオブジェクトを指定して、リンクテーブルの接続情報を更新します。

リンクテーブルのリンク元のデータベースファイルを取得する

▶関連Tips 060 061 550

使用機能・命令 **Connectプロパティ**（→Tips550）/ **Mid関数**（→Tips060）

サンプルファイル名 gokui19.accdb/19_1Module

▼リンクテーブルの接続情報から、リンク元のデータベースファイルのフルパスを取得する

```
Private Sub Sample551()
    Dim db As DAO.Database
    Dim tdf As DAO.TableDef
    Dim vConnect As String
    Dim pos As Long
    Dim vFilePath As String

    Set db = CurrentDb

    'リンクテーブルを取得する
    Set tdf = db.TableDefs("T_ShohinMaster")

    'リンクテーブルの接続情報を取得する
    vConnect = tdf.Connect

    '接続情報からリンク先データベースファイル部分を取り出す
    pos = InStr(vConnect, ";DATABASE=")
    vFilePath = Mid$(vConnect, pos + Len(";DATABASE="))

    '取り出したデータベースファイル名をメッセージボックスに表示する
    MsgBox vFilePath
End Sub
```

❖ 解説

リンクテーブルの接続情報から、リンク元のデータベースファイルのフルパスを取得します。

リンクテーブルの接続情報は、Connectプロパティ（→Tips550）で取得することができます。また、データベースファイルのフルパスは、接続情報の「;DATABASE=」以降に記述されています。

そこでここでは、InStr関数（→Tips061）を利用して、接続情報の文字列から「;DATABASE=」の位置を取得し、Mid関数でそれ以降の文字列を取得しています。

19

VBAを応用する極意

指定した日付が休日（土・日・祝日）か判定する

▶関連Tips 255

使用機能・命令 OpenRecordsetメソッド（→Tips255）

サンプルファイル名 gokui19.accdb/19_1Module

▼指定した日付が休日かチェックする

```
Private Sub Sample552()
    Debug.Print IsHoliday(#4/28/2022#)
End Sub

Private Function IsHoliday(ByVal vDate As Date) As Boolean
    Dim db As DAO.Database
    Dim rs As DAO.Recordset
    Dim vSQL As String

    '対象の日付が「T_HolidayList」テーブルにあるか確認するためのSQL文
    vSQL = "SELECT * FROM T_HolidayList WHERE 日付 = #" & vDate & "#;"

    Set db = CurrentDb
    'SQL文を利用してレコードセットを取得する
    Set rs = db.OpenRecordset(vSQL)

    'レコードセットがあるか確認する
    If Not rs.EOF Then
        IsHoliday = True    'レコードがある場合は休日
        Exit Function
    End If
    'レコードがない場合は、土・日かどうかのチェックをする
    Select Case Weekday(vDate, vbSunday)
        Case vbSunday
            IsHoliday = True
        Case vbSaturday
            IsHoliday = True
        Case Else
            IsHoliday = False
    End Select
End Function
```

❖ 解説

ここでは、Sample552プロシージャで指定した日付が休日（土・日・祝日）かを、IsHolidayプロシージャでチェックしています。

サンプルのデータベースには、「T_HolidayList」テーブルがあります。このテーブルは、祝日のリストが保存されています。対象の日付がこのテーブルにあるかを、SQL文を使ってレコードセットを取得することで確認しています。祝日でない場合は、Weekday関数を使って、対象の日付が土曜日、または日曜日に該当するかをチェックしています。

なお、サンプルの「T_HolidayList」テーブルには、祝日の日付のみが入力されていますが、このリストに会社の休日（年末・年始休暇など）を含めることで、対象の日付が営業日かどうかをチェックするようにすることも可能です。

▼祝日等を保存したテーブル

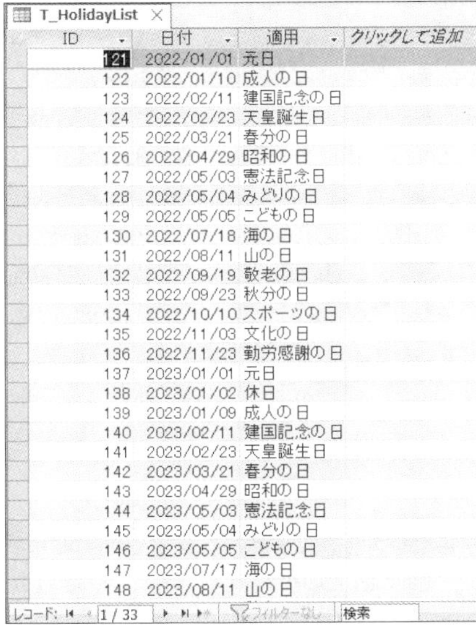

T_HolidayList

ID	日付	適用	クリックして追加
121	2022/01/01	元日	
122	2022/01/10	成人の日	
123	2022/02/11	建国記念の日	
124	2022/02/23	天皇誕生日	
125	2022/03/21	春分の日	
126	2022/04/29	昭和の日	
127	2022/05/03	憲法記念日	
128	2022/05/04	みどりの日	
129	2022/05/05	こどもの日	
130	2022/07/18	海の日	
131	2022/08/11	山の日	
132	2022/09/19	敬老の日	
133	2022/09/23	秋分の日	
134	2022/10/10	スポーツの日	
135	2022/11/03	文化の日	
136	2022/11/23	勤労感謝の日	
137	2023/01/01	元日	
138	2023/01/02	休日	
139	2023/01/09	成人の日	
140	2023/02/11	建国記念の日	
141	2023/02/23	天皇誕生日	
142	2023/03/21	春分の日	
143	2023/04/29	昭和の日	
144	2023/05/03	憲法記念日	
145	2023/05/04	みどりの日	
146	2023/05/05	こどもの日	
147	2023/07/17	海の日	
148	2023/08/11	山の日	

レコード: 1 / 33　フィルターなし　検索

このテーブルを元に祝日かどうかを判定する

▼実行結果

処理結果が表示された

Tips 553 Excelファイルをバイナリ形式でテーブルに保存する

▶関連Tips 447 453 554

使用機能・命令 **AppendChunk メソッド**

サンプルファイル名 gokui19.accdb/19_1Module

▼「Sample553.xlsx」ファイルを「T_File」テーブルにバイナリデータとして追加する

```
Private Sub Sample553()
    Dim db As DAO.Database
    Dim rs As DAO.Recordset
    Dim vFilePath As String
    Dim num As Integer
    Dim byteFile() As Byte

    Set db = CurrentDb
    '対象のファイル名を変数に代入する
    vFilePath = CurrentProject.Path & "¥Sample553.xlsx"

    num = FreeFile

    '対象のファイルをバイナリモードで開く
    Open vFilePath For Binary As #num
    'バイナリデータを格納する変数を準備する
    ReDim byteFile(LOF(num) - 1)
    Get #num, , byteFile()    'バイナリデータを変数に取得する
    Close #num

    Set rs = db.OpenRecordset("T_File") '「T_File」を開く
    rs.AddNew
    rs("FileName").Value = "Sample553.xlsx" 'ファイル名を追加する
    rs("FileData").AppendChunk byteFile      'バイナリデータを追加する
    rs.Update
    rs.Close
    db.Close
End Sub
```

❖ 解説

ここでは、AppendChunkメソッドを使用して、Excelファイルをテーブルにバイナリデータとして保存します。

バイナリデータとしてファイルを保存するには、Openステートメント（→Tips447）とGetステートメント（→Tips453）で、対象のExcelファイルをバイナリモードで開いて変数に取得します。この時、LOF関数（→Tips453）を使って、配列のサイズを対象のファイルサイズに合わせている点に注意してください。

バイナリデータとして取得できたら、AppnedChunkメソッドでデータを追加します。

なお、バイナリデータを保存するフィールドのデータ型は、「OLEオブジェクト型」になります。

▼実行結果

バイナリデータが保存された

またAccess2007以降、ファイルなどを保存できる「添付ファイル型」フィールドが追加されています。「添付ファイル型」フィールドにも、Excelファイルを保存することができますが、**「添付ファイル型」フィールドは内部的に別テーブルを持つため、SQL文での操作が複雑になります。**

ですので、ファイルをテーブルに保存する場合は、このサンプルのようにバイナリ形式で保存することをおすすめします。

• AppendChunkメソッドの構文

object.AppendChunk(Val)

AppendChunkメソッドは、objectにFieldオブジェクトを指定して、引数Valに指定したバリアント型（文字列サブタイプ）のデータを格納します。

Tips 554

バイナリ形式で保存されているExcelファイルを取り出す

▶関連Tips 447 452 553

使用機能・命令 **GetChunkメソッド**

サンプルファイル名 gokui19.accdb/19_1Module

▼「T_File」テーブルに保存されている「Sample554.xlsx」ファイルを取り出す

```
Private Sub Sample554()
    Dim db As DAO.Database
    Dim rs As DAO.Recordset
    Dim vSQL As String
    Dim vFilePath As String
    Dim num As Integer
    Dim byteFile() As Byte

    '対象のExcelファイルのレコードを取得するSQL文
    vSQL = "SELECT * FROM T_File WHERE FileName = 'Sample554.xlsx'"

    Set db = CurrentDb
    Set rs = db.OpenRecordset(vSQL) 'レコードセットを取得する

    '保存先のパスを指定する
    vFilePath = CurrentProject.Path & "¥Sample554.xlsx"

    num = FreeFile

    'レコードセットから指定したバイナリファイルを読み込む
    byteFile = rs("FileData").GetChunk(0, rs("FileData").FieldSize)
    'バイナリファイルを書き出す
    Open vFilePath For Binary As #num
    Put #num, , byteFile
    Close #num

    rs.Close
    db.Close
End Sub
```

❖ 解説

ここでは、「T_File」テーブルにバイナリデータとして保存されている「Sample554.xlsx」ファイルを、サンプルデータベースと同じフォルダに書き出します。GetChunkメソッドは、フィールドに格納されているバイナリデータを取得します。

ここでは、SQL文を使って対象のレコードを取得し、その後そのレコードから、GetChunkメソッドでバイナリデータを取り出します。

そして、Openステートメント（→Tips447）とPutステートメント（→Tips452）を使って、フィールドから取り出したバイナリデータを指定したパスに書き出します。

▼実行結果

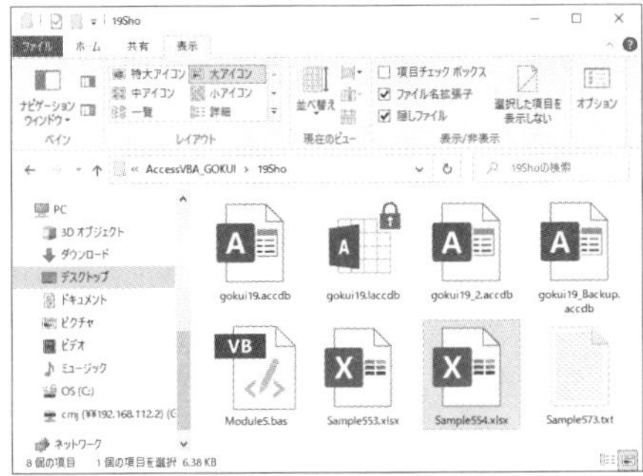

Excelデータが取り出された

なお、バイナリ（binary）とは2進法のことですから、バイナリデータとは、2進数で表されたデータということになります。しかし多くの場合、コンピュータで扱うファイルのことを表して用いられます。

•GetChunkメソッドの構文

object.GetChunk(Offset,Bytes)

GetChunkメソッドは、objectにFieldオブジェクトを指定し、指定したFieldオブジェクトの全部または一部の内容を取得します。

引数Offsetは、取得するデータの内スキップするバイト数を指定します。引数Bytesは、取得するバイト数を指定します。

Tips 555

正規表現を使用する

▶関連Tips 556

使用機能・命令 **CreateObject関数**（→Tips462）

サンプルファイル名 gokui19.accdb/19_2Module

▼正規表現を利用して「0123」がパターンに合っているか確認する

```
Private Sub Sample555()
    '正規表現のためのオブジェクトを作成する
    With CreateObject("VBScript.RegExp")
        .Pattern = "^[0-9]"     '文字列パターンを設定する
        'パターンに該当するかテストする
        MsgBox .Test("0123")
    End With
End Sub
```

❖ 解説

ここでは、正規表現の簡単なサンプルを紹介します。正規表現は、VBScriptがサポートする機能です。CreateObject関数で、RegExpオブジェクトを作成し、Patternプロパティでチェックする文字列パターンを設定します。Testメソッドで、指定した文字列にPatternプロパティで指定したパターンが当てはまるかを判定し、メッセージボックスに表示します。RegExpオブジェクトのプロパティとメソッド、そして指定できる文字列パターンは、次のとおりです。

◈ RegExpオブジェクトのプロパティ

プロパティ名	設定内容
Pattern	正規表現を定義する文字列
IgnoreCase	大文字・小文字を区別するかどうかを表す。Trueに設定すると、大文字・小文字を区別しない。初期値はFalse
Global	ReplaceメソッドやExecuteメソッドを呼び出すときに、複数マッチを行うかどうかを表す。Trueの場合、正規表現にマッチするすべての部分に対して検索・置換が行われる。初期値はFalse
MultiLine	文字列を複数行として扱うかどうかを表す。Trueの場合、各行の先頭や末尾でも、"^"や"$"がマッチするようになる。初期値はFalse

◈ RegExpオブジェクトのメソッド

メソッド名	動作内容
Test(string)	引数stringに指定された文字列を検索し、正規表現とマッチする場合はTrueを、一致しない場合はFalseを返す
Replace(string1,string2)	引数string1は、検索または置換の対象となる文字列を指定する。引数String2には、置換する文字列を指定する
Execute(string)	引数stringに指定した文字列を検索し、検索結果をMatchオブジェクトを含むMatchesコレクションとして返す

MultiLine	文字列を複数行として扱うかどうかを表す。Trueの場合、各行の先頭や末尾でも、"^"や"$"がマッチするようになる。初期値はFalse

◈ 正規表現で使用する文字列パターン

パターン	説明
^	文字列の先頭にマッチする
$	文字列の末尾にマッチする
¥b	単語の境界にマッチする
¥B	単語の境界以外にマッチする
¥n	改行にマッチする
¥f	フォームフィード（改ページ）にマッチする
¥r	キャリッジリターン（行頭復帰）にマッチする
¥t	水平タブにマッチする
¥v	垂直タブにマッチする
¥xxx	8進数（シフトJIS）xxxによって表現される文字にマッチする。"¥101"は"A"にマッチする。ただし、ASCII文字以外の文字（半角カタカナ、全角文字等）には使えない
¥xdd	16進数（シフトJIS）ddによって表現される文字にマッチする。"¥x41"は"A"にマッチする。ただし、ASCII文字以外の文字（半角カタカナ、全角文字等）には使えない
¥uxxxx	Unicode（UTF-16）xxxxによって表現される文字にマッチする。全角文字にも使える。必ずxxxxの部分は4桁にする。"¥u0041"は"A"にマッチする
[]	"[]"内に含まれている文字にマッチする。"-"による範囲指定も使用できる
[^]	"[^]"内に含まれている文字以外にマッチする。"-"による範囲指定も使用できる
¥w	単語に使用される文字にマッチする。[a-zA-Z_0-9]と同じ
¥W	単語に使用される文字以外の文字にマッチする。[^a-zA-Z_0-9]と同じ
.¥n	以外の文字にマッチする。全角文字にもマッチする
¥d	数字にマッチする。[0-9]と同じ
¥D	数字以外の文字にマッチする。[^0-9]と同じ
¥s	スペース文字にマッチする。[¥t¥r¥n¥v¥f]と同じ
¥S	スペース文字以外の文字にマッチする。[^¥t¥r¥n¥v¥f]と同じ
{x}	直前の文字のx回にマッチする
{x,}	直前の文字のx回以上にマッチする
{x,y}	直前の文字のx回以上、y回以下にマッチする
?	直前の文字の0または1回にマッチする。{0,1}と同じ
*	直前の文字の0回以上にマッチする。{0,}と同じ
+	直前の文字の1回以上にマッチする。{1,}と同じ
()	複数の文字をグループ化する。ネストすることができる
|	複数の文字列を1つの正規表現にまとめ、いずれかにマッチする

なお、文字列パターンで意味を持つ記号（メタ文字）そのものとマッチングしたい場合は、その文字の手前に「¥」をつけます。ここで紹介するサンプルでは、文字列パターンに「^[0-9]」を指定しています。「^」は、文字列の先頭にマッチすることを表します。[0-9] は、0～9までの数値を表します。結果、先頭が数値である文字列にマッチする、という意味になります。

なお、CreateObject関数ではなく、参照設定を行ってRegExpオブジェクトを使用する場合は、「Microsoft VBScript RegularExpressions X.X」（Xは数値）を選択します。

正規表現を使用して文字列の存在チェックを行う

▶関連Tips 555

使用機能・命令 **Testメソッド**

サンプルファイル名 gokui19.accdb/19_2Module

▼文字列「0123」と「a123」がパターンにマッチするかテストする

```
Private Sub Sample556()
    '正規表現を使用する
    With CreateObject("VBScript.RegExp")
        '正規表現のパターンに「先頭が数値」を指定する
        .Pattern = "^[0-9]"

        '文字列「0123」と「a123」のテスト結果をメッセージボックスに表示する
        MsgBox "文字列「0123」の先頭は数値かどうか：" _
            & .Test("01234") & vbLf _
            & "文字列「a123」の先頭は数値かどうか：" _
            & .Test("a1234")
    End With
End Sub
```

解説

ここでは、2つの文字列を正規表現を使ってテストします。「テストする」とは、正規表現に指定した文字列パターンに対象がマッチするかチェックする、という意味です。

まず、RegExpオブジェクトのPatternプロパティに、「^[0-9]」と指定します。これは、先頭(^)が数値（[0-9]）であるという意味になります。そして、Testメソッドを使用して、文字列「0123」と文字列「a0123」をテストし、結果をメッセージボックスに表示します。

▼実行結果

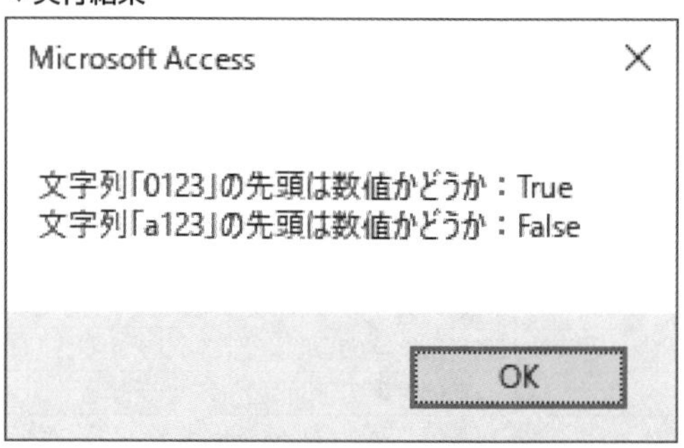

テスト結果が表示された

• Testメソッドの構文

Test(string)

Testメソッドは、引数stringに指定された文字列を検索し、正規表現とマッチする場合はTrueを返し、一致しない場合はFalseを返します。

正規表現を使用して文字列を検索する

▶関連Tips 555

使用機能・命令　**Executeメソッド**

サンプルファイル名　gokui19.accdb/19_2Module

▼テスト用の文字列内にある、アルファベットで始まって「VBA」で終わる文字列を検索する

```
Private Sub Sample557()
    'テスト用の文字列
    Const TEST_STRING As String = "AccessVBA,ExcelVBA,WordVBA"
    Dim re As Object
    Dim mc As Object
    Dim msg As String
    Dim i As Long

    'RegExpオブジェクトを作成する
    Set re = CreateObject("VBScript.RegExp")

    With re
        '正規表現パターンを設定する
        .Pattern = "[A-Za-z]+[V][B][A]"
        '複数マッチを有効にする
        .Global = True
        '文字列「AccessVBA,ExcelVBA,WordVBA」に対して実行する
        Set mc = .Execute(TEST_STRING)
    End With

    '結果に対して処理を行う
    With mc
        '対象文字列が見つかったかどうか判定する
        If .Count > 0 Then
            '見つかった場合、文字列を取得する
            For i = 0 To .Count - 1
                msg = msg & i + 1 & "番目の文字列：" & .Item(i).Value _
                    & vbLf
            Next
        Else
            '見つからなかった場合の文字列
            msg = "マッチしませんでした"
        End If
    End With
```

```
        '結果を表示する
        MsgBox msg
    End Sub
```

❖ 解説

ここでは、正規表現を使用してセルA1の文字列「ExcelVBA,AccessVBA,Word」から、アルファベットから始まって「VBA」で終わる文字列を検索します。

検索はExecuteメソッドを使用し、結果を変数mcに代入します。対象の文字列が見つかった場合、MatchesコレクションのCountプロパティで、見つかった数だけ処理を繰り返します。Itemプロパティは、指定したIndex番号のMatchオブジェクトを返します。このMatchオブジェクトのValueプロパティで文字列を取得し、変数msgに代入します。なお、Itemプロパティのindex番号は、「0」から始まります。

ここでは、指定した文字列から条件にマッチした値を複数取得するため、GlobalプロパティをTrueにしています。最後に、作成した文字列msgをメッセージボックスに表示します。

ここでは、「VBA」という文字で終わる文字列を検索しています。そのため、指定する文字列パターンは、「[A-Z,a-z]+[V][B][A]」としています。[A-Z,a-z]は、すべてのアルファベットを表します。「+」は、直前に指定した文字の繰り返しを表します。これで、アルファベットの文字列という意味になります。

最後に、[V][B][A]で「VBA」という文字を表しています。これで、アルファベットの文字列で「VBA」で終わる文字列、という意味になります。

▼実行結果

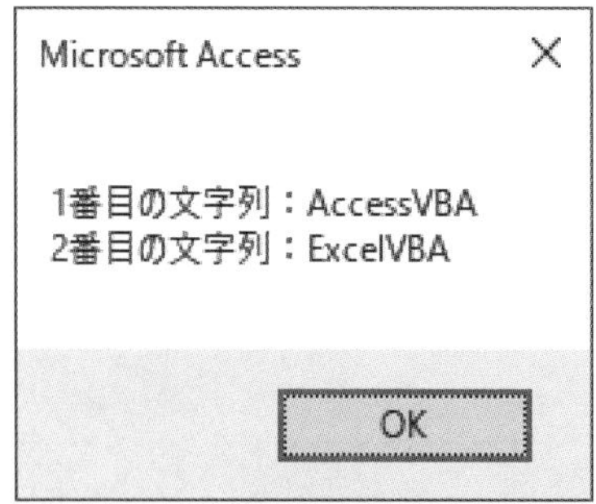

検索結果が表示された

•Executeメソッドの構文

Execute(string)

Executeメソッドは、引数stringに指定した文字列を検索し、検索結果をMatchオブジェクトを含むMatchesコレクションとして返します。

Tips 558 正規表現を使用して文字列を置換する

▶関連Tips 555

使用機能・命令 Replaceメソッド

サンプルファイル名 gokui19.accdb/19_2Module

▼「A」で始まり「s」で終わる文字列を「アクセス」に置換する

```
Private Sub Sample558()
    Dim re As Object

    'RegExpオブジェクトを作成する
    Set re = CreateObject("VBScript.RegExp")

    With re
        '正規表現パターンを設定する
        .Pattern = "[A][A-Za-z]+[s]"
        '「A」で始まり「s」で終わる文字列を「アクセス」に置換する
        MsgBox .Replace("ExcelVBA,AccessVBA", "アクセス")
    End With
End Sub
```

❖ 解説

ここでは、「ExcelVBA,AccessVBA」という文字列に対して処理を行います。

RegExpオブジェクトのReplaceメソッドを使用して、指定した文字列から大文字の「A」で始まって、小文字の「s」で終わる文字列を「アクセス」に置換した結果をメッセージボックスに表示します。

▼実行結果

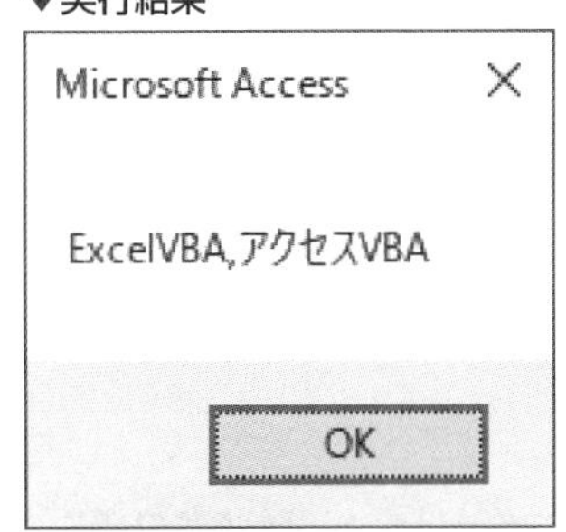

文字列が置換された

•Replaceメソッドの構文

Replace(string1,string2)

Replaceメソッドは、引数string1に指定した値を検索し、引数string2に指定した文字列で置換します。

Tips 559

連想配列でデータを管理する

▶関連Tips 560

使用機能・命令 **Dictionaryオブジェクト**

サンプルファイル名 gokui19.accdb/19_2Module

▼「神奈川」「岩手」「静岡」のデータを、連想配列を使用して管理する

```
Private Sub Sample559()
    'Dictionaryオブジェクトを使用する
    With CreateObject("Scripting.Dictionary")
        .Add "A", "神奈川" 'KeyをAとして「神奈川」を追加する
        .Add "B", "岩手" 'KeyをBとして「岩手」を追加する
        .Add "C", "静岡" 'KeyをCとして「静岡」を追加する
        'Key「A」の値を検索し、メッセージボックスに表示する
        MsgBox "Key [A]：" & .Item("A")
    End With
End Sub
```

❖ 解説

ここでは、CreateObject関数を使用して、Dictionaryオブジェクトを作成します。Dictionaryオブジェクトを使用すると、連想配列を作成することができます。**連想配列は、通常の配列が数字をインデックスとして値を格納するのに対し、文字列をインデックスとすることができる配列です**。Deictionaryオブジェクトでは、キー項目にAddメソッドで項目を追加します。Addメソッドは、最初の引数がKey、2番目の引数がItemになります。

ここでは、3つの要素を追加後、Itemプロパティで「A」をキーとして参照し、キー「A」にひも付けられているItem「神奈川」をメッセージボックスに表示します。

▼実行結果

「神奈川」が検索された

・CreateObject関数の構文

CreateObject (class [, servername])

CreateObject関数は、ActiveXオブジェクトへの参照を作成して返します。引数classは、作成するオブジェクトのアプリケーション名とクラスを、「appname.objecttype」の形で指定します。appnameにはアプリケーション名を、objecttypeにはクラスを指定します。

引数servernameは、オブジェクトが作成されるネットワークサーバー名を指定します。servernameが空の文字列("")の場合、ローカルコンピューターが使用されます。

連想配列で重複しないデータを取得する

▶関連Tips 074 555

使用機能・命令 **Addメソッド**

サンプルファイル名 gokui19.accdb/19_2Module

▼「T_UserMaster」テーブルの顧客データから重複のない「都道府県名」のリストを作成する

```
Private Sub Sample560()
    Dim db As DAO.Database
    Dim rs As DAO.Recordset
    Dim vSQL As String
    Dim vKeyData As Variant
    Dim msg As String

    vSQL = "SELECT * FROM T_UserMaster;"
    Set db = CurrentDb
    Set rs = db.OpenRecordset(vSQL)

    'Dictionaryオブジェクトを作成する
    With CreateObject("Scripting.Dictionary")
        On Error Resume Next 'エラー処理を開始する

        'レコードセットのデータをDictionaryオブジェクトに追加する
        Do Until rs.EOF
            .Add rs.Fields("都道府県").Value, rs.Fields("都道府県").Value
            rs.MoveNext
        Loop
        On Error GoTo 0 'エラー処理を終了する

        vKeyData = .Keys 'すべてのキーを取得する

        'キーを変数msgに取得する
        msg = Join(vKeyData, vbCrLf)
    End With

    '取得結果をメッセージボックスに表示する
    MsgBox "都道府県名一覧：" & vbCrLf & msg
End Sub
```

❖ 解説

ここでは、「T_UserMaster」テーブルの「都道府県」フィールドのデータから、重複のない「都道府県」名の一覧を作成します。

DictionaryオブジェクトのAddメソッドは、引数keyに指定した値が既にある場合、エラーになります。そこで、On Error Resume Nextステートメントで、エラーが発生した場合は無視するようにします。こうすると、引数keyには重複するデータは追加することはできません。結果、重複のないデータが取得できます。

ポイントは、Addメソッドの引数keyに、都道府県名を指定している点です。Dictionaryオブジェクトは、通常の配列ではインデックス(Dictionaryオブジェクトのkeyに当たる)は数値ですし、任意の値を指定することはできません。それに対して、Dictionaryオブジェクトは引数keyに文字列を指定できるため、このような処理が可能なのです。

サンプルでは、重複のない値を取得後、KeysメソッドでDictionaryオブジェクトのすべてのキーを格納した配列を取得します。配列ですので、Join関数(→Tips074)を使って改行(vbCrLf)を区切り文字にして、変数msgに取得し、最後にメッセージボックスに表示します。

▼このテーブルの「都道府県」フィールドを対象に処理を行う

T_UserMaster

ID	氏名	フリガナ	性別	生年月日	〒	都道府県	住所1	住所2
1	大瀧 正澄	オオタキ マサ	男性	1953/09/10	1430021	東京都	北区志茂	x-x-x
2	田中 涼子	タナカ リョウコ	女性	1975/02/08	1150042	東京都	北区志茂	x-x-x
3	山崎 久美子	ヤマザキ クミ	女性	1966/08/02	1950053	東京都	町田市能ヶ谷	xxx-x-xxx
4	橋田 健介	ハシダ ケンス	男性	1969/01/31	1790071	東京都	練馬区旭町	x-xx-xx
5	水野 奈穂子	ミズノ ナオコ	女性	1975/08/04	1700011	東京都	豊島区池袋本	x-xx-x-xxx
6	松田 真澄	マツダ マスミ	女性	1975/01/08	2080013	東京都	武蔵村山市大	x-xx-x-xxx
7	牧 冴子	マキ サエコ	女性	1982/03/06	1460082	東京都	大田区池上	x-xx-x-xxx
8	本間 智也	ホンマトモヤ	男性	1971/12/22	1610031	東京都	新宿区西落合	x-x-xx-xxx
9	千代田 光枝	チヨダ ミツエ	女性	1955/10/03	1680062	東京都	杉並区方南	x-xx-xx
10	相川 美佳	アイカワ ミカ	女性	1980/08/31	2430216	神奈川県	厚木市宮の里	x-x-x
11	中野 伸夫	ナカノ ノブオ	男性	1957/08/30	2760036	千葉県	八千代市高津	xxx-xxx
12	渋谷 真友子	シブヤ マユコ	女性	1975/08/09	4180112	静岡県	富士宮市北山	xxx-x
13	吉田 智子	ヨシダトモコ	女性	1964/09/13	1640002	東京都	中野区上高田	x-xx-x
14	相川 秀人	アイカワ ヒデト	男性	1955/02/13	1650031	東京都	中野区上鷺宮	x-xx-x
15	西川 祐子	ニシカワ ユウ	女性	1971/09/08	2110012	神奈川県	川崎市中原区	xx
16	嶋倉 美樹	シマクラ ミキ	女性	1953/04/09	1870032	東京都	小平市小川町	x-xxxx-xx-xx
17	加藤 亜矢	カトウ アヤ	女性	1981/08/31	2720034	千葉県	市川市市川	x-x-x
18	中臺 晃子	ナカダイ アキ	女性	1989/05/05	3490205	埼玉県	白岡市西	x-x-x
19	原 ゆき	ハラ ユキ	女性	1979/04/07	1330055	東京都	江戸川区西篠	x-xx-x
20	坂内 高志	バンナイ タカシ	男性	1981/01/09	2230064	神奈川県	横浜市港北区	x-x-xx
0								

「都道府県」名は重複がある

▼実行結果

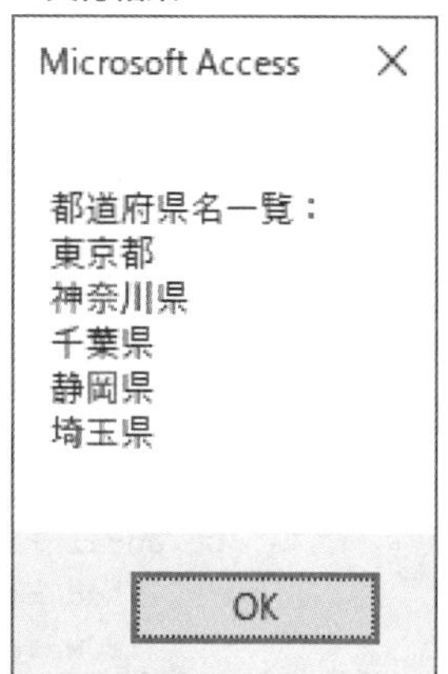

「都道府県」の一覧が表示された

• Addメソッドの構文

object.Add(key,item)

Addメソッドは、Dictionaryオブジェクトに項目を追加します。引数keyには、引数itemと関連付けるキーを指定します。

文字列が使用できます。引数itemは、引数keyで指定したキーに関連付けられる項目を指定します。引数keyに指定したキーが既に存在する場合は、エラーが発生します。

Tips 561

連想配列の値を検索する

▶関連Tips 555

使用機能・命令

Existsメソッド

サンプルファイル名 gokui19.accdb/19_2Module

▼「T_UserMaster」テーブルの「都道府県」フィールドに、「神奈川県」のレコードがあるか検索する

```
Private Sub Sample561()
    Dim db As DAO.Database
    Dim rs As DAO.Recordset
    Dim vSQL As String

    vSQL = "SELECT * FROM T_UserMaster;"
    Set db = CurrentDb
    Set rs = db.OpenRecordset(vSQL)

    'Dictionaryオブジェクトを作成する
    With CreateObject("Scripting.Dictionary")
        'エラー処理を行う
        On Error Resume Next
        '「都道府県」の重複のないリストを作成する
        Do Until rs.EOF
            .Add rs.Fields("都道府県").Value, rs.Fields("都道府県").Value
            rs.MoveNext
        Loop
        On Error GoTo 0

        '作成したリストに「神奈川県」が存在するかチェックする
        If .Exists("神奈川県") Then
            MsgBox "「神奈川県」はリストにあります"
        Else
            MsgBox "「神奈川県」はリストにありません"
        End If
    End With
End Sub
```

❖ 解説

ここでは、まず「T_UserMaster」テーブルの「都道府県」フィールドから、Dictionaryオブジェクトを使用して、県名の一覧を取得します。

この重複のないリストの取得方法については、Tips560を参照してください。

ここでは、そのリストに「神奈川県」のデータがあるかを検索します。連想配列で検索を行うには、Existsメソッドを使用します。Existsメソッドは、対象のデータが連想配列内に存在するかどうかを判定します。

ここでは、取得した「都道府県」の一覧に「神奈川県」が存在するかどうかをチェックします。

▼このテーブルの「都道府県」フィールドを対象に処理を行う

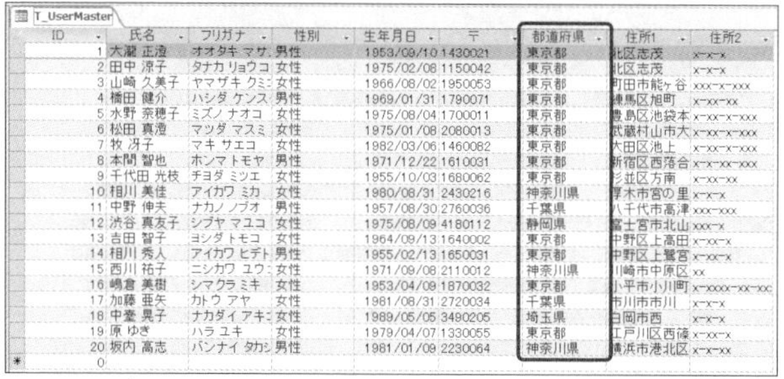

T_UserMaster

ID	氏名	フリガナ	性別	生年月日	〒	都道府県	住所1	住所2
1	大瀧 正澄	オオタキ マサ	男性	1953/09/10	1430021	東京都	北区志茂	x-x-x
2	田中 涼子	タナカ リョウコ	女性	1975/02/08	1150042	東京都	北区志茂	x-x-x
3	山崎 久美子	ヤマザキ クミ	女性	1966/08/02	1950053	東京都	町田市能ヶ谷	xxx-x-xxx
4	橋田 健介	ハシダ ケンス	男性	1969/01/31	1790071	東京都	練馬区旭町	x-xx-xx
5	水野 奈穂子	ミズノ ナオコ	女性	1975/08/04	1700011	東京都	豊島区池袋本	x-xx-x-xxx
6	松田 真澄	マツダ マスミ	女性	1975/01/08	2080013	東京都	武蔵村山市大	x-xx-x-xxx
7	牧 冴子	マキ サエコ	女性	1982/03/06	1460082	東京都	大田区池上	x-xx-x-xxx
8	本間 智也	ホンマ トモヤ	男性	1971/12/22	1610031	東京都	新宿区西落合	x-x-xx-xxx
9	千代田 光枝	チヨダ ミツエ	女性	1955/10/03	1680062	東京都	杉並区方南	x-xx-xx
10	相川 美佳	アイカワ ミカ	女性	1980/08/31	2430216	神奈川県	厚木市宮の里	x-x-x
11	中野 伸夫	ナカノ ノブオ	男性	1957/08/30	2760036	千葉県	八千代市高津	xxx-xxx
12	渋谷 真友子	シブヤ マユコ	女性	1975/08/09	4180112	静岡県	富士宮市北山	xxx-x
13	吉田 智子	ヨシダ トモコ	女性	1964/09/13	1640002	東京都	中野区上高田	x-xx-x
14	相川 秀人	アイカワ ヒデト	男性	1955/02/13	1650031	東京都	中野区上鷺宮	x-xx-x
15	西川 祐子	ニシカワ ユウ	女性	1971/09/08	2110012	神奈川県	川崎市中原区	xx
16	嶋倉 美樹	シマクラ ミキ	女性	1953/04/09	1870032	東京都	小平市小川町	x-xxxx-xx-xx
17	加藤 亜矢	カトウ アヤ	女性	1981/08/31	2720034	千葉県	市川市市川	x-x-x
18	中臺 晃子	ナカダイ アキ	女性	1989/05/05	3490205	埼玉県	白岡市西	x-x-x
19	原 ゆき	ハラ ユキ	女性	1979/04/07	1330055	東京都	江戸川区西篠	x-xx-x
20	坂内 高志	バンナイ タカシ	男性	1981/01/09	2230064	神奈川県	横浜市港北区	x-x-xx
0								

「都道府県」名は重複がある

▼実行結果

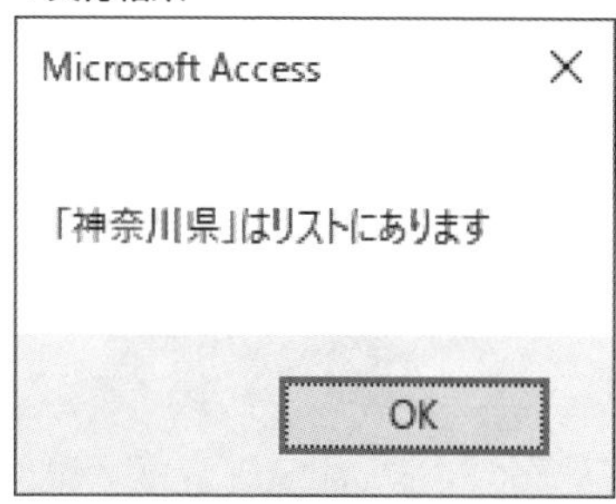

検索結果が表示された

•Exists メソッドの構文

object.Exists(key)

Existsメソッドは、引数keyに指定したキーがDictionaryオブジェクト内に存在する場合はTrueを、存在しない場合はFalseを返します。

Tips 562

コレクションを使用する

▶関連Tips 563

使用機能・命令 **Addメソッド**

サンプルファイル名 gokui19.accdb/19_2Module

▼コレクションを利用して、「T_UserMaster」テーブルを管理する

```
Private Sub Sample562()
    Dim db As DAO.Database
    Dim rs As DAO.Recordset
    Dim vSQL As String
    Dim vList As Collection

    vSQL = "SELECT * FROM T_UserMaster;"
    Set db = CurrentDb
    Set rs = db.OpenRecordset(vSQL)

    'Collectionオブジェクトを作成する
    Set vList = New Collection
    '「氏名」フィールドのデータをCollectionオブジェクトに追加する
    Do Until rs.EOF
        vList.Add rs.Fields("氏名").Value
        rs.MoveNext
    Loop
    '1つ目のデータをメッセージボックスに表示する
    MsgBox "最初のデータ：" & vList.Item(1)
End Sub

Private Sub Sample562_2()
    Dim db As DAO.Database
    Dim tdf As DAO.TableDef
    Dim vField As Field
    Dim vList As Collection

    Set db = CurrentDb

    'フィールドを取得するテーブルを指定する
    Set tdf = db.TableDefs!T_UserMaster

    '「T_UserMaster」のフィールドをコレクションに追加する
    Set vList = New Collection
```

```
        For Each vField In tdf.Fields
            vList.Add vField
        Next

        '1つ目のフィールド名をメッセージボックスに表示する
        MsgBox "最初のフィールド：" & vList.Item(1).Name
    End Sub
```

❖ 解説

ここでは、Collectionオブジェクトを使用してデータを管理する2つのサンプルを紹介します。

1つ目は、「T_UserMaster」テーブルの「氏名」欄の値を、Addメソッドを使用してCollectionオブジェクトに追加します。そして、最初に追加されたデータをメッセージボックスに表示します。

2つ目は、Collectionオブジェクトにデータではなくオブジェクトを追加します。ここでは、「T_UserMaster」テーブルのそれぞれのフィールドを、Collectionオブジェクトに追加しています。

このように、Collectionオブジェクトが通常の配列と異なるのは、データでもオブジェクトでも特にデータ型を気にせずに追加できます。CollectionオブジェクトはCollectionクラスの変数として宣言し、Newキーワードを使用して初期化します。Collectionクラスの特徴は、このサンプルのようにitemとして、値だけではなくオブジェクトなどを指定できる点です。

なお、Addメソッドに指定する値は、次のとおりです。

◈ Addメソッドに指定する引数

引数	説明
Item	コレクションに追加する要素を指定する
Key	インデックスの代わりに使用できるキー文字列を表す、一意な文字列を指定する
Before	コレクションに追加される要素を、指定した要素の前に追加する
After	コレクションに追加される要素を、指定した要素の後に追加する

▼1つ目のサンプルの実行結果

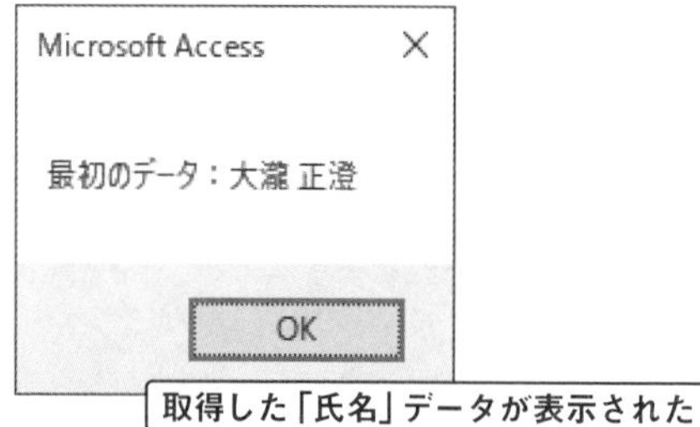

取得した「氏名」データが表示された

▼実行結果

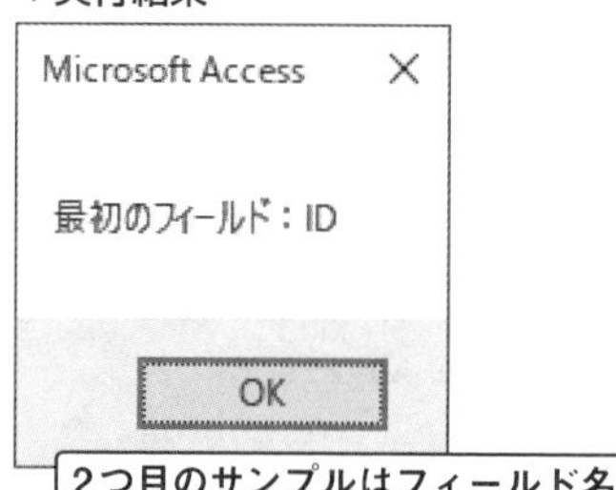

2つ目のサンプルはフィールド名を表示する

• Addメソッドの構文

object.Add(item,key,before,after)

コレクションを使用してデータを管理するには、CollectionクラスAddメソッドを使用します。指定するそれぞれの値については、「解説」を参照してください。

Tips 563 コレクションを使用して重複のないリストを作成する

▶関連Tips 562

使用機能・命令　**Addメソッド**（→Tips562）

サンプルファイル名　gokui19.accdb/19_2Module

▼「T_UserMaster」テーブルから重複のない「都道府県」のリストを取得する

```
Private Sub Sample563()
    Dim db As DAO.Database, rs As DAO.Recordset
    Dim vSQL As String
    Dim vList As Collection
    Dim msg As String, i As Long
    vSQL = "SELECT * FROM T_UserMaster;"
    Set db = CurrentDb
    Set rs = db.OpenRecordset(vSQL)
    Set vList = New Collection    'Collectionオブジェクトを作成する
    On Error Resume Next    'エラー処理を開始する
    'レコードセットのデータをDictionaryオブジェクトに追加する
    Do Until rs.EOF
        vList.Add rs.Fields("都道府県").Value _
            , rs.Fields("都道府県").Value
        rs.MoveNext
    Loop
    On Error GoTo 0  'エラー処理を終了する
    For i = 1 To vList.Count    'データを変数msgに取得する
        msg = msg & vList.Item(i) & vbCrLf
    Next
    '取得結果をメッセージボックスに表示する
    MsgBox "都道府県名一覧：" & vbCrLf & msg
End Sub
```

❖ 解説

ここでは、Collectionオブジェクトを使用して、「都道府県名」の重複のないリストを作成します。CollectionオブジェクトのAddメソッドは、引数keyに指定する値が既にあるとエラーになります。そこで、On Error Resumeステートメントを使用して、エラーで処理が中断するのを回避し、重複があった場合はコレクションに追加しないようにします。

最後に、メッセージボックスに取得した値を表示します。

Tips 564

コレクションのデータを削除する

▶関連Tips 562

使用機能・命令 **Removeメソッド**

サンプルファイル名 gokui19.accdb/19_2Module

▼「T_CityList」テーブルから取得したリストから、「静岡県」を除いたリストを作成する

```
Private Sub Sample564()
    Dim db As DAO.Database
    Dim rs As DAO.Recordset
    Dim vSQL As String
    Dim vList As Collection
    Dim msg As String
    Dim i As Long

    vSQL = "SELECT * FROM T_CityList;"
    Set db = CurrentDb
    Set rs = db.OpenRecordset(vSQL)

    'Collectionオブジェクトを作成する
    Set vList = New Collection
    '「都道府県名」の重複のないリストを作成する
    On Error Resume Next
    Do Until rs.EOF
        vList.Add Item:=rs.Fields("都道府県名").Value _
            , Key:=CStr(rs.Fields("県コード").Value)
        rs.MoveNext
    Loop
    On Error Resume Next

    '静岡県（「県コード」が「22」）のデータを削除する
    vList.Remove "22"

    'コレクションの内容を変数に代入する
    For i = 1 To vList.Count
        msg = msg & vList.Item(i) & vbCrLf
    Next
    '都道府県名を表示する
    MsgBox "都道府県名リスト：" & vbCrLf & msg
End Sub
```

❖ 解説

ここでは、Collectionオブジェクトを使用して、まず都道府県名の重複のないリストを作成します。CollectionオブジェクトのAddメソッドは、引数keyに指定する値が既にあるとエラーになります。そこで、On Error Resumeステートメントを使用して、エラーで処理が中断するのを回避します。こうすることで、重複のないリストを作成することができます。

ここではこの処理で、Addメソッドの引数Itemには「T_CityList」テーブルの「都道府県名」を、引数Keyには同じく「T_CityList」テーブルの「県コード」を指定しています。ここで注意しなくてはならないのが、「県コード」です。「県コード」は数値で入力されています。これをそのまま引数Keyに指定すると、うまく行きません。そこでCStr関数を使用して、数値を文字列に変換してから指定しています。

そして、その中からRemoveメソッドを使用して、「静岡県」の要素を削除します。Removeメソッドは、引数にCollectionオブジェクトの引数Keyの値、またはインデックス番号を指定します。ここでは、Collectionオブジェクトのキーに「県コード」を使用しているため、このようにキー項目を使用して、データを削除しています。

最後に、Itemプロパティを使用してCollectionオブジェクトの値を取得し、メッセージボックスに表示します。

▼このテーブルを対象に処理を行う

T_UserMaster / T_CityList

県コード	都道府県名	市区町村名
14	神奈川県	横浜市
22	静岡県	富士市
3	岩手県	滝沢市
22	静岡県	富士宮市
13	東京都	町田市
14	神奈川県	川崎市
0		

「県コード」をKeyにしてリストを作成する

▼実行結果

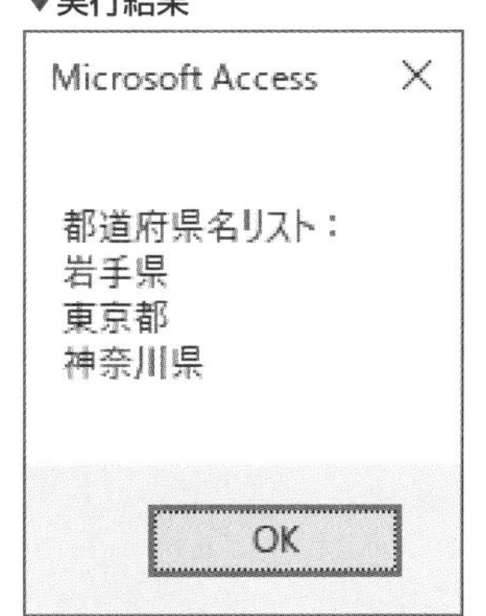

「静岡県」を除くリストが取得された

●Removeメソッドの構文

object.Remove{Key | Index}

Removeメソッドは、objectに指定したCollectionオブジェクトから、指定した要素を削除します。削除対象は、キーまたはインデックス番号を指定します。

Tips
565 ショートカットを作成する

▶関連Tips 253

使用機能・命令 **WshShellオブジェクト**

サンプルファイル名 gokui19.accdb/19_2Module

▼デスクトップにサンプルデータベースが保存されているフォルダへのショートカットを作成する

```
Private Sub Sample565()
    Dim wshShell As Object
    Dim DesktopPath As String
    Dim ShortcutPath As String

    'WshShellオブジェクトを作成する
    Set wshShell = CreateObject("WScript.Shell")

    'デスクトップのパスを取得する
    DesktopPath = wshShell.SpecialFolders("Desktop")
    'ショートカット名を指定する
    ShortcutPath = DesktopPath & "¥Sample" & ".lnk"
    With wshShell.CreateShortcut(ShortcutPath)
        .targetPath = CurrentProject.Path 'ショートカットのリンク先を設定する
        'コメント欄の値を設定する
        .Description = "サンプルとして作成されたショートカットです。"
        .Save '保存する
    End With
End Sub
```

❖ 解説

ここでは、WshShellオブジェクトを使用して、デスクトップに「Sample」という名前のショートカットを作成します。ショートカットは、CreateShortcutメソッドの引数に対象のパスを指定します。ショートカットのリンク先は、TargetPathプロパティで指定します。ここでは、このデータベースのあるフォルダを、Pathプロパティ（→Tips253）で取得しています。また、Descriptionプロパティでショートカットのコメントを指定し、Saveメソッドで設定した値を保存します。このようにWSHを使用すると、OSの機能をVBAで使用することができます。

• WshShellオブジェクトの構文

Setexpression=CreateObject("WScript.Shell")

Windows ScriptHost（WSH）は、Windows管理ツールの１つです。WSH自体は、スクリプトを実行する環境で、VBAからも利用可能です。そのWSHを扱うためのオブジェクトが、WshShellオブジェクトです。

Tips 566 レジストリの値を取得する

▶関連Tips 567

使用機能・命令 **GetSetting関数**

サンプルファイル名 gokui19.accdb/19_2Module

▼レジストリから「Test」というキーの内容を取得する

```
Private Sub Sample566()
    'レジストリにキーを追加する
    SaveSetting "VBASample", "Main", "Test", "Sample"

    'レジストリから値を読み込む
    MsgBox GetSetting("VBASample", "Main", "Test", "Sample")
End Sub
```

解説

ここでは、レジストリの値を取得します。VBAではレジストリを操作することができます。ただし、操作できるのは「HKEY_CURRENT_USER¥Software¥VBandVBAProgramSettings」配下のみとなります。サンプルでは、動作チェックのためにSaveSetting関数（→Tips567）でレジストリにキーを追加した後、GetSetting関数でその値を取得しています。

▼レジストリに書き込んだデータを読み取る

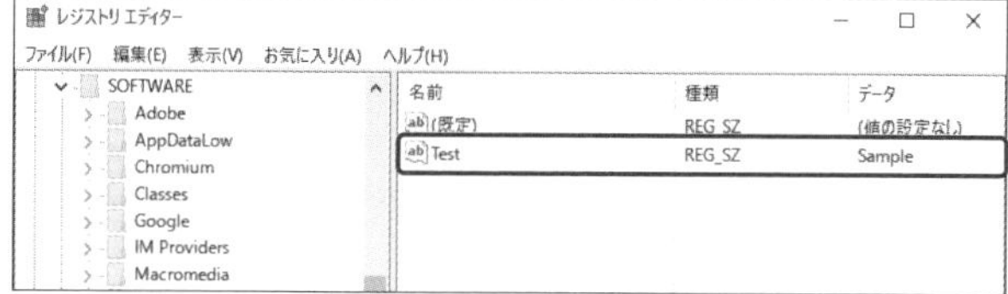

一旦、レジストリにTestという名前で「Sample」というデータを書き込む

▼実行結果

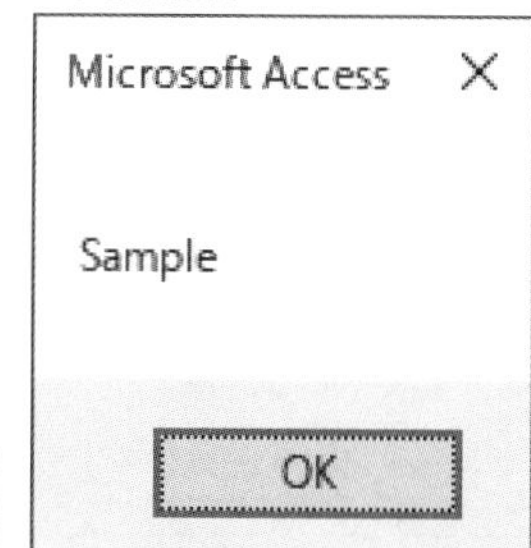

書き込んだレジストリのデータを取得した

・GetSetting関数の構文

GetSetting(AppName, Section, Key [,Default])

GetSetting関数は、レジストリの値を取得します。引数AppNameは必ず指定します。キー設定を取得するアプリケーション名、またはプロジェクト名を含む文字列型の式を指定します。引数Sectionも必ず指定します。対象となるキー設定があるセクション名を含む、文字列型の式を指定します。引数Keyも必ず指定します。返すキー設定名を含む文字列型の式を指定します。引数Defaultは省略可能です。Key設定に値が設定されていない場合に、返す値を含む式を指定します。省略すると、Defaultは長さ0の文字列（""）になります。なお、GetAllSettings関数を使用すると、指定したセクションのすべてのキーを取得することができます。

レジストリに値を書き込む

▶関連Tips 566

使用機能・命令 SaveSetting関数

サンプルファイル名 gokui19.accdb/19_2Module

▼レジストリに「Sample」というデータを追加する

```
Private Sub Sample567()
    'レジストリにキーを追加する
    SaveSetting "VBASample", "Main", "Test", "Sample"
End Sub
```

❖ 解説

ここでは、レジストリに値を書き込みます。VBAでは、レジストリを操作することができます。ただし、操作できるのは「HKEY_CURRENT_USER¥Software¥VBandVBAProgramSettings」配下のみとなります。サンプルでは、SaveSetting関数を使ってアプリケーション名（プロジェクト名）に「VBASample」、セクションを「Main」、キーに「Test」、そしてKeyに設定するデータを「Sample」にしています。なお、実行結果ですが、レジストリに値を書き込んだ直後は、情報が反映されないことがあります。その場合は、レジストリエディタで[F5]キーを押して、情報を更新してください。

▼レジストリエディタ

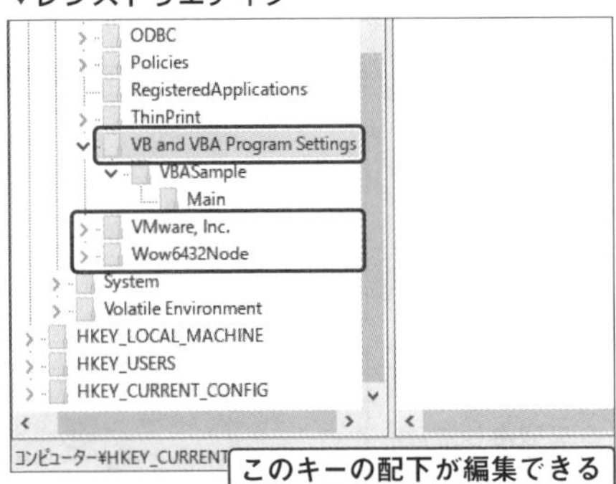

▼実行結果

・SaveSetting関数の構文

SaveSetting AppName, Section, Key, Setting)

SaveSetting関数は、レジストリにキーを書き込みます。引数AppNameは、設定を適用するアプリケーション名、またはプロジェクト名を含む文字列型の式を指定します。引数Sectionは、キー設定を保存するセクション名を含む文字列型の式を指定します。引数Keyには、保存するキー設定名を含む文字列型の式を指定します。そして、引数Settingには、Keyが設定される値を含む式を指定します。いずれの引数も、省略することはできません。

Tips 568 レジストリのセクションを削除する

▶関連Tips 567

使用機能・命令 **DeleteSetting関数**

サンプルファイル名 gokui19.accdb/19_2Module

▼レジストリに追加した「VBASample」セクションを削除する

```
Private Sub Sample568()
    'レジストリにキーを追加する
    SaveSetting "VBASample", "Main", "Test", "Sample"

    'レジストリのセクションを削除する
    DeleteSetting "VBASample", "Main"
End Sub
```

解説

ここでは、レジストリのセクションを削除します。VBAでは、レジストリを操作することができます。ただし、操作できるのは「HKEY_CURRENT_USER¥Software¥VBandVBA ProgramSettings」配下のみとなります(API関数を使用すれば、これ以外も可能ですが、レジストリの操作は間違うとOS自体が起動しなくなるなどのリスクがあるので、おすすめしません)。

サンプルでは、動作チェックのために、まずSaveSetting関数(→Tips567)でレジストリにキーを追加した後、DeleteSetting関数でその値を削除しています。

▼実行結果

• DeleteSetting関数の構文

DeleteSetting AppName, Section, Key, Setting)

DeleteSetting関数は、レジストリのセクションまたはキーを削除します。引数AppNameは必ず指定します。セクションまたはキー設定を適用する、アプリケーション名またはプロジェクト名を含む文字列型の式を指定します。引数Sectionも必ず指定します。キー設定を削除するセクション名を含む、文字列型の式を指定します。引数AppNameおよび引数Sectionだけを指定した場合、指定されたセクションは関連付けられたすべてのキー設定と共に削除されます。引数Keyは省略できます。削除するキー設定名を含む文字列型の式を指定します。なお、レジストリの内容を確認するには、レジストリエディタ(regedit.exe)を使用します。

使用しているユーザー名とコンピュータ名を取得する

▶関連Tips 570

使用機能・命令 **UserNameプロパティ/ComputerNameプロパティ**

サンプルファイル名 gokui19.accdb/19_2Module

▼現在使用しているコンピュータ名とログインしているユーザー名を取得する

```
Private Sub Sample569()
    Dim WshNetworkObject As Object

    'WshNetworkオブジェクトを参照する
    Set WshNetworkObject = CreateObject("WScript.Network")
    'ユーザー名とコンピュータ名を取得し、メッセージボックスに表示する
    With WshNetworkObject
        MsgBox "ユーザー名：" & .UserName & vbCrLf _
            & "コンピュータ名：" & .ComputerName
    End With
    Set WshNetworkObject = Nothing
End Sub
```

❖ 解説

WshNetworkオブジェクトを利用して、コンピュータのユーザー名やコンピュータ名を取得することができます。ここでは、Newキーワードを使用してWshNetworkオブジェクトを作成し、UserNameプロパティでユーザー名を、ComputerNameプロパティでコンピュータ名を取得しています。なお、WshNetworkオブジェクトを参照設定して利用する場合は、「Windows Script Host Object Model」を参照します。

▼実行結果

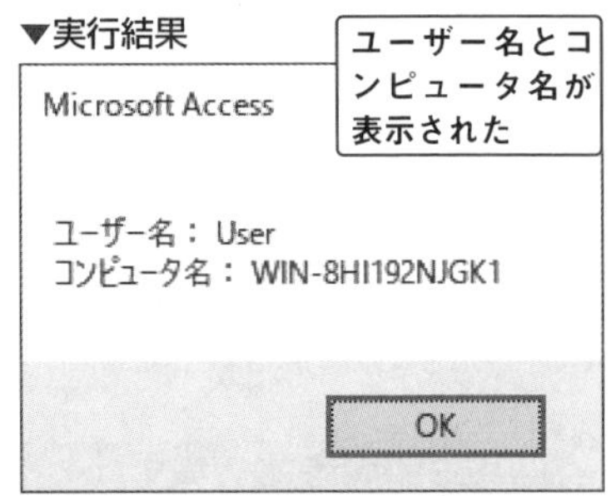

・UserNameプロパティの構文

object.UserName

・ComputerNameプロパティの構文

object.ComputerName

いずれもobjectには、WshNetworkオブジェクトを指定します。UserNameプロパティは、現在ログインしているユーザー名を、ComputerNameプロパティはコンピュータ名を取得します。

Tips 570

デスクトップなどの特殊フォルダを取得する

▶関連Tips 462

使用機能・命令 **SpecialFoldersプロパティ**

サンプルファイル名 gokui19.accdb/19_2Module

▼デスクトップや「お気に入り」などの特殊フォルダのパスを取得する

```
Private Sub Sample570()
    Dim wsh As Object
    Set wsh = CreateObject("WScript.Shell")
    '特殊フォルダを取得する
    With wsh
        Debug.Print .SpecialFolders("Desktop")
        Debug.Print .SpecialFolders("Favorites")
        Debug.Print .SpecialFolders("Fonts")
        Debug.Print .SpecialFolders("MyDocuments")
        Debug.Print .SpecialFolders("Programs")
        Debug.Print .SpecialFolders("Recent")
        Debug.Print .SpecialFolders("SendTo")
        Debug.Print .SpecialFolders("StartMenu")
        Debug.Print .SpecialFolders("StartUp")
        Debug.Print .SpecialFolders("Template")
        Debug.Print .SpecialFolders("Windows")
    End With
End Sub
```

解説

ここでは、Windowsの「デスクトップ」などの特殊フォルダのパスを取得し、イミディエイトウィンドウに表示します。CreateObject関数(→Tips462参照)を使って、WshShellオブジェクトを作成しています。そして、SpecialFoldersプロパティで、それぞれのパスを取得します。

なお、WshShellオブジェクトは参照設定して使うこともできます。その場合は、「Windows ScriptHost ObjectModel」に参照設定してください。

•SpecialFoldersプロパティの構文

object.SpecialFolders(objWshSpecialFolders)

SpecialFoldersプロパティは、Windowsの「デスクトップ」などの特殊フォルダのパスを取得します。引数objWshSpecialFoldersには、対象のフォルダ名を文字列で指定します。

VBAを使用してモジュールを追加・削除する

▶関連Tips 572

使用機能・命令 **Addメソッド/Removeメソッド**

サンプルファイル名 gokui19.accdb/19_3Module

▼標準モジュールを1つ追加し、「19_TestModule」モジュールを削除する

```
Private Sub Sample571()
    With Application.VBE.ActiveVBProject
        .VBComponents.Add vbext_ct_StdModule     '標準モジュールを追加する
        '「19_TestModule」モジュールを削除する
        .VBComponents.Remove .VBComponents.Item("19_TestModule")
    End With
End Sub
```

❖ 解説

ここでは、まずAddメソッドを使用して、標準モジュールを追加します。次に、RemoveメソッドにVBComponentsコレクションで「19_TestModule」標準モジュールを削除します。

なお、マクロからVBEを操作する場合、[セキュリティセンター]ダイアログボックス[マクロの設定]で、[VBAプロジェクトオブジェクトモデルへのアクセスを信頼する]がオンになっている必要があります。Addメソッドの引数componentに指定する値は、次のとおりです。

◈ Addメソッドの引数componentに指定するvbext_ComponentTypeクラスの値

定数	値	説明
vbext_ct_StdModule	1	標準モジュール
vbext_ct_ClassModule	2	クラスモジュール
vbext_ct_MSForm	3	ユーザーフォーム
vbext_ct_ActiveXDesigner	11	ActiveXデザイナ（通常は使用しない）

なお、このコードを利用するには、[Microsoft Visual Basic Application Extensibility] への参照設定が必要です。

•Addメソッドの構文

object.Add(component)

•Removeメソッドの構文

object.Remove(component)

AddメソッドはVBComponentsコレクションのメソッドで、モジュールを追加することができます。引数componentに追加するモジュールの種類を指定します。

Removeメソッドは、引数componentに指定したモジュールを削除します。モジュールを指定するには、Itemプロパティを使用し、Itemプロパティの引数にモジュール名を記述します。

Tips 572

VBAを使用してコードの行数を取得する

▶関連Tips 571

使用機能・命令 **CountOfLinesプロパティ/CountOfDeclarationLinesプロパティ**

サンプルファイル名 gokui19.accdb/19_3Module

▼「Module1」モジュールの宣言セクションの行数と全体の行数を取得する

```
Private Sub Sample572()
    Dim msg As String

    '「Module1」に対して処理を行う
    With Application.VBE.ActiveVBProject _
        .VBComponents("Module1").CodeModule
        'コード全体の行数をカウントする
        msg = "全て:" & .CountOfLines & vbCrLf
        '宣言セクションの行数をカウントする
        msg = msg & "宣言セクション:" & .CountOfDeclarationLines & _
            vbCrLf
    End With

    'メッセージボックスに表示する
    MsgBox msg
End Sub
```

❖ 解説

ここでは、「Module1」標準モジュールの行数を取得します。

CountOfLinesプロパティは、対象のモジュールのすべての行数をカウントします。CountOfDeclarationLinesプロパティは、宣言セクションの行数をカウントします。なお、ここで言う「行数」には、改行やコメント行も含まれます。

なお、マクロからVBEを操作する場合、[セキュリティセンター]ダイアログボックス[マクロの設定]で、[VBAプロジェクトオブジェクトモデルへのアクセスを信頼する]がオンになっている必要があります。

•CountOfLinesプロパティ/CountOfDeclarationLinesプロパティの構文

object.CountOfLines/CountOfDeclarationLines

CountOfLinesプロパティ/CountOfDeclarationLinesプロパティは、objectに指定したCodeModuleオブジェクトのコードの行数(CountOfLinesプロパティ)と、宣言セクションの行数(CountOfDeclarationLinesプロパティ)を取得します。行数には、改行やコメント行も含まれます。

Tips 573

VBAを使用してテキストファイルからコードを入力する

▶関連Tips 571

使用機能・命令 **AddFromStringメソッド**

サンプルファイル名 gokui19.accdb/19_3Module

▼「Sample573.txt」ファイルにあるコードを「Module2」に挿入する

```
Private Sub Sample573()
    '「Module2」に対して処理を行う
    With Application.VBE.ActiveVBProject.VBComponents("Module2").
         CodeModule
        '「Sample573.txt」のコードを挿入する
        .AddFromFile CurrentProject.Path & "¥Sample573.txt"
    End With
End Sub
```

解説

ここでは、AddFromFileメソッドを使って、このサンプルファイルと同じフォルダにある「Sample573.txt」に入力されているコードを挿入します。AddFromFileメソッドで挿入される位置は、最初のプロシージャの直前です。挿入される位置を指定することはできません。

▼「Sample573.txt」ファイルに入力されているコード

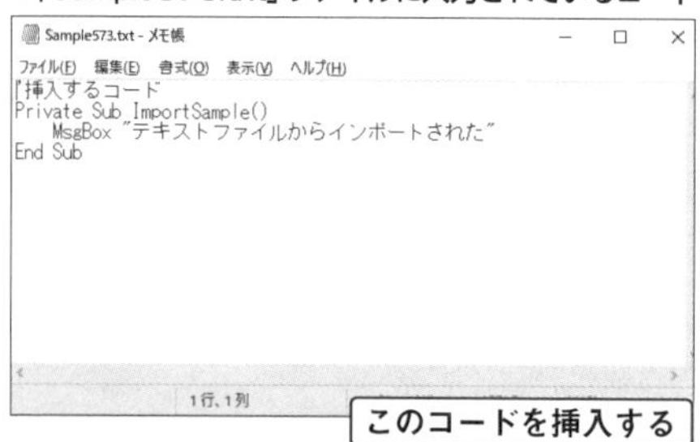

▼実行結果

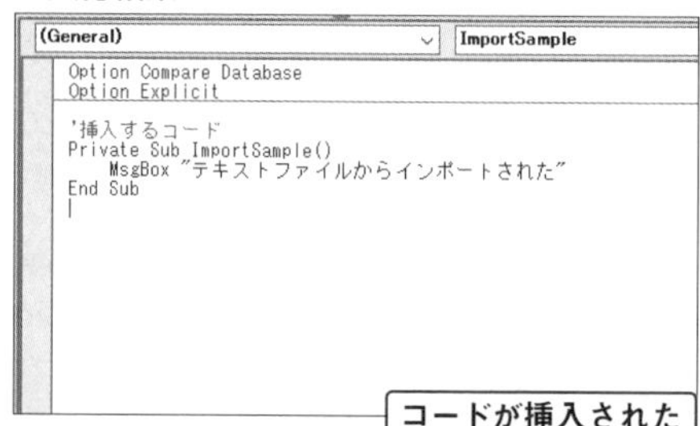

・AddFromStringメソッドの構文

object.AddFromString path

AddFromStringメソッドは、引数pathに指定したファイルのデータを、objectに指定したモジュールに挿入します。挿入箇所は、最初のプロシージャの直前です。挿入される位置を指定することはできません。

なお、マクロからVBEを操作する場合、[セキュリティセンター]ダイアログボックス[マクロの設定]で、[VBAプロジェクトオブジェクトモデルへのアクセスを信頼する]がオンになっている必要があります。

Tips 574 VBAを使用してプログラムの行数を取得する

▶関連Tips 571

使用機能・命令

ProcOfLineプロパティ/ ProcCountLinesプロパティ/ ProcBodyLineプロパティ/ ProcStartLineプロパティ

サンプルファイル名 gokui19.accdb/19_3Module

▼「19_3Module」モジュールの「Sample574」プロシージャの行数等を取得する

```
Private Sub Sample574()
    '「19_3Module」に対して処理を行う
    With Application.VBE.ActiveVBProject.VBComponents("19_3Module").
        CodeModule
        '「Sample574」のそれぞれの情報を取得する
        MsgBox "名前：" & .ProcOfLine(5, vbext_pk_Proc) & vbCrLf _
            & "行数：" & .ProcCountLines("Sample574" _
            , vbext_pk_Proc) & vbCrLf _
            & "先頭行：" & .ProcBodyLine("Sample574" _
            , vbext_pk_Proc) & vbCrLf _
            & "開始行：" & .ProcStartLine("Sample574", vbext_pk_Proc)
    End With
End Sub
```

❖ 解説

ここでは、Samle574プロシージャのプロシージャ名（ProcOfLineプロパティ）、行数（ProcCountLinesプロパテ）、先頭行（ProcBodyLineプロパティ）、開始行（ProcStartLineプロパティ）をそれぞれ取得し、メッセージボックスに表示します。

それぞれのプロパティの2番目の引数は、対象のプロシージャの種類を表し、次の値を指定します。

◇引数prockindに指定する定数

定数	値	説明
vbext_pk_Proc	0	プロパティプロシージャ以外のすべてのプロシージャ
vbext_pk_Let	1	プロパティに値を割り当てるプロシージャ（PropertyLet）
vbext_pk_Set	2	オブジェクトへの参照を設定するプロシージャ（PropertySet）
vbext_pk_Get	3	プロパティの値を返すプロシージャ（PropertyGet）

▼「Sample574」プロシージャの行数などを取得する

```
(General)                                    Sample574
    'メッセージボックスに表示する
    MsgBox msg
End Sub

Private Sub Sample573()
    '「Module2」に対して処理を行う
    With Application.VBE.ActiveVBProject.VBComponents("Module2").CodeModule
        '「Sample573.txt」のコードを挿入する
        .AddFromFile CurrentProject.Path & "¥Sample573.txt"
    End With
End Sub

Private Sub Sample574()
    '「19_3Module」に対して処理を行う
    With Application.VBE.ActiveVBProject.VBComponents("19_3Module").CodeModule
        '「Sample574」のそれぞれの情報を取得する
        MsgBox "名前:" & .ProcOfLine(36, vbext_pk_Proc) & vbCrLf _
            & "行数:"& .ProcCountLines("Sample574" _
            , vbext_pk_Proc) & vbCrLf _
            & "先頭行:" & .ProcBodyLine("Sample574" _
            , vbext_pk_Proc) & vbCrLf _
            & "開始行:" & .ProcStartLine("Sample574", vbext_pk_Proc)
    End With
End Sub

Private Sub Sample575()
    '「19_3Module」モジュールの1行目から5行分のデータをメッセージボックスに表示する
    MsgBox "1-3行目のデータ:" & vbLf _
        & Application.VBE.ActiveVBProject _
```

▼実行結果

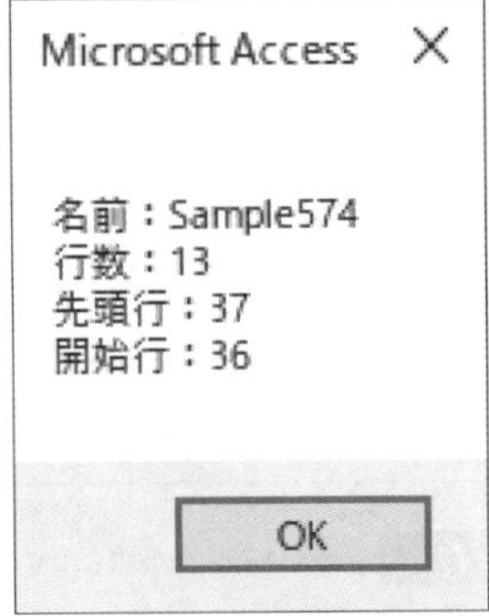

行数などが表示された

なお、マクロからVBEを操作する場合、[セキュリティセンター]ダイアログボックス[マクロの設定]で、[VBAプロジェクトオブジェクトモデルへのアクセスを信頼する]がオンになっている必要があります。

また、このコードを利用するには、[Microsoft Visual Basic Application Extensibility]への参照設定が必要です。

•ProcOfLineプロパティの構文

object.ProcOfLine(line,prockind)

•ProcCountLinesプロパティ/ProcBodyLineプロパティ/ProcStartLineプロパティの構文

object.ProcCountLines/ProcBodyLine/ProcStartLine(procname,prockind)

ProcOfLineプロパティは、引数lineに指定した行が含まれるプロシージャ名を返します。ProcCountLinesプロパティは、プロシージャの行数をカウントします。カウントする行数は、引数procnameに指定したプロシージャがモジュールの先頭にある場合は、宣言セクションの次の行から、それ以外は直前のプロシージャの最終行(End SubステートメントやEnd Functionなどの行)の次の行から指定したプロシージャの最終行までの行数で、空白行も含みます。

ProcBodyLineプロパティは、プロシージャの最初の行を返します。「最初の行」とは、Sub、Function、またはPropertyステートメントがある行のことです。ProcStartLineプロパティは、プロシージャの開始行を返します。「開始行」とは、引数procnameに指定したプロシージャがモジュールの先頭にある場合は、宣言セクションの次の行、それ以外の場合は直前のプロシージャの最終行(End SubステートメントやEnd Functionなどを含む行)の次の行になります。ProcBodyLineプロパティとProcStartLineプロパティの違いには、注意してください。

Tips 575

VBAを使用してコードを取得する

▶関連Tips 571

使用機能・命令 **Linesプロパティ**

サンプルファイル名 gokui19.accdb/19_3Module

▼「19_3Module」モジュールの先頭から5行分のデータを取得し、メッセージボックスに表示する

```
Private Sub Sample575()
    '「19_3Module」モジュールの1行目から5行分のデータをメッセージボックスに表示する
    MsgBox "1-5行目のデータ：" & vbLf _
        & Application.VBE.ActiveVBProject _
        .VBComponents("19_3Module").CodeModule.Lines(1, 5)
End Sub
```

❖ 解説

ここでは、VBAのコードを取得します。「19_3Module」標準モジュールの1行目から5行分のコードを取得して、メッセージボックスに表示します。VBComponentsコレクションの引数に「19_3Module」を指定し、CodeModuleオブジェクトを取得して、Linesプロパティの対象にします。Linesプロパティの対象はモジュールです。プロシージャではないので注意してください。なお、コードの行数ですが、宣言セクションも含む先頭が1行目になります。

▼このモジュールのコードを取得する

先頭から5行分取得する

▼実行結果

コードが取得された

•Linesプロパティの構文

object.Lines(startline, count)

Linesプロパティは、引数startlineに指定した行から、引数Countに指定した行数分のコードを取得します。objectには、CodeModuleオブジェクトを指定します。

VBAを使用してコードを入力する

▶関連Tips 571

使用機能・命令 **InsertLinesメソッド**

サンプルファイル名 gokui19.accdb/19_3Module

▼「Module1」モジュールにコードを入力する

```
Private Sub Sample576()
    Dim vStr As String

    '挿入する文字列を変数に代入する
    vStr = "MsgBox ""プログラムから入力"""

    '「Module1」の、21行目に入力する
    Application.VBE.ActiveVBProject.VBComponents("Module1") _
        .CodeModule.InsertLines 21, vStr
End Sub
```

❖ 解説

ここでは、「Module1」の21行目に、文字列「MsgBox "プログラムから入力"」を追加します。指定する行番号ですが、宣言セクションを含む先頭が1行目になります。

▼Sample576プロシージャにコードを追加する

```
(General)                                   Sample576_3
Option Compare Database
Option Explicit

'動作確認用の定数
Const TEST As Boolean = False

Private Sub Sample576_2()
    Dim msg As String
    '「Module1」に対して処理を行う
    With ThisWorkbook.VBProject.VBComponents("Module1").CodeModule
        'コード全体の行数をカウントする
        msg = "全て：" & .CountOfLines & vbCrLf
        '宣言セクションの行数をカウントする
        msg = msg & "宣言セクション：" & .CountOfDeclarationLines & vbCrLf
    End With
    'メッセージボックスに表示する
    MsgBox msg
End Sub

Private Sub Sample576_3()

End Sub
```

このプロシージャ内に入力する

▼実行結果

・InsertLinesメソッドの構文

object.InsertLines(line, code)

InsertLineメソッドは、引数lineに指定した行に、引数codeに指定したコードを入力します。

VBAを使用してコードを置換する

▶関連Tips 571

使用機能・命令 ReplaceLineメソッド

サンプルファイル名 gokui19.accdb/19_3Module

▼「Module3」モジュールの16行目のコードを置換する

```
Private Sub Sample577()
    Dim vStr As String

    '書き換える文字列を変数に代入する
    vStr = vbTab & "'置き換えました"

    '「Module3」のモジュールの16行目を書き換える
    Application.VBE.ActiveVBProject.VBComponents("Module3") _
        .CodeModule.ReplaceLine 16, vStr
End Sub
```

❖ 解説

ここでは、ReplaceLineメソッドを使用して、「Module3」標準モジュールの16行目のコードを、タブと「置き換えました」という文字列に置換します。

なお、ここではコメント行を置換していますが、これはReplaceLineメソッドの動作をわかりやすくするためです。当然ですが、VBAのコードも置換することができます。

▼コードを置換する

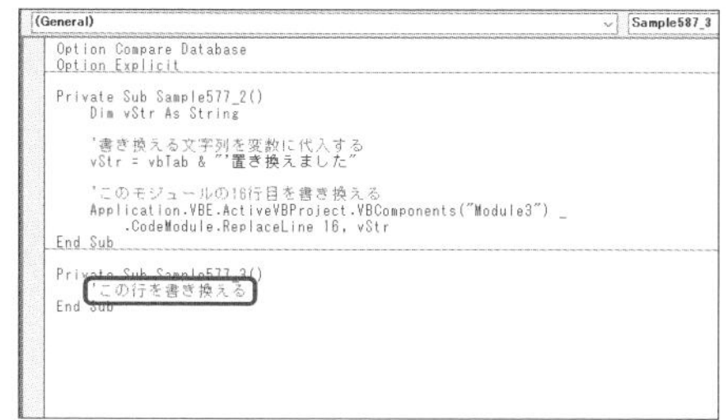

この行を書き換える

▼実行結果

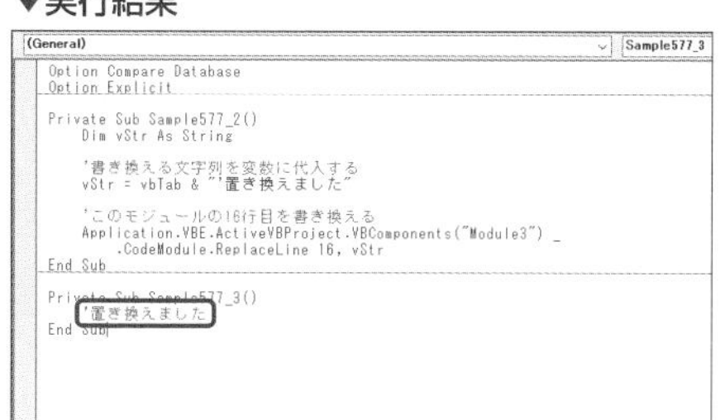

コードが書き換えられた

•ReplaceLineメソッドの構文

object.ReplaceLine(line, code)

ReplaceLineメソッドは、引数lineに指定した行のコードを、引数codeに指定したコードで置き換えます。

VBAを使用してコードを削除する

▶関連Tips 571

使用機能・命令 **DeleteLinesメソッド**

サンプルファイル名 gokui19.accdb/19_3Module

▼「Module4」の11行目のコードを削除する

```
Private Sub Sample578()
    '「Module4」の11行目から1行コードを削除する
    Application.VBE.ActiveVBProject.VBComponents("Module4").CodeModule _
        .DeleteLines 11, 1
End Sub
```

解説

ここでは、「Module4」標準モジュールの11行目のコード（コメントの行）を、DeleteLinesメソッドを使って削除します。

DeleteLinesメソッドは、削除を開始する行番号と行数を指定します。

▼コードを削除する

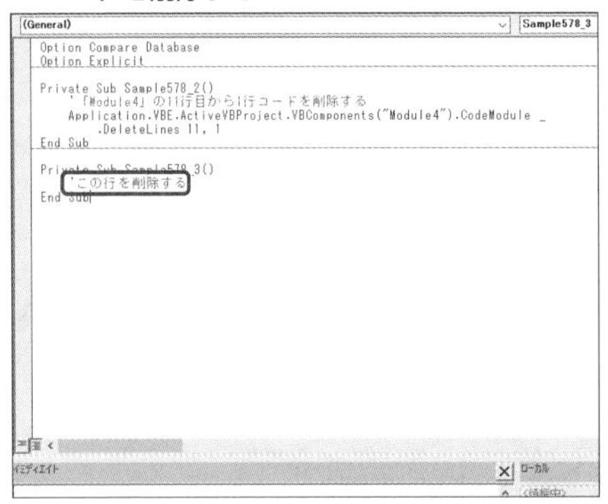

この行を削除する

▼実行結果

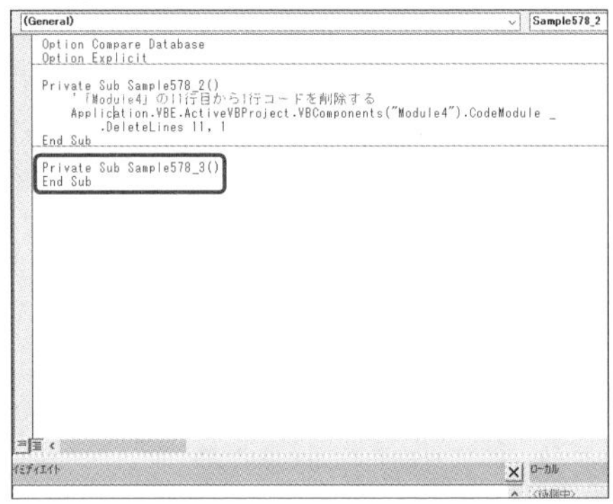

コードが削除された

・DeleteLineメソッドの構文

object.DeleteLines(startline [, count])

DeleteLineメソッドは、コードを削除します。objectに、対象となるCodeModuleオブジェクトを指定します。引数startlineには、削除するコードの先頭行を指定します。引数countには、削除する行数を指定します。省略した場合は、1行削除されます。

Tips 579

モジュールを エクスポートする

▶関連Tips 571

使用機能・命令 **Exportメソッド**

サンプルファイル名 gokui19.accdb/19_3Module

▼「Module3」モジュールを、このデータベースと同じフォルダにエクスポートする

```
Private Sub Sample579()
    'Module3 モジュールをエクスポートする
    Application.VBE.ActiveVBProject.VBComponents("Module3").Export _
        CurrentProject.Path & "¥Module3.bas"
End Sub
```

解説

ここでは、「Module3」標準モジュールを「Module3.bas」として、このサンプルのあるブックと同じフォルダにエクスポートします。

なお、同じファイル名のファイルがすでにある場合、自動的に上書きされるので（警告のメッセージ等は表示されません）、注意が必要です。

▼実行結果

モジュールがエクスポートされた

•Exportメソッドの構文

object.Export(filename)

Exportメソッドは、指定したモジュールをエクスポートします。objectに対象のモジュールを指定し、引数filenameに保存するファイル名を指定します。

なお、ファイルの拡張子は、標準モジュールが「.bas」、クラスモジュールが「.cls」となります。

19

VBAを応用する極意

モジュールをインポートする

▶関連Tips 571

使用機能・命令 **Importメソッド**

サンプルファイル名 gokui19.accdb/19_3Module

▼「Module5」モジュールをインポートする

```
Private Sub Sample580()
    'Module5モジュールをインポートする
    Application.VBE.ActiveVBProject.VBComponents.Import _
        CurrentProject.Path & "¥Module5.bas"
End Sub
```

❖ 解説

ここでは、このデータベースと同じフォルダにある「Module5」標準モジュールをインポートします。

インポートファイルのパスは、Pathプロパティ（→Tips253）で取得しています。

▼実行結果

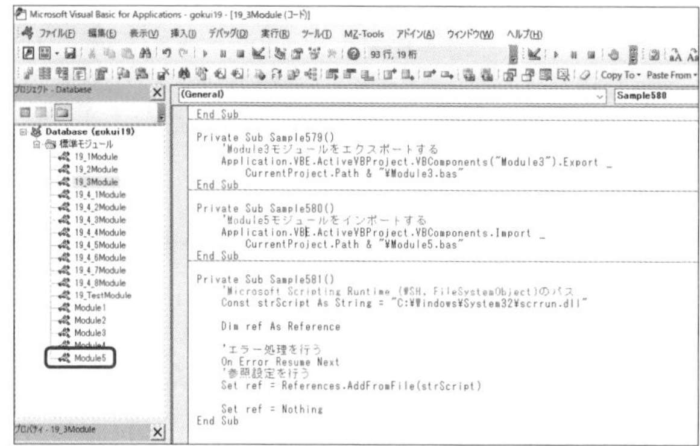

モジュールがインポートされた

•Importメソッドの構文

object.Import(filename) As VBComponent

Importメソッドは、指定したファイルからモジュールをインポートします。引数filenameに対象のファイルを指定します。

なお、ファイルの拡張子は、標準モジュールが「.bas」、クラスモジュールが「.cls」になります。

Tips 581

参照設定を自動的に行う

▶関連Tips 571

使用機能・命令　**AddFromFileメソッド**

サンプルファイル名　gokui19.accdb/19_3Module

▼「Microsoft Scripting Runtime」への参照設定を行う

```
Private Sub Sample581()
    'Microsoft Scripting Runtime (WSH, FileSystemObject)のパス
    Const strScript As String = "C:¥Windows¥System32¥scrrun.dll"

    Dim Ref As Reference

    'エラー処理を行う
    On Error Resume Next
    '参照設定を行う
    Set Ref = References.AddFromFile(strScript)

    Set Ref = Nothing
End Sub
```

解説

ここでは、「Microsoft Scripting Runtime」への参照設定をコードから行います。参照設定を行うには、AddFromFileメソッドを使用します。

ただし、参照設定がすでに行われていると、エラーになるため、On Error Resume Nextステートメントでエラーを回避しています。

なお、参照設定に使用するファイルのパス（ここでは、scrrun.dll）は、環境によって異なるので、自身の環境を確認してからサンプルを実行してください。

▼実行結果

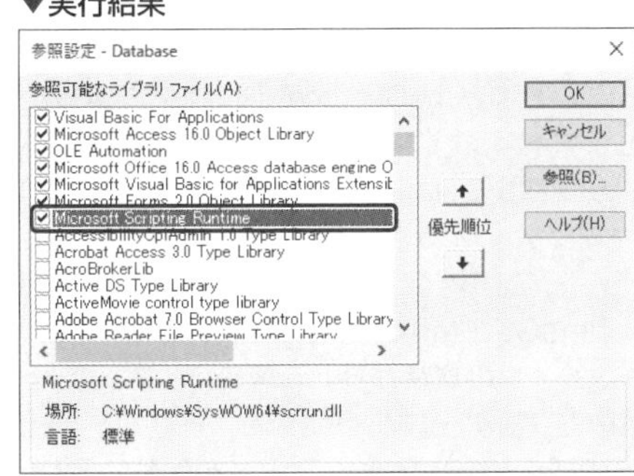

参照設定が行われた

・AddFromFileメソッドの構文

object.AddFromFile(FileName)

AddFromFileメソッドは、Referencesオブジェクトに対し使用し、指定したファイル内にあるタイプライブラリへの参照を作成します。

19　VBAを応用する極意

Tips 582

Windows APIを利用して時間を測定する

▶関連Tips 583 584

使用機能・命令 **timeGettime関数**

サンプルファイル名 gokui19.accdb/19_4_1Module

▼ループ処理にかかった時間をミリ秒単位で計測する

```
'timeGettimeAPI関数を宣言する
Declare Function timeGetTime Lib "winmm.dll" () As Long
Private Sub Sample582()
    Dim StartTime As Long
    Dim i As Long

    StartTime = timeGetTime

    Do
        i = i + 1
    Loop Until i > 1000000

    '経過時間をメッセージボックスに表示する
    MsgBox "経過時間：" & timeGetTime - StartTime & "ミリ秒"
End Sub
```

解説

ここでは、timeGettimeAPI関数を使用して、処理時間を計測します。API関数は、モジュールの宣言部分に記述します。

サンプルでは、Do Loopステートメントの処理時間をメッセージボックスに表示します。サンプルなので、Do Loopステートメント内では特に何もしていません。

timeGettimeAPI関数の結果は、ミリ秒単位になります。なお、お使いの環境が64bit版のOSおよびAccessの場合は、APIを宣言する際に、DeclareキーワードとFunctionキーワードの間にPtrSafeキーワードを入れて、「Declare PtrSafe Function」と記述してください。

▼実行結果

処理時間が表示された

• timeGettime関数の構文

timeGettime

timeGettimeAPI関数は、システムが起動してからの時刻をミリ秒単位で取得します。

Tips 583

Windows APIを利用してウィンドウを取得する

▶関連Tips 584

使用機能・命令 **FindWindowAPI関数**

サンプルファイル名 gokui19.accdb/19_4_2Module

▼メモ帳が起動しているかを確認する

```
'FindWindowAPI関数の宣言
Declare Function FindWindow Lib "user32" Alias "FindWindowA" ( _
    ByVal lpClassName As String _
    , ByVal lpWindowsName As String) As Long
Private Sub Sample583()
    Dim hw As Long, pID As Long
    'メモ帳のウィンドウを探す
    hw = FindWindow("Notepad", vbNullString)
    If hw = 0& Then
        'メモ帳が起動していない場合、起動する
        pID = Shell("Notepad.exe", vbNormalFocus)
    Else
        '起動している場合メッセージを表示する
        MsgBox "メモ帳は起動しています", vbInformation
    End If
End Sub
```

❖ 解説

ここでは、FindWindowAPI関数を使用して、メモ帳が起動しているかをチェックします。起動していない場合は、Shell関数を使用してメモ帳を起動します。FindWindowAPI関数は、指定したウィンドウを探す関数です。ウィンドウを指定するには、対象のアプリケーションのクラス名が必要です。メモ帳の場合、「Notepad」になります。なお、API関数は、呼び出しでエラーが発生すると、On Errorステートメントでエラーを回避しようとしてもうまくいかず、エラーが発生してしまうので注意が必要です。お使いの環境が64bit版のOSおよびAccessの場合は、APIを宣言する際に、DeclareキーワードとFunctionキーワードの間にPtrSafeキーワードを入れて、「Declare PtrSafe Function」と記述してください。

• FindWindowAPI関数の構文

FindWindow(classname, windowname)

FindWindowAPI関数は、指定したウィンドウを見つけるとウィンドウ番号を返します。見つからない場合は、0を返します。引数classnameには、アプリケーションを表すクラス名を指定します。引数windwnameには、ウィンドウキャプションを指定します。特に指定しない場合は、「vbNullString」（値0の文字列）を指定します。

Tips 584

64bit版のWindows APIを利用する

▶関連Tips 590

使用機能・命令 **PtrSafeキーワード**

サンプルファイル名 gokui19.accdb/19_4_3Module

▼Accessが64bit版かどうかで、APIの宣言方法を分ける

```
'timeGettimeAPI関数を宣言する
'AccessのバージョンによってAPIの宣言を変える
#If VBA7 Then
    '64bitバージョンのWindowsAPIの宣言
    Declare PtrSafe Function timeGetTime Lib "winmm.dll" () As Long
#Else
    '32bitバージョンのWindowsAPIの宣言
    Declare Function timeGetTime Lib "winmm.dll" () As Long
#End If
Private Sub Sample584()
    Dim StartTime As Long
    Dim i As Long
    StartTime = timeGetTime
    Do
        i = i + 1
    Loop Until i > 1000000
    '経過時間をメッセージボックスに表示する
    MsgBox "経過時間：" & timeGetTime - StartTime & "ミリ秒"
End Sub
```

❖ 解説

ここでは、#IF Then #Elseディレクティブと、VBA7条件付きコンパイラ定数を組み合わせ、APIの宣言を分けています。#IF Then #Elseディレクティブは、条件に当てはまらない処理についてはコンパイルしないため、コンパイルエラーが出ません。ここでは、時間を測定するtimeGetTimeAPI関数を使用しています。timeGetTimeAPI関数については、Tips582を参照してください。

このサンプルは、APIの宣言方法に関するものですので、処理自体は、単にループ処理の処理時間を計測しているだけです。

•PtrSafe キーワードの構文

Public/Private PtrSafe Function

PtrSafeキーワードは、OSとAccessが64bit版だった場合に、Windows API関数を使用できるようにします。64bit環境と32bit環境が混在する場合は、コンパイルエラーを避けるため、#IF Then #Elseディレクティブと組み合わせて使用します。

Tips 585

再帰処理を行う

▶関連Tips 002

使用機能・命令　Functionプロシージャ

サンプルファイル名　gokui19.accdb/19_4_4Module

▼再帰処理を使って、ファイル名を取得する

```
Sub Sample585_1()
    'Sample585_2を呼び出す
    Sample585_2 CurrentProject.Path
End Sub

Sub Sample585_2(ByVal Path As String)
    Dim buf As String
    Dim fso As Object
    buf = Dir(Path & "\*.*")
    'ファイルが見つからなくなるまで処理を繰り返す
    Do While buf <> ""
        'イミディエイトウィンドウにファイル名を表示する
        Debug.Print buf
        buf = Dir()  '次のファイルを検索する
    Loop
    'FileSystemObjectオブジェクトを利用する
    With CreateObject("Scripting.FileSystemObject")
        'サブフォルダを検索する
        For Each fso In .GetFolder(Path).SubFolders
            'サブフォルダをこのプロシージャに渡し、再起処理をする
            Sample585_2 fso.Path
        Next
    End With
End Sub
```

❖ 解説

ここでは、再帰処理を使って、サブフォルダを含むファイルの検索を行っています。再帰処理を使うことで、指定したフォルダ内のサブフォルダを含む全てのファイルを検索することができます。

再帰処理とは、プロシージャ内で自らのプロシージャを呼び出す処理を言います。再帰処理を使用すると、同じ演算を繰り返す場合などにプログラムを簡潔に記述することができますが、再帰処理から抜け出す条件を適切に指定しないとエラーになります。

Functionプロシージャ内で、自分自身のプロシージャを呼び出すことで再帰処理を行うことができます。

Tips 586

OSの種類に応じて処理を分ける

▶関連Tips 584

使用機能・命令 **#IF Then #Elseディレクティブ**

サンプルファイル名 gokui19.accdb/19_4_5Module

▼OSが64bitバージョンかどうかで異なるAPI関数を使用する

```
Private Sub Sample586()
    Dim t1 As LongPtr, t2 As LongPtr
    Dim i As Long

    '経過時刻を取得する
    t1 = GetTickCount

    Do '時間を計測するための処理する
        i = i + 1
    Loop Until i > 1000000

    '再度経過時刻を取得する
    t2 = GetTickCount

    MsgBox t2 - t1 & "ミリ秒" '経過時刻を表示する
End Sub
```

解説

ここでは、OSの種類に応じて処理を分けます。OSは、64bit版と32bit版があります。#If Then #ElseディレクティブとWin64条件付きコンパイラ定数を使って、適切に処理を行います。

ここで使用するのは、GetTickCountAPI関数です。GetTickCountAPI関数は、システムが起動してからの時間をミリ秒単位で取得します。64bitOSでは、APIの宣言時にPtrSafeキーワードが必要です。そこで、APIの宣言を、#If Then #Elseディレクティブを使用して分けています。また返す値も、64bit版ではLongLong型となるため、受ける変数(t1とt2)のデータ型は64bitと32bitそれぞれの環境で正しく動作するLongPtr型にしています。このデータ型は、対象が64bitの場合はLongLong型として、32bitの場合はLong型として動作します。

#If Then #Elseディレクティブを使用することで、OSの違いによるコンパイルエラーを避けることができます。なお、Do Loopステートメントによる処理は、ここでは特に何もせず時間の計測だけに使用しています。

▼実行結果

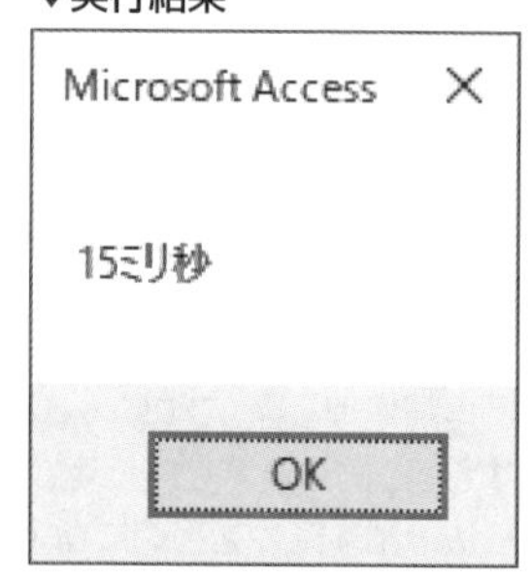

処理時間が表示された

•#IF Then #Elseディレクティブの構文

#If expression Then
statements
[#ElseIf expression Then
[statements]
[#Else
[statements]]
#End If

#If Then #Elseディレクティブは、通常のIF関数と同じように、条件に応じた処理を行います。

ただし、条件に満たない場合の処理については、コンパイルを行いません。Windowsには、32bit版と64bit版があります。VBAからAPIを使用する時に、この違いを区別しなくてはならないケースなどで使用します。

Tips 587

参照しているライブラリの一覧を取得する

▶関連Tips 581

使用機能・命令 **Referencesプロパティ**

サンプルファイル名 gokui19.accdb/19_4_6Module

▼参照設定しているライブラリを取得する

```
Private Sub Sample587()
    Dim msg As String
    Dim ref As Object

    'すべての参照設定に対して処理を行う
    For Each ref In Application.VBE.ActiveVBProject.References
        With ref
            '参照設定の名前と説明を取得する
            msg = msg & "参照設定：" & .Name & "：" _
                & .Description & vbCrLf
        End With
    Next

    MsgBox msg '取得した参照設定の名前と説明を表示する
End Sub
```

解説

ここでは、Referencesプロパティで現在参照設定されているライブラリを取得し、Nameプロパティで「名前」を、Descriptionプロパティで「説明」をそれぞれ取得し、メッセージボックスに表示します。

▼実行結果

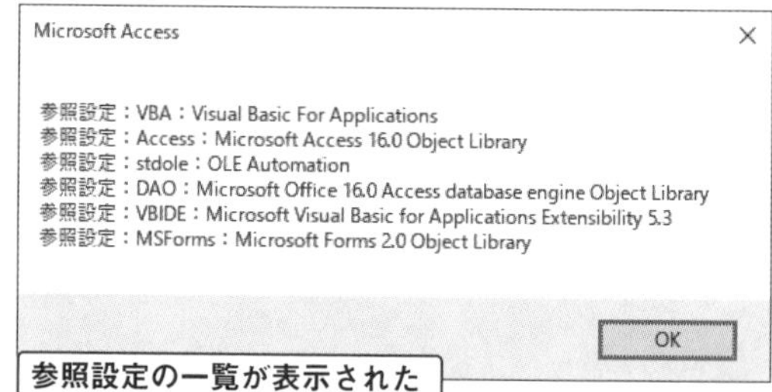

•Referencesプロパティの構文

object.References

Referencesプロパティは、参照設定されているライブラリのコレクションを返します。objectには、VBProjectオブジェクトを指定します。

なお、このプロパティはセキュリティの設定で、[VBAプロジェクトオブジェクトモデルへのアクセスを信頼する] チェックボックスがOnになっていないと使用できません。

Tips 588 一定時間処理を待つ

▶関連Tips 584

使用機能・命令 **Sleep関数**

サンプルファイル名 gokui19.accdb/19_4_7Module

▼最初のメッセージボックスを閉じた後、10秒待ってから次のメッセージボックスを表示する

```
Declare Sub Sleep Lib "kernel32" (ByVal dwMilliseconds As Long)

Private Sub Sample588()
    Const WAIT_SEC As Single = 10

    MsgBox "処理を開始"

    '10秒処理を待つ
    Sleep WAIT_SEC * 1000

    MsgBox WAIT_SEC & "秒経過しました！"
End Sub
```

解説

ここでは、Windows APIのSleep関数を使用して、指定した時間だけ処理を待ちます。Sleep関数はミリ秒単位で値を指定し、その分だけ処理を待ちます。

なお、お使いの環境が64bit版のOSおよびAccessの場合は、APIを宣言する際に、DeclareキーワードとFunctionキーワードの間にPtrSafeキーワードを入れて、「Declare PtrSafe Function」と記述してください。

▼まずこのメッセージが表示される

「OK」ボタンをクリック後、10秒処理を待つ

▼実行結果

10秒経って、メッセージが表示された

•Sleep関数の構文

Sleep num

Sleep関数は、numに指定した値だけ処理を待ちます。ミリ秒単位で指定します。

Accessがランタイムで動作しているか調べる

▶関連Tips 125 584

使用機能・命令 **SysCmdメソッド**（→Tips125）

サンプルファイル名 gokui19.accdb/19_4_8Module

▼Accessがランタイム環境で動作しているかを調べる

```
Private Sub Sample589()
    'Accessがランタイムか調べる
    If SysCmd(acSysCmdRuntime) Then
        MsgBox "Accessはランタイムです"
    Else
        MsgBox "Accessはランタイムではありません"
    End If
End Sub
```

❖ 解説

Accessには、テーブルやフォームなどのオブジェクトを作成できる通常版と、作成されたファイルを実行するだけのランタイム版があります。

ここでは、Accessがランタイム版で実行されるかをチェックします。

Accessがランタイム版かどうかは、SysCmdメソッドで確認することができます。SysCmdメソッドの引数に、「acSysCmdRuntime」を指定します。ランタイムの場合はTrueが、そうでない場合はFalseが返ります。

▼実行結果

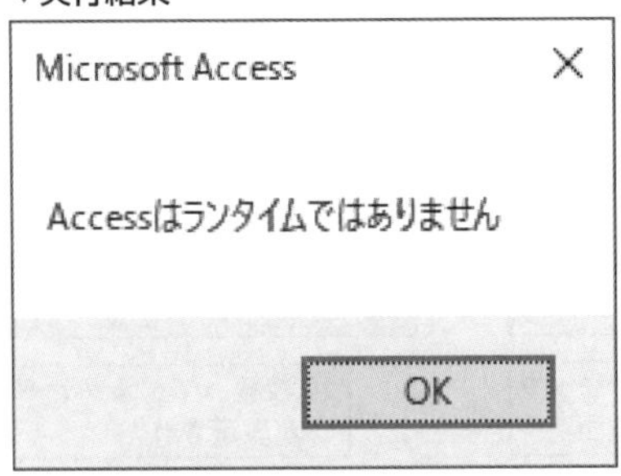

Accessの実行状況を確認できた

開発効率を上げるための極意

コードウィンドウを集中して作業できる「色」にする

▶関連Tips 591

使用機能・命令 「オプション」ダイアログボックス

❖ 解説

効率よくコーディングするには、作業しやすい環境をつくることは重要です。なかでも、プログラム作成中に一番見ている画面、つまり「コードウィンドウ」の「色」は作業する上で実はとても大切です。デフォルトでは下の左図のように、背景が白になっています。これを右図のように背景やフォントの色を変更します。

ここでは、背景色は「黒」としています。これは、一般に背景が「白」だと長時間作業した場合に目への負担が大きいとされているためです。

▼「コードウィンドウ」の「色」を変更する

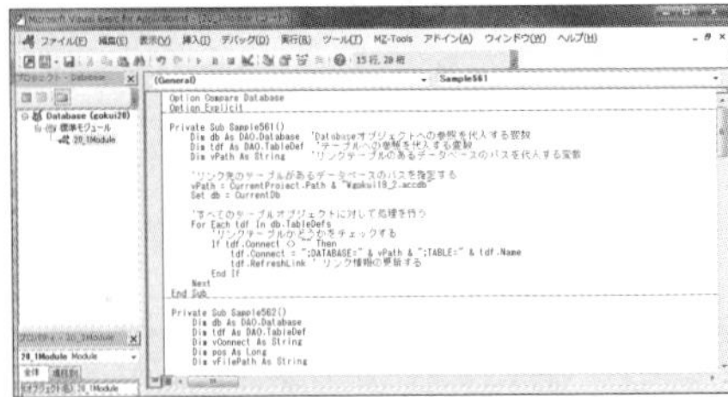

背景色や文字色を見やすい色に変更する

フォント・文字色・背景色の設定は、VBEメニューの「ツール」-「オプション」から表示される次の「オプション」ダイアログボックス内の「エディターの設定」タブで行います。

▼「オプション」ダイアログボックス

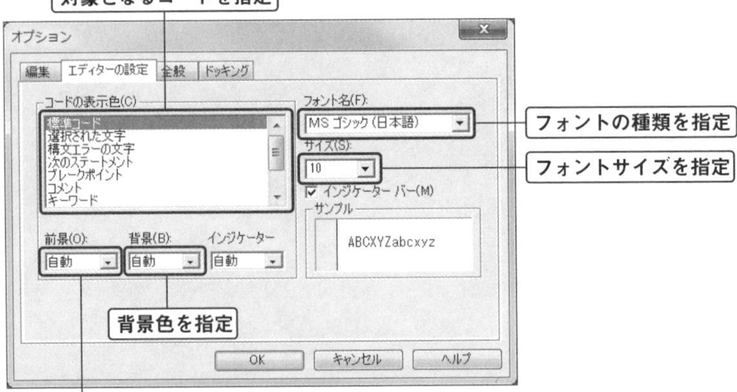

なお、「コードの表示色」のうち、まずは以下の設定を変更すると良いでしょう。

◈「コードの表示色」の種類と意味

項目	説明
標準コード	数値や文字列、記号など
コメント	コメント
キーワード	VBAのキーワード
識別子	マクロ名や変数名、プロパティ・メソッド

これらを参考に、皆さんの好みの色に変更してみて下さい。

構文エラー時の余計なメッセージを非表示にする

▶関連Tips 590

使用機能・命令　「オプション」ダイアログボックス

❖ 解説

コーディング中に入力ミス等で構文エラーになる場合、デフォルトでは次のようなメッセージが表示されます。

▼構文エラーのメッセージ

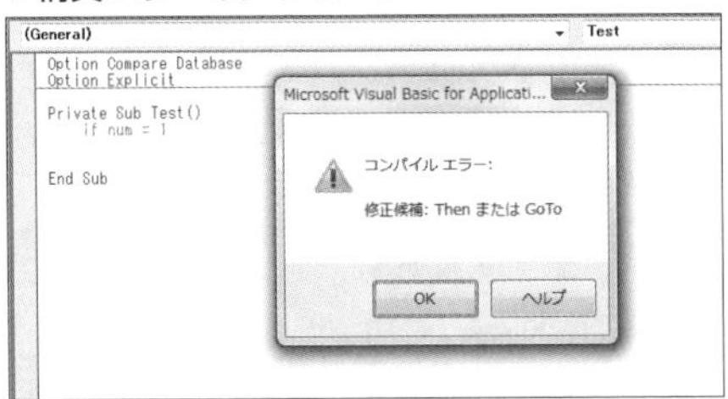

このようなエラーが表示される

この機能は、プログラム作成時の構文ミスを教えてくれるので一見便利に思えます。しかし、実際にはこのメッセージがなくても、先程の図のように該当箇所のコードに「色」がついているためエラーが発生していることはわかりますし、何より、「OK」を押して閉じないとならないので面倒です。そこで、このメッセージは表示しないようにしてしまいましょう。

構文エラーのメッセージを非表示にするには、「オプション」ダイアログボックスの「編集」タブにある「自動構文チェック」のチェックを外します。

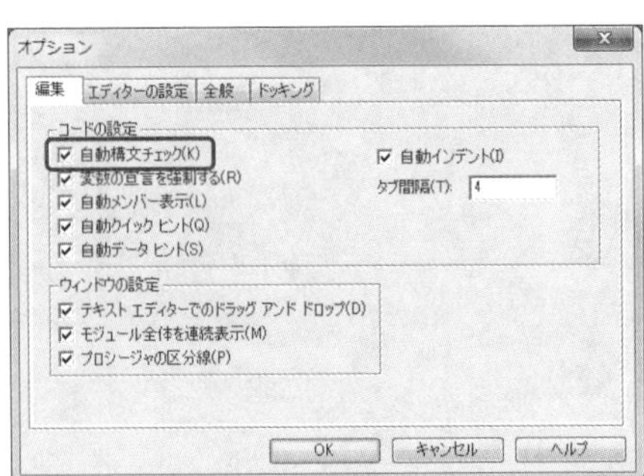

Memo　このメッセージが表示されても「OK」ボタンをクリックするだけですので、大した手間ではありません。しかし、プログラムを作成するときは、そのロジック等に集中して作業したいはずです。このようなちょっとしたことでも集中力を妨げ、効率を下げることになるので、ぜひこの設定を行うようにしましょう。

Tips 592

ショートカットキーを利用して作業効率を上げる

▶関連Tips 593

使用機能・命令　ショートカットキー

❖ 解説

プログラミング中は、ロジックなどを考えながらコードを入力します。このとき、考えが中断されると一気に効率が落ちます。これは電話などの割り込みだけではなく、例えば、キーボードから手を離してマウスを使おうとしたときに、マウスを探したり、カーソルの位置を探したりすることも含まれます。そこでこういった集中を妨げるものを少しでも避ける方法の1つがショートカットキーの利用です。大げさに感じるかもしれませんが、実はとても重要なことなのです。そこでここではVBEで使用できるショートカットキーのうち、是非覚えていただきたいものを整理します。

◈ 最低限押さえておくべきショートカットキー

ショートカットキー	説明
「Alt」+「F11」キー	Excel画面とVBE画面を切り替え
「F5」キー	マクロ実行
「F8」キー	ステップ実行
「Ctrl」+「矢印」	上下はプロシージャ単位で、左右は単語単位でカーソルを移動する
「Ctrl」+「Shift」+「矢印キー」	現在のカーソル位置から、上下はプロシージャ単位で、左右は単語単位で範囲選択する
「Shit」+「F2」	変数の定義や、呼び出しているプロシージャの位置へジャンプする
「Ctrl」+「Shift」+「F2」	変数の定義や、呼び出しているプロシージャの位置へ戻る

中でも「Ctrl」キー+「矢印」キーを使用したプロシージャ単位でのカーソル移動は便利ですので、ぜひ覚えてください。

Tips 593 アクセスキーを利用して作業効率を上げる

▶関連Tips 592

使用機能・命令　**アクセスキー**

❖ 解説

「アクセスキー」とはツールバーのボタンやメニューに、キーボードでアクセスするためのキーです。VBEのボタンにキーボードでアクセスできるようになると、作業効率が一気に上がります。

ここでは、「編集」ツールバーにある「非コメントブロック」のボタンにアクセスキーを設定します。アクセスキーを設定するには「ユーザー設定」を利用します。なお、アクセスキーの設定は割り当てたい文字の前に「&」をつけます。例えば、「x」に割り当てたい場合は「&x」と指定します。これで、「Alt」キーに続けて「x」キーを押すことでボタンをクリックしたのと同じ処理を行うことができます。

▼「ユーザー設定」の表示

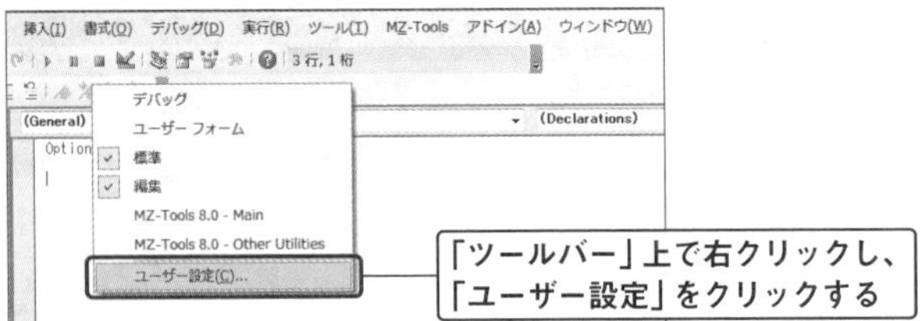

▼アクセスキーの設定

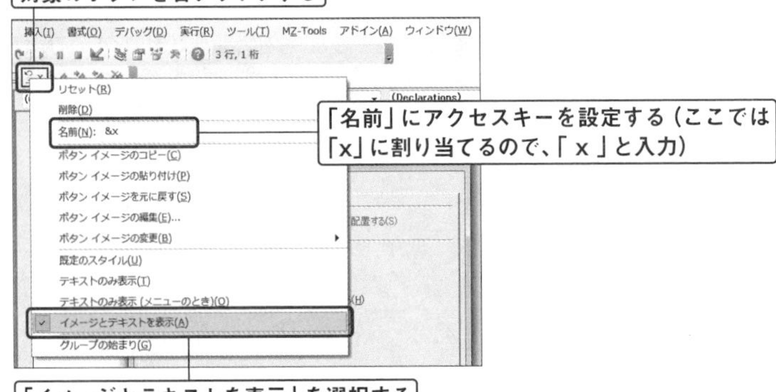

▼「ユーザー設定」を閉じる

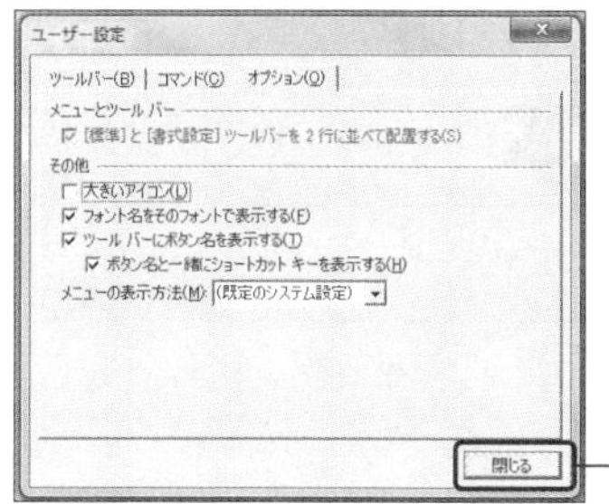

これで、ボタンにキーボードからアクセスできるようになりました。

同様に「コメントブロック」にも設定してみましょう。筆者の場合コメントブロックのアクセスキーは「Alt」キー「c」（「名前」欄に「&c」と入力）しています。

なお、この設定ですが、VBEの横幅を狭くすると、ボタンの横のテキスト（ここではx）が隠れてしまう場合があります。設定したテキストが隠れてしまうとアクセスキーが動作しないので注意してください。

なお、「コメントブロック」は、選択された複数行をまとめてコメントアウト（「非コメントブロック」はその逆の解除）できる機能です。とても便利ですので、ぜひ利用してください。

変数/定数の名前の付け方の基本

▶関連Tips 012

使用機能・命令 なし

サンプルファイル名 gokui20.accdb/20_1Module

▼定数名/変数名の例

```
Private Sub NameSample()
    Const TAX As Double = 0.1
    Dim TotalPrice As Long
    Dim Price As Long
    Dim Quantity As Long
    Price = 100
    Quantity = 50
    TotalPrice = Price * Quantity
    MsgBox TotalPrice & "(税: " & TotalPrice * TAX & ")"
End Sub
```

❖ 解説

ここでは、定数名と変数名を「意味のある」ものにしています。このように**定数名や変数名は、「見てわかる」名前をつけるべきです**。

では、定数名/変数名はどのようにつけるのが良いのでしょうか。まず言えるのが、「抽象的な名前は避ける」ということになります。例えば、一時的に値を入れるための「tmp」や「temp」がそれです（ただし、ループ処理の時に使う変数「i」などは、慣例になっているので使用してもよいでしょう）。

名前をつけるポイントは、「用途」と「対象」の2つを意識する点です。例えば、「合計」を扱う変数であれば、用途の観点からすると「Total」が適当です。さらに、「対象」（何の合計か）を意識すると、例えば、「TotalPrice」（価格の合計）とか、「TotalCount」（数量の合計）ということになります。

なお、変数名に意味を埋め込むのに、複数の単語を組み合わせて変数名とする事もよくあります。その場合単語の区切りを表現するための表記のルールを決めておくと、統一感が出て読みやすくなります。

プログラムで利用される代表的な方法は以下になります。

◈ 単語を組み合わせるときによく使われる記法

記法	特徴	例
キャメル記法	基本は小文字で記述し、続く単語の先頭を大文字にする	totalPrice、totalCount等
スネーク記法	単語ごとにアンダーバーを入れる	total_price、total_count等
パスカル記法	単語の先頭だけ大文字にする。VBAのプロパティ名やメソッド名は原則パスカル記法になっている	TotalPrice、TotalCount等

上記のうちどれを採用するかは、皆さんの好みで決めていただいて結構です。ただし、複数の記法を混在させるのは避けましょう。

Memo 変数名の命名方法で、変数のデータ型を変数名の先頭につける、システムハンガリアン記法と呼ばれるものがあります。

```
Dim strMessage As String
Dim lngCount As Long
```

しかし、この方法は次の理由からおすすめできません。

・変数のデータ型を変更した時に、変数名もすべて変えなくてはならない
・そもそもデータ型を変数名に含ませる必要がない(間違ったデータを代入すればエラーになるので見つけることができる)
・Variant型を使用した場合に意味をなさない
など

これに対して、アプリケーションハンガリアン記法と呼ばれる方法があります。例えば、次のように同じ金額でもドルと円がある場合に次のように記述する方法です。

```
Dim dolCost As Long
Dim yenCost As Long
```

この方法は、コードの読みやすさの向上につながるので、ぜひ利用してください。

列挙型を利用して読みやすいコードにする

▶関連Tips 019

使用機能・命令 **Enumステートメント**

サンプルファイル名 gokui20.accdb/20_2Module

▼Excelブックの状態をチェックする

```
'ファイルの状態を表す列挙型
Enum FileState
    eNone       'ファイルなし
    eOpened     'ファイルが開いている
    eClosed     'ファイルが閉じている
End Enum

Private Sub IsBookOpenedTest()
    Dim vPath As String
    '対象のファイルのパス
    vPath = Application.CurrentProject.Path & "\Sample.xlsx"

    Dim vStr As String
    Dim vResult As FileState
    'ファイルの状態をチェックする
    vResult = IsBookOpened(vPath)
    Select Case vResult
        Case FileState.eNone
            vStr = "ファイルが存在しません"
        Case FileState.eClosed
            vStr = "ファイルは閉じています"
        Case FileState.eOpened
            vStr = "ファイルが開いています"
    End Select
    MsgBox vStr, vbInformation  'メッセージを表示する
End Sub

'Excelファイルの状態をチェックする関数
Public Function IsBookOpened(ByVal vPath As String) As FileState
    Dim fso As Object
    Set fso = CreateObject("Scripting.FileSystemObject")
    'ファイルが存在するかチェックする
    If fso.FileExists(vPath) Then
        On Error Resume Next
```

```
        'ファイルが開いているかチェックする
        Open vPath For Append As #1
        Close #1

        If Err.Number > 0 Then
            '既に開かれている場合
            IsBookOpened = FileState.eOpened
        Else
            '開いていない場合
            IsBookOpened = FileState.eClosed
        End If
    Else
        'ファイルが存在しない場合
        IsBookOpened = FileState.eNone
    End If
End Function
```

❖ 解説

ここでは、次の状況を仮定しています。AccessのデータをExcelに出力する機能を作るとします。この時、出力対象のExcelファイルがあれば追記します。そこで、処理を行う前に、対象のExcelファイルの有無をチェックし、さらに、Excelファイルが開いている場合は追記できないため、開いているかもチェックします。

そのための関数を用意するのですが、このときの処理結果が2種類であればBoolean型（TrueまたはFalse）で良いでしょう。しかし、このように処理結果が3パターン（もしくはそれ以上）ある場合であれば、列挙型を利用するとコードがわかりやすくなります。ここでは、ファイルが「ない（eNone）」「閉じている（eClosed）」「開いている（eOpened）」のいずれかを返す関数としています。

なお、ここでは列挙型の実際の値がいくつであるかは問題ではありません。

構造体を利用して読みやすいコードにする

▶関連Tips 595

使用機能・命令 **Typeステートメント**

サンプルファイル名 gokui20.accdb/20_3Module

▼「T_Master」テーブルからデータを取得する

```
'商品データ用の構造体
Type tProduct
    Code As String
    Name As String
    Price As Double
End Type

Private Sub Sample596()
    Dim db As DAO.Database        'データベースへの参照を代入する変数を宣言する
    Dim rs As DAO.Recordset       'レコードセットへの参照を代入する変数を宣言する
    Dim i As Long                 '繰り返し用の変数を宣言する

    Set db = CurrentDb        'カレントデータベースに接続する

    '「T_Master」テーブルのレコードセットを取得する
    Set rs = db.OpenRecordset("T_Master", dbOpenTable)

    '列挙型の配列を宣言する
    Dim vData() As tProduct
    Dim RecordNum As Long
    RecordNum = rs.RecordCount  'レコード数を取得する
    ReDim vData(1 To RecordNum) '配列の要素数を決める
    'すべてのレコードに対して処理を行う
    For i = 1 To RecordNum
        vData(i).Code = rs.Fields(0).Value
        vData(i).Name = rs.Fields(1).Value
        vData(i).Price = rs.Fields(2).Value
        rs.MoveNext
    Next
    '取得した値を出力する
    For i = LBound(vData) To UBound(vData)
        Debug.Print vData(i).Name
    Next
    rs.Close          'レコードセットを閉じる
```

```
    db.Close            'データベースを閉じる
End Sub
```

❖ 解説

ここでは、「T_Master」テーブルからデータを取得し、変数に代入後、変数の内容をイミディエイトウィンドウに出力しています。このとき、データベースから取得した値を代入する変数に構造体を使用しています。

構造体を使用すると、複数の変数を一つの「まとまり」として扱うことができます。そのため、コードが読みやすくなり、開発効率が上がります。

Memo コードがリーダブル（読みやすい）ということは、非常に重要です。自分が書いたコードでも、時間が経てば細かく覚えている人は少ないでしょう。そのために「コメント」をつけるのも大切ですが、そもそもコードが読みやすければコメントがいらないわけですから、やはりリーダブルなコードを目指すのが重要ということになります。

テストプロシージャの利用

▶関連Tips 598

使用機能・命令 イミディエイトウィンドウ

サンプルファイル名 gokui20.accdb/20_4Module

▼「イミディエイトウィンドウ」に「GetFY」プロシージャの結果を表示する

```
'テスト用プロシージャ
Private Sub GetFYTest()
    Debug.Print "2022/3/31:2021→" _& (2021 = GetFY(#3/31/2022#))
End Sub

'日付から「年度」を求める関数
Public Function GetFY(ByVal vDate As Date) As Long
    Const START_MONTH As Long = 4    '4月始まり
    Dim vYear As Long
    Dim vMonth As Long
    vYear = Year(vDate)        '「年」を求める
    vMonth = Month(vDate)      '「月」を求める
    '対象月が開始月より前なら前年度
    If vMonth < START_MONTH Then
        GetFY = vYear - 1
    Else
        GetFY = vYear
    End If
End Function
```

解説

ここでは、対象の日付から「年度」を求める関数をテストしています。このように、プログラムを作成する際には、規模にもよりますがいくつかのプロシージャを作成することになります。

プロシージャの動作は当然テストしなくてはならないのですが、個々のプロシージャに対してテスト用のプロシージャを用意しておくと、テストを確実に行えるので便利です。

ここでは、イミディエイトウィンドウに、処理対象の日付と、その日付から想定される年度、そして処理結果と想定した年度を比較し合っているかどうか（TrueまたはFalse）を表示します。

Memo このサンプルでは、テストは1種類しか行っていませんが、実際には数種類（例えば、3/31と4/1のように年度をちょうどまたぐ日付でテストするなど）用意しておくと良いでしょう。

テストコードが残っていれば、後でバグが見つかったときにテスト内容からどのような動作を想定していたか（または漏れていたか）わかりますし、仕様変更があった場合にもすぐにテストできるので、便利です。

処理が成功したかどうかを返す Functionプロシージャ

▶関連Tips 597

使用機能・命令 Functionプロシージャ

サンプルファイル名 gokui20.accdb/20_5Module

▼処理結果の判定を行うFunctionプロシージャ

```
'Mainとなるプロシージャ
Public Sub Main()
    Dim vResult As Boolean
    'Sample598プロシージャの結果を受け取る
    vResult = Sample598
    '結果がFalse(Boolean型)であるか判定する
    If VarType(vResult) = vbBoolean Then
        MsgBox "エラーが発生しました", vbExclamation
        Exit Sub
    End If
End Sub

'レコードセットを取得するプロシージャ
Private Function Sample598() As Boolean
    Dim db As DAO.Database       'データベースへの参照を代入する変数を宣言する
    Dim rs As DAO.Recordset      'レコードセットへの参照を代入する変数を宣言する
    Dim i As Long                 '繰り返し用の変数を宣言する

    On Error GoTo ErrHdl      'エラー処理を開始する
    Set db = CurrentDb        'カレントデータベースに接続する

    '「T_Master」テーブルのレコードセットを取得する
    Set rs = db.OpenRecordset("T_Master", dbOpenTable)

    'すべてのレコードに対して処理を行う
    For i = 1 To rs.RecordCount
        Debug.Print rs.Fields(0).Value
        rs.MoveNext
    Next
    Sample598 = True      '処理が成功した場合Trueを返す
ExitHdl:
    rs.Close          'レコードセットを閉じる
    db.Close          'データベースを閉じる
    Exit Function
```

```
ErrHdl:
    Sample598 = False    '処理が失敗した場合Falseを返す
    Resume ExitHdl
End Function
```

❖ 解説

ここでは、Mainプロシージャから、レコードセットを取得してデータを出力するプロシージャを呼び出しています。このとき、実際の処理を行うSample598プロシージャは、Functionプロシージャになっていて、エラーが発生しなければTrueを、発生すればFalseを返すようになっています。

このように、例えば消費税額を返すFunctionプロシージャのように、具体的な値やオブジェクトなどを返すのではなく、処理が成功したかどうかを返すFunctionプロシージャを利用することも、コードの「流れ」を把握するためには有用です。

プログラムによっては処理を行っているプロシージャ（ここではSamle598プロシージャ）内でエラーになった場合はそこ（Samle598プロシージャ内）で処理を終了することもできますが、そうすると、コード全体を読む作業（メンテナンスや引き継ぎ時に発生します）の時に、全体の処理の流れがわかりにくくなります。このサンプルのように、処理を行った先でエラーになっても、Mainとなるプロシージャで判定しているので、コードが読みやすくなっています。

Functionプロシージャはこのような利用方法もあることを知っておいてください。

Tips 599

コンパイルエラーの注意点

▶関連Tips 025 029

使用機能・命令　**制御構文**

サンプルファイル名　gokui20.accdb/20_6Module

▼エラーメッセージが実際のエラーとは異なるサンプル

```
Private Sub Sample599_1()
    Dim i As Long
    If True Then
        For i = 1 To 10
            MsgBox i
    End If
End Sub

Private Sub Sample599_2()
    Dim i As Long
    For i = 1 To 10
        MsgBox i
        If True Then
    Next
End Sub
```

❖ 解説

ここでは、プログラム作成中に表示されるメッセージで特にわかりにくい次のメッセージについて説明します。

▼1つ目のプログラムの実行結果

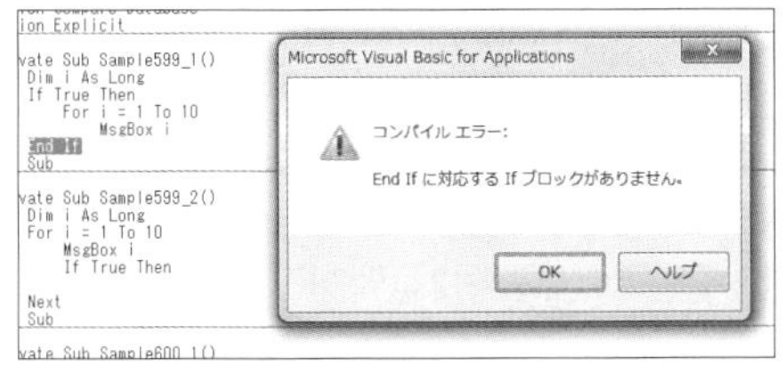

▼2つ目のプログラムの実行結果

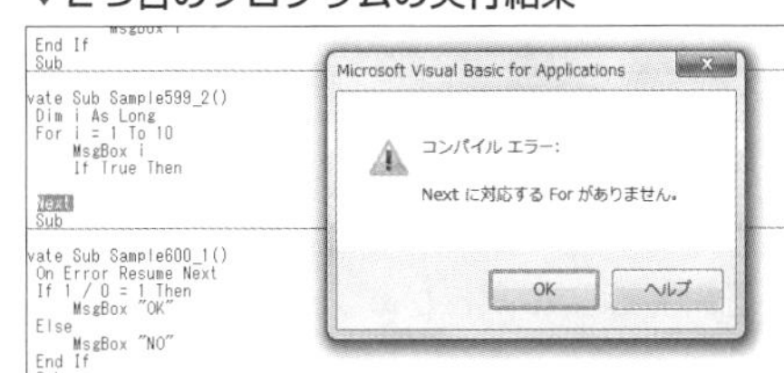

いずれもコンパイルエラーの表示です。共通するのは「○○に対するxxがありません」というメッセージです。しかし、よく見るまでもなく、メッセージに表示されている命令は存在します。

ここで、それぞれのコードをよく見ると、1つ手前の命令に対応する命令（1つ目のコードであればNext、2つ目であればEnd Ifが無いことがわかります。

コンパイルエラーにはこのようなケースが有るため、この事象を知らないと、記述してあるのに、なぜ「無い」というエラーになるのか、ということで、原因を調べるのに無駄な時間を過ごすことになります。

この点については、ぜひ知っておいてください。

Resumeメソッドの注意点

▶関連Tips 038 039

使用機能・命令 **Resumeステートメント**

サンプルファイル名 gokui20.accdb/20_7Module

▼エラーが発生するコード

```
Private Sub Sample600_1()
    On Error Resume Next
    If 1 / 0 = 1 Then
        MsgBox "OK"
    Else
        MsgBox "NO"
    End If
End Sub

Private Sub Sample600_2()
    On Error Resume Next
    Do Until 1 / 0 = 1
        MsgBox "OK"
        Exit Do
    Loop
End Sub
```

解説

ここでは、2つのサンプルを紹介します。いずれも、「On Error Resume Next」ステートメントと、実際にエラー（「1/0」で0除算のエラーになります）が発生するコードとの組み合わせです。

On Error Resume Nextステートメントは、エラーが発生した場合に、次の命令（ステートメント）を実行する、という命令です。ここでは、IFステートメントの条件（1つ目のサンプル）と、Do Loopステートメントの終了条件（2つ目のサンプル）でエラーを発生させています。

このとき、いずれの場合も、エラーが無視されます。結果、IFステートメントの場合は、「真」のときの処理（メッセージボックスに「OK」と表示される）が行われ、Do Loopステートメントの場合は、終了条件を満たすことがありません（このサンプルでは、無限ループを避けるために「Exit Do」を記述しています。

このように、On Error Resume Nextステートメントは、単にエラーを無視するだけではなく、制御構文において通常の処理とは全く異なる動作をするので十分に注意が必要です。

索引

＊索引の参照番号は「ページ番号」ではなく「Tips」番号です。

記号・数字

A

B

C

T

U

V～X

あ行

＊索引の参照番号は「ページ番号」ではなく「Tips」番号です。

か行

さ行

＊索引の参照番号は「ページ番号」ではなく「Tips」番号です。

ま行

や行

ら〜わ行

【著者紹介】

中村峻

PCスクールのインストラクターを経て、VBAを利用した業務効率向上に関するセミナーなどを担当する。
現在は、日々、業務効率を改善するために社内・社外用のツール開発を行っている。その中で、VBAの魅力に改めて気づくこともしばしば。
最近は、盛岡にあるカミさんの実家にあまり帰れず、不義理をしているので、ちょっと反省しているところ。
著書に、「ExcelVBA完全制覇パーフェクト」(翔泳社)、「Excelマクロ&VBA逆引き!ビジネス大全250の技」(秀和システム) などがある。

●注意

(1) 本書は著者が独自に調査した結果を出版したものです。

(2) 本書は内容について万全を期して作成いたしましたが、万一、ご不審な点や誤り、記載漏れなどお気付きの点がありましたら、出版元まで書面にてご連絡ください。

(3) 本書の内容に関して運用した結果の影響については、上記 (2) 項にかかわらず責任を負いかねます。あらかじめご了承ください。

(4) 本書の全部、または一部について、出版元から文書による許諾を得ずに複製することは禁じられています。

(5) Microsoft 365につきましては、2022年3月時点で動作確認を行っております。それ以降のアップデートによりコードの動作が変わる可能性がございます。

●商標

Access VBA
逆引き大全 600の極意
Microsoft 365/Office 2021/
2019/2016/2013対応

発行日　2022年　5月10日　第1版第1刷

著　者　E-Trainer.jp［中村峻］

発行者　斉藤　和邦

発行所　株式会社　秀和システム
〒135-0016
東京都江東区東陽2-4-2　新宮ビル2F
Tel 03-6264-3105（販売）Fax 03-6264-3094

印刷所　三松堂印刷株式会社　Printed in Japan

ISBN978-4-7980-6679-0 C3055

定価はカバーに表示してあります。
乱丁本・落丁本はお取りかえいたします。
本書に関するご質問については、ご質問の内容と住所、氏名、電話番号を明記のうえ、当社編集部宛FAXまたは書面にてお送りください。お電話によるご質問は受け付けておりませんのであらかじめご了承ください。